LA CUISINE FRANÇAISE

L'Art du bien manger

SUIVI DE

L'ART DE CHOISIR LES VINS ET DE LES SERVIR A TABLE

ET D'UN CHAPITRE SPÉCIAL, ORNÉ DE FIGURES EXPLICATIVES SUR

LE DÉCOUPAGE

puis des Aphorismes de BRILLAT-SAVARIN en 20 compositions hors-texte de A. ROBIDA

Préface d'André THEURIET

de l'Académie Française

ÉDITION ACCOMPAGNÉE D'UNE SÉRIE DE REPRODUCTIONS D'ESTAMPES D'APRÈS LES MAITRES DE LA PEINTURE

EXPLIQUÉES PAR

Gustave GEFFROY

OUVRAGE ADOPTÉ PAR LE MINISTÈRE DE L'INSTRUCTION PUBLIQUE

Et contenant

LES CROQUIS GASTRONOMIQUES DE FULBERT-DUMONTEIL, LES FORMULES PRATIQUES PERMETTANT DE PRÉPARER CHEZ SOI LES PLATS RENOMMÉS DES GRANDS RESTAURANTS ET DES MAITRES-CUISINIERS, DE CURIEUSES PRÉPARATIONS CULINAIRES DUES A DES ÉCRIVAINS ET DES AMATEURS, DES RECETTES LOCALES DE VIEILLE CUISINE FRANÇAISE FORMANT ENSEMBLE

plus de 1600 Recettes

Le tout recueilli et annoté

PAR

Edmond RICHARDIN

EN VENTE A LA LIBRAIRIE NILSSON

7, Rue de Lille — PARIS

Papier provenant des Usines
de la
MAISON HENRI FREDET ET Cie

L'Art du Bien Manger

Il a été tiré de cet ouvrage
vingt exemplaires sur papier vélin du Marais,
numérotés par l'auteur.

LA POURVOIEUSE

L'**Art du Bien Manger** est un livre unique dans l'histoire de la Cuisine. On ne trouve, en effet, dans **aucun ouvrage** similaire, une documentation culinaire aussi complète et aussi curieuse.

Ce livre de vieille cuisine française, constitué par région, est une véritable encyclopédie de la bonne chère; les nombreuses **recettes inédites** qu'il contient le désignent tout particulièrement à l'attention des gourmets. La maîtresse de maison soucieuse de la renommée de sa table, devra le consulter souvent.

L'Art du Bien Manger a sa place marquée dans les bibliothèques gastronomiques à côté des **livres de cuisine les plus en vogue,** il en est le **complément indispensable.**

LES 1650 RECETTES contenues dans ce volume se divisent comme suit :

770 Recettes de vieille cuisine française.
310 — de cuisine moderne.
100 — des grands restaurants.
90 — des maîtres cuisiniers.
200 — d'écrivains et d'amateurs.
180 — d'entremets et desserts.
1 chapitre sur le service des vins.
1 — sur le découpage à table.

« L'ART DU BIEN MANGER » A ÉTÉ ADOPTÉ PAR LE MINISTÈRE DE L'INSTRUCTION PUBLIQUE, POUR LES BIBLIOTHÈQUES DES LYCÉES, COLLÈGES, ET ÉCOLES NORMALES DE JEUNES FILLES.

DIVISION DE L'OUVRAGE

PREMIÈRE PARTIE

Recettes curieuses d'Écrivains et d'Amateurs.

DEUXIÈME PARTIE

Plus de 1600 Recettes culinaires,

choisies par des chefs de cuisine et des cuisinières expérimentés

Table des Catégories.

LETTRE-PRÉFACE

Mon cher Richardin,

Vous me demandez une préface pour votre *Art du bien manger*. Quoique indigne, je m'exécute d'autant plus volontiers que votre livre arrive à point pour remettre en honneur une « gaye » science qu'on est en train de désapprendre depuis tantôt une trentaine d'années. L'aube du XIXe siècle avait éclairé la pleine floraison de ce bel art gastronomique, dont Brillat-Savarin formulait les précieuses lois dans un code autrement récréatif et savoureux que le Code Napoléon. En ce temps-là, Paris abondait en restaurants fameux : Véry, Véfour, les Frères Provençaux et tant d'autres, où, de tous les coins de l'Europe, on venait faire bonne chère. Les maîtres-queux des cuisines aristocratiques ou bourgeoises rivalisaient avec les chefs de ces établissements renommés. En matière de gourmandise, la province ne restait pas en arrière. Elle entretenait soigneusement le feu sacré sur les fourneaux de ses hôtelleries et dans les larges cheminées à tourne-broches des notables cuisines de la ville. Chaque canton de notre pays de France possédait alors la spécialité et le secret de quelque friande gueulardise, préparée dévotement, délicatement, avec amour, qu'on ne pouvait trouver que là et qu'il fallait même parfois venir déguster sur place. Ainsi, pour ne parler que de nos régions de l'Est, Strasbourg avait ses pâtés de foie gras, Metz ses mirabelles, Nancy son boudin et ses macarons, Remiremont ses pâtés de truite ; Saint-Mihiel se glorifiait de ses écrevisses, Commercy de ses madeleines et Bar-le-Duc de ses confitures de groseille. Comme l'a dit excellemment votre spirituel collaborateur, Fulbert-Dumonteil : « Quel tour de France incomparable, original et gastronomique on pouvait faire jadis, quand nos provinces et nos villes offraient à la fourchette des voyageurs un plat traditionnel, une friandise locale et fameuse !... »

Aujourd'hui, la renommée de ces créations et spécialités locales subsiste encore, mais ce n'est, le plus souvent, hélas ! qu'un reste de grandeur déchue, qu'une gloire purement nominale. L'industrie s'est emparée de la fabrication de toutes ces bonnes choses, dont on gardait jadis le secret dans les familles, qu'on ne servait qu'à des initiés et à des amateurs de choix. Le commerce maintenant les répand un peu partout ; mais la quantité fait tort à la qualité ; à mesure qu'elles se vulgarisent, elles perdent de leur finesse et de leur rare saveur.

Au temps de mon enfance, c'était, dans ma petite ville, une grosse affaire que de donner à dîner à ses amis. On s'y préparait des semaines à l'avance, on se disputait les cordons bleus en renom. Les maîtresses de maison ne rougissaient pas de mettre la main à la pâte, afin de servir à leurs convives un repas exquis, artistement cuisiné et propre à réjouir leurs yeux, leur palais et leur cœur. Aujourd'hui, nos belles dames sont trop affairées et trop mondaines pour s'occuper elles-mêmes du plaisir de leurs invités. Les bonnes ménagères deviennent aussi clairsemées que les bonnes cuisinières. On se contente de commander le dîner à un traiteur en vogue, et l'on obtient ainsi un menu banal et prétentieux, une cuisine médiocre, sans originalité ni saveur.

Votre livre, mon cher Richardin, paraît donc à propos pour rapprendre aux générations du XXe siècle l'art trop oublié de la bonne chère. Et ce livre, destiné à remettre en valeur la science culinaire, est lui-même une œuvre savamment et amoureusement exécutée. Vous l'avez composé ainsi qu'une symphonie gastronomique où l'utile et l'agréable, la théorie et la pratique, l'érudition et la sensualité gourmande se mêlent harmonieusement. C'est, comme l'eût dit Rabelais, « un livre de haulte gresse ». Il s'ouvre par une série de monographies où le maître Fulbert-Dumonteil a décrit avec une verve pleine d'amour et de poésie les principaux plats qui lui paraissent dignes de figurer sur la table d'un amateur de bonne cuisine. Et de fait, en cette galerie de croquis humoristiques et suggestifs, les gastronomes trouveront de mirifiques recettes qui leur feront venir l'eau à la bouche. Vous ne vous êtes pas contenté de cette alléchante préface, vous avez demandé à vos amis les gens de lettres une consultation sur leurs plats favoris, et chacun d'eux, de façon fort piquante, vous a livré son secret pour cuire un lièvre à la royale, assaisonner une curieuse salade, faire mijoter une garbure ou confectionner une mousse au chocolat. Vous-même, mon cher ami, dans un récit de plein air, tout embaumé de l'odeur des forêts natales, vous avez évoqué un cher souvenir de notre pays lorrain et initié vos lecteurs parisiens aux succulents mystères du gigot rôti *à la ficelle*, et aux formules de nos plats renommés.

Ce n'est pas tout. Après avoir consulté les amateurs, vous avez fouillé de poudreuses archives gastronomiques ; vous y avez retrouvé les formulaires des braves cuisiniers d'autrefois, et vous nous avez exhumé de précieuses recettes inédites ; grâce à vous, nous connaissons la formule de « l'Hostel des Trois Barbeaulx » pour cuire le barbeau à la mode de Touraine ; la préparation de la langue de bœuf en paupiettes, comme on la cuisinait au « Cabaret de la Lamproye » à Chinon, ou de la fraise de veau à la française, telle qu'on la fricassait à « l'hostellerie de la Fleur de Lys » à Blois. Vous nous avez révélé les secrets des grands maîtres-queux dont les noms brillent au Livre d'or de notre art culinaire, les Tivollier, les Grisch, les Caillat, les Montagné, les Sevin, etc.

Enfin votre livre se termine par un copieux recueil de recettes pratiques, un véritable compendium de la substantielle, savoureuse et saine cuisine bourgeoise, telle qu'on l'entendait naguère dans les hospitalières maisons de la province et dans les grands restaurants parisiens, où l'on conservait le culte de la bonne chère.

Cet ouvrage, dont je viens d'indiquer l'ordre savamment et artistement composite, rendra donc un inestimable service aux gourmets, et demeurera comme un monument élevé à l'honneur de la cuisine française. Qu'il soit le bienvenu à l'aube du XXe siècle, de même que *La Physiologie du goût*, de Brillat-Savarin, le fut au début du XIXe siècle ! Je lui souhaite, chez nos contemporains, le grand succès qu'il mérite. Au nom de ceux qui aiment encore à réunir de joyeux amis pour déguster des plats excellemment cuisinés, je vous envoie mes affectueuses félicitations, et j'y joins l'expression de la reconnaissance la plus sincère et la plus persistante, — celle de l'estomac.

ANDRÉ THEURIET.

Bourg-la-Reine, 29 février 1904.

AVERTISSEMENT

POUR LA NOUVELLE ÉDITION

L'éditeur de l'*Art du bien manger* a trouvé encore un moyen d'améliorer cet excellent livre qu'il voudrait voir dans toutes les mains, en quoi il a bien raison : le jour où tout le monde s'occupera du « bien manger », c'est que la question du « manger » sera résolue. En attendant, Edmond Richardin dresse des menus, compose des recettes, et il fait, cette fois, davantage, il donne une illustration savoureuse à ces poèmes de la table.

Cette illustration, il l'a demandée aux maîtres de la peinture. Elle aurait pu être plus abondante, cela est certain, mais telle qu'elle est, elle donne déjà l'idée d'une histoire de la cuisine par l'image.

Ici, les flamands Brueghel, Téniers, Jordaens nous amusent de leurs caricatures énormes, de leurs observations familières, de leurs franches ripailles. Les repas des Maigres et des Gras, de Brueghel, réunissent les types divers de l'humanité famélique, à peine pourvus de peau et d'os, se disputant des os et des coquilles, soupant d'un navet ou d'une carotte, regardant fumer un dernier tison sous une marmite vide, — et les types obèses, crevant de graisse, bardés de lard, attablés devant les poulets rôtis, les cochons de lait, les hures, les jambons, les saucisses. Les Maigres font pitié, et les Gras font horreur. Chez Téniers, la ménagère, les buveurs, les marmots réjouis par la confection du boudin, nous font assister à un spectacle plus tranquille. Jordaens rejoindrait volontiers Brueghel dans la farce, mais il n'a pas la même humeur acerbe et cruelle, il anime le festin de la joie des chansons et l'adoucit de la bonhomie de la vieillesse heureuse. Et encore, parmi les Flamands, Leys, gravé par Bracquemond, Leys, qui dresse une table superbement ornée de verres, de cristaux, parmi lesquels se dresse le paon au plumage constellé de pierres précieuses.

Voici maintenant les artistes français, qui devaient être tout naturellement appelés à rendre vivant ce recueil de recettes de la vieille cuisine française : Abraham Bosse, avec un repas donné pour célébrer le retour de l'enfant prodigue, et qui donne à voir l'ordonnance d'une salle à manger au temps de Louis XIII ; Van Loo, et le déjeuner sur l'herbe d'une halte de chasse; Boucher, et le charmant déjeuner du matin en famille, sur une petite table, dans un intérieur d'élégance bourgeoise ; Freudeberg, et la mise en scène intime du gâteau des rois ; Jeaurat, qui nous montre une scène de musique et de danse sur la place des Halles, parmi les sacs et les paniers des marchandes ; Oudry, qui exprime la réussite et la surprise d'une pêche de mer; Ribot, qui a représenté de manière si pittoresque les marmitons blancs, cuisiniers, pâtissiers, éplucheurs de légumes; et enfin, Chardin, le grand Chardin, qui a célébré en une si belle peinture, non seulement la beauté des fruits et des flacons, mais les scènes de l'humble vie de tous, le déjeuner des petites filles, le garçon cabaretier qui lave ses bouteilles et ses brocs, la femme qui épluche ses légumes, et celle-ci, la Pourvoyeuse, la paisible et active ménagère chargée du pain et du gigot, qui va désormais accueillir le lecteur au seuil de ce livre, comme la Muse inspirée, sage et prudente, du vieil art du bien manger.

GUSTAVE GEFFROY.

Mars 1907.

L'ART DU BIEN MANGER

LES CROQUIS GASTRONOMIQUES DU MAITRE FULBERT-DUMONTEIL

Potages maigres.

Paix au gîte à la noix! mettez un crêpe à la marmite et faites la croix au pot-au-feu. C'est le carême. La sardine est reine et la morue triomphe. Le jour de Pâques, l'aloyau fumant ressuscitera sur les nappes blanches et les tournebroches chanteront leur *alleluia* devant la flamme joyeuse, au milieu du carillon des cloches et du doux parfum des violettes.

Ah ! ne croyez pas, cependant, que je veuille vous affamer ! Si le consommé aux poulardes de la Bresse est, en ce jour, proscrit des tables bien pensantes, je tiens à votre service une collection de potages maigres à délecter un saint.

Écoutez plutôt cette douce litanie gourmande : la **soupe aux fèves** et le potage **bisque de langoustins** de Tivollier de Toulouse ; **potage à la Condé**, *purée onctueuse et légère de haricots rouges, passée délicatement au tamis pour être versée sur des croûtons de pain grillés avec soin et passés au beurre de Gournay ;* **potage à la Crécy**, *autre purée savoureuse et printanière, faite de légumes blanchis, cuits humblement dans l'eau,* *bien pilés dans un mortier, sucrés avec mesure, passés au tamis, mitonnés pendant deux heures aux douceurs d'un feu léger et versés sur des croûtes artistement rissolées;* **potage à la Julienne**, *composé de légumes choisis, coupés en filets minces et cuits simplement à l'eau, mais saturés de beurre fin, agrémentés de cœurs de laitue, de petits pois nouveaux et de pointes d'asperges, le tout baignant des biscotes appétissantes ;* **potage à la Monaco**, *façonné de tranches de pain saupoudrées de sucre et grillées de belle couleur, disposées dans une soupière avec sel et muscade pour être abreuvées de crème bouillante que dore une liaison de jaunes d'œufs ;* **potage à l'italienne**, *eau, beurre et macaroni napolitain cuit avec une sage lenteur et parfumé de quelques truffes qu'on aura réduites en pâte dans du vin de Sicile ; une double couche, s'il vous plaît, de grayère et de parmesan râpés, sans oublier l'agréable addition de quelques œufs pochés ;* **potage aux poissons**, *dans de la fine huile d'olive bien chauffée, des tronçons d'anguille de mer, merlans et carrelets, persil, gousses d'ail, laurier, fenouil, clou de girofle ; après une cuisson lente et douce de trente minutes, on verse, en la passant au tamis, cette réjouissante préparation sur de minces et tendres morceaux de pain*, et à la **Chicago** du restaurant Paillard.

Est-ce assez? Non! Comme le ciel, la cuisine est sans bornes. Et le potage aux choux largement graissés de beurre d'Isigny! Et la soupe aux petits pois verts d'Algérie qu'on verse sur des lames de pain passées dans le beurre et le sucre! Et le potage aux nouilles d'Alsace que parfument des rondelles de truffes périgourdines!

Et le potage aux petits oignons de Perpignan! Et la soupe au lait, un peu vive de caractère, mais si prompte à se calmer, qui embaume la vanille ou la fleur d'orange!...

Faut-il oublier le potage au riz relevé d'un coulis d'écrevisses, édulcoré de sucre, doré de jaunes d'œufs et parfumé de muscade? Que pensez-vous du potage aussi savoureux qu'original que, sous le nom de gaudes, on prépare en Franche-Comté? Composé de farine de blé de Turquie, on dirait une soupe d'or.

Pour un vendredi saint, je ne sais rien de délicat et de choisi comme un **potage au lait d'amandes** : 800 *grammes d'amandes douces et une douzaine d'amandes amères, épluchées, blanchies, égouttées, pilées vivement dans un mortier. Dans l'eau bouillante qui reçoit cette pâte odorante, zeste de citron et coriandre, on délaye les amandes pilées, on passe à la serviette, on fait chauffer au bain-marie ; puis on glace au four de campagne de minces tranches de mie de pain sur lesquelles on verse le lait d'amandes...*

Vous voyez qu'il n'est pas si difficile de faire son salut. Il faut bien le dire, de tous les potages maigres que la cuisine peut offrir aux bouches pénitentes, le plus simple est peut-être le meilleur; j'entends le **potage à l'oseille** *escortée de cerfeuil, de laitue et de belle-dame à la fine saveur. Tout le monde sait qu'avant de verser le bouillon il est indispensable de le lier avec des jaunes d'œufs et de la double crème.*

En finissant, je donnerai aux fourchettes convaincues et bien pensantes le sage conseil de se méfier du maigre tant soit peu schismatique des restaurants : un soir de vendredi saint, je dînais au Palais-Royal avec un chanoine bordelais, ami de ma famille, saint homme et fin gourmet. Dîner strictement maigre, cela va sans dire : potage à l'oseille, sarcelles aux pointes d'asperges, pâté de thon à l'Antonelli, une simple bouteille de Château-Laroze.

A la première cuillerée du potage, le chanoine tombe en extase devant son écuelle d'argent et fait demander le chef :

— Veuillez, je vous prie, me donner la recette de cette soupe incomparable, afin que je la transmette à ma servante.

— C'est bien simple, répond le cuisinier en se rengorgeant comme un pigeon ; je prends d'excellent bouillon gras... que j'emploie en guise d'eau.

— Du bouillon gras ?...

— Attendez ; j'y ajoute cinq ou six cuillerées de jus de poularde rôtie...

— Du jus de poularde ?...

— Attendez ; je complète mon potage *maigre* d'une boule de graisse d'ortolan...

— Mais tout cela est gras, mon ami ! clame le chanoine en joignant les mains.

— Parfaitement ; et c'est ainsi que j'obtiens ce velouté qui vient de vous charmer.

– Que Dieu me pardonne ! fait le chanoine en éloignant son écuelle vide, mais en écrivant sur son calepin la précieuse recette de cet étrange potage maigre.

La carpe royale.

A madame E. Richardin.

La carpe : ses yeux manquent peut-être d'expression, surtout quand elle est frite. Mais quel régal ! quand il s'agit de carpe royale, à la chair grasse et fine, honneur de la table et gloire des lacs. D'une délicatesse incomparable et d'un goût particulier; très supérieure à la carpe commune et à la carpe dorée, la carpe royale se trouve partout, mais partout elle est rare. Les plus estimées nagent dans les grands lacs de la Suisse et de la Bavière. Son poids est souvent de quatre ou cinq kilogrammes. Toute différente des autres carpes, elle a le corps trapu, la tête bien faite, le museau pointu. Sa robe est d'un beau vert, lisse et douce comme celle de l'anguille. Ajoutons des écailles fines et rares que le cuisinier respecte.

La carpe royale est un relevé hors ligne. Voici sa recette : *Après avoir vidé la carpe, vous en piquez la chair de truffes cuites, puis vous couchez le poisson dans un plat, sur un lit de légumes émincés. Mettez du beurre, assaisonnez, couvrez de bardes de lard et de vin de Bordeaux rouge jusqu'à mi-hauteur du plat; faites bouillir pendant dix minutes. Après cette première opération, vous passez à tamis la cuisson de la carpe ; vous délayez un petit roux que vous mouillez avec cette cuisson et laissez cuire lentement pendant vingt minutes. On la sert entourée de quatre grandes quenelles décorées aux truffes du Périgord — deux quenelles de chaque côté de la carpe. Entre ces grandes quenelles, d'un effet très élégant, on dispose un ragoût de laitances, de truffes et de champignons. C'est charmant et délicieux.*

Braisée dans le vin blanc, sauce Périgueux, la carpe royale est parfaite. Quelques gourmets la préfèrent au court-bouillon, servie soit avec une garniture matelote, soit avec une garniture normande. Exquise aussi, la carpe farcie à la Toulouse selon les principes de Jules Besset, et l'on bride avec soin sa jolie tête pour en conserver la forme originale.

La carpe royale ennoblit toutes les sauces. Dorée sur le gril, servie sur un ragoût d'oseille ou sur une sauce blanche, elle est excellente. Au bleu, c'est un régal : cuite dans la poissonnière, humectée de vinaigre brûlant, mouillée d'un bon bourgogne, elle aime à mijoter dans les vapeurs odorantes de l'oignon, du persil, de la sauge, de la ciboule, du thym et du laurier. Refroidie dans sa cuisson, on la sert pudiquement couverte d'une serviette blanche.

Quand la carpe royale est dans la fleur de l'âge, grassouillette et tendrette, une jeune fille de carpe, je la veux frite, sous une coupole de persil, artistement rissolé. Marinée dans du vinaigre rosé d'Orléans avec thym, muscade et laurier, on l'enfarine très coquettement pour la glisser dans la poêle fumante. A moitié cuite, jetez dans la friture les laitances et les œufs roulés dans la farine fine, de sorte que ces bouchées choisies aient l'aspect d'un mets doré.

Saupoudrée de sel fin, la carpe royale, couronnée de ses laitances ou de ses œufs, fait une apparition acclamée sous son dôme de persil.

Savourez la carpe, ses œufs délicats, ses laitances exquises ; réjouissez-vous de sa chair excellente, amie du sauterne, mais, pour la quiétude d'une digestion heureuse, ne regardez pas ses yeux auxquels la friture a mis comme un voile d'or, dont le regard mystérieux rappelle le regard vague et troublant d'une momie du temps des Pharaons.

L'anguille.

Il y a longtemps que l'anguille s'est glissée dans mon estime. Je la connus et je l'aimai. C'est peut-être le plus savoureux des poissons fréquentant les rivières aux eaux vives et courantes. La vase des étangs est son déshonneur. Il lui faut des sources claires. D'aucuns prétendent que sa chair blanche et grasse est indigeste. J'ai savouré l'anguille à toutes les sauces qu'elle ennoblit avec une souplesse triomphante, et je n'eus jamais à me plaindre des charmes de sa chair.

La sauce tartare est peut-être la gloire de l'anguille, je la préfère cependant — quand elle est de forte taille — **à la broche**, *piquée de truffes odorantes, enveloppée d'un papier beurré, rôtie vivement et servie dans un long plat avec une sauce savante, orange douce et vieux madère*, **à la gelée** du maître Casimir de la Maison Dorée.

Je professe aussi une sympathie des plus sincères pour l'anguille « **au soleil** », *sauce exquise! Artistement dépecée et cuite dans une marinade, on l'égoutte avec soin, la laissant refroidir; puis, on la roule dans la mie de pain, après l'avoir trempée largement dans des œufs bien battus. Il n'y a plus qu'à la faire frire pour la servir enfin sur une sauce ravigote, entourée d'olives farcies.* L'anguille « **au soleil** » est la bien nommée. Ses tronçons dorés dans la friture semblent refléter des rayons. C'est un plat riant, joyeux, comme ensoleillé.

Piquée de filets d'anchois et de cornichons,

disposée en cercle gracieux sur une sauce tomate, relevée de piments de Cayenne, l'anguille « **à la Suffren** » *est un charme pour les yeux, un régal pour la bouche. L'anguille* « **à l'anglaise** » *se cache coquettement sous une pâte fine qui lui fait, au contact de la friture, comme une robe d'or.* Mais mon plat de prédilection, c'est l'anguille « **à l'accolade** ».

Je ne sais rien de plus joli et de plus touchant : *Il s'agit de deux belles anguilles, rondes et grasses, énormes. Les têtes et les queues étant coupées, on ficelle gentiment les anguilles dos à dos sur un attelet de fer. Ce couple — si étroitement uni qu'il ne semble faire qu'un seul poisson — est exposé dans une poissonnière avec un jus savoureux de racines et trois ou quatre verres de bon vin d'Espagne.*

Après vingt minutes de cuisson, on retire les anguilles, on les passe, on les égoutte, on les met à la broche, enveloppées avec soin d'un papier beurré. Au bout d'une demi-heure, on débroche, on sert et l'on procède par la fourchette au divorce des époux. Une sauce parfumée accompagnera « l'accolade d'anguilles » : Jus des quatre racines réduit à l'état de glace, un bon verre de Xérès, poivre blanc, coriandre et fleur de muscade.

La « **matelote** » d'anguille que réjouit l'oignon doré, est un plat rustique et joyeux, cher aux amoureux et aux canotiers déjeunant là-bas, aux bords de la Marne ou de la Seine, sous la verte tonnelle d'une guinguette, auprès des moulins où murmurent les eaux.

Ah ! Je sais bien que ces matelotes champêtres où la carpe vulgaire remplace trop souvent la délicate anguille, ne sont pas irréprochables.

Mais, à vingt ans, on n'est pas plus difficile en cuisine qu'en amour.

On sait que l'anguille est vivipare et amphibie, qu'elle rampe sur le sol comme elle nage dans l'eau, qu'elle a deux existences, deux demeures, deux couverts, deux régimes. Dans les rivières, elle déjeune de petits poissons ; dans les prés, le soir et surtout la nuit, elle soupe d'insectes, limaces, grillons et sauterelles.

L'anguille est « l'ondine des rivières ». Elle glisse, s'échappe, revient, ondule, se dérobe encore, glisse toujours et disparaît. Plus on la serre, moins on la tient, et, quand on croit la tenir, elle est libre, c'est l'emblème de la déception.

Mais ce n'est pas une déception, grands dieux! lorsqu'elle apparaît sur la nappe blanche, dans un plat de porcelaine fine, aimablement accommodée « **à la tartare** » ou « **au soleil** » !

Le brochet.

Comme mœurs, le brochet laisse beaucoup à désirer. Comme chair, son mérite éclate dans toutes les sauces qui le parent et qu'il sait ennoblir. On savoure ce poisson à la genevoise, à la Chambord, à l'italienne, à l'étuvée, en casserole, en filets frits, en salade, en terrine, en tourte, en pâté chaud. Est-ce assez ? c'est peut-être l'avis du brochet ; mais il convient d'ajouter qu'il est surtout délicieux **à la broche**. *On le pique de lard choisi et il accepte volontiers une bonne farce de foies de volaille qui réjouira sa chair dorée par la flamme. Pendant sa rotation doucement rythmée, on l'arrosera de vieux sauterne et de jus d'orange.*

Vous ne ferez que votre devoir en servant ce rôti original sur une sauce au coulis, relevée d'anchois et d'huîtres amorties avec de fines câpres.

Les brochetons sont très délicats. Exquis en salade, la sauce maître d'hôtel leur sied à ravir et la friture leur plaît. Le foie est un pur régal.

Si la chair du brochet est excellente, sa voracité est extraordinaire. Son effroyable gueule toujours ouverte pour saisir une proie, avale, absorbe, engloutit tout. La rivière est son champ de carnage et son garde-manger. Sa mâchoire insatiable ne distingue ni n'épargne les poissons de sa race. Les plus féroces animaux sont excellents pour leurs petits. Le brochet mange les siens. C'est le tyran de la famille comme il est le fléau des fleuves et des lacs. On l'a surnommé : « Le roi des étangs », il n'en est que le bandit. Il ne règne pas sur les eaux, il les dépeuple. Il s'élance sur sa proie, la saisit, la triture et l'avale en un clin d'œil. La digestion est aussi prompte que la capture est rapide. L'appétit est éternel. D'aucuns prétendent que la gloutonnerie du brochet est un frein salutaire a la trop grande multiplication des eaux. Pour soutenir cette thèse, il ne faut pas aimer le poisson. J'estime au contraire que nous n'aurons jamais assez de matelotes et que le brochet doit expier ses crimes à la vinaigrette.

Dans le fleuve des Amazones se trouve une gigantesque espèce de brochet fameux dans les annales gastronomiques. Ce colosse, toujours repu et jamais rassasié, possède une chair délicieuse qui fait la joie des gourmets américains. On dirait que la délicatesse de ce poisson est en raison directe de son énormité. On pare magnifiquement cette pièce magistrale, honneur des tables somptueuses, pour l'allonger sur un lit de roseaux où elle semble un ogre mort.

Je ne crois pas qu'il y ait dans la nature de gueule plus effroyablement meublée que celle d'un brochet des Amazones. Sur le palais du colosse s'allongent longitudinalement, en rangées serrées, plus de sept cents dents.

Ce n'est plus un poisson, c'est une râpe — mais qu'il est bon, ce monstre, à la sauce hollandaise, flanqué de tronçons de jeunes anguilles, aromatisé de jus d'orange et de muscade !

La truite.

Je dis la truite et l'imagination se perd dans un abîme de voluptés gourmandes. On voit la truite, cette reine des lacs et des torrents, revêtir toutes les formes et toutes les sauces comme une grande coquette change de parures charmantes pour ravir les yeux et troubler les cœurs.

C'est la truite « **à la Chambord** ». *Echaudez la truite à l'eau bouillante, retirez-en la peau ; lavez-la ensuite à plusieurs eaux, puis vous l'agrémentez de truffes noires ; cuite dans une marinade au vieux sauterne, habilement garnie de ris de veau piqués et glacés, de quenelles bigarrées et de gentilles écrevisses, le tout baptisé d'un ragoût savant à la financière. C'est la truite* « **à la Hussarde** ». *La truite dépouillée est remplie de beurre manié de fines herbes, marinée et grillée, c'est un mets cavalier et gaillard, ami d'une mordante sauce poivrade. C'est encore la truite* « **à la Saint-Florentin** », *farcie de beurre* *manié de fines herbes, sel et poivre, parfumée de girofle et de muscade avec quelques oignons, une croûte de pain et un bouquet garni, cuite à feu clair dans un vin de Chablis qui, bien chauffé, lui fait comme une couronne de flammes.*

Ici, la **truite farcie** *de truffes odorantes, de quenelles, de câpres et de champignons choisis, cuite au court-bouillon, refroidie, égouttée, panée à l'œuf, frite avec soin et servie avec respect dans une belle sauce tomate qui la pare d'un manteau de pourpre. Là, la truite* **au court-bouillon,** *affolée de petit vin blanc, de muscade et de laurier, d'ail et de persil, légèrement salée et poivrée, puis après quelques minutes de cuisson, merveilleuse de grâce et de tendresse dans sa fine serviette blanche, entourée de persil vert.* **A la Champeaux**, à la **Russe** de Grisch de Bordeaux, **à la Gavarnie** de Tivollier de Toulouse, **à la Cousine** du chef Eugène Létrange. Est-ce tout ? Non, la truite se métamorphose en pâtés exquis, délices autorisées en temps de carême des fourchettes pieuses et des bouches repentantes.

La truite n'est pas seulement un poisson des plus distingués par la finesse de son goût et la délicatesse de sa chair. Ses belles écailles brillent de l'éclat de l'or et de l'argent, réfléchissent les vives nuances des rubis et des saphirs. De jolies taches rouges et noires bariolent sa robe magnifique.

Cet excellent poisson se trouve dans les fleuves et les rivières, surtout dans les lacs de Genève et de Constance, domaine royal de la plus renommée des truites : la grasse et fine truite argentée, manger exquis qui exige une sauce genevoise, vantée par ce faux sauvage de Jean-Jacques Rousseau.

La truite saumonée a la chair tendre et rose comme le saumon. Sauteuse étonnante, elle fait des bonds de cinq ou six pieds dont une carpe serait stupéfaite, remonte en se jouant une chute d'eau de plus de deux mètres de hauteur.

De toutes les truites, la plus fine et la plus délicate, c'est peut-être la petite truite brune des ruisseaux, vivant dans l'eau rapide et froide des montagnes. Elle ne pèse pas cinq kilogrammes comme la grande truite argentée du lac de Constance, mais elle pèse plus lourd dans la juste balance du vrai gourmet, avide de bouchées choisies.

Capturée, la petite truite des ruisseaux demande à mourir sur-le-champ. Pour être exquise, il ne faut pas qu'elle ait cessé de vivre en liberté, dans les eaux claires et froides où elle est née. On la pêche, on la tue ; on la cuit, on la savoure.

En cuisine comme dans les arts, je me défie des géants. Est-ce que vous ne donneriez pas une grosse bête de dinde berrichonne pour un ortolan à l'Alicante ou une caille à la Châteaubriand? Est-ce que le colosse de Rhodes, avec tous les navires passant entre ses jambes d'airain, monterait seulement au genou de la Vénus de Milo?

L'écrevisse.

A madame Raynaud.

L'écrevisse, ce crustacé d'eau douce, est la miniature du homard. On la trouve presque partout, et, partout elle est aimée. On ne saurait trop louer ses propriétés fortifiantes et prolifiques. Aliment précieux des organes de la pensée, elle est chère aux victimes affaiblies du travail ou du plaisir.

Très délicate en buissons, en mousse, à la gelée du maître Montagné, exquise à la persane, savoureuse en matelote, apéritive et joyeuse à la béarnaise, rustique et pittoresque à la berrichonne, excitante à la bisque, à la nage et en timbale de la Maison Dorée, l'écrevisse excelle surtout à la bordelaise. Délicieuse à la meusienne! Mon ami Edmond Richardin vous exposera dans la partie qu'il s'est réservée dans ce volume, l'art justement renommé d'accommoder les brochets, les goujons et les écrevisses de la Meuse, à la mode de Vaucouleurs.

C'est un plat charmant quand la pourpre de sa robe se détache sur l'émeraude du persil. Célébrée par les Grimod, les d'Aigrefeuille et les Cussy, l'écrevisse ponctue avec éclat le « bouilli » fumant de la veuve Scarron, rehausse à souhait les poulets marengo et fait une couronne de pourpre à l'or des vol-au-vent.

L'écrevisse est un tour de force de la nature. Elle vient au monde toute petite, enveloppée dans une carapace qui, privée de toute élasticité, ne saurait se prêter aux fatales exigences de son développement. Faudra-t-il donc qu'elle étouffe dans ce bouclier trop étroit? Non : l'écrevisse ne doit pas mourir. Il faut qu'elle vive pour le plaisir de la bouche et pour le charme des cabinets particuliers.

En grandissant, elle va tout bonnement changer de robe, troquer sa petite défroque d'enfant contre un beau vêtement de jeune fille. Cette toilette, à vrai dire, n'est pas un amusement frivole, mais une grave affaire.

L'écrevisse — qui a l'air de porter la robe d'une petite sœur — se couche sur le dos, agite sa queue, frotte ses pinces, secoue sa tête, balance ses antennes, se trémousse, se débat, se gonfle comme si elle prétendait atteindre la grosseur d'une langouste.

Sous ses efforts répétés avec autant de prudence que de mesure, le dessous de la carapace se fend, se déchire tout doucement comme un habit trop étroit et l'écrevisse, peu à peu, dégage sa tête, ses yeux, son abdomen, ses pattes, ses pinces, sa queue.

O prodige! elle a mis tant de dextérité à se déshabiller que la vieille défroque abandonnée a l'air elle-même d'une écrevisse vivante. Ce n'est qu'une enveloppe de rebut, une robe usée.

Voilà donc notre écrevisse dégantée, déchaussée, décoiffée, toute nue, à peine recouverte d'une peau légère. Par prudence — par pudeur peut-être — elle se retire sous une racine, en attendant sans doute que la Providence lui offre une robe neuve, ajustée à sa taille. Eh bien, non! L'écrevisse n'a besoin de personne : à peine débarrassée de ses vieux oripeaux, elle se couvre d'une humeur visqueuse que son corps sécrète, commencement de sa nouvelle carapace. Elle *sue*, la grande chimiste qu'elle est, sa robe de rechange, et bientôt reparaît, sur le sable ensoleillé des ruisseaux, avec sa toilette fraîche, plus ample et plus belle que son ancienne robe de pensionnaire.

Chaque fois que l'écrevisse juge à propos de faire une toilette nouvelle, elle n'a qu'à *suer* un nouveau corsage, qu'à *transpirer* une autre robe, et c'est ainsi qu'elle a toujours un habit de rechange, sous la... pince.

Ces détails ne sont pas absolument culinaires, mais il est toujours bon de connaître ceux qu'on aime : au seul mot d'écrevisse, le sauterne vient à la bouche, et l'on a, en doux tête-à-tête, comme une vision charmante de mains blanches portant, entre deux éclats de rire, des pattes rouges à des lèvres roses...

Le turbot.

Le carnaval, ce goinfre, a disparu avec ses casseroles et ses lèchefrites, laissant après lui une longue traînée de graisse odorante et de rôti embaumé. Le carême est venu.

Non pas ce vilain carême renfrogné, pâle comme un navet et maigre comme un hareng, qui semble un échappé de quelque oratoire du moyen âge, mais un amour de carême, rose et dodu, friand de morceaux choisis et de bouchées exquises, ami discret des anguilles à la tartare et des dorades à la sauce blanche.

Sur les tables bien pensantes et surtout bien entendues, la truite à la hussarde, l'alose marinière, la perche fine, le saumon rose, le homard à l'anisette de Bordeaux, la dorée succulente, le turbot à la princesse et la brochette d'éperlans qui sentent la violette ont remplacé les poulardes de la Bresse et les chapons du Maine.

Aux pâtés échauffants d'Amiens et de Pithiviers, d'Auch, de Strasbourg et de Périgueux, ont succédé les terrines de brochet et de saumon, les délicieux pâtés de truite, de merlan, de thon marseillais. Les étables et les forêts font

relâche. Tout pour les fleuves et les rivières. C'est l'Océan qui est roi. J'arrive au turbot des Cendres.

Le turbot, sans nul doute, est l'un des premiers poissons de mer. Je n'ai pas à faire son éloge, mais chaque fois que nous nous rencontrons à table je sais bien lui témoigner ma sympathie. A cause de sa beauté, on l'a surnommé le « faisan de la mer » ; à cause de sa majestueuse ampleur et de sa chair délicieuse, on lui a donné le titre de « roi du carême ».

On apprête le turbot à la hollandaise, à la Champeaux, à la Jeanne d'Arc de Grisch du Lion d'or à Bordeaux, à la reine, à la Périgord, à la Sainte-Menehould, à la vénitienne, au coulis d'écrevisses, en casserole, à la béchamel, farci selon la recette savante de Barré, chef des cuisines du baron A. de Rothschild, aux laitances de carpe, à la Cambacérès, que sais-je encore!

Toutes les sauces lui conviennent et il honore toutes les sauces.

Mais son triomphe est l'antique et simple court-bouillon. Pour ajouter à la délicatesse de sa chair, d'aucuns font cuire le turbot dans d'excellent lait avec une légère addition de sel. Ce majestueux poisson se sert sans d'autre parure qu'un beau cordon de persil frisé. Une sauce au beurre, servie à part, est son modeste et son seul accompagnement. Le turbot est assez beau par lui-même pour se passer de déguisements prétentieux et de fanfreluches culinaires.

Comme l'a dit un grand gourmet avec une spirituelle emphase, le turbot au court-bouillon a la simplicité des héros comme il en a la

2

majesté et toute espèce de parure l'offense plus qu'elle ne l'honore.

Jadis, dans les riches fermes normandes, aux plantureux festins, un splendide turbot au court-bouillon était le plat traditionnel et légendaire du jour des Cendres.

On le servait avec honneur dans un large plat en faïence de vieux Rouen, bordé du beau cordon de persil obligatoire. Aux quatre coins de la table des pyramides de crevettes roses et, dans de grands verres en cornet, des branches de céleri, longues et souples, penchant comme de petites têtes de palmier.

On posait une couronne de laurier sur la tête fumante du « roi du carême » et les jeunes filles s'amusaient naïvement à prendre dans le foyer des pincées de cendre dont elles faisaient mine d'asperger le poisson, comme si le malheureux turbot n'avait pas expié dans l'eau bouillante des péchés imaginaires commis au milieu des vagues caressantes : « Souviens-toi, beau turbot, que tu n'es qu'une arête et que tu vas redevenir simple arête ! »

Et, en effet, le « faisan de la mer » n'est bientôt plus qu'un squelette aux débris épars. Il ne reste plus que le persil et la petite couronne de laurier.

Ouvert sous les auspices du roi Turbot, le carême se continue en soles normandes, en rougets à la broche, en barbues marinées, en raies à la noisette, en cabillauds farcis, en morues à la crème et toute la sainte litanie des meilleurs poissons de mer, égayée de temps à autre par un canard de Rouen, une poularde de Vire, un dindonneau de Pont-l'Evêque ou une oie d'Alençon.

Comme elles entendent bien le carême, les fourchettes normandes !

La sole.

De toutes les filles de la mer, que la vague promène dans l'écume blonde, daurade aux sourcils d'or, crevette mignonne, langouste aux reflets bleus, lamproie magnifique, barbue fameuse, celle que l'on préfère peut-être, c'est la sole à la chair blanche et fine, régal incomparable du gourmet !

Va, sole aimée, prodigue à travers le monde tes sauces illustres, tes filets délicats, tes paupiettes charmantes et tes gratins savoureux !

Que l'on te savoure aux fines herbes ou au vin blanc, à la normande, en timbale, à la dieppoise, de Grisch, le savant cuisinier bordelais, à la Rabelais, préparée par Paillard, aux huîtres, aux moules, aux goujons, à la Choisy ou à la Mirabeau, à la Bercy ou à la Joinville, à la marinière ou au beurre d'anchois, aux truffes ou aux champignons, à la cancalaise, à la Cussy, à la Vénitienne ou à la Rioja, à la Champeaux, tu es la sole, toujours la sole, ennoblissant ces sauces innombrables et savantes que le grand art culinaire a voulu t'offrir comme autant d'hommages rendus à la souveraine excellence de ta chair !

Eh bien, je t'aime surtout quand, d'une friture limpide et claire, tu sors artistement jaunie, à ce point que tu fais rêver d'un poisson d'or. Une larme de citron avec quelques brins de persil vert, vivement rissolé, et c'est tout. C'est ainsi que je te préfère, car il me semble que sans fard et sans apprêt, tu te livres mieux tout entière aux pures voluptés de la bouche.

Mais, que dis-je? Dans un moment de suave inspiration, Marguery, le grand maître, a trouvé je ne sais quelle sauce royale, vraiment digne de ta chair sans rivale.

Il te veut corpulente et grasse, Marguery. *Avec soin, il lève tes filets charnus qu'il étend sur un plat bien beurré, les arrosant de bon vin blanc et les faisant pocher au four. Avec les débris délicats, il a fait un fumet entendu qu'il passe dans une petite casserole d'argent. Il s'empresse d'y ajouter vin blanc, filets, cuillerée de velouté, jus de champignons frais et l'eau de deux douzaines de moules pochées avec du jus de citron. Une fois réduite, la sauce est beurrée légèrement.*

C'est le moment de te faire belle et captivante, c'est-à-dire de te parer avec des moules sans coquilles, quelques douzaines de queues de crevettes décarapacées gentiment. Sauce dessus, s'il te plaît, et, au four, gratin léger. Ai-je besoin d'ajouter que les bisques de crevettes sont toujours d'une impeccable fraîcheur.

Voilà, douce sole des mers, ce que Marguery a fait pour toi. Tu aurais tort, je crois, de te plaindre. Mais tu ne te plains pas. Dans ta candide reconnaissance, tu as fait jaillir sur son nom illustre une part intime de la renommée qu'il te donna!

Va, sole exquise, à travers le monde, promener de table en table tes filets merveilleux et la gloire de Marguery!

Et tes filets, qui donc pourrait dire tous les accommodements fameux qui les transforment en mets succulents, aussi variés que choisis? Filets à l'estragon, à la Tosca, du Petit Vatel de Nancy, à la Normande, du maître renommé Tivollier, de Toulouse, aux fruits de mer, à la Nantaise, à la Mornay, du café Anglais; filets à la Bordelaise, à l'Egyptienne, de l'excellent cuisinier Montagné, à la Grand-Duc Wladimir, création de Frédéric de « La Tour d'Argent », à la Soubise, à la Valencienne, à la Orly, à la Béarnaise, à la Deauvillaise, de Barré, chef des cuisines du baron Alphonse de Rothschild, à la Sévigné, à la Monte-Carlo, à la Gilberte, savamment préparée par Grisch, du « Lyon d'Or », à Bordeaux. Que sais-je, encore? A chacun de ces noms répond une sauce délicieuse, plaisir des yeux et régal du palais, doux fleuron de cette couronne embaumée qui pare le front de la cuisine française!

Et tes gratins, qui donc saurait les décrire dans leur préparation savante et célébrer dignement la succulence particulière qui distingue chacun d'eux? Qui donc pourrait les nommer tous? Gratin à la Reine, gratin à la Ménagère, gratin à la Portugaise, gratin au chablis et gratin au mâcon; gratin à la Milanaise, à la Dauphinoise, à la Russe, à la Hongroise, à la Périgord, que la truffe parfume. Et tes suprêmes Cendrillon du Grand Hôtel!

Noms charmants qui se succèdent sur les lèvres humides comme les versets troublants d'une litanie gourmande; noms délicieux qui rappellent les voluptés lointaines d'un règne passé, comme ces coquillages de la mer qui gardent dans leurs replis mystérieux je ne sais quel vague murmure des flots...

Filets et gratins innombrables, est-ce tout? Non, sole bien-aimée. Avide de mérite et de gloire, tu n'es jamais à bout de séductions. N'as-tu pas encore pour ravir le gourmet tes « paupiettes » irrésistibles, tes fameuses **paupiettes à la Banquière**? *Tes filets délicats sont artistement roulés en paupiettes, pochés au vieux sauterne, servis dans de mignonnes tartelettes en fine pâte brisée, nappées d'une sauce vin blanc, dans laquelle on aura mis un fin salpicon de champignons frais et de truffes sarladaises.*

De toutes les parures qui rehaussent ta grâce culinaire et que tu sais embellir toi-même, il n'en est pas, à mon avis, de plus captivante et de plus coquette. Elle ferait loucher un ermite et damnerait un saint.

Ah! certes, tu n'as pas les rondeurs provocantes des truites et des carpes grasses à pleine ceinture; mais ta taille est si légère et ta chair est si blanche! Est ce qu'Alfred de Musset, qui raffolait de tes filets à la Vénitienne n'a pas dit : « La femme grasse est le plaisir, la femme maigre est la volupté. »

Un jour, un Marseillais avait invité quelques amis à planter la crémaillère dans la villa qu'il venait de se faire bâtir. Avant de se mettre à table on visite, on admire l'élégante demeure. Tout est merveilleux.

— Oui, reconnaît l'amphitryon félicite à outrance; malheureusement, l'architecte a absolument manqué la salle à manger. Le plafond est si bas qu'il a toujours l'air de vouloir descendre sur la table. Regardez!

— Je ne trouve pas, observe un des convives C'est très bien comme ça!

— Comment! Il suffit de lever le bras pour toucher le plafond.....

— Qu'importe? Chez mon père le plafond était beaucoup plus bas. Il était si bas, voyez-vous, que l'on ne pouvait servir que des soles.....

Rien que des soles, c'était peut-être un peu maigre. Encore aurait-il été injuste de se plaindre avec des paupiettes truffées à la Banquière et des filets à la Marguery.

Va, sole exquise des Océans, promène à travers le monde tes sauces illustres, tes filets délicats, tes paupiettes charmantes et tes gratins savoureux.

Le rouget.

A madame Fernand Thiéry.

Il est beau, il est exquis. On le savoure et on l'admire. Le vif éclat de sa robe égale la finesse incomparable de sa chair. Brillat-Savarin est charmé de son goût délicieux; Lacépède est ébloui de sa riche parure. Ses nageoires ont des reflets d'or. Le beau rouge de son dos en fait presque un poisson de pourpre. Son ventre est d'argent et de coquets barbillons ornent le dessous de son museau. Sa tête, un peu forte, indique peut-être une intelligence que je ne saurais apprécier. On sait que le beau rouge qui a nommé ce joli poisson est particulier à son corps lui-même, il subsiste après l'enlèvement des écailles. Dépouillé, il reste rose.

Ce poisson d'élite se trouve dans l'Océan et dans la Méditerranée. Il est particulièrement délectable quand il vient des parages rocheux de l'Espagne et de l'Italie, mais avant tout, du rivage provençal. Le rouget veut être savouré à l'état de première fraîcheur. Il n'attend pas, semble impatient du gril qui le dore et de l'huile qui l'arrose. Point de transition entre l'eau et le feu. De la vague il passe au fourneau.

Le gril est le triomphe du rouget. Quand l'huile de Provence l'a doucement humecté, il se réjouit d'une belle sauce à la maître d'hôtel. Peut-être est-il préférable avec ses foies bien cuits, bien broyés, saupoudrés de persil finement haché, délayés ensuite dans l'huile onctueuse et parfumée d'Aix.

Le rouget, il ne faut point l'oublier, ne s'écaille et ne se vide jamais. Sous sa belle écaille respectée, il conserve mieux son arome incomparable. Je ne parle pas des petits rougets qu'on fait frire après les avoir écaillés avec soin et roulés avec sollicitude dans la farine blanche. C'est un mets riant, léger, très fin.

Elle date de loin la réputation de succulence et de beauté du rouget, si connu et si recherché des Romains sous le nom de mulle. Tandis que les poètes célébraient les couleurs magnifiques du rouget, les patriciens savouraient sa chair exquise dans des plats d'argent et d'or. Comme les murènes et les daurades, le rouget, alors rare et cher, ornait les viviers somptueux de l'aristocratie gourmande.

Le luxe coûteux de ce poisson devint si recherché que Cicéron reproche aux Romains l'orgueil insensé avec lequel ils montraient de superbes rougets dans les étangs salés de leurs villas. Suétone parle de trois rougets qui, sous le règne de Tibère, furent payés trente mille sesterces, c'est-à-dire près de six mille francs!

Depuis Suétone et Cicéron, le rouget est devenu commun sans cesser d'être excellent. Il a singulièrement baissé ses prix et il faut lui savoir gré de s'être mis à la portée de toutes les fourchettes. Il n'est plus besoin de se nommer César pour savourer une bonne grillade de rouget à la maître d'hôtel, un simple pêcheur de Marseille peut s'offrir aisément le poisson fameux qu'un Vitellius ou un Caligula payait au poids de l'or.

Il se rencontre de ces espèces qui, selon le mystérieux caprice des océans, se font communes ou rares. Un flux les apporte, un reflux les emporte. C'est un plat qui surgit et disparaît. La mer le sert et le retire. Et pourtant, cette grande avare engloutit assez de richesses et d'existences humaines pour ne pas retenir dans ses abîmes tant de fritures et de matelotes qui feraient si bien à table.

Ah ! si au lieu d'une simple fourchette, je tenais le trident souverain de Neptune, je m'écrierais, moi aussi : *Quos ego !* ordonnant aux flots rebelles de servir à tous les rivages langoustes et turbots, daurades, homards, barbues, rougets, tous les poissons d'élite qui sont le trésor des eaux et l'honneur des festins.

L'alose.

A madame Louise de Lachapelle.

— Ma mître pour une alose ! s'écriait un prélat spirituel, aussi célèbre en cuisine qu'en diplomatie.

— L'alose, déclarait Grimod de la Reynière, est un poisson extrêmement délicat qui remonte les fleuves et les rivières pour venir charmer les gourmets.

— L'alose, affirmait Brillat-Savarin, est une des joies les plus pures et les plus suaves du carême.

— L'oseille, observait enfin le marquis de Cussy, pousse tout exprès pour accompagner l'alose. Sans l'alose, l'oseille n'aurait pas sa raison d'être.

Jadis l'alose avait le traditionnel honneur d'égayer la semaine sainte, attristée par les harengs et les morues. On la servait le jeudi sur les tables aristocratiques et bien pensantes.

Trois mers bercent dans leurs vagues l'alose à la chair blanche et fine : l'Océan, la Méditerranée, la mer Caspienne. Pour être parfaite, l'alose doit avoir quitté la mer pour engraisser dans les eaux propices des fleuves et des rivières.

C'est au printemps que ce poisson d'élite remonte les grands fleuves pour apporter aux gourmets ses grillades exquises. La France est le pays béni des aloses. La Seine et la Loire, le Rhône, la Meuse, la Somme sont ses fleuves de prédilection. L'alose atteint souvent un mètre de longueur, mais son poids ne dépasse guère deux kilogrammes. Elle aime les eaux tranquilles et claires. En temps d'orage, elle disparait dans les profondeurs du fleuve, comme, aux approches de la tempête, le nénuphar cache sous les eaux sa coupe de neige ou d'or.

L'alose a des goûts simples : on l'accommode au bleu, à la marinière, au beurre d'écrevisses ou d'anchois. On la braise au vin de Bourgogne, servie sur une sauce matelote ou genevoise ; on la grille, on la rôtit. Voici la recette de l'**alose grillée.**

Après les préparations ordinaires vous assaisonnez les laitances du poisson et les replacez dans le corps ; arrosez d'un peu d'huile d'olive, assaissonnez et laissez mariner pendant une heure. Quand doucement la chair crépite sur le gril, on l'arrose avec son excellente marinade, puis on la sert dans une simplicité touchante avec une modeste purée d'oseille. L'alose aime l'oseille comme l'oie recherche le marron, la grive le genièvre, la dinde les truffes, la sole le vin blanc, la friture le persil, le homard la mayonnaise. Quant à moi, je savoure l'alose grillée sans un brin d'oseille et je ne veux pas une seule tache verte sur sa robe argentée.

Quand l'alose est pesante et grasse, d'une riche taille, on serait impardonnable de la manger autrement que rôtie. *Ecaillée et vidée avec soin, on la fait mariner pendant une heure pour la mettre à la broche en l'arosant avec du frais beurre de Gournay. Il n'y a plus qu'à la servir sans faste sur une serviette blanche tapissée de cresson vert.* Mais, la gloire de l'alose, ce sont peut-être ses œufs rissolés vivement, humectés d'une goutte d'orange ou de citron : une bouchée de pape !

Malgré tout son mérite, l'alose n'est pas parfaite. Elle a un défaut qu'elle partage avec la reine des fleurs. De même qu'il n'y a pas de roses sans épine, il n'y a pas d'alose sans arête. L'arête c'est la plaie. Elle en est bourrée, piquée, hérissée. Ce n'est qu'une pelote. On dirait que la mer a vidé son étui sur la robe de l'alose. Chaque bouchée a des aiguilles. C'est une préoccupation constante. Aurait-on près de soi la plus charmante femme du monde, on ne peut ni causer ni sourire. Il faut se taire ou s'étrangler.

J'ai connu une pauvre demoiselle de compagnie en service — je devrais dire en servitude — auprès d'une vieille marquise dont les gencives octogénaires étaient lamentablement démeublées.

Savez-vous à quelle besogne humiliante était condamnée l'infortunée demoiselle ? Pendant le Carême, il lui incombait la tâche bizarre d'enlever toutes les arêtes des poissons dont se régalait la marquise.

Lorsqu'on servait une alose, c'était un supplice pour la pauvre demoiselle de compagnie. Un jour, en accomplissant son écœurante besogne elle oublia une arête qui incommoda, quelques heures, sa noble maîtresse et elle fut renvoyée.

« Chercheur d'arêtes de poisson ! » Voilà certainement un métier étrange que n'aurait jamais trouvé Privat d'Anglemont.

Lamproie d'Aquitaine.

J'ai connu un charmant garçon, à la fois grand mangeur et fin gourmet. Tous les ans, avec la ponctualité d'une cloche sonnant l'heure du dîner, il allait faire un tour à Bordeaux, Quel mobile le poussait ainsi vers cette aimable ville? Un caprice de touriste ? Non. Une affaire d'intérêt ? Pas davantage. Une affection de famille ? Aucunement. Il se rendait à Bordeaux, le gaillard, pour savourer une lamproie de la Gironde, sauce Aquitaine, au beurre d'écrevisses. Puis il rentrait à Paris joyeux et charmé, le cure-dents aux lèvres.

Un jour, malheureusement, la fantaisie lui prit de revenir par Périgueux. Là, il rencontre des truffes et les courtise à toutes les sauces.

Un soir, il s'enferme dans sa chambre avec une terrine énorme, embaumant comme un parterre. Que se passa-t-il ? Le lendemain la terrine était vide et mon ami était mort. Ainsi finit son doux pèlerinage aux lamproies de la Gironde.

D'ailleurs, ces dernières pouvaient lui être aussi fatales que la terrine de Périgueux. Il est certains estomacs qui supportent difficilement la lamproie.

Ne raconte-t-on pas que la mort du roi d'Angleterre, Henri Ier, fut causée par une indigestion provoquée elle-même par la lamproie ? Sans savoir si ce n'est pas là une pure calomnie à l'adresse d'un poisson exquis, il faut reconnaître que ce tragique exemple n'a pas eu le don d'effrayer les Anglais ou leurs rois.

Il n'existe probablement pas de pays au monde où la lamproie soit plus estimée qu'en Angleterre, où on en consomme des quantités considérables sans que le chiffre de la mortalité semble en augmenter de beaucoup.

La ville de Glocester est même dans l'usage de faire présent, chaque année, au roi ou à la reine d'Angleterre, d'un pâté de lamproie, à l'époque des fêtes de Noël ; ce présent a toujours été accepté avec plaisir, et mangé en grande pompe au plus prochain repas de la famille royale, peu sensible au souvenir du roi Henri.

Si les Anglais aiment passionnément la lamproie, il est bon d'ajouter qu'ils n'ont pas été les premiers à apprécier les mérites exceptionnels de ce poisson savoureux.

Jadis, les gourmands de Rome, qui poussaient si loin l'art de la table, avaient pour la lamproie une sympathie toute particulière et très marquée.

A cette époque, les meilleures lamproies, les plus prisées du moins, celles qui jouissaient des faveurs de la mode culinaire, se pêchaient dans le détroit qui sépare la Sicile de l'Italie. Du reste, on se donnait aussi la peine de les élever dans des viviers qui n'étaient destinés qu'à elle seules.

Dans ce genre, on citait le cuvier construit par Hirtius sur le bord de la mer, et où se trouvaient réunies d'admirables lamproies, qui furent presque toutes dévorées lors des grands festins qui eurent lieu au moment des triomphes de Jules César.

Nous nous éloignons beaucoup des terrines de Périgueux et des lamproies de la Gironde !

Ce délicieux poisson mérite certainement qu'on fasse le voyage de Bordeaux, surtout quand il est dignement arrosé d'une vieille bouteille de Saint-Estèphe ou de Saint-Émilion.

Lamproies d'eaux douces et lamproies de mer remontant les fleuves à l'époque du frai, deux espèces estimées de la cuisine et chères aux gourmets. La Loire et le Rhône en produisent d'excellentes, mais les plus délicates, les plus savoureuses, les plus renommées sont pêchées dans la Gironde. Après la lamproie de Bordeaux, il faut rengainer la fourchette. C'est la merveille de ce genre exquis.

Abondante en Italie où on la marine en grande quantité, la lamproie est rare dans le Nord. Ce délicat poisson se savoure **étuvé à l'angevine**. *Avant de le cuire, il convient de l'échauder pour retirer la peau qui est sans écailles, visqueuse et lisse comme celle des anguilles. Divisez-la en tronçons que vous laissez macérer pendant une heure dans le sel et le vinaigre. Après* *avoir lavé et épongé les morceaux, vous les étendez délicatement dans une casserole de terre, sur un lit de tranches d'oignons; arrosez avec de l'huile d'olive; saupoudrez de sel et de poivre et ajoutez une douzaine de champignons. Mettez maintenant sur un feu modéré pour colorer légèrement l'oignon; mouillez ensuite le poisson avec une bouteille de sauterne et 4 ou 5 cuillerées de vieille fine-champagne; couvrez votre casserole avec une assiette de terre remplie d'eau, la fermant hermétiquement; puis laissez cuire doucement dans des cendres chaudes pendant une heure. Il convient ensuite de dégraisser la cuisson, d'y ajouter un léger roux préparé à part, arrosé largement d'un jus de citron, relevé de piment et de persil haché.* Ce plat est exquis, c'est un vrai régal.

On accommode aussi la lamproie en civet, sauce au vin de Bordeaux, épaissie de farine choisie. Elle charme la bouche à la tartare, aux champignons, à la sauce douce, à l'italienne, en matelote bourguignonne.

Avec la lamproie de la Gironde, on confectionne des pâtés froids d'un goût délicieux, on prépare aussi des galantines excellentes qui, servies comme pièces froides dans un souper, y tiennent toujours une place de haute distinction.

Rôtie, c'est un plat d'imposante noblesse. De petite taille et frite avec art, c'est un manger d'une grande délicatesse. Associée à d'autres poissons dans une matelote savante, la lamproie est de beaucoup préférable aux plus fines anguilles.

On la mange aussi très bonne sur les bords de

la Loire, entre Tours et Angers, entre Angers et Nantes. Les mariniers de là-bas, dont les longues sapines descendent lentement le cours du fleuve aux grèves dorées, savent arranger de délicieux plats de lamproies, de même qu'ils connaissent mille recettes pour préparer les autres poissons, et particulièrement ces fines « bouctures », arrosées de vin blanc, pour lesquelles on vendrait son droit d'aînesse plus justement que pour un plat de lentilles.

Un mets très justement recherché, c'est le frai de la lamproie, si fameux sous le nom pittoresque de sept-œils.

Barfleur et Rouen en expédient, dans des sortes de pichets, de tout préparés avec un mélange heureux de beurre frais, de purée d'oseille et de fines herbes.

La lamproie, au corps cylindrique et allongé comme l'anguille, atteint parfois de très fortes dimensions. On en pêche d'énormes. Ce ne sont pas, j'imagine, les meilleures, mais elles ont droit à l'honneur de la broche et figurent un plat magnifique. La tête au museau tronqué est très originale. La robe lisse et verdâtre sur le dos est tour à tour pointillée de taches et semée de raies vaporeuses. Joli poisson, excellent surtout.

Au nombre des sauces renommées qu'ennoblit la lamproie, j'allais, Dieu me pardonne! oublier la **Sauce provençale**. Elle est pourtant digne d'intérêt : *prenez, s'il vous plaît, de fines rondelles de lamproie artistement marinée et cuite aux trois quarts dans un court-bouillon aromatique. Puis, on les frit de belle couleur dans l'huile odorante, pour les servir, bien*

dorées, sur une purée de pourpre aux tomates. C'est un plat délectable et charmant.

Comme mon défunt ami qui succomba la fourchette à la main avec une terrine pour tombeau, je n'irai peut-être pas à Bordeaux tout exprès pour savourer une lamproie de la Gironde, sauce d'Aquitaine au joyeux beurre d'écrevisses, — mais avec quelle volupté gourmande je ferais une pieuse station dans cette belle ville hospitalière qui est le paradis « de la gueule », selon le vieux Montaigne, et le « cellier du monde! »

On raconte qu'après la chute du ministère qui l'avait nommé, un préfet de Bordeaux, gourmet fameux, fut obligé de donner sa démission.

Un jour qu'il se promenait devant Tortoni, le visage triste et le pas mélancolique, un ami l'aborde :

— Toujours inconsolable, mon bon! Je gage que vous songez à la vanité des grandeurs, aux retours de la politique, à votre cher ministère...

— Mon ministère? Allons donc! Je pense à Bordeaux, à ses vins délicieux, à son anisette exquise, à ses cailles, à ses ortolans, à ses cèpes, à ses écrevisses, aux huîtres de Marennes et surtout aux lamproies inoubliables de la Gironde!

Ah! l'excellent préfet! C'est ainsi que je comprends la politique.

La poule au pot.

A madame Pauline Cauchemez.

J'adore les plats rustiques et simples au doux parfum de famille, embaumant un coin choisi des grandes cheminées campagnardes où chante le grillon.

Telle est la poule au pot.

Pour la réussir, nul besoin d'endosser la veste blanche des maîtres-queux. C'est le triomphe des ménagères. Écoutez ! *Quand la marmite exhale, depuis deux heures, ses senteurs exquises, quand les légumes, en une valse hésitante et légère, tournent autour d'un beau gîte à la noix, on prend une bonne poule vidée, flambée, troussée, que l'on remplit d'une belle farce sérieuse : chair à saucisse marbrée de truffes noires, foies de volailles et mie de pain, persil et gousse d'ail finement hachés, le tout bien lié, graissé de fin beurre et discrètement humecté de quelques gouttes de vieux montbazillac, voilà ma farce qui n'est pas une plaisanterie.*

Cette farce, mes amis, on la glisse dans la poule recousue avec soin, qui va rejoindre le gîte à la noix dans la marmite où elle cuira lentement, doucement, parfumant la maison de senteurs délicieuses.

Tandis que j'écris sur ma table de chêne, les vapeurs odorantes du pot-au-feu se mêlent aux robustes odeurs de ma pipe en bruyère et j'écoute la douce chanson du foyer. C'est la poule qui cuit ; c'est la marmite qui murmure et qui chante.

Et pour écouter ce gazouillement joyeux, on dirait que le vent baisse la voix dans la cheminée et que les grillons se taisent derrière la plaque du foyer.

Elle cuit, elle cuit, la bonne poule au pot !

Au milieu des bouilloires qui jasent et des casseroles qui fument, la marmite trapue trône comme une reine de la maison. Une douce buée lui fait une auréole de parfum et un filet de vapeur se dresse sur sa tête brunie droit et fier comme une aigrette.

Si j'enlève le couvercle pour surveiller ma poule, tout rit, tout danse à la surface. Les carottes, les navets, les poireaux, les gousses d'ail, le bouquet de persil, esquissent une sorte de farandole indolente et rythmée autour de la poule qui, couchée sur le flanc comme un navire échoué, étale à mes regards charmés sa poitrine jaune comme l'ambre et sa carcasse fumante.

Au moment « psychologique », *on retire la poule avec un soin respectueux pour la servir, dans sa touchante majesté, sur un lit de persil vert enguirlandé de belles écrevisses rubicondes. Du gros sel de cuisine dans une soucoupe blanche. Ici, la moutarde obligatoire*; *là, les « pickles » joyeux !*

On admire, on savoure, on s'exclame, on ne peut se rassasier de cette farce appétissante qui sort des flancs bénis de la poule comme une explosion de parfums.

Telle est la poule au pot.

C'est un plat antique et bien français, la poule au pot. Henri IV la promit à toutes les marmites du royaume. Elle est aussi célèbre que les amours du Vert-Galant, que ses victoires et son panache, que la sagesse de Sully, que la bravoure de Crillon, que la beauté de Gabrielle...

A cette promesse du rusé Béarnais, l'eau vint à la bouche de Jacques Bonhomme ; il souffla sur son feu de bois vert et prépara sa marmite de terre. La poule au pot resta dans l'œuf...

Elle resta dans l'œuf et ne parfuma jamais que l'histoire de ses senteurs imaginaires.

A combien de sauces étonnantes et diverses ne l'a-t-on pas accommodée, cette poule chimérique, depuis le roi Henri!

Tout le monde l'a promise, et la marmite de Jacques Bonhomme attend toujours sa poule au pot!

Elle serait vraiment trop affligeante et trop longue, la liste officielle de ces cuisiniers d'État qui ont brûlé tant de ragoûts et dépensé tant de beurre, en ruineux gâte-sauce de gouvernement.

On les voit défiler, chacun avec sa recette et son plat du jour, son menu alléchant et trompeur, acclamé aujourd'hui, répudié demain, je ne sais quoi d'indigeste et de frelaté, quelquefois d'empoisonné! Les uns battent la grosse caisse sur leurs rôtissoires démodées; les autres exhibent avec orgueil leurs vieilles lèchefrites.

Un jour, dans un grand banquet, un éloquent ministre du dernier empire, entraîné sans doute par la générosité de son âme, promet ceci et cela, à peu près tout ce que l'on veut...

— Ce n'est pas assez! s'écrie du fond de la salle un convive irrespectueux qui, sans doute, avait bu trop de champagne; ce n'est pas assez! Je demande la lune...

— Vous l'aurez! répond vivement le ministre, qui a mal entendu. Vous l'aurez, mes amis, vous l'aurez! répète-t-il avec un geste superbe à la Mirabeau.

Encore la poule au pot de Henri IV, toujours la poule au pot!

Louis-Philippe, un madré, remplaca la poule au pot de son ancêtre par la poule au riz; mais il la mangeait en famille. Il s'arrangeait même de façon qu'il en restât toujours pour le lendemain, sous le prétexte économique que le riz est excellent réchauffé.

Elle n'avait rien de chimérique, la poule au riz des d'Orléans. C'était une belle volaille bourgeoise, bien nourrie, bien pansue, faisant un parfait ménage avec le coq des shakos de la garde nationale.

Pendant dix-huit ans, la France bourgeoise et privilégiée se reput un peu gloutonnement de cette poule au riz et, encore, il fallut que la Révolution de 48 vînt enlever le couvert.

N'étant rien, je ne saurais rien promettre, mais à tous les déshérités qui ne connaissent de la marmite de Henri IV que les parfums imaginaires, je souhaite de tout mon cœur une poule au pot.

Le canard de Rouen.

A madame Tolmer.

A la Normandie appartient le premier des canards de France. A côté de ce palmipède d'élite le canard de Gascogne ne serait peut-être qu'une aimable fanfaronnade s'il n'avait pour lui son illustre foie gras, pur diamant de la cuisine française. Quant au canard d'Amiens, vaincu sur toutes les broches et les lèchefrites par le canard normand, il a pris la résolution sage de se retirer dans une terrine.

De palmipède il s'est fait pâté.

N'oublions pas que le Midi envoie ses délectables confits de canard aux quatre coins de l'Europe et que la Gironde élève des canards exemplaires qu'on arrose d'un vieux vin d'Aquitaine. Mais la merveille de la broche, c'est le canard de Normandie. Mangez-le rôti, à la manière du maître Urbain-Dubois.

Choisissez un superbe spécimen de la race, flambez et videz-le; hachez le foie et le gésier avec un égal volume de lard frais; assaisonnez le hachis auquel vous ajouterez une pincée d'oignons et de persil hachés, de la mie de pain râpé, un jaune d'œuf; de cette farce bien préparée vous emplirez l'estomac du canard, vous le briderez, puis le mettrez à la broche pendant une demi-heure.

Délicieux aussi aux navets, c'est à croire qu'ils ne mûrissent que pour lui faire cortège et que la douce Provence se pare d'oliviers pour le réjouir. Ses aiguillettes roses, que le citron relève, sont exquises, et ses cuisses un peu grasses triomphent dans ces daubes odorantes qu'aimait le vieux Corneille; et son foie truffé du maître cuisinier Jules Besset est un pur chef-d'œuvre gastronomique.

Eh bien! le premier de tous les canards de Normandie, fine chair, fine graisse et fin duvet, c'est le canard de Rouen. Il est noble d'origine, issu en ligne directe du canard sauvage dont il a gardé le beau plumage et le fumet original. Un jour de jeûne, sans doute, il s'est laissé séduire par les charmes de l'auge et l'attrait du grain. Le voilà conquis à la civilisation et à la casserole.

C'est le mieux vêtu de nos canards. Mais c'est surtout le dessous qui nous intéresse. La plume s'envole, la chair reste; et j'estime que la plus belle couleur d'un canard de Rouen, c'est la robe d'or qu'il emprunte à la flamme joyeuse des cuisines.

Le canard normand, du reste, ne tire point vanité de son bel uniforme. C'est un canard pratique et sérieux, fier de sa graisse et de sa chair. Il est gros, il est gras, il est plantureux, un peu massif et lourd comme un bon fermier de la vallée d'Auge. Il marche en titubant comme s'il avait bu six pintes de cidre et se balance, satisfait, comme s'il voulait faire sonner ses écus.

Il semble orgueilleux de ses herbages, de ses mares, de ses ruisseaux, de ses vastes cours plantées de pommiers. Il traîne en chantant comme un bourgeois de Pont-l'Evêque et prend toujours à gauche pour aller à droite. Il veille au grain sans en avoir l'air et je vous déclare que les poulets et les dindons seraient bien fins, s'ils trouvaient à glaner où a passé le canard normand.

Le facile élevage du canard de Rouen fait qu'on le rencontre un peu partout. La Vendée, par exemple, en fait un important commerce et Nantes en expédie beaucoup à Paris. Il paraît même que suivant la route de leur glorieux compatriote, Guillaume le Conquérant, les canards rouennais se sont implantés en Angleterre où leurs descendants sont fort estimés des fourchettes britanniques.

C'est à Yvetot et dans ses environs que l'antique canard de Rouen s'est perpétué dans la pureté de sa race, exempt de toute mésalliance.

A vrai dire, ce palmipède souverain est le véritable roi d'Yvetot, non coiffé d'un bonnet de coton, mais vêtu d'un manteau de lard par les soins culinaires de Jeanneton. Vous apprécierez aussi toute la saveur de sa chair délicate, en le préparant selon les recettes que l'ami Edmond Richardin a recueillies à la fin de cet ouvrage.

Le perdreau.

A madame Emmeline Raymond.

A tout seigneur tout honneur, voici le perdreau. On ne le loue pas, on le savoure; on ne le prône pas, on le truffe!

Saine et légère entre toutes, sa chair est délicieuse. Son aile surtout, son aile incomparable, est douce aux convalescents et chère aux gourmets.

Le perdreau ennoblit toutes les sauces. Exquis à la périgourdine, à l'estouffade, à la Grimod, à la Cussy, il excelle à la Martignac.

Je dînais un jour dans un château de Touraine, chez de vieux amis, fins gourmets. Cette demeure hospitalière et charmante était moins un manoir qu'un vaste garde-manger. Ver les cinq heures du soir, une explosion de parfums culinaires s'élançait des cuisines, emplissait le parc, flottait dans l'air et descendait en ondes suaves jusqu'aux bords de la Loire, où ces senteurs gastronomiques se mêlaient à la pénétrante odeur des roses et des verveines.

La vue seule du château vous donnait faim. De la jeune châtelaine, un seul mot : jolie comme un cœur et gourmande comme une chatte. Pour un merle de Corse la baronne aurait donné tous ses amoureux.

On nous servit donc cinq ou six perdreaux accommodés d'une façon aussi délicieuse qu'originale.

— Ce sont des perdreaux à la Toussenel, m'annonça l'aimable châtelaine en passant un bout de sa langue rose sur ses lèvres vermeilles. Je ne sais rien de plus délicat.

— La recette, madame! La recette!

— La voici : *Dans les corps dodus de jolis perdreaux on glisse une farce onctueuse et parfumée, composée de foies choisis et de truffes sarladaises que l'on aura passées légèrement au meilleur champagne.*

Puis, devant une flamme claire et gaie, on embroche les perdreaux, délicatement enveloppés d'un papier beurré qui recouvre lui-même une première couche de feuilles de figuier... breton. Vous m'écoutez, n'est-ce pas?

— Certes oui! Je vous écoute, puisque je ne vous regarde pas...

— Soyons sérieux : *quand les perdreaux sont cuits aux trois quarts, on les débroche; puis, tout doucement, on lève les quatre membres sans toutefois les séparer entièrement du corps de l'oiseau.*

Maintenant, entre chaque membre, on étend une farce de mie de pain vivement maniée de gros poivre, de fin beurre, de ciboule, de persil et de muscade râpée.

Il ne reste plus qu'à mouiller les perdreaux avec du consommé et du vieux champagne. La cuisson s'achève à feu très doux, sans un soupçon de flamme, sans l'ombre d'un couvercle.

Enfin, on sert les perdreaux en relevant la sauce d'un zeste râpé et d'un jus de bigarade. Deux ou trois larmes d'alicante.

L'éloquente baronne s'est tue et j'écoute encore.

— Vous pouvez me regarder, dit-elle avec son

troublant sourire qui damnerait un saint. J'ai fini.

Et, comme péroraison irrésistible, elle pose dans mon assiette deux ailes de perdreau.

Eh bien ! de longue et douce date, je connaissais le perdreau à la périgourdine, le perdreau à l'estouffade, le perdreau à la purée, le perdreau aux truffes, en sauté, en escalopes, en salmis, les suaves perdreaux à la Grimod, mais je déclare tous ces mets exquis certainement inférieurs aux perdreaux à la Toussenel.

Il avait vraiment bien de l'esprit, l'auteur de l'*Esprit des Bêtes*. Et puis elle était si jolie, la baronne !...

La caille.

A madame Eugénie Maublanc.

La caille : oiseau charmant, gibier exquis. J'aime sa robe grise et son pas léger, sa petite tête éveillée qui respire l'innocence. J'aime aussi, par un beau soir d'été, son chant précipité et doux qui s'élève du fond des blés. J'aime surtout sa chair délectable qui pleure sous la fourchette un jus succulent que l'orange parfume.

La caille en chaufroid, tout un poème de la bouche, est le délice et l'honneur de la gastronomie. Rôtie, c'est un pur régal, beurrée tout simplement au pinceau, elle renie la barde de lard et refuse la classique feuille de vigne sur les appétissants contours de sa chair de satin. La caille à la maréchale est avide de muscade et d'alicante. Une caille truffée, sauce Cambacérès, ferait loucher un anachorète.

Je ne fais qu'incliner ma fourchette devant la caille à la financière, à la royale, à la provençale, à la turquoise, à la milanaise, aux croustades, aux laitues, aux truffes et aux foies gras que réjouit une belle sauce périgueux. Quant au potage à la purée de caille, c'est tout bonnement une volupté.

Les plus estimées des cailles sont celles de la Provence et du Languedoc, surtout en automne quand elles ont glané du grain dans les sillons et picoré du raisin dans les vignes.

L'hiver approchant, les cailles émigrent vers les pays du soleil : la Judée, l'Arabie, l'Egypte. Elles déjeunent à Marseille et dînent à Alger. Souvent, alourdies par leur graisse, elles tombent sous le plomb du chasseur. D'aucunes, vraies boules de beurre, hivernent dans les broussailles de l'Agenais et du Périgord, comme si elles sollicitaient les honneurs de la truffe.

Souvent encore, accablées de fatigue, les cailles voyageuses s'abattent comme un seul oiseau sur les cordages des navires, à la grande joie des matelots qui les ramassent comme on cueille des prunes sur un prunier.

La caille est un honnête oiseau d'excellent conseil. Son chant est un avertissement qu'elle répète sans cesse de sa voix impérieuse, et pressante comme une sommation. Les créanciers prétendent qu'elle dit clairement : « Paie tes dettes ! » Mais les mauvais payeurs ajoutent qu'alors le canard demande : « Quand? quand? quand? » Et que la brebis répond : « Jamais! » Auriez-vous cru vraiment l'innocente brebis aussi canaille?

Faut-il le rappeler? Sur notre continent inhospitalier, la caille devient plus rare chaque jour.

C'est surtout sur les côtes d'Italie que l'on fait de ces pauvres oiseaux de formidables hécatombes.

En Sicile, dans les environs de Messine et de Catane, on capture des milliers de cailles vivantes qu'on entasse dans de grandes cages pour les expédier en France, en Allemagne, en Belgique, en Angleterre.

De son côté, l'Egypte envoie d'énormes cargaisons de cailles. Est-il besoin d'ajouter qu'un grand nombre de ces pauvres captives, privées de mouvement et de liberté, succombent en route.

Quant aux oiseaux qui survivent à de telles privations, il va sans dire qu'ils ont à jamais perdu leur délicatesse et leur arome.

Connaissez-vous, pour finir, la « **Caille à la Talleyrand** »?

Vous prenez une jolie petite caille, finement truffée et légèrement attendrie dans du champagne. Très délicatement, vous introduisez votre caille dans une poule de la Bresse, adroitement fendue et recousue avec soin.

Puis, à son tour, vous mettez la poule, lestement beurrée au pinceau, dans une belle dinde du Berri. Tâchez, s'il vous plaît, qu'elle soit de la Châtre ou de Châteauroux.

Vous recoudrez en conscience la large ouverture pratiquée dans la dinde pour la réception de la poule portant elle-même la caille dans ses flancs.

Puis, le tout sera proprement embroché devant un grand feu, tout flambant. Votre dinde berrichonne sera largement arrosée de fin beurre de Gournay et d'un verre à bordeaux de vieux Malvoisie...

Qu'arrive-t-il? Tout le jus de la dinde est absorbé par la poule et le jus de la poule par la caille.

Au bout de deux heures, vous débrochez vos trois bêtes en une seule bête, et vous placez cette trinité fumante sur un grand plat.

De dedans la dinde sacrifiée vous tirez la poule dédaignée et, de cette poule, réceptacle parfumé, sorte d'écrin miroitant, vous faites sortir le diamant : la caille !...

La caille! Faut-il bien dire la caille? Ce manger divin est tellement supérieur à toutes choses qu'il n'a vraiment plus de nom.

Vous prenez votre caille comme vous toucheriez à quelque relique sainte, et vous la posez toute fumante sur une rôtie dorée dans le plus fin beurre d'Isigny.

La caille à la Talleyrand ne tolère qu'un vin : l'*ausbruche*, c'est-à-dire le plus rare et le plus délicat des vins de Tokay.

La grive.

A madame Adolphine Mianne....

Je chante la grive à l'aile grise qui se grise dans les vignes du grain lisse des raisins.

C'est son droit. Après avoir absorbé je ne sais combien d'insectes ravageurs, fléau de la vigne, n'est-il pas naturel que la grive se désaltère de quelques grains, à moins qu'elle n'étouffe ?

Comme l'alouette est l'oiseau des champs, la grive est l'oiseau des vignes. L'une veille sur la grappe, l'autre sur l'épi.

Grassouillette et dodue, nourrie de genièvre et de raisin, la grive est un gibier parfait, un rôti tendre et parfumé, de haute succulence. Les meilleures grives sont celles du Bordelais, de la Bourgogne et de la Provence. Avec la grive des Alpes on confectionne les fameux pâtés de Valence si chers aux gourmets. La grive de Sarlat que le genièvre parfume est un mets délicieux. Ajoutez un peu de truffe et vous aurez la rose des festins.

« Moi, dis-je, et c'est assez ! » La grive se suffit, dédaignant les sauces variées et les apprêts savants. Son sceptre, c'est la broche, il faut qu'elle soit tendre et grasse, *finement bardée de lard choisi, simplement arrosée avec du beurre. Douze minutes suffisent à sa cuisson. On ne la vide jamais ! Seul, le gésier est indigne d'être conservé. Dans la lèchefrite mignonne, une jolie tranche de pain sur laquelle tomberont, en jus délicieux, les délicats intestins de l'oiseau.*

Deux ou trois minutes avant de servir la grive sur la croûte embaumée, veuillez la saupoudrer légèrement de grains de genièvre pulvérisés, mêlés de panure sèche et fine. Une goutte d'Alicante, j'y tiens ! On débroche et l'on sert. Ce n'est plus un rôti, c'est un parfum.

Voilà comment on traite la grive à l'aile grise qui se grise dans les vignes des grains lisses du raisin.

La grive des côteaux bordelais m'est particulièrement sympathique. C'est la reine des grives et je ne connais pas de vin dont l'arome s'harmonise mieux avec la succulence de sa chair qu'une vieille bouteille de Saint-Emilion. Mangez-la aussi à la Cénevole d'après la recette de Grisch, le maître cuisinier bordelais.

Connaissez-vous la légende de la grive que

racontent les vignerons bordelais? Après avoir bu à toutes les grappes du côteau, une jeune grive tomba scandaleusement sur son dos, les pattes en l'air et se mit à rire. Puis, voyant les nuages passer bien haut sur sa tête alourdie, elle raidit ses petites jambes et s'écria dans un accès d'orgueil alcoolique : « Que le ciel tombe maintenant, je le soutiendrai avec mes pattes! »

Au même instant, une feuille d'amandier, détachée par le vent, tombe sur la grive, convaincue, dans son erreur bachique, que la voûte céleste vient de s'abattre sur sa tête. Elle se croit morte et s'endort. A son réveil, la petite buveuse de raisin s'aperçoit qu'il ne lui manque pas une plume et qu'en outre elle a « son plumet »!

Ce n'est pas de la chute des astres, mais d'une feuille qu'elle a été victime. Confuse de sa mésaventure, la grive jure d'être plus sobre à l'avenir. Serment d'ivrogne! Dès le lendemain, elle s'enivre de plus belle du jus des vignes : « Qui a bu boira. »

C'est ce que fait la grive à l'aile grise qui se grise des grains lisses du raisin.

En Bourgogne, on prétend que la grive, au moment de fuir l'hiver pour des climats plus doux, se trouve assez souvent dans un tel état d'ébriété qu'elle manque le train .. des airs. Pauvre petite ivrogne, on lui enverra un grain de plomb dans la tête et elle aura pour tombe une terrine! Vous le voyez, c'est toujours la même accusation.

La grive est un oiseau mélancolique, ami de la solitude et jaloux de sa liberté. Je trouve quelque chose de plaintif même dans sa petite chanson à boire. Aurait-elle quelque chagrin mystérieux à noyer dans le « jus de la treille? » La grive a le vin triste. Elle en boit d'ailleurs si peu, et, vraiment il ferait beau voir l'homme toujours prêt à attribuer ses vices aux animaux, lui jeter la première grappe !

A cause de ses services agricoles et de ses rôtis succulents, on ne saurait trop pardonner les écarts légers de la petite grive à l'aile grise qui se grise dans les vignes des grains lisses du raisin.

Le faisan.

A madame Ernestine Godleska.

Je vous le dis avec l'entrain d'une fourchette ardente et convaincue : le faisan est le roi des gibiers. Par l'arome et la finesse de sa chair, le mâle l'emporte de haute volée sur la femelle, déjà si distinguée. Le faisan doit être « attendu ». Sa chair délectable demande à réfléchir. Mais que l'on ne s'y trompe pas : le fumet a ses bornes. Le plus estimé des faisans est le faisan de Bohême, le « nec plus ultra » de la succulence. Plus fin que le faisan domestique, le faisan sauvage mérite une profonde vénération.

Après avoir vidé cet oiseau d'élite, on coupe la tête, les ailes, la queue, pour en parer le faisan au moment de le servir. Rien de plus décoratif et de plus charmant que ces atours coquets qui ressucitent, pour ainsi dire, l'élégant gibier dans son plat de porcelaine fine. Rappelons, en passant, que l'art gracieux de parer les rôtis de leur plumage était connu des Romains de la décadence aux festins magnifiques.

Le faisan rôti : *Enveloppé d'un bon papier beurré, on embroche délicatement le faisan pour*

LA BOUDINIERE

quarante minutes devant une flamme joyeuse, en l'arrosant de beurre de Gournay, légèrement humecté de vieux madère. Dans la lèchefrite, une large tranche de pain grillé reçoit, goutte à goutte, le jus parfumé du faisan.

Les truffes choisies dont on bourre le cher gallinacé doivent embaumer, durant vingt-quatre heures, ses flancs attendris. Avant de servir le faisan sur la rôtie croustillante et dorée, élégamment escortée de tranches d'oranges amères, on rapporte les ailes, la queue, la tête avec les jolies plumes du cou. C'est un hommage rendu à la beauté du défunt. Mais à vrai dire, les plumes ne me touchent pas à l'excès. Ce qui m'intéresse, c'est la chair qui est dessous.

Aussi curieuse qu'antique, l'origine du faisan également apprécié des Grecs et des Romains.

A Athènes, on l'arrose du doux vin de Chio ; à Rome, on le parfume de truffes blanches de Lybie.

Le faisan vient de l'Asie. Remontant le Phase pour atteindre la Colchide, les Argonautes aperçoivent pour la première fois ces oiseaux magnifiques, qu'ils rapportent en Grèce, dotant ainsi l'Europe d'une conquête autrement précieuse que celle de la Toison d'or.

Ah ! certes, ils ne se doutaient pas, ces braves Argonautes, des croquettes exquises, des salmis délicieux, des timbales raffinées et des soufflés merveilleux que leur devrait un jour l'humanité.

La Toison d'or ! Belle affaire, ma foi, à côté d'un « faisan étoffé » qu'une farce divine emplit, que des foies, des bécasses pénètrent et que la truffe parfume.

Qu'on le serve en chaufroid, en émincés, en

escalopes, en galantine, en pâté, en pain à la crème, en quenelles frites, à la hongroise, à la tartare, à la géorgienne, à la gastronome, à la maréchale, le faisan est toujours lui-même, un régal, une merveille, un idéal : Le faisan !

A vrai dire, il se surpasse « **à la périgueux** ».

Tenez, le jus m'en vient à la bouche : *Choisissez, s'il vous plaît, un jeune faisan, mortifié sans excès ; remplissez l'estomac d'une belle farce à gratin de foie avec des truffes sarladaises, cuites au champagne et coupées en dés mignons. Bridez ensuite le faisan avec les pattes mollement rentrées, masquez l'estomac rondelet comme un sein de quinze ans avec un joli mirepoix parfumé d'aromates que l'on soutiendra avec une feuille de papier soigneusement beurré.*

A bon feu, le faisan rôtira soixante minutes, bien arrosé. On le débroche, on le déballe, on le dresse sur un plat, masqué par une fine sauce périgueux. Pas un mot, de grâce ! Ce rôti délectable se savoure en silence, dans une sorte de béatitude recueillie...

O Périgueux ! Ville charmante et chère que la truffe embaume, sur tes belles promenades se profilent les statues de tes illustres enfants : Montaigne, la Sagesse ; Fénelon, la Charité ; Daumesnil, le patriotisme ; Bugeaud, la valeur guerrière. Tu as le droit, douce cité, d'être fière de tes grands hommes aux noms immortels. Mais ce n'est point là toute ta gloire. Comment louer assez tes sauces incomparables qui parfument de leurs senteurs enivrantes les quatre coins du monde civilisé !

La poule d'eau.

A Levavasseur, directeur de la « France » de Bordeaux.

La poule d'eau : un de ces rôtis aristocratiques et dévots sur lesquels, en temps de carême, l'accommodante Eglise ferme un œil indulgent.

La poule d'eau : un des meilleurs gibiers des étangs et des rivières, fumet exquis, salmis fameux, chair excellente.

Et pourtant, les livres de gastronomie sont, envers la poule d'eau, d'un laconisme inexplicable, mais on peut, pour en apprécier toute la saveur, la préparer aux différentes sauces employées pour la bécasse.

Qu'importent, d'ailleurs, les louanges de la plume, après les triomphes de la lèchefrite! On chante les hirondelles, on savoure la poule d'eau. La fourchette, elle aussi, est une lyre comme le gourmet est un poète ; un vrai poète, qui s'inspire des chairs fumantes et des vieux vins.

Dans le lièvre qui passe, il salue l'arome pénétrant des civets noirs. A la surface des étangs, il regarde, ému, se jouer les fritures et les matelotes. La caille qui chante dans les blés le convie aux troublantes voluptés d'un chaufroid délectable et, pour lui, l'alouette qui traverse les airs retombe du ciel en croûte d'or de Pithiviers!

La poule d'eau est la reine des étangs et des rivières. Elle est mise très simplement et ne fait pas grand bruit dans le monde des eaux. Le jour, elle se tient cachée dans son palais de joncs et de roseaux, sous les racines des aulnes et des osiers que baigne l'étang.

Craintive et sage, elle ne cherche qu'à se faire oublier, qu'à nager et qu'à aimer *incognito*. Elle sait fort bien, la rusée, que l'on convoite ses salmis et que, sur sa chair délicate est toujours braqué un canon de fusil.

C'est en octobre que la poule d'eau arrive des pays froids pour passer tout l'hiver sous nos climats tempérés, au bord des eaux vives qui ne gèlent jamais. Il n'est pas rare qu'elle s'attarde jusqu'en mai, bercée par une confiante rêverie, dans les délices de notre pays, sa tiède Capoue. Un coup de fusil l'avertit qu'elle a manqué le train du Nord. Mais il est trop tard. Elle est morte, et déjà le tournebroche chante, en gémissant, son oraison funèbre.

La poule d'eau bâtit son nid tout au bord des étangs, si bien qu'en quittant leur berceau, ses petits n'auront qu'un pas à faire pour entrer dans le bain. Ce nid charmant, composé de joncs et de roseaux entrelacés, se trouve posé si près de l'eau qu'il semble se mirer dans l'étang.

Quand vient le soir, la poule d'eau quitte sa retraite touffue et va se promener sur l'eau au milieu des joncs qui se balancent et des roseaux qui murmurent. En la voyant s'avancer mollement à travers les lentilles vertes, on dirait qu'elle marche sur un tapis d'émeraudes. Ses poussins la suivent, mignons et coquets, rôtis de l'an prochain que parfumeront l'orange et le citron.

Combien l'étang est calme et beau, la rivière riante, la poule d'eau heureuse! Ah, pourquoi a-t-on inventé la poudre et imaginé la lèchefrite?

Tout à coup une détonation éclate sur le bord de l'étang et, l'aile brisée, la plume marbrée de sang, la petite reine des rivières s'agite et meurt dans les roseaux. Un chien bondit dans les eaux troublées, qui la prend dans sa gueule brutale pour l'apporter au chasseur.

Ce n'est plus qu'un salmis.

Le vanneau.

C'est justement en octobre, quand il est reposé et dodu, que le vanneau est un pur idéal de succulence. Assez commun en France et en Angleterre, il abonde dans les plaines de la Hollande que sillonnent les eaux. Le Hollandais à la lèvre sensuelle et expérimentée considère le vanneau comme un rôti sans rival. C'est son gibier de choix comme la tulipe est sa fleur de prédilection.

Une saveur incomparable distingue les œufs de vanneau que la Hollande nous envoie. Ces œufs sont une originalité de la cuisine et une volupté de la table. Leur prix est tellement élevé qu'une omelette aux œufs de vanneau coûterait plus cher qu'un chapon du Maine aux truffes du Périgord. Ce n'est pas, à vrai dire, cet œuf aristocratique que l'on pourrait appeler « la côtelette du pauvre ». Mais dans la balance du gourmet un bel œuf de vanneau l'emporterait sur une épaule de mouton.

Charmante tête, éveillée et fine, ornée d'une longue aigrette ; collier noir et gorge blanche, jambes minces et bec droit, avide d'insectes gras; alerte et léger avec du salpêtre dans l'aile et du vit argent dans la patte, tel est le vanneau des marais et des rivières, le premier des gibiers à plumes, selon Brillat-Savarin.

C'est plaisir de voir cet élégant oiseau se promener le long des prairies, frapper le sol humide de son pied impatient pour faire sortir les vers tendres et savoureux dont il se nourrit.

C'est plaisir de le voir, aux bords des ruisseaux, bondir par petits vols coupés ou bien, de son aile rapide et forte, s'élever noblement dans l'air avec le bruit étrange d'un van qu'on agite pour purger le blé, d'où lui vient son nom expressif de « vanneau ».

C'est surtout plaisir de le voir à table, *bardé de lard et tout fumant sur une croûte d'or frite dans le beurre et laissée dans la lèchefrite pendant la cuisson du vanneau, et entouré de cresson vert. Le vanneau ne se vide pas.*

Autant que sa bonne chair et ses œufs exquis, le Hollandais apprécie les services du vanneau, son grand bienfaiteur. Qui n'a entendu parler du taret, ce mollusque infime et redoutable qui, avec les palettes infatigables de sa coquille microscopique qu'il manœuvre comme une paire de ciseaux, pénètre dans les bois des digues et des navires, s'y cache, s'y blottit, y vit, y creuse, y rabote, y meurt?

Avide de sciure de bois, toujours à la recherche d'une alcôve et d'un garde-manger, ce terrible ébéniste fait de la coque d'un navire une vaste écumoire, de l'écumoire une éponge. Et un beau jour, troué, fouillé, criblé, percé à jour par cet invisible sculpteur sur bois, le beau navire s'enfonce dans les eaux comme si quelque monstre inconnu l'entraînait sournoisement au fond des abîmes!

Eh bien, en face de cet ennemi terrible, la nature a campé un adversaire irrésistible et charmant, le vanneau. Très friand de ce mollusque, calamité des navires, l'intrépide vanneau le cherche avec acharnement, le découvre, l'arrache de sa cellule de bois et l'engloutit avec délice.

Vous estimerez peut-être que mettre le vanneau à la broche est une singulière façon de lui témoigner de la reconnaissance.

Ce n'est là qu'un paradoxe. Et d'abord, le sulfate de cuivre, mortel au taret, a remplacé les glorieux services du vanneau, laissant ce gibier tout entier à ses triomphes gastronomiques.

N'est-ce pas ensuite un devoir pour le gourmet de rendre un éclatant hommage à sa chair exquise, à son rôti succulent, à ses œufs sans pareils? N'est-ce pas un grand honneur pour le vanneau d'être mis au rang des meilleurs gibiers, d'être bardé, rôti, savouré avec amour? N'est-ce pas une gloire d'avoir son nom pompeusement imprimé dans les menus fameux et cité avec respect dans les livres de cuisine? N'est-ce donc rien que le suffrage enthousiaste des fourchettes d'or, la royauté de la table et l'immortalité de la broche!

Délicieux à la coque, les œufs de vanneau sont incomparables **à la tsarine** — iaitsapo Tsarevna. Il me semble que je les savoure, *ces œufs artistement brouillés, dressés en timbale d'argent avec des filets de gelinottes, enguirlandés alternativement de rondelles embaumées de truffes noires et de suprêmes de gelinottes attendries, ce délectable ensemble dévotement arrosé d'une petite cuillère d'essence de truffes à la demi-glace de gibier!*

Cher et gentil vanneau, crois-moi. C'est un ami qui te parle : si tu es charmant avec ton collier noir, ton aigrette fine et ta gorge blanche quand tu sautilles le long des rivières ; si tu es gracieux et fier quand tu montes la garde autour de tes œufs exquis à cinq francs la pièce ; si tu es admirable quand tu fais la guerre aux tarets destructeurs, tu es surtout beau lorsque, finement bardé et vivement rôti en douze minutes, tu apparais tout fumant sur ta croûte d'or, entouré de cresson vert !

Le courlis.

On connaît le courlis : un grand pied, un long cou, des jambes à moitié nues ; le bec grêle et pointu, recourbé ; l'air triste, un cri plaintif et bizarre : « Courlis ! Courlis ! » Le nom de ce curieux échassier n'est, en effet, qu'un mot imitatif de sa voix, une onomatopée.

Cet estimable gibier s'arrête à peine dans l'intérieur de la France, mais il séjourne tout l'hiver dans nos contrées maritimes, Vendée, Bretagne, Normandie, sur les bords de la Loire et de la Seine, où il fait son nid. C'est un grand avaleur d'insectes qui a toujours les pieds dans la vase et le bec dans le limon. Aussi, la prévoyante nature lui a-t-elle donné pour bec une longue épingle et pour jambes des échasses.

Afin que le courlis ne pût souiller les plumes de ses jambes en barbotant dans la vase, la nature l'a créé, en même temps, nu-pieds et pieds plats. Quant il court avec ses jambes dénudées, le courlis a l'air d'un oiseau déchaussé. Est-ce que le cou des vautours destiné à plonger « comme un bras dans l'ordure » n'est pas également dépouillé de plumes ? C'est dans un même esprit de prévoyance que le courlis est sans bas et le vautour sans cravate.

Le courlis n'a pas la prétention d'égaler le pluvier doré ou le vanneau huppé en voluptés gourmandes. Ce gibier n'est pourtant pas sans mérite. Il pourrait même justifier cette devise : « Vanneau ne puis, plongeon ne daigne, courlis je suis. » On sait que la chair délectable du pluvier fut déclarée maigre par le concile de Nicée. Le courlis doit le même privilège aux accommodements de l'indulgente Eglise. Il est, du reste, excellent à la broche, enveloppé d'une feuille de figuier frottée de bon beurre et arrosé de sa fine graisse.

Le courlis se savoure en salmis comme la bécasse et, dans la haute cuisine, se sert en chaufroid glacé comme le pluvier. On farcit également le courlis et ce mode de préparation est peut-être son triomphe.

Après avoir soigneusement retiré le fiel et le gésier, on mélange les intestins avec du foie de volaille, du lard et de la chair à saucisses ; puis, on fait très délicatement sauter le tout à la poêle avec thym, laurier, baies odorantes de genévrier ; quand l'ensemble est cuit on ajoute un verre de vieux madère et on laisse refroidir dans la terrine. On passe ensuite le tout au tamis de métal, on ajoute quelques jaunes d'œufs épicés et des truffes.

Il ne reste plus qu'à trousser les courlis pour entrée et qu'à garnir leurs flancs de cette farce savante qui n'est pas du tout une plaisanterie. On couvre ensuite le gibier de fines bardes de lard pour les faire braiser tout doucement dans une casserole à court mouillement. Avant de servir les courlis « on les sauce d'un fond de gibier » avec une aimable garniture de truffes, d'olives et de champignons.

Il paraît que le courlis se plaît à être arrosé de Fleury ou de Moulin-à-Vent, de même que le pluvier doré penche pour les vins framboisés de Touraine, et que le vanneau exige un vieux Médoc. Tout le monde sait — merveilleuse entente du verre et de la fourchette — qu'avec la bécasse c'est comme un devoir de boire du corton ou du chambertin.

Les paysans du Bocage racontent une jolie histoire à propos des oiseaux qui, comme le courlis, tirent leur nom d'un instinct, d'une habitude, d'un chant, d'un cri, nom toujours expressif et pittoresque, qui est le vrai nom de la nature.

Or, un matin de printemps, un oiseau ayant l'air très fatigué, rencontra dans la prairie trois oiseaux qui barbotaient au bord d'un étang; il les salua d'un petit mouvement de la tête et leur demanda leurs noms.

Mais, au lieu de répondre, le premier des trois oiseaux plonge dans l'étang avec une adresse incomparable et reparaît aussitôt à la surface.

— C'est bien, déclare l'étranger, tu es le *Plongeon*.

Au même instant, le second oiseau, qui avait aussi gardé le silence, se met à secouer avec volupté la pluie qu'un nuage a fait tomber sur ses ailes aux reflets d'or.

— Je sais ton nom, fait encore l'étranger en étirant une patte ; tu t'appelles le *Pluvier*.

Enfin, le troisième échassier fait entendre un cri plaintif : Courlis ! courlis !

— A merveille ! tu te nommes, toi, le *Courlis* Tu viens de me le dire.

— Et toi? demandent en même temps les trois oiseaux du marais, qui es-tu? Que veux-tu? Quel est ton nom?

— Le voici, riposte l'étranger en se mettant à chanter : coucou ! coucou!

Et il ajoute aussitôt : « Vous l'entendez, je suis le *coucou* des bois ; j'arrive d'Afrique et j'apporte le printemps. Courlis, pluvier, plongeon, cédez-moi la place et filez bien vite vers le Nord !... »

L'outarde.

A madame Léon Joly.

Un noble et fier gibier, l'outarde !

Allure majestueuse, bec noir et plumes blondes ; le cou droit, la tête haute, la queue relevée et la patte fière, l'aile traînante et de belles moustaches... La voix bizarre, pareille au ronflement d'un tambour de basque. Une chair exquise.

La grande outarde, si rare aujourd'hui dans nos contrées, est le plus beau et le plus fort de nos oiseaux sauvages. Jadis, elle trônait avec majesté dans les plantureux festins de la chevalerie, et, il nous arrive, à travers les siècles, comme un fumet délectable de ce rôti féodal.

Absolument terrestre, ce magnifique échassier dédaigne les marais dont la vase ne souilla jamais sa patte grise. Les lieux arides et déserts, les vastes plaines aux grands horizons, gage d'indépendance et de sécurité, sont recherchés de la grande outarde. Le progrès des cultures est pour elle un fléau. Ce qu'elle maudit c'est le morcellement de la propriété qui a rétréci son domaine, retourné son champ, confisqué l'espace. Ce qu'elle regrette, ce sont les immenses terres seigneuriales où elle errait errait libre et fière.

Ne pouvant arrêter la Révolution, l'outarde émigra. On ne trouve plus guère en France qu'une petite outarde faite à l'image de la petite propriété. La grande outarde s'est réfugiée dans la Saxe et la Bavière, en Hongrie, en Russie. C'est un deuil pour les gourmets.

L'outarde se distingue à la Champenoise, à la Provençale, à la Persane, à la Hongroise. Excellente en daube, en salmis, en pâté, elle triomphe absolument à la broche. En Champagne on la bourrait de petits oiseaux finement engraissés. En Perse, la figue musquée accompagne sa chair délicate que l'Arabe parfume d'oranges douces.

Partout où elle se rencontre, l'outarde est chassée à outrance. En Russie, c'est le grand levrier de Sibérie qui part, bondit, l'atteint.

L'Arabe et le Persan la volent au faucon. Le Tartare lance son cheval dans les steppes et la prend à la course. C'est ainsi, qu'aux beaux jours de la Fauconnerie, nos chasseurs de Provence volaient l'outarde avec les sacres et les gerfauts, qu'on la poursuivait à cheval dans les plaines de la Champagne et du Poitou. Aujourd'hui, les plaines arides qu'aimait l'outarde se sont transformées en vergers et en jardins, tandis que les faucons et les autours se sont envolés à tire-d'aile. Où sont les grandes outardes d'antan?

J'oubliais de noter un mérite de l'outarde. Elle professe pour la truffe, notamment pour la truffe de Sarlat, une sympathie toute particulière. On la savoure, **rôtie à la broche**.

Il faudra donc, après l'avoir bardée avec élégance et aromatisée avec art, la farcir de beaux foies de volailles, de champignons choisis et de truf-

fes odorantes, passées au champagne. Si vous voulez bien la satisfaire entièrement, vous n'aurez qu'à l'entourer d'une jolie guirlande de petites cailles et de grasses alouettes, combinant leur arome divers dans le jus parfumé de l'outarde fumante et dorée.

Enfin, pourquoi ne ferions-nous pas comme le Russe, l'Arabe et le Persan qui élèvent l'outarde en domesticité? La chasse, c'est un peu le hasard de la fourchette; la domestication, c'est le rôti sur la planche. Espérons qu'un jour l'outarde apprivoisée dressera sa jolie tête au milieu de nos basses-cours, qu'elle mêlera sa voix de tambour de Basque aux clairons des coqs, aux gloussements des poules et des dindons. Elle viendra à notre appel, elle mangera dans notre main et puis... nous la mettrons à la broche.

Un noble et fier gibier, l'outarde !

La pintade.

A Henri Godleski.

La pintade n'est, dit-on, que la doublure du faisan. C'est une injure. Sa chair est douée d'un goût parfaitement original. Dans nos festins comme dans nos basses-cours, la pintade occupe une place indépendante. C'est le gibier des étables. Et pourtant sa domestication semble encore imparfaite. C'est à peine si le grain abondant et choisi des auges a conquis ce farouche oiseau à la civilisation. Voici plus de vingt siècles que son caractère capricieux résiste à nos prévenances, comme si son regard oblique et fin voyait briller la broche à rôtir...

La broche, en effet, est son triomphe et son

sort. La pintade est née pour être **rôtie** comme le canard est destiné aux navets et la perdrix aux choux. *Elle doit être jeune et tendre, finement piquée ou bardée et rôtie à feu vif. On l'arrose largement avec du beurre très frais. C'est une bonne action quand on peut la bourrer de truffes.*

Je vous recommande aussi la « **Pintade Marquise** » création de l'ami Edmond Richardin, c'est le triomphe de la succulence, une des formules savantes de « l'*Art du bien manger* ».

Les pintades du Midi sont les meilleures. La palme appartient à celles de Sicile. Pas de bon dîner, à Messine ou à Catane, sans une pintade rôtie, escortée de figues molles et d'oranges parfumées. Il y a deux espèces de pintades : l'une originaire des côtes occidentales de l'Afrique, l'autre des côtes orientales. La première se distingue par des caroncules d'un bleu charmant. On dirait une parure de turquoises. La seconde a des caroncules d'un rose magnifique. C'est un bijou de corail. Avec son allure preste et vive, sa jolie robe à petits points symétriques et coquets, pareils à des perles blanches, la pintade est un oiseau d'ornement. Le parc la réclame pour sa beauté comme la table l'exige pour sa chair. C'est à coup sûr une bête de distinction, mais il ne faut pas qu'elle parle. Son cri n'est tolérable que dans les basses-cours où il est couvert par le gloussement des dindons et la fanfare des coqs.

Très curieuse, l'histoire de la pintade. C'est un exemple qu'il est souvent plus difficile de conquérir un oiseau qu'un empire. C'est aussi plus durable et plus précieux. En deux mille ans, la pintade a été importée deux fois dans nos pays, et l'on dirait qu'encore aujourd'hui elle hésite à se faire une place définitive dans le domaine agricole.

Les Grecs étaient friands de la chair de cet oiseau dont le fumet délicieux parfumait la table aristocratique de Périclès et les festins d'Alcibiade. Mais c'est surtout sur les tables somptueuses des Romains de la décadence que la pintade de Numidie était en honneur. C'était le rôti classique de Rome, bourrée de festins et repue de victoires, qui faisait marcher de front la cuisine et les conquêtes.

Avec les Romains, la pintade d'Afrique pénètre dans les Gaules, où elle fait les délices de nos ancêtres jusqu'au commencement du moyen âge. A cette date la pintade disparaît et l'on oublie jusqu'à son nom, mais elle reparaît après la Renaissance. Elle est rapportée de l'Afrique, son berceau, par des moines portugais, et la voilà domestiquée de nouveau autant que le permet son humeur indépendante.

Après deux mille ans de vagabondage et de rébellion, acceptera-t-elle, enfin, la vie régulière des étables et se laissera-t-elle embrocher par persuasion ?

Du fond des fermes civilisées, elle semble se souvenir encore du pays natal, de sa lointaine et chère Afrique, regretter le temps où elle errait en paix sous les buissons de mimosas et faisait retentir de son cri sauvage les champs de la Numidie. L'amour de la liberté est passé dans son sang. Pour vaincre ses antipathies, je ne vois qu'un moyen : c'est de la bourrer de trufles du Périgord.

Le lapin.

A André Theuriet.

Entre le persil et l'oignon, saute, saute, jeune lapin, saute, mon cher Jeannot, régal des fermes et des guinguettes !

A vrai dire, je ne suis pas fou de la chair du lapin, qu'il soit d'étable ou de garenne, qu'il se nourrisse de chou vulgaire ou de serpolet. Non, ce n'est plus la saveur du lièvre ou le fumet du chevreuil, mais le lapin est le plat populaire, aimé du campagnard et de l'ouvrier, c'est le gibier des petits. Il est de toutes les fêtes intimes, préside aux mariages de banlieue et aux baptêmes villageois. De ses vives senteurs il égaie la chaumière et le cabaret.

C'est un plat qu'on a sous la main. Un chiquenaude, un cri, le lapin est mort. Sa peau se retourne comme un ministère, on le découpe comme une motte de beurre, et cinq minutes après, il embaume entre l'oignon et le persil. Vous êtes servi.

Saute, saute, joyeux lapin !

Le lapin est l'hôte le plus assidu de nos basses-cours. Sa gibelotte, que relèvent la ciboule et le laurier, parfume les tonnelles fleuries où bourdonne l'abeille. Des tronçons d'anguille et des cœurs d'artichaut lui font, s'il vous plaît, un aimable cortège, agrémenté de croûtons d'or et rougi de bon vin.

Le lapin est excellent rôti, généreusement piqué de lard choisi. On le savoure à la sauce chasseur, relevé de gousses d'ail, de clous de girofle et délicatement arrosé de chablis. Le champignon lui plaît, la câpre lui sourit et quelques gouttes de vieux cognac l'ont toujours charmé.

Un joli plat, le **lapin grillé** : *on fend la bête en deux dans toute sa longueur pour l'envelopper ensuite, avec beaucoup d'égards, d'un papier beurré et l'étendre sur un gril étincelant. Il murmure, il chante, il crépite, il fume, il se dore, il cuit. On le sert enfin sur un beau morceau de beurre de Gournay manié de fines herbes qui fond comme un rêve au contact du lapin.*

Le lapin est un animal pittoresque. J'aime ses grandes oreilles qui menacent comme une paire de cornes, son nez qui frétille dans le son et ses pattes rapides qui tricotent, au clair de la lune, des mitaines imaginaires...

Saute, saute, beau Jeannot, honneur des étables et des bois.

Le lièvre est poltron, le lapin est brave. J'ai connu dans une ferme du Périgord un lapin qui poussait la familiarité jusqu'à la tyrannie, parcourant la maison en maître, crottinant dans tous les escaliers, taquinant les chats et querellant les chiens, s'aliénant toute la maison par son humeur batailleuse et sa gloutonnerie stupéfiante. Devenu impotent, il mourut de la goutte auprès du feu.

Dernièrement, au Jardin des Plantes, on jette un pauvre lapin à un boa énorme. Le reptile aussitôt se déroule, allongeant vers le rongeur sa tête aplatie. Mais le lapin n'entend pas de cette oreille ; il se rebiffe avec une crânerie inattendue et s'élance sur le serpent qui s'en va, tout confus, se cacher sous sa couverture. Il faut dire aussi que le boa avait commencé...

Saute, fier lapin, saute, saute, vaillante bête, entre le thym et le laurier.

Le dimanche, en été, les cabarets de banlieue font à la cité comme une ceinture fumante de gibelottes dont les senteurs rustiques se mêlent aux parfums des giroflées et des roses.

Là, sous une tonnelle de chèvrefeuille où bourdonnaient les abeilles, nous venions, Denise et moi, savourer une gibelotte exquise, son plat de prédilection ; et tandis que je remplissais nos verres de ce petit vin rosé qui pétille en riant aux yeux, Denise, se penchant, de sa voix caressante, « me posait un lapin » entre deux baisers.

Saute, brave lapin, entre le thym et le laurier ; saute, régal aimé de la jeunesse et de l'amour !

Le cassoulet.

Ah! quel beau tour de France, incomparable, original et gastronomique, on pouvait faire jadis, quand nos provinces et nos villes offraient à la fourchette du voyageur un plat traditionnel, un régal légendaire, une friandise locale et fameuse, honneur et gloire de ces provinces, de ces villes, de ces hôtelleries!

Alors, chaque cité française, de Nantes à Lyon, de Dunkerque à Perpignan, apparaissait, pour ainsi dire, dans une sorte de vapeur odorante avec ses « armes de gueule » et son vieux blason culinaire !

A Troyes, à Nancy, au Mans, des charcuteries d'élite ; à Tours ses rillettes ; à Bayonne ses jambons ; à Lyon, à Arles leurs saucissons délicieux ; à Sainte-Menehould, ses « pieds » autrement célèbres que les pieds de Cendrillon ; à Caen, ses tripes savoureuses et fumantes ; à Marseille, ses bouillabaisses sans rivales et ses

« oursinades » renommées ; à Strasbourg ses foies gras, à l'Alsace ses choucroutes, au Berri ses dindons, à la Flèche ses chapons dodus, à Houdan, à Crèvecœur, à la Bresse leurs poulardes merveilleuses. A Chartres, à Amiens, à Auch, à Pithiviers, à Valence, à Cahors, à Agen, à Nérac, des pâtés admirables, des terrines divines ; au Midi des confits illustres ; partout des conserves précieuses, des plats succulents, des ragoûts divers, des sauces particulières et choisies, des desserts, des friandises portant le nom aimé d'une ville ou d'un pays.

Il n'y a pas à dire, cette grande originalité et cette variété charmante de merveilles gastronomiques vont s'effaçant peu à peu chaque jour, et disparaissent de la vieille cuisine française comme un morceau de beurre fond dans la poêle ; mais aux fourchettes reconnaissantes et charmées il reste comme un souvenir parfumé de mets qui se perdent dans la classique uniformité d'une cuisine excellente et progressive, toujours souverainement française, régnant sur le monde entier, mais tendant de plus en plus à s'affermir dans une aristocratique monotonie, attristante pour les délices de la table et des voluptés du palais.

Il est un de ces plats légendaires et traditionnels qui tient bon contre le grand rouleau égalitaire qui passe sur la cuisine moderne en effaçant les vieilles originalités culinaires : c'est le « cassoulet » de Toulouse, de Carcassonne et surtout de Castelnaudary.

Je sais bien que l'on doit dire « cassolet » Mais ne trouvez-vous pas que « cassoulet » a plus de couleur locale et de chic gascon ?

Dans une lettre sentant la vanille et la fleur d'oranger, une lectrice de l'*Art du bien manger*, qui me semble joliment gourmande, me demande la recette du cassoulet. Je m'empresse de la lui donner comme je lui offrirais une fleur.

Je me figure, d'ailleurs, cette aimable correspondante pétrie de tous les charmes imaginables : des dents blanches comme du fromage à la crème, des joues roses comme une tranche fine de jambon d'York, des yeux noirs comme deux truffes du Périgord et des cheveux dorés comme des pets-de-nonne. Parlons du cassoulet, madame.

Le cassoulet : des haricots et du mouton. C'est bientôt dit ; c'est bientôt fait. Veuillez m'écouter. La chose est plus délicate et plus compliquée, vous allez le voir.

Vous daignerez faire blanchir un litre de haricots choisis, blancs comme la neige et secs comme des allumettes. Après les avoir soigneusement égouttés, vous les mettrez dans une eau nouvelle pour les faire cuire à moitié.

En attendant, vous placez de vos jolies mains dans une casserole d'office quelques morceaux de jeune mouton, succulent et tendre ; il est indispensable d'y ajouter une aile et deux cuisses d'oie confites à la toulousaine, sans oublier un cou de canard farci de chair à saucisses et de truffes artistement hachées ; humectez, s'il vous plaît, vos cuisses appétissantes et votre cou truffé de six cuillerées de fine graisse d'oie, onctueuse, odorante, ambrée. En dix minutes, ailes et cuisses, mouton habilement revenus, prennent une jolie teinte d'or. Ajoutez un beau saucisson et couvrez les haricots bien égouttés.

Sans perdre une minute, vous faites revenir délicatement quelques oignons et des gousses d'ail coupées assez minces, agrémentés d'un peu de lard haché. Il ne s'agit plus que de mouiller cet ensemble, de trois grands verres de bouillon et de cinq cuillerées de sauce tomate. Après une réduction savante, une patiente et douce cuisson, vous saupoudrez votre plat de mie de pain mêlée de persil, vous faites gratiner de belle couleur et vous servez dans la casserole d'office.

Voilà, chère madame, la recette du cassoulet, qui vaut bien une rose sans doute. La fleur passe, le plat reste et son parfum, je vous assure, égale les senteurs de la rose.

Le bœuf.

Le bœuf est le roi des champs, l'hercule et le géant des étables, l'idéal du travailleur.

Le bœuf est aussi le roi de la cuisine, la base et la richesse de l'alimentation publique, une mine inépuisable de plats variés et précieux.

Supprimez du monde le bœuf et sa charrue, alors les fauves et les reptiles, les ronces, les buissons, les roseaux couvriront nos champs, et la barbarie, la misère, la maladie envahiront nos campagnes désolées.

Supprimez le bœuf de la cuisine, et, alors, plus de potage succulent, plus de jus exquis, plus de coulis délicieux, plus de rôtis substantiels, plus de ragoûts savoureux.

Je ne sais pas de plus charmant tableau, au milieu des nappes blanches et des cristaux étincelants qu'un « bouilli » gigantesque aux chairs frémissantes, reposant sur un lit de persil vert, agrémenté de légumes fumants, joyeusement enguirlandé d'écrevisses rubicondes qu'arrose un vieux Corton.

Le bœuf se relève en mets fortifiants et choisis, d'une vertu sans pareille, d'une succulence sans rivale! Il se relève superbe et triomphant dans la cuisine, son empire, et sur la table, son apothéose! C'est la daube à la provençale, du maître A. Caillat, c'est le rosbif rose et le filet au madère, « **à la Richelieu** », selon les principes savants de Tivollier de Toulouse, le filet *Lyon d'or* de Grisch de Bordeaux, le filet aux truffes à la suprême de Jules Besset, l'aloyau que l'ail parfume, la culotte que l'on garnit à la Chambord, le bouilli que l'on met en quenelles ou en matelote, le miroton aux pénétrantes senteurs; c'est le filet tendre que baigne le madère et que la truffe embaume, c'est le palais que l'on accommode à l'italienne et l'entrecôte si appétissante à la béarnaise. C'est encore la queue — un régal — qu'on savoure à la Sainte-Menehould, en hochepot, en papillotes, au gratin, à l'écarlate, en paupiette, au parmesan, en brochette, rôtie, piquée, fumée, beurrée!

C'est enfin le bœuf à la mode et le pot-au-feu, le vieux pot-au-feu français qui réjouit la cuisine et parfume la maison, trône sur la table, fume dans les assiettes, s'égaie de moutarde et de cornichons, remplit tout le voisinage de son odeur rustique et familiale!

Daube à la provençale.

Après avoir taillé un beau morceau de bœuf du poids de trois kilos, on le frappe avec soin pour le piquer ensuite de lard fin et d'ail de Provence. Puis, on le met dans une terrine avec thym, laurier, ciboules, estragon, ail, mignonnette et citron coupé en lames légères. C'est dans cet entourage embaumé que le bœuf passera la nuit.

Le lendemain, on l'essuie proprement pour le frotter de sel et d'épices aillolisées. Après ce bout de toilette, vous dorez artistement le bœuf dans une casserole posée sur un feu très vif.

Aussitôt qu'il est de belle couleur, on tire le bœuf de sa casserole et on le met dans une large marmite en terre, foncée de lard excellent. C'est là, dans cette marmite, que la daube, agrémentée d'un amical cortège d'oignons et d'échalotes hachés, exhalera tout doucement les robustes senteurs d'une lente cuisson.

Vous mouillerez, s'il vous plaît, jusqu'à la hauteur du bœuf, avec du bon vin rouge et de la marinade. Enfin, dans une ébullition légère cuira la daube, à petit feu, jusqu'à demi-glace. Il n'y a plus qu'à dégraisser et qu'à servir la sauce sans la passer.

Voilà la vraie daube à la provençale, un régal de haut goût qui n'a rien de commun avec la daube prétentieuse que, sous ce titre pompeux, les restaurateurs inscrivent hardiment dans leur menu.

Les tripes à la mode de Caen.

A madame Marceron.

J'étais à Caen. Au détour d'une rue, une exquise odeur de cuisine me saute aux narines et je m'écrie : « Arrêtons-nous ici, il y a des tripes dans l'air... ».

Au même instant une jeune Normande apparaît sur le seuil d'un cabaret voisin. Elle n'a pas une taille de guêpe, mais ses formes opulentes auraient tenté Rubens. Blanche et rose comme une pomme de Calville, elle porte crânement sur l'oreille un petit bonnet de coton dont le pompon de neige a des balancements gouailleurs et coquets.

Je lui dis : « Charmante enfant, avez-vous des tripes ? » comme je lui aurais demandé : « Avez-vous du cœur ? »

— Certainement, monsieur. Elles sont brûlantes.

J'entre et je m'installe devant un petit réchaud fumant, cassolette emplie des plus doux parfums. Je goûte, je savoure, je me délecte, tandis que Sidonie (je savais déjà son nom) m'apporte une de ces bouteilles de cidre qui envoient leur bouchon aux solives en arrosant la nappe d'une écume pétillante et folle.

Et Sidonie de rire et moi de partager mon admiration entre les tripes fumantes et le pompon gouailleur du petit bonnet de coton.

— Délicieuses, vos tripes, belle Sidonie! Dites-moi donc votre recette. Comment pourrais-je vous faire concurrence, n'étant qu'un simple homme de lettres ?

Sidonie prend un crayon en souriant et trace la recette sur un bout de papier qu'elle me glisse dans la main comme elle ferait d'un billet d'amour.

Ecoutez donc, car je n'ai rien de caché pour vous : *On choisit un beau gras-double que, pendant une demi-heure, on fait blanchir dans l'eau bouillante. Après l'avoir découpé en morceaux, on y ajoute trois pieds de veau. Avec les os de ces pieds choisis, on mijote pieusement un jus à part. Vous placerez ensuite le tout ensemble dans une marmite en terre hermétiquement fermée avec de la pâte. Puis la marmite sera mise au four doucement chauffé et bouillonnant, murmurant, chantonnant, les tripes cuiront pendant dix heures, — le temps de faire ou de défaire un ministère.*

N'oubliez pas le bouquet de frais persil, la branche de céleri obligatoire, les classiques gousses d'ail, le poivre de Cayenne, les clous de girofle, le thym, le laurier, et arrosez vos chères tripes d'un verre à bordeaux, de cette vieille eau-de-vie de cidre si chère aux gosiers normands.

Sidonie m'apprit ensuite avec un légitime orgueil qu'elle était une Benoît, c'est-à-dire une descendante de Sidoine Benoît, le glorieux inventeur des tripes à la mode de Caen.

Caen fut donc le berceau de ces tripes fameuses qui parfument de leurs robustes senteurs la patrie de Guillaume le Conquérant; tripes incomparables dont le réchaud populaire aux bouillonnements joyeux, à la sauce fumante et dorée, est célèbre dans le monde entier.

De père en fils, durant des siècles, la dynastie pacifique et bienfaisante des Benoît a régalé de tripailles rabelaisiennes les générations reconnaissantes.

Il paraît que Sidoine Benoît était le premier cuisinier de Caen, ville aussi gourmande que savante. Sa grande cheminée normande chantait la grande épopée de la bonne chère au milieu des marmites trapues, empanachées de vapeurs odorantes, des cuivres étincelants, des casseroles miroitantes, des lèchefrites parfumées, des pétillements de la flamme et des ronrons des tournebroches.

Le temple culinaire de cet aïeul de Sidonie était ce même cabaret où je venais de déjeuner, où depuis des siècles une enseigne vénérée se balance à tous les vents de la Normandie.

Après avoir légué à la postérité les tripes à la mode de Caen, Sidoine Benoît s'éteignit doucement, chargé de gloire et d'années, à l'ombre de ses pommiers, dans sa vaste cour égayée du roucoulement des pigeons, du nasillement des canards, du gloussement des poules et des dindons, du piaulement des pintades, du clairon belliqueux des coqs, adieu rustique et charmant qui valait bien une oraison funèbre de Bossuet.

Voilà plus de vingt ans que je déjeunai dans l'antique cabaret de Sidoine Benoît. Eh bien, en rappelant ce souvenir de cuisine et d'amour, je crois savourer encore ces tripes fumantes et voir le pompon gouailleur de ce bonnet de Sidonie que j'aurais bien voulu faire sauter d'une chiquenaude, par-dessus les moulins!

L'agneau.

A madame Alice Porte.

Novembre et avril sont les mois de l'agneau. C'est un régal d'automne et de printemps. Les douces senteurs qu'exhale sa « poitrine à la maréchale », se mêlent au parfum des violettes comme à l'odeur des giroflées.

Ses côtelettes mignonnes, bouchées de prince, sont exquises à la Richelieu, adorables à la Soubise. Délicatement trempées dans le jaune d'œuf, on les masque d'une panure appétissante qui se dore sur le gril.

Son **cuissot à la Périgourdine**, préparé selon la recette de Grisch est délicieux.

La succulence **du gigot d'agneau à la Brésilienne** a consacré la réputation culinaire de Tivollier, de Toulouse; **l'épaule d'agneau à la Louis-le-Grand**, de Mourier, du café de Paris, est aussi un véritable régal de gourmet; les **côtelettes d'agneau à la Maintenon**, de l'incomparable cuisinier Barré, est un mets tout à fait exquis.

Le triomphe de l'agneau, **c'est la broche**. Rien de touchant sur la nappe blanche comme un joli quartier d'agneau tout fumant. *Bardez de lard un quartier d'agneau, enveloppez-le d'un papier beurré; mettez à la broche et faites cuire. Aussitôt qu'il a dépouillé son papier beurré, on le sert éclatant dans sa belle couleur et dans son innocence. Alors, d'une main légère, la maîtresse de la maison prend une boule de beurre choisi, munie de ciboule et de persil, la glisse vivement sous l'épaule brûlante de l'agneau. Du beurre qui fond s'écoule une sauce délicieuse qui se mêle au jus de l'agneau parfumé de gouttes d'orange.*

Des rognons délicats, enchâssés dans la graisse fine, on fait des omelettes savoureuses, régal traditionnel des tables berrichonnes. Le Berri, du reste, est le berceau des agneaux de choix. Aucun pays, à cet égard, ne saurait rivaliser avec l'Indre et le Cher. C'est l'une des richesses de ces contrées.

L'agneau se rôtit, se braise, se saute, se farcit, s'accommode à l'italienne, à la royale, à la pascale, à la syrienne. Qui ne connaît la selle d'agneau aux pointes d'asperges et le râble incomparable d'agneau qui, pour aller au feu, doit se parer de feuilles de vigne et de bandes de lard? Enfin je ne sais rien d'aimable et de spirituel comme des épigrammes d'agneau garnies de petits pois, de haricots verts et de pointes d'asperge, le tout artistement lié au beurre frais d'Isigny. Mais si vous voulez manger un plat absolument incomparable, préparez des **ris d'agneau à la Villeroi**, selon les précieuses indications du maître Urbain-Dubois.

Les voici : *Prenez et blanchissez une douzaine de ris d'agneau pour en raidir les chairs; déposez-les dans une casserole : mouillez avec du bouillon et faites réduire vivement, de façon que les ris cuisent pendant cette opération; laissez-les refroidir, puis divisez-les chacun en deux parties que vous tremperez dans une sauce Villeroi; roulez-les ensuite dans de la mie de pain, trempez-les dans des œufs battus et passez-les de nouveau. Au moment de servir plongez-les dans une friture chaude, égouttez lorsqu'ils seront frits et dressez-les en buisson sur une serviette pliée.*

Ainsi préparé, le ris d'agneau est un régal royal.

L'agneau, cette créature frêle et charmante, qu'un coup de vent épouvante et que le froid fait mourir, est la sensitive des étables. Il arrive parfois que, trois ou quatre jours après sa naissance, on fait subir au pauvret une mutilation douloureuse comme s'il était destiné à bêler dans quelque chapelle Sixtine. Il n'en meurt jamais et sa chair, si fine, si délicate, y gagne en succulence.

La gentillesse et la grâce de l'agneau égalent

l'excellence de ses côtelettes. C'est le symbole de l'abnégation et du dévouement qu'a choisi le Rédempteur. Il couche au pied de la croix et « il efface les péchés du monde ».

Triomphe culinaire et prestige religieux ne sont pas les seuls mérites de l'agneau. Ce doux fils de la brebis, qui semble si détaché des biens terrestres, joua, dans le temps, un grand rôle financier et sa petite tête frisée porte comme une auréole d'or.

Quand l'or monnayé parut en France, l'agneau eut son image gravée comme celle d'un empereur ou d'un roi. Vers l'an 1.300, on frappait une pièce d'or appelée *Agnel*, qui portait la charmante effigie de l'agneau.

Cher agneau qui « efface les péchés du monde » et qui frappe monnaie, qui est tendre comme le bourgeon des lilas, si délicat, si bon, si succulent à la Richelieu, pardonne-nous ta mort ! Bénis même la main inspirée qui t'accommodera à la maréchale !

Mort à la fleur de l'âge comme ceux qui sont aimés des dieux, tu ne seras pas un jour le mouton exploité, tondu et retondu sans cesse ; le mouton, cet eunuque des bergeries, risée des brebis volages.

Tu ne seras pas non plus le bélier maussade qui, après trois ou quatre ans de « services exceptionnels », promène au milieu du sérail moqueur ses vieilles cornes humiliées.

Pieds de cochon.

Homère a chanté Achille aux pieds légers ; pourquoi ne chanterais-je pas le cochon aux pieds truffés ? Non, ma plume, tu ne déroges pas en célébrant cette chose exquise : le pied de cochon !

C'était le régal préféré du fameux Grimod de la Reynière. On sait que cet illustre gastronome, aussi fastueux qu'original, se servait de fourchettes et de couteaux dont le manche d'or représentait un pied de cochon artistement ciselé.

Queues de sanglier coquettement tortillées, hures habilement ouvrées enguirlandaient ses serviettes fines, et, sur ses porcelaines rares, se profilait, somnolente et bouffie, une belle tête de cochon. Mieux encore, les jours de gala, un cochon familier, admirablement élevé et soigné par un domestique uniquement attaché à sa « personne » prenait place à côté de Grimod, sur un escabeau en bois de rose.

Trop d'honneurs, en vérité, pour un mangeurs de glands, mais pas assez, disait son maître, pour un chercheur de truffes.

A la Sainte-Menehould, *le pied de cochon est délicieux ; farci de blancs de volailles et de truffes noires, il est parfait. Dans le premier cas, on choisit un beau pied de cochon que l'on fend en deux dans toute sa longueur, puis on attache ces deux moitiés, qui cuiront comme un seul pied dans une excellente braise, composée de bouillon et de vin blanc, sel, poivre, laurier, oignons piqués de girofle. Refroidis, on les passe vivement au beurre de Gournay pour les faire griller lentement, jusqu'à ce qu'ils prennent une jolie couleur de vieil or.*

Quant **au pied truffé,** *il se désosse, comme on sait, pour faire place à un salpicon de blancs de volaille et de truffes choisies. Entouré d'une fine* *crépine qui lui fait comme un voile de dentelle, le pied se gonfle et se dore sur le gril, au contact discret d'un feu léger.*

Le pied de cochon a un inconvénient : sa chair gluante. Les doigts et les lèvres s'en plaignent. Aussi, dans les bonnes tables, une jeune personne doit présenter aux convives, selon la mode antique, une élégante aiguière, remplie d'eau de lavande. Cela fait, on aime à dire à la jeune fille : « Merci, mon enfant; exquis, vos pieds de cochon. »

Jadis, en Lorraine, cet Éden de la charcuterie française, régnait un usage rustique et badin. Lorsqu'on tuait un cochon, la fille de la maison envoyait au prétendant agréé un pied de porc agrémenté de faveurs et de brins de laurier. Symbole de victoire d'amour, ce laurier était comme un gage de fiançailles. Si le prétendant était éconduit, on lui expédiait, emblème d'indifférence moqueuse, la queue du cochon escortée d'un cornichon.

Sainte-Menehould est célèbre par ses pieds fameux comme Troyes par ses andouillettes, Nancy par ses boudins, Bayonne par ses jambons, Tours par ses rillettes, Arles par ses saucissons.

Un vaudevilliste, très connu par l'extrême négligence de sa toilette, arrive un jour chez Augustine Brohan. Après les compliments d'usage :

— Eh bien, mon ami, comment vont vos migraines ?

— Ne m'en parlez pas ; je souffre comme un damné. Mais je compte sur le grand air pour me guérir. Je pars, ce soir, pour la campagne.

— Vous allez ?...

— Chez un de mes amis, à Sainte-Menehould.

— A Sainte-Menehould! répète Augustine; ah ! mon cher, votre tête peut être en repos, mais prenez garde à vos pieds!

Le cochon de lait.

A madame Saint-Clair Monribot.

On n'imaginerait pas sans peine un rôti aussi pittoresque et aussi riant. Sur la nappe blanche, au milieu des porcelaines et des cristaux, un cochon de lait, bien jauni à la flamme, a l'air d'un cochon d'or. Quand on le découpe, de son ventre bondé d'une farce savante, s'exhalent des parfums délicieux. Ce n'est plus un rôti, c'est un parterre où la truffe mêle son divin arome aux rustiques senteurs de la sauge et de l'estragon.

Je n'oublierai jamais le premier cochon de lait dont je savourai, enfant, la peau croustillante, tout embaumée d'avelines et de rocamboles.

Il y avait dans nos étables un gentil cochon qui tétait encore sa mère et qu'on appelait Tony en souvenir de saint Antoine. Je jouais souvent avec Tony, et je le vois encore, alerte et vif, l'oreille droite, la queue frétillante, chiffonnant dans la cour avec une grâce enfantine, et flairant peut-être de son groin rose une truffe imaginaire.

Pauvre petit! La Saint-Antoine vint et on le tua. Il était gras à souhait. On ne devient jamais vieux quand on est si joli. On le saigna donc et je ne pleurai pas, tant j'étais curieux de goûter à sa chair. Non seulement j'assistai à sa mort d'un œil sec, mais encore aux apprêts raffinés de sa toilette culinaire, à laquelle procéda, avec une haute compétence, ma tante Ursule.

LE ROI BOIT

La voici, ma tante, avec ses lunettes d'écaille et son large tablier blanc. *Elle prend le jeune défunt, le regarde, l'admire, le vide, le trousse avec beaucoup d'élégance, frotte son intérieur de beurre, d'herbes fines, le lave, l'égoutte, le flambe, l'embroche.*

Mais elle a, tout d'abord, farci mon petit camarade de foie haché avec du lard blanchi, des truffes, des champignons, des rocamboles de Gênes et des avelines de Nice, le tout assaisonné de poivre de la Jamaïque, de sel marin, et très vivement passé dans la casserole.

Puis, fort délicatement, ma tante ficelle le compagnon de mes jeux en humectant son ventre arrondi d'excellente huile d'olive, pour rendre la peau élastique et dorée. Avec sa chair rose et les gracieux contours de son ventre rondelet, Tony rappelait ces amours potelés que nous devons au pinceau de Boucher.

Le tournebroche se met à ronfler et le cochon de lait valse doucement devant la flamme joyeuse comme s'il jouait encore dans la cour parmi les canards et les dindons.

On le servit dans un grand plat de vieux Rouen, entouré de cresson vert. Puis, dans sa bouche entr'ouverte, on plaça une truffe noire, ironie cruelle, mais détail original qui donnait à mon petit ami je ne sais quel aspect comique et gamin.

Tout le monde rendit justice à Tony, à la délicate saveur de sa chair enfantine, à sa peau juteuse artistement dorée. Faut-il dire? Mon compagnon de jeux que j'avais vu mourir d'un œil sec se vengea terriblement de mon ingratitude en m'infligeant une formidable indigestion.

Assez lourde, en effet, la chair appétissante du cochon de lait demande à être bondée d'une farce légère, réveillée par une sauce énergique, avivée de poivre et de muscade, parfumée de jus d'orange, il serait même sage, en savourant le cochon de lait, de vider en son honneur deux petits verres de fine champagne.

Dans le Périgord on sert le cochon de lait, entouré de feuilles de chêne et de bouquets de glands, sans jamais oublier la truffe traditionnelle. Voyez-vous cette truffe, plaisamment enfoncée dans le groin virginal de ce pauvre cochonnet qui est mort sans avoir connu le doux arome du divin tubercule, comme une jeune fille meurt sans avoir goûté le plaisir d'amour!...

Le chou.

Le chou, ce bon paysan, honneur et volupté des marmites rustiques, est certainement le plus populaire et le plus sain des légumes. Pendant trois siècles, Rome ne connut d'autre médicament que le chou et ne s'en portait pas plus mal.

Ce légume bon enfant est indigène de l'Europe qu'il parfume de ses robustes senteurs si chères aux narines villageoises. Nombreuse et bénie, sa famille : choux verts, blancs, jaunes, violets; choux frisés, pommés, frangés; choux de Milan et de Beauvais, de Savoie, d'Écosse, de Hollande, de Touraine, de Bretagne. Voici le chou de Bruxelles, plante originale avec ses fruits coquets et mignons, avides de beurre et de gratin, pittoresquement étagés sur l'épaule maternelle. Voici encore le chou-cavalier, dont la soupe odorante est le triomphe, et le chou-fleur aux branchettes élégantes qui semblent trempées dans du safran.

Parlons, s'il vous plaît, du chou farci : il se rencontre des plats excellents que l'on peut s'offrir sans être millionnaire, ce qui est fort heureux pour de simples journalistes. Tel est le **chou farci.** Ecoutez-moi :

Quand votre chou, un beau chou, est à moitié cuit, on le tire délicatement de la marmite pour l'égoutter sur une planchette propre comme un écu. Puis on le déplie tout doucement, feuille par feuille. C'était une coupole, c'est une rosace. Dans une assiette attend une farce onctueuse, composée de chair à saucisses, de foies de volailles et de mie de pain, le tout savamment relevé d'épices choisies et lié de jaunes d'œuf. Une bonne farce !.

Alors, avec soin, avec lenteur, on tapisse chaque feuille de cette farce également épandue ; puis, d'une main légère, presque caressante, on ramène et l'on presse ces feuilles ainsi parées sur le cœur du chou bourré de foies de volailles finement hachés.

Votre dôme reparaît. Le chou est reconstitué. On le ficelle avec élégance pour le poser mollement dans une ample casserole où murmure un roux léger.

On piquera, s'il vous plaît, maître chou de trois ou quatre clous de girofle et feu par-dessous, feu par-dessus, cuisson lente et sage, doucement rythmée. Au moment de servir, semez quelques câpres sur votre sauce d'or et gardez-vous bien d'oublier le petit verre de fine champagne aimé du chou farci. J'attends vos compliments.

Ah ! certes, le chou n'a pas les fragiles délicatesses de l'asperge ; il ne porte pas un panache comme la carotte, un pompon comme l'artichaut, un turban comme la citrouille, un vêtement brodé comme le melon, une aigrette comme le salsifis, un dôme comme le champignon. Il n'a pas les joues roses du radis, la robe violette de l'aubergine, le manteau de pourpre des tomates, les frisettes de la chicorée, la couronne de l'escarole, et il ne met pas de fleur à sa boutonnière comme les petits pois.

J'aime pourtant son allure franche et rustique, son grand air de vigueur et de bonhomie. Il me plaît de voir sa grosse tête de fermier émerger de larges feuilles qui se dressent, empressées comme le haut col d'une chemise de paysan. S'il n'avait pas été vulgarisé par la choucroute et déshonoré par les lapins, le chou pourrait, avec son beau feuillage, prendre place parmi nos plantes d'ornement.

On sait, enfin, que la perdrix a des sympathies marquées pour le chou qui, au reste, l'accompagne très dignement.

Le chou est comme un symbole de détachement mondain, de retraite attendue et désirée : heureux celui qui, après une vie de lutte et de travail, peut aller dans un coin béni « planter ses choux ».

Ce bonheur est rarement accordé à l'écrivain, à l'artiste, au poète. S'ils plantent quelque chose, c'est un article qui pousse, une chronique qui germe, un sonnet qui bourgeonne. La bêche convoitée des jardins demeure insaisissable et comme flottante dans un mirage rustique, et le chou de la retraite n'est qu'un rêve charmant. C'est la plume qui reste implacablement soudée à nos doigts fatigués.

Si, cependant, il nous arrive de conquérir un humble champ avec un peu d'ombre pour notre front, il est souvent trop tard. A peine le grain semé a-t-il fait lever la terre que la terre se creuse pour nous recevoir.

La choucroute.

A Henri Second.

La choucroute, un plat allemand ? Allons donc ! Je fis sa connaissance en Alsace et en Lorraine et je sais un peu mon histoire. Fabert, en suivant un plan de victoire, dînait en quelques coups de fourchette d'une choucroute fumante. Kléber, au pied des Pyramides, regrettait la choucroute du pays natal, et le vieux Kellermann, un soir de victoire, remarquait avec bonhomie « qu'il avait bien gagné sa choucroute ». Enfin le fier évêque de Metz, le patriote Dupont, remplaçait la bonne chère épiscopale par une simple choucroute égayée d'une tranche de lard, du bon lard de Lorraine !

Non, la choucroute n'est pas un plat allemand.

Vous dire sa recette, ce serait vous conter le « Petit Chaperon rouge ». Tout le monde la connaît, mais je vous recommande, tout particulièrement, celle préparée par mon ami Richardin. C'est un mets solide et viril, aimé des estomacs vaillants, dédaigneux des bouchées Régence et des alouettes à la Maintenon.

Dans les choux pressés qui embaument, la fourchette enfonce comme une épée, piquant la saucisse d'or et le jambon rose que relève le gros poivre, semblable à des grains de beauté.

Elle fait boire, la choucroute ! C'est une blonde

fille d'Alsace qui tend sa chope aux bières de Strasbourg ou son verre léger aux joyeux vins de la Moselle.

Faite de patience et de recueillement, elle ne s'improvise pas comme une omelette. Dans la marmite doucement chauffée elle mijote, elle sommeille comme si elle rêvait, sous son couvercle en terre, des tièdes cheminées d'Alsace. Ce qu'il lui faut, à la choucroute, c'est la saucisse de Strasbourg, le jambon de Belfort, une tranche rosée de ce lard de Lorraine que la bergère de Vaucouleurs étalait sur son pain noir, en écoutant les « Voix » mystérieuses qui murmuraient à travers les chênes : « Debout, Jeanne ! va sauver la France ! »

Non, la choucroute n'est pas un plat allemand.

Après la guerre, l'exilé d'Alsace emporta de son foyer éteint un mets patriotique avec un rameau vert : le plat, c'était la choucroute légendaire du pays natal. Le rameau vert c'était l'arbre de Noël, le sapin des montagnes au feuillage toujours vert comme l'espérance.

Si, dans la grande cité parisienne, passant devant une porte close, il vous arrive quelque pénétrante odeur d'appétissante choucroute, vous pourrez dire : « C'est là, sans doute, la demeure de quelque émigré d'Alsace ou de Lorraine, deux fois Français. »

Je n'ai nulle envie de passer le Rhin pour m'en aller manger de la choucroute à Munich ou à Berlin. Je ne dîne bien qu'au milieu de mes amis. Et pourtant, je ne suis pas un chauvin farouche. Il me plairait assez de voir les peuples croiser amicalement la fourchette dans un pique-nique humanitaire et se passer, avec courtoisie, l'assiette au beurre.

Mais, nous en avons eu assez de ces convives bien reçus qui, plus tard, sont venus casser nos verres et salir nos nappes blanches, sans compter qu'ils ont mis dans leurs poches nos couverts d'argent.

A chacun sa marmite et son drapeau ! Savourons entre Français notre vieille choucroute d'Alsace et de Lorraine, qui n'est pas un plat allemand.

Là-bas, sur les coteaux d'Alsace s'élevait, avant la guerre, une maison blanche au milieu des pampres verts. La grive s'y grisait du jus des grappes noires et le merle gaulois y sifflait sa chanson d'amour.

Près du poêle en faïence, en face des grands horizons, Jeanne m'attendait, une fleur à son corsage, un beau sourire sur ses lèvres roses. Puis, leste et vive comme un oiseau, elle apportait un plat fumant de choucroute tapissée de saucisses de Strasbourg, de jambon de Belfort et de lard savoureux de Lorraine.

Et nous dînions en tête-à-tête, sur un coin de la vieille table en chêne, buvant dans le même verre un joyeux vin de Ribeauvillé. N'est-ce pas, Jeanne, n'est-ce pas que ta choucroute n'était pas un plat allemand ?

Un jour, peut-être, reverrai-je la maison blanche au milieu des pampres verts, et un merle au bec jaune me dira-t-il, sous les houblons, sa chanson d'amour.

Si Jeanne est morte de tristesse, je descendrai le coteau à pas lents et j'irai porter une rose de France sur sa tombe allemande.

Si elle vit encore, nous nous reconnaîtrons sans peine malgré les années et, sur un coin de la table en chêne, en face des grands horizons, elle apportera une choucroute fumante ; et comme autrefois, nous servant du même verre, nous boirons à la patrie, à nos champs de Lorraine, à nos vallons d'Alsace redevenus français.

Cœurs d'artichaut.

A Henriot.

J'aime l'asperge, mais j'estime l'artichaut. J'estime beaucoup l'artichaut aux feuilles molles, au cœur tendre — feuilles exquises que l'on trempe dans une vinaigrette teintée de rose, joli cœur que l'on dore dans le beurre, que l'on tapisse d'une farce onctueuse ou que l'on roule vivement dans une omelette fumante !

A mon avis, l'artichaut peut être regardé comme le plus délicat et le plus fin des légumes verts. A la *provençale*, c'est un régal ; à la *duchesse*, une succulence ; à la *parisienne*, un délice ; à la *Marion*, une rêverie de la bouche.

L'artichaut farci dédaigne l'aubergine et défie peut-être la tomate. La barigoule, relevée d'échalote et de muscade, arrosée de vieux madère et de tout ce que l'huile d'Aix a de plus virginal, couverte enfin d'une pudique barde de lard aux tons dorés, la barigoule est assurément le triomphe de l'artichaut.

L'artichaut en pâte est le plaisir des yeux et la joie du palais. Débarrassé de son foin vulgaire, on le coupe en quatre et, roulé avec art dans une pâte fine, il grésille en murmurant dans la friture son petit refrain gourmand. C'est un plat charmant aux feuilles étranges, émergeant de la pâte dorée comme des ailes d'oiseau.

Absolument délectables les fonds d'artichaut **à la Milanaise**, *artistement gratinés, saupoudrés de vrai parmesan, agrémentés d'un hachis de lard fin et de truffes blanches d'Italie, baignant enfin avec volupté dans une éclatante purée de pommes d'amour!*

Et pour finir, je ne sais rien de gracieux comme une jeune femme qui savoure un artichaut à l'*huile*. On dirait que sa main cueille des fleurs et qu'elle donne un baiser à chaque feuille qu'elle porte à ses lèvres.

L'artichaut est originaire de la Barbarie. A vrai dire, ce n'est pas une espèce botanique, mais une dérivation du cardon sauvage qui pousse à l'état spontané dans toutes les régions de la Méditerranée, depuis le Maroc jusqu'à la Palestine.

Les artichauts précoces nous arrivent de l'Algérie, de la Provence, du Languedoc et de la Bretagne.

Très grande est la variété de ces fruits délicieux. Citons le *Camus* de Bretagne et surtout le fameux *Cuivré* de Roscoff; le *Violet* de Provence et le *Gros-Vert* de Laon dont la saveur est sans rivale. Il serait injuste d'oublier le *Noir* d'Angleterre, d'un beau violet très foncé, à pommes rondes et camuses; l'artichaut de Venise est très estimé; le *Sucré* de Gênes, plante extrêmement délicate, à la chair jaune et sucrée, d'une grande finesse; le *Violet* de Toscane, d'une couleur intense et d'un goût exquis.

Ai-je besoin de rappeler que l'artichaut est un mets aussi digestif et aussi sain qu'agréable, recommandé par une bonne hygiène dans une foule de cas.

Dans quelques contrées du Midi, quand la récolte des artichauts est abondante, on les débarrasse de leurs feuilles, on nettoie soigneusement les cœurs que l'on fait sécher au soleil sur des claies allongées, ressemblant à des berceaux d'enfant.

Ces cœurs jaunis, racornis, momifiés par la dessiccation, sont ensuite placés dans des sacs. C'est une précieuse ressource pour les jours d'hiver, une réminiscence de l'été, un plat du printemps en décembre.

Jetés dans l'eau bouillante, ces cœurs se crispent légèrement, s'étendent, s'amollissent, retrouvent sous l'action pénétrante de la chaleur à peu près leur forme, leur couleur et leur goût d'autrefois. — De même un cœur de vieillard, racorni par les ans, s'avive et ressuscite dans un renouveau d'amour au contact d'une douce flamme.

Aussitôt que l'artichaut a repris sa forme primitive, on le retire, on l'égoutte, on le laisse refroidir. Il n'y a plus qu'à le parer d'une farce savante.

Quand la neige remplit le potager désert et que la cuisine est veuve de légumes verts, vous aurez ainsi le printemps sur votre table et la Provence dans votre assiette.

Avec ses feuilles pâles, longues et minces, finement dentelées, qui s'écartent et qui penchent autour d'une tige droite et fière, chargée de beaux fruits, l'artichaut est une plante d'élégance et de distinction originale.

Sa fleur, d'un violet pourpre et d'une forme

singulière, est charmante. On dirait le pompon énorme d'un shako imaginaire. Je ne sais rien de pittoresque et de gracieux comme un champ d'artichauts en floraison quand le printemps a velouté les feuilles et arboré tous les pompons.

L'artichaut ne jouit pas d'une excellente réputation. C'est un légume prodigue et volage. Son cœur, on le sait, est un symbole d'inconstance et de caprice. Ce fumiste d'amour, n'a-t-il pas une feuille pour chaque bouche comme on a des baisers pour toutes les lèvres?...

Ah! qu'importe! Ce cœur prodigue et léger est si bon à la vinaigrette, doré dans le beurre, frit dans la pâte ou roulé dans une omelette fumante qu'embaume la truffe noire du Périgord!

Les oignons.

Adoré en Égypte, son berceau, l'oignon fut mieux qu'un prophète, il fut dieu, honneur que n'ont jamais eu le concombre et le navet. On le vénérait tout en le croquant.

Avec les dattes et les figues, l'oignon d'Égypte est la ressource des caravanes ; et pendant des siècles, notre pauvre serf de France n'eut qu'un oignon pour égayer son pain noir. Encore aujourd'hui, le paysan du Midi fait honneur à l'oignon cru, qu'il relève d'un grain de sel, mais plus heureux que son ancêtre, il savoure aussi le lard ou le jambon que le progrès a posé sur son pain.

L'oignon est un fruit charmant. En été, c'est de l'argent; en hiver, c'est de l'or. Sa pelure délicate a des reflets de satin. Quand on le coupe, sa chair blanche et rosée forme des croissants. Rien de gracieux comme sa tige verte et haute, coiffée d'un toquet rond artistement frangé. C'est la graine de l'oignon.

L'oignon blanc de Nocera, l'oignon rouge de Macère, l'oignon soufré d'Espagne, l'oignon jaune de Cambrai, l'oignon-poire, le corne-de-bœuf et l'oignon d'Égypte, tel est le dessus du panier. L'oignon est un mets populaire et sain, un condiment aussi varié que recherché de la cuisine. On en fait des purées onctueuses et fines que la muscade relève, des soupes légendaires et gaies que tapisse le gruyère.

De sa saveur pénétrante, l'oignon accentue cent ragoûts divers : il parfume le pot-au-feu, saute avec le lapin, murmure avec les petits pois, ressuscite les chairs de la veille, embaume les omelettes, avive les gras-doubles, dore et égaie les matelotes, ennoblit les blanquettes, s'impose aux courts-bouillons, excelle dans les marinades, triomphe dans les mirotons, se rend indispensable aux vinaigrettes, accompagne dans le bocal son ami le cornichon, résume enfin, en locution familière et charmante, je ne sais quel idéal de succulence et de perfection : « Aux petits oignons ! »

Un plat délectable et simple comme bonjour, *c'est l'oignon* **à la Reine** *: prenez, s'il vous plaît, un gros oignon d'Espagne à la fine saveur. Piqué de deux ou trois clous de girofle, il cuit tout doucement dans l'eau parfumée d'une branchette de thym. Quand le bouillon est réduit, on ajoute un bon verre de vieux madère que l'oignon absorbe sans se faire prier. Il ne reste plus qu'à servir avec une belle sauce blanche ponctuée de câpres africaines.*

C'est exquis, mais cela ne vaut pas encore

l'oignon **à la Bordelaise :** *vous voudrez bien choisir de beaux oignons d'Aquitaine, larges et plats, dont vous creuserez délicatement le centre; dans cette cavité, vous glisserez un hachis de foies de volailles et de truffes choisies. Ces oignons, légèrement dorés par le beurre, seront posés dans un roux très clair et, feu par-dessus, feu par-dessous, cuiront avec une dévote lenteur : à peine un frémissement, un sourire dans la occole embaumée. Au moment de servir, il convient de réjouir la sauce fumante et légère d'un verre de fine champagne et de quelques grains de muscade.*

C'est tout, mais quand vous aurez goûté, vous trouverez que c'est quelque chose. Cléopâtre, la buveuse de perles, qui bourrait d'oignons parfumés les palombes et les flamants du Nil, a connu les baisers d'Antoine, mais elle a ignoré les doux oignons d'Aquitaine farcis de foies de volailles et de truffes du Périgord?

« Oignon, bel oignon à la robe d'argent, pourquoi fais-tu pleurer? N'est-ce donc pas assez des tristesses de la vie? N'est-ce pas assez de sentir dans son âme vieillie s'envoler la dernière étincelle d'amour? N'est-ce pas assez de voir, dans sa coupe étincelante, sourire un vieux vin que l'on ne peut plus boire? N'est-ce pas assez de sentir l'appétit divin s'évanouir au bout de sa fourchette comme un beau rêve d'or?... Oignon, vêtu d'argent, pourquoi fais-tu pleurer?... »

L'oignon répond :

« Durant leur captivité, les Hébreux, se rappelant les chevreaux d'Israël et les grasses génisses de Galilée, arrosaient des larmes de l'exil l'invariable oignon d'Égypte dont les nourissaient les Pharaons. C'est depuis ce temps-là que je rends, quand on me dépouille, les larmes dont je fus abreuvé. »

C'est bien ; mais ces larmes de la légende se changent bientôt en joyeux sourires lorsqu'on savoure un plat d'oignons à la bordelaise.

Les haricots.

A madame Blanche Virot.

Le haricot est le roi des potagers comme la pomme de terre est la reine des champs. On le rencontre à la fois sur la table du gourmet et dans la marmite du paysan. C'est un bienfait gastronomique comme un besoin alimentaire. Il passe pour le plus substantiel et le plus nourrissant des légumes.

Le haricot a le précieux mérite de procurer deux mets absolument distincts : en été, le haricot vert si délicat et si léger ; en hiver, le haricot sec, classique ressource des ménagères.

Chose exquise, le haricot vert : en salade, il est apéritif et gai ; sauté au beurre, il est exquis ; à la maître d'hôtel, c'est un velours.

Plus sérieux, le haricot sec : son seul défaut peut-être est d'être quelquefois indigeste et un tantinet bavard... Mais il est un moyen bien simple de couper court à ses indiscrétions intimes. On le réduit aisément au silence en l'aspergeant d'un filet d'huile d'olive. C'est ainsi qu'il sera plus digestif et qu'il se taira !...

Le haricot est l'ami du mouton. C'est sa chair favorite. De beaux « soissons », larges et tendres, accompagnant un « pré-salé » que l'ail parfume et que baigne un jus rosé, voilà, j'imagine, un plat légendaire et magistral ! C'est par excellence un régal de famille et un rôti de fête.

Et les haricots **à la Lorraine** ! *Blanchissez-les. Ils cuiront ensuite, s'il vous plaît, en compagnie d'un beau morceau de lard, agrémenté de cinq ou six pommes de terre. N'oubliez pas trois gousses d'ail et une branche de persil, un oignon piqué de deux clous de girofle, le tout mouillé d'excellent bouillon.*

Ah ! nous sommes loin, je l'avoue, des chaufroids de perdreaux à la Cambacérès et des galantines de faisan hongrois à la périgord ! Mais quelle saveur pénétrante et rustique ! Le parfum des fleurs aristocratiques ne saurait me faire oublier les robustes senteurs des forêts et l'enivrante odeur des foins coupés.

Très variées les espèces de haricots : il y en a de toutes formes et de toutes couleurs, de blancs, de noirs, de rouges, de violets, de ponceaux, de chamois, de café au lait, de gris, de roses, de verts, de mouchetés, de bronzés, de marbrés, de jaspés et de bicolores ! Il y a le « suisse sang de bœuf », le « nain rose » et le « géant lilas ».

Parmi les haricots nains et les haricots ramés, il convient de citer les haricots de Soissons, d'Espagne, de Bagnolet, de Belgique, de Chine, du Canada. Le haricot-chocolât de Berne, le haricot-saumon du Mexique, le haricot-sabre, le mange-tout, la mongette de Provence, le haricot rouge friand de lard et de bon vin, le Hollande qui est le plus tendre et le plus fin des haricots verts. Enfin, le délicieux flageolet, ce petit musicien aux notes indiscrètes, pittoresquement appelé « le piano du pauvre » !

Est-il besoin de rappeler qu'aucun légume ne se confit avec autant de succès que le haricot et que sa cosse, vivement passée au four, parfume et dore le bouillon autrement que les meilleurs caramels ?

Le haricot, légume d'élite, est aussi une plante charmante. J'aime ses gousses vertes et fines que colore le jaune d'œuf et ses grains savoureux qu'avive le persil. Le haricot ramé escalade les branches et ses jolies fleurs étoilent avec grâce son feuillage qui rappelle celui du lilas.

Alors, son pied se charge de belles cosses qui, fraîches, ressemblent à des croissants verts et, mûres, à des croissants d'or.

Pointes d'asperges.

A madame Berthe Gautier.

Les lilas bourgeonnent et les giroflées vont fleurir ; bientôt la marchande des quatre saisons jetera aux échos de Paris ce cri charmant : « Les belles asperges ! qui veut des asperges ? » Allons, ménagères ! préparez vos burettes et que le clair vinaigre d'Orléans mêle ses teintes rosées à l'or des huiles vierges. Préparez aussi ces sauces de velours, ces douces sauces blanches que relève si bien la câpre africaine. Vinaigrette et sauce blanche, voilà ce qu'aime l'asperge que j'aime tant !

Des renflements bizarres du jardin s'élance tout à coup une tige verte et frêle : c'est l'asperge, pousse élégante, à la tête violette et penchée.

A chaque rayon de soleil, elle s'élève et grandit. On la coupe, elle repousse ; on la coupe encore, elle repousse toujours. C'est une tige de gourmandise et de vie.

L'asperge est italienne comme la tomate est

espagnole, l'aubergine sicilienne, la fève grecque et le pois égyptien. Je m'en serais douté à la taille élancée de l'asperge que les citrouilles et les potirons ont essayé de tourner en ridicule. Sur les pentes volcaniques du Vésuve et de l'Etna, l'asperge est suave et magnifique. Celle de Catane est la première des asperges.

On a sans doute oublié le curieux procès que le cardinal Antonelli eut avec son fournisseur d'asperges, et que le fournisseur perdit. C'était un brave maraîcher de Catane. Il en fut pour plus de deux cents bottes d'asperges, que le cardinal avait mangées au gratin. Avant de plaider, le paysan sicilien eut la naïveté d'aller à Rome, Antonelli lui fit offrir des indulgences et l'envoya contempler la coupole de Saint-Pierre.

Argenteuil, Sannois, Franconville, Épinay, Nanterre cultivent l'asperge en grand. Mais la palme reste à Montreuil, berceau de ces asperges énormes dignes de la bouche d'un Gargantua. Et maintenant quelle sauce convient le mieux à l'asperge ? Pour le déjeûner la vinaigrette, pour le dîner la sauce blanche. Pour l'asperge verte et frêle à la tête inclinée, l'huile d'olive teintée d'un filet de vinaigre. Pour l'asperge obèse et fondante, dont on a plein la bouche, la sauce onctueuse et blanche ponctuée de capres vertes. C'est du reste affaire de goût. Le célèbre gourmet d'Aigrefeuille se bornait à consteller ses têtes d'asperges de quelques grains de sel. « Il n'est pas besoin de sauce, disait-il, pour faire passer l'asperge. Elle passe, elle a passé ; c'est un fondant. »

C'est au marquis de Cussy que l'on doit l'asperge « au gratin », humectée d'un vieux verre d'Alicante. Pascal inventa la brouette ; de Cussy trouva les têtes d'asperge au gratin et il en était autrement fier que s'il eut découvert une étoile au firmament.

On sait que l'asperge est l'amie des petits pois, quelle saveur appétissante et délicate est née de leur douce union ! En ajoutant à ce duo gastronomique un tendre cœur de laitue et une branchette d'estragon, vous aurez le printemps dans votre assiette.

Notons en passant **le pigeon de mai**, flanqué de *pointes d'asperges, doucement confites dans le jus de l'oiseau, après avoir à peine rissolé dans un excellent beurre. Il convient comme on sait de farcir le pigeon de pointes d'asperges hachées avec deux foies de volailles, le tout arrosé d'une cuillerée de vieux madère.*

Enfin, voici l'**omelette aux pointes d'asperges**, aussi succulente que renommée ; vous savez, cette omelette sans rivale que le royal cuisinier Louis XV inventa pour la bouche rose de la du Barry. C'est la France qui payait le beurre.

Faites blanchir les pointes d'asperges, si vous voulez que votre omelette soit parfaite, ajoutez-y un tendre cœur d'artichaut, coupé en petits dés qu'a dorés le beurre. Et surtout ni cerfeuil, ni persil. L'asperge et l'artichaut chantant dans le beurre font un duo harmonieux et jaloux, auquel ne doit se mêler aucune autre voix.

Je me trompe : *que la truffe, coupée en lames fines, mêle son éclatante note à ce savoureux concert ;* mais alors ce ne sera plus une omelette, mais un rêve, un chant, une symphonie gourmande, un poème printanier, l'hymne incomparable et sacrée de la poêle.

Rappelons, en terminant, la fameuse histoire des asperges de Fontenelle, l'illustre et implacable gourmet. La duchesse de Grammont prétendait qu'il aurait été capable de mettre le feu au château de Versailles pour faire cuire une alouette.

Un matin, son vieil ami, l'abbé Garcin, autre gourmet aussi tyrannique que délicat, vient lui demander à déjeuner. Quelle inspiration ! Justement, Fontenelle a reçu de l'ambassadeur de Naples une magnifique botte d'asperges.

Ajoutez qu'on est en plein hiver, en plein janvier. A quelle sauce va-t-on manger ces rares et merveilleuses asperges? Fontenelle penche pour la vinaigrette; Garcin incline pour la sauce blanche. Comment faire? Chacun plaide énergiquement pour sa sauce de prédilection; on s'échauffe, on discute, on s'emporte, quand survient tout à coup Thérèse, le cordon-bleu de Fontenelle, qui met très simplement les deux gourmets d'acord: une moitié des asperges à l'huile pour Fontenelle, l'autre moitié à la sauce blanche pour l'abbé Garcin.

Ravis de cet arrangement, les deux amis « se font la bouche » en sirotant un verre de Constance auprès d'un grand feu.

Soudain, l'abbé Garcin, sorte de futaille vivante, étend les mains vers le ciel, essaie de se lever et retombe aussitôt foudroyé par l'apoplexie. Ce n'est plus qu'un cadavre.

Alors Fontenelle enjambe vivement le corps de son vieil ami, s'élance vers la cuisine et d'une voix triomphante :

— Thérèse ! s'écrie-t-il, *toutes* les asperges à l'huile !

L'omelette sans œufs.

A madame Alice Lallement.

Jeanne avait la taille élégante de l'asperge, la peau veloutée des pêches, et les lèvres plus rouges qu'une fraise des bois. Dans la fossette de ses joues rieuses elle cachait un radis rose, et, ses cheveux dorés comme un beurré d'automne tombaient en grappes coquettes sur son front aux teintes provocantes et chaudes d'un fruit mûr.

Son oreille, — un bijou — était délicatement ouvrée ainsi que la fine collerette de ces petits champignons du Berri, aimés des vol-au-vent. Ajoutez, s'il vous plaît, des yeux plus noirs que le fruit des cassis et des dents plus blanches que le doux lait d'amandes.

Jeanne portait une robe légère d'un beau vert de laitue et autour de son cou flexible un ruban plus jaune que la chair des potirons. Sur ses blonds cheveux un foulard éclatant comme une fleur de capucine. Est-ce tout? Non. Jeanne était du Périgord et — vous pouvez me croire — de son troublant corsage s'exhalait un doux parfum de truffes... on l'aurait croquée !

Jeanne, cordon bleu idéal, était cuisinière chez ma tante Elise, dévote comme un rosaire, mais gourmande comme une chatte au point de mettre le feu à un confessionnal pour cuire un ortolan.

Son élève, Jeanne, excellait surtout dans la confection d'une multitude d'omelettes dont ma tante était particulièrement friande. Faut-il le dire, je profitais des pieuses méditations de ma tante pour faire de fréquentes visites à Jeanne dont les sauces odorantes me charmaient tandis que sa grâce attirante éblouissait mon regard de seize ans.

Arrivons enfin au jour mémorable où la jolie Périgourdine, dans un élan de sublime inspiration inventa l'*Omelette sans œufs*. J'y fus bien, comme vous allez voir, pour quelque chose...

Voici comment l'affaire se passa : Jeanne allait préparer pour le déjeuner une omelette aux morilles, régal favori de ma tante. J'arrive juste au moment où, la tête penchée sur le fourneau, Jeanne étale à mes regards un cou éblouissant tout frisotté de cheveux blonds. Que voulez-vous?

J'y imprime un long baiser d'amour, irrésistible, affolé! Jeanne pousse un cri, fait un bond, la poêle chavire et prend feu, le beurre s'enflamme et, dans mon trouble, je bouscule le panier aux œufs qui, dans leur chute, improvisent une immense omelette sur le parquet! Et je suis là, bouche bée, tout confus, plus blanc qu'un navet, regardant les coquilles vides et le visage gouailleur de Jeanne. Pas un œuf dans la maison, pas de marchands, pas de voisins. Que devenir?

« Eh bien! déclare Jeanne avec une crânerie charmante, puisque c'est comme ça, je vais faire une *omelette sans œufs*. Il ne faut jamais être embarrassé, vois-tu. » Elle pouvait bien me tutoyer. Je n'avais que seize ans.

Je la vois encore, Jeanne, relevant jusqu'au coude la manche de sa robe, ajustant son foulard coquet et posant un doigt sur son front comme pour en faire jaillir l'inspiration. Elle a trouvé! La voici à l'œuvre : *très délicatement, elle pèle des pommes de terre en robe de chambre qu'elle découpe ensuite par petits morceaux. Près d'elle, sur le fourneau, attend la poêle avec un beau carré de beurre fin, qui crépite et qui fond comme un rêve...*

Le beurre pétille et chante. *Au moment où il va brunir, Jeanne, d'une main légère, verse les pommes de terre qu'elle retourne, qu'elle écrase doucement comme si elle voulait en faire une pâte d'or.*

Sur cette nappe unie, compacte et jaunissante, elle sème poivre et sel, gousse d'ail et persil très finement hachés, laisse tomber quelques gouttes discrètes de tout ce que l'huile d'Aix peut avoir de plus vierge...

Puis, frappant sur la queue de la poêle un coup autoritaire et sec comme si elle faisait sauter un ministère, Jeanne retourne vivement l'omelette croustillante et dorée qui glisse de la poêle fumante dans le plat de porcelaine blanche, bien chauffé : un charme pour l'odorat, un plaisir pour la vue, un régal pour la bouche, un triomphe pour le grand art culinaire.

Brillat-Savarin l'a dit : « Celui qui trouve un plat nouveau est bien supérieur à celui qui découvre une planète. » C'est pourquoi je n'hésite pas, le moins du monde, à mettre au-dessus de l'astronome Leverrier, le petit cordon-bleu de ma tante Elise, qui, du reste, avec ses yeux noirs et ses cheveux blonds, était beaucoup plus intéressant que le vieux membre de l'Institut.

Devant l'appétissante invention de Jeanne, ma tante resta comme pétrifiée d'admiration. La fameuse « omelette sans œufs », si simple ainsi que les grandes idées et les hautes conceptions, eut un succès immense dans tout le Périgord et les régions du voisinage. Quant à Jeanne, fille pratique, elle profita de sa renommée culinaire pour épouser un juge d'instruction de Périgueux qui ne tarda pas à mourir de la goutte en lui laissant de belles métairies.

Telle est l'histoire de l'*Omelette sans œufs*, succulente invention, née du baiser d'amour que je pris sur le cou ambré de Jeanne.

Ce plat rustique et joyeux, d'une pénétrante saveur, est une précieuse ressource pour les pauvres gens qui, aimant les omelettes, n'ont pas d'œufs sous la main et s'en passent avec avantage — ce qui doit beaucoup vexer les poules.

Cette page légère est un souvenir de prime jeunesse, ému et tendre, que je consacre à Jeanne, à ses joues roses, à ses fossettes rieuses, à ses cheveux d'or, à son génie culinaire, à cette excellente omelette sans œufs dont je dédie volontiers la recette aux philosophes, aux philanthropes, aux moralistes, aux politiciens, aux hommes d'État, grands accommodeurs de restes, cuisiniers de portefeuilles et gâte-sauce de gouvernements, qui ont cassé tant de millions et de millions d'œufs sur le dos du peuple, sans arriver jamais à faire une bonne omelette !

Les œufs.

Savez-vous que grand nombre de nos œufs sont pondus en Autriche et en Italie?

En vérité, ce ne sont pas les meilleurs. La palme, s'il vous plaît, aux œufs incomparables de nos basses-cours et de nos poulaillers de France. La Touraine, l'Anjou, la Gascogne, le Limousin et surtout la Normandie représentent le dessus du panier; œuf d'élite et sans rival, l'œuf normand garde sa dignité et ne baisse jamais son prix. Je crois même qu'il profite de l'humilité industrielle des œufs étrangers pour se faire valoir. Il est bien de son pays, l'œuf normand!

De tous les œufs, c'est celui de la poule qui l'emporte en saveur et en qualité. De la France au Japon, de la Suède au cap de Bonne-Espérance, la poule pond son œuf délectable et réparateur que le sauvage lui-même « gobe » avec délice.

L'œuf, en effet, c'est la gaufre qui s'épanouit, jaune comme l'ambre, sur ses fers retentissants; c'est la crêpe odorante et trouée comme de la dentelle qui saute dans les poêles fumantes; c'est la crème onctueuse qui embaume la vanille ou la fleur d'oranger; c'est le beignet qui sent l'anis ou la muscade; c'est la « merveille » capricieuse qui s'allonge en spirales comme les cornes d'un bélier, et l'antique pet-de-nonne, régal de nos pères, un globe d'or!

Mais le triomphe de l'œuf, c'est l'omelette, cette joyeuse improvisation des repas champêtres, ce complément commode des menus trop courts.

Qu'elle est appétissante et gaie, l'omelette fumante et pleine de parfums! C'est le sourire embaumé des déjeuners rustiques, au bord de l'eau, sous la tonnelle; c'est l'honneur et la joie de la poêle intronisée sur la flamme claire des hautes cheminées; c'est, dans les cuisines aristocratiques, le mets délicat et savamment combiné, appelé à réveiller l'appétit somnolent du gourmet fatigué.

Je ne connais pas d'apéritif comparable à une fine et légère omelette : on la voit, on la sent, on la goûte, on a faim !

Simple, c'est une improvisation ; recherchée, c'est un art. C'est une ressource précieuse autant qu'un régal varié.

On compte plus de cent façons d'accommoder les œufs sorties comme un bouquet gigantesque de l'imagination des cuisiniers. Ne pouvant vous les servir, je vous prie de me permettre un choix qui ne sera pas sans charme.

Les œufs à la Mackay préparés par Frédéric du restaurant de la Tour-d'Argent, *les œufs Pont-Biquet* du restaurant Durand, *les œufs à la Vic et la Nantua*, exquises préparations de Tivollier de Toulouse, *les œufs pochés* du restaurant Lapérousse.

L'omelette au homard me sourit et l'omelette aux rognons, aimée de Chateaubriand, me tente. Les omelettes au fromage, aux oignons, aux pommes, à la Lyonnaise, à la frangipane, à la jardinière, aux huîtres, aux morilles, au thon, aux escargots, n'ont à vrai dire rien de déplaisant. Je rends justice aux omelettes aux queues de crevettes, à la paysanne, à la provençale, aux champignons, à l'oseille, même aux épinards !

Délicieuses les omelettes aux tomates ou pommes d'amour, aux asperges, aux haricots verts, aux pointes de houblon, à la moelle, à la Soubise et surtout aux cœurs d'artichaut ! La rustique omelette que la ciboulette et le persil parfument, charme mes goûts villageois, et je me sens tout réjoui à la vue des flammes azurées qui serpentent autour de l'omelette au rhum. Aux bouches roses et friandes des dames, je recommande les omelettes aux fraises, aux fleurs de courge, aux confitures, aux amandes, aux macarons et ces omelettes aux noisettes des bois que George Sand se plaisait à confectionner elle-même pour ses amis de Nohant.

L'omelette aux queues de crevettes obtiendrait peut-être mes préférences si un parfum suave ne venait tout à coup charmer mon odorat. Qu'est-ce donc? C'est la reine des omelettes, ô Brillat-Savarin! c'est l'omelette aux truffes parfumées comme la rose et noires comme l'ébène, omelette sans rivale qui recèle le Périgord sous sa robe dorée! S'il est maintenant une omelette modeste et simple, vraiment campagnarde, c'est bien l'excellente omelette au jambon.

Mes plats.

Je ne saurais me dissimuler que ce titre, légèrement personnel, manque absolument de modestie. Entendons-nous : ce n'est pas une vanité culinaire qui me l'inspire, c'est une reconnaissance gastronomique qui me l'impose. Au lieu de fatuité vulgaire, gratitude !

Mes plats ! Je ne parle point de mets savants et rares que mon indigente imagination ne saurait inventer; mais de chefs-d'œuvre culinaires, qu'avec trop d'indulgence et de bonté, nos premiers gastronomes ont bien voulu me dédier en leur donnant mon nom. Ce n'est point un éloge que je m'adresse, c'est une dette que je paie.

Oronge à la Fulbert-Dumonteil. — *Foies de volailles et mie de pain, échalote et persil, olives et truffes odorantes, le tout finement haché,* *lié, assaisonné, humecté de vieil alicante; telle est la farce choisie, digne de l'oronge qui s'amollira doucement dans une cuisson légère et murmurante. De temps en temps, un brin de beurre d'Isigny ou quelques filets dorés de tout ce que l'huile d'Aix peut avoir de plus virginal et de plus embaumé.*

Potage d'écrevisses à la Fulbert-Dumonteil. — Le maître des maîtres, le Vatel moderne, Urbain Dubois, me dédie ce potage sans rival dans son beau livre, *la Cuisine d'aujourd'hui* (page 463):

Cuisez, dans un mirepoix au vin blanc, quatre à cinq douzaines de petites écrevisses à bisque : détachez, s'il vous plaît, la queue des coffres, supprimez à ceux-ci le côté du ventre pour garder les coquilles minces des coffres; farcissez deux douzaines de ces coffres avec une farce au pain, au beurre rouge, avec parures d'écrevisses hachées, faites ensuite pocher à four très doux.

Puis, retirez les chairs des queues et pilez-en les coquilles ensemble avec le dessous des coffres; veuillez les mêler au potage avec la cuisson des écrevisses et deux ou trois décilitres d'eau de tomates réduites en demi-glace. Pilez les parures des queues avec les chairs des grosses pattes et quelques queues d'écrevisses, un morceau de beurre, quelques jaunes d'œufs crus, une cuillerée de poivre rouge; passez-les au tamis.

Au dernier moment, dégraissez le potage, passez-le, remettez-le dans la casserole et liez-le avec la purée; cuisez la liaison sans faire bouillir; versez le potage dans la soupière, mettez-lui enfin les queues coupées et les coffres farcis.

Un poème, un idéal, un rêve, ce potage! O Urbain Dubois, mon ami et mon maître, vous voulez donc, à la fois, me faire mourir et m'immortaliser?

Côtelette de mouton à la Fulbert-Dumonteil. — Dans le *Dictionnaire universel de cuisine et d'hygiène*, que dirige avec tant de savoir et de succès mon distingué confrère Joseph Favre, M. A. Landry, de Londres, a bien voulu donner mon nom à cette côtelette incomparable qui figure dans les menus les plus aristocratiques et les plus raffinés (page 615 du grand *Dictionnaire*) : *Faites sauter des côtelettes de mouton bien parées et les laissez refroidir. Faites réduire deux tiers de sauce béchamel avec un tiers de purée d'oignons cuits et passés au tamis fin ; assaisonnez de bon goût et liez avec des jaunes d'œufs pour obtenir un appareil consistant. Laissez refroidir tiède et masquez les côtelettes des deux côtés, saupoudrez-les de chapelure blanche et posez-les sur une plaque beurrée. Laissez-les refroidir. Veuillez les passer deux fois à l'appareil anglais (œufs battus avec une goutte d'huile fine), et donnez-leur une forme élégante. Faites-les frire ensuite dans du beurre clarifié et égouttez-les soigneusement.*

Vous les dresserez enfin en couronne dans un plat rond, sur une purée de topinambours à la crème, papillotez les côtelettes et servez le jus dans une saucière à part.

Ces côtelettes sont, paraît-il, le plat de prédilection du prince de Galles. Excusez du peu ! Vous me confondez, cher monsieur Landry. Merci pour ma renommée et pour le mouton, que votre sauce délectable ennoblit encore.

Combien peu d'années suffiront pour faire oublier le nom modeste que je porte! S'il survit, un temps éphémère, à mon grand départ, je ne le devrai pas à mes œuvres inconnues ou dédaignées; mais aux côtelettes de volaille, aux potages aux écrevisses, aux oronges farcies, au pain de poularde, qu'on m'aura dédiés; et lorsque mon nom frappera ainsi le regard de la postérité, j'ai le ferme espoir qu'on me prendra, non pour l'humble écrivain que je suis, mais pour un parfait cuisinier.

FULBERT-DUMONTEIL.

RECETTES CURIEUSES
D'ÉCRIVAINS, D'ARTISTES ET D'AMATEURS

ÉCRIVAINS ET CUISINIERS

Qu'elle est belle et grande la supériorité du cuisinier sur l'écrivain! Lorsqu'il nous arrive d'avoir une idée, nous ne trouvons que deux manières de l'accommoder :

La prose et les vers — vers chétifs, prose indigente. Il est vraiment bien maigre le menu de la plume. Autrement fertile et variée apparaît la casserole.

Littérateur ou poète, l'écrivain ne connaît que deux sauces et ces sauces, le plus souvent, sont impuissantes à faire passer la pensée.

Le cuisinier, lui, vous prend un œuf, un légume, un gibier et l'agrémente de cent sauces différentes, plus savoureuses les unes que les autres.

N'est-ce pas ainsi qu'Urbain Dubois, ce roi de la cuisine française, que je voudrais couronner de thym et de laurier, a imaginé cent douze omelettes et plus de quatre-vingts façons de préparer un poulet?

Non; ce n'est pas dans le cerveau du poète et de l'écrivain, mais dans le chaudron du cuisinier que brille l'imagination et que s'épanouit la fécondité, que se distille et s'épure le goût, que fleurit la vraie poésie, que rayonne et qu'embaume dans une infinie traînée de parfums la souveraine intelligence de l'homme.

Prenons la côtelette, par exemple : Dans le *Dictionnaire universel d'hygiène et de cuisine*, je trouve plus de soixante espèces de côtelettes : côtelettes de boucherie et de gibiers, côtelettes de volaille et côtelettes de poisson, côtelettes de charcuterie, côtelettes de pâtisserie, que sais-je! — côtelettes de perdreau, de faisan, de grive, de bécasse; côtelettes de chamois, de daim, de chevreuil, de cerf et de sanglier, de lièvre et de lapin de garenne; côtelettes de langouste, de thon, de homard et de saumon; je découvre même des côtelettes d'ours, de renne et de pécari.

C'est à oublier vraiment qu'il existe des côtelettes de mouton!

L'un de ces mets, d'une variété stupéfiante et d'un goût délectable, m'est particulièrement cher : c'est la **Côtelette de volaille à la Périgueux**.

Permettez-moi de vous en offrir la recette exquise : *on hache très délicatement de belles truffes noires et parfumées, épluchées tout d'abord avec un soin religieux; on les incorpore ensuite dans la farce de volaille à la crème où l'on aura ajouté du foie gras, aussi frais que le bourgeon qui vient d'éclore.*

Puis, vous faites pocher vos truffes odorantes dans le moule à côtelettes; il ne s'agit plus que de les dresser en turban et de garnir le centre d'un ragoût de truffes à la financière.

Comme le mouton pourrait se montrer jaloux, je termine par la **côtelette de mouton à la victime** inventée par ce royal cuisinier, aussi friand que sceptique, qui est assez connu dans l'histoire sous le nom de Louis XVIII.

Sacrifiez, s'il vous plaît, trois côtelettes pour une; vous les taillez et les liez ensemble, en plaçant la plus belle, la plus délicate et la plus fine entre les deux autres.

Vous les mettez ensuite sur le gril et les retournez souvent, afin que le jus des deux côtelettes de dessus se concentre dans celle qui les sépare.

Lorsque les côtelettes de dessus sont plus que cuites, vous les retirez avec des précautions touchantes pour ne servir, bien entendu, que la côtelette du milieu : un régal, un jus, une rosée, une bouchée de roi.

Quels gourmands et quels gourmets, ces Bourbons!

LE DINER DROUANT

« Mon cher Richardin,

« Vous me demandez, à propos de précieuses recettes de cuisine que vous publiez, d'écrire, pour votre *Art du bien manger*, un historique du dîner que nous faisons, à peu près régulièrement, depuis tantôt douze années, le vendredi, chez l'excellent restaurateur Drouant, place Gaillon. Je crois bien que ce dîner fut fondé, puisque fondation il y a, par Claude Monet et moi, retour de Belle-Isle-en-Mer, au commencement de l'hiver de 1887. Mais Claude Monet est reparti dans ses merveilleux paysages, n'a plus reparu que de loin en loin, et le personnel des dîneurs s'est trouvé naturellement composé de Parisiens qui rêvent sans cesse des voyages qu'ils ne font pas, qu'ils ne feront sans doute jamais, et qui, sauf quelques jours de rapides évasions, passent printemps, étés, automnes, hivers, sous la pluie et le soleil de Paris. Ceux-là, harassés de leur labeur quotidien, pris à toutes les heures de la journée et de la soirée, décident de se rencontrer malgré tout et contre tout, une fois la semaine, autour d'une table de restaurant. Ils veulent quelques heures de détente, de liberté. de conversation à travers tous les sujets, ils veulent parler tous à la fois, s'entendre, se disputer, rêver de beaux rêves, être tour à tour ou à la fois des philosophes et des enfants, et si l'on dîne à peu près bien par surcroît, tout est pour le mieux. C'est ainsi que l'ont compris les fidèles de ce dîner du vendredi : Eugène Carrière, Rodin, Maurice Hamel, Jean Ajalbert, Lucien Descaves, Maurice Joyant, Georges Lecomte, Dr Vaquez, Frantz Jourdain, Rosny, Waltner, Toulouse-Lautrec, Henry Fèvre, René Binet, Paul Clémenceau, Ernest Carrière, Coquelin cadet, qui augmente parfois notre dessert de la forte poésie d'une page de Molière, et tant d'autres amis de littérature et d'art, qui paraissent de temps à autre, et vous, mon cher Richardin ! Nous avons eu à ce dîner des convives illustres : Georges Clémenceau,

La table

alerte, éloquent, tendre, gai, bon enfant, assis en face d'Edmond de Goncourt, heureux de ces agapes cordiales, apportant là ses nettes opinions et sa verve spirituelle du dîner Magny. Cette présence d'Edmond de Goncourt parmi nous, c'est un de nos plus chers souvenirs. Mais voici que je vais évoquer les ombres et je m'arrête, et vous laisse la parole pour célébrer la vieille et franche cuisine que vous voulez ressusciter, et toutes les recettes de nos provinces. Je suis sûr que vous n'oublierez pas votre Lorraine, quoique vous soyez devenu pyrénéen, votre Lorraine que Goncourt proclamait le premier pays de cuisine du monde, le pays, disait-il, qui a inventé ces deux grandes choses : le beurre d'écrevisses et le pâté de foie gras ! Je n'ose parler, après ces succulences, des menus de Bretagne dont vous me demandez les recettes trop simples, de la soupe aux choux et au lard fumé, de la soupe aux poissons où bouillonne l'âpreté de la mer, des crêpes transparentes comme la dentelle et dorées de fin beurre... A vendredi, cher ami.

« GUSTAVE GEFFROY. »

PLATS RENOMMÉS DU RESTAURANT DROUANT

Fondé en 1882, le restaurant Drouant prit vite une place importante parmi les maisons parisiennes où l'on mange bien.

Habituellement fréquenté, au moment du déjeuner, par des gens de bourse, de banque et du commerce, le restaurant Drouant devient le soir, lorsqu'il a repris sa tranquillité et son allure placide, le bon gîte sans faste où fréquentent des journalistes, des gens de lettres et des artistes.

Voici quelques-uns des plats fameux que nous présente Drouant à nos dîners du vendredi.

Bécasse, façon de la maison Drouant.

Faire rôtir une bécasse saignante, la découper en mettant à part les cuisses, les ailes et l'estomac; préparer une farce en broyant l'intérieur avec une barde de lard, deux rondelles de beurre, sel, poivre, et un verre de porto; flamber la carcasse à la fine champagne, jusqu'à réduction suffisante; mettre une partie de la farce sur le plat qui a servi à flamber la carcasse, dresser sur cette couche onctueuse les morceaux de bécasse, arroser d'un jus de citron; quelques minutes de cuisson sur le réchaud. Avec la seconde partie de la farce, préparer une belle rôtie, la passer un instant au four et servir très chaud

Homard à l'Américaine, façon Drouant.

Découper un homard bien vivant, c'est cruel, mais indispensable, en placer les tronçons dans un plat à sauter avec un morceau de beurre frais, sur un feu vif, puis les flamber largement de bon cognac. Mouillez d'un grand verre de vin blanc et de trois cuillerées de sauce tomate; ajoutez-y échalote, cerfeuil et estragon hachés, en assaisonnant de sel, de poivre de Cayenne; cuisez vingt minutes, dressez ensuite le homard dans un légumier.

Lier la sauce avec l'intérieur du homard mis préalablement de côté, l'épaissir avec un bon morceau de beurre fin et la parfumer d'un jus de citron; verser sur le homard et servir bien chaud.

Barbue à la Bercy, façon Drouant.

Cuire la barbue dans un court-bouillon de vin blanc et les épices habituels. Mettre dans une casserole une cuillerée à bouche de glace de viande avec une échalote hachée très fin; ajouter la cuisson de la barbue, la faire réduire suffisamment. Monter ensuite cette réduction avec du bon beurre, y ajouter un jus de citron et une pointe de poivre de Cayenne; napper la barbue après l'avoir mise sur un plat et servir.

Potage au vin.

Potage de Philippe V (petit-fils de Louis XIV), roi d'Espagne (1700-1746).

Son potage est un chaudeau fait avec plus de vin que d'eau, des jaunes d'œufs, du sucre, de la cannelle, du clou de girofle et de la muscade. Il en mange aussi à souper et jamais d'autre.

(SAINT-SIMON, *Tableau de la Cour d'Espagne en* 1721.)

Les grives à la Polonaise.

Vers la mi-septembre, au moment où la grive nourrie de raisins et de genièvre a une chair savoureuse et parfumée, on la mange **à la Polonaise**. La voici telle que la préparait Alexandre Dumas père, un des princes de la gastronomie.

Quand vos grives sont épluchées, vous les passez dans une casserole avec lard fondu, des truffes et des champignons; ajoutez cinq ou six petits oignons, un bouquet garni, un ris de veau blanchi, une tranche de jambon fumé. Mouillez ensuite d'un verre de vin de Champagne et d'un peu de coulis, salez et poivrez, laissez cuire doucement. Après cuisson, arrosez d'un jus de citron, enlevez le bouquet et la tranche de jambon; servez, à sauce réduite, les grives montées en buisson, flanquées du ris de veau découpé en tranches.

La salade japonaise.

Vous faites cuire des pommes de terre dans du bouillon, vous les coupez en tranches comme pour une salade ordinaire, et, pendant qu'elles sont encore tièdes, vous les assaisonnez de sel, poivre, très bonne huile d'olives à goût de fruit, vinaigre d'Orléans, un demi-verre de vin blanc Château-Yquem, si c'est possible. Beaucoup de fines herbes, hachées menu, menu. Faites cuire en même temps, au court-bouillon, de très grosses moules (un tiers de la quantité des pommes de terre), avec une branche de céleri, faites-les bien égoutter et ajoutez-les aux pommes de terre déjà assaisonnées. Retournez le tout légèrement. Quand la salade est terminée, remuée, vous la couvrez de rondelles de truffes, — une vraie calotte de savant, — cuites au vin de champagne. Tout cela deux heures avant le dîner, pour que cette salade soit froide quand on la servira.

(ALEXANDRE DUMAS FILS, *Francillon*, acte 1er, scène II.)

Les champignons.

A la fin de septembre, où les petites pluies d'automne ont reverdi l'herbe des prés et donné une sorte de renouveau à la végétation, je m'abandonne à une de mes passions — innocente entre toutes — la recherche des champignons. Le coin de Bretagne où je vagabonde en ce moment est une terre d'élection pour ces mystérieux et fantasques cryptogames. À perte de vue, dans la solitude, les landes épineuses y ondulent, entrecoupées de pâtis, dont les vaches tondent du matin au soir le gazon court, parfumé de marjolaine. C'est le sol où se plaît surtout l'agaric champêtre, l'un des plus savoureux champignons que je connaisse. Chez nous, on le nomme la *Boule de neige*, parce que son chapeau rond et ramassé a la blancheur immaculée des pétales du lis. En dessous, ses fines lamelles sont, à l'heure de l'éclosion, d'une tendre couleur de chair. Cette virginale toilette blanche et rose lui donne des airs de jeune fille; mais, comme toutes les virginités, celle-ci se fane vite et ne revient plus.

Dans l'espace d'une journée les fraîches lamelles passent du rose pâle au lilas foncé, et du lilas au noir fuligineux. Aussi, pour récolter ces agarics dans la prime fleur de leur brève beauté, faut-il se lever tôt et les surprendre dès le fin matin, lorsqu'ils ouvrent à peine « parmi le thym et la rosée », leur parasol épais ; lorsqu'une mince pellicule blanche, encore attachée à la tige, laisse entrevoir en se déchirant l'intacte et tendre roseur de leurs dessous. C'est pour les chasseurs de mon espèce un délice, quand, après l'escalade d'un échalier, on aperçoit au milieu de l'herbe courte du pâtis le foisonnement neigeux des agarics champêtres, décrivant dans le gazon plus foncé leurs cercles mystérieux. En Cornouailles, où les légendes pullulent, on prétend que les fées viennent danser la nuit autour des pierres levées et que les agarics poussent de préférence aux places où elles ont mené leur ronde nocturne...

Quand la récolte est faite, c'est un délice non moins affriolant de déguster ces féeriques champignons, dont la chair ferme, saine, pulpeuse, sent le fenouil et le serpolet. *Tâchez d'en ramasser une cinquantaine, faites-les sauter dans le beurre, à un feu vif, avec poivre et fines herbes; mouillez-les ensuite avec de la crème et, si possible, avec un fond de jus de perdreau; relevez-les, en les servant, d'une rosée de jus de citron et, comme disait un gourmet de mes amis, vous croirez, en les mangeant, entendre des violons chanter dans le ciel!...* — Ceci est pour le côté matériel; mais, dans cette chasse aux champignons, il y a plaisir et profit pour la bête, et aussi pour l'esprit. Elle est pleine d'imprévu et, surtout dans ce pays, elle offre aux rêveurs, aux amoureux de paysages, des émotions inattendues, sans cesse renouvelées.

ANDRÉ THEURIET.

(Cette exquise recette du maître peut être employée avec succès pour toutes les espèces de champignons.)

La gelinotte rôtie.

Bardez de lard la gelinotte délicatement enveloppée de feuilles de vigne, rôtissez-la douillettement à un feu de bois; lorsqu'elle sera dorée à point, succulente, rebondie, exhalant un fumet savoureux, couchez-la sur un plat long.

Arrosez le gallinacé de quelques gouttes de jus de citron, afin de mieux développer l'arome de cette chair fondante, finement imprégnée d'un léger parfum de bourgeon de sapin.

ANDRÉ THEURIET.

La quiche lorraine.

Voici la recette d'une délectable pâtisserie provinciale qui a réjoui mon enfance et qui est peu connue des Parisiens : je veux parler de la *quiche* ou *galette lorraine*.

Vous prenez de la pâte à pain, vous l'amincissez au rouleau jusqu'à ce qu'elle ait la consistance d'une pièce de deux sous, puis vous la déposez délicatement sur la tourtière de tôle, aux bords légèrement relevés et tuyautés, préalablement saupoudrée de fleur de farine. Sur cette surface ronde, vous disposez en damier des dés de beurre frais. Cette première opération achevée, vous battez dans un saladier, avec des jaunes d'œufs en nombre suffisant, une jatte de crème savoureuse, épaisse et levée de la veille. Lorsque cette farce est bien mélangée et convenablement salée, vous la répandez sur la pâte. Portez ensuite votre galette au four flambant du boulanger voisin. Laissez-l'y cinq minutes, pas plus. Elle en sortira dorée, boursouflée, alléchante, onctueuse et embaumera de son odeur friande toute la maison. Mangez-la bouillante, en l'arrosant d'un léger vin de pineau récolté dans nos vignobles lorrains, et alors vous saurez ce que c'est que faire bonne chère!

André Theuriet.

Morilles.

Il y a huit jours, j'ai aperçu les premières morilles de l'année à l'étalage d'un marchand de primeurs. Elles étaient encore en petite quantité. Couchées sur un lit de cerfeuil frisé, elles s'étalaient, blondes ou brunes, en forme d'éponge ou de nid de guêpes, appétissantes, savoureuses et parfumées. En ma qualité de gourmet, je leur souhaitai tendrement la bienvenue et rien qu'à les voir, l'eau me vint à la bouche.

Les mycophiles et ceux dont la gourmandise est le péché mignon excuseront et comprendront cette émotion un peu trop sensuelle. De tous les cryptogames comestibles, la morille est peut-être le plus fin, celui qui chatouille le plus délicatement le goût et l'odorat. L'originalité de sa physionomie, son chapeau troué d'alvéoles et son pédicule blanc, charnu et fistuleux ne permettent de la confondre avec aucun individu d'espèce suspecte. On peut la déguster sans crainte, et, en outre, elle est le premier champignon de la saison.

C'est pourquoi, en lorgnant l'autre jour ces jeunes morilles blondes et invitantes, exposées derrière la vitrine, je les ai saluées comme on salue la première hirondelle, avant-courrière du printemps. Elles n'excitent pas seulement ma sensualité gourmande ; elles évoquent pour moi toutes les joies du renouveau : l'herbe neuve qui pousse drue au pied des haies, les narcisses blancs qui se mirent dans l'eau des fontaines, les bourgeons qui éclatent, le ciel plus bleu, l'air plus tiède et plus imprégné de subtils aromes.

Elles me font revisiter en esprit tous les paysages où je les allais cueillir, lorsque, intrépide coureur des bois, je partais dès le matin, au son des cloches de Pâques, et ne rentrais avec ma récolte qu'à la tombée du crépuscule.

Dans combien de sites charmants ne me suis-je pas arrêté pour épier leur apparition parmi la jeune herbe fleurie de primevères ! Prairies encadrées dans des buissons d'aubépines, légers taillis de frênes, longues avenues gazonneuses des bois de Chaville ou de Verrières ! Dans combien d'auberges villageoises n'ai-je pas fait halte, vers midi, pour déjeuner de ma cueillette et pour en surveiller amoureusement la cuisson ! Car ce n'est pas tout d'avoir ramassé des morilles, il faut savoir les accommoder et les servir à point. Tout mycophile doit être doublé d'un cuisinier, connaissant le secret des habiles mixtures qui rehausseront la saveur d'un plat de champignons et en dégageront le parfum dans son intégrité.

Pour les amateurs, qu'il me soit permis de glisser ici une recette à la fois simple et pratique, à l'aide de laquelle ils pourront savourer dans leur fraîcheur et leur succulence les morilles qu'ils auront eux-mêmes récoltées, non pas dans la rosée matinale, mais à l'heure où le premier coup de soleil a déjà séché ces champignons, et porté leur arome à son maximum d'intensité.

D'abord lavez soigneusement les morilles afin de les débarrasser de la terre ou du sable qui s'est niché dans les alvéoles; coupez-les en deux et, après les avoir égouttées en les essuyant avec un morceau de linge très doux, mettez-les dans la casserole en compagnie d'un morceau de beurre fin. Faites sauter sur un feu assez vif, et, dès que le beurre sera fondu, exprimez-y le jus d'un citron. — Jamais de vinaigre! — Donnez encore quelques tours, ajoutez ensuite sel et gros poivre. Laissez cuire pendant une heure et nourrissez vos morilles, de temps en temps, avec du bouillon ou mieux du consommé. Lorsqu'elles sont cuites, liez-les avec des jaunes d'œufs, servez chaud, et, comme on dit chez nous, vous vous en lècherez les doigts « jusqu'au coude ».

Ici un scrupule me prend. J'ai déclaré tout à

l'heure qu'on pouvait manger la morille en toute sécurité, parce qu'elle est toujours comestible et qu'il est impossible, à cause de sa forme très originale, de la confondre avec aucun champignon suspect. C'est parfaitement vrai, mais il ne s'ensuit pas que la morille soit toujours innocente, ainsi que vous le prouvera une histoire dont je garantis l'exactitude, car j'ai connu les héros de l'aventure...

Donc, il y avait une fois un jeune botaniste de vingt-deux ans, fort amateur de champignons et en même temps fort amoureux. Bien que les botanistes soient d'ordinaire gens vertueux et de mœurs pures, il y a néanmoins des exceptions. Celui dont je parle avait le cœur tendre, l'imagination vive et ne détestait pas les aventures galantes. Dans la petite ville qu'il habitait, il s'était épris d'une jolie personne dont le mari, en sa qualité de fonctionnaire, s'absentait souvent. La jeune femme supportait mal ces absences et notre botaniste en profitait pour essayer de la consoler. Pendant tout un hiver il poussa si ardemment sa pointe que, vers Pâques, il obtint de la dame qu'elle l'accompagnerait dans une de ses herborisations à travers les bois du voisinage. La chasse aux morilles servit de prétexte à cette promenade. Ils partirent par un clair matin tout reluisant de soleil, tout emperlé de rosée, et atteignirent au bout d'une petite heure un taillis d'ormes et de frênes, bordé par une prairie.

Le site était solitaire et frais. Des ruisselets limpides couraient entre les cépées bourgeonnantes et la cristalline chanson de l'eau servait d'accompagnement aux vocalises des oiseaux d'avril : merles, pinsons et rossignols. L'air était imprégné d'une verte odeur de jeunes pousses, et il semblait qu'on respirât de l'amour dans le vent. Aussi le couple roucoulait comme une paire de ramiers et les mains se frôlaient voluptueusement tout en procédant à la quête des morilles. Celles-ci foisonnaient. A la marge des prés buissonneux, sur les berges des ruisseaux, parmi les jonchées de feuilles sèches, elles pointaient leurs chapeaux alvéolés, semblables à des rayons de miel, et on n'avait que la peine de se baisser pour les ramasser. La jeune dame, émoustillée par le beau temps et par le plaisir de la cueillette, riait à pleines lèvres ; ses yeux prenaient un éclat printanier, s'irradiaient de lueurs prometteuses, et notre botaniste en avait déjà l'eau à la bouche.

Quand ils eurent empli leur filet, ils se sentirent l'estomac creux et gagnèrent le prochain village où une invitante auberge dressait sur la place sa façade ensoleillée et son porche, au-dessus duquel se balançait un bouchon de genévrier. L'hôtesse les installa dans une chambre haute et se chargea d'accommoder leurs champignons. En deux tours de main le couvert fut mis sur une nappe blanche, les fourneaux flambèrent, les bouteilles de vin de Touraine furent débouchées et l'omelette aux morilles fit son apparition, en compagnie d'un jambonneau et d'une truite de rivière.

Voilà nos gens assis en face l'un de l'autre, les yeux dans les yeux, les pieds unis sous la table et mangeant de bel appétit. Tout en savourant les morilles, les deux convives, en leur par-dedans, songeaient d'avance aux surprises, aux chatteries du dessert, et y préludaient par ces tendres propos décousus qui sont comme les bégaiements de l'amour. Tout à coup, tandis qu'on versait le café, le botaniste vit sa compagne pâlir et renverser sur le dossier de sa chaise sa tête alourdie. Lui-même, presque simultanément, éprouvait un étrange malaise : pesanteurs de tête, maux de cœur, sueurs froides... Et soudain il songea : « Seraient-ce par hasard les morilles?... » Impossible! il était trop sûr de l'innocuité de ces cryptogames. La morille est un champignon de tout repos... Pourtant, il n'y avait pas moyen de le nier : l'indisposition prenait une tournure inquiétante... On alla quérir en hâte le médecin du village. C'était un officier de santé très expérimenté et pratique. Il s'enquit du menu, diagnostiqua un empoisonnement et administra aux deux patients un vomitif énergique. La cause ayant été supprimée, le mal disparut peu à peu et le couple put regagner la ville. Mais la dame ne pardonna jamais à son compagnon ce dénouement peu poétique, très mortifiant pour une jolie femme. Ils se séparèrent froidement et ce fut fini de leur tendresse.

Le botaniste s'en désolait. Toutefois, comme chez lui le culte de la science était plus fort que l'amour, et que cette singulière aventure bouleversait toutes ses notions cryptogamiques, il voulut en avoir le cœur net. Il retourna mélancoliquement, le lendemain, dans le taillis de frênes où avait eu lieu la cueillette. Après de minutieuses investigations, il découvrit qu'à l'endroit même où poussaient les morilles, on trouvait à foison l' « arum commun » ou « pied de veau », plante toxique alors en pleine efflorescence, et il eut immédiatement l'explication de la nocuité accidentelle des échantillons récoltés. Le pollen vénéneux des arums, disséminé par le vent à la surface des champignons, avait pénétré dans leurs alvéoles et les avait empoisonnés...

Donc, mycophiles très fervents et gourmets très précieux, si vous voulez satisfaire votre passion en toute sécurité, ayez grand soin de bien laver vos morilles avant de les jeter dans la casserole.

ANDRÉ THEURIET.

Le clafoutis.

C'est le plat populaire limousin, avec la *brégeaude*,

> La soupe épaisse et fumante
> Où la cuiller tient debout.

Pour le clafoutis, prenez trois œufs, — et pour ces trois œufs trois cuillerées de farine et autant de sucre en poudre. Une pincée de sel, trois quarts de litre de lait. Mettez la farine dans une terrine, puis le sel et, un à un, cassez les œufs dans cette farine. Lorsque vous aurez remué, fait une pâte à l'aide d'une cuiller, versez le lait. Peu à la fois tout d'abord, puis le sucre. Et délayez le mélange.

Prenez alors un plat allant au four, et, dans ce plat, mettez environ une livre et demie de cerises. Plus elles seront noires, meilleures elles seront. Les bigarreaux chantés par Victor Hugo ne sont pas de bonnes cerises de clafoutis. Ces cerises noires mises au fond du plat, versez dessus l'espèce de sauce formée par la farine délayée dans les œufs et le lait; et portez le plat au four. Quand il sort du four on le saupoudre de sucre.

Ce n'est pas un plat aristocratique, mais lorsqu'il est réussi (j'en ai fait parfois) il est délicieux. Et puis c'est le mets de l'enfance, celui du pays! Cela semble, et cela est toujours bon.

JULES CLARETIE.

La garbure.

On peut sans doute manger une meilleure garbure, plus cuite, plus mijotée, plus à point, que celle que nous avons mangée ce matin-là, mais ce fut tout de même une garbure exceptionnelle, inoubliable, unique, par le paysage vraiment admirable où elle fut mise sur le feu, servie, dégustée, avalée, de tout notre appétit de montagnards d'un jour.

Les convives étaient : Richardin, les trois frères Moog, Jacques Estagnasié et moi en compagnie du guide espagnol Antonio et de Louise Bitaine, conductrice de la mule. Nous avions emporté couvertures, bâtons, sacs de provisions, appareils de photographies, et la marmite pour la garbure que Richardin avait juré de nous offrir à 1500 mètres d'altitude.

Partis de la maison de Richardin à Léès-Athas, par le chemin d'Anitch sous les escarpements des rochers du Péne-Mayou, nous allions au sommet d'Eygarry. Mais l'arrêt du déjeuner se fit avant, dans le petit bois de Legna, près la source des Courralots, non loin du pas ou col d'Estaüste qu'il faut franchir pour monter à Eygarry. Ah! le charmant petit bois de hêtres.

tout encombré de roches et de fougères, et si frais dans la chaleur de midi ! Oh! la bonne eau, limpide, claire comme le diamant ! Le foyer fut installé entre deux pierres, des feuilles sèches, des brindilles de bois, des branches, un solide morceau de bois pour soutenir la marmite. Pendant que l'eau chante, nous épluchons les légumes, tous les légumes que vous trouverez énumérés plus loin, nous taillons le pain, et pendant que tout cela se fond, s'amalgame avec le petit salé et le confit de canard sous la surveillance de notre hôte, nous allons causer, non loin, avec les bergers, chercher des plantes et des cailloux.

De quel appétit la soupe béarnaise fut accueillie, vous pouvez l'imaginer. Elle était délicieuse, sûrement, mais ce qui était délicieux autant qu'elle, ce qui ne faisait qu'un avec elle, c'était tout ce qui nous environnait, le petit bois, la source, le ciel bleu, les sommets de neige, et les parfums des plantes sauvages, et la lumière, et ce que nous avions apporté de bonne humeur et de gaieté.

Après la garbure, une tasse de café et une cigarette, et Louise Bitaine laissée avec sa mule, en route sur les pas d'Antonio, jusqu'au sommet d'Eygarry, à travers une étendue crevassée, de crevasses mystérieuses, profondes, au fond desquelles on aperçoit des pyramides de glace, et où nous avons toutes les peines du monde à empêcher l'intrépide Richardin de descendre. Il jure de revenir avec des crampons de fer et des échelles de corde. Enfin, malgré les crevasses, les éboulis de pierres, nous sommes en haut, extasiés devant le massif d'Anie que nous avions gravi quelques jours auparavant, les montagnes espagnoles que domine la coupoie du Bissouri, les montagnes de la vallée d'Aspe, les cimes de la vallée d'Ossau, pic de Ger, pic du Midi d'Ossau, l'Amoulat et les glaciers du Balaëtous fermant l'horizon. Voilà le cadre. Vous qui allez lire la recette savamment rédigée de la garbure, je vous conseille d'emporter la marmite, le petit salé et le reste, vers un paysage pareil.

GUSTAVE GEFFROY.

Pour faire une bonne garbure béarnaise, effeuillez un chou moyen que, soigneusement, vous débarrasserez de ses côtes, des pommes de terre, des poireaux, un navet, une carotte, un oignon, une gousse d'ail, le tout nettoyé, lavé et découpé menu.

De l'eau dans une marmite placée sur un feu vif, jusqu'à l'ébullition ; c'est l'instant de plonger vos légumes dans cette eau bouillonnante en y ajoutant une poignée de haricots, un piment et une branche de thym ; salez avec modération, et, doucement, laissez bouillir pendant deux heures.

Une demi-heure avant la fin de la cuisson, déposez dans cette garbure odorante un morceau de salé de porc, une cuisse d'oie ou de canard confit.

Respectez scrupuleusement la couche de graisse immaculée dont les morceaux sont imprégnés, c'est elle qui donnera au bouillon qui mijote, la saveur que votre gourmandise ne vous permettra plus d'oublier.

Versez la garbure sur de minces tranches de

pain dans une soupière. Servez à part le confit.

E. RICHARDIN.

Le couscouss.

Un couscouss cuisiné sur un vrai fourneau, servi dans une salle à manger close, c'est tout simplement une anomalie. Plat primitif et lointain, plat patriarcal, dont la saveur nomade réjouit la fantaisie du voyageur qui se souvient ! Le couscouss, ou l'Orient chez soi..... Mais on ne mange pas de vrai couscouss à Paris, fût-il acheté chez Hédiard, place de la Madeleine, fût-il envoyé même par quelque chef arabe, possesseur de tentes ! Toujours il y manquera le grand air, l'appétit de la course joyeuse, et cette magie locale du décor.

Soyons francs : vous aurez beau suivre avec ponctualité notre formule, cette préparation compliquée n'imitera que d'assez loin, n'égalera jamais le premier couscouss d'Algérie venu : couscouss blanc des villes, manié dans de grandes terrines, à la porte de petites boutiques où mijotent la chatchouka et la chorba ; couscouss du pauvre qu'on mange dans le désert, assis par terre autour du plat de bois : une poule étique et la pyramide brunâtre des minuscules boulettes de froment, arrosées d'un beurre rance et qui sent l'outre ; couscouss du riche qu'on mange sous la tente, couché sur des tapis épais, un couscouss savoureux et fin, soigneusement préparé par les femmes !

Il semble qu'à traverser la mer s'évapore le parfum merveilleux, qu'à changer de ciel la pure farine perde le goût spécial dont elle s'est imprégnée quand, la roulant entre leurs paumes, les femmes l'ont façonnée, tout en chantant au soleil, sur les terrasses ou dans les douars, leurs gutturales mélopées.

Voici, néanmoins, pour les amateurs de sensations étranges et de mets étrangers, la recette du couscouss, telle que nous l'avons importée de son pays d'origine.

Deux parties bien distinctes, le couscouss et sa garniture :

1° *Le couscouss.* — Mettez pour douze personnes un kilogramme de cette espèce de semoule dans une terrine ; versez la moitié d'un bol d'eau fraîche sur le couscouss et liez bien, versez l'autre moitié en liant toujours. Puis, dans une passoire hermétiquement superposée à une marmite d'eau bouillante, faites cuire à la vapeur. Lorsqu'elle sort au-dessus du couscouss, retirez. Versez de nouveau dans la terrine; prenez un bol d'eau froide salée, versez-en la moitié sur le couscouss, liez bien ; versez l'autre moitié en liant toujours. Remettez de nouveau le couscouss dans la passoire et faites recuire à la vapeur. Vous reversez ensuite dans la terrine et mélangez bien avec du beurre frais, de façon à ce que chaque grain en soit humecté, mais reste distinct.

2° *La garniture.* — Mettez dans une grande casserole deux livres de filet de mouton et un ou deux poulets coupés en morceaux, faites revenir ; recouvrez d'eau, en ajoutant au fur et à mesure du temps nécessaire pour la cuisson une ou deux feuilles de menthe, des tomates, des poivrons doux, de petites courges, des fonds d'artichaut, quelques abricots séchés dits mesch-mesch et des pois chiches. A défaut de ces légumes, qui ne sont pas toujours faciles à se procurer, on pourrait employer encore haricots verts, choux-fleurs ou petits pois.

Peu avant de servir, retirer la grande casserole du feu, en verser tout le jus ou *merga*, dans une autre casserole où on le fera réduire de moitié, sans le dégraisser, et en ajoutant du piment rouge à volonté.

Dresser les morceaux de mouton et de poulet sur le plat de couscouss fumant, servir les légumes à part, ainsi que la merga.

On le voit : la préparation du couscouss est longue. Celle que nous indiquons se rapproche sensiblement de la mode arabe, bien que l'adjonction de très nombreux légumes soit assez peu orthodoxe. On se borne généralement, avec les pois chiches, aux tomates, poivrons et courges.

Et encore est-ce souvent un luxe interdit aux nomades, lorsqu'au fond des trois provinces le plat national se confectionne parmi les vastes plaines désertes, sur trois pierres jointes en hâte, entre lesquelles brûle et fume un feu de genévriers ou d'herbes !

Essayez néanmoins. Et peut-être notre cher couscouss flattera-t-il la curiosité de votre gourmandise comme il charma la nostalgie de la nôtre.

PAUL ET VICTOR MARGUERITTE.

Poisson à la broche.

Il faut un gros poisson de rivière, dans les quatre à cinq livres : chevenne, carpe ou barbillon.

Après l'avoir méticuleusement vidé, écaillé au ras de la peau, lavé, essuyé, séché, on l'assujettit sur une broche avec du fil de cuisine, en le ficelant, à tours nombreux et rapprochés, de la queue à la tête, mais de façon délicate, sans trop serrer, pour ne pas entamer la chair. On le place dans une vaste rôtissoire et on le fait griller devant un feu clair de rondins, en ayant soin, pendant tout le temps de sa cuisson, de l'arroser religieusement d'une pluie d'excellent beurre frais salé et poivré à point.

C'est la qualité et la quantité du beurre qui donnent à ce plat sa fine succulence et son onctueuse exquisité : il faut donc choisir le meilleur et ne pas craindre d'en dépenser une livre au moins si l'on veut que la carpe, imbibée telle qu'une éponge, soit juteuse au dedans comme au dehors.

Dix minutes avant de la sortir de la rôtissoire, quand on voit le poisson se recroqueviller insensiblement, se fendiller, blondir sous les gouttelures grasses, alors on ajoute au beurre un mélange d'échalote et de persil, avec une pointe de cerfeuil, le tout haché menu, pour obtenir une sorte de purée, presque aussitôt dissoute, qui s'incorpore à la sauce dont elle devient l'âme et l'essence.

J'insiste sur le hachis en question, qui pimente le beurre fondant d'aromes et de saveurs complexes, on ne peut plus charmeurs du goût et ravigoteurs de l'appétit.

Vous continuez à arroser votre poisson, et, bientôt son aspect luisant, rissolé brun jaune et craquelé, vous dit qu'il aura sous la dent tout le tendre voulu, tout le croquant désirable. On flaire l'instant précis de la cuisson complète, et on retire son rôti, en se précautionnant contre la cassure que l'on évite presque toujours si on s'applique à le faire glisser en douceur de la broche dans le grand plat ovale qui devra le recevoir.

Puis, tout du long, avec de fins ciseaux, on coupe le fil du dessus qu'on enlève ainsi très commodément.

On verse le beurre, et pour qu'il ne se fige pas, on sert sur un réchaud.

Ce mets savamment confectionné tente et corrompt les plus endurcis pratiquants du jeûne : j'ai vu des végétariens ascétiques, des prêtres timorés, d'intraitables pénitentes, qui couvaient ces friandises poissonnesques d'obliques œillades convoiteuses et qui, s'étant promis d'y goûter à peine, se laissaient si bien allécher par elles que, vrais possédés de leur gourmandise, ils se pâmaient à les déguster et y revenaient à outrance avec la plus cynique indiscrétion.

MAURICE ROLLINAT.

La bouillabaisse des pêcheurs.

J'étais un bambin de dix ans. Il s'appelait Bauzan, mon pêcheur, à « Canet », notre rendez-vous de pêche au bord de l'étang de Berre. Et avant de la manger, sa bouillabaisse, je savourais les délices de la lui voir pêcher.

A peine la grinçante, mais solide guimbarde de mon grand-père s'arrêtait-elle, toute poudreuse de nous avoir voiturés longtemps au milieu des *coussous*, moi, quel bond à terre ! et dans les bras de mon ami le vieux loup de mer !

— Vite, partons...

— Il fait du mistral ; bah ! on dansera un peu...

— Ah ! quel bonheur...

Plus la coquille de noix dansait sur les vagues,

plus j'étais heureux. D'ailleurs, aucun danger. Bauzan, qui avait fait cinq fois le tour du monde, tenait le gouvernail, et « le matelot », son troisième fils (les deux aînés servaient dans l'escadre de Toulon) ramait. Comme j'aurais voulu être le mousse du « matelot », toujours! ah! si mes parents m'avaient écouté!...

Déjà, à une bonne lieue au large, la vue restée perçante de Bauzan avait reconnu certaine petite bouée indicatrice. Stop! le matelot amenait la bouée. On jetait l'ancre. Maintenant, autour d'une poulie, en travers du bateau, s'enroulait la longue corde, et à mesure, de deux mètres en deux mètres, sortaient de la vague les nasses. Après l'égouttement de l'eau, un gargouillement à l'intérieur, quelquefois rien, par exemple! Et c'était moi qui avais l'émotion de retirer la cheville assujétissant le couvercle. Et elle se répandait alors au fond du bateau, multicolore et frétillante, et fleurant bon, la bouillabaisse : *rascasses* et canadelles, rougets, grondins et *muggious*, d'autres poissons de roche dont je ne sais plus les noms, sans oublier ces exquises *favouilles* (les crabes), ni les anguilles, ces visqueux et insaisissables serpents de la mer, que Bauzan m'avait appris à attraper avec trois doigts.

On revenait à la voile, en dix minutes, car il faisait faim. Sur la grève, en plein vent, Mme Bauzan avait allumé un grand feu de bois audessus duquel, dans une immense casserole, commençait à bouillir un litre d'huile d'olive agrémentée de quatre oignons coupés, d'autant de gousses d'ail avec, bien entendu, sel et poivre, — et safran surtout — avec quelques tomates dans la saison, et deux ou trois pommes de terre, sans oublier, pour les Parisiens, une poignée de farine délayée dans un verre d'eau.

La ribambelle des petits Bauzan et leur mère n'en avaient pas pour longtemps de sauter dans la barque, d'y nettoyer le poisson et de le jeter tout frais dans la casserole où les pauvres anguilles, coupées en morceaux, gigotaient encore dans l'eau bouillante. Pas plus d'un grand quart d'heure de cuisson, et le divin bouillon d'un jaune doré était aussitôt, à travers une passoire, versé sur une montagne de larges tranches de pain, le poisson servi à part. Et alors, mes enfants, l'estomac creusé par la promenade en mer, on s'en fourrait jusque-là !

Aujourd hui, je me régale encore quelques fois avec des bouillabaisses... parisiennes. Mais, à Paris, hélas ! on est obligé de remplacer les *favouilles* par des moules, les rascasses et les *canadelles* par une modeste « langouste » et ainsi de suite. Un à peu près, quoi ! Et mes dix ans sont bien loin, et « Canet » ne nous appartient plus, et qu'est devenu mon ami Bauzan ?

PAUL ALEXIS.

L'ortolan en cercueil.

— Croyez-moi, on en ferait vite le compte des maisons où Brillat-Savarin consentirait, s'il était encore de ce monde, à venir dîner une seconde fois.

— Menus de gargote et grands crus d'épiciers. D'ailleurs, la plupart ont-ils le temps de s'attarder à table comme le faisaient nos pères?

— Une jeune femme jadis s'enorgueillissait de savoir accommoder de ses blanches mains quelque plat de friandise, connaissait les recettes les meilleures, s'inquiétait des goûts et des préférences de ses amis ; aujourd'hui, tous nos petits tracas ne songent qu'aux parades extérieures, qu'à l'aventure et qu'aux essayages de couturier, la princesse Peau-d'Ane ne perdrait plus sa bague dans un gâteau de fleur de farine.

— Ce ne doit pas être drôle de pratiquer le métier de parasite.

— Mais les spécialistes pour maladies d'estomac deviennent millionnaires en dix ans.

— Vous rappelez-vous ce chef admirable que le comte de S... avait enlevé si adroitement au prince W...? Je le vois encore. Un gentleman tiré à quatre épingles, correct, qui n'avait pas plus l'air de venir de l'office que vous et moi. Il arrivait chaque matin à neuf heures et demie en tonneau, montait dans la chambre de son maître. Et c'étaient alors de longs et graves conciliabules pour arrêter quelque programme parfait de *gourmetise*, des parlotes où l'on feuilletait des livres culinaires anciens et récents, où l'on méditait des coulis inédits, où le comte décrivait un à un ses convives, songeait à leur état d'esprit, à leurs origines. L'entrevue terminée, le chef se rendait aux cuisines, donnait les ordres à trois cordons-bleus émérites : l'une chargée des rôtis, la seconde des ragoûts et des sauces, la troisième des pâtisseries et des légumes. Et nul ne le revoyait dans l'hôtel qu'une heure avant que le repas fût servi, la petite heure où il goûtait à chaque plat et les apprêtait, où, selon son expression, il venait *signer*.

— Combien avait-il de gages?

— Dans les soixante mille, presque rien.

— C'est de lui que je tiens la recette de l'ortolan en cercueil.

— Dites.

— Vous prenez : 1° *Un ortolan qui n'est plus qu'une boule de graisse embaumée et que vous avez étouffé, comme de juste, avec quelques gouttes de vieil armagnac; 2° une truffe du Périgord d'un calibre sérieux. Vous désossez l'ortolan et vous lui creusez une tombe étroite dans la truffe. Vous rebouchez avec une rondelle de truffe et enveloppez le tout de papier beurré. Cuisez ensuite lentement au four et servez avec du champagne. Voilà, et que le Dieu des gourmands nous garde de la dyspepsie et de la goutte.*

René Maizeroy.

Gâteau de chocolat.

Une demi-livre de chocolat, un quart d'amandes douces avec leur peau. Les piler *très fin* dans un mortier. Un quart de *très bon beurre très frais*, quatre œufs *très frais*, les blancs battus en neige, une demi-livre de sucre en poudre très fin, trois cuillerées de farine de très bonne qualité. Faire fondre le chocolat avec très peu d'eau dans une casserole sur un feu doux. Quand il est en bouillie épaisse, y mettre tous les ingrédients ci-dessus, sauf les blancs d'œufs, et battre cette pâte pendant dix minutes. Beurrer le fond d'un moule à charlotte et mêler à la pâte les blancs d'œufs battus en neige en tournant légèrement sans battre. Mettre le tout dans le moule beurré et faire cuire trois quarts d'heure à feu doux. Lorsque le gâteau a pris une couleur blonde le poser sur une feuille de papier d'office pour le glacer avec une tablette et demie de chocolat un petit morceau de beurre frais et un peu de sucre en poudre. Faire fondre épais dans une casserole et glacer avec un pinceau.

GYP.

Symphonie verte. (Entremets.)

Aux terrasses des cafés, sur le boulevard, l'heure *verte* ne mérite plus son nom; à nos intellectualités surmenées, à nos neurasthénies, à nos névralgies rhumatismales, à nos sciatiques, la fée jadis tant aimée ne convient plus; on dédaigne son parfum ensorceleur, on renie le charme de sa jolie teinte, on craint la traîtresse du philtre, et le cérébral de maintenant, en dépit du beaudelairisme, abdique les griseries anciennes, se soigne avec des quinquinas, avec des liqueurs pharmaceutiques, semble un malade suivant une ordonnance. L'illusion exquise ne gît plus dans la « purée » que strie la petite cuillère filtrant le sucre, l'ivresse bienfaisante ne vient plus de cette couleur d'espérance enjolivant les verres, on n'a plus assez d'estomac pour se permettre ces joies factices et qui usent, on fait appel à Mariani, à Dubonnet, on pratique la coca, la kola, et l'apéritif tant célébré autrefois n'est plus qu'un vain mot.

Cependant on regrette, et un divorce définitif serait trop cruel, aussi ai-je inventé, consolation née d'un regret, la *symphonie verte* (entremets).

Battre huit œufs (blanc et jaune) comme pour l'omelette au rhum; sucrer à volonté; mélanger un quart d'angélique confite hachée très fin; mettre un bon morceau de beurre dans la poêle; faire dorer le mélange: plier l'omelette, saupou-

drer de sucre, l'entourer d'un ruban de grains de raisin blanc en compote; verser le sirop autour; arroser le tout avec quatre ou cinq grandes cuillerées d'absinthe pure (Pernod); et mettre le feu en l'apportant sur la table.

Et c'est là une façon exquise de prendre encore de l'absinthe.

MAURICE GUILLEMOT.

« Mon cher Confrère,

« Ceci se rapporte à mes plus anciens souvenirs d'enfance. J'ai été élevé dans un petit village des environs de Libourne, par une grand'mère qui était une bourgeoise de l'ancien temps. Je la vois encore, cette chère créature. Toute mince et agile dans son éternelle robe noire, elle avait une extraordinaire vivacité. Levée dès l'aube, elle s'occupait des mille détails de la maison, elle jetait un regard sur la basse-cour, réglait les comptes, mettait la lessive en train, et quelquefois, s'abritant la tête sous un mouchoir contre les ardents rayons du soleil, elle s'en allait, à travers champs, surveiller les moissonneurs... Oh! les bonnes courses matinales à la fraîcheur de l'aube, et les retours, sur le coup de midi, par les chaleurs meurtrières de juillet! Ma grand'mère était inaccessible à la fatigue. Mais j'admirais surtout sa vaillance, quand nous avions, ce qui n'arrivait pas souvent, quelques hôtes à traiter. Alors ma grand'mère retroussait ses manches et mettait carrément la main à la besogne. Elle me disait en me tapotant les joues :

« — Té! mon *drôle*, je vais leur fabriquer une

poule à la façon du bon roi. Ils s'en pourlècheront les babines!...

« Ma grand'mère (je l'ai su depuis) avait un effroyable accent du midi. Mais, à ce moment, l'emphase qu'elle imprimait à ces mot : la *poule au pot du bon roi* ne me choquait point, je la trouvais naturelle...

« Donc, l'excellente femme s'étant fait apporter les provisions nécessaires, commençait... Et quoique je la regardasse opérer avec une attention passionnée, je ne pourrais guère vous énumérer les ingrédients qui entraient dans *la poule au pot du bon roi*, si par bonheur elle n'avait consigné par écrit la recette de ce plat merveilleux. Le livre de cuisine de ma grand'mère est au nombre des plus rares trésors que je possède, et je veux bien l'entr'ouvrir pour votre édification. C'est une faveur que je n'accorde à personne. Voici, fidèlement reproduite, la recette de

« La poule au pot du bon roy Henry.

« Mettez dans une marmite de terre quatre à cinq litres d'eau et les légumes comme pour un pot-au-feu, choux, carottes, navets et feuilles de raves.

« Ayez une poule de moyenne grosseur et environ une livre de jambon fumé. Prenez le foie, le cœur et le gésier de votre poule, une demi-livre de mie de pain rassis, deux cents grammes de jambon, deux ou trois branches de persil et d'estragon, une gousse d'ail, hachez le tout ensemble, mettez dans un plat où vous cassez deux œufs frais. Mêlez bien le tout, assaisonnez fortement avec sel, poivre, épices et bourrez votre poule de ce farci. Bridez-la bien serrée et la mettez dans la marmite en ébullition. Et laissez bouillir à petit feu environ trois heures. Ne mettez votre jambon qu'au bout de la deuxième heure, pour qu'il ne soit pas trop cuit.

« Le résultat.. vous m'en direz des nouvelles. Ce bouillon où la cordiale odeur des choux se mêle au fumet du jambon est à faire revenir un mort. Quant à la poule au pot, c'est un délice, et l'on ne sait ce qu'elle offre de meilleur, de sa chair fondante ou de son farci jaune comme l'or et relevé par les savantes épices. Décidément, le roi Henry fut un bon roi et ma grand'mère une cuisinière distinguée. Mais, grands dieux, qu'elle était rouge lorsqu'elle avait réussi sa poule au pot!...

« ADOLPHE BRISSON. »

Pudding aux pruneaux.

Où est le temps où les pruneaux étaient pour moi, à Boulogne-sur-Mer, de petits objets noirs, ridés, secs, sucrés, qui me mettaient aux dents une joie gélatineuse mais quelconque? Dans mon enfance je n'ai connu que des pruneaux peu agréables à regarder et à manger, des pruneaux de 7me qualité aux vitrages d'épiciers pour matelots! La première partie de ma vie a donc été peu agrémentée par les pruneaux. Je les mangeais comme je mangeais bien des choses, sans passion, froidement.

A l'âge d'homme, dans Paris, j'ai mangé des pruneaux gras, gros, d'un ovale presque rond, d'un beau bleu presque ciel, venant d'Agen et de Tours! Là je me suis régalé et j'ai apprécié les pruneaux autant pour leur onctueuse succulence que pour leur côté intérieurement *libertaire* (mes entrailles alors étaient souvent prisonnières de la dure constipation) ! J'ai aimé les pruneaux ! Je m'en fourrais des bosses qui me faisaient délicieusement courir au monocle.

Et grâce aux pruneaux, je suis allé souvent *regarder* au travers du monocle.

Dans mon âge mûr, les pruneaux ont pris pour moi une signification gastronomique extraordinaire, exceptionnelle. J'ai *adoré* les pruneaux, car un soir à Londres, chez le bon ami S., anglais, charmant hélas ! disparu aujourd'hui ! — j'ai mangé du pudding aux pruneaux ! Et après l'avoir mangé (pas tout entier, hélas ! il y avait deux autres invités avec moi), j'ai demandé à S... la recette du pudding aux pruneaux. Il me l'a donnée. La voici, je vous la donne à mon tour. C'est un vrai cadeau que je vous fais :

Recette du pudding aux pruneaux.

Une livre de prunes d'Agen.

Deux onces de sucre, l'écorce d'un citron, quatre verres d'eau.

Laissez mijoter lentement pendant deux heures et demie, passez à travers un tamis.

Faites fondre une demi-once de gélatine dans une tasse à thé remplie d'eau bouillante, mêlez le tout bien ensemble, et versez le mélange dans un moule.

Démoulez-le quand il sera tout à fait froid, servez-le avec de la crème fouettée où vous aurez ajouté un peu de vanille et un peu de sucre..... Dégustez et me bénissez !

Coquelin Cadet.

Comment on fait les tartelettes amandines

Battez, pour qu'ils soient mousseux,
Quelques œufs ;
Incorporez à leur mousse
Un jus de cédrat choisi ;
Versez-y
Un bon lait d'amande douce ;

Mettez de la pâte à flan
Dans le flanc
De moules à tartelette ;
D'un doigt preste, abricotez
Les côtés ;
Versez goutte à gouttelette

Votre mousse en ces puits, puis
Que ces puits
Passent au four, et, blondines,
Sortant en gais troupelets,
Ce sont les
Tartelettes amandines !

EDMOND ROSTAND (*Cyrano de Bergerac*),
2e acte, scène IV.

Escargots de Bourgogne.

DRAME CULINAIRE.

Qu'ils grimpent sur les ceps bordelais, sur les râpeux houblons du Nord ou sur les buissons verdoyants de l'Anjou, ils n'en sont pas moins dignes de figurer au merveilleux fricot.

Vous les guettez au matin lorsqu'ils se traînent, nonchalants, sur la feuille humide et que leur promenade lente, grasse, fait songer à une gorge de femme voluptueuse se trémoussant en caresse lourde. L'escargot, gluant, épais, trimballe sa coquille légère d'un air facétieux et goguenard, raccourcit ou allonge au gré de son humeur ses antennes, si lascivement élastiques. Il vous irrite un peu par sa démarche de bête saoûle, rampant sur son ventre déjà repu, pour se ruer encore à la gogaille.

Alors vous m'empoignez, entre deux doigts rageurs, cette coque fallacieuse comme une crinoline, et vous tirez, pour écarter du feuillage où elle se cramponne, la chair adhérente et suceuse. La bestiole bat l'air, en signe de détresse, de ses tentacules éperdus, se rétracte sournoisement dans son kiosque, comme une fille taquinée va pleurer dans sa chambre. Mais, pas de pitié! Ces gestes de mélodrame ne chavirent plus une âme de gourmet!

Vous me cloîtrez l'engeance dans une cave fraîche et, quelle que soit son hygiène préférée, vous me la nourrissez invariablement pendant huit jours, de verte et croquante laitue, de même que, pour obtenir du lait meilleur, vous gorgeriez de lentilles une nourrice, même réfractaire à cette flatuleuse pâtée. De quels sucs favorables nos bêtes vont s'enrichir! Et la noble chair, ferme, grasse, dodue, digne d'une fringale de prince!

Dès lors cessez de regarder ces limaces comme des créatures vivantes. Tel l'Ogre venu, le coutelas aux dents, palper les têtes des frères Poucet, vous faites hardiment la chasse à ces mijaurées qui se prélassent sur leurs divans de laitue.

Elles voudraient vous attendrir par leurs cornes implorantes. Vous me les fourrez aussitôt dans une terrine avec du sel et du vinaigre.

Ah dame! il y aura, sinon des pleurs, du moins des convulsions et des repliements! Avec les mains, vous me remuez gaillardement cette racaille, pour la faire écumer. Les sécrétions trop amères ou trop fades s'échappent des muqueuses ainsi aguichées. Plusieurs fois vous versez des torrents d'eau, pour balayer toutes ces glaires.

Et lorsque, sur vos bêtes ainsi expurgées, une dernière onde reste, après quelques minutes, limpide comme le cristal d'une source, vous ramassez votre smala immobile, effarée au fond des coquilles, et vous la jetez au supplice dans une marmite en terre, pleine d'eau salée dans les remous bouillonnants de laquelle s'évertue un sachet de cendres. Et vous cuisez une demi-heure environ, jusqu'à ce que votre instinct vous avertisse que vous pouvez exhumer des coquilles les chairs grasses.

Ah! dans cette péripétie dernière, nos bêtes ont cessé d'être faraudes et lascives et leurs antennes, naguère si fièrement contractiles, sont de bien mélancoliques petites choses. Mais qu'importe? vous avez le cœur féroce du passionné!

Égouttez-moi vite ces cadavres encore enfouis au fond de leur demeure; puis, sans pusillanimité, tirez les hors des coquilles. Si vous êtes un raffiné, faites leur une suprême toilette à plusieurs eaux fraîches. Arrivé à ce paroxysme de meurtre, vous n'avez plus, bien sûr, de scrupules. (Votre volupté, avant tout, n'est-ce pas?) Alors, d'un regard froid de tortionnaire, vous contemplez ces molles limaces et, comme pris d'une frénésie cruelle, vous les étripez de leurs boyaux verts.

Il ne vous reste plus qu'une délicate besogne d'artiste, de décorateur, de Borniol somptueux : c'est charmant.

Dans une radieuse casserole de cuivre, vous étalez cette chair qui a cessé de souffrir, avec le traditionnel et poétique bouquet de laurier, de persil et de thym.

Pour que le potager et la cave concourent au festin, vous ajoutez un bel oignon doré, l'argent d'une gousse d'ail, le soleil d'un demi-verre de cognac. Puis, vous baignez d'eau cette appétissante frigousse et la laissez mijoter, à calme petit feu doux, pendant six ou sept heures.

Quels aromes lorsque, alors, vous soulevez le couvercle ! vos bêtes sont imprégnées de ces fines substances. Laissez-les paisiblement refroidir, en homme sage, point trop impatient de sa joie. Lavez, puis essuyez les coquilles, comme vous le feriez pour une vaisselle précieuse. Dans chacune versez avec adresse une onctueuse cuillerée de bon jus de viande. Dès que vous le présumez froid, restituez pieusement à chaque escargot une coquille ainsi préparée. Et lorsque l'animal, inconscient des voluptés où vous le plongez, s'étale bien en ce jus savoureux, obturez l'ouverture avec une épaisse couche de beurre battu, joyeusement parsemé de ciboulette, d'échalote, de sel, de poivre, de persil haché.

Mettez en rond sur une plaque tous ces petits dômes qui abritent ces mirifiques préparations embaumées, et chauffez-les à la bouche du four. Que le beurre fonde, coule, que tous les aromes pénètrent bien la chair flasque ! Et, l'âme réjouie, les yeux pâmés, vous n'avez plus qu'à vous régaler de cette cuisine vraiment exquise malgré l'abominable animal qui en est le prétexte.

GEORGES LECOMTE, bourguignon

Fondue Gruyérienne au vacherin.

Voici la recette de la vraie fondue, — de la fondue fribourgeoise et gruyérienne qui est un mets de fête, un plat de régalade dans son pays d'origine. Brillat-Savarin donne la recette d'une fondue au fromage qui est toute différente, et qui ne saurait être appréciée des gourmets et des gourmands comme celle-ci :

Prenez un kilogramme de vacherin frais et blanc ; coupez-le en petits cubes dans une marmite de terre ou de tôle émaillée, et portez le tout sur un feu doux.

Surveillez, sans vous laisser distraire par la fumée odorante que dégage le vacherin fondant, et remuez continuellement avec une fourchette de bois neuve, jusqu'à ce que la masse, qui présente alors l'aspect et la consistance d'une crème épaisse et filante commence à bouillonner.

A ce moment précis, retirez du feu et ajoutez du poivre (mais pas de sel). Puis servez sur un réchaud la marmite elle-même où s'est opérée la *fondue*, et mangez bien chaud.

Les vrais amateurs préparent à l'avance sur leur assiette de petits cubes de pain frais, qui, piqués à la fourchette, sont plongés et retournés dans la marmite, placée au milieu de la table ; une fois bien enrobé dans la crème fumante, chaque petit fragment de pain est ressorti au bout de la fourchette et savouré délicieusement entre deux verres de vin blanc, Yvorne ou Villeneuve.

De cette façon la *fondue* reste bien au chaud

dans le récipient même où elle s'est fabriquée, et ne subit point de transvasement.

Un kilogramme de *vacherin* suffit pour rassasier de *fondue* quatre personnes. C'est un plat extrêmement nourrissant et très sain.

Et en effet, le vacherin qui en est la matière première se fait absolument comme le fromage de gruyère — si ce n'est que pour celui-ci, le lait est chauffé d'un degré supérieur.

Le vacherin a même un gros avantage sur le fromage de gruyère : il contient tout le *lait* (crème, petit lait, etc.), tandis que, au cours de la fabrication du fromage, de nombreux accessoires sont éliminés (petit lait, sérac, etc.).

Le vacherin se fabrique dans la Suisse française, surtout dans la Gruyère; il s'expédie par pièces de 5 à 15 kilogrammes, et vaut de 1 fr. 40 à 1 fr. 60 le kilogramme.

VICTOR TISSOT.

La potée.

Son nom rustique l'indique assez, la potée n'est pas un mets de grands restaurants, mais une nourriture paysanne. C'est en effet le plat traditionnel, quotidien, substantiel, dont nos paysans des contrées de l'Est, de la Haute-Marne surtout, se sustentent et se régalent. Rien de plus nourrissant et de plus idyllique en somme, que cette potée, à la fois digne des Géorgiques par sa simplicité et de Rabelais par sa succulence. La terre, le petit jardin, attenant à la maison, en fournissent les éléments immédiats : les végétaux frais et odorants, le chou coupé comme une grosse tête, les pommes de terre déterrées d'un coup de pioche, haricots et petits pois cueillis aux rangées de *rames*, carottes rouges, navets blancs, oignons, tous les légumes, de toutes les couleurs, poussés de la veille. Tout cela, épluché et lavé, est plongé à tour de rôle dans la vaste marmite, accroupie à même les cendres chaudes du foyer, sous le manteau de la haute cheminée. Quant à la viande, un quartier de lard la représente, provenant du dernier cochon, égorgé malgré ses cris, après une vie de graisse paresseuse sur la paille de son étable.

Ainsi quand elle a bien mijoté pêle-mêle dans la marmite consacrée, toujours la même, — une fois servie la soupe trempée dans le bouillon — la vaste potée, avec son lard rose, ses légumes croulants et multicolores, est déposée sur un plat d'où chacun « tire » sa part en son assiette, chacun des huit ou dix convives rassemblés en famille autour de la grande table de bois ciré, au milieu d'un recueillement de bel appétit qui fait le silence, de ces grands silences de la campagne où l'on entend battre le gros cœur de cuivre de l'horloge et dehors, dans le midi ensoleillé, à peine un chant de coq, un caquètement de poule... Un morceau de fromage après et chacun retourne à son travail, les lèvres grasses. Et c'est tous les jours de l'année le même plat plantureux dont on ne se lasse pas, varié par le mélange des légumes, suivant les saisons, dans son uniformité même. Et rien à acheter au boucher. C'est le régime végétarien dans toute sa salubrité, enrichi encore par la succulence du cochon. Gargantua s'en lécherait les badigoinces. Et nos vieux paysans, qui ne se nourrissent guère d'autre chose, vivent très vieux. J'en ai encore, pour ma part, l'eau à la bouche, de ces potées de mes vacances, chez mes parents des campagnes de là-bas...

HENRY FÈVRE.

Gros chou farci à la provençale.

« Au choix d'un cuisinier mettez tout votre soin. »
(BERCHOUX, *La gastronomie.*)

Les Provençaux semblent avoir hérité du goût des Grecs et des Romains pour la bonne cuisine. Ils savent la faire abondante, pleine d'ingéniosité et avec le degré d'excitation voulue pour l'appétit et pour les sens. Sous le ciel toujours bleu, au milieu d'une nature gaie et fleurie, remplie de parfums et de couleurs, l'imagination du provençal s'exerce en toutes choses, d'une façon amusante et joyeuse pour les convives.

Je me souviens d'un succulent chou farci préparé à notre intention avec toutes les règles de l'art culinaire. Nous étions dix à table. La délicatesse, la juste mesure des produits composant cet inoubliable chou farci me firent désirer d'avoir son importante recette si curieuse en ses détails d'une préparation vraiment savante et toute particulière. Les dionysiaques champêtres ne virent jamais pareil plat dans leurs marmites pleines de légumes dont les anciens étaient si friands.

Pour eux, le chou était une panacée et tenait le premier rang parmi les plantes potagères. Il préservait de la peste, guérissait des plaies et permettait de boire et de manger longuement si, avant le repas, on avait soin de prendre quatre à cinq feuilles de chou macérées dans du vinaigre.

Quoique moins élémentaire que le haricot vert, le chou est resté le légume du pauvre. Le grave Caton s'y est intéressé avec amour et l'a célébré dignement. Agronome à ses heures, il le cultive avec un soin de jardinier savant. Il en énumère les variétés nombreuses, il indique leur particularité, leur saveur en véritable connaisseur. Il préconise même des moyens pratiques pour obtenir des choux remarquables par le goût et par la grosseur

Après avoir ainsi parlé du chou à mes hôtes, je leur demandai la fameuse recette que je vais essayer de donner aux curieux des choses de la table.

Le meilleur type de chou qui convient est le milan qu'il faut blanchir et attendrir pour l'effeuiller et supprimer le trognon. La partie du cœur la plus tendre sera conservée pour être mélangée au hachis formé des éléments ci-après préalablement cuits :

Une côte de porc frais et un peu de lard maigre ; un morceau de viande (veau, bœuf, ou volaille), une cervelle de mouton bien blanchie.

A cela, ajoutez deux œufs mollets, quelques feuilles de laitue tendre, quelques cuillerées de fromage râpé (gruyère ou parmesan), un oignon et une gousse d'ail.

Amalgamez le tout, poivrez, salez et passez quelques minutes au feu dans une casserole avec beurre mélangé à de la bonne huile d'olive qui devra un peu dominer. On mettra ensuite une poignée de riz première qualité déjà cuit à l'eau.

Par les feuilles, reconstituer le chou; le garnir du hachis et le bien ficeler en lui donnant la forme d'un melon, puis faire cuire de préférence

dans une marmite en cuivre avec la préparation suivante :

Carottes en rondelles, oignons en tranches, ail, échalote, thym, laurier, poivre en grains et sel. Mouiller le tout de deux grands verres de bouillon ou d'eau et faire partir à petit feu et s'armer de patience pour laisser cuire pendant quatre heures en ayant soin d'arroser de temps en temps avec le propre jus.

Que les audacieux de cuisine se risquent à ce plat compliqué mais délicieux s'il est réussi et servi chaud.

DÉSIRÉ LOUIS.

Chou en volière.

Je ne voudrais pas être oiseau pour tout au monde
Il semble qu'il suffise avoir des ailes, pour
Éveiller dans ce genre humain qui trop abonde
Le désir insensé de vous priver du jour,
Impitoyablement; par cent façons cruelles
Vous chasser de partout et vous couper les ailes :
Tant, pour tout ce qui vole au-dessus des mortels,
Il a le même instinct imbécile et cruel !

D'abord, pièges et puis chasseurs, qui vont par bandes
Tuer dans les champs ces fleurs mobiles de l'azur ;
Chiens courants et miroirs, pierres d'un arc que bande
Un gamin échappé de l'école, bien sûr.
Puis, après le lacet ou le plomb qui les touche,
Le sort déshonorant de la broche, puis la bouche;
Et le sort bien plus triste enfin, triste à pleurer,
Qui d'eux, les doux amants des étoiles lointaines

Et les porteurs de rêve au ciel des châtelaines,
Consiste à les fourrer sous des manteaux de lard
Dans le ventre d'un chou, d'une oie ou d'un canard !
L'homme a vraiment pour eux des façons singulières.

Je ne voudrais pour tout au monde être un oiseau.
Il a des ailes, oui, mais sauf au sein des eaux
Le monde entier pour lui n'est que piège et volière

RECETTE.

Malgré la pitié fort louable qui anime les vers ci-dessus à l'égard des petits oiseaux, je n'hésiterai pas, cruauté que je crois nécessaire, à donner, ici-même, un moyen nouveau d'accommoder encore, à ces gracieux volatiles, une dernière demeure d'un élégant et confortable aspect.

Prenez un chou entier et faites-le blanchir ; quand il sera rafraîchi, enlevez le trognon, écartez les feuilles et remplissez-le de marrons, de saucisses et de mauviettes ; remettez les feuilles dans leur état naturel, ficelez le chou, faites-le cuire à la braise, assaisonnez lorsqu'il sera cuit, égouttez-le et servez avec une sauce faite de moelle fondue et de muscade râpée.

PIERRE GUÉDY.

Je ne me fais pas d'illusions ; à lire ma recette, chacun va hausser les épaules et dire : « Je la connais ! » Il en est ainsi pour toutes les inventions de ce monde ; mais, il n'importe ; mon âme charitable sacrifie la vanité personnelle au bonheur de mes contemporains, ingrats ou reconnaissants, voici donc :

Sauce lendemain de Fête. — Préparez, comme point de départ, une *sauce Béarnaise* réussie. Elle est le substratum de ma combinaison. La formule en est trop connue pour que je la répète ; elle se trouve dans tous les manuels culinaires ; joignez-y une purée (à proportion) de tomates fraîches, et un coulis d'écrevisses renforcé.

Chauffez au bain-marie. L'aspect doit en être velouté, crémeux, d'un rose aimable à l'œil. Avec cet accompagnement le premier ou le dernier des végétariens mangera des entre-côtes, et reniera ses convictions. J'ai dit.

MAURICE MONTÉGUT.

Le canard au sang.

A Edmond Richardin, notre éminent gastronome.

Je n'ai aucune vocation apostolique ; mais si je m'étais fait missionnaire, c'eût été certainement pour essayer de convertir à un article de foi culinaire les barbares, les vandales qui, sous prétexte de manger un bon canard rôti, commencent par saigner ce succulent volatile.

Ils ne savent donc pas, les malheureux ! que le canard est, avant tout, un philosophe, et que, comme tel, il ne se fait jamais de mauvais sang. Alors, à quoi bon perdre ce qu'il y a de plus précieux en lui ?

Ne saignez jamais le canard ! Choisissez pour lui un autre genre de supplice : étouffez-le, et quand il a été bien troussé et cuit à point, c'est-à-dire, quand, aux premières piqûres que vous lui ferez avec une fourchette, après vingt-cinq ou trente minutes de cuisson, sa chair laissera perler sur l'épiderme quelques gouttes de sang, servez-le et découpez-le en vous conformant aux indications suivantes.

Vous tranchez les filets savamment, de manière à obtenir des émincés, non désagrégés, que vous maintiendrez sur un plat chaud. Avec un soin minutieux, vous recueillerez le sang, tout le sang du canard, et vous y mêlerez son foie, que vous pétrirez, sous la fourchette, de façon à transformer l'amalgame en une pâte fine.

Vous joindrez à ce mélange le jus d'une tranche de citron, et vous saupoudrerez le tout d'une forte dose de poivre, de sel et de « poudre de girofle », que nos bons Normands, inventeurs de la recette, appellent vulgairement du *clou*.

Enfin, vous mouillerez cette mixture d'un petit verre de vin de Bordeaux, ou mieux encore, de Bourgogne. Dans la circonstance, le pomard n'est pas inférieur.

Versez alors cette sauce dans une petite casserole, et maintenez-la quelques instants sur un réchaud. (Surtout ne vous impressionnez pas, si vous la voyez changer de couleur !) L'homme qui s'impressionne ne peut pas savourer librement ; mais tournez-la doucement, jusqu'à ce que, par le délayage des derniers grumeaux, elle se reduise en une crème brune, molle, onctueuse, dont la vue seule fasse tressaillir d'aise et d'impatience vos instincts de gourmet.

Ce résultat obtenu, vous touchez au terme de vos préparatifs. Vous disposez sur une assiette *chaude* une portion de filet, que vous arrosez de cette crème; et, méthodiquement, religieusement, à petites bouchées, vous consommez...

Un dernier conseil : avoir soin, autant que possible, de ne pas avaler trop vite, pour faire durer le plaisir !

PAUL BONHOMME.

Le lièvre à la royale.

Dans la plupart des provinces du Midi, on connaît une manière de cuisiner le lièvre que l'on décore uniformément du titre de *lièvre à la royale*, bien que ces différentes mixtures ne se ressemblent en aucune façon. Celle dont, jusqu'alors, je suis seul à posséder la formule, prend son origine dans de vieilles traditions de famille soigneusement recueillies, revues et corrigées par moi-même. J'ai bien souvent été appelé à diriger en personne la confection du « lièvre à la royale » de mes aïeux dans certaines maisons parisiennes, de plus en plus nombreuses, à mesure que la haute réputation de ce plat merveilleux se répandait dans le monde. Cette solennité réunissait naturellement ceux qui passaient pour les plus fins gourmets parmi les amis du maître du logis. J'ai soigneusement noté les observations toujours bienveillantes, même quand elles frisaient légèrement la critique, auxquelles mes lièvres ont donné lieu. Et c'est en tenant compte des observations qui m'ont paru judicieuses que j'ai apporté à ma première formule des modifications successives qui me permettent aujourd'hui d'offrir à mes amis un plat incomparable et de nature à désarmer les critiques les plus endurcis et les plus mal intentionnés.

N'allez pas, au moins, conclure de ce qui précède que j'ai été conduit à ces études culinaires si diversement compliquées par un vulgaire sentiment de gourmandise. Vous feriez bien rire mes amis, qui prétendent que, chez moi, les appétits du ventre le cèdent tellement au plaisir et même au besoin de causer que je n'ai jamais su manger mes omelettes chaudes et mes huîtres fraîches! Non, assurément, je ne me suis pas laissé uniquement guider par la gourmandise, et cet aimable péché est mon moindre défaut. Seulement, ne faisant pas grand'chose, car je suis paresseux comme un loir, je tiens du moins à faire ce que je fais aussi bien que possible. Il est donc bien entendu qu'en portant au dernier degré de perfection la cuisine du « lièvre à la royale », j'ai simplement voulu travailler pour l'humanité.

Je livre aujourd'hui à mes lecteurs le fruit de mes longues méditations. Je m'en trouverai très suffisamment récompensé par la certitude que cette révélation fera plaisir à pas mal d'amis de la bonne chère, et aussi par cette raison que, n'ayant plus désormais à officier en personne, je ne serai plus en quelque sorte obligé de prendre ma part des grands vins de Bordeaux et de Bourgogne qui sont le complément désirable, sinon obligatoire, du « lièvre à la royale », mais dont l'usage n'est pas le moins du monde indiqué dans le traitement de la diathèse arthritique qui m'incommode au plus haut degré.

J'ai fait, à Paris, mon premier lièvre à la royale chez mon cher et si regretté ami Spuller. Ce fut un grand triomphe dont je garderai pour mon compte le souvenir éternel.

J'avais naturellement mis tous les atouts dans mon jeu et, sachant quelle énorme influence exerce la qualité supérieure du lièvre lui-même sur la réussite du plat que j'allais soumettre au jugement de fins gourmets, très compétents assurément, mais aussi passablement sceptiques, je m'étais réservé de fournir l'animal. Pour plus de sûreté, j'étais allé le choisir moi-même dans nos brandes poitevines où j'avais chassé toute une semaine avant de trouver un lièvre réunissant au plus haut point toutes les conditions exigées. Lièvre mâle, au poil roux, pesant de cinq livres et demie à six livres, et tué assez proprement pour n'avoir pas perdu une goutte de sang.

Une fois en possession de ma bête, je pris immédiatement le train et, de la gare d'Orléans, je portai directement le lièvre roux chez Spuller. Dès le lendemain, les invitations étaient lancées et le jour du dîner était fixé. Je n'avais aucune illusion à me faire sur les exigences et les dispositions assez peu conciliantes des convives, et je n'avais qu'à bien me tenir. J'eus, en conséquence, la veille du grand jour, une longue conférence avec la cuisinière de Spuller, la vénérable madame Bon, et je lui donnai avec le plus grand soin et toute la précision possible, mes instructions sur les opérations préliminaires à faire subir au lièvre et sur les divers ingrédients qu'elle devait tenir tout préparés pour le lendemain à midi.

Pour faire cuire un lièvre à la royale, une daubière en cuivre est nécessaire, dans laquelle le lièvre, après avoir été amputé immédiatement derrière les épaules, doit tenir en son entier et dans toute sa longueur. Spuller n'avait point dans sa batterie de cuisine cette daubière, et je dus m'occuper d'en chercher une chez un restaurateur du voisinage. Précisément, à quelques pas de là, se trouvait, place de l'Opéra-Comique, la taverne de Londres, tenue alors par Edouard et Félix. J'étais en excellent termes avec Edouard. Pendant le siège de Paris, lorsque nous étions libres, il m'arrivait souvent d'aller, avec plusieurs camarades de mon escadron, déjeuner chez Edouard qui, en échange de nos pains de munition, nous fournissait les filets de cheval et les côtelettes de chien qui, en ce temps-là, faisaient le fond des festins les plus cossus. Je priai donc Edouard de me prêter une daubière en ne lui dissimulant point l'usage que j'en voulais faire et, tout aussitôt, Edouard me conduisit dans ses cuisines où je fis choix de l'ustensile dont les dimensions se rapportaient le mieux à celles de mon lièvre.

Le lendemain, à midi, j'étais chez Spuller et, après avoir ceint un beau tablier blanc de madame Bon, je me mis, avec l'aide de l'excellente dame, en devoir de procéder à la cuisson de mon lièvre. A une heure, tous les préparatifs étaient terminés. Le lièvre reposait au fond de la daubière garnie de bardes de lard, dans un bain d'excellent mâcon, — Spuller étant Bourguignon, j'avais employé le mâcon. Avec un Bordelais, le médoc eût, d'ailleurs, tout aussi bien fait l'affaire. A ce lard et à ce mâcon étaient joints divers aromates et légumes dont je donnerai bientôt l'énumération aussi exacte que détaillée. La daubière fut alors placée sur le fourneau à gaz dont la cuisine de Spuller était pourvue. Cette installation du gaz dans les cuisines simplifie bien les choses, car le réglage d'une cuisson modérée, uniforme et continue, s'obtient ainsi bien plus facilement et sans nécessiter une surveillance aussi assidue. Je réglai mon gaz, je plaçai deux ou trois morceaux de charbon de Paris à l'état incandescent sur la couverture de la daubière, — car j'ai oublié de dire que la daubière doit être pourvue d'une couverture fermant très hermétiquement. J'indiqûai à madame Bon les différentes choses qu'elle avait à préparer pour la seconde phase de l'opération qui devait s'exécuter trois heures plus tard. Je la chargeai, d'ici-là, de veiller attentivement à ce que rien ne vînt déranger la cuisson lente et régulière de notre lièvre et, me débarrassant du tablier blanc de madame Bon, j'allái dans le cabinet de travail de Spuller, je m'installai à son bureau, et, après avoir placé ma montre devant moi, je me livrai, tandis que mon lièvre cuisait, à une étude approfondie sur la situation des six grandes compagnies de chemins de fer dans leurs rapports avec l'Etat au sujet de la garantie d'intérêt...

D'heure en heure j'allais surveiller mon lièvre. La délicieuse odeur qui se dégageait de la daubière, chaque fois que j'en soulevais le couvercle, s'accentuait de plus en plus et remplissait bientôt tout l'appartement. Tout allait bien. A quatre heures, je procédai à la seconde, à la plus importante partie de mon œuvre. Je sortis délicatement le lièvre de son premier bain. De tous les ingrédients qui composaient ce bain on fit, au moyen d'une passoire et d'un petit pilon, un abondant coulis. A ce coulis on ajouta une demi-bouteille de vin chaud et, dans le tout, on délaya un mystérieux hachis, préparé, selon mes indications, avec le plus grand soin, par madame Bon, et de la bonne réussite duquel dépendait tout le succès de l'opération. Puis, le coulis ainsi complété fut versé dans la daubière, le lièvre fut replacé dans ce nouveau bain concentré, et la daubière fut remise sur le fourneau pour être chauffée à feu doux jusqu'à sept heures, heure fixée pour le repas.

LE DÉJEUNÉ

Cependant, à six heures, madame Bon n'ayant plus besoin de moi pour mener à bien notre cuisine, je sortis pour faire une course. Les émanations parfumées du lièvre à la royale, après avoir rempli tout l'appartement, puis toute la maison, avaient franchi la porte cochère et, suivant la rue Favart, s'étaient répandues jusqu'au boulevard. On raconta que le quartier tout entier de l'Opéra-Comique fut mis en émoi. On raconta que des passants, séduits par l'odeur embaumée qui flottait dans l'air, entrèrent chez le pâtissier Julien pour lui demander « ce qui sentait si bon », et que le célèbre pâtissier dut répondre que cette odeur si extraordinairement parfumée ne sortait point de chez lui. On raconta que les mêmes personnes, ne perdant point courage, se rendirent à la taverne de Londres et demandèrent à Edouard si, en dînant chez lui, on pourrait avoir sa part de ces nouvelles odeurs de Paris. Edouard, mieux renseigné que Julien, put répondre que ces odeurs d'un parfum si pénétrant, sortaient bien, en effet, d'une de ses casseroles, mais que cette casserole était pour le moment sur le fourneau de M. Spuller et qu'il ne pouvait disposer de la moindre parcelle de son contenu.

. . . .

Telles furent les légendes auxquelles donna lieu ce premier lièvre à la royale dans le quartier de l'Opéra-Comique. Je suis un trop scrupuleux ami de la vérité pour en prendre la responsabilité. Ce que, par exemple, je puis affirmer, c'est que les convives de Spuller firent un tel accueil à mon lièvre qu'il me fut impossible d'en rapporter, comme j'en avais l'intention, un petit morceau à Edouard, en lui remettant sa casserole. Ce que je puis affirmer encore, c'est que le succès fut si éclatant que je dus renouveler l'expérience une dizaine de fois pour donner satisfaction à tous les amis de Spuller qui voulurent y goûter.

Mais tout cela, me direz-vous, ne donne pas la recette. La recette? La voici :

D'abord, le *lièvre* ; lièvre mâle, à poil roux, de fine race française, caractérisée par la légèreté et la nerveuse élégance de la tête et des membres ; tué autant que possible en pays de montagne ou de brandes; pesant cinq à six livres, c'est-à-dire ayant passé l'âge du levraut, mais cependant encore adolescent : ce qu'on appelle, en pays poitevin, un « lièvre d'avocat ».

Caractère particulier : tué assez proprement pour n'avoir pas perdu une goutte de son sang.

Après le lièvre, la *casserole :* de forme oblongue, dite *daubière*, en cuivre bien étamé. Hauteur 20 centimètres, longueur 35 centimètres, largeur 20 centimètres. Couverture fermant hermétiquement.

Nous avons le lièvre, nous avons la daubière, commençons la cuisine.

PREMIÈRE OPÉRATION.

A midi : Le lièvre sera dépouillé et vidé ; le cœur, le foie et les poumons seront mis à part ; le sang sera soigneusement conservé. Tous les ingrédients que je vais successivement indiquer, au fur et à mesure de leur emploi, seront préparés.

A midi et demi : Après avoir enduit de bonne graisse d'oie le fond et les parois de la daubière, vous étendez un lit de bardes de lard, sur lequel — après avoir amputé l'avant-main au ras des épaules, de telle sorte qu'il ne reste que le râble très allongé et les cuisses — vous placez le lièvre dans toute sa longueur et sur le dos. Vous couvrez ensuite l'animal de nouvelles bardes de lard, étant entendu que toutes les bardes du dessous et du dessus réunies doivent atteindre le poids de 125 grammes.

Vous ajoutez alors :

1° Une carotte de taille ordinaire coupée en quatre;

2° Quatre oignons de moyenne grosseur — tenant le milieu entre un œuf de poule et un œuf de pigeon — dans chacun desquels vous aurez piqué un clou de girofle;

3° Vingt gousses d'ail ;

4° Quarante gousses d'échalotes ;

5° Un bouquet garni composé de : une feuille de laurier, une brindille de thym, quelques feuilles de persil ;

6° Un demi-setier — 25 centilitres — de bon vinaigre de vin *rouge;*

7° Une bouteille et demie de bon vin de Mâcon ou de Médoc, au choix, ayant deux ans de bouteille ;

8° Sel et poivre en quantité suffisante.

A une heure : Votre daubière étant ainsi garnie, vous la mettez sur le feu — appareil à gaz ou fourneau ordinaire — et, après avoir placé sur le couvercle trois ou quatre morceaux de charbon de Paris incandescents, vous réglez votre chauffage de façon à soumettre votre lièvre à un feu doux, régulier et continu pendant trois heures.

Telle est la première opération, vous voyez que ce n'est pas bien difficile.

DEUXIÈME OPÉRATION.

Une fois la daubière sur le feu et tandis que le lièvre subit sa première cuisson, nous allons préparer tous les éléments de la seconde opération.

Vous hachez d'abord très menu, et en *prenant successivement chaque partie l'une après l'autre :*

1° 125 grammes de lard ;

2° Le cœur, le foie et les poumons du lièvre ;

3° *10* gousses d'ail ;

4° *20* gousses d'échalotes.

Chacun de ces quatre articles, je le répète, doit être haché à part et très menu. J'insiste surtout pour l'ail et les échalotes dont le hachis doit être si fin qu'il atteigne d'aussi près que possible l'état moléculaire. C'est une des conditions premières de la réussite de ce plat merveilleux, où les multiples et divers parfums et aromes doivent être fondus en un tout si harmonieux qu'aucun ne prédomine, et que rien ne puisse déceler leur origine particulière et froisser ainsi quelque préjugé, d'ailleurs profondément regrettable.

Après avoir ainsi haché séparément, votre lard, vos viscères de lièvre, votre ail et vos échalotes, vous les réunissez en un hachis général, de façon à obtenir un mélange absolument parfait... et vous attendez le moment de le faire entrer en scène...

A quatre heures : Vous retirez la daubière. Vous enlevez délicatement le lièvre que vous déposez sur un plat. Vous le débarrassez soigneusement de tous les débris de lard, carotte, oignons, ail, échalotes qui pourraient le souiller, et vous remettez ces débris dans la daubière. Vous videz alors tout ce que contient cette dernière dans une passoire placée au-dessus d'un grand plat creux, et vous en extrayez tout le suc au moyen d'un petit pilon de bois. Lorsque ce coulis est obtenu, vous y joignez le hachis préparé comme il est dit plus haut, et, pour bien étendre et délayer le tout, vous ajouterez une demi-bouteille de vin chaud, de la même origine que celui au milieu duquel a déjà cuit le lièvre.

A quatre heures et demie : Vous remettez alors cette nouvelle mixture dans la daubière; vous y déposez le lièvre avec tous les os des cuisses ou autres qui auraient pu se détacher pendant l'opération, et vous replacez la daubière sur le fourneau avec feu doux et continu dessus et dessous.

A six heures : Vous procédez à un premier dégraissage, l'excès de graisse provenant du lard vous empêchant de juger de l'état d'avancement de votre sauce. Votre œuvre ne sera, en effet, achevée que lorsque la sauce sera suffisamment liée pour offrir une consistance approchant de celle d'une purée de pommes. Pas tout à fait cependant, car, à la vouloir trop consistante, on finirait par tellement la réduire qu'il n'en resterait plus suffisamment pour humecter la chair naturellement très sèche du lièvre. Nous avons, du reste, à faire une dernière opération qui, une fois la liaison de la sauce en bonne voie, la mettra définitivement et très rapidement au point. Je veux parler de l'addition du sang du lièvre qui, non seulement activera la liaison de la sauce, mais lui donnera en même temps une belle coloration brune, d'autant plus appétissante qu'elle sera plus foncée. Cette addition du sang ne doit pas se faire plus d'un quart d'heure avant de servir, et elle doit être précédée d'un second dégraissage. On fouettera d'abord le sang, de manière que, si quelques parties sont caillées, comme la chose est infiniment probable, on les rende à nouveau tout à fait liquides. On le versera alors sur la sauce, en ayant soin d'imprimer à la daubière, de bas en haut et de droite à gauche, un mouvement de va-et-vient qui le fera pénétrer uniformément dans tous les coins et recoins de la casserole.

Vous goûterez, vous ajouterez poivre et sel, s'il y a lieu, et un quart d'heure après, vous prendrez vos dispositions pour servir. Pour ce, vous sortez de la daubière votre lièvre dont la forme est alors plus ou moins altérée. Vous placez, dans tous les cas, au milieu du plat, tout ce qui est encore à l'état de chair — les os complètement dénudés, désormais inutiles, étant jetés de côté — et, autour de cette chair de lièvre en compote, vous mettrez pour toute garniture l'admirable sauce qui, si la reconnaissance n'est pas un vain mot, m'assurera l'éternelle gratitude de tous les lecteurs de l'*Art du bien manger*. Je n'ai pas besoin de dire que, pour servir ce lièvre, l'emploi du couteau serait un sacrilège et que la seule cuillère y suffit complètement.

Tel est mon lièvre à la royale. Je dois dire, cependant, que, dans les traditions de la famille, il était d'usage de démêler le sang en y ajoutant deux ou trois petits verres de vieille et fine eau-de-vie des Charentes. J'ai supprimé cet usage, voyez s'il vous convient de le rétablir.

A. COUTEAUX.

Gras-double vieux Lyon.

Tout le monde connaît le gras-double lyonnaise : c'est une des gloires de ma vieille et chère cité natale. Le gras-double coupé en fines lamelles, sauté à la poêle avec des oignons : c'est un régal que l'on peut se payer tout aussi bien dans les modestes guinguettes de la Grand' Côte que dans les riches restaurants de la rue de la République et de la place Bellecour, que dans les bons coins de la rue Saint-Joseph, que dans les brasseries de Perrache. C'est un plat classique, national, tout comme le *salsifis* de Guignol. C'est un régal, dont la réputation a franchi l'Auvergne, l'Ain et l'Isère, et est venu jusqu'à Paris : on vante même le gras-double à la lyonnaise au-delà des Alpes et de la Manche.

Eh bien! au risque de me faire taxer d'hérésie, je proclame hautement, sans souci d'excommunication majeure, que ce n'est pas la meilleure manière de manger le gras double.

Il en est une autre que je baptise *vieux Lyon* parce qu'elle est très ancienne et qu'elle me vient d'une vénérable grand'tante, de ma tante Caroline.

Ma tante Cana, comme je l'avais appelée en mon langage enfantin et comme je continuais encore à l'appeler à dix-huit ans, habitait fort loin du Gourguillon qui grimpe, comme on le sait dans le monde entier, à Saint-Just : elle habitait montée des Carmélites sur les flancs du côteau de la Croix-Rousse. Sa fenêtre donnait sur un terrain vague, depuis en partie construit, en partie transformé en jardin : il y avait là un arbre superbe, asile de tous les oiseaux du quartier ; il est encore là gravé dans mon esprit : j'en vois la colossale silhouette, j'en aperçois les branches, il n'y a que l'espèce de l'arbre que j'ai oubliée, que les botanistes me pardonnent ! Tante Cana, aux longues heures où elle tricotait à sa fenêtre, je crois, en comptait les feuilles.

Tante Cana était vieille fille : depuis sa mort, j'ai su qu'elle avait été fiancée vers 1830, mais que son fiancé parti dans l'armée d'Afrique était mort là-bas. Elle avait une vague tristesse et elle était d'une immense bonté.

Toutes les affections de son cœur aimant, elle les avait reportées sur sa ménagerie composée de trois ou quatre chats et de nombreux oiseaux, tourterelles, serins, chardonnerets. Je me rappelle entre autres un gros chat nommé *Gris-Gris*, qui était mon ami et à la mort duquel je pleurai presque autant que tante Cana.

Les chats d'abord, les oiseaux ensuite, son neveu au troisième rang : voilà les affections de la pauvre tante Cana ; seulement, comme sa bonté était incommensurable, il y avait encore dans le cœur de la pauvre femme place pour m'aimer beaucoup.

A un moment, je descendis même au quatrième rang, tante Cana s'étant mise en tête d'adjoindre à ses hôtes un superbe poisson rouge. Heureusement que Gris-Gris me fit reconquérir ma place légitime. Ce bon chat respectait les oiseaux, mais sa maîtresse avait oublié de lui faire la leçon pour les poissons. Un beau matin, il y eût un rapprochement sinistre entre le poisson rouge et les griffes de Gris-Gris : cela fut funeste au premier. Tante Cana bouda pendant trois jours Gris-Gris, mais je conservai ma place dans son cœur : mon rival était mort. Contre les chats et les oiseaux, je n'avais jamais eu la pensée sacrilège de lutter.

Tous les jeudis, je venais déjeûner chez tante Cana, et, tous les jeudis, elle me servait mon plat de prédilection, un plat que je n'ai jamais mangé qu'à sa chère et pauvre table, avant que je n'en fasse connaître la très simple recette à quelques amis privilégiés.

Prendre du gras-double blanchi : le couper en carrés de largeur de la main; passer ces carrés dans un blanc d'œuf, puis les rouler dans de la panure, puis les frire à la poêle. Les placer ensuite dans un plat creux où on aura fait une sauce huile, vinaigre, poivre et sel, dans laquelle les carrés de gras-double baigneront entièrement. Servir.

Je ne sais si c'est par flatterie, mais tous ceux qui, sur mes culinaires conseils, ont bien voulu confectionner et goûter, m'ont déclaré le mets excellent. Essayez en.

Salade de l'Ile-Barbe.

Le second plat que, Gourguillonais, j'offre au public de mon ami Richardin, a une origine beaucoup moins antique et sent beaucoup moins le terroir lyonnais. Il est vrai que je ne l'ai pas pris dans l'enceinte de la cité, mais bien à ses portes, dans un des sites les plus merveilleux de sa merveilleuse banlieue.

C'est une salade qui, à l'automne et au printemps, par de belles soirées de dimanche, je mangeais, je savourais chez un ami, dont la maison s'élevait sur les rives de la Saône, en face de l'îlot de l'Ile-Barbe. Je ne connais pas de site plus poétique : la rivière douce et calme, déjà dans l'ombre projetée par les côteaux de Saint-Rambert et du Mont-Cindre, le soleil éclairant encore le ciel et la ligne des collines de la bonne Dombes; au milieu de la rivière, l'îlot avec ses maisons serrées, parsemées de grands arbres — au printemps les arbres roses de Judée! — avec son clocher antique, le tout s'estompant doucement sur les flots bleus de la Saône et contre les bosquets drus et verts de la rive gauche. Cette nature si riche, aux ombrages épais, immortalisée par les eaux-fortes de de Boissieu. Et un calme! Je vous jure que cela vous disposait à trouver succulente la salade de mon ami. Loin du site enchanteur de l'Ile-Barbe, si vous voulez bien y goûter, vous me direz si elle est bonne.

Seulement, croyez-moi, même la trouveriez-vous excellente, les rives de ma chère Saône et le cadre poétique de l'Ile-Barbe valent mieux encore.

Quoiqu'il en soit, pour ceux qui ne peuvent voir la Saône, voici la salade :

Prendre des pommes de terre bouillies, les couper en tranches minces : les placer dans un saladier. Ajouter des poivrons au vinaigre, coupés, dans la proportion d'un quart des pommes de terre. Faire de cela une salade, poivre, sel, vinaigre, huile. Y ajouter des dés de jambon, une queue de langouste coupée en rondelles, quelques truffes hachées fin, quelques olives au sel, et enfin une pincée de poivre de Cayenne. Remuer et servir.

Puissent mes deux plats que j'ajoute modestement aux mets renommés recueillis et collationnés par Richardin ne pas faire trop triste figure auprès des recettes des grands maîtres. Mon compatriote Brillat-Savarin exauce ma prière!

UN GONE DU GOURGUILLON.

Recettes espagnoles.

Le Gafpacho, mets espagnol si apprécié de l'impératrice Eugénie qu'elle en demanda un jour, très chaud, à Biarritz.

— Oh ! il est très simple, répondit immédiatement un gentilhomme espagnol, fort bien en cour : « On met de l'ouile dans la potte avec touté sorté de légoumbre et quan il est froid on sé lé prend. »

L'éclat de rire qui accueillit cette recette fantaisiste n'eut d'égal que le succès réservé au résultat lorsqu'on le présenta sous le nom de « *Soupe impériale espagnole froide* »

Voici la manière de la préparer :

Hacher menu deux tomates fraîches, deux piments verts, deux oignons, une gousse d'ail et deux beaux concombres. Mettre le tout dans une très grande soupière, assaisonner avec un verre de table d'huile d'olive, deux cuillerées à soupe de vinaigre, sel et poivre à volonté. Ajouter une livre de glace sur le tout et laisser fondre. Lorsque la glace est fondue, jetez dans la soupière du pain azime taillé en petit dés (à peu près autant de pain que de légumes) et remplir d'eau fraîche : cela ne doit pas attendre.

Dans la province de Séville on y met encore des œufs pochés, c'est excellent pour ceux qui l'aiment et procure une indigestion sûre aux non-initiés...

Le Pisto, est un poulet (ou tout autre viande blanche rôtie) servi sur une purée de piments et tomates.

BARRAUTE DU PLESSIS.

Un dîner chez Lucullus.

Le prince Léon Galitzine, vice-président du jury des vins à l'Exposition Universelle de 1900 a donné à cette occasion le dîner le plus extraordinairement fastueux qu'on ait jamais vu.

On en jugera par la carte des vins. Elle comprend tout ce qu'on peut trouver de meilleur, de plus rare, de plus célèbre parmi les vins qu'on récolte en Europe, en choisissant les meilleures années de ces grands crus. Jamais grand seigneur ou souverain n'a pu réunir pareille collection et l'offrir à cent vingt invités.

Rien d'officiel dans ce banquet. Le prince a simplement voulu réunir autour de lui, avec les commissaires étrangers, ses principaux collègues du jury des vins et quelques amis. Modestement, il s'est effacé, donnant la présidence du dîner au prince Ouroussoff, ambassadeur de Russie, sans doute afin que ce dîner fût aussi à l'honneur de l'Empereur de Russie, dont on allait servir le muscat des vignes impériales de Livadia, cru de 1891, qui est le vin le plus parfait, le plus exquis qu'on puisse trouver en ce genre.

Voici le menu du dîner :

Bisque d'écrevisse et exly frais à la russe

HORS-D'ŒUVRE

Melon glacé, beurre, crevettes de Dieppe
Hareng frais de Hollande

RELEVÉ

Soles à la maréchale

ENTRÉES

Noisettes d'agneau avec crème d'Argenteuil
Foies gras à la Rossini
Quenelles d'esturgeon à la Joinville
Sorbets au porto blanc
Granité grande fine champagne

RÔTS

Canetons de Rouen flanqués d'ortolans
en brochettes
Chaufroix de paons en bellevue

LÉGUMES

Flageolets nouveaux au beurre
Pois à la française

Écrevisses de la Meuse au vin de Saumur

ENTREMETS

Bombe Galitzine
Poires cressannes

DESSERTS

Et voici la carte des vins :

Oporto royal, retour de Russie, 1815
Xerès Garcia del Salto, 1754
Madère Pembroke, retour de Russie, 1805
J. Moët et Cie, Sillery sec, 1804
Moët et Chandon, cuvée 804-1884
Moët et Chandon, cuvée 36-1889
Haut-Brion 1874
Château-Laffite, retour de Russie, Elisseieff, 1864
Montrachet-Laguiche, 1865
Château-Yquem, retour de Russie, 1847
Johannisberg Cabinet, 1868
Musigny Vogüé, 1865
Haut-Brion (Magnum) Jéroboam, 1875

Vin mousseux du Couronnement (mousseux Galitzine), 1894
Muscat Livadia, des vignes de S. M. l'empereur de Russie, 1891

—

Cognac grande champagne, Biscuit-Dubouchet, 1834

La plupart de ces vins venaient de la cave du prince à Moscou, ou de ses domaines de Crimée où il a fait prospérer les ceps du Bordelais, de la Bourgogne et de la Champagne. C'est lui aussi qui a constitué le domaine vinicole du Czar à Livadia.

Nous ne ferons pas l'injure au prince Galitzine d'évaluer une pareille recherche de vins. Un grand seigneur ne compte pas. Et réellement il a fallu ne pas compter pour arriver à une telle somptuosité.

On se souviendra longtemps de ce dîner. Il restera légendaire dans le monde des gourmets et des connaisseurs en vins. Il nous suffira de dire que le Château-Laffite 1864 était servi en carafes, comme vin ordinaire.

Le muscat de Livadia, des vignes de l'Empereur, a eu un succès tout particulier et a servi à boire à la santé du Tsar, ainsi que le vin blanc mousseux du prince Galitzine, dont les qualités de premier ordre ont été appréciées de tous.

JEAN VILLEMER.

Brochet à la finlandaise.

Après avoir vidé, écaillé et lavé avec soin un superbe brochet, le découper en escalopes que l'on fera griller légèrement. — Un air de feu. —

Prendre du beurre bien frais, le manier avec du persil finement haché. Placer le beurre dans la poêle, y faire revenir les morceaux à feu vif; saler modérément et servir.

MAURICE JOYANT.

La Tourte.

Tourte, s. f., dit Larousse; mot très usité dans les armées..., espèce de tourte...; se dit également d'un individu, dont l'intelligence atteint à peine la moyenne; se dit enfin d'un travail — généralement circulaire — exécuté en pâtisserie, renfermant des viandes hachées, et amené à son entière perfection par des feux croisés.

Lorsque la tourte présente au milieu d'une table scintillante sa carapace dorée, elle semble ne pas comprendre la curiosité dont elle est l'objet.... Il est visible qu'elle se gardera bien d'émettre une opinion.... C'est l'indifférence absolue. Par ces remarques, je désirerais faire entrevoir la parenté qui existe entre certains individus et une tourte.

Montaigne et Pascal ne citent pas la tourte dans leurs ouvrages.

Bien.

La tourte se fait comme du mortier : un tas de farine conique, un petit cratère à son sommet, dans lequel, lentement, on verse de l'eau. En remuant la farine, la pâte se fait.

Le bloc de pâte obtenu, avec un rouleau, vous l'étendez sur une table plane, en une large galette, au centre de laquelle vous placez un beau morceau de beurre frais; vous repliez cette pleine lune en un demi-quartier et vous continuez à étendre la pâte en roulant de la pliure à la circonférence. A nouveau vous repliez la galette obtenue, vous continuez cette double opération aussi longtemps que vous le désirez « et vous avez ainsi — disait un marchand de pâte à rasoir — de quoi passer agréablement l'après-midi de votre dimanche ».

Vous tranchez la dernière galette en deux parties égales ; de la première partie vous faites encore une galette (1), que vous placez comme un fond de bain, dans le moule qui doit emprisonner la tourte.

Les viandes hachées ensemble, bœuf et porc, deviennent entre vos doigts des boulettes sphériques que vous disposez avec art, suivant le nombre, sur votre fond de bain.

Et, enfin, ayant roulé en galette (2) la seconde partie de votre pâte, vous l'appliquez sur les boulettes, et rejoignez vos deux enveloppes par un pincement régulier sur la tranche.

La tourte prend l'aspect d'un champ parsemé de monticules égaux enfouis sous un manteau de neige.

Avec un pinceau trempé dans un jaune d'œuf, vous décorez votre œuvre en la bloquant de suite dans un four de campagne, feu dessus, feu dessous... feux croisés, vous veillez, et lorsque la malheureuse tourte est aussi dorée qu'un retable espagnol du seizième... c'est fini. Étrange apparition !! c'est un bouclier japonais... une vieille bassinoire ; aux rayons de la lampe, c'est la mer houleuse ; sous le soleil couchant, c'est un champ de genêts d'or ondulant sous la

(1) Que de galettes !!! que de galettes !
(2) Encore !!

LE GATEAU DES ROIS.

brise... et puis quoi? c'est une tourte!!! Mangez-la vite pendant qu'elle est bien chaude.

RENÉ BINET.

Escargots à la méridionale.

Je trouverai peut-être un moyen de réconcilier avec la cuisine du Midi, avec l'huile et l'ail de mon Languedoc, que prisait fort notre Alphonse Daudet, ces gens du Nord qui font parfois la petite bouche difficile, à nos festins de noces ou de chasse. Peut-être n'ont-ils pas au palais assez de force et en même temps de délicatesse pour apprécier les gourmandises substantielles et savoureuses que nous sert franchement la nature. Tout ça, d'ailleurs, défaut d'aptitudes ou infirmité, vient plutôt de l'éducation, et je pardonne volontiers à nos septentrionaux, s'ils consentent à s'en aller un jour dans mes garrigues, aux contreforts des Cévennes, prendre de l'air et du soleil.

Là, après les pluies du printemps, après un orage, l'été, dans les broussailles du thym et du fenouil, par ces étendues de pierres qui ne conservent jamais aucune trace des inondations célestes de la veille, ils ramasseront des escargots robustes et dodus, vrais enfants de la montagne. La coquille blanche ou verdâtre, striée de côtes couleur d'ambre ou de feu, ces campagnards partent pour la promenade, en groupes nombreux. Ils grignotent, je veux le croire, à travers les plantes que l'eau a parfumées, et à la queue leu leu, comme les bâteaux de pêche qui sortent du port d'Agde, ils laissent un sillage argenté sur le sable rouge et les cailloux. Drôles, chavirant à la moindre feuille imprévue, ces rustres ne redoutent aucune fatigue et se glissent partout. Aussi, serrez-les dans votre panier avec beaucoup de soin.

Quand ils auront jeûné pendant un mois, vous les aspergerez d'une poignée de farine, sous laquelle ils sommeilleront encore pendant deux jours. Puis, vous les tremperez dans plusieurs eaux, les laverez dans un déluge, les ferez bouillir enfin sur un feu vif pendant cinq minutes. Toute l'écume nettoyée, jetez-moi cette eau ; faites-moi, dans une deuxième mêlée de vin blanc, rebouillir ces brigands, au moins un quart d'heure, avec un petit bouquet de thym, une feuille de laurier, du fenouil, des clous de girofle, quatre têtes d'ail, sel et poivre. Cuisez maintenant vos escargots pendant trois heures, égouttez-les et tenez-les au chaud, prenez vos têtes d'ail, passez-les au tamis, délayez cette purée avec de l'huile d'olive de Provence, du sel, un peu de moutarde, du poivre et du vinaigre ; faites une pommade ; sautez vos escargots bouillants dans ce ferment de sauce additionnée d'une cuillerée de bouillon. Vos escargots doivent cuire de 20 à 25 minutes, puis être servis dans leur jus.

Et, vous savez, quand vous auriez à table des convives venus des quatre points cardinaux, aucun ne se refuserait à célébrer les mérites de mon Languedoc, qui parfois semble inanimé, tant il dort profond sous le soleil, par la solitude de ses garrigues sanglantes et pierreuses.

GEORGES BEAUME.

MENU

du déjeuner donné à Pékin le 11 Octobre 1896
par Monsieur Vapereau
au Restaurant des Nelombos.

Nids d'Hirondelle
Crevettes d'eau douce aux Châtaignes d'eau
Salmis de langues de Canard
Perche au Gingembre
Rognons de Coq, aux pousses fraîches d'oignon
Champignons de bois
Ailerons de requin à la purée de volaille
Œufs de pigeon frits, sauce brune
Salade de pousses de bambou
Canard bouilli
Effilés de volailles aux morilles
Compote de graines de Nélombo
Jambon fumé du Yangtze
Foies de Canard à la Gelée
Œufs de Canard cuits dans la chaux
Salade de Crabes d'eau douce
Palmes de Canard au vinaigre
Saucisson à l'anis
Poulet aux cinq épices

Dessert composé de vingt-quatre assiettes dont je vous fais grâce de l'énumération.

Potage aux nids d'hirondelles.

Recette communiquée par le chef des cuisines de l'Empereur.

Avec un poulet et un canard préparer selon les règles un excellent consommé, dégraisser et passer au tamis de crin.

Faire tremper les nids dans de l'eau tiède pendant une demi-heure, les débarrasser soigneusement des plumes et autres impuretés, les remettre tremper dans de l'eau tiède légèrement salée jusqu'à ce qu'on puisse les diviser facilement avec les doigts en filets menus comme du vermicelle.

Faire chauffer le consommé au bain-marie et quand il est bouillant y précipiter les nids, couvrir hermétiquement et faire bouillir une demi-heure.

Faisans à la chinoise.

Recette communiquée par le chef des cuisines de l'Impératrice douairière.

Désosser les faisans et mettre intérieurement du lard râpé et des graines de pain pignon, girofle, cannelle, muscade et sel. Envelopper de panne de cochon, ficeler, et faire cuire au trois quarts dans du bouillon de cochon ou de canard. Puis retirer, laisser sécher et rôtir les faisans à grand feu en les arrosant du jus de la lèchefrite. Couper en tranche comme la galantine.

Cette recette est excellente.

CHARLES VAPEREAU.

La Salle à Manger.

Ce n'est point sur la salle à manger familiale que je veux discourir ici, quoiqu'elle fût comme un miroir d'ombre, et parfumée de fruits, de vin et de cire à parquet. En y entrant, on glissait et tombait. Elle vous glaçait à l'instar de la grand' tante huguenote qui avait copié dans sa Bible le verset du Psalmiste : « Certainement c'est dans l'apparence que l'homme se promène. Certainement c'est en vain qu'il s'agite... »

Cette pièce avait connu des jours meilleurs. A l'époque dont je parle, il se faisait un douloureux silence dans son âme, comme le silence de personnes absentes qui eussent hoché la tête avec tristesse. On m'y montrait un angle où mon père, à son arrivée de la Guadeloupe, il avait sept ans, faisait des grimaces pour égayer les parents, peut-être pour s'égayer lui-même, pauvre enfant transi encore ivre d'un rêve de verts cocos, de fleurs tendrement roses et de lueurs sonores de colibris.

*
* *

La salle à manger d'aujourd'hui s'ouvre à l'est, sur le jardin qui longe la route. Elle n'a aucun luxe. Elle est médiocre, mais les dieux m'y visitent et, parfois, quelques déesses lassées du monde ont mordu à mon pain sauvage. Pour la décrire, on ne peut dire mieux que Mong-Kao-Jén dans ces vers traduits par d'Hervey de Saint-Denys :

« ... Un ancien ami m'offre une poule et du riz;
...... On a pour horizon des montagnes bleues dont les pics se découpent sur un ciel lumineux.
Le couvert est mis dans une salle ouverte d'où l'œil parcourt le jardin de mon hôte;
Nous nous versons à boire ; nous causons du chanvre et des mûriers.
Attendons maintenant l'automne, attendons que fleurissent les chrysanthèmes. »

C'est maintenant la saison des chrysanthèmes.

*
* *

C'est là que, deux fois chaque jour, je prends conscience des choses, soit que le pain fasse pénétrer en moi l'âme de la pâle moisson qui crisse sous la canicule de juillet, soit que le vin me communique le pourpre paysage de la vendange et l'allégresse des filles qui coupaient en chantant les grappes ténébreuses. Ainsi, chaque mets me devient sacré par tout ce qu'il fait passer en mon sang de force poétique.

Il ne faut point que j'ignore l'humilité du potager où s'enfonça la carotte odorante; ni la verdeur du pré bordé d'aulnes ou le bœuf dont je mange a vécu; ni la cabane semée de feuilles mortes, enfouie au cœur de la montagne herbeuse, où ce fromage fut caillé; ni le verger où, durant la torpeur des vacances, une écolière a pu, parmi les framboisiers bleus et grenats dont je goûte les fruits, oublier longtemps sa bouche ardente sur celle d'un écolier.

Je connais les solitudes où sourd l'eau que je bois, et les tristes forêts qui les entourent. C'est par là que je rencontrai ce vieillard allègre dont j'ai chanté les beaux coqs, et cet autre vieillard qui pleurait sur la folie de sa fille, et qui m'apporta un gâteau en signe de reconnaissance.

Il faut aussi que je sache que les plats où sont contenues ces nourritures sont issus, comme elles, de la terre; et que, sur la coupe de faïence, les fruits semblent m'être présentés en offrande par le calice même de l'argile originelle. Et il faut encore que je sache que la carafe de verre où cette eau s'équilibre est sortie de l'eau même, de la mer sodique et sableuse qui lui a laissé sa transparence.

*
* *

C'est vous, salle à manger, qui êtes le cellier divin : que vous renfermiez la figue mordue par le merle, ou la cerise par le passereau; ou le hareng qui a vu le corail et les éponges; ou la caille qui sanglota le nocturne des menthes; ou le miel d'automne butiné au soleil brun, ou celui d'acacia choisi dans les pâles rayons d'une avenue en larmes ; ou l'huile qui contient la lumière provençale ; ou le sel qui a le reflet des nacres ; ou le poivre que rapportaient sur leurs galères, des trafiquants aux mystérieux sourires...

C'est vous, salle à manger, que souvent j'ai jonchée de mes récoltes botaniques ; c'est votre air que j'ai embaumé de ces cueilles champêtres ; c'est vous qui fûtes ornée un jour de ces bouquets de rares fleurs dont une femme, fatiguée de luxe, fit hommage à votre modestie. Vous sûtes rester vous-même : ni trop flattée ni dédaigneuse. Et, lorsque ces corolles recherchées furent sur votre table, vous les enchantâtes si bien de votre simplicité qu'elles parurent aussi belles que le sont leurs sœurs rurales.

C'est vous, salle à manger, qui, non loin de la route, attendez mon retour des bois, à l'heure où mon chien se confond avec la nuit et où les bouffées de ma pipe se mêlent au brouillard dont ma barbe est trempée ; c'est vous qui guettez, comme une bonne servante, le pas de mon soulier ferré. Je reconnais votre cœur brûlant, ô ménagère sans reproche : la lampe qui se consume ainsi que ma rêverie. En pensant à vous mon âme s'exalte, et j'ai envie de crier *hosanna*, et de me prosterner à vos genoux, sur le seuil, ô gardienne des choses que la Providence m'a données, ô vous qui demeurez les bras en croix sur l'avenue où se traînent des mendiants, au moment que tremblent les *Angelus* exaspérés d'amour et que, pareils à des encensoirs, les taudis obscurs enfument les pieds de Dieu !...

FRANCIS JAMMES.

Voici, mon cher ami, la recette que j'ai eu la bonne fortune de dénicher en un castel hospitalier du Cher, à deux pas de ... :

Lapin solognote.

Prenez le râble ; enlevez soigneusement les nerfs. Préparez la farce que voici : 100 grammes lard, 100 grammes beurre ; un peu de mie de pain, fines herbes, une pointe d'échalote, un soupçon d'ail, poivre, muscade, cayenne, une tomate. Pilez le tout dans un mortier de manière à constituer une pâte homogène. Enduisez votre râble avec cette farce ; mettez-le ensuite dans une double feuille de papier beurré au beurre clarifié, servez dans le papier, cuire trois quarts d'heure au four, servir avec accompagnement de sauce béarnaise ou poivrade.

Quand on a tâté de ce lapin, on s'explique le fameux mot de M. Floquet au Tzar :

« Vive la Sologne, Monsieur ! »

Amitiés,

SAINT-ARROMAN.

Matelote marinière à la Saint-Arroman.

Pour exécuter ce simple et petit chef-d'œuvre, il convient avant tout d'avoir un chaudron et du poisson.

Anguilles : — anguilles et carpes, ou brochets ou tanches, ces trois formes sont également exquises. Ne pas omettre le barbillon qui donne, si l'on peut dire ainsi, de la grâce à ce plat rapide.

Donc vous avez nettoyé votre poisson en le lavant à l'extérieur et vous bornant à l'essuyer à l'intérieur. Vous le découpez et le placez au fond du chaudron, escorté de 15, 20, 30 gousses d'ail.

Ne craignez rien. Cet excès d'ail s'harmonise si bien qu'il constitue un suc délicat et dont les estomacs les plus tendres n'ont jamais à se plaindre. Ajoutez un léger hachis de persil et deux ou trois tomates. Salez, poivrez, et couvrez votre poisson de vin blanc ou rouge, légèrement alcoolisé. Votre chaudron mis sur un feu très vif ne tarde pas à chauffer et son contenu à bouillir et à prendre feu. Ne craignez pas que la sauce déborde si vous avez eu soin de préparer des boulettes de beurre manié avec farine, que vous lancez dans la matelote au moment où vous pensez qu'elle va fuir, et au fur et à mesure. La tempête se calme; vous la provoquez de nouveau en incorporant dans le vin un bon verre de cognac; vous la calmez presque aussitôt avec le beurre manié, et comme votre sauce a pris une consistance suffisante, vous servez très chaud votre poisson qui est cuit à point.

SAINT-ARROMAN,

Gigue marinée à la Saint-Arroman.

Vous choisissez un gigot épais et court.

Après avoir enlevé soigneusement la peau, les nerfs et les parties graisseuses, vous le piquez de lard. Vous avez préparé une marinade de vin blanc avec thym, oignons, ail, échalotes, persil, laurier, clous de girofle. Les condiments doivent être hachés et représenter un volume d'environ deux poignées.

Vous plongez la gigue dans cette marinade où elle doit baigner et l'y laissez pendant soixante-douze heures en hiver, quarante-huit ou trente-six en temps chaud, en ayant soin de la retourner deux ou trois fois par jour.

Au moment d'embrocher votre gigot, n'oubliez pas de l'égoutter et de verser dans la cuisinière quelques cuillerées de la marinade passée.

La cuisson doit être faite à un feu extrêmement doux que l'on active pendant les dernières vingt minutes. Elle doit durer en tout *deux heures* environ. Se garder d'arroser le gigot pendant cette cuisson.

POUR LA SAUCE.

Vous avez fait un jus avec une livre de viande et des légumes comme pour un pot au feu. Vous incorporez dans ce jus, après avoir enlevé la viande, toute votre marinade à laquelle vous ajouterez alors trois ou quatre tomates hachées, quand tous ces éléments sont cuits et réduits, vous les pressez et passez.

Si la sauce n'est pas assez épaisse, vous la mettez au point à l'aide d'un peu de fécule. La cuisson de ce jus et de cette sauce demande au moins trois heures. SAINT-ARROMAN.

Aubergines à la palikare.

1° Les aubergines seront coupées en long ou en large, comme on opère pour les pommes de terre soufflées; les saupoudrer de sel gris puis les laisser dégorger dans un plat pendant une heure; laver ensuite dans trois ou quatre eaux et essuyer; parsemez les tranches, de farine, et faites-les revenir dans du beurre.

2° Hacher fin des oignons, en faire roussir 5 ou 6 gros avec un peu de beurre et bouillon ou eau dans un plat à part, laisser sur le feu jusqu'à évaporation.

3° Pour huit aubergines, faire hacher une livre de tranche et un peu de gras de veau, que vous faites revenir dans le beurre ; placez au four pour rissoler. Mélanger ensuite avec les oignons.

4° Préparer un plat creux allant au four, y déposer une couche d'aubergines, une couche de viande, etc. Arroser de jus de tomates fraîches pour combler les vides et mettre au four pas trop chaud. Laisser cuire doucement, à peu près une heure. Servir quand il n'y a plus de jus.

LUCIEN VAQUEZ.

Foie de canard au naturel.

Prenez un beau foie gras de canard comme on en trouve à l'entrée de l'hiver, au moment des premiers froids. Après l'avoir un peu salé, mettez-le dans une casserole en cuivre argenté à l'intérieur, que vous aurez enduite au préalable de quelques gouttes d'huile d'olive très fine et que vous aurez légèrement chauffée.

Mettez la casserole garnie sur un feu vif et remuez-la constamment à la main, de façon à ce que le foie ne s'attache pas au fond.

Au bout de 12 à 15 minutes, le foie aura la couleur légèrement dorée d'une croûte de pain peu cuite et il sera à point.

Servez-le chaud sur des assiettes chaudes. Il se découpe en tranches et se mange soit au naturel, soit arrosé d'un petit filet de jus de citron ; c'est ainsi que je le préfère.

Préparé de la sorte, le foie de canard est un mets divin. Il se présente sous la forme d'une gelée rose, appétissante, très parfumée, il charme à la fois la vue, l'odorat et le palais, et il force la reconnaissance des estomacs les plus ingrats par l'aimable digestion qu'il leur procure.

HENRI BABINSKI.

Grenadins de veau au jus, sauce à la crème.

Commencez par préparer le jus la veille du jour où vous voudrez servir vos grenadins à déjeuner et pour cela prenez un pied de veau, un jarret de veau, un peu de couenne, des carottes, des oignons, un clou de girofle, un bouquet garni (thym, laurier, persil), mettez le tout dans une casserole avec de l'eau et faites cuire pendant 5 heures.

Passez le jus et laissez-le prendre.

Le lendemain, faites réduire ce jus dans une casserole ; il se concentrera et se colorera en se concentrant. Mettez alors dedans vos grenadins salés et poivrés et piqués chacun de trois à quatre petits lardons assaisonnés eux-mêmes de sel et de poivre, et faites-les cuire doucement pendant une heure et demie en les tournant fréquemment dans le jus.

Au bout de ce temps, retirez-les et maintenez-les au chaud au bain-marie, puis ajoutez au jus de la fécule, de façon à lui donner la consistance voulue. Enfin, préparez une sauce avec de la crème, du beurre, un peu de farine, du sel et du poivre.

Pour servir, mettez la sauce au fond d'un plat, dressez dessus les grenadins et nappez-les avec le jus.

On peut préparer ainsi du **ris de veau** et **du poulet**, et c'est également très amusant.

HENRI BABINSKI.

Sauté de crevettes à la chinoise.

Pour 4 à 5 personnes :
250 grammes de pois écossés ;

250 grammes de crevettes grises ;
125 grammes de champignons blancs ;
125 grammes de lard maigre ou de jambon ;
100 à 125 grammes de beurre pour le tout.

Chacun des éléments de ce plat doit être cuit séparément. On les réunit à la fin pendant quelques minutes dans la sauteuse.

Laissez tremper pendant 10 minutes les champignons épluchés dans de l'eau aiguisée de vinaigre et ensuite les couper en dés. Coupez aussi le lard ou jambon en petits dés égaux, faites-les revenir dans du beurre ; on ajoutera les pois, quand les petits lardons seront dorés sans être desséchés. Laissez cuire pendant 25 à 30 minutes, en couvrant la casserole avec une assiette creuse remplie d'eau.

Si les pois sont durs, peu juteux, ajouter pendant la cuisson une à deux cuillerées d'eau tiède.

Décortiquer les queues des crevettes, et dans une sauteuse ou même une poêle, les faire revenir dans peu de beurre, pendant quelques minutes sur feu vif; éviter que les crevettes se dessèchent, ni qu'elles roussissent !

Faire cuire les champignons dans du beurre blanc après les avoir coupés en dés plus gros que les lardons. Gardez ce beurre qui servira à lier et à parfumer le tout.

Au moment de servir, mélangez ensemble, pois, crevettes et champignons dans la sauteuse où ceux-ci ont été cuits, et donnez un coup de feu en agitant avec la cuillère de bois. Salez et poivrez avec le moulin à poivre, suivant le goût des convives ; servez dans un légumier chaud.

LUBET-BARBON.

Les rillettes d'oie.

Les diverses manières de les accommoder.

La plus rustique façon consiste à les étaler avec du beurre, sur du pain de maïs préalablement rôti.

A défaut de cette sorte de pain, vous coupez de minces tartines de pain ordinaire, vous y écrasez dessus votre beurre et vos graisserons et vous les faites griller; mais les gourmets ne sont pas d'accord sur le point de savoir s'il vaut mieux griller la tartine avant ou après que les rillettes y ont été étendues; c'est à vous à résoudre cette importante question.

D'autres personnes, je dois le confesser, se bornent à les manger à froid, sans préparation aucune; celles-là sont indignes de savourer ce précieux mets; quant aux fines bouches, elles refuseraient d'y toucher, s'il n'était conditionné d'après la formule que voici :

Vous apprêtez des tartines de l'épaisseur d'un doigt, vous les rôtissez sans les noircir et les arrosez modérément de vieux vin rouge et de quelques cuillerées de consommé; puis vous enduisez d'une couche de graisserons ces tartines, vous les recouvrez avec un mélange très léger de moutarde et de beurre; vous y ajoutez du poivre et de la muscade, selon votre goût et vous replacez ces tartines sur le gril, le temps de les réchauffer en dessous seulement.

Vous les servez enfin sur une assiette chaude, après les avoir baignées d'un généreux cognac que vous allumez; vos tartines flambent, telles qu'un pouding ou qu'une omelette soufflée, et c'est divin.

J.-K. HUYSMANS.

La sole Sarcey.

MON CHER RICHARDIN,

Vous me demandez d'indiquer à vos lecteurs quelque recette originale.

Et j'en ai, certes, que je garde précieusement au fond de ma mémoire, et que je vous livrerai tôt ou tard.

Je veux aujourd'hui vous parler d'un mets qui fut célèbre, pendant au moins une semaine, à Paris : c'est la **sole Sarcey**. Ce plat succulent a une histoire qui mérite d'être contée aux gourmets.

Sachez donc que notre Oncle, qui fut végétarien vers la fin de sa vie, se piquait d'aimer la bonne cuisine. Il n'était, à vrai dire, qu'un demi-végétarien, et les purs adeptes de la doctrine le méprisaient. Il ne mangeait plus ses frères les bœufs et les moutons, mais il mangeait encore nos cousins les turbots et nos cousines les truites. Un de ses amis, M. Driessens, professeur ès arts culinaires, flattait volontiers sa gourmandise : il lui dépêchait, aux veilles des fêtes carillonnées, de succulents pâtés de poissons. Un matin, l'illustre critique le vit entrer dans son cabinet de travail de la rue de Douai. M. Driessens avait l'air plus heureux et plus solennel que de coutume, et ses yeux brillaient d'un feu étrange.

— Qu'est-ce donc, mon cher Driessens? que vous arrive-t-il?

M. Driessens se recueillit un instant.

— Mon cher maître, voulez-vous me combler de joie ?

— Vous n'en sauriez douter.

— Eh bien, faites-moi la grâce de venir dîner chez moi, dimanche prochain.

— Merci encore...

— Vous verrez...

— Je ne puis vous rien dire. Ayez confiance.

Le dimanche était le seul jour de la semaine où notre Oncle eût quelque liberté, le théâtre ayant coutume (il ne l'avait pas encore perdu) de respecter le repos dominical.

A l'heure convenue, il débarque à Saint-Denis, chez l'artiste. On se met à table. Et le potage expédié, voici que M. Driessens se lève, se rend à l'office et en revient, tenant entre ses mains, portant dévotement un plat d'où s'exhalaient des odeurs suaves.

D'une voix lente et grave, il laisse tomber ces mots :

— Je vous présente la **sole Sarcey**.

Il y eut un grand silence. L'Oncle était ému. Il ne trouvait pas de mots pour exprimer à l'amphitryon l'orgueil et la gratitude dont son cœur était gonflé. Nous nous mîmes sous les armes. Nous saisîmes nos fourchettes. Et bientôt un murmure discrètement louangeur paya M. Driessens de ses peines; le murmure grossit à mesure que se vidaient les assiettes. Il se changea en ovation. Des visages reconnaissants se tournaient vers le maître cuisinier :

— Exquis, délicieux, incomparable, divin !

M. Driessens, modeste, s'inclina.

— Messieurs, dit-il, je ne suis pas égoïste. Je vous livre ma recette.

La voici, telle que je la recueillis sous sa dictée :

« Après avoir dépouillé et vidé une sole

moyenne (les grosses sont souvent dures et coriaces), levez-en les filets. Mettez-les sur une assiette, salez et poivrez-les légèrement. Placez la carcasse dans une casserole avec un verre et demi d'eau et de vin blanc par moitié, une brindille de thym, une feuille de laurier, du sel, quelques grains de poivre et une échalote; faire cuire doucement pendant un quart d'heure.

« D'autre part, prenez un plat rond dont le fond ait un diamètre de 16 centimètres environ; étalez en couronne de la farce de poisson, en couche de 1 centimètre d'épaisseur environ, sur quatre de largeur : il restera ainsi libre un vide intérieur de 8 centimètres de diamètre; disposez sur cette couche les filets pliés en deux, un à un, séparés les uns des autres par un enduit de farce de poisson, le tout bien dressé et formant une couronne compacte. Dans ces conditions, 225 grammes de farce doivent suffire.

« Ceci fait, versez la cuisson dont il a été parlé plus haut, au travers d'une passoire fine, sur les filets. Couvrez le plat et mettez au four chaud. Au bout de deux minutes, retirez les deux tiers de la cuisson, et, après les avoir mis dans une casserole, remplissez le milieu de la couronne d'une garniture composée de trois têtes de gros champignons bien blancs, d'un cornichon moyen passé préalablement à l'eau bouillante, une truffe bien noire cuite au madère, et d'un blanc d'œuf cuit dur, le tout coupé sous forme de julienne en morceaux de 3 centimètres de longueur; couvrez le plat, remettez au four pendant cinq minutes; faites bouillir la cuisson retirée du plat; incorporez-y 30 grammes de beurre manié avec 5 grammes de farine; liez cette sauce avec un ou deux jaunes d'œufs ; additionnez de jus de citron et de cinquante grammes de beurre très fin. Retirez le plat du four, égouttez-le complètement, utilisez une partie de la cuisson pour allonger la sauce au besoin.

« Pour donner au plat son originalité, soulevez légèrement, à l'aide d'une fourchette, la garniture, qui devra affecter la forme d'un cône; puis versez la sauce sur la couronne seulement.

« Mettez le surplus dans une saucière bien chaude et faites suivre. »

Chacun des convives voulut tenir en poche une copie de la présente formule. M. Driessens promit à Sarcey de lui en faire graver une sur parchemin, en lettres d'or. C'en était trop! le prince de la critique l'embrassa sur les deux joues :

« Mon cher Driessens, vous êtes un grand homme, et la sole Sarcey est un chef-d'œuvre. »

ADOLPHE BRISSON.

NOEL NOEL NOEL !!!
Les Recettes
d'Edmond Richardin
NOEL! NOEL! NOEL!

LES RECETTES D'EDMOND RICHARDIN

> Bien manger n'est pas seulement fantaisie de goutteux et divertissement de riche, — c'est une science à la portée de tous, un art facile auquel chacun, du plus pauvre laboureur cuisinant sa « potée » au milliardaire dégustant quelque escalope de turbot à la Maréchale, peut s'élever, en faisant preuve de goût, de poésie même, la plus simple et la plus compliquée.
>
> PAUL et VICTOR MARGUERITTE.

LA VIEILLE CUISINE DE GRAND'MÈRE

Je la revois cette antique cuisine lorraine aux poutres massives, à la haute et large cheminée où toute la famille s'installait à l'aise, les pieds étendus sur les chenets aux reflets d'argent.

Je revois dans un coin du foyer, accroupi dans les cendres chaudes, le gros chat roux et pelé ronronnant ses rêves de gouttières.

Je revois les buffets et les crédences de chêne ciré, les bassinoires en cuivre jaune comme des soleils levants, la vieille horloge détraquée au carillon depuis longtemps muet. Et, les grandes fenêtres aux vitres irisées serties dans leurs croïsillons Louis XIII, déversant à profusion la lumière qui, alternant avec la flambée des ramures, éclairait de lueurs les paumelles et les ferrures scintillantes des meubles.

Je revois la bonne grand'mère, mince et alerte, surveillant d'un œil attentif dans les vapeurs des casseroles, la cuisson odorante des fricots.

J'entends les bouillotes rebondies, grinçant devant l'âtre, les modulations harmoniques des ébullitions lentes.

Le vieux logis devenait à l'époque des vacances le lieu préféré de nos récréations.

A l'heure du goûter, la cuisine était envahie, le garde-manger mis au pillage ; dans des cocottes en fonte polie comme des miroirs, nous préparions d'exécrables ratatouilles que notre bande de marmitons trouvait excellentes. Age heureux ! Robustes estomacs !

Chaque année, aux environs de la Saint-Nicolas, on revoyait aussi la mère Chonchon, la charcutière incomparable, alignant sur le dressoir de hêtre blanc comme la neige des hivers lorrains, les grands pots de grès bleuté, qui devaient receler dans leurs flancs les provisions annuelles des petits salés et des saindoux. Elle allait, diligente, du chaudron plein de graisse, bouillonnant au crochet de la crémaillère, à la marmite où mijotait la tête dépecée du porc ; et, puisant largement dans la boîte à sel, elle poudrait à frimas les jambons roses, qui émergeaient des saumures au ras du saloir, dans une auréole de saucisses et de saucissons ventrus.

*
* *

C'est vers toi, vieille cuisine familiale, que se reportent les souvenirs heureux de mon adolescence, les tendres émotions de ma jeunesse et les graves pensées de l'âge mûr. Tu restes le sanctuaire vénéré où je retrouve, dans les rêveries mélancoliques du passé, des parcelles de la vie des êtres chers disparus.

Fromage de porc à la mode lorraine.
(Vieille formule.)

Pour obtenir un excellent fromage de porc, comme ceux préparés à Vaucouleurs par la vieille

Chonchon, couvrez de couenne de lard le fond d'une marmite, placez-y 1 kilogramme de tête de porc, un pied de porc bien gras, mouillez d'eau de façon que la viande soit couverte, salez.

D'autre part, mettez dans un sachet de toile ou mousseline, 3 gousses d'ail, 2 oignons en tranches 3 échalotes, du poivre en grains, du persil haché, du thym, de la sarriette ; ces épices en quantité suffisante pour bien aromatiser. Ficelez le sachet, plongez-le dans la marmite en l'attachant à l'un des anneaux de l'anse, pour l'enlever plus facilement. *Première cuisson, 7 heures.*

Retirez, désossez les viandes, placez-les à part, passez le bouillon que vous remettez dans la marmite, ajoutez-y 4 décilitres de bon vin blanc. *Deuxième cuisson, une demi-heure, à petit feu.*

Découpez la viande en menus morceaux, jetez-les dans le bouillon. *Cuisez une dernière demi-heure, à cuisson lente.*

Versez bouillant, dans une petite terrine en faïence, et le lendemain, servez le fromage renversé sur un plat, il apparaît au milieu de la table, tel un dôme, aux tons de vieux bronze florentin.

Le saucisson de Lorraine. (Vieille formule.)

Se prépare de novembre à janvier.

PROPORTIONS

4 kilogrammes viande maigre de porc. 1 kilogramme lard frais. 500 grammes sel. Poivre en grains (dix centimes). Le quart d'une noix muscade. 1/2 litre vin rouge. Epices (quantités ci-dessous).

1° Placez dans un pot de grès, 12 échalotes, de la noix muscade, 2 feuilles de laurier, 1 branche de thym, du serpolet, 1 bouquet de persil, 6 clous de girofle ; salez et poivrez. Versez sur ces aromates un demi-litre d'excellent vin de Bordeaux rouge et laissez macérer pendant 48 heures. 2° Procurez-vous, d'autre part, de la viande maigre de porc que vous hachez menu, salez et poivrez, mélangez et pétrissez longuement. Placez le hachis dans une terrine, recouvrez d'un plat pour laisser macérer à la cave pendant 24 heures. Après ce délai, mouillez la viande d'un quart de litre de vin aromatisé passé à la passoire fine, ajoutez-y 1 kilogramme de lard frais découpé finement, mélangez et pétrissez consciencieusement ; laissez reposer à la cave pendant 24 heures. Passez ensuite dans la viande le reste du vin, mélangez-le et entonnez le hachis dans des boyaux de porc nettoyés à l'eau salée. Dès que les boyaux seront remplis, ficelez-les par longueurs de 15 à 20 centimètres, déposez ces chapelets dans la saumure où vous les laisserez séjourner pendant deux jours. A ce moment, retirez-les, faites-les égoutter et sécher *(5 ou 6 jours suffisent)*. Suspendez-les ensuite assez haut dans une large cheminée où vous les fumerez pendant trois semaines, en brûlant chaque jour des ramures de genévrier mélangées à votre combustible.

Après cette dernière opération placez les saucissons dans un endroit sec pour les conserver jusqu'aux préparations de l'hiver suivant.

Il est nécessaire de préparer le vin aromatisé 2 jours avant de hacher les viandes.

Les alouettes en conserve.

Lorsque le givre de septembre décore de ses étincelantes arabesques les chaumes de mon pays meusien, la chasse aux alouettes y devient un des sports les plus attrayants.

Le tireur habile qui, dès la première heure, campe son miroir en un côteau abrité des vents du nord, y fait de véritables hécatombes ; il rentre quelquefois au logis, le carnier bondé de six ou huit douzaines d'alouettes.

Adieu! les délicieuses aubades des fraîches matinées ; adieu! les nuées d'or, les champs d'avoine et les champs d'orge ; adieu ! l'azur profond des espaces infinis.

C'est maintenant la gueule béante du pot de grès, asile de toutes les gourmandises, qui abritera ton petit corps blanc et dodu dans la tiédeur des graisses ou des beurres fondus.

Après les mélodies de tes infatigables vocalises délices enchanteresses de l'ouïe, le bruissement des lèchefrites où frissonnent tes fines rôties arrosées de sauterne, charme divin de l'estomac. Et, si je chante avec André Theuriet, une des strophes de sa délicieuse poésie, *l'Alouette* :

> Alouette, gente alouette,
> Musicienne de l'été,
> Du haut du ciel, dans la clarté,
> Tu fais pleuvoir sur la terre muette,
> Pleuvoir des perles de gaîté.

c'est afin que tu me pardonnes les pernicieux conseils que je donne aux amateurs de la chair délicate.

Méthode pour conserver les alouettes. — Pour conserver les alouettes au moment des chasses abondantes, les plumer, les vider, les nettoyer et les flamber.

Dans une marmite, de la graisse bouillante, y déposer les alouettes, leur faire subir une demi-cuisson, les retirer. Verser dans un pot de grès une louche de graisse chaude, laisser tiédir.

Sur ce premier lit disposez symétriquement vos oiseaux, salez légèrement; versez de la graisse en quantité suffisante pour les couvrir de quelques millimètres, laissez refroidir. Placez un nouveau lit d'alouettes et continuez la même opération jusqu'à ce que le pot soit rempli ou la provision d'alouettes épuisée. La couche supérieure de graisse devra être plus épaisse; lorsqu'elle sera solidifiée y verser une légère couche d'huile d'olive qui la protègera contre les moisissures.

Couvrir le pot d'une ou plusieurs feuilles de papier parcheminé et le placer à l'office dans un endroit sec.

Même préparation pour les **grives** et les **cailles**.

Grives à la Frionvaux.

La grive, cet oiseau charmant, grand mangeur de raisins mûrs et de baies de genièvre, est un gibier des plus succulents, sa chair fine est d'une haute délicatesse; pour en développer tout l'arome et en apprécier la saveur, on doit la manger *rôtie à la Frionvaux*.

Cette création déjà lointaine fut l'occasion d'un exquis déjeuner où j'eus pour commensal un vieux camarade et compatriote, le marquis de Frionvaux, fourchette renommée de notre pays lorrain; je désire en transmettre l'alléchante formule à la postérité gourmande.

La voici :

Choisissez une douzaine de grives engraissées dans les vignobles de la Bourgogne ou du Bordelais. Ne les videz pas, le gésier seul doit être enlevé; remplacez-le par une baie de genièvre odorant. Cuirassez-les de lard fin ; passez-les au fil de... la broche en une blanche théorie, telle une procession de nonnes se rendant à l'office.

Placez la broche devant l'âtre d'une vaste cheminée pleine des braises incandescentes d'un feu de sarments. Disposez dans la lèchefrite, sous la broche grésillante, des tranches de pain beurrées sur lesquelles ruissellera, en larmes d'or, le jus onctueux des oiseaux.

La ronde rythmée du tournebroche pendant douze minutes en assurera la cuisson parfaite.

Quelques instants avant de servir, arrosez la brochette d'un demi-verre de sauterne mélangé de vieux malvoisie.

Débrochez et couchez les grives sur les croûtons moelleux imprégnés de la cuisson parfumée.

Dressez et savourez en dégustant un vénérable saint-émilion, et puisse votre estomac, conserver le souvenir reconnaissant des *grives à la Frionvaux*.

L'anguille au ragoût d'écrevisses.

Un homme de lettres de mes amis, Hector Vignot, grand amateur de plats délicats, se livre avec volupté aux délices de la table; il retrouve après ces satisfactions culinaires, sa faconde endiablée et l'esprit des meilleurs jours.

C'est aux mets aromatisés avec science, aux vins les plus généreux, qu'il doit son éternelle jeunesse et tous ses moyens d'éloquente persuasion.

Pêcheur à ses heures de loisir, notre gourmet célèbre prit un jour, chose rare, une superbe anguille dans les eaux mugissantes d'un gave fribourgeois.

Souple comme une liane des tropiques, le poisson fut savamment dépecé; les rondelles de sa chair savoureuse piquées de truffes salardaises, puis enveloppées d'un papier beurré, et rôties vivement, furent délicatement déposées dans un long plat, où un ragoût de queues d'écrevisses remonté de cayenne, vint comme les rayons d'or d'un soleil couchant, teinter de pourpre la blancheur nacrée de l'anguille succulente.

Goûté avec onction en dégustant un excellent sauterne, le poisson fut trouvé délicieux.

Les écrevisses à la mode de Champagne.

Les gourmets sont généralement gens d'esprit et rien ne dispose à la manifestation de cette faculté comme le goûter d'un bon plat précieusement exécuté. Voici, d'après mon ami Emile Parey, cuisinier émérite, quelques indications faciles à suivre pour préparer les écrevisses à la champenoise.

Prenez un litre d'eau pour 50 écrevisses et faites un court-bouillon dans lequel vous mettrez 6 oignons moyens découpés, 10 échalotes, 10 gousses d'ail; salez et poivrez convenablement; faites bouillir jusqu'à réduction d'un quart de litre. Passez ensuite ce court-bouillon au tamis, mélangez-y une cuillerée à bouche de rhum vieux et environ 40 grammes de beurre très frais. Replacez le court-bouillon sur le feu, menez à l'ébullition; à ce moment, plongez-y vos écrevisses bien vivantes et laissez cuire pendant dix minutes, casserole fermée.

Montez les écrevisses en buisson et envoyez la sauce à part. Choisissez une belle patte que vous décortiquez, elle remplacera la cuiller pour savourer la sauce.

Un festin moyen-âgeux (1).

Le cortège royal gravissait les côteaux,
Par les sentiers fleuris menant à Gombervaux (2),
Traversant la forêt dans les ombres du soir...
Enfin, les chevaliers arrivent au manoir!

Le guetteur, du donjon annonce le retour
Aux Varlets empressés... Le gentil Troubadour,
Héros des cours d'amour, convie au gai festin
La Dame à robe d'or, que coiffe le hennin.

Dans la salle profonde, aux gothiques splendeurs,
S'avancent Charles cinq et Jean de Vaucouleurs,
Le duc de Bar, Robert, la duchesse Marie,
En une chappe d'or et de muguets fleurie,
Duguesclin et Clisson, le Bailli de Chaumont,
Le sire Jean de Longue et Thiébaut de Blamont,
Le Chevalier de Ville, et Guyot de Hamel,
Des Pages, des Héraults, maint joyeux Ménestrel.

(1) En 1367, vers Pâques fleuries, fût scellée à Vaucouleurs, entre le roi Charles V et Jean duc de Lorraine, une alliance destinée à réprimer les actes de férocité commis par les bandes d'aventuriers, qui désolaient à cette époque les campagnes du Barrois, de la Lorraine et de la Champagne (Dom Calmet, *Histoire de Lorraine*, t. III de l'édition en 7 volumes, p. 382, chapitre XXXV).

A l'occasion de ce traité célèbre, eut lieu chez Guérard, sire de Gombervaux, un festin fameux où Guillaume Tirel, dit Taillevent, maître-queux de Charles V, s'illustra par ses combinaisons gastronomiques.

De précieux documents ayant appartenu à l'antique maison de Gombervaux, me permettent de donner le menu de ce banquet moyen-âgeux et d'en reconstituer, à l'aide du *Viandier de Taillevent* les curieuses préparations. Ces pages, qui marquent les premières manifestations de l'Art culinaire en France, comparées aux recettes succulentes des chefs renommés de nos cuisines françaises à l'aurore du XXe siècle, constituent une curiosité peu banale dans l'Histoire de la *Science de gueule*, comme disait Montaigne.

(2) Gombervaux, château féodal dont les ruines, encore majestueuses, sont situées à 3 kilomètres au nord de Vaucouleurs.

Les murs sombres, tendus de cuir de l'Aragon
Butin des longs combats, apporté d'outre-mont,
Heaumes et boucliers, accrochés aux portiques
Redisent les exploits des âges héroïques.
Des écuyers, porteurs de torches, de flambeaux,
Animent de lueurs les fresques des arceaux.

Les fleurs, les fruits dorés, les gerbes de glaïeuls,
Se mêlent, sur la table, aux rameaux des tilleuls,
De beaux Pages suivis d'un varlet diligent,
Font couler l'hypocras dans les hanaps d'argent.
Les maîtres-queux, servant des sangliers entiers,
Des cerfs et des hérons, des faisans, des ramiers,
Précèdent le Trouvère au pourpoint de velours ;
Puis viennent des Jongleurs, Pastourels et Pastours,
Et les Joueurs de luths, de hautbois, de buccines,
Harmonisent leurs chants aux accords des doulcines.

La fête bat son plein : les Manants, les Rustauds,
S'ébattent librement à l'abri des préaux,
L'écho de leurs clameurs par la nuit des vallons,
Retentit, puis s'éteint dans le lointain des monts.

C'est fini ! Les Seigneurs descendent les côteaux,
Par les sentiers fleuris venant de Gombervaux,
Ils s'en vont chevauchant le vallon sinueux,
Dans la blonde clarté du matin lumineux.

EDMOND RICHARDIN.

Bancquet du roy Charles V et du duc Jehan de Lorraine.

ES PREMIER MESTZ

Venoison de sanglier en souppes.
Sabourot de poussins.
Boussac de lièvres. Oyes à la trayson.

SECOND MESTZ

Cines. Hayrons. Faisans. Paons.
Trimolecte de Perdris.

TIERS MESTZ

Most Jehan. Pasté de merles.
Pyjons au sucre.

LE QUART MESTZ

Darioles de cresme fricts.
Pastés de poyres.

QUINT MESTZ

Amandes. Noysilles. Poyres crues.
Jonchées.

Voici, d'après le « Viandier de Taillevent » (1), les recettes du festin moyen-âgeux :

Venoison de sanglier en souppes.

Pour mettre en souppes ou potaiges, vous le mettrés ainsi pour bouillir ; mettés la en pot et la mettés cuire en vin et en boullon de beuf, et en autre boullon, et prenés du pain hallé et destrampé d'ung peu de boullon, non guères. Et de ces espices, il y faut canelle, graine, clou gin-

(1) Le « *Viandier* » de Taillevent maistre-queux du roy de France, nostre sire Charles V^{e}, manuscrit conservé à la bibliothèque nationale, catalogué dans l'inventaire des manuscrits français. Fonds français, fonds Saint-Germain, t. XVIII, n° 19791. Ce manuscrit est antérieur à l'an 1380.

genbre foison, et mettés dedans le pot à la venoison.

Sabourot de poussins.

Pour faire sabourot de poussins, prenez poussins ou poulaille, et dépecés par menus morceaulx, et les souffrisés en une paellé en sain de lart, et mettés un peu d'oignon ou souffrire, et prenés des foyes de poulaille, mettés tremper en boullon de beuf, et ung peu de pain pour lyés, et les coulés, et mettés du gingembre blanc batu et ung peu de vertjus, et le gouster de sel.

Boussac de lièvres.

Hallez les en broche ou sur le grail, puis les découppez par membres, et frisiez en sain de lart; puis prenez pain brullé, du boullon du beuf et y mettez vin, et coullez, et faites bouillir et puis prandre gingenbre, canelle, girofle et graine de paradiz et deffaictes de vertjus; et ne soit mie trop lyan.

Oyes à la trayson.

Mettés oyes haller en broche, quand elles sont halées mettés les souffrire en ung pot, et mettés en sain de lart et boullon de beuf, et prenés canelle, grainne et clou de girofle, et broyés, se les espices ne sont bien battues, et mettés les espices dedens le pot, au souffrire, et du sucre assez raysonablement, et prenés ung peu de pain et des foyes de poulaille, et les mettés tremper en boullon de beuf et de la moustarde raysonablement. Coulés et mettés au pot, et boullés tout ensemble, et goustés de sel comme il appartient.

UN FESTIN MOYEN-AGEUX

Paon-Cinc.

L'en tue comme ungne oue, et laissiez la teste et la queue; soit lardé ou arsonné, et soit rosti doré, et soit mengé au sel menu. Et dure au loings bien un moys depuis qu'il est cuit: et feust moisy dessus, ostez le moisy, vous trouverez blanc, bon et sade par dessoubz.

Faisans.

Plumez sec, boutonnez ou arsonnez, et qui veult, soit reffait en eaue chaude, et soit rosty atout la teste, sans plumer, et atout la queue; enveloppez de drappeaulx mouillez qu'ils ne ardent. Et, si vous voulez, oster la teste, la queue et les ailles, et rotissiez sans larder, et ou mettre ou plat, ataichiez à buchettes la teste, la queue et les ailles en leurs places; et mengiez au sel menu.

Hayrons.

Soit saigné ou fendu jusques espaules comme dit est du cine et du paon; et soit apareillié comme la sigoygne; au sel menu ou à la cameline.

Trimolecte de perdris.

Prenés perdris, et les mettés roustir, et, quand seront rousties, les souffrisés en ung pot à sayn de lart et boullon de beuf, et puis de l'oignon frit bien menu, et soit mis avecques les autres espices, et grainne de paradiz, et sucre raysonnablement, et prenés pain hallé et foyes de poulaille, se en povés finer, et les mettés tremper en boullon de beuf, et coulés parmy l'estamine et boutés dedens le pot avec les perdris, et mettés ce qu'il appartient : il convient canelle, gingenbre, espices menues, clou, grainne deffaictes de bon ypocras; et de sel ainsi.

Most Jehan.

Pour faire most Jehan, mettés chappons de haulte gresse rostir en la broche; pour quatre platz, mettés une quarte de lait, et mettés boullir dessoubz les chappons, et puis prenés de la marjolaine, ung peu de percil, ysope et toutes aultres bonnes herbes, et prenés ungne unce gingenbre et mettés ung peu de saffran, et le destrampés de lait, et hachés les herbes bien menues, et faites boullir ensemble, et mettés deux quarterons de sucre; quand la dicte saulce sera assés espece, tirés les chappons et les mettés en ung plat, et tostées desoubz, et gectez la saulce dessus.

Pasté de merles.

Prenés du frommaige fin et mettés dedans les oiseaulx, et de la mouelle de beuf, et lart menu haché et gingenbre, espices.

Pyjons au sucre.

Mestés roustiz atout les testes, et sans les pietz, vin, ciboule avec gresse et unge unce de sucre.

Darioles de cresme.

Soit broyés amandes, et non guères passés, et la cresme fort fricte au beurre, et largement sucre dedens.

Pasté de poyres.

Mises sur bouts en pasté, et emply de sucre à trois grosses poyres comme ung quarteron de sucre, couvertes et dorées d'œufz, de saffran et mis au four.

Ypocras.

Pour une pinte d'ypocras, mettés troys tréseaux synamome fine et pares, un tréseau de mesche ou deux qui veult, demy tréseau de girofle et grainne de sucre fin six unces ; et mettés en pouldre, et la fault toute mettre en ung couleur avec le vin, et la pot dessoubz, et le passés tant qu'il soit coulé, et tant plus passé et mieux vault, mais que il ne soit esventé.

Abandonnons le grand ancêtre Taillevent avec ses sabourots, ses boussacs, ses trimolectes et autres fantaisies indigestes moyen-âgeuses, et revenons aux conceptions culinaires de nos modernes maîtres-queux.

Je vous présente, dans ce chapitre, quelques plats inédits, faciles à préparer, dont la succulence m'assurera, je l'espère, la reconnaissance gastronomique des estomacs satisfaits.

Rappelez-vous ce que dit le maître parmi les plus illustres, Brillat-Savarin, dans sa *Physiologie du goût* : « Le cuisinier qui invente un mets nouveau rend plus de service à l'humanité que l'astronome qui découvre une étoile. »

Voici d'abord un *Roi de la table*, et pas des moindres : le Perdreau !

Perdreaux à la Gombervaux.

Nettoyez vos perdreaux, enduisez-les légèrement à l'intérieur, d'une couche de farce composée de chair de l'un d'eux. Dans le corps dodu des oiseaux introduisez un salpicon de truffes, de champignons et de ris de veau — le tout découpé en dés — cousez-les, faites-les revenir à feu vif. Retirez-les.

Dans la casserole qui vous a servi, placez une tranche de jambon fumé, du lard haché ; joignez-y un oignon, une carotte, un bouquet garni, mouillez de champagne et de consommé, assaisonnez, menez à l'ébullition.

Placez ensuite les perdreaux dans ce délicieux coulis, faites-les cuire à feu vif et dressez après avoir passé au tamis, la cuisson à laquelle vous aurez ajouté quelques lamelles de truffes du Périgord.

La soupe aux choux.

Le maître Fulbert Dumonteil, dans une de ces charmantes causeries dont il est coutumier, a bien voulu me confier les secrets de l'exquise préparation de *la soupe aux choux*, qu'il mangea quelquefois chez Jules Janin; la voici dans toute sa simplicité :

Mettez, s'il vous plaît, sur le feu, une marmite avec de l'eau; plongez-y un morceau de lard sec de belle apparence. Aprés une heure d'ébullition, vous y introduirez un chou coupé par quartiers, que vous aurez débarrassés des côtes et des feuilles vertes ; vous y ajouterez des carottes, des navets, des poireaux, du céleri, une branche de thym, un oignon piqué d'un clou de girofle, du sel, du poivre et un délicieux saucisson fumé de Lorraine. Laissez cuire doucement pendant quatre heures. Au moment de servir, vous mettrez à part le lard, les légumes et le saucisson, puis vous verserez le bouillon sur des tranches de pain grillé, dans une soupière.

La choucroute à la mode lorraine

Désirez-vous goûter à ce mets réputé qu'est la choucroute à la mode lorraine? Voici une des meilleures recettes pratiquées dans le pays de Vauquelor (Vaucouleurs).

Avant d'opérer la cuisson de la choucroute, vous la lavez à grande eau, puis l'égouttez consciencieusement. Mettez-la ensuite dans une casserole avec un oignon, une carotte, un morceau de jambon fumé ou du petit salé; oubliez-y aussi, si possible, un saucisson de Lorraine, auquel vous ajouterez quatre cuillerées de graisse d'oie ou de porc.

Prenez à ce moment un excellent vin blanc et du bouillon de bœuf dont vous remplirez la marmite jusqu'à mi-hauteur. Assaisonnez d'une vingtaine de baies de genièvre et d'une douzaine de grains de poivre noir, déposés dans un sachet de mousseline, que vous retirerez au moment de dresser votre plat.

Faites cuire à feu doux pendant quatre heures. Une demi-heure avant la fin de la cuisson, mettez au milieu de votre choucroute embaumée sept ou huit pommes de terre de Hollande; au moment de servir, ajoutez un morceau de beurre frais, puis vous dressez en garnissant avec le jambon et le saucisson.

Pour apprécier toute la saveur de ce plat délicieux, buvez en le mangeant, un bon vin gris de Lorraine, locataire de sa bouteille depuis au moins deux ans.

Les Goujons à l'étuvée.

Je ne résiste pas au plaisir de vous indiquer la fameuse préparation des *goujons à l'étuvée* :

Écaillez, videz, lavez et essuyez vos goujons; mettez dans le plat que vous devez servir, du persil, de la ciboule, des champignons, deux échalotes, du thym, du laurier, le tout haché menu, salé et poivré. Disposez avec art vos goujons sur ce lit moelleux et assaisonnez-les, dessus comme dessous; mouillez d'un verre de vin de Bourgogne rouge; couvrez votre plat et faites bouillir sur un bon feu, pendant un quart d'heure. Lorsque la sauce sera presque réduite, vous servirez.

Les Goujons frits.

Quant à la délicieuse friture de goujons, oyez un des fils de cette vallée de la Meuse, où la réputation de la chair fine de ce délicat poisson n'est plus à faire, et où la fabrication des fritures est à la hauteur d'un sacerdoce.

Ecaillez et lavez cet espiègle familier qu'est le goujon de notre Meuse au sable d'or; faites à la gorge une petite incision, puis en pressant entre la lame d'un couteau et le pouce, vous le videz facilement.

Lorsque vos poissons seront nettoyés, trempez-les dans du lait, et roulez-les dans la farine: quand leur robe d'argent aura disparu sous ce blanc linceul, versez-les dans la friture bien chaude; sans les toucher, menez-les à grand feu pendant quelques instants; retournez-les plusieurs fois. Quand ils seront croustillants et dorés, égouttez-les, salez à la volée puis servez sur un plat très chaud, en pyramide, couronnés de persil frit.

Ce petit bouquet final ne remplacera pas pour vos goujons, les frais ombrages des rives fleuries de la Meuse, mais il sera pour votre estomac un fin régal de gourmet.

Le Brochet de la Meuse.

Le brochet de la Meuse est délicieux, la renommée de sa chair savoureuse est universelle, elle égale celle des meilleures espèces, qui vivent dans les eaux limpides de l'Ornain et de la Moselle. Pour apprécier dans son exquisité ce poisson délicat, préparez-le tout simplement selon la recette des amateurs meusiens. La voici :

Mettez dans une poissonnière un gros bouquet de persil, six ou huit gousses d'ail, deux gros oignons découpés, une carotte, sel et poivre, demi-litre d'eau, demi-bouteille d'excellent vin blanc; faites cuire ce court-bouillon pendant une demi-heure, laissez refroidir.

Choisissez un brochet long, non ventru, d'environ 1 kilogramme et demi à 2 kilogrammes, au dos constellé d'écailles d'un noir-vert, de préférence; écaillez, videz et lavez-le plusieurs fois dans de l'eau très fraîche, essuyez-le, placez-le dans le court-bouillon tiède, menez-le à grand feu jusqu'à l'ébullition, retirez-le sur le côté pour achever la cuisson. Enlevez le brochet que vous déposez dans un plat à poisson, passez dessus le court-bouillon et laissez refroidir.

Se sert à la fin du repas dans le court-bouillon passé au tamis, avec une saucière de mayonnaise à part.

On peut préparer de la même manière la TRUITE et la PERCHE.

Le Brochet aux choux.

Cuisez votre brochet comme ci-dessus ; faites blanchir dans un récipient à part un ou deux choux comme à l'ordinaire, en enlevant les côtes ; laissez refroidir choux et poisson, désossez le brochet. Beurrez soigneusement une casserole, poudrez de poivre cette surface beurrée, étendez-y une couche de choux, un lit de brochet en les assaisonnant et ainsi de suite jusqu'à la fin ; recouvrez de beurre le dernier lit qui devra être composé de choux, fermez et faites cuire au four.

Brochet garni à la Vaucouleurs.

Je fis préparer un jour, pour un déjeuner d'amis, un plat de brochet de la Meuse, dont la délicieuse ordonnance enchanta tous les convives ; les bravos enthousiastes qui accueillirent ma nouvelle trouvaille m'encouragèrent depuis cette époque, à rechercher la succulence des mets, dans les combinaisons fantaisistes.

Gourmets de tous les mondes ! qui désirez vous affranchir des banalités culinaires, profitez des conseils suivants :

Le brochet sera amené au point de cuisson de ma formule **Le Brochet de la Meuse**, *vous le placerez ensuite avec un morceau de beurre très frais dans un plat allant au feu.*

Ayez d'autre part une vingtaine d'écrevisses cuites comme je le prescris à la recette **Ecrevisses de la Meuse**, *enlevez la carapace et les pattes, mettez à part les queues, pilez au mortier les intérieurs, en les arrosant d'un quart de bouteille de champagne, mélangez-y un jaune d'œuf, assaisonnez ; versez ce coulis sur le poisson, faites cuire doucement au four pendant une demi-heure, en ayant soin de mettre les queues d'écre-*

visses dans la sauce, un quart d'heure avant de servir.

Dégusté pour la première fois dans ma maisonnette de *La Folie*, en septembre 1883.

On peut préparer de la même manière la *truite*, la *perche* et la *tanche*.

L'Écrevisse de la Meuse.

La reine des écrevisses, est l'écrevisse de la Meuse !

Une vieille formule du pays de Vauclou (*Vaucouleurs*) met en valeur toute la délicatesse de sa chair exquise.

Laissez-moi vous conter cette préparation si justement renommée dans l'Univers gastronomique.

Vos cinquante écrevisses devront être bien vivantes ; les violents trémolos de la queue seront pour vous l'indice de leur vitalité et la certitude des saveurs prochaines. Lavez-les à grande eau ; égouttez-les. Epandez dans une casserole profonde un lit de persil très épais, deux oignons coupés en tranches, huit gousses d'ail ; déposez vos écrevisses sur cette couche odorante ; saupoudrez-les, sans avarice, de gros sel et de poivre noir en grains ; arrosez-les d'un demi-verre de vin blanc et d'un verre d'eau ; couvrez et faites cuire à grand feu pendant dix minutes. Quand vos crustacés seront rouges comme des coquelicots dans les blés, vous les retirerez et verserez le tout dans un récipient de faïence ou de porcelaine, que vous couvrirez hermétiquement ; laissez-les refroidir dans le court-bouillon.

Pour servir : montez en buisson les écrevisses et garnissez-les de branches de persil.

Les Perches à ls Sauvigny

Sur les rives de la Meuse, dans ce cirque de prairies sur les gradins duquel sont assis les riants villages de Domrémy-la-Pucelle, Goussaincourt, Burey-la-Côte et Brixey-aux-Chanoines, sentinelle vigilante qui garde la vallée, Sauvigny étale ses maisons entourées de jardins, au milieu des prés verdoyants.

Ce coquet village s'est acquis une juste réputation, par la qualité de ses fritures de goujons et de tous les poissons de Meuse, qu'on prépare excellemment chez l'aubergiste Burton.

On y mange surtout des *Perches à la Sauvigny* que je recommande tout particulièrement à votre gourmandise.

Voici la recette de ce mets délicat :

Ayez des perches de Meuse de moyenne grosseur, écaillez, videz et lavez-les à plusieurs eaux, cuisez-les dans un court-bouillon composé d'une demi-bouteille de vin blanc ou gris, un verre d'eau, un bouquet moyen de persil, trois gousses d'ail, un oignon piqué d'un clou de girofle, une demi-feuille de laurier, une branche de thym, une carotte, un peu de muscade râpée, sel et poivre, menez à l'ébullition ; retirez et égouttez vos poissons que vous placez dans un plat allant au four. Laissez réduire le court-bouillon.

Pendant ce temps préparez à part dans une casserole, trente grammes de beurre très frais ; faites-le fondre et ajoutez-y deux cuillerées de farine, cuisez sans faire colorer, mouillez progressivement de trois décilitres du court-bouillon et de quatre cuillerées de crème fraîche, ajoutez un bouquet garni, sel et muscade, tournez sur le feu jusqu'à l'ébullition, retirez sur le côté. Un quart d'heure après, liez avec une liaison de deux jaunes d'œufs, finissez avec un petit morceau de beurre, le jus d'un citron, passez la sauce sur les perches, saupoudrez de persil et d'échalotes hachés, mettez cinq minutes à four ouvert et servez.

On peut préparer ainsi la TANCHE, *la* CARPE *et le* BROCHET.

Pâté de Truite.

Écaillez la truite et enlevez la peau, — cette cuirasse d'argent semée de pointes de rubis — découpez-la en tronçons. Faites mariner les morceaux pendant six ou sept heures dans de l'excellente huile d'olive, sel, poivre, rouelles d'oignon, feuilles de laurier, persil et un peu de muscade râpée. Préparez à part un godiveau de pâte de quenelles et de truffes ainsi qu'une farce composée de tronçons de truite, une cuillerée de persil, une demi-cuillerée d'échalotes, deux truffes et deux morillles; passez le tout au feu, haché séparément et ensuite mélangé dans cent grammes de beurre fin, sans laisser colorer. Salez et poivrez, laissez refroidir, les morceaux de truite et enduisez-les de la marinade.

Au moment de monter le pâté fait de pâte brisée on dépose dans le fond une couche de pâte de quenelles, une couche de tronçons de truite et l'on continue ainsi. Ne mettre au four que deux heures après cette opération et donner trois heures de cuisson pour un pâté d'un kilogramme.

Ce pâté est véritablement exquis, lorsqu'il est préparé avec des truites du Ru-Nicole, petit ruisseau perdu dans les bois, au fond de l'étroite val-

lée de Sainte-Anne-de-Brois, près de Montigny-les-Vaucouleurs.

Truites à la Montbarry.

Pendant ses villégiatures dans les Alpes Fribourgeoises, mon ami Victor Tissot, un des maîtres de la littérature française, délaisse quelquefois la plume pour la casserole ou la poêle à frire ; c'est un fervent disciple de la bonne chère et l'Art si difficile *du bien manger* lui doit d'excellentes trouvailles.

Si ses livres à gros tirages ont rendu l'ami Tissot célèbre parmi les foules, la trompette de la Renommée a porté dans l'Univers gourmand l'écho de ses découvertes gastronomiques ; chaque jour son nom est acclamé par les gourmets de tous les mondes qui se pourlèchent les babines, en savourant ses truites à la Montbarry.

En voici, la délicieuse recette :

Videz quelques truites moyennes, captées dans les ruisseaux limpides, lavez-les à grande eau, essuyez-les et déposez-les dans un plat de terre allant au feu, avec un morceau de beurre très fin de la grosseur d'un œuf, mélangé de fines herbes.

Faites chauffer doucement à four ouvert ; lorsque le beurre sera bien chaud, vous verserez sur vos poissons deux jaunes d'œufs délayés et les masquerez entièrement d'une couche d'excellent fromage de gruyère râpé ; saupoudrez de chapelure. Faites dorer à four très chaud, gratinez légèrement et servez.....

Œufs Arsène Houssaye.

En même temps qu'un lettré délicat et un des merveilleux conteurs du siècle qui vient de finir, le Maître Arsène Houssaye était un fin gourmet. Sa table renommée réservait quelquefois d'exquises surprises aux amateurs de bonne chère.

On servit un jour à un déjeuner où j'étais convié, un plat inédit, tout à fait délicieux qui, maintenant préparé par les chefs de cuisine de nos restaurants à la mode, est devenu une des succulences de « *l'Art culinaire* » ; je suis heureux de vous en présenter la facile ordonnance.

Cuisez à l'eau salée et acidulée d'un jus de citron, de très gros artichauts ; lorsque la cuisson sera presque terminée, enlevez les feuilles et le foin, et arrondissez régulièrement les fonds ; placez-les dans du beurre pour en achever la cuisson.

Vous avez, d'autre part, préparé une purée de champignons dont vous garnissez chaque fond d'artichaut.

Sur ces canapés, placez soigneusement des œufs que vous avez pochés, recouvrez d'une Béchamel assez épaisse, assaisonnez, saupoudrez le tout de parmesan et de gruyère râpés, passez au four pour gratiner et servez.

Le Canard au Père Robert.

Le père Robert, — Robert-le-diable ! disaient ses voisins — s'est éteint vers 1859.

Le vieux tilleul contemporain de Jeanne d'Arc, qui domine Vaucouleurs, abritait sa maison, — la maison du sage ! — dans la langueur des jours d'été, le vieillard se reposait à l'ombre de ses rameaux touffus ; la chanson berceuse des feuilles et les senteurs balsamiques des fleurs le plongeaient bientôt dans la douce somnolence des heureuses digestions. C'était un brave homme, plein d'esprit, il avait vécu l'épopée impériale et il excellait à en raconter les glorieux épisodes.

La succulence de la table de ce gourmet disert est restée un délicieux souvenir de ma prime jeunesse ; beaucoup en ont parlé, mais peu s'y sont assis en compagnie du maître, pour y déguster les choses exquises qui s'y servaient. Le goût particulier qui m'est resté pour « l'*Art du bien manger* » n'est pas étranger, je crois, à cette entrée dans la vie gourmande à laquelle m'initia jadis le bon papa Robert.

Voici, d'après la vieille Joséphine, son réputé cordon bleu, un de ses plats de prédilection :

Flambez un canard et l'épluchez bien ; videz-le et troussez les pattes dans le corps. Après l'avoir ficelé, vous le mettez dans une casserole juste à sa grandeur, avec un bouquet de persil, ciboules, une gousse d'ail, deux clous de girofle, thym, laurier, basilic, une bonne pincée de coriandre, des tranches d'oignons, une carotte, un panais, un morceau de beurre, deux verres de bouillon, un verre de vin blanc ; faites cuire à petit feu. Lorsque le canard fléchit sous le doigt, vous passez la sauce au tamis et la dégraissez. Faites-la réduire sur le feu au point d'une sauce, et servez dessus le canard.

Le Jambon de porc frais à la maman Rose.

Prenez une noix de jambon, faites-la mariner pendant huit heures avec sel, poivre, quelques tranches de carottes, oignons, ail, échalotes, persil, thym, laurier, un piment, une demi-bouteille de bon vin gris de Lorraine, arrosez de temps en temps, retirez et égouttez. Mettez un morceau de beurre dans une casserole, faites revenir la noix de jambon, lorsqu'elle sera bien dorée, retirez-la et dans la même casserole faites un roux bien foncé, joignez-y la marinade passée au tamis et laissez bouillir un instant, remettez ensuite la viande, ajoutez un verre de bouillon et faites cuire à feu doux pendant quatre heures; au moment de servir mélangez à la sauce deux bonnes cuillerées de câpres.

Le Gras-double à l'ancienne.

Ma mère s'entendait très bien aux choses du *bien manger* et certains plats qu'on préparait sous sa direction étaient vraiment délicieux; elle possédait de bonnes recettes de vieille cuisine française qui mettaient en valeur les mets préparés selon les préceptes des anciens cuisiniers. Il m'est resté, des différentes formules renommées, le souvenir gourmand du **Gras-double à l'ancienne** que je place sous votre protection :

Préparez avec soin un morceau de gras-double de bœuf déjà cuit et nettoyé, que vous aurez choisi blanc et épais, faites-le blanchir dans un court-bouillon de vin blanc et d'eau avec persil, thym, un oignon piqué d'un clou de girofle, laurier, ail, sel et poivre ; cuisez pendant une heure.

Quand la cuisson est terminée, égouttez le gras-double, que vous découpez en morceaux carres.

Prenez une poêle, mettez-y du beurre frais et un peu d'huile d'olive, faites roussir les morceaux dans cette friture, couvrez-les légèrement de farine, retournez-les, mouillez de bon consommé, salez et poivrez ; ajoutez deux échalotes et du persil hachés, saupoudrez de chapelure, ar-

rosez du jus de deux citrons ou d'une cuillerée de vinaigre d'Orléans. Servez sur des câpres dans un plat très chaud.

La Noël gastronomique.

L'oie de Noël! Je vous la présente, escortée de ses renommées légendaires, enguirlandée des stances des vieux poètes! Horace l'a chantée! Et, Charlemagne, dans ses *Capitulaires*, a recommandé à ses peuples l'usage de sa chair savoureuse.

Noël ! Noël !

Pendant que les joyeux carillons appellent les foules dans les chapelles mystérieuses, les cuisines retentissent du concert des lèchefrites, et l'oie pansue, gonflée de marrons, tourne à la broche des rôtissoires dans la claire flambée des foyers.

Noël ! Noël !

La voilà rôtie ! Elle apparaît sur la table au milieu des vapeurs odorantes, dans la scintillation rubiconde des cristaux remplis d'un vieux cru bourguignon.

Noël ! Noël !

. . . .

Un conte de Noël ! C'est très bien, me direz-vous ; mais la recette ? La voici :

Oyez, et préparez selon les rites culinaires l'oie **rôtie farcie de marrons** : votre palmipède choisi parmi les plus jeunes et les plus gras sera vidé et flambé. Avec le foie, du lard, la graisse de la volaille et des fines herbes, le tout finement haché, aromatisé de muscade râpée, vous ferez une farce que vous salerez et poivrerez modérément ; mélangez-y 150 grammes de chair à sau-

LA PLACE DES HALLES

cisse, mouillée d'un petit verre de cognac. Remplissez l'oie de cette farce, ajoutez-y des marrons rôtis, soignement épluchés, troussez et cousez-la. Embrochez, assaisonnez et faites cuire en arrosant souvent.

Au moment de servir, parfumez le rôti d'un jus de citron.

Pintade marquise.

Assurez-vous que la pintade est jeune, d'une chair tendre, suffisamment grasse, flambez, videz et troussez-la. Emplissez la volaille de farce fine et d'un demi-foie d'oie cru découpé en dés, le tout mélangé de truffes hachées avec un peu de gras de jambon. Piquez de lard, les filets et les cuisses du gallinacé, et cuisez-le dans une casserole foncée de lard, avec deux carottes, deux oignons et du thym ; assaisonnez ; mouillez de trois verres de sauterne ; faites réduire à feu vif, jusqu'à glace.

A ce moment, arrosez de nouveau de quatre décilitres de consommé, puis laissez mijoter doucement pendant une heure et demie. (Le sauterne remplacé par du vieux Xérès donne un excellent résultat.)

D'autre part, préparez des mauviettes que vous farcirez d'un dé de foie gras cru piqué d'un clou de truffe ; dorez-les à feu vif et les ajoutez à la cuisson de la volaille dix minutes avant de servir.

Dressez sur un plat la pintade flanquée des mauviettes dans une mosaïque de truffes, quenelles et champignons ; passez la sauce sur le tout et servez.

Recette combinée le 17 *janvier* 1899, *pour rece-*

voir quelques amis fatigués des éternels plats, toujours les mêmes, goûtés un peu partout — a été très appréciée et digne d'être recommandée aux gourmets des temps présents et futurs.

Lapereau venaison à la Gombervaux.

So que j'peux v'di mos émis, so qu'jéma v'no mingeri do paroille, v'peuvé m'creûire ; l'joi ousqu'o l'Hocquard, el' Noël, el' Fignon, el' Victor, el' Joseph et tourtou lo zautes ed' Vauclou y goûtreûi, y penserau qu' satau moull domache, d'nauër qu'eine boche et qu'in istoumac.

Taillez un lapereau en moyens quartiers, retirez-en les os ; tenez en réserve le sang et le foie ; lardez les chairs avec des filets de jambon cru ; assaisonnez (1). Ajoutez ail, oignons, persil, thym, laurier, basilic, serpolet ; arrosez avec une demi-bouteille de vin blanc et un demi-verre de cognac ; faites macérer dans cet assaisonnement pendant vingt-quatre heures.

Prenez ensuite une terrine dont vous garnissez l'intérieur avec des bardes de lard ; placez-y les morceaux de lapereau et quelques tranches de jambon frais ; versez la venaison sur les viandes ; hachez le foie avec des morceaux de lard et quelques aromates de la marinade, mélangez au sang, étendez le tout sur les viandes que vous recouvrez d'une couenne fraîche de porc, fermez hermétiquement et faites cuire à feu doux pendant quatre heures, dans la cendre chaude.

Recette trouvée et transcrite par Edmond Ri-

(1) *Partie du document de 1436 :* Abjoutez plantes aromats et pranre la quarte partie d'un hanap de viez vin de Rin ; en oult un gobelet de brant vin et selon l'usaige laissé trempez du matin jusques à vesprées.

chardin d'après un document de la maison du Chastelet daté de 1436, *signé Pernette de Lénoncourt, dame de Gombervaux*

Le Coq au vin.

Choisissez un coq de bonne race française, préparez-le avec le plus grand soin, — mettez dans une casserole un quart de livre de beurre fin, des petits lardons maigres coupés en dés, faites rissoler, — c'est l'instant de faire revenir le coq dans cette friture où il prendra une belle couleur dorée avec sel, poivre et bouquet garni, — saupoudrez légèrement de farine, — entourez la volaille d'un quart de litre de petits oignons blancs, d'une même quantité de bon cèpes découpés en quatre, ajoutez une belle truffe fraîche hachée menu, — sautez le tout ensemble pendant cinq ou six minutes. — Arrosez cette préparation savante d'une bouteille d'excellent vin vieux d'Auvergne (Chanturgue rouge) et laissez mijoter pendant une heure; la réduction de la sauce vous permettra d'en apprécier toute la saveur. — Servir très chaud.

Voulez-vous maintenant me permettre de vous donner un *tuyau*? Eh bien! pour que le coq au vin soit vraiment délicieux, remplacez-le par une délicate poulette, de chair appétissante et dodue...

. . . .

Cette recette est due, paraît-il, à César, l'Empereur, elle m'a été obligeamment indiquée par la belle Meunière, *qui vous en contera la curieuse histoire, lorsque vous irez chez elle, à l'hôtel des Marronniers à Royat, goûter les plats et les vins renommés de l'Auvergne.*

Faisans à la Leczinski.

Pendant le règne de son dernier Duc, Stanislas, roi de Pologne, la Lorraine, parmi les nations, ne tint pas seulement un rang distingué dans les Lettres et les Arts, mais elle s'affirma aussi par la supériorité incontestée de ses cuisiniers.

L'intendant Alliot avait rassemblé à la cour de Lorraine une élite de maîtres-queux, véritable armée d'officiers de bouche, qui, à la mort du Roi Stanislas, se dispersa dans les Maisons illustres de la contrée et y perpétua les grandes traditions culinaires, que les Lorrains n'ont pas oubliées ; c'est encore de nos jours le pays de la bonne chère et des renommées gourmandes.

A un festin célèbre, donné par le roi dans son château de Lunéville, on servit des **Faisans à la Leczinski** dont j'ai retrouvé la formule. La voici :

Désossez des bécasses, prenez-en les chairs, le foie, l'intérieur que vous pilez au mortier avec des foies de canards et six onces (1 *once,* 30 *gr.*) *de graisse de jambon de Mayence, mouillez le tout d'une coupe de vin blanc de Moselle, assaisonnez. Prenez la moitié de cette farce, emplissez les faisans bien préparés et les recousez avec soin; avec le reste de la farce vous enduirez des larges tranches de pain que vous placerez dans la lèchefrite, sous la broche. Embrochez les faisans, faites rôtir à feu vif et servez sur les croûtons.*

Cette recette m'a été communiquée par le maître Henri Hocquard de Nancy, conservateur des archives de l'Académie culinaire de Bouxières-aux-dames.

Les petits pois à l'ancienne mode.

Quelques ordres religieux, comptaient jadis parmi leurs membres d'aimables épicuriens, joyeux compagnons de table, qui excellaient dans la préparation de certains plats.

Ils avaient acquis une science toute particulière dans la combinaison des épices et, s'il faut en croire la légende, nous leur sommes redevables de précieuses recettes.

Voici une des formules renommées pour accommoder **les petits pois à l'ancienne mode**, que préparaient avec un art consommé les religieux de l'Abbaye de Fontevrault :

Faites écosser deux litres de pois verts fins et tenez-les dans une serviette mouillée. Prenez ensuite un cœur de laitue pommée, entrouvrez le milieu des feuilles et placez-y deux branches de sarriette verte fraîchement cueillie. Mettez les pois dans une casserole avec la laitue ficelée, assaisonnez, ajoutez un demi-verre d'eau et une demi-livre de bon beurre très frais. Laissez cuire un quart d'heure, enlevez la laitue; au moment de servir, versez dans les pois trois cuillerées de crême fraîche que vous sucrerez modérément après y avoir délayé un jaune d'œuf remonté d'un peu de poivre blanc pulvérisé. — Servez et dégustez.

Surtout n'oubliez pas la sarriette !

L'omelette au foie de chevreuil.

Il est d'usage, dans la plupart des chasses en Lorraine, lorsqu'un chasseur a la bonne fortune de tuer un chevreuil, de manger chez l'heureux

Nemrod, une omelette préparée avec le foie de l'animal.

Voici comment on la confectionne :

Faites blanchir le foie avec bouquet garni et quelques épices dans de l'eau salée et poivrée; après ébullition, retirez-le de la cuisson et laissez-le refroidir; pilez-le au mortier, battez-le avec les œufs, assaisonnez; avec ce mélange, faites l'omelette selon la formule ordinaire.

Le Faisan à la Vatel.

A VATEL !

Puisque le bronze sur les places publiques ne perpétue pas le souvenir de ta mort héroïque, je te dédie un mets nouveau, qui portera ton nom et consacrera ta gloire.

Tu resteras, O Vatel ! pour toutes les générations futures, l'éternel honneur du grand Art culinaire.

Préparez un faisan, emplissez-le de lamelles de truffes après y avoir mélangé le foie et l'intérieur pilés. Ebouillantez avec du marsala des foies de canards piqués de clous de truffes, placez-les dans la lèchefrite ; embrochez le faisan, faites-le rôtir à la flamme brillante de bois de sarments au-dessus de ce canapé ; assaisonnez. Débrochez sur les foies que vous aurez placés sur des croûtons grillés et servez avec une garniture de rondelles de citron.

Escalopes de langoustes Roscoff.

Roscoff est la patrie des poissons exquis; deux immenses viviers y abritent des milliers de langoustes, qui dirigent de là leurs allures vagabondes vers les offices et les cuisines de tout l'Univers gourmand.

C'est dans ce petit port de la Bretagne sauvage, que je fis pour la première fois préparer chez un pêcheur, **les escalopes de langoustes à la Roscoff.**

Cuisez deux langoustes avec les aromates habituels et un verre d'eau de mer, laissez-les refroidir. Dépecez-les, divisez les queues et les chairs en escalopes, placez-les dans un sautoir avec un morceau d'excellent beurre de Bretagne que vous assaisonnez : chauffez sans ébullition, liez d'un coulis de crevettes, dressez le ragoût avec une garniture de moules cuites à l'ordinaire Servez et dégustez.

Les Alouettes à la Henri Hocquard.

Dans l'air qui s'éclairait, l'alouette légère,
De l'aurore, au printemps, active messagère,
Du milieu des sillons monte, chante, et sa voix
A donné le signal au peuple ailé des bois.

BOISJOLIN.

Choisissez une douzaine d'alouettes des champs, grasses et dodues, plumez et troussez-les sans les vider, habillez-les d'une mince barde de lard fumé et introduisez-leur dans le.... bec. une baie de genièvre odorant.

Prenez une casserole de terre, dans laquelle vous ferez revenir dans du beurre bien chaud, 125 grammes de foie de porc enveloppé de crépine et découpé en carrés ; laissez cuire doucement pendant quelques minutes.

Retirez les morceaux, exprimez en le jus et versez-le dans la casserole.

Dans cette cuisson, placez vos alouettes, dorez-les à feu vif, assaisonnez, couvrez et laissez-les mijoter pendant dix à douze minutes.

Dressez les oiseaux sur des croûtons légèrement grillés et beurrés, arrosez-les de la cuisson réduite et servez. — Se mange en dégustant une bouteille de vieux vin de Thiaucourt.

Plat succulent, délicieusement préparé pour la première fois par le maître-queux Le Joint, fondateur de l'Institut gastronomique de La Bouzule ; cette illustre corporation qui compte parmi ses membres les Albert Noël, les Henri Hocquard, les Casse *e tutti quanti*, s'est acquis, par la science approfondie de ses combinaisons culinaires, une place à part, dans *l'histoire des choses de la gueule.*

Le Marcassin

Le sanglier est proscrit des tables qui se respectent, a dit un ignorant cuisinier ! Il faut détruire cette légende !

Dans les hivers peu rigoureux des Pyrénées, quand la neige n'atteint pas la zone boisée, des troupes de sangliers s'y nourrissent de glands et de faînes tombés pendant l'automne sous le couvert des grands bois. La chair du sanglier, tué à ce moment, préparée avec art, n'est pas sans délicatesse.

L'ami Jacques Estagnasié, le compagnon habituel de mes courses dans les montagnes aspoises, vient de diriger sur ma cuisine un cuissot de jeune marcassin qui m'a donné l'occasion de faire apprécier par un véritable comité de gourmets, la saveur de ce mets de grosse venaison.

Le cuissot de marcassin *dépouillé, dénervé et nettoyé sera piqué de fins lardons. Mettez-le ensuite dans une marinade composée d'un demi-litre de vinaigre, une bouteille de vieux vin rouge, thym,* *persil, serpolet, cinq feuilles de laurier, oignons découpés, trois gousses d'ail, quatre échalotes. deux carottes émincées, sel et poivre abondamment. — Laissez macérer pendant quatre jours. — Retirez votre cuissot, égouttez-le; faites-le revenir dans une braisière, dans de la graisse très chaude, enlevez-le. Préparez dans cette graisse, un roux de quatre cuillerées de farine, que vous mouillez progressivement avec la marinade passée au tamis. Replacez le marcassin et faites cuire doucement pendant une heure. — Arrosez de nouveau avec le reste de la marinade, ajoutez un verre de vieux cognac, assaisonnez et cuisez encore à feu doux pendant une heure et demie.* — Servez après avoir dégraissé la sauce.

L'Isard.

L'isard est le chamois des Pyrénées, il se tient en été dans les hautes régions, fréquente les cimes escarpées.

Au cours de mes excursions annuelles dans les montagnes de la vallée d'Aspe et dans la région espagnole avoisinante, j'ai quelquefois rencontré des hardes de trois ou quatre individus ; l'allure de ces animaux est inquiète, ils bondissent et disparaissent à la moindre alerte.

En septembre 1897, nous descendions avec Gustave Geffroy et les frères Moog, les pentes rapides du col d'Iseye, vers le village d'Accous, quand nous aperçûmes sur les crêtes d'Arapoup, face au pic Mardast, un isard fuyant devant les traqueurs. Un chasseur posté sur une étroite corniche, contre la paroi verticale d'un rocher, tua l'animal au passage. Cet exploit cynégétique ne fut pas sans profit pour nous, car je devins l'acquéreur de cette pièce de gibier rare.

Pendant quelques jours, la cuisine de Léès-Athas fut convertie en un véritable champ clos gastronomique, où les expériences culinaires les plus fantaisistes se donnèrent libre carrière. Parmi les sauces appréciées, celle préparée pour le râble et le cuissot réunit tous les suffrages; la voici, avec tout son cortège de casseroles, de terrines et de condiments :

Le Râble ou le cuissot d'isard, sauce Richardin.

Préparez une marinade comme suit :

10 *carottes,* 12 *oignons,* 15 *échalotes,* 6 *gousses d'ail; émincer le tout;* 15 *clous de girofle, grains de poivre et genièvre, pour cinq centimes de chaque,* 6 *branches de thym,* 10 *feuilles de laurier, sauge, serpolet,* 2 *piments, sel, persil en abondance. Faites revenir légèrement ces condiments au beurre; mouillez avec un litre de vinaigre et un litre de consommé; mettez à feu vif, faites bouillir deux ou trois fois, laissez refroidir.*

Prenez ensuite râble ou cuissot, placez-le dans une terrine, versez-y la marinade avec tous les condiments, laissez-y séjourner la viande pendant cinq ou six jours, selon la saison, en l'arrosant et la retournant fréquemment.

Retirez et égouttez votre cuissot, piquez-le de lard fin, ficelez-le et rôtissez-le à la broche.

Faites, d'autre part, un roux brun de trois cuillerées de farine; mouillez largement avec la marinade passée au tamis; ajoutez-y 100 *gram-*

mes de fumet de gibier, 1 décilitre de fine champagne; salez, poivrez, laissez réduire pendant vingt minutes. Pendant ce temps, faites bouillir 4 échalotes hachées dans un verre à madère de vinaigre ; laissez réduire; passez et ajoutez à la cuisson.

Au moment de servir, versez et mélangez à votre sauce le jus du cuissot de la lèchefrite.

Dressez et envoyez, saucière à part.

On peut préparer selon cette formule **le râble et le cuissot du chevreuil et du cerf.**

Le Cop de bruyère (Tétras.)

Le chasseur François Supervie, de Léès-Athas, est mon pourvoyeur ordinaire de coqs de bruyère; grâce à ses jarrets d'acier, à la sûreté de son coup de fusil, il rapporte souvent quelque *tétras*, tiré à bonne portée, dans les régions forestières du pène Mayou ou du massif de Barlagne.

Ce gibier se nourrit de bourgeons de sapin ou de hètre et de baies de genièvre, dont sa chair savoureuse est toute parfumée. On le mange rôti. Manière de l'accommoder :

Ayez un coq de bruyère, laissez-le mortifier, quatre jours suffisent. Plumez et videz-le, supprimez la peau de l'estomac, piquez-le de fins lardons, rôtissez à grand feu en arrosant de beurre frais et de deux petits verres d'eau-de-vie de genièvre à la moitié de la cuisson. Se sert moins cuit que le faisan, avec une garniture de citron.

La chair de la femelle est plus délicate, l'arome en est exquis.

Le filet de buffle Zinoff.

Tuez un buffle, dépecez-le, prenez-en le filet que vous découpez en tranches minces. Allumez entre deux pierres plates un feu de bois résineux, placez au milieu une marmite de campagne que vous emplirez de vin, assaisonnez ce vin de sel, poivre, baies de genièvre, graines de moutarde et quelques plantes aromatiques. Plongez-y les tranches émincées, laissez cuire pendant trois heures et servez. — Mets très apprécié des chasseurs dans l'Amérique du Nord. . . . .

Plat créé par un de mes compatriotes lorrains, pendant une de ses chasses au buffle sauvage dans les montagnes Rocheuses. Ses compagnons de chasse l'avaient surnommé, Zinoff; (*la balle qui siffle*); son adresse parmi les trappeurs était légendaire; à 500 mètres, avec son Winchester, il plaçait sa balle dans la poche d'un kangourou. Rentré dans sa patrie lorraine, Zinoff vit maintenant retiré à la Bouzule-les-Nancy au milieu des trophées cynégétiques qu'il a rapportés de ses courses à travers le monde; il y cultive les belles-lettres et vient de publier, en collaboration avec Le Joint, *Le Manuel de cuisine mussi-pontine*, appelé à opérer de véritables miracles dans le monde des chasseurs.

Le Poulet braisé Margueritte.

Mes excellents amis Paul et Victor Margueritte sont de fins gourmets, très experts dans les choses de la gastronomie. J'eus l'occasion de faire préparer, en leur honneur, un mets nouveau dont ils ont bien voulu accepter la dédicace; en voici la formule :

Choisissez un poulet de très bonne qualité, préparez-le comme à l'ordinaire, faites-le dorer à feu vif dans quelques cuillerées d'excellente huile d'olive, retirez-le. Dans la friture bouillante, faites un roux blond de deux cuillerées de farine, mouillez d'une louche de consommé, assaisonnez et réduisez à glace. Remettez le poulet dans la braisière, arrosez de trois décilitres de xérès et d'un décilitre de fine champagne, laissez cuire doucement. Préparez à part un cœur de ris de veau découpé en morceaux de la grosseur d'une noix, faites revenir ces morceaux dans du beurre bien chaud, assaisonnez, retirez-les.

Un quart d'heure avant de servir, placez dans la braisière les morceaux de ris de veau, 125 *grammes de truffes découpées en rondelles,* 125 *grammes de quenelles et* 125 *grammes de champignons — laissez cuire doucement, braisière ouverte. — Servez.*

La Caille aux nids d'hirondelles.

Ne croyez pas à un *casse-tête chinois*, ni à l'importation récente dans nos cuisines françaises, de ces *nids d'hirondelles*, grand régal des disciples de Confucius! Non, j'ai tout simplement découvert dans nos jardins potagers le nid d'hirondelles rêvé, où la caille, ce gibier exquis de nos guérets, vous sera présentée douillettement couchée, pleine de l'arome délicieux de sa chair délicate.

Préparez une douzaine de cailles bien dodues, farcissez-les d'une farce de foie gras et de truffes, braisez-les dans une casserole avec lard, bouquet, madère et un peu de jus ; assaisonnez.

Prenez des fonds d'artichaut, relevez-en les bords pour former le milieu en cuvette, farcissez-les d'une farce de volaille.

Dans une casserole foncée de bardes de lard, déposez les fonds d'artichaut que vous mouillez d'un peu de consommé, couvrez-les et faites pocher au four. Lorsque la farce sera pochée, dressez les fonds sur un plat, couchez-y les cailles braisées, ajoutez-y des rognons de coqs, saucez avec du fumet de gibier, un peu de demi-glace et servez.

Cuisse-madame confites.

Ne vous effarouchez pas, gentilles lectrices de l'*Art du bien manger*, de cette *légende culinaire !* Vous croyez peut-être à un conte tragique de quelque Barbe-Bleue ? Rassurez-vous ! Sachez que cette *Cuisse-madame* est une poire délicieuse qui possède les qualités de quelques-unes d'entre vous, puisque les arboriculteurs fameux nous la présentent comme mi-cassante, musquée et sucrée ; la première de la saison, elle est accueillie et choyée sur nos tables bourgeoises ; on la revêt, pour la conserver jusqu'aux fruits de l'automne, d'une couche de sucre qui fait valoir tout son parfum.

Voici comment on procède :

Choisissez quelques poires Cuisse-madame, diminuez la longueur de la queue et par le sommet retirez-en les pépins. Pelez et placez-les dans une casserole contenant de l'eau froide acidulée, couvrez et faites blanchir. Egouttez, rafraîchissez, mettez au sirop tiède à 10 *degrés pendant six heures. Egouttez ensuite le sirop dans une bassine, ajoutez du sucre concassé pour augmenter la densité du sirop de* 4 *degrés, faites bouillir, écumez et versez le sirop sur les fruits. Six heures après recommencez la même opération et ainsi de suite jusqu'à la huitième façon.*

On opère ainsi pour les *pêches vertes*, pour les *ananas*, pour les *oranges*, pour les *abricots verts.*

Les Pommes à l'Eve gourmande.

Je dédie cette friandise aux charmantes lectrices de l'*Art du bien manger!*

Les jolies fossettes des mentons volontaires connaîtront pendant le goûter de cet entremets délicieux, les frémissements de volupté gourmande, que la proche adolescence a jalousement conservés.

Lisez, dans le rêve des sensations exquises que vous promettent mes *Pommes à l'Eve gourmande*, ces quelques lignes de mon bréviaire gastronomique :

Déposez dans une tasse 150 *grammes de tapioca que vous mouillerez d'eau ; laissez imbiber pendant douze heures ; versez ensuite ce mélange dans un demi-litre de lait bouillant, cuisez doucement pendant vingt minutes.*

Choisissez quatre pommes calville, pelez-les, divisez-les en quartiers, supprimez-en les pépins.

Couvrez de ces tranches le centre d'un plat allant au feu, saupoudrez d'une épaisse couche de sucre en poudre, versez le tapioca sur le tout, arrosez d'une coupe d'alicante, parfumez au citron.

Faites cuire à feu doux pendant une heure.

Alouettes au gratin (mode ancienne.)

Prenez une ou deux douzaines d'alouettes, cela dépend du nombre de vos convives. Plumez-les, — vos alouettes pas vos convives, — videz-lez, flambez-les. Placez-les ensuite dans une casserole avec un peu de beurre et cuisez-les à demi.

Retirez les oiseaux et égouttez-les.

Enlevez les gésiers, pilez finement tout le reste de l'intérieur avec quelques foies de volailles et des truffes. Assaisonnez cette farce de sel, poivre et muscade, puis remplissez-en vos alouettes.

Rangez les oiseaux dans le fond d'un plat à gratin, couvrez-les complètement d'une barde de lard sur laquelle vous étendrez un papier beurré.

Mettez le plat sur les cendres chaudes; placez au-dessus un four de campagne, et laissez cuire pendant une demi-heure. Au moment de servir, ôtez le papier et le lard; saupoudrez de chapelure et soyez tranquille sur les résultats.

(D'après le volume d'Elzéar Blaze, *La Chasse des Dames*, Paris, 1839.)

Un Déjeuner dans les bois.

L'horizon s'éclairait de larges sillons d'or,
Que le matin zébrait de brumes passagères,
Et les bois assombris, et le val où tout dort,
A l'aube lentement dévoilaient leurs mystères.

Nous quittions Vaucouleurs à l'aube naissante, dans le clair soleil d'un matin de septembre de l'année 1873.

La petite troupe se composait de cinq personnes : Léon Chaufour, le vaillant adjudant-major des mobiles de la Meuse, Alfred Vicq, le spirituel avocat meusien, le vieil ami Emile Sauffrignon, gai compagnon de toutes nos parties cynégétiques, Eugène Guillaume, que l'on retrouva aux Hoëttes et moi.

A quelques pas de la dernière maison de la ville, nous prîmes à gauche un chemin pierreux, au milieu des vergers et des vignes.

Le carnier en sautoir, le fusil en bandoulière, on gravit gaiement le côteau de Bussy à travers les luzernes et les labourés.

Les chiens accouplés battent les chaumes où des centaines d'alouettes, blotties dans les sillons, s'enfuient à tire-d'ailes dans l'espace infini, qu'elles emplissent de leurs mélodies aériennes.

Derrière nous, au bas de la colline, par delà les prairies, la Meuse, sous sa bordure de saules et de peupliers, semble un immense serpent lumineux rampant dans l'herbe fleurie ; au-dessus des côtes qui la dominent, le cap ouvert des quatre-vaux détache dans l'azur opalin des brumes matinales, les gradins nuancés de ses lointains horizons.

C'est dans ce merveilleux décor, dans notre

joie de vivre, dans l'exubérance des années de jeunesse, que nous arrivons au plateau des Hoëttes !

Nos chiens impatients, rendus à la liberté, sautent dans le fourré ; chacun de nous se poste à la lisière du bois, l'œil au guet, l'oreille tendue, épiant le moindre bruit.

Pendant une demi-heure, le tintement des

grelots attachés au collier des chiens trouble seul le silence des halliers ; puis, des voix de *rapproche* raniment notre espoir.

Ravaude, la chienne au flair subtil, vient de donner une voix ; d'abord espacés, les aboiements deviennent plus fréquents ; Bellotte mêle son contralto au fifre de Ravaude ; Fideau rallie et lance à vue un superbe bouquin ivre de serpolet.

Le lièvre, la meute à ses trousses, saute la ligne vers la plaine, arrive droit sur Léon Chau four, fait un crochet et rentre dans le taillis ; la chasse continue ardente !

Je descends à fond de train une tranchée conduisant à la vallée de Montigny, mais j'arrive trop tard au passage.

A ce moment, par un subterfuge habituel à sa race, le lièvre met les chiens en défaut ; on les voit le long d'un ruisseau, furetant, cherchant sa trace ; le défaut est relevé ! Après une superbe randonnée l'animal revenait au *lancer* lorsqu'un magistral coup de fusil de Sauffrignon mit fin à la chasse.

Le civet était assuré ! . . . . ,

. . . .

Nous atteignions le chemin de l'ermitage de Sainte-Anne où la charrette chargée des provisions pour le déjeuner nous précédait de quelques instants ; le heurt des roues du véhicule, dans les ornières, retentissait encore, alternant avec les appels des bûcherons et le bruit des cognées dans les coupes.

Dans les taillis profonds, des ruisselets bavards,
Murmuraient leurs chansons aux églantiers en fleurs,
Qu'en sautant, effeuillaient, parmi les nénuphars,
Des merles au bec d'or et des loriots siffleurs.

Entrés sous bois, nous suivions une tranchée en file indienne dans la fraîcheur et l'âpre parfum des taillis.

Sous la futaie, les rayons brisés du soleil nimbaient d'or vert les cépées de houx et les fougères dentelées largement étendues sur le velours des mousses. L'heure était délicieuse !

Des fils de la vierge couverts de rosée, flottaient en dentelles légères dans les sorbiers et les mûriers sauvages qui bordaient le chemin ; chacun de ces fils semblait un collier de pierreries oublié par la Fée de la Nuit, quand poursuivie par les flèches d'or des levers de soleil, elle s'enfuit dans l'obscurité des futaies silencieuses. Et ces lapis, ces topazes, ces émeraudes, ces rubis, toutes ces joailleries des rosées du matin, étaient comme une pluie d'étoiles dans cette fête d'éblouissante lumière.

Nous dévalions maintenant les pentes rapides de la forêt vers le sentier perdu au fond de l'étroite vallée.

Au bas du ravin un ruisselet coule ses eaux moirées à l'ombre des saulaies, et, les clochettes blanches et mauves des liserons sauvages, qui enguirlandent la retombée des feuillages, égrènent leur carillon de rêve dans le bruissement rythmé des grands bois.

Pendant quelques instants nous traversons le fourré dans l'enchevêtrement des ronces et des prunelliers; le sous-bois s'assombrit, puis se colore bientôt; le chemin s'élargit, et la clairière enfin apparaît à nos yeux dans le poudroiement d'or des rayons du soleil.

Au milieu de la clairière, un petit étang reçoit les sources limpides qui descendent en murmurant des massifs forestiers de Burey et de Montigny.

Sur cette nappe étincelante frangée des calices d'or des nénuphars, des vapeurs légères nées de la fraîcheur des sources, glissent, mollement poussées vers la rive où elles meurent sous les chaudes étreintes du soleil, parmi les iris et les joncs odorants.

Au fond du vallon, dans les prés fleuris qui l'entourent, la chapelle de Sainte-Anne précise, sur les vertes frondaisons du peuple assemblé des arbres, le cintre ogival de sa colonnade rustique et la silhouette grise de son clocheton.

De joyeuses clameurs éclatant formidables dans la sonorité des combes, accueillent notre arrivée!

Les amis qui accompagnaient la voiture avaient déjà éventré caisses et paniers; le jambon, les saucissons, les bouteilles gisaient pêle-mêle parmi les touffes de reines-des-prés et les brindilles desséchées des carottes sauvages.

A ce moment, le père Guillaume, chargé des soins de *la tendue*, apportait de sa *tournée* du matin, une abondante provision de rouges-gorges, décrochés aux *sauterelles* le long des ruisseaux.

La cuisine fut installée dans un repli de terrain, sous les ramures d'un saule séculaire.

Chacun voulut préparer un plat!

A la broche improvisée d'un trépied de bois vert, le gigot, suspendu à une ficelle, tournoyait en se dorant dans le grésillement des braises, sous l'œil vigilant d'Alfred Vicq.

Pendant que Sauffrignon et Chaufour plumaient les rouges-gorges, Eugène Guillaume et son père pelaient les pommes de terre, et, Chaussey, le maître-cuisinier, déculottait le lièvre de chasse, pour le civet dont la succulence devait bientôt nous émerveiller.

On dressa la table près de la chapelle, dans l'ombre mobile des chênes qui l'abritent.

Tout à coup, dans le silence des bois, la cloche, sonnant à toute volée, annonça le festin.

En voici le plantureux menu :

Le jambon et le saucisson de Lorraine
Terrine de viande Sainte-Anne
Le civet de lièvre Sainte-Anne
Les rouges-gorges Sainte-Anne
Le gigot rôti Sainte-Anne
Écrevisses de la Meuse

DESSERT

Fruits. Gâteaux. Brioches.

VINS

Vaucouleurs gris et rouge, 1865
Pommard 1868
Volnay 1865
Champagne E. Irroy, 1862
Café. Eau-de-vie de marc 1860
Kirsch des Vosges 1857
Fine-Champagne 1862

Le déjeuner fut joyeux à l'excès! Le vin gris d'une année fameuse de nos côteaux meusiens délia les langues ; — on se serait cru à Marseille — on conta d'amusantes anecdotes, des chasses miraculeuses ; l'histoire d'un coup de fusil extraordinaire racontée par Alfred Vicq anima la discussion ! Des paris furent engagés ! L'honneur imposa bientôt l'échange de quelques balles sur le pré ! Mais, rassurez-vous, la seule victime de ce tournoi mémorable fut le chapeau de l'ami Sauffrignon ; placé à 20 mètres au bout d'un bâton, il essuya sans broncher la fusillade la plus vive ! Il semblait même à quelques tireurs que deux ou trois chapeaux passaient dans leur ligne de tir, ils ne savaient lequel viser.

Il fallut bientôt se rapprocher du but et employer des cartouches à plombs sans résultat appréciable. Enfin ! par un hasard inexpliqué, au cinquantième coup de fusil, le chapeau tomba percé de deux plombs et le vainqueur présumé fut porté en triomphe ! . . . .

. . . .

Le soleil avait disparu derrière les hautes futaies dans les flambées roses du couchant, quand nous reprîmes le sentier longeant le ruisseau de Ru-Nicole.

On suivit la vallée par les prés de Montigny où les faneuses entassaient en chantant les regains épandus ; l'écho adouci de leurs chansons ajoutait son harmonie au concert des oiseaux dans les bois.

Le jour s'éteignait dans la nuit et les mondes errants des étoiles, morts le matin au réveil de l'aube, renaissaient innombrables dans la profondeur mystérieuse des cieux.

EDMOND RICHARDIN.

Voici les recettes de notre agape pantagruélique :

Les Rouges-gorges Sainte-Anne.

Tireli !... Le jour renaît,
Tout dort : râles de genêt
Et cailles dans les champs d'orge;
Mais ta matinale voix
Déjà réveille les bois
Rouge-gorge.

ANDRÉ THEURIET.

Dans une poêle à frire, faites fondre à grand feu de minces bardes de lard sec, que vous enlèverez lorsque la graisse sera bien chaude. Placez dans cette friture bouillante deux douzaines de rouges-gorges bien nettoyés, pattes coupées à la hauteur des cuisses; dorez-les rapidement, retirez-les. Remplacez aussitôt les oiseaux par des pommes de terre découpées en moyens quartiers, ne les laissez cuire qu'à moitié; enfouissez-y les rouges-gorges et les tranches de lard, salez et poivrez légèrement, couvrez et achevez doucement la cuisson dans la cendre chaude.

Terrine de viande Sainte-Anne.

Prenez un kilogramme de filet de porc frais et autant de cuisse de veau, découpez ces viandes en morceaux carrés de 5 centimètres que vous placez dans un vase de terre, ajoutez-y des oignons découpés, deux gousses d'ail, deux échalotes, une feuille de laurier, une branche de thym ou de serpolet, quelques branches de persil, une carotte, sel, poivre, muscade râpée, arrosez de bonne huile d'olive et d'une demi-bouteille de sauterne ; laissez macérer pendant vingt-quatre heures, en retournant les morceaux de temps en temps.

Ayez une terrine allant au four, garnissez-la complètement de tranches de lard, placez-y par couches superposées les morceaux de viande débarrassés des épices, emplissez les intervalles de chair à saucisse et de petits lardons découpés en dés, ajoutez-y quelques lamelles de truffes sans avarice. Quand toute la viande sera placée, arrosez-la avec la marinade passée au tamis, couvrez d'une barde de lard, mettez le couvercle que vous sertirez d'une pâte de farine délayée. Envoyez au four pendant quatre heures. Se mange froid quarante-huit heures après.

Le Civet de lièvre Sainte-Anne.

Ainsi que le fit ce jour-là l'ami Sauffrignon, tuez un lièvre sans trop l'abîmer, déculottez-le, videz-le, réservez-en le sang et le foie.

Découpez votre *capucin* en moyens morceaux, piquez les cuisses et le râble d'aiguillettes de gras de jambon.

Dans une casserole, du beurre bien chaud, où vous faites rôtir tous les morceaux, vous les saupoudrez ensuite d'une cuillerée de farine. A ce moment songez aux aromates : persil, ail, thym, serpolet, oignon, échalote et laurier ; assaisonnez, mouillez d'une demi-bouteille de vin de bourgogne rouge et d'un verre de cognac, cuisez à petit feu pendant une heure et demie. Pilez très fin le foie que vous mélangez au sang; de ce coulis vous arroserez les chairs, quand la cuisson sera réduite. Laissez mijoter encore, sans ébullition pendant vingt minutes; passez la sauce et servez.

Le Gigot rôti Sainte-Anne.

Un trépied de bois vert installé en plein air au milieu d'un brasier de bois mort; voilà la broche! Suspendez-y votre gigot, piqué d'une gousse d'ail dans le manche et légèrement beurré. Avec une baguette de noisetier taillée en pointe, tournez constamment le rôti au-dessus du bûcher enflammé ; assaisonnez.

Durée de la cuisson un quart d'heure par livre.

Retirez et placez le gigot dans un plat creux résistant au feu, arrosez-le d'un verre de fine champagne, flambez et servez . . . . . .

. . . .

Ce plantureux repas, savouré sous les verts ombrages de Sainte-Anne, fut trouvé exquis. Pour apprécier la saveur d'un mets, rien n'égal une promenade matinale dans les bois.

EDMOND RICHARDIN.

Un déjeuner à l'étang de la Balastière.

Juin flambe! La vie intense des fenaisons s'éveille dans Vaucouleurs. Les chariots circulent depuis l'aube dans le fracas assourdissant des brancards et des ferrailles entrechoqués, et les attelages hennissant sous le fouet des voituriers, filent au grand trot vers les chemins de la prairie, où le bruit strident des faux, aiguisées, grince dans la rumeur des appels et des cris des travailleurs. Les faucheurs, courbés, rasent en cadence l'herbe mûre qui, symétriquement, s'abat en andains touffus, dans le sillon des faux.

C'est la fête du soleil, des foins et des pêcheurs!

En 1886, elle fut tout particulièrement célébrée avec l'entrain des meilleurs jours.

S'inspirant d'une antique coutume, dont la tradition nous fut transmise par Festus, qui disait qu'à Rome, au mois de juin de chaque année, on célébrait au delà du Tibre des jeux appelés *ludi piscatori*, Henri Martel, co-propriétaire de l'étang de la Balastière, avait convié quelques camarades à l'occasion de l'ouverture de la pêche. Je figurais parmi les invités avec Émile Sauffrignon, Jules Maire, Camille Morel, Henry et Lanois. Notre aimable amphitryon avait mis à contribution, en notre honneur, les caves célèbres du château d'Ourches. Les crus les plus fameux dans leurs poussièreuses bouteilles, les flacons de fines eaux-de-vie quadragénaires rejoignaient dans les paniers les rustiques charcuteries, les galantines délectables, les pâtés aux robustes aromes et les affriolantes pâtisseries.

Partis dans la fraîcheur du matin, à l'heure des rosées lumineuses, nous nous dirigeâmes vers la Balastière.

A l'extrémité lointaine de la prairie, une brume légère s'élevait des andains et des *chevrottes* fraîchement éparpillés, nimbant d'opale les groupes espacés des femmes, qui suivaient le chemin. La tête abritée sous la *hâlette* lorraine, la fourche ou le râteau sur l'épaule, elles marchaient lentement, s'attardant en d'interminables parlotes, le long des prés d'alentour ; nous les rejoignîmes bientôt, et c'est parmi cette théorie de faneuses accortes, dont quelques-unes avaient délaissé les funestes travaux de l'aiguille pour le salubre labeur des champs, que notre compagnie de joyeux sybarites parvint au sentier de la Balastière.

L'étang dormait dans l'ombre protectrice de ses végétations aquatiques. Les panicules roses des saponaires, les pétales violets des iris flexibles nuançaient de couleurs chatoyantes l'assemblée des roseaux et des calamus aromatiques qui croissaient sur ses rives. Sous les efforts de la brise, l'opulente frondaison de sa ceinture de bouleaux, de frênes et de peupliers, berçait de ses concerts son sommeil tranquille.

A l'abri d'une saulaie, près de la cascadelle du Ru-Nicole, la barque, solidement amarrée, disparaissait dans le fouillis inextricable des végétations d'antan; seul, l'avant émergeait de la vase, semblable à la gueule d'un alligator tapi dans les roseaux. C'est là, que des bras solides vinrent la saisir et la mettre à flot.

Promptement revêtus de maillots, les amis Henry et Morel étaient descendus dans l'étang. Pendant ce temps, les rameurs laissaient lentement glisser du bateau leur filet traînant ; de la rive opposée se dirigeant vers la barque, les rabatteurs frappaient l'eau de tous côtés, traquant et précipitant le poisson vers les pièges tendus. La pêche se poursuivit dans la plus folle gaieté, au milieu des lazzi, des éclats de rire, des chutes, des baignades, des plongeons involontaires. Tout à coup, par suite d'un faux mouvement, Henry disparut dans un tourbillon de jaillissements et d'éclaboussures! Après quelques secondes d'angoisse, il reparut, tel un triton, couronné d'algues et ligotté de nénuphars, nageant à travers les nymphéas, mettant en fuite tout un essaim de libellules au corselet d'or et d'émeraude, qui s'étaient réfugiées dans les calices flottants des rhizomes aux couleurs éclatantes. On vint à son aide, ce fut presque un sauvetage!

La barque approchait de la rive! Le filet, alourdi, tressautait dans les mains des pêcheurs, sous les efforts désespérés de sa frétillante cargaison ; il fut tiré et vidé sur la berge. Alors, apparut la masse grouillante et visqueuse des brochets verdâtres, des barbeaux au ventre de bronze, des perches éperonnées d'or, des goujons étincelants ; cela vibrait, s'écroulait, bondissait, et ces lueurs éteintes ramenées des profondeurs glauques s'éclairaient soudain de lumières vivantes sous les rayons du soleil.

Martel, hôte avisé et généreux, voulut partager le butin. J'avoue, à ma honte gourmande, qu'il ne se trouva parmi nous aucun récalcitrant, c'est l'estomac attendri et reconnaissant que nous acceptâmes cette mirifique proposition. Les grosses pièces furent équitablement réparties entre tous les invités ; quelques perches et brochetons choisis rehaussèrent de leur présence le menu du déjeuner ; puis le petit poisson encore frétillant fut rejeté dans l'étang.

Derrière la cabane, campée près d'un talus sablonneux, le déjeuner se préparait ! Jules Maire, l'un des fins marmitons de la bande avait allumé son feu, nettoyé consciencieusement perches et brochetons, puis il les avait découpés en tronçons quasi égaux, farinés comme des pierrots de mardi-gras, et roulés dans une serviette. Il attendait, en homme pénétré de ses responsabilités, que la graisse mélangée d'une délicate huile d'olive et mise dans une poêle aussi profonde qu'une bassinoire, signalât à son oreille experte le crépitement précurseur des bouillonnantes fritures. Tout s'annonçait bien !

Armé d'une écumoire, notre maître-cuisinier plaçait et remuait par douzaines, dans la graisse en ébullition, l'alléchante promiscuité des morceaux de perches et de brochetons qui, d'abord blêmes d'émotion, reprenaient vivement une couleur rose tendre, puis bientôt sortaient de la poêle fumante, dorés comme des vieux ostensoirs. Egouttée, salée d'une main sure et légère, servie dans un plat de vieille faïence lorraine, la **Friture des pêcheurs** fut frénétiquement accueillie ! Mets délectable, d'une extrême finesse, digne de figurer sur la table des plus fins gourmets. Le saucisson, le jambon, les pâtés, le gigot, les desserts furent servis et dévorés.

Autour de la table, le ventre en l'air, une quantité respectable de bouteilles vides émergeaient du gazon, attestant par leur nombre la nécessité d'un arrosage abondant, lorsqu'il s'agit de faciliter l'heureuse digestion d'un festin pantagruélique.

Est-ce la chaleur torride de l'après-midi, ou l'âpre parfum de la flore aquatique du milieu ambiant, ou peut-être tous deux, qui firent descendre parmi nous les ombres du soir, bien avant le coucher du soleil? En tout cas, les lumières semblaient s'éteindre, une douce somnolence nous avait envahis !

Quelques-uns des convives, et j'étais du nombre, attribuaient plutôt ce phénomène astronomique à la griserie ...odorante des foins coupés.

Je vous laisse le soin de dégager de ce dilemme la vérité, fut-elle toute nue !

Edmond RICHARDIN.

Civet de lièvre à ma façon.

Délaisser le lièvre des champs, grignotteur de légumes, hôte habituel de nos jardins villageois, dont la chair, de saveur rustique, ne procure qu'une demi-jouissance au palais du véritable connaisseur. Choisir le fier *capucin* à la moustache conquérante, habillé de bure foncée, pointillée de noir, qui se nourrit des plantes aromatiques de nos halliers lorrains. Le dépouiller délicatement, le vider et le nettoyer avec soin, en réserver le sang et le foie aux fins des ultérieures préparations. Tailler et en découper les morceaux, les placer dans une terrine, les arroser d'un vieux bourgogne de derrière les fagots. Puis, couvrir le *capucin* de laurier, de thym et de serpolet en souvenir des parfums odorants de ses régals forestiers. Enfin couronner l'animal dépecé de quelques branches de persil, qui rappelleront à ses mânes savoureuses, le tapis vert des moelleux sous-bois et le doux repos dans les rêves du gîte.

Laissez ainsi votre *capucin* réfléchir pendant trois heures. Prenez ensuite une casserole en terre, où vous ferez fondre sur feu vif, gros comme une noix, du beurre très frais; dans cette friture placez deux tranches minces de jambon fumé assez gras, et, sur ce canapé, déposez un à un les morceaux découpés du lièvre que vous farinerez légèrement ; parsemez-les d'un ail et d'une échalote hachés; salez et poivrez à votre goût; versez sur votre fricot la marinade passée et laissez cuire à bon feu pendant une heure et demie.

Une demi-heure avant de servir, amalgamez le sang conservé, le foie blanchi et pilé finement; mouillez d'un petit verre de kirsch ; battez bien le tout et versez le mélange dans la cuisson. Dix minutes avant de retirer votre lièvre, ajoutez un quart de champignons blanchis, une pointe de muscade râpée, et servez très chaud dans la casserole.

Edmond RICHARDIN.

Le Poulet en cocotte.

Le poulet en cocotte, si apprécié des gourmets, n'est autre que le *Poulet à la bonne femme*, que certaines de nos vieilles hôtelleries servaient à leurs hôtes de passage, à l'époque des voyages en diligences et en chaises-de-poste.

Certaines auberges du Maine et du Perche, qui jouissaient en ce temps d'une grande réputation de bonne chère, préparaient les *Poulailles à la bonne femme* selon les préceptes suivants :

Nettoyer, brider un bon poulet selon les règles ordinaires ; le faire rôtir dans une cocotte en terre. A moitié de la cuisson, vous y ajouterez un ragoût préparé comme suit : Dans une casserole faites fondre quelques dés de lard maigre ; lorsque les lardons seront fondus, roussissez dans cette friture une dizaine de petits oignons et joignez-y une quinzaine de pommes de terre nouvelles que vous laisserez cuire à demi. A ce moment, ajoutez le ragoût à votre poulet ; assaisonnez de bon goût et terminez la cuisson à feu doux. Servir très chaud le poulet sur le ragoût.

Edmond Richardin.

Ris de Veau à la Vaucouleurs.

Cette formule complète la recette du « Pain de ris de Veau » de la page 609.

Faites dégorger deux ris de veau à l'eau fraîche, deux heures suffisent ; les blanchir à l'eau salée, et les nettoyer avec soin. Les hâcher fin avec 20 grammes de moelle de bœuf, 20 grammes de graisse de veau, 20 grammes de lard gras, un ail, une échalote, quelques feuilles de persil ; parsemer ce hachis de deux pincées de râpure de muscade ; ajouter 60 grammes de pain rassi émietté très fin. Versez le tout dans une terrine, cassez-y deux œufs très frais, blanc et jaune, et amalgamez en pâte. Lorsque cet appareil sera bien mélangé, vous le verserez dans un moule à turban bien beurré. Cuisez au bain-marie, une demi-heure environ. Pour vous assurer d'une cuisson parfaite, enfoncez dans le mélange une lame de couteau, elle doit en ressortir nette, sans une parcelle de la cuisson.

Démoulez sur un plat ; versez dans l'intérieur du turban un jus de veau auquel vous ajouterez quelques champignons.

Edmond Richardin.

J.B. Oudry peintre ordinaire du Roy

A Messire Henry Camille Marquis de Beringhen,
Premier Ecuyer Du Roy

Par son tres humble et tres Obeissant Serviteur J.B. Oudry

Sarcelles à l'ancienne (*Pays Messin*).

Vous levez les cuisses, les filets et le croupion de deux sarcelles ; placez-les dans une casserole avec un morceau de beurre frais, des échalotes et du persil hachés, du sel, du poivre, un peu de muscade râpée ; tenez la casserole sur un feu ardent ; sautez les morceaux pendant dix à douze minutes ; prenez ensuite une cuillerée à bouche de farine que vous mêlez au ragoût ; mouillez d'un verre de bordeaux blanc et remuez jusqu'au premier bouillon. Retirez dans un coin de la cheminée, ajoutez le jus de deux citrons, trois ou quatre cuillerées d'excellent bouillon : remettez le ragoût sur le feu et tournez-le jusqu'à liaison. Assurez-vous de l'assaisonnement et servez très chaud.

Edmond RICHARDIN.

Ramereaux poêlés.

Videz et flambez légèrement trois ou quatre ramereaux ; retroussez les pattes en dedans ; foncez une casserole de bardes de lard, mettez-y une lame de jambon, un bouquet de persil et ciboules, une branche de basilic, une demi-feuille de laurier, deux oignons, dont un piqué d'un clou de girofle, une carotte coupée en quatre, un petit verre de vieux vin rouge ou blanc et un verre de bon bouillon : posez vos ramereaux sur ce fond, couvrez-les de bardes de lard ; faites-les partir en cuisson, retirez-les dans un coin de la cheminée, avec un feu modéré dessous et dessus ; faites-les cuire environ trois quarts d'heure. Leur cuisson faite, égouttez-les, dégraissez-les, et servez dessous une sauce poivrade légèrement acidulée.

Edmond RICHARDIN.

Un dîner rustique.

Si ma mémoire est fidèle, c'était en 1863, vers la fin d'octobre, à l'époque des vacances de la Toussaint.

En quittant le lycée de Nancy, je m'étais arrêté à Toul pour y rejoindre mon frère Louis, bambin de quelques années plus jeune que moi, élève au collège, et le lendemain, après une soirée et une nuit passées chez le grand-père Pinot, nous partions à 8 heures du matin pour Vaucouleurs où nous allions passer un congé de quatre jours.

Le trajet de Vaucouleurs à Toul m'était familier, je n'avais aucune inquiétude sur l'endurance de mon frère avec lequel, pendant les dernières vacances d'août et de septembre, nous avions fait de longues randonnées à travers nos forêts et les villages des cantons voisins, sans qu'il en éprouvât la moindre fatigue.

Le bâton à la main, pour toutes provisions quelques poires sèches et du pain dans nos poches, nous prenions, à la lisière des glacis de la Place, l'ancienne route de Vaucouleurs par Choloy et la voie romaine. Nous grimpions allègrement la côte de la Justice qu'un fort vent de nord-ouest balayait de ses rafales. Le temps était sombre et froid. Les arbres qui bordaient le chemin, tout imprégnés de l'humidité de la nuit s'égouttaient lamentablement sur la chaussée. Sous un ciel gris et bas, les champs avaient déjà pris l'aspect morne des hivers précoces.

Si la note désolée de ce paysage tempérait un peu notre plaisir d'écoliers en liberté, nous avions d'autre part à quelques centaines de mètres un divertissant spectacle, qui absorbait toute notre attention.

Vers les hauteurs dominant Saint-Evre, les éclats bruyants des clairons et des *ra-ta-plans* de l'école des tambours de la garnison faisaient rage. Malgré le brouillard léger qu'exhalaient les chaumes, les silhouettes des apprentis tapins, suffisamment précises, nous permettaient d'en suivre les mouvements comiques, les marches et les contremarches ; et dans l'effroyable vacarme de ces exercices, les imprécations fantaisistes des caporaux-tambours nous arrivaient nettes et claires pour notre plus grande joie de jeunes émancipés.

Nous avions perdu plus d'un quart d'heure à contempler les pioupious, la route était longue, le temps passait et ce fut à une allure accélérée que nous reprîmes notre marche vers Choloy.

Devant nous, à l'entrée du village plein de l'animation des travaux agricoles, de grandes vaches rousses, des ânes gris de toutes nuances conduits à l'abreuvoir, fuient par les rues sous la poussée des chiens ; à coups de fouets, les bouviers rassemblent le bétail qui regagne ses écuries. Autour des fumiers, entassés à la porte des étables, les coqs batailleurs, les poules effarouchées picorent les grains disséminés parmi les brins de paille éparpillés.

Des batteurs armés de fléaux égrènent les gerbes de froment dans la poussière rousse des épis ; le tumulte qui s'élève des granges s'ajoute à l'infernal concert des enclumes martelées dans les forges, et au tapage assourdissant des coups de maillet du tonnelier, resserrant dans les chaix les cercles allongés des futailles rebondies. Cependant que, cuves remplies de marcs roulent vers les pressoirs, escortées de vignerons porteurs de *tendelins*, de brocs et d'écuelles teintes de la pourpre des vendanges.

C'était partout le bruit ! Partout le mouvement !

Ces scènes de la vie rustique ouvraient à notre curiosité juvénile un champ nouveau d'observations, véritables leçons de choses qui, profondément, se gravèrent dans notre esprit.

Après avoir franchi les dernières maisons de Choloy, quelques minutes plus tard, nous traversions le village de Ménillot.

La côte était rapide ! Sur la gauche, dans la profondeur des courbes apparaissaient les maisons blanches du Val-de-Passey. Ce coin ne m'était pas inconnu, je l'avais parcouru l'année précédente au moment des opérations du récolement, avec l'oncle Anthoine et le garde Huard, chargé de la surveillance de cette région forestière.

Vers ce nouvel horizon, le temps semblait meilleur. L'atmosphère s'éclairait d'ambre, un pâle rayon de soleil ouvrait dans l'ouate grise des nuées, le sillon d'or d'une résurrection des lumières ; sous cette coloration teintant de rose la campagne, les bois du Chanois étendaient au loin leur splendeur automnale, où dominaient déjà, couronnant le vert des taillis, les ocres et les rouges des hautes futaies.

Nous marchions moins vite ! Depuis une heure environ, le frère Louis souffrait d'une migraine affreuse que le pain et les poires sèches furent impuissants à soulager.

Les villages éloignés ! pas de sucre ! pas d'eau ! Je commençais à m'inquiéter. A partir du bois de Rigny aboutissant à la vallée des Saignons, je dus à plusieurs reprises, porter le petit malade sur mes épaules ; ses jambes molles et flasques lui refusaient tout service. Les haltes se multiplièrent sans grande amélioration, il nous fallut deux heures pour parcourir les cinq kilomètres qui nous séparaient de Rigny-Saint-Martin, où nous arrivâmes vers midi.

Je connaissais heureusement dans ce village de braves gens, amis de notre famille, les Jouron, chez lesquels nous reçûmes l'accueil le plus cordial ; ils habitaient une maison proprette, de belle apparence, où l'on accédait par un perron.

A l'entrée, on pénétrait dans une grande cuisine ornée d'une crédence lorraine garnie de ses faïences ; dans un coin une vieille horloge ; au mur, des cadres représentant les épisodes glorieux des guerres du premier empire ; une maie en chêne ciré, une table et des escabeaux Louis XIII complétaient l'ameublement.

Au milieu de l'âtre, une marmite en fonte, toute ruisselante des vapeurs de l'ébullition, lançait dans la haute et large cheminée le panache de ses appétissantes buées.

Notre Louis, assis depuis une demi-heure dans un coin du foyer les pieds étendus sur les chenets, était resté sourd à toutes les propositions des tisanes les plus diverses ; mais les senteurs odorantes de la soupe aux légumes l'avaient ragaillardi. Notre indiscrétion ne connut plus de bornes, et nous ne pûmes résister bien longtemps à l'offre tentante qui nous fut faite de partager le dîner rustique de nos hôtes.

Dîner savoureux entre tous où la capacité de l'estomac des convives fut à la hauteur des circonstances.

J'avais suivi d'un œil attentif les préparatifs de la maîtresse de maison, le souvenir fidèle m'en était resté; je devais tirer grand profit de son expérience pour la confection future de nos fricots champêtres.

Quelle leçon ! Quels enseignements ! Et combien nous allions émerveiller, à l'époque des prochaines *tendues*, les Raymond Blondel, les Victor Dislaire et tous autres marmitons d'occasion. Maintenant que nous étions initiés aux secrets de la soupe aux légumes et de l'omelette au lard, quelle liesse nous réservait *la popote* des sous-bois près de notre cabane forestière !

Reconnaissants et réconfortés, nous quittions nos hôtes. Au sommet de la côte de Chalaines apparut Vaucouleurs, étalant en amphithéâtre aux flancs du coteau de Bussy, ses jardins et ses maisons pittoresques auréolés de brume.

Le but était proche! La vision du pays natal nous remplissait de joie!

Plus de quarante années me séparent de ces souvenirs émus, je reste seul, hélas! pour en revivre les douces émotions; le pauvre Louis est mort depuis plusieurs années, victime de son apostolat médical, à l'âge où les longs espoirs sont encore permis.

E. Richardin.

La soupe aux légumes (*mode Lorraine*).

Préliminaires. — Eplucher et laver soigneusement : 6 carottes moyennes, 4 poireaux, 6 pommes de terre, 1 cœur de chou moyen, 3 navets, une poignée de haricots trempés de la veille, si vous n'en avez pas de frais récoltés, 1 gros oignon, une gousse d'ail, 1 branche de céleri, 1 branche de thym. Laisser entier le cœur de chou, découper en deux les autres légumes.

Première opération. — Faire bouillir de l'eau dans une marmite, y plonger les légumes et les assaisonnements, 60 grammes de beurre très frais; saler et poivrer. Cuisson trois heures.

Deuxième opération. — Sur la plaque tiède du foyer déposez une soupière dont vous aurez garni le fond de tranches émincées de pain, que vous arroserez de deux décilitres de crème très fraîche. Parsemez cette couche onctueuse de deux cuillerées à bouche de cerfeuil haché; placez sur la soupière une passoire aux larges trous et versez y doucement le bouillon de la marmite que vous laisserez bien égoutter.

Troisième opération. — Dans un grand plat creux de faïence déposer symétriquement les légumes — au centre, le cœur de chou, tel un globe d'or ; toutes les pommes de terre, les navets et les haricots encadreront cette coupole fumante qu'un cordon de belles carottes émaillera de pourpre — Tranchez le chou en deux parties; introduisez dans cette ouverture un gros morceau d'excellent beurre, qui s'évanouira comme un rêve, mais vous laissera au goûter la réalité d'un plat simple et délicieux.

L'omelette au lard.

Au milieu d'un feu clair, à la flamme joyeuse des ramures, une poêle dans laquelle fondent des *chons* de lard baignés de trois cuillerées d'huile de pavot ou d'olive. Lorsque la graisse crépite et bouillonne, on y verse les œufs préalablement mouillés d'un demi-verre de lait, vigoureusement battus, salés et poivrés de bon goût. Cuite en restant moelleuse, l'omelette doit être servie repliée sur elle-même, dans la plus humble des attitudes, sur un plat chaud. (Chons : *petits morceaux de lard découpés en dés*).

E. Richardin.

GIBIERS DES BOIS ET DES CHAMPS, POULAILLES, POISSONS DE MER ET D'EAU DOUCE

accommodés au goût du temps, selon les formules de Maisons nobles et Royales, aux XVIIIe et XIXe siècles.

Bécasses à la Bourguignonne.

Vous prenez des Bécasses, vous les coupez par quartiers et en ôtez l'intérieur pour faire une liaison ; vous mettrez après cela vos bécasses dans une casserole avec des champignons, truffes et ris de veau ; passez ensemble au lard. Versez-y ensuite un jus de bœuf, et assaisonnez le tout de bon goût ; ajoutez-y deux verres de vin, laissez bien cuire votre ragoût.

Étant bien cuit, liez la sauce avec le dedans de vos bécasses que vous avez réservé, délayez avec la sauce même; après cuisson, dégraissez bien, dressez dans un plat, et servez avec un jus de citron.

Cailles en fricassée.

Habillez proprement vos cailles, fendez-les en deux, et passez-les à la casserole avec lard fondu ; ajoutez-y champignons, morilles, fonds d'artichauts, sel, poivre, persil et ciboules hachés menu ; farinez légèrement, laissez prendre un beau roux à vos cailles.

Ensuite, mettez-y un verre de bon vin, laissez mitonner le tout doucement ; lorsque votre fricassée est presque cuite, vous y ajoutez un bon fumet, puis vos cailles étant cuites vous les servez chaudement. On peut préparer ainsi les *grives* et les *merles*.

Cailles en ragoût.

Pour mettre les cailles en ragoût, il faut les fendre en deux par l'estomac ; les passer au lard dans une casserole avec un peu de farine pour lier la sauce ; ensuite mettez-y un peu de bouillon, sel, poivre et paquet de fines herbes, des champignons coupés en dés, et culs d'artichauts, laissez-les cuire doucement ; étant cuites, versez-y un jus de mouton (si vous en avez), avec un jus d'orange, ou un filet de verjus (remplacer par un jus de citron).

Perdrix à l'estouffade.

On prend des perdrix, on les larde de gros lard, puis on les passe à la casserole avec lard fondu, et on leur fait prendre belle couleur.

Cela fait, mettez-y du bouillon, sel, poivre et paquet

de fines herbes, laissez cuire votre ragoût, ajoutez-y des champignons, truffes et fonds d'artichauts.

Étant cuites, mettez-y un coulis de bœuf, et servez chaudement pour entrée avec un jus de citron.

Perdrix à maître Lucas.

Ayez de la cuisse de veau, de la moelle et du lard blanchi; hachez bien le tout avec champignons, truffes, ciboules, persil, une mie de pain imbibée de bon jus, sel et poivre, et deux œufs battus pour lier votre godiveau.

Cela fait, on prend une tourtière un peu grande, on en garnit le fond de bardes de lard, on met dessus le godiveau disposé en réservant un vide au milieu pour placer la perdrix. Vous fendez ensuite votre perdrix en quatre, vous la passez à la casserole avec lard, persil, ciboules, et un peu de farine; puis, vous y ajoutez des champignons, des truffes et des ris de veau, un bon jus de bœuf et un bon assaisonnement; laissez un peu cuire le tout.

Étant presque cuit, vous rangez vos morceaux de perdrix sur votre godiveau, dans votre tourtière, vous la portez au four, lui faites prendre couleur et la cuire à propos.

Ensuite retirez votre ragoût, dégraissez-le, faites-le couler doucement sur votre plat, en sorte que les bardes restent au fond de la tourtière; mettez-y un coulis de champignons, et servez pour entrée avec un jus de citron.

Vous pouvez servir, de cette manière, des *poulardes*, des *poulets* et *pigeonneaux*.

Chapon à la braise.

Vous prenez un bon chapon, vous le fendez sur le dos jusqu'au croupion, l'assaisonnez de sel, poivre et fines herbes hachées bien menu.

Ensuite ayez une marmite, garnissez-en le fond de bardes de lard et de tranches de bœuf battu ; mettez-y votre chapon, l'estomac en dessous : ajoutez-y un morceau de jambon cru haché, un bouquet de fines herbes, et couvrez également le tout d'une tranche mince de jambon : fermez la marmite hermétiquement ; mettez-la à la braise, feu dessus et dessous, laissez bien cuire le tout.

Étant cuit, retirez la marmite, prenez le jus qui entoure votre chapon, que vous versez dans un plat ; dressez-y votre volaille et servez chaudement pour entrée, avec un jus de citron.

Vous pouvez servir ainsi des *dindons*, *poulardes*, *perdrix*, *poulets*, *cailles* et *pigeonneaux* ; on farcit si l'on veut ces volailles avant de les mettre à la braise, cela dépend des fantaisies.

Chapon en ragoût.

Il faut avoir un chapon bien mortifié, le couper par moitié, le larder de gros lard et le passer au roux dans la casserole, avec lard fondu et bon beurre, et un peu de farine frite : cela fait, mettez du bon bouillon, un bouquet de fines herbes, des champignons, des truffes et autres choses de cette nature, sel, poivre, le tout accommodé de bon goût.

Ensuite laissez-le cuire sur le fourneau. Étant bien cuit et la sauce liée convenablement, dressez votre chapon dans un plat et servez-le pour entrée, garni de foies gras rôtis, ou de persil frit.

Les *poulardes*, les *dindons* et les *poulets* se servent ainsi déguisés.

Poularde farcie.

Préparez une farce avec des ris de veau, truffes, champignons, fonds d'artichauts et de la moelle de bœuf; hachez bien le tout ensemble; assaisonnez de bon goût et blanchissez-le.

Cela observé, farcissez-en une poularde; bardez de lard l'estomac; enveloppez-le de papier, et faites rôtir. Pendant cette opération, préparez une sauce avec un jus de veau, des truffes, des champignons, deux anchois, le tout haché et cuit à point dans une casserole. Dressez ensuite votre poularde dans un plat, votre sauce dessous, et servez chaudement pour entrée avec un jus de citron.

On apprête, de la même manière, les *chapons*, les *dindons* et les *poulets*.

Poularde à la provençale.

Prenez une poularde que vous plumez convenablement; faites-la rôtir avec une barde de lard sur l'estomac. Pendant la cuisson, préparez à part un ragoût de foies gras, ris-de-veau, persil, ciboules hachés; assaisonnez de sel, poivre, de bon goût, et passez à la casserole avec un peu de lard et de farine.

Cela fait, versez dans ce ragoût un verre de bon vin; ajoutez des carpes hachées, un anchois et des olives désossées, puis un bouquet de fines herbes et un jus de bœuf pour liaison.

Votre ragoût étant achevé, vous prenez la poularde, la dressez dans un plat, votre ragoût par-dessus, puis vous servez chaudement comme entrée avec un jus de citron.

On sert ainsi les *chapons*, les *poulets*, les *perdrix*, les *bécasses* et les *dindons*.

Poularde au bain-marie.

Prenez une poularde que vous troussez proprement, vous la farcissez d'un ragoût de cette sorte : Ayez des mousserons ou champignons, crêtes, ris de veau, truffes, morilles, mettez-les en casserole avec beurre, du bon lard fondu, sel et poivre, laissez cuire le tout : et quand il est cuit de bon gout et refroidi, vous introduisez le ragoût dans le corps de la poularde, que vous placerez dans une vessie de bœuf, que vous lierez avec soin.

Cela fait, placez la volaille dans un chaudron plein d'eau, attachez-la à l'anse, et faites bouillir pendant quatre ou cinq heures, observant que la vessie ne touche en aucun point le fond du chaudron.

Lorsque la poularde sera cuite, retirez-la du chaudron; sortez-la de la vessie ; dressez-la dans un plat, et versez dessus le jus quelle aura rendu dans la vessie, puis servez chaudement.

Canard en ragoût.

On fait rôtir entièrement un canard ; pendant qu'il rôtit, on prépare un ragoût de ris de veau, d'artichauts, champignons, sel et poivre, fines herbes en bouquet, et cuit à la casserole avec lard fondu.

Votre ragoût étant cuit, versez-le sur votre canard après lui avoir donné une petite pointe de vinaigre ; garnissez votre plat de fricandeaux et servez pour entrée.

Pigeonneaux à la Bourgeoise.

Vous prenez des pigonneaux, vous les habillez proprement et les échaudez ensuite ; poudrez-les de farine, passez-les à la casserole avec lard fondu ou bon beurre ; faites-leur prendre un beau roux. Après cela mettez-y du bouillon, sel, poivre et des champignons, fonds d'artichauts, ris de veau et bouquet de fines herbes ; laissez bien mitonner le tout, jusqu'à ce que vous voyez que la sauce soit bien liée, puis dressez votre ragoût et servez-le chaudement pour entrée, garni de champignons frits, ou de fricandeaux, ou de citrons coupés par tranches. On peut préparer de la même façon, *poulets* et *poulardes.*

Pigeons à la Gardi.

Il faut farcir les pigeons entre la peau et la chair et dans le corps, avec une farce composée de lard cru, jambon cuit, truffes, champignons, quelques foies, persil, ciboules et autres assaisonnements ordinaires ; vous hachez le tout, vous le liez de deux jaunes d'œufs, puis vous farcissez vos pigeons, comme on l'a dit ; vous les enveloppez chacun d'un fricandeau piqué sur l'estomac ; vous ficelez bien le tout et les faites cuire à la broche.

Vos pigeons étant rôtis, vous les servirez pour entrée avec un ragoût, dessous, fait avec des ris de veau, champignons, fonds d'artichauts, fines herbes, sel et poivre, le tout bien cuit à la casserole et de bon goût.

Pigeons au Basilic.

Ayez de bons pigeons, échaudez-les et faites-les blanchir ; cela fait, vous leur ferez sur le dos une petite fente pour y pouvoir mettre une farce, dont voici la composition : prenez du lard cru, ajoutez-y du basilic, du persil, sel et poivre ; hachez bien le tout et farcissez-en vos pigeons, après quoi vous les cuirez dans un pot avec du bon bouillon et autres assaisonnements.

Étant cuits vous les tirerez, vous les jaunirez avec des œufs battus, et les poudrerez de mie de pain, ensuite faites-les frire dans le saindoux, jusqu'à ce qu'ils aient pris une belle couleur, puis vous les servirez chaudement pour entrée. On sert aussi des *cailles* apprêtées de cette manière.

Fricandeaux farcis.

Prenez de la cuisse de veau, découpez-la par petites tranches; battez-les bien avec le manche d'un couteau, puis piquez-les de moyen lard ; ensuite vous les étendrez sur une table, le lard en dessous; vous les couvrirez à l'épaisseur d'un écu d'une farce faite avec un morceau de veau, moelle de bœuf, un peu de lard, sel, poivre, fines herbes et un œuf mélangé à cette farce. Quand cela est fait, on les roule, on les fait cuire dans une casserole sur la braise avec un peu de lard au fond, on les laisse prendre belle couleur des deux côtés après les avoir retournés. Tirez ensuite vos fricandeaux, ôtez-en la graisse, remettez-les dans la casserole avec un jus de bœuf, laissez-les-y un peu mitonner et liez la sauce avec farine frite ; étant cuites, dressez-les et servez-les pour entrée avec un ragoût de champignons dessous.

Omelette farcie.

Ayez des laitences de carpes, coupez-les par morceaux et passez-les en ragoût dans une casserole avec beurre, champignons, sel, poivre blanc et fines herbes en paquet ; votre ragoût étant fait, versez-le dans une douzaine d'œufs que vous aurez cassés ; battez bien le tout ensemble, assaisonnez de sel. Mettez dans la poêle un bon morceau de beurre frais que vous laisserez presque roussir ; faites votre omelette en la laissant légèrement rissoler dans votre beurre ; étant de belle couleur dressez-la dans un plat.

Barbeaux rôtis.

S'ils sont d'une moyenne grosseur, vous les habillerez proprement, c'est-à-dire, vous les écaillerez et les viderez, vous les inciserez et les frotterez de beurre et sel menu, puis vous les mettrez sur le gril ; étant rôtis vous ferez une sauce avec des anchois que vous passerez à l'étamine avec un peu de farine, vous y ajouterez des huîtres blanchies et amorties dans la sauce.

Votre sauce étant apprêtée, vous dresserez votre barbeau dans un plat, votre sauce par-dessus, et le servirez pour entrée, garni de champignons et de persil frits. Ou bien vous ferez simplement une sauce blanche avec beurre passé à la casserole, sel, poivre, deux anchois fondus, olives désossées et une pointe de rocambole.

On peut ainsi préparer le *brochet* et la *carpe*.

Barbue marinée.

Vous la ferez mariner comme l'anguille ; étant marinée vous la poudrerez de chapelure de pain passée au tamis et sel menu après l'avoir frottée de beurre fondu ; ensuite vous la mettrez dans une tourtière ou autre ustensile, puis la ferez cuire au four et lui laisserez prendre belle couleur.

Étant cuite, servez-la chaudement pour entrée, et garnie de champignons frits ou de croûtons et persil frits.

Soles en ragoût.

Ayez des soles, ratissez-les et videz-les, farinez-les et passez-les à la casserole pour leur faire prendre un beau roux ; cela fait, laissez-les refroidir et ôtez leur l'arête, puis vous les farcirez d'un hachis fait avec champignons, truffes, laitences de carpes, beurre frais, un peu de chapelure de pain et une ciboule hachée.

Vos soles étant farcies, vous les mettrez en casserole avec bouillon de poisson, ou purée claire, et un peu de verjus, laissez cuire le tout ensemble ; liez votre sauce avec de la farine frite et servez après pour entrée. Garnissez votre plat de ce que vous voudrez.

GOMBERVAUX.

Le dîner de la Bonne Cuisine.

— « O Richardin !... La bouche me démange... »

Combien de fois cette supplication n'est-elle pas montée vers le savant ordonnateur de la *Bonne Cuisine* !

C'est qu'on se lasse, voyez-vous, des dîners de hasard du restaurant : les mets les plus moelleux y ont presque tous je ne sais quel arrière-goût qui n'est pas tout à fait honnête. On se lasse aussi bien des dîners de cérémonie : comment donneriez-vous à votre bouche les soins impérieux qu'elle exige, quand vous devez sourire à votre voisine de droite, flatter celle de gauche et lancer, d'instant en instant, un mot infiniment spirituel dans la conversation ? D'ailleurs, n'en doutez pas : l'estomac sur lequel s'applique l'empois glacé d'une chemise est un estomac torturé. Et ceux-là même, enfin, — ce sont pourtant les heureux de ce monde, — qui ont attaché à leurs fourneaux une très vieille cuisinière dont la science solide et l'expérience éprouvée leur donnent chaque jour d'insignes joies, ceux-là même ont besoin, parfois, de dégourdir leurs papilles gustatives.

C'est pourquoi, périodiquement, l'on entend s'élever des quatre coins de Paris des voix qui implorent :

« O Richardin !... La bouche me démange.... »

La bouche vous démange, mes amis ? Nous allons l'oindre des saveurs suaves et la réjouir d'aromes exquis. Point de cérémonial, nul protocole ! Les rites sacrés du bien boire et du bien manger se célèbrent sans apparat. Nos réunions n'ont pas besoin de faste. Une jolie salle, des lumières gaies ; les

LE BENEDICITE

verres brillent de plaisir, guignant là-bas leurs vénérables fiancées, bouteilles poudreuses et rebondies ; les fleurs répandues sur la table sont tendres de couleur et fines de forme ; elles n'essaient pas de sentir trop bon, sachant que nul parfum ne prévaut contre le fumet d'une sauce bien assortie. Et les convives ? Les voici :

A tout questeur, tout honneur, *Le Dîner Drouant* a pu s'éteindre ; jamais la consomption n'atteindra celui de la *Bonne Cuisine*. Richardin l'a juré. Il tient parole.

Le premier, il se trouve au lieu du rendez-vous : admirez-le autour des casseroles, surveillant d'un dernier regard l'exécution de ce menu qui lui coûta, pour l'établir, tant d'hésitations, de débats : scrupules saints, luttes bénies dont nous ne le remercierons jamais assez !

Tout va bien ! Le regard de Richardin est celui du général certain de la victoire. Le terrain est sûr, les armes éprouvées. Les troupes peuvent arriver ! Elles arrivent.

Elles arrivent dans un désordre charmant. Cette belle figure grave, c'est Gustave Geffroy ; vous constaterez tout à l'heure que s'il est bon critique des couleurs, il est aussi fin juge des saveurs. René Binet le suit, — Binet, peintre, architecte, explorateur (il a peint nu pieds, dans les mosquées interdites, avec un soldat turc qui le gardait cimeterre au poing, oui monsieur ! et sa main ne tremblait pas !...) Binet qui est bien le plus capiteux vin de dessert que l'on connaisse. Cet homme aux cheveux argentés, au sourire fin, aux mains grassouillettes, mélange charmant de bonté, de force et de malice, c'est Chaumié, qui fut et sera tant de choses, et qui est resté si simplement Chaumié : subtil gourmet, conteur précieux,

— attendez qu'il vous narre comment, dans une petite ville du Midi, un cortège officiel et une troupe de cirque en parade se trouvèrent mêlés : « Pompiers,... les trois sénateurs,... deux chameaux,... les secours mutuels,... un ours muselé.... »

Maintenant, la foule se presse : Georges Renard, petit Zola tout blanc qui vous conte d'une voix douce des histoires de 48 ; Raffaëlli, l'artiste placide aux doigts délicats ; René Baschet, directeur de l'*Illustration*, dont l'œil cherche toujours le document sensationnel ou l'information amusante : les Margueritte, qui vous donnent une si franche impression de force et de tendresse, comme leurs livres : Waltner, beau talent, belle tête ; Adolphe Brisson, cordial et sagace sous ses cheveux à la chien... On cause, on rit, les groupes se forment, et les convives entrent toujours.

Un grand, mince, avec la moustache en l'air, l'œil réservé derrière le binocle et le cœur chaud sous sa redingote boutonnée : Chautard ; il fut des nôtres, simple conseiller : il en était hier encore Président du Conseil municipal ; il en est aujourd'hui, député de Paris ; il en sera demain, quand... mais, chut ! ne dévoilons pas sa destinée. Moins grand, moins mince, c'est Alexandre Bérard ; maître jovial des P. T. T., il est faible avec ses amis, il le sait, et il s'y résigne : il a mis dans sa poche deux ou trois petits bureaux de poste, qu'il distribuera au dessert quand les crus généreux auront achevé d'amollir son cœur. Un gourmand entre les gourmands, c'est Georges Lecomte, un causeur entre les causeurs, Frantz Jourdain. Et le plus « gueulard » de tous, peut être, d'Ardenne de Tizac, Conservateur de Cernuschi. Près de lui, un homme modeste se recueille ; mais son esprit part tout d'un coup, fuse, pétille et se répand : Coquelin Cadet. Voyez encore le discret Louis Lumet, le brave graveur Focillon, Marcel

Charlot, Lucien Vaquez, Maurice Pottecher qui, s'il accusa le diable de s'être fait marchand de goutte, féliciterait bien le bon Dieu de s'être fait pourvoyeur de vin, Jean Ajalbert, Duchemin, et les deux docteurs de la bande, Henri Vaquez, Lubet-Barbon : mais ils ne sont là que pour se soigner eux-mêmes ; rassurez-vous. Parmi les hôtes de passage, citons Jean Finot, directeur de la *Revue*, Stapfer, doyen honoraire de la Faculté des Lettres de Bordeaux, Georges Clémenceau, dont la dent si cruelle pour ses ennemis touche avec respect aux mets qui en sont dignes, le diplomate Boppe, H. Nocq, Maurice Charlot, le sculpteur Moreau-Vauthier.

A la soupe! — La soupe ?... Mais, parfaitement. Notre vieille et bonne soupe française, avec des légumes et du pain. Lorsque vous voulez commencer un repas en cordialité vraie, faites apporter la soupe.

Celle-ci, Richardin la goûte encore ; les regards anxieux sont suspendus à sa bouche. Il dit : « Bonne! » La joie brille aussitôt dans tous les yeux. Et vous pouvez voir ces hommes, dont beaucoup sont illustres dans les arts, la science ou la politique, et qui tous sont parmi les plus fins mangeurs de Paris, se délecter tout bonnement avec une soupe du temps d'Henri IV.

Ne venez pas chercher à la *Bonne Cuisine* ces mets baroques, saugrenus, qui n'auraient pour votre palais d'autre charme que le bizarre, et sur votre estomac d'autre effet que le pyrosis. Ici, c'est le triomphe de la succulente et saine cuisine, dont la tradition s'est perpétuée à travers les siècles pour la délectation des vrais gourmets.

On y raffine la barbue, on y sert le gigot paré de toutes des vertus, on y prépare les cardons selon les plus nobles principes. Des proportions exactes, une juste cuisson, des soins émouvants de chaque minute pour chaque détail : cela suffit pour faire un bœuf braisé ou un poulet en fricassée comme on n'en mange pas à la table des rois. Joignez à cela quelques bouteilles de bordeaux velouté et de bourgogne chaleureux. Vous vous expliquerez les exclamations entrecoupées qui s'échappent de trente gosiers éperdus. Adolphe Brisson meurt de bonheur : donnez-lui encore un peu de barbue, et si vous l'exigez, il trouvera demain du génie au plus blême des dramaturges ! Geffroy se vendra pour du gigot ; Chautard rira, — et cela lui coûte ! — si vous lui passez deux cardons; Saint-Arroman, gastronome émérite, inventeur pénétrant, praticien parfait, claironne de sa voix de cuivre; il saisit son verre comme une trompette, mais, ô miracle ! se tait aussitôt: l'œil clos, la lèvre humide, il boit... Regarder boire Saint-Arroman est un des plus beaux spectacles de la nature. Rosny, courtois prélat à barbe noire, savoure les mets avec dévotion, tandis que le procureur général Bulot manie ardemment la fourchette comme il manierait le glaive des lois. Binet commence une de ces histoires hautes de couleur et riches de ton qui arrachent le rire ; il s'y passe de tout, dans les histoires de Binet: et c'est le cas de dire que l'esprit lui sort par tous les côtés. Cadet, lui, se réserve ; attendez : je vous dis que vous aurez ce soir toutes les joies !

Mais quel est ce frémissement ? Voici paraître le plus fin des régals gourmands, créé par Richardin en une minute de génie ! L'*Omelette infernale*.... Sur un vaste plat long, la voici, bossue, dorée : le garçon la porte comme le bon Dieu, les fidèles sentent que le grand moment approche, et se recueillent. On se sert. Vite ! de l'assiette à la bouche, sans délai.... Le palais se fond, la langue se pâme, l'estomac défaille. « *Que c'est bon !* » Entendez ce mot murmuré par un vrai gourmand : il exprime l'admiration, la ferveur, la reconnaissance, tous les grands sentiments humains. Des glaces diverses, finement parfumées, se cachent dans les flancs de l'Omelette infernale : une pâte soufflée, légère, brûlante, les entoure de toutes parts ; imaginez l'Équateur sur le Pôle.... C'est une sensation d'extase qui se répand des lèvres au nombril. La glace glace et le soufflé brûle, et c'est doux, c'est tendre, c'est une morsure, c'est une caresse, tout s'évanouit dans la volupté ; on n'a plus de force.... Seuls, des regards noyés de gratitude s'élèvent, concert éloquent et muet, vers l'inventeur de ce délice satanique.

C'est fini. Nulle sensation n'efface celle-là. Ni les fruits délicats, ni l'antique eau-de-vie, ni les nobles havanes ne font oublier ce souvenir. On fume, on cause. Il est dix heures. Aucune fatigue. Les dévôts de la bonne chère se séparent. Point de danger qu'ils aillent noyer dans les flots d'une bière épaisse l'aimable, l'insigne fardeau qu'ils portent en eux. Un bon repas n'est pas seulement doux à absorber : sa digestion même doit être un plaisir.

Plaisir que l'on savoure lentement dans la nuit claire. Et quand on se couche, c'est d'un corps léger et d'un cœur tranquille que l'on aborde, sans effort, au pays des songes...

JEAN VIOLLIS.

La Bécasse de Mézin.

Ici, je ne suis qu'un scribe, traçant pour la glorieuse tradition de la table un mets que je n'ai pu savourer qu'accidentellement : scribe probablement jugé indigne par ceux de là-bas pour qui ce rôti rentre dans la liste des mets nationaux ! Gens du Gourguillon, riverains de ce ruisselet qu'est le Rhône, comment puis-je oser parler de choses sacrées pour les Gascons des rives du grand fleuve de la Garonne ?

Enfin, comme j'en parle avec respect, la Gascogne et la Garonne me pardonneront... peut-être !

Le mets en question est fameux dans la lande qui borde le golfe de Gascogne, et sa gloire s'étend jusqu'aux coteaux de l'Armagnac, y compris le hameau du Loupillon. Ce mets, je l'ai connu à la table hospitalière, bonne et cordiale d'un illustre ami, qui, devant quelques intimes, de ses propres mains, sous les yeux brillants de convoitise de ses convives, confectionnait lui-même le plat en son second acte.

La bécasse — ou les bécasses, si vous êtes plusieurs, — vous la faites rôtir devant le feu de sarment, flamme sacrée dont la vie est nécessaire à l'origine de toute bonne cuisine, rôtie sans nul condiment, sans beurre, rôtie non vidée. Au-dessous, pendant la flambée, vous avez préalablement placé une tranche de pain d'un doigt d'épaisseur, sans nulle préparation, sinon qu'on l'a fait griller avant et très peu. La bécasse cuit sur le pain, à son gré, sans nul arrosage, sans nul apprêt. La matière première pure et simple sous ses deux aspects, gibier et pain ; en face le feu : pas d'autre personnage.

La bécasse se vide en cuisant, non complètement.

C'est là le premier acte : le rideau tombe.

Second acte : rôties et bécasses sont portées à table, ce sur un réchaud qui conserve leur douce chaleur.

Un personnage vient remplacer le feu, qui a eu le premier rôle à l'acte précédent : l'hôte ou l'hôtesse, sur assiette chaude, complète la rôtie en achevant de vider les bécasses. Là est l'art, le grand art : il faut le tour de main. La rôtie est préparée comme toutes les autres rôties de bécasse : puis on la saupoudre : on la saupoudre de sel, poivre et de muscade râpée en moindre quantité; enfin on y verse un peu d'huile pour que le pain ne soit pas sec. Fin du deuxième acte.

Troisième acte, où entre en scène un autre interprète, la gourmandise des convives. Faire réchauffer la rôtie, et ajouter seulement ensuite, un jus de citron. On sert!

Eh bien! si les Gascons trouvent ainsi parées, succulentes, les bécasses de la lande d'Aquitaine, gens de Bourgogne, de Dauphiné, de Beaujolais, de Savoie, du Gourguillon et de la Grand' Côte, vous pourriez aussi essayer. Qu'en dites-vous, les gones?

UN GONE DU GOURGUILLON.

Œufs mousserons.

Prenez des œufs cuits durs, coupez-les par le milieu Dans une poêle, faites cuire du beurre très frais. Jetez dans le beurre fondu vos moitiés d'œufs durs. Faites-les roussir, versez quelques gouttes de vinaigre.

Recette simple et facile; mais résultat exquis: c'est succulent. Essayez ça à votre déjeûner: vous m'en direz des nouvelles.

Œufs mousserons (*autre manière*).

En même temps que vous mettez les œufs dans le beurre fondu, ajoutez 125 grammes champignons (mousserons) blanchis, et le reste comme la recette ci-dessus.

Poulet à l'estragon.

Ceci c'est le mets national de ma bonne, chère et plantureuse ville de Bourg-en-Bresse. Bourg n'a pas le Gourguillon, ni la Grand'Côte comme Lyon la Grand'ville; Bourg n'a que la Reyssonge qui n'est comparable ni à la Saône, ni même au Rhône; mais

Bourg l'emporte sans conteste sur Lyon par la table : Bourg et Belley — sont les deux villes du monde où l'on mange le mieux : elles ont, du moins, cette orgueilleuse prétention de petites capitales gastronomiques. — Eh bien ! puisque Bourg s'enorgueillit du poulet à l'estragon, le poulet à l'estragon doit être mets de gueule royale.

Vous prenez un poulet — le bon poulet de Bresse, à la chair si fine est le meilleur : — vous le mettez dans une vessie, en enfermant avec lui du gros sel et de l'estragon tout comme, dit-on, en Turquie, le sultan fait ou faisait enfermer la femme coupable dans un sac, en compagnie d'une vipère et d'un chat, avant de la jeter dans le Bosphore. Vous jetez votre vessie, non dans le Bosphore, mais dans une marmite où l'eau est en train de bouillir. Vous laissez cuire : retirez la volaille du sac, servez, découpez et croquez — je vous assure, vous croquez à belles et bonnes dents. — Méditez : usez, vous userez à nouveau plus d'une fois.

Un Gone du Gourguillon.

La Flaugnarde (*plat limousin*).

Mettez dans un saladier trois cuillerées de farine ; cassez-y trois œufs entiers, salez légèrement, sucrez à votre goût ; ajoutez trois quarts de litre de lait ; aromatisez et délayez le tout consciencieusement.

Beurrez un plat creux ; versez votre mélange dans ce récipient, en ayant soin d'employer une passoire pour cette opération. Sur la surface de cette crème onctueuse, déposez symétriquement des petits morceaux de beurre très frais, et mettez le plat au four très chaud. Après cuisson, laissez refroidir, démoulez et servez.

P. Jouhannaud.

Le Fassun de Grasse (A. M.) (pour douze personnes).

Prendre un gros chou bien « pommé », en détacher les feuilles, une à une, et les faire blanchir toutes. On peut diminuer les côtes trop dures.

Les grandes et moyennes feuilles sont mises de côté, et les toutes petites hâchées avec :

200 grammes tendron de veau ;
100 grammes foie de veau ;
200 grammes maigre de porc ;
300 grammes gras de porc ;
200 grammes tomates fraîches ;

et le vert de deux pieds de poirée dénommée « herbette » à Grasse, bouquet d'ail, oignon, persil, poivre et sel.

Ajouter à ce hachis :

150 grammes riz Caroline ;
1/4 litre petits pois frais ;
100 grammes pain dur (trempé 15 minutes et pressé ensuite).

Bien mélanger.

On place une mousseline dans un grand saladier, et l'on étale dessus, une à une, en commençant par les plus grandes, les feuilles blanchies sur lesquelles on verse le hachis ; on recouvre avec quelques feuilles que l'on a gardées et l'on attache la mousseline en forme de sac. Le hachis, complètement enveloppé, a la forme d'un chou pommé.

Faire cuire quatre heures avec un jambonneau.

Retirer la mousseline avant de servir.

Louis Lumet.

RECETTES DU PAYS LORRAIN
au temps de Stanislas, son dernier Duc.

Brochet à la sauce d'anchois.

Lorsque le brochet est vidé, faites-y quelques incisions et mettez-le mariner avec du vinaigre, du poivre, du sel, du laurier et des ciboules.

Quand il est mariné, il faut le fariner et le faire frire de belle couleur. Faites fondre ensuite des anchois au beurre roux et passez-les à l'étamine après y avoir ajouté un jus d'orange, des câpres et du poivre blanc; mettez le brochet dans la sauce, et, l'ayant garni de persil frit, servez-le.

Brochet à la Polonoise.

Faites bouillir de l'eau de décoction de racines de persil, du vin blanc, du vinaigre que vous aurez assaisonné de sel : pendant que cela bout, jetez le brochet dedans : puis, quand il sera temps, ajoutez du citron, du poivre, du sucre et un peu de safran. Servez-le avec une sauce blanche.

Brochet en ragoût.

Prenez un brochet, lardez-le d'anguille, faites-le cuire au beurre roux, mettez-y du vin blanc, du verjus, du sel, du poivre, de la muscade, du clou, du laurier, des fines herbes et de la peau d'orange ; étant cuit, faites un ragoût de champignons, joignez-y de la sauce dans laquelle aura cuit le brochet, mettez-y cette sauce avec le brochet et servez-le. On peut ainsi préparer le **barbeau** et la **carpe.**

GOMBERVAUX.

RECETTES MODERNES

Aubergines à la Béchamel.

Pelez les aubergines et fendez-les par moitié, creusez-les et coupez en petits dés cet intérieur retiré de l'aubergine.

Faites frire à la poêle et dans l'huile les aubergines évidées, égouttez-les et mettez dans la même huile les petits dés que vous faites dorer. Ayez du beurre dans une casserole, faites-y revenir quelques petits carrés de jambon ; une fois dorés, ajoutez aux intérieurs découpés en dés, une cuillerée de farine et un peu de lait, remuez jusqu'à consistance. Remplissez alors de cette pâte les aubergines, mettez-les dans un plat beurré et faites cuire au four ; servez dès qu'elles auront pris une belle couleur.

Crônes du Japon.

Après avoir bien nettoyé les crônes, les faire cuire à l'eau salée : une fois cuits les égoutter et les tremper dans une pâte à beignets et faire frire : servez en pyramide.

Soufflé au fromage.

Mettre fondre dans une casserole gros comme une noix de beurre, ajouter deux cuillerées de farine, bien mélanger et verser petit à petit un demi-litre de lait très chaud afin de faire une sauce épaisse ; travailler le mélange à feu doux pendant dix minutes, ajouter un peu de sel, 5 jaunes d'œufs et un quart de fromage râpé ; au moment de servir, battre en neige les blancs d'œufs, les bien mélanger à l'appareil. Beurrer un plat allant au four, y verser le tout et mettre au four assez chaud pendant dix minutes.

Soufflé au jambon.

Même préparation que pour le soufflé au fromage. Au lieu de fromage, prenez du jambon d'York coupé en petits dés.

On fait de la même manière, le soufflé de **volaille**, de **veau**, etc.

Endives glacées.

Préparer les endives comme pour les blanchir, beurrer une casserole, y ranger les endives les unes à côté des autres, les arroser d'un bon bouillon, ou de jus de viande ; saler, poivrer ; beurrer un papier d'office, le mettre sur la casserole, couvrir avec le couvercle et mettre cuire au four pendant 15 à 20 minutes ; les endives doivent rester blanches, les servir avec leur jus.

Délicieuses au fromage.

Battez six blancs d'œufs en neige très ferme ; quand ils sont bien durs ajoutez-y trois quarts de fromage de gruyère râpé ; mélangez bien le tout en ayant soin de ne pas saler.

Faites de cette pâte des petites boulettes que vous tournez dans de la fine chapelure et mettez immédiatement dans de la friture bouillante ; servez de suite afin d'éviter que vos délicieuses ne s'affaissent.

Le point essentiel pour bien réussir est de préparer la pâte à la dernière minute.

Ragoût de jambon aux épinards.

Prenez des tranches de Jambon (Yorck ou Bayonne) d'un demi-centimètre d'épaisseur; passez-les au beurre dans une casserole et faites-les dorer des deux côtés : réservez-les.

Mettez ensuite dans une casserole des champignons entiers avec du beurre, laissez-les cuire, couverts, pendant dix minutes. Après ce temps, découvrez votre casserole et laissez cuire sans bouillir sur un coin du fourneau.

Faites blondir du bon beurre ; ajoutez-y une cuillerée de farine de gruau ; mouillez avec du bouillon. Un instant avant de servir, versez dans ce ragoût, un demi-verre de vin de madère, sans le laisser bouillir. Dressez le tout sur un plat chaud et servez en même temps un légumier d'épinards.

QUEUX ET COQS LORRAINS.

Terrines de foies gras.

Préparation de la farce. — Procurez-vous 500 grammes de filet de porc frais bien blanc et bien dénervé, 600 grammes lard frais, salez et épicez, hachez le tout très finement et pilez au mortier. Ajoutez à cette pâte les parures de foie gras que vous aurez fait revenir dans du beurre manié de fines herbes, laissez refroidir, pilez au mortier, mélangez le tout ensemble et passez au tamis de toile métallique.

Préparation des foies. — Choisissez des foies gras d'Alsace, fendez-les pour en extraire les fibres, les nerfs et le fiel, parez les extrémités, assaisonnez de sel assez fortement et épicez, piquez ensuite les foies, de truffes du Périgord proprement pelées, coulez sur ces truffes un beurre manié de fines herbes que vous clarifierez en y ajoutant un peu d'échalotes et de persil hachés.

Prenez maintenant une terrine que vous enduirez entièrement d'une mince couche de farce, plongez-y un demi-foie, une couche de farce et ainsi de suite jusqu'à terrine remplie, terminez par une couche de farce et recouvrez d'une bande de lard. Faites cuire dans un four modéré jusqu'à complète clarification de la graisse, laissez refroidir.

Le lendemain de la cuisson, égalisez la surface, coulez-y du saindoux fondu presque froid et fermez la terrine avec du papier d'étain.

Parfait de foie gras à la gelée au champagne.

Foncez un moule ovale pincé avec de la pâte à pâté ; dénervez un foie gras, épicez-le et truffez-le fortement, faites-le mariner quelques heures au champagne, mettez-le ensuite dans le moule déjà préparé, placez dessus des bardes de lard, couvrez le pâté avec de la pâte décorée et soudez-le, faites cuire à four assez vif. Quand la cuisson est terminée, laissez refroidir le pâté jusqu'au lendemain ; ouvrez-le, enlevez les bardes et le foie, coulez au fond de la pâte une bonne gelée au champagne, posez le foie gras dessus, remplissez jusqu'au bord de gelée au champagne, replacez le couvercle et fermez-le avec soin.

WURSTHORN

RECETTES DU RESTAURANT JULIEN WALTER, DE NANCY.

Canapé à la Leczinski.

Épluchez quelques sardines; ensuite, pilez-les à la fourchette en y ajoutant une quantité de beurre très frais; assaisonnez de quelques gouttes de vinaigre, une petite cuillerée de moutarde, de sel, de poivre et un peu de persil haché très fin.

Formez du tout une pâte bien lisse.

Faites ensuite avec du pain de mie quelques croûtons taillés en carrés, ou en ronds de 4 centimètres de diamètre et de 1 centimètre d'épaisseur, grillez-les, laissez refroidir, appliquez ensuite votre pâte, en forme bombée, sur ces croûtons et dressez sur une serviette.

Cailles à la Stanislas.

Désossez une caille par le dos en y laissant les pattes, enduisez l'intérieur avec un peu de farce fine; et, au centre de la poitrine, un petit morceau de foie gras cru et un petit morceau de truffes, le tout bien assaisonné, sel, une pincée d'épices et quelques gouttes de bon madère. — Refermez ensuite votre caille et placez-la sur la poitrine dans une pâte à croûte épaisse de 5 millimètres et juste de la grandeur pour pouvoir l'envelopper en forme d'enveloppe, en prononçant les quatre coins et de façon que les extrémités de la pâte se rejoignent en forme de pâté.

Beurrez un papier blanc, et faites de même une double enveloppe, pour préserver la cuisson de la pâte et obtenir une couleur dorée.

Cuisson à la cendre, environ une demi-heure, à feu régulier, dans une petite casserole fermée, couverte de cendres bien chaudes, dessus et dessous, dans un four bien chaud.

Les Incroyables.

Petits gâteaux délicieux pour glaces.

Prenez 300 grammes de sucre semoule, 200 grammes de farine de gruau tamisée, un quart d'amandes hachées très fin, un quart de beurre fin fondu légèrement, cinq blancs d'œufs, le jus et le zeste d'un citron et de deux oranges, mélangez le tout légèrement.

Cette pâte doit incliner vers le liquide; couchez sur une plaque la valeur d'une cuillerée à bouche de cette pâte de distance en distance pour qu'elles ne se touchent pas en cuisant. Glacez-les à la glace de sucre, un peu d'amandes effilées sur le milieu, et mettez au feu pas trop chaud.

Une fois le pourtour des gâteaux pris d'une belle couleur dorée, vous les relevez des plaques et les appuyez légèrement, pendant qu'ils sont encore chauds, sur un rouleau de pâtissier, afin qu'ils puissent prendre la forme d'une tuile.

Quelques instants après, ils deviennent secs, et alors vous obtenez des petits gâteaux délicieux pour manger avec les glaces.

J. Walter, *de Nancy.*

RECETTES D'UN CAMARADE, A. BECKER

Chef et propriétaire du Petit Vatel à Nancy.

Suprêmes de sole à la Tosca.

Lever des filets de sole. Préparer une farce de poisson bien épicée, fourrer les filets avec

LE GARÇON CABARTIER

cette farce, les rouler et les faire cuire au vin blanc avec un peu de cuisson de champignons, y ajouter oignon émincé et bouquet garni.

Faire réduire la cuisson, y ajouter un velouté de poisson et finir la sauce avec jaunes d'œufs et queues d'écrevisses.

Vous dressez vos filets autour du plat en y mettant des queues d'écrevisses au milieu, saucez-le tout, ajoutez une lame de truffes sur chaque filet et servez bien chaud.

Poulet poêle à la Marchand.

Videz votre poulet, faites une farce avec le foie haché très fin, faites revenir au beurre des échalotes hachées ; quand elles sont à point, vous y mélangez le foie avec sel, poivre, et un peu des quatre épices, faire cuire le tout une minute en plein feu, vous le retirez et le mélangez dans une farce à quenelles. Vous mettez cette farce dans votre poulet que vous bridez et bardez de lard. Ensuite faites-le braiser dans une casserole avec oignon, carottes, bouquet garni. Quand il est cuit, ajoutez-y un verre de fine champagne, puis retirez le poulet, faites du jus avec le fond et servez avec cresson, jus à part.

Châteaubriand Petit-Vatel.

Faites griller un châteaubriand à point. Prenez estragon et échalotes hachés que vous faites cuire dans un peu de vinaigre. Faites réduire votre vinaigre ; quand la réduction est faite, ajoutez-y deux jaunes d'œufs, une cuillère de purée de tomate, et montez la sauce avec du beurre fin. Passez à l'étamine et versez en cordon autour du châteaubriand, ajoutez lames de truffes sur la sauce et servez avec pommes soufflées dressées autour du plat.

A. BECKER.

Morue Sémars.

La morue étant pochée comme à l'ordinaire, les pommes de terre étant cuites à l'eau, autant que possible avec la morue, égoutter le tout. D'autre part, sur un plat allant au feu, semer quelques morceaux de beurre très frais. Placer dessus la morue et l'entourer des pommes de terre. Couvrir le tout de mie de pain grillée, ajouter par dessus des morceaux de beurre frais. Verser sur le tout de la crème épaisse et placer le plat au four. Il faut seulement que la chaleur du four fasse le mélange beurre et crème, et servir chaud.

Restaurant Sémars, Nancy.

Riz comme garniture et pour accompagner viande en ragoût, etc.

Beurrer une cocotte en fonte, y placer le riz et le couvrir d'eau ou de bouillon de lait, à 2 centimètres au-dessus. Couvrir et mettre au feu modéré vingt minutes sans y toucher. A ce moment, saler et vérifier s'il y a encore assez de liquide, et en ajouter, mais peu à la fois, si c'est nécessaire. Dix minutes après, le riz doit être gonflé, cuit, sans être crevé, et les grains se détachant. Verser le tout sur un plat et mettre à l'entrée du four pour faire évaporer l'excès d'humidité.

Il y a bien des façons d'accommoder le riz.

Celle-ci est parfaite ; on peut ensuite l'employer comme l'on veut.

Un monsieur de l'île Maurice.

Foie de poulet Victor Belz.

Prendre un foie de poulet, un morceau de lard gras un peu plus gros que le foie. Hacher finement le tout en ajoutant persil, échalotes, trois œufs entiers, sel, poivre et de la mie de pain qui ait bien bouilli dans du lait.

Beurrer un moule rond. Ajouter le liquide ci-dessus et donner une heure de cuisson au bain-marie. Démouler et arroser avec du jus de poulet ou de viande, et recouvrir le tout d'une couche de cornichons très fins.

(*Recette communiquée par le chef des chasses de Tombouctou-sur-Moselle*).

Gras-double Banus.

Couper trois livres de gras-double en petits carrés et les jeter dans la poêle, avec beurre frais, un quart, sur feu très vif. Faire revenir des mies de pain dans du beurre. Ajouter vinaigre, échalotes et persil hachés, un peu de moutarde, champignons, un quart, sel, poivre. Verser le tout dans un plat bien chaud et arroser avec trois ou quatre cuillerées de crème.

(*Communiqué par* M. GUSTAVE, *premier maître d'hôtel des chasses ci-dessus.*)

Foie de veau Jeannette.

Hacher du foie menu, tremper du pain dans du lait ou de la crème, mêler ce pain à la viande avec sel, poivre, persil, un atome d'échalotes, y ajouter petit à petit deux jaunes d'œufs, puis deux blancs battus en neige, graisser un moule, mettre au fond du papier beurré et cuire pendant une heure cette préparation au bain-marie en ayant soin de mettre un papier sur le moule et de bien couvrir la casserole du bain-marie. Servir avec une sauce tomate ou avec une sauce au beurre mélangée de bouillon, sel, très peu d'échalote; on peut ajouter des champignons. On peut aussi mêler des truffes hachées à la pâte, du pain de veau. Servir chaud!

(*Recette de la cousine Mehl*).

Bœuf Saint-Mehl.

Prendre un morceau carré de gîte à la noix dans le tendre ou la pointe de la pièce levée. Battre le morceau, le faire revenir de tous côtés avec du beurre et du lard, y mettre une croûte de pain, sel, poivre, échalote, persil, laurier, girofle, thym, une carotte. Couvrir immédiatement la casserole et la tirer du feu, laisser cuire lentement de trois à quatre heures, selon la grosseur du morceau.

Sortir la viande de la casserole, passer le jus, y remettre la viande avec des champignons non blanchis. Laisser cuire une demi-heure. Dix minutes avant de servir, mettre sur la viande deux grandes cuillers de rhum.

LE JOINT, *chef des cuisines de l'hôtel Terminus des Fonds-de-Toul.*

RECETTE DONNÉE PAR UN VIEUX PRÉSIDENT A MORTIER, DE LA COUR SOUVERAINE DE LORRAINE.

Extrait des archives de la Société d'archéologie Lorraine

Harengs farcis à la présidente.

Prenez de beaux harengs avec laitance.

Retirez la laitance, et hachez-la avec du persil et de la mie du pain. Ajoutez-y un peu de poivre.

Mettez un peu de beurre frais dans une casserole, et lorsqu'il est bien chaud, cassez-y un œuf et remuez légèrement; puis jetez dedans la laitance hachée avec le persil et la mie de pain; remuez et ne laissez cuire que jusqu'à ce que la farce ait pris consistance.

Retirez du feu; mettez la farce dans les harengs, et faites cuire dans la tourtière avec un peu de beurre frais pendant une petite demi-heure.

Mettez sur un plat; puis mêlez dans la tourtière un peu de crème avec le beurre que vous y avez laissé, et faites faire un tour; retirez du feu, versez sur les harengs et servez chaud.

On peut également verser sur les harengs au lieu de beurre et de crême, une sauce à la moutarde.

Purée de pommes de terre à l'Albert Noël.

Prenez de belles pommes de terre rouges, dites vitelottes », épluchez-les, lavez-les et mettez-les dans un litre de bon lait, une pincée de sel et couvrez la casserole; lorsque les pommes de terre cèdent sous la fourchette, passez-les à la passoire fine, ajoutez-y un morceau de beurre bien frais et 250 grammes de sucre.

Beurrez un plat allant au four et mettez dedans votre purée.

D'autre part, prenez trois macarons de Nancy, pilez-les finement et saupoudrez de cette exquise chapelure votre purée de pommes de terre, que vous mettez à four gai pendant cinq minutes.

Retirez, dégustez.

(*Recette communiquée par le célèbre Albert Noël, le Brillat-Savarin nancéen, un des membres distingués de l'Académie culinaire de Tomblaine-les-Accordéons*).

GOMBERVAUX.

Petites timbales de pommes de terre à la Henri Hocquard.

Agissez comme ci-dessus, seulement, en place de beurre, mettez un peu de crème et deux blancs d'œufs battus en neige bien ferme; incorporez le tout ensemble (cette pâte doit être assez sèche), beurrez de petits moules et emplissez-les de votre composition, aux trois quarts seulement, car les blancs d'œufs feront monter ; faites cuire à four doux, démoulez et versez sur le tout la sauce délicieuse que voici :

Vous prenez un pot de confiture de groseilles de Bar rouges et un autre pot de groseilles de Bar blanches, que vous mêlez ensemble en y ajoutant un petit verre de marasquin.

(*Recette rapportée du Soudan, par maître* LE JOINT, *ancien maître-queux de Zulma-Bouffar, ancien coq à bord de la frégate cuirassée* Justina, etc., etc.)

GOMBERVAUX.

La petite marmite du sergent Casse.

Historique. — *Grâce à cette délicieuse petite*

marmite, le sergent Casse a su, pendant de longs mois de captivité, en 1870, *maintenir en excellent état l'estomac et le moral de ses compagnons d'infortune. Nous en livrons aujourd'hui les secrets à la postérité, autant par reconnaissance pour le brave sergent que pour le plus grand bien des gourmets du présent et de l'avenir. Nous avons fêté, le* 23 *septembre, l'anniversaire de sa création et bu à la santé de l'auteur.*

De la part d'un groupe de défenseurs de Toul, 1870, *prisonniers à Minden (Westphalie).*

Recette. — Mettez dans l'eau froide un bon morceau de lard et du petit salé avec des légumes secs, préalablement détrempés pendant douze heures dans l'eau (froide aussi). Mettez sur le feu et à moitié cuisson du lard, ajoutez des choux et pommes de terre, sel, poivre. Un peu avant de servir, faites revenir des oignons et du persil (le tout haché) dans du beurre (si vous en avez) et ajoutez à la marmite. Trempez la soupe de manière à ce que la cuillère tienne debout.

Servez chaud et vive le sergent et le mêlé... Casse !

Pâté de lièvre Sainte-Barbe.

Désossez votre lièvre, coupez-le en morceaux minces, ajoutez-y le foie, une livre de porc frais et autant de veau ; hachez du persil, des ciboules, de l'ail ; découpez-y quelques truffes ; salez et poivrez. Mêlez le tout et placez dans une terrine dont vous aurez garni le fond de bardes de lard ; recouvrez le tout également avec des bardes, sur lesquelles vous mettez deux feuilles de laurier et versez un verre de vin blanc. Couvrez la terrine avec un coulis de farine, pour fermer hermétiquement et faites cuire au four pendant cinq heures.

Recette communiquée par le sympathique commandant Barbier.

On sert au déjeuner
Le pâté de Barbier;
Quand on en veut manger
Le soir, le cuisinier
De Brillat s'inspirant,
Prendra des morceaux frits
Mêlés de condiment
Et masqués d'un coulis.

(Gombervaux, ancien officier de bouche à bord de la frégate, *La Marbache.*

Pigeons au ragoût d'écrevisses.

Ayez trois ou quatre moyens pigeons échaudés, que vous faites blanchir après les avoir vidés. Faites-les cuire avec un peu de bon bouillon et un verre de vin blanc, un bouquet de persil, ciboules, une gousse d'ail, deux clous de girofle, sel, poivre. Mettez à part dans une casserole des champignons, un morceau de beurre gros comme la moitié d'un œuf, une douzaine d'écrevisses. Epluchez, passez-les sur le feu, et mettez-y une pincée de farine; mouillez avec la cuisson des pigeons, que vous passez au tamis; faites bouillir le ragoût une demi-heure, à sauce réduite : ajoutez-y une liaison de trois jaunes d'œufs avec de la crème, un peu de muscade et une petite pincée de persil haché très fin.

Faites lier sans bouillir sur un moyen feu, en remuant toujours; égouttez les pigeons pour les dresser dans le plat: mettez dessus le ragoût d'écrevisses. Gombervaux.)

Gratiné tunisien de Joseph Richard.

Formule extraite du *Manuel de cuisine mussipontine*, par Zinoff et Le Joint (1).

Vous faites d'une part un bouillon de soupe à l'oignon comme à l'ordinaire, que vous réservez. D'autre part, dans une terrine assez profonde, vous placez successivement une couche de pain, un lit de fromage rapé; une couche de pain, un lit de fromage rapé... Ainsi de suite jusqu'à terrine pleine, en ayant le soin de terminer par un lit épais de fromage (force poivre). Vous versez ensuite sur le tout, le bouillon réservé ci-dessus et passez la terrine au four jusqu'au moment où le dessus est gratiné.

Servez très chaud dans la terrine, mangez en buvant de la bière Tourtel.

(*Recette due à* Joseph Richard, *un noctambule endurci; son gratiné s'emploie entre* 1 *heure et* 2 *heures du matin. C'est la mort de la pituite! Préparation recommandée aux futures générations de magistrats, de médecins, de journalistes, etc., etc.*)

La Quiche de maman Marie.

Pilez des pommes de terre préalablement cuites en robe de chambre; mélangez-les avec farine, beurre, sel, jusqu'à ce que vous obteniez une pâte bien compacte, étendez cette pâte à l'épaisseur d'un demi-centimètre sur un plat à tarte saupoudré de farine; piquez cette pâte avec la

(1) Un volume in-16 jésus, imprimé sur papier teinté rose tendre. En vente chez les auteurs à la Bouzule-les-Nancy.

fourchette pour éviter les soufflures. Mettez à la surface de petits morceaux de lard sec et de la bonne crème; passez au four environ un quart d'heure et mangez bouillant. (A servir dans le plat même.)

Spécialité de la brasserie Lorraine de Nancy.

Soupe Tombouctou.

Prenez trois pommes de terre, trois poireaux et quelques feuilles d'oseille que vous hachez finement, faites bouillir le tout une demi-heure dans deux litres d'eau, avec sel, poivre, une feuille de laurier et deux clous de girofle. La cuisson terminée, passez au tamis et remettez sur un feu doux avec un quart de litre de purée de pois ou de fèves.

Faites revenir deux oignons hachés très fin dans un quart de beurre frais, ajoutez-y un litre de lait. Quand le lait a bouilli, jetez-le avec la soupe dans une soupière garnie de croûtons frits sur lesquels vous avez mis deux ou trois cuillerées de bonne crème.

(*Recette des cuisiniers de Tombouctou-sur-Moselle.*)

Œufs Zinoff.

Mettre à feu clair du beurre et lardons en poêle — arroser de bourgogne — ajouter un bouquet, oignons, une gousse d'ail, sel, poivre; lorsque la sauce est liée, pochez dedans des œufs frais et servir brûlant. ERNEST.

Cassoulet à l'Alsacienne.

La première condition pour bien réussir ce plat est de se lever de très bonne heure, car pour le bien goûter et surtout le digérer, il faut le manger au déjeuner de midi.

Prenez un kilo de beaux haricots secs de Soissons bien blancs et sans taches. Faites-les blanchir jusqu'à ce qu'ils soient presque cuits, c'est-à-dire environ deux heures et demie.

D'autre part, dans une casserole de fonte, mettez un bon morceau de beurre frais dans lequel vous ferez revenir la moitié d'une oie découpée, une demi-livre de jarret de veau, un morceau de pied de veau, une demi-livre de jambon fumé ou bien un petit jambonneau d'Alsace, une saucisse fumée. En même temps ajoutez très peu de sel, poivre, une gousse d'ail, feuille de laurier, oignon, etc., etc.

Lorsque les morceaux auront pris une belle teinte brune, mouillez avec environ un demi-litre de bon bouillon de bœuf et laissez réduire au feu pendant dix minutes.

Prenez un plat de terre allant au four, puis faites un lit de haricots, un lit de mélange de viande préparée plus haut, un lit de haricots, un lit de viande, etc., etc. Arrosez le tout avec le jus de cuisson des différentes viandes. Mettez au four pendant deux heures. Pour le service, placez les haricots au fond du plat, recouverts des viandes, le saucisson coupé en rondelles faisant garniture. A ce moment, on peut arroser le tout avec un bon jus de viande préparé spécialement; servir très chaud.

(*Formule de* LOUISE FABER, *de Reischoffen, cuisinière chez M. Ferry, pharmacien à Nancy.*)

Gras-double lorrain.

Prenez 150 grammes de beurre extrêmement frais, deux cuillerées de farine que vous ferez cuire avec le beurre en ayant bien soin de ne pas laisser roussir. Ajoutez alors un kilogramme de gras-double bien frais, blanchi, et découpé en languettes très fines.

Mouillez avec du bouillon, ajoutez sel, poivre, persil, ail, échalote, ces trois derniers finement hachés. Faites cuire à feu très doux pendant une heure et demie environ.

Puis laissez tomber légèrement le feu et saupoudrez avec 125 grammes fromage de gruyère râpé très frais. Laissez mijoter environ dix minutes, en ayant soin de couvrir la casserole.

Au moment de servir, liez la sauce avec trois jaunes d'œufs dans lesquels vous aurez pressé et débattu le jus d'un citron. Retirer du feu avant l'addition des jaunes d'œufs. Manger très chaud.

(*Formule du pharmacien* FERRY *à Nancy.*)

Friture d'artichauds à l'Américaine.

Prenez de beaux artichauts de pays. Coupez les en quatre, puis après les avoir nettoyés intérieurement et extérieurement, faites-les blanchir en ayant soin de saler et poivrer.

Préparez d'autre part une pâte à frire, trempez le fond des quartiers d'artichauts dans cette pâte, puis jetez-les dans la graisse bouillante.

Préparez d'autre part la sauce suivante :

Prenez une douzaine d'écrevisses vivantes que vous ferez cuire dans un court-bouillon très relevé, vin blanc, poivre, sel, persil, échalote, oignon, ail, thym, etc., etc., puis laissez refroidir;

sortez les queues d'écrevisses que vous mettrez de côté, écrasez les corps et les coquilles et avec, préparez un beurre rouge.

Avec le court bouillon, liez une sauce à laquelle vous ajouterez votre beurre rouge ainsi qu'un peu de consommé de volailles.

Dressez vos artichauts, entourez des queues d'écrevisses et servez la sauce à part.

Ce plat est très recherché.

(*Formule de Mme Helyane.*)

RECETTES BRETONNES

Crêpes bretonnes. (Pour six personnes.)

Prenez une livre de farine de froment et une livre de farine de sarrasin de bonne qualité, passez au tamis très fin, afin de débarrasser les farines des impuretés qu'elles peuvent contenir, ajoutez un peu de poudre de cannelle, du sel et un petit verre de rhum. Faites une pâte avec le mélange des deux farines et du lait (on peut mettre plus ou moins d'eau avec le lait, suivant le goût), mélangez bien à la main et ajoutez du lait jusqu'au moment où vous obtiendrez une pâte fluide sans être cependant trop liquide. Ayez une poêle en fonte de 30 à 40 centimètres de diamètre, plate, sans rebord autant que possible, placez la bien de niveau sur un feu de petit bois sec. Lorsqu'elle est chaude, passez dessus un tampon de toile sur lequel vous mettrez gros comme une noisette d'un mélange de jaune d'œuf et de saindoux pour empêcher la crêpe d'attacher.

Quand la poêle est convenablement chaude, versez dessus une quantité suffisante de pâte que vous étendez sur toute sa surface en l'amincissant le plus possible au moyen d'un petit rouable en bois; laissez cuire d'un côté, puis retournez la crêpe avec une latte en bois mince en la passant dessous comme sous une feuille de papier. Laissez bien cuire et prendre couleur.

Lorsque vous jugerez que la crêpe est cuite à point, faites fondre dessus sans retirer de la poêle un morceau de bon beurre de la grosseur d'une noix, ployez en quatre et servez chaud.

Fard de farine de sarrasin ou blé noir.

Dans la soupe au lard on fait cuire une pâte que l'on appelle fard de blé noir; en voici la recette et la manière de le préparer:

Prenez une livre de farine de sarrasin, trois œufs, un quart de beurre et quelques pruneaux ou grains de raisin sec. Faites fondre le beurre dans la quantité d'eau bouillante nécessaire pour faire avec la farine une pâte ni trop claire ni trop épaisse, cassez les œufs dans la pâte, ajoutez un peu de sel, cannelle en poudre et les pruneaux ou grains de raisin, mélangez bien le tout.

Ayez un petit sac de toile d'une capacité suffisante pour contenir la pâte, versez dans le sac, fermez bien et faites cuire pendant deux heures dans la soupe. Le fard se sert chaud, après la soupe, avec le lard, et en guise de pain.

C'est bien bon!

Soupe aux poissons de mer.
(Pour six personnes.)

Prenez environ quatre livres de poisson bien frais choisi comme suit: une tête de congre noir de deux livres environ, ou, à défaut, une tranche du même poids de ce poisson, une ou plusieurs petites vielles, une livre environ, des petits-prêtres, une loche ou deux et tout autre poisson commun à grosses écailles, nettoyez, videz et lavez à l'eau fraîche.

Préparer un roux blond dans lequel on fait revenir des fines herbes, oseille, persil, cerfeuil, cresson de jardin, oignon, ail, etc. ; mouiller quand les herbes sont cuites, mettre le poisson et le couvrir d'eau. Ajouter sel, poivre, safran ou poivre de Cayenne et quatre cuillerées à bouche d'huile d'olive, laisser bouillir jusqu'à cuisson complète.

Couper des tranches de pain dans une soupière et passer dessus le bouillon.

Le poisson peut être mangé à la vinaigrette ou à toute autre sauce convenable.

(*Un cuisinier de Landévennec.*)

RECETTES ARDENNAISES

Grives à l'ardennaise.

Prendre une casserole en terre à fond épais, y mettre quelques petites bardes de lard coupées minces, un peu de beurre, et ajouter immédiatement les grives sans être vidées, avec quelques feuilles de sauge ; saler, laisser mijoter lentement pendant au moins une heure et demie, retourner les grives de temps en temps ; vos oiseaux cuits sans être roussis, la chair doit en rester blanche. En opérant ainsi, la sauce se colore de tout le jus de la cuisson ; à feu violent le jus se concentre en un très léger gratin qui glace le fond de la casserole et il ne reste plus comme sauce que la graisse clarifiée, qui n'a aucune saveur.

Faire cuire quelques pommes de terre en robe de chambre, les peler, et les servir à part en même temps que les grives que vous apporterez avec leur sauce dans la casserole.

PH. PROVEUX.

Matelote à la Révinoise.

Se fait surtout avec du barbeau et de l'anguille, cette dernière doit y entrer pour un quart seulement.

Découper en tronçons et disposer au fond d'une large casserole (il ne faut qu'un lit d'épaisseur), recouvrez d'eau, salez, poivrez et mettez quelques petits oignons entiers, échalotes, un peu d'ail, un bouquet de persil et une feuille de laurier. Cuire à grand feu, agiter souvent afin d'éviter que le poisson ne s'attache au fond de la casserole. Quand le bouillon est en ébullition y ajouter un demi-verre de vinaigre à rougir [*ce vinaigre à rougir se trouve à Charleville* (*Ardennes*), *et dans la vallée de la Meuse*] et jeter dans la matelote des boulettes de beurre fin, roulées dans la farine.

Le poisson se cuit très vite, il n'en est pas de même des oignons et échalotes, qu'il faut laisser cuire dans la sauce, après en avoir retiré le poisson dont on dispose les morceaux sur un plat tenu au chaud. On verse ensuite la sauce sur le poisson et l'on sert.

PH. PROVEUX.

LA RATISSEUSE.

Salade au lard.

Plat national des Ardennes françaises.

Prendre du pissenlit (à défaut, employer la chicorée frisée ou la scarolle). Tenir un saladier au chaud, y mettre les pissenlits sur lesquels on découpe toutes chaudes des pommes de terre cuites en robe de chambre ; pelez-les avant le découpage, ajoutez les assaisonnements habituels, oignons et échalotes découpées, faites frire des petits lardons dans la poêle, dès qu'ils seront frits, versez-les sur la salade ; faire passer le vinaigre dans la poêle chaude, en arroser la salade, remuer consciencieusement et servir sur des assiettes chaudes.

PH. PROVEUX.

Pommes de terre à la Révinoise dites à la Dayenne.

Prendre de belles pommes de terre, les laver sans les peler, les couper en deux dans le sens de la longueur.

Mettre les morceaux dans une casserole en fonte de fer, le côté coupé au-dessus, un lit d'épaisseur d'abord ; saler, poivrer et découper un peu d'échalotes ; refaire un nouveau lit de pommes coupées ; saler et épicer comme précédemment puis continuer ainsi pour la quantité à préparer. Verser les trois quarts d'un verre d'eau dans la casserole, faire cuire à grand feu. Après parfaite cuisson, peler les pommes pour les manger avec du beurre.

PH. PROVEUX.

RECETTES DE BRILLAT-SAVARIN

Omelette au thon.

Prenez pour six personnes, deux laitances de carpes bien lavées, que vous ferez blanchir, en les plongeant pendant cinq minutes dans l'eau déjà bouillante et légèrement salée.

Ayez pareillement gros comme un œuf de poule de thon nouveau, auquel vous joindrez une petite échalote déjà coupéee en atomes. Hachez ensemble les laitances et le thon, de manière à les bien mêler, et jetez le tout dans une casserole avec un morceau suffisant de très bon beurre, pour l'y sauter jusqu'à ce que le beurre soit fondu. C'est là ce qui constitue la spécialité de l'omelette.

Prenez encore un second morceau de beurre a discrétion, mariez-le avec du persil et de la ciboulette, mettez-le dans un plat pisciforme destiné à recevoir l'omelette ; arrosez-le d'un jus de citron, et posez-le sur la cendre chaude.

Battez ensuite douze œufs, le sauté de laitance et de thon y sera versé et agité de manière que le mélange soit bien fait.

Confectionnez ensuite l'omelette à la manière ordinaire, et tâchez qu'elle soit allongée, épaisse et mollette.

Faisan étoffé.

Quand le faisan est bien à point, on le pique de lard frais ; l'oiseau ainsi préparé, il s'agit de l'étoffer de la manière suivante :

Ayez deux bécasses, désossez-les et videz-les de manière à en faire deux lots; le premier de la chair, le second des entrailles et des foies.

Vous prenez la chair et vous en faites une farce en la hachant avec de la moelle de bœuf cuite à la vapeur, un peu de lard râpé, poivre, sel, fines herbes, et la quantité de bonnes truffes suffisantes pour remplir l'intérieur du faisan; préparez ensuite une tranche de pain un peu plus longue que votre faisan; prenez alors les foies, les entrailles de bécasses, pilez-les avec deux grosses truffes, un anchois, un peu de lard râpé et un morceau convenable de bon beurre frais.

Vous étendez avec égalité cette pâte sur la rôtie, et vous la placez sous le faisan de manière à être arrosée en entier par le jus qui en découle.

Salmis de canard.

Faites rôtir un canard avec quelques tranches de pain dessous. Laissez refroidir, coupez en morceaux, hachez la carcasse, les parures et le foie avec un morceau de beurre. Faites revenir avec huile ou beurre un oignon émincé; ajoutez échalotes, poivre, laurier et aromates; mouillez de vin et autant de bouillon; faites réduire de moitié, cuisez vingt minutes, passez la sauce au tamis. Remettez les morceaux dans la sauce, chauffez sans faire bouillir, arrosez d'un jus de citron. Dressez sur un plat avec croûtons frits et tranches de citron.

Préparez ainsi alouettes, bécasses et perdreaux.

LES RECETTES DE CHARLES MONSELET ET DE GRIMOD DE LA REYNIÈRE

Filets d'agneau à la Condé.

Après avoir paré des filets d'agneau, coupez-les depuis les carrés jusqu'au collet; après les avoir piqués d'anchois, de truffes et de cornichons, on les fait mariner dans du beurre mélangé avec de bonne huile d'olive et assaisonné avec des champignons, de la ciboule, des échalotes, des câpres, hachés le plus menu possible. On y ajoutera du sel, du poivre, des quatre épices, du basilic en poudre, de la chapelure de pain en quantité suffisante, et finalement deux jaunes d'œufs cuits durs; on enveloppera les morceaux de filets dans une couche épaisse de cette farce par le moyen de morceaux de crépine; ensuite, avec des attelets, on les attachera sur une broche, après les avoir recouverts d'un fort papier huilé ou beurré. Lorsqu'ils sont cuits on les retire pour les paner et verser dessus une sauce au blond de veau, avec des citrons coupés en tranches minces et de la muscade râpée; on laisse sur le feu jusqu'à ce qu'elle ait acquis une consistance convenable.

Maquereaux au fenouil.

Prenez trois où quatre maquereaux de la plus grande fraîcheur; videz-les par l'ouïe, ficelez-leur la tête, coupez le petit bout de la queue, et ne leur fendez point le dos; mettez une bonne poignée de fenouil vert dans une poissonnière, et vos maquereaux par-dessus; mouillez-les d'une légère eau de sel; faites-les cuire au petit feu; leur cuisson faite, tirez-les sur votre feuille, égouttez-les, dressez-les sur un plat et saucez-les d'une sauce au fenouil dont voici la recette:

Ayez quelques branches de fenouil vert, épluchez-les comme du persil; hachez-les très fin; faites-les blanchir; rafraîchissez-les; jetez les sur un tamis: mettez dans une casserole deux cuillerées à dégraisser de blond de veau, autant de sauce au beurre; faites-les chauffer; ayez soin de les vanner à l'instant de servir; jetez le fenouil dans la dite sauce; passez-la bien pour que votre fenouil soit bien mêlé; mettez-y le sel convenable et un peu de muscade râpée.

Aloyau à la Godard.

Otez le dos de l'échine à votre aloyau sans le désosser tout à fait; lardez-le de gros lardons bien assaisonnés; ficelez-le de manière à lui donner une belle forme; mettez-le dans une braisière avec un bouquet garni de fines herbes, oignons et carottes en suffisante quantité; mouillez-le avec du bon bouillon et une bouteille de vin de madère; mettez-y sel et gros poivre; faites-le cuire à petit feu, de manière que son fond soit réduit presque en glace; retirez-le de sa braise, et servez-le avec le ragoût énoncé ci-après: Mettez quatre cuillerées à dégraisser de glace de viande dans une casserole, ajoutez-y la cuisson de votre aloyau, que vous aurez fait passer et dégraisser; coupez quelques ris de veau en tranches, des champignons tournés, des culs d'artichauts en quartiers, des petits œufs; dégraissez le ragoût avant de servir et saucez votre aloyau avec ce ragoût

Recette pour homard à l'Américaine.

(Extrait des *Poésies Gourmandes.*)

PROLOGUE

Prenez un beau Homard, puis sur sa carapace
Posez une main ferme, et, quelques sauts qu'il fasse,
Sans plus vous attendrir à ces regrets amers,
Découpez tout vivant ce cardinal des Mers.

RECETTE

Projetez tour à tour dans l'huile
Chaque morceau tout frémissant,
Sel, poivre, et puis, — chose facile, —
Un soupçon d'ail en l'écrasant,
Du bon vin blanc, de la tomate,
Des aromates à foison,
Se mêleront à l'écarlate
De la tunique du poisson.
Pour la cuisson, c'est en moyenne,
Trente minutes à peu prés.
Un peu de glace et de Cayenne
Pour la finir, et puis... c'est prêt.
Que de cette sauce alléchante
Des voluptés naisse l'essaim
Et que, si bonne et si tentante,
Elle fasse damner un Saint.

CHARLES MONSELET.

Turbot à la Régence.

Faites cuire dans une casserole deux ou trois livres de veau en tranches, bardées de lard avec sel et poivre, persil en bouquet, fines herbes, oignons piqués de clous de girofle, et deux feuilles de laurier; faites suer; le tout étant attaché, mettez du beurre frais avec un peu de farine. Le roux fait, mouillez avec du bouillon; détachez le fond avec la cuillère; bardez le turbot, et faites-le cuire avec une bouteille de vin de Champagne ou autre vin, avec le jus de veau, et le veau par-dessus; étant cuit, laissez-le mitonner sur des cendres chaudes; dressez-le; servez dessus un ragoût d'écrevisses, et liez d'un coulis d'écrevisses.

Noix de bœuf au suif.

Recette de Grimod de la Reynière.

On porte une belle noix de bœuf bien marinée, chez un fondeur de suif en branche; et lorsque le suif est prêt à bouillir, on la descend avec une corde dans la chaudière, et on l'y laisse jusqu'à ce qu'elle soit à moitié cuite. On la fait ensuite égoutter, puis on la porte dans un lieu frais, en sorte que le suif, saisi par le froid, forme une enveloppe et en quelque sorte une croûte autour de cette pièce de viande. Lorsqu'on veut la faire rôtir, on la met à la broche devant un feu très clair, alors tout le suif en découle, et l'on se garde bien de l'arroser avec. Mais ce suif, en s'emparant des pores de la noix de bœuf, a empêché le jus d'en sortir, en sorte que, lorsqu'elle est cuite (toujours saignante), qu'on la sert sur la table, et qu'on l'y découpe en tranches fort minces, il en résulte une telle abondance de jus, que c'est une véritable inondation.

Pigeons à la Sierra-Morena.

Procurez-vous quatre beaux pigeons de volière et coupez-les en quatre portions, de manière à ce que chaque membre reste adhérent à la partie du corps la plus voisine ; sautez-les à l'huile fine et sur un feu tempéré ; joignez-y, après quelques minutes de cuisson, des champignons tranchés, des lames de truffes noires, une pointe d'ail écrasée, du gros poivre, du sel en quantité suffisante, et finalement une demi-cuillerée de ciboulette verte et finement hachée. Lorsque ces quartiers de pigeons, ainsi que les tranches de champignons vous paraîtront bien rissolés, vous retirerez du feu votre sautoir, dans lequel vous verserez un demi-verre de vin de Malaga. Remuez et vannez votre appareil, et puis vous garnirez avec des croûtons frits et glacés cet excellent plat d'entrée.

Potage à la jambe de bois.

Carême l'appelle aussi *potage à la moelle* ; mais la première dénomination nous semble préférable. Voici la recette du *potage à la jambe de bois :* On prend un jarret de bœuf dont on coupe les deux bouts, en laissant le gros os d'un pied de longueur ; on l'empote dans une marmite avec de bon bouillon, un morceau de tranche de bœuf et une casserole d'eau froide ; lorsque cette marmite est écumée, on l'assaisonne avec du sel et des clous de girofle ; on y met deux ou trois douzaines de carottes, une douzaine d'oignons, une douzaine de pieds de céleri, douze navets, une poule et deux vieilles perdrix ; observez qu'il faut mettre votre marmite au feu de bon matin, et la faire aller très doucement, afin que votre bouillon se fasse plus aisément, et qu'il soit meilleur.

Prenez ensuite un morceau de rouelle de veau d'environ deux livres; faites-le suer dans une casserole et mouillez-le avec votre bouillon; lorsqu'il sera bien dégraissé, vous y ajouterez une douzaine de petits oignons et quelques petits pieds de céleri; vous mettez le tout dans votre marmite environ une heure avant de servir.

Le bouillon étant assez fait et de bon goût, vous prenez du pain à potage bien chapelé; vous enlevez les croûtes et les mettrez dans une casserole; vous les mouillez avec votre bouillon bien dégraissé et les faites mitonner; lorsqu'elles le sont assez, vous les dressez dans votre pot à oille, et vous les garnissez de toutes sortes de légumes qui sont dans votre empotage; vous mettez ensuite l'os de votre jarret sur votre potage; vous achevez de le mouiller, et vous le servez très chaudement.

Filets de merlan à la Cussy.

Découpez en filets six gros merlans, et parez-les comme il est dit ci-dessous; faites une farce avec la chair de trois autres merlans de taille commune, et pilez cette chair dans un mortier, après quoi vous la passerez dans un tamis à quenelle; pilez et passez de la même manière une quantité égale de mie de pain que vous aurez fait tremper dans du lait; faites trois parts égales de cette mie; mêlez-les aux trois merlans, au moyen d'une quantité équivalente de beurre frais; pilez-le tout ensemble, assaisonnez de sel, de poivre, et d'un peu de muscade; ajoutez-y une truffe coupée en petits dés; fouettez deux blancs d'œufs que vous incorporerez dans cette farce, en remuant légèrement.

Ces préparatifs faits, couvrez de votre sauce le fond d'un plat d'argent à trois lignes d'épaisseur; couchez-y vos filets du côté de la peau, et étendez sur chacun d'eux un peu de la dite farce.

Ayez soin que vos filets soient artistement roulés et qu'ils aient la forme de *bondons*; ainsi arrangés sur le plat, de manière que la farce remplisse tous les vides, faites-les cuire dans un four de campagne une demi-heure avant de les servir.

Soufflé de perdreaux.

Prenez deux perdreaux cuits à la broche; levez-en les chairs; supprimez-en soigneusement les peaux et les nerfs; hachez ces chairs, et les pilez en y joignant les foies que vous aurez fait blanchir, et desquels vous aurez ôté l'amer; retirez le tout du mortier; mettez-le dans une casserole, avec environ quatre cuillerées à dégraisser de consommé réduit ou d'espagnole; chauffez le tout sans le faire bouillir; passez-le à l'étamine à force de bras; ramassez avec le dos de votre couteau ce qui peut être resté en dehors de cette étamine; déposez-le dans un vase; mettez dans une casserole quatre cuillerées à dégraisser d'espagnole et deux de consommé; concassez vos carcasses; joignez-les à votre mouillement; faites-le réduire, et mettez-y gros comme le pouce de glace ou de réduction de veau; faites-le réduire de nouveau plus qu'à demi-glace; retirez du feu votre casserole; mettez-y votre purée et mélangez le tout ; ajoutez-y gros comme un œuf d'excellent beurre, un peu de muscade râpée, et incorporez-y quatre jaunes d'œufs frais, desquels vous aurez mis les blancs à part ; fouettez ces blancs comme pour faire un biscuit ; incorporez-les petit à petit dans votre purée, quoique chaude ; le tout étant bien mêlé, versez-le dans une casserole d'argent ou dans une caisse de papier ronde ou carrée ; mettez-le dans un four ou sous un four de campagne, avec un feu doux par-dessous et par-dessus : lorsque votre soufflé sera bien monté, vous appuierez légèrement les doigts dessus ; s'il résiste moyennement au toucher, c'est qu'il est à son degré : servez-le aussitôt, de crainte qu'il ne retombe.

Escalopes de levrauts au sang.

Formule de Beauvilliers.

Ayez un ou deux levrauts, selon leur grosseur ; dépouillez-les, videz-les, conservez-en le sang ; levez-en les filets, ainsi que les moignons et les noix des cuisses ; supprimez les nerfs de vos filets, en les posant sur la table et faisant glisser votre couteau, comme si vous leviez une bande de lard ; ôtez les nerfs et les peaux de vos noix ; coupez le tout de l'épaisseur et de la grandeur d'un écu ; battez-les l'un après l'autre avec le manche du couteau, que vous tremperez dans l'eau ; arrondissez vos escalopes, arrangez-les l'une après l'autre (ainsi que les rognons partagés en deux), dans un sautoir ou un plat d'argent creux, où vous aurez fait fondre du beurre ; saupoudrez ces escalopes d'un peu de sel et de gros poivre ; couvrez-les de beurre fondu et d'un rond de papier blanc, et laissez-les jusqu'à l'instant de vous en servir : concassez les os, la tête et tous les débris de vos levrauts, mettez-les dans une petite marmite, avec quelques lames de jambon, un morceau de rouelle de veau, deux oignons, un piqué de deux clous de girofle, deux ou trois carottes tournées, un bouquet de ciboules, une feuille de laurier et la moitié d'une gousse d'ail ; mouillez le tout avec du bon bouillon et un verre de vin de Bourgogne rouge ; faites cuire ce fumet une heure ou davantage : sa cuisson faite, dégraissez-le, passez-le au travers d'une serviette, mettez-le sur le feu de nouveau ; faites-le réduire plus qu'à moitié ; ajoutez-y trois cuillerées à dégraisser d'espagnole ; faites-le réduire de nouveau à consistance de demi-glace : à l'instant de servir, mettez vos escalopes sur un feu ardent ; lorsqu'elles seront raides d'un côté, faites-les raidir de l'autre ; cela fait, égouttez-en le beurre sans perdre le jus de vos filets ; mettez le tout dans votre fumet, sautez-le, liez-le avec le sang de vos levrauts ; ajoutez-y un pain de beurre, un jus de citron ; goûtez s'il est d'un bon goût et servez.

Si vous n'aviez point d'espagnole, faites un petit roux ; liez-en votre fumet avant de le parer et, pour en obtenir *à peu près* le même résultat que ci-dessus, faites-le réduire au même degré

L'univers n'est rien que la vie, en tout ce qui vit se nourrit.

BRILLAT-SAVARIN.

Les Aphorismes

DE

BRILLAT-SAVARIN

Les animaux se repaissent ; l'homme mange ; l'homme d'esprit seul sait manger.
BRILLAT-SAVARIN.

“La destinée des nations dépend de la manière dont elles se nourrissent.
BRILLAT-SAVARIN.
AUTEL DE LA PATRIE
CHARTE
Constitution

Misérable!!
Filou!!!
Âme exquise!
Esprit ailé!
délicatesse!!
Dis-moi ce que tu manges, je te dirai ce que tu es.
Brillat-Savarin
A. Robida

Le Créateur, en condamnant l'homme à manger pour vivre, l'y invite par l'appétit et l'en récompense par le plaisir.

BRILLAT-SAVARIN.

La gourmandise est un acte de notre jugement par lequel nous accordons la préférence aux choses qui sont agréables au goût sur celles qui n'ont pas cette qualité.

BRILLAT-SAVARIN.

Le plaisir de la table est de
tous les âges, de toutes les
conditions, de tous les pays
et de tous les jours; il peut
s'associer à tous les autres
plaisirs et reste le dernier
pour nous consoler de leur
perte. BRILLAT-SAVARIN.
36

La table est le seul endroit où l'on ne s'ennuie jamais pendant la première heure.

BRILLAT-SAVARIN.

La
découverte d'un
nets nouveau fait
ıs pour le bonheur
u genre humain que
la découverte
d'une étoile

BRILLAT-
SAVARIN.

Ceux qui s'indigèrent ou qui s'enivrent ne savent ni boire ni manger.

BRILLAT-SAVARIN.

L'ordre des comestibles est des plus substantiels aux plus légers.
BRILLAT-SAVARIN.

L'ordre des boissons est des plus tempérées aux plus fumeuses et aux plus parfumées.

BRILLAT-SAVARIN.

Prétendre qu'il ne faut pas changer de vin est une hérésie; la langue se sature; et, après le troisième verre, le meilleur vin n'éveille plus qu'une sensation obtuse. BRILLAT-SAVARIN.

Hollande
Crème
Crème
Emmenthal
Pont-l'Évêque
Coulommiers
Roquefort
Livarot
Mr de Marolles
Un dessert sans
fromage est une belle
à qui il manque un œil.
BRILLAT-SAVARIN.

SCIENCE
On devient cuisi-
ier, mais on naît
ôtisseur.
BRILLAT-SAVARIN.

La qualité la plus indispensable du cuisinier est l'exactitude ; elle doit être aussi celle du convié.

BRILLAT-SAVARIN.

Attendre trop longtemps un convive retardataire est un manque d'égard pour ceux qui sont présents.

BRILLAT-SAVARIN.

Celui qui reçoit ses amis et ne donne aucun soin personnel au repas qui leur est préparé n'est pas digne d'avoir des amis.

BRILLAT-SAVARIN.

La maîtresse de la
naison', doit toujours
'assurer que le café est
xcellent ; et le maître,
ue les liqueurs sont
e premier choix.

Brillat-Savarin.

Convier quelqu'un, c'est se charger de son bonheur pendant tout le temps qu'il est sous votre toit.

BRILLAT-SAVARIN.

DEUX MAITRES DE L'ART CULINAIRE

Le Plum-Pudding n'est pas anglais !

Avec le saignant roast-bœf et le turtle-soup, il est admis par tous que le plum-pudding est l'une des gloires gastronomiques de l'Angleterre, un mets également noble et roturier, d'apprêt suprêmement raffiné ici, et extrêmement simplifié là ; mais plum-pudding quand même, et indispensable entremets des jours de Christmas.

Depuis un temps que l'on peut supposer très reculé, mais non immémorial, les Anglais font fête à cette préparation indigeste et, à notre fameux « ils n'en ont pas en Angleterre », ils ont pu répondre longtemps que, par contre, nous ne connaissions pas le pudding. En effet, bien que sa formule eût été vulgarisée par Carême sous le nom de « pudding anglo-français », ce qui était déjà une contestation de nationalité, il n'a conquis sa place sur les menus modernes, qu'en raison de la faveur qui s'attache, plus ou moins éphémèrement à ce qui nous vient d'au delà du détroit.

Jadis, quelques maisons de bouche, fréquentées par une clientèle essentiellement anglaise, le faisaient seules figurer sur leurs cartes, tandis qu'aujourd'hui, on le trouve en permanence partout.

L'histoire, où plutôt la légende du plum-pudding est connue en Angleterre à l'égal de celle de notre poulet à la Marengo, et dans l'une de ces cuisines où cinquante hommes habillés de blanc s'agitent tumultueusement, il ne ferait pas bon émettre un doute sur sa véracité, car cent poings se tendraient à la fois, prêts à boxer. L'Anglais n'entend pas que l'on touche à ses gloires nationales, même si ces gloires ne sont que gastronomiques; et il a raison.

Pourtant, il y a quelques années, il fut démontré et prouvé que cet entremets anglais est le descendant direct du faro breton, et que, partant, il est d'origine bien française. Ce fut un rude coup pour l'orgueil britannique, mais bien d'autres preuves s'accumulent pour démontrer que le plum-pudding n'est pas d'origine anglaise.

« Les pâtissiers de la Grèce semblent avoir dérobé aux Anglais, la gloire de la découverte du plum-pudding, « écrit M. Bourdeau dans l'« histoire de l'alimentation », et l'étude de la cuisine grecque fait en effet découvrir une préparation composée de graisse, de fruits, de miel et de farine. Incontestablement, l'aïeul du pudding anglais que, à leur tour décrivent, Christophane, et principalement Athénée dans le récit du festin des noces du prince Argyen Caranus. Et ce pudding grec se nommait le « strepte ».

Donc, les Anglais n'ont point inventé le plum-pudding, l'histoire le dément formellement.

*
* *

Mais, voici la légende, l'inévitable légende qui poétise les choses les plus vulgaires. Ce fut, paraît-il, dans une partie de chasse du roi de Kent, Ethelberg, et avant la fondation de l'Heptarchie que, du hasard, naquit le Pudding, inscrit depuis lors sur la Bible gastronomique anglaise. Egaré en pleine forêt avec ses gens d'armes, et sans vivres d'aucune sorte, le royal équipage ne comptait plus que sur une manne problématique, lorsque l'un des seigneurs de la suite eut l'idée, et la légende atteint ici la plus haute fantaisie, de recueillir des prunelles, d'en mettre les noyaux en pâte, et d'imbiber cette farine d'un nouveau genre avec une gourdée de vin qui restait des provisions. Puis la pâte fut cuite devant un grand feu de bouleau, et servie deux heures après à Ethelberg qui déclara le gâteau excellent, et en voulut depuis lors, tous les jours, à sa table.

Et ce serait ainsi que, protégé par la faveur royale, le plum-pudding se nationalisa anglais.

La légende est fort belle quoique un peu boîteuse, et mérite d'être contée aux petits Anglais; mais le scepticisme du praticien s'égaye fortement à l'énoncé de cette préparation, à laquelle dut participer quelque fée sylvestre. Et quelle que soit son habileté d'exécutant, il est obligé de s'émerveiller devant ce gâteau issu d'une farine de noyaux et d'une gourdée de vin.

Ce n'est donc point là qu'il faut chercher l'origine du plum-pudding anglais, mais dans la cuisine des peuples anciens, et lui donner pour aïeux le strepte grec ou le fare celtique, sans lequel il n'est pas de fête complète en Bretagne, et leur composition indique bien que le pudding n'en est que l'imitation perfectionnée, surtout celle du fare.

Ainsi, voilà une croyance détruite, une légende qui s'écroule, une gloire qui s'évanouit, et un orgueil national mortellement humilié. La cuisine française peut revendiquer à son actif le populaire entremets anglais; mais nous sommes assez riches en mets pour ne pas le faire, assez généreux pour ne pas pousser plus loin l'étude de la question, et laisser croire encore à nos voisins d'Outre-Manche qu'il fut créé en quelqu'endroit ignoré du Royaume-Uni.

*
* *

Et maintenant, qu'est ce fameux pudding? Le vrai, le seul, l'authentique qui ne comporte pas de farine de noyaux.

La formule est complexe, et simple malgré tout. Il nous faudra comme éléments: 250 grammes de graisse de rognons de bœuf, 125 grammes de farine, 100 grammes de raisin de Smyrne, de Corinthe et de Malaga épépiné, 100 grammes d'écorces d'oranges et de citron confites, 50 grammes de cédrat, 125 grammes de mie de pain, 125 grammes de cassonnade, 6 œufs, 10 grammes de sel, pincée d'épices, prise de cannelle en poudre, soupçon de muscade, un verre de rhum (plutôt grand que petit). Un point, et c'est tout.

Et de tout ceci, il résulte un pudding que ne connut point le roi de Kent.

Exécutons: Fragmentée menu menu, la graisse, d'abord est hachée assez finement, en y joignant la farine en cinq ou six fois, et ceci est le prologue. Puis, dans un quelconque récipient, graisse hachée, raisins, mie de pain, écorces d'oranges, de citron et cédrat sabrés en petits cubes, cassonnade, œufs et poudres aromatiques se rassemblent: s'unifient sous le travail de la spatule, forment le plus étrange chaos, la pâte la plus invraisemblable.

Sur un torchon étendu, généreusement graissé, et abondamment poudré de farine, le tout est alors versé; puis les coins du torchon rassemblés et solidement noués, la boule qui en résulte est incontinent plongée dans une marmite d'eau en ébullition; laquelle ensuite, pendant quatre heures consécutives, sera maintenue en un invariable frissonnement. Et le pudding sera prêt, ou bien près de l'être.

Il le sera quand la boule, déballée de son suaire, sera intronisée sur son plat de service; poudrée à frimas de sucre fin, et que l'auréoleront les flammes multicolores du rhum de la Jamaïque, généreusement dispensé.

Alors, faites ouvrir à deux battants les portes de la salle à manger, et faites annoncer solennellement le plum-pudding anglais.... qui n'est pas anglais.

Si aux flammes bleues de la liqueur spiritueuse vous préférez le velouté d'un sabayon discrètement parfumé de quelques gouttes d'un kirsch vénérable, libre à vous; mais demandez en même temps un bol de brandy-butter qui, en bon français, signifie « beurre en pommade sucré et largement dilué au cognac.... de Cognac ».

Et voilà le plum-pudding; le vrai, j'en atteste Suzanne, le savant auteur de la « Cuisine anglaise », celui que ne connut pas le bon roi Ethelberg, qui s'égarait en chassant à la chasse, en attendant la fondation de l'heptarchie.

PHILEAS GILBERT.

Le Roast-Beef.

De tous ses plats nationaux, celui dont l'Anglais est le plus fier et dont il se targue à bon droit de savoir préparer, servir et manger mieux que tous les autres peuples, c'est, sans contredit, le bœuf rôti.

L'Anglais professe pour le roast-beef une sorte de vénération ; aussi, dans toute maison bourgeoise, ainsi que dans les collèges et les administrations où les élèves et les employés sont nourris, il est établi comme règle d'en avoir invariablement un morceau sur la table tous les dimanches, et souvent même le jeudi.

Cet usage est si bien admis qu'on a vu des domestiques quitter leur place, plutôt que de se soumettre aux fantaisies d'un cuisinier réformateur voulant rompre avec la tradition.

L'importance attachée à ce mets est telle en Angleterre qu'on en a fait le motif d'un chant patriotique : *The Roast-Beef of old England* (le bœuf rôti de la vieille Angleterre), qui est presque aussi populaire que le *God save the King* et le *Rule Britannia.*

Certaines personnes, non initiées à la langue anglaise, écrivent le mot tel qu'il se prononce, c'est-à-dire « rosbif ». C'est un tort; car, en dénaturant l'orthographe d'un mot étranger, on s'expose à en dénaturer le sens. Carême lui-même ignorait la signification du mot anglais qui veut dire bœuf rôti, puisque, dans son livre, il commet la plaisante erreur d'appeler une longe de mouton : « roast-beef de *mouton* ».

Le cuisinier anglais a, comme rôtisseur, des aptitudes qu'on se plaît à lui reconnaître, et l'on peut lui appliquer l'aphorisme de Brillat-Savarin : il est né rôtisseur ! Nul, en effet, ne sait mieux que lui rôtir à point un morceau de viande, quels que soient son poids et son volume ; qu'il s'agisse d'une simple mauviette ou d'un bœuf entier.

Dans certaines grandes occasions, telles que la célébration de la majorité d'un fils de famille noble, il était autrefois d'usage de faire rôtir un bœuf entier ; mais cette coutume surannée tend de plus en plus à disparaître, et ce n'est guère que dans les réjouissances publiques et nationales que cette extravagante et ridicule manifestation culinaire est encore admise. C'est ainsi que, lors du jubilé de la reine Victoria, les municipalités d'Angleterre et d'Écosse ne trouvèrent rien de mieux, pour faire preuve de loyalisme envers leur souveraine, que de faire rôtir en son entier un représentant de la race bovine.

J'ai eu la bonne fortune, à cette époque, d'assister à l'un de ces festins gargantuesques, où ce rôti imposant fut offert comme pièce de résistance aux loyaux sujets de Sa Majesté Britannique.

Un immense foyer avait été construit pour la circonstance, ainsi qu'une broche énorme à à quatre branches, sur laquelle le bœuf avait été fixé. Cette broche était mise en mouvement au moyen de deux poulies à engrenage, et des hommes se relayaient d'heure en heure pour la faire évoluer. L'animal, dont on avait supprimé les jarrets et la tête, avait été enveloppé dans une muraille de pâte, faite de farine et d'eau et recouverte ensuite d'une triple couche de fort papier. Le tout, bien ficelé et copieusement arrosé de graisse, fut placé à une grande distance du foyer pendant une durée de douze heures. Il fut parfaitement cuit et servi froid le surlendemain.

Je ferai remarquer, en passant, que c'est une erreur de croire que les Anglais n'aiment que la viande saignante. C'est un préjugé que rien ne vient justifier ; car, au contraire, on mange généralement en Angleterre la viande plus cuite que chez nous.

Il faut remonter au règne de l'excentrique roi Henri VIII pour trouver l'étymologie du terme *sir-loin* ou *baron of beef*.

Le roi était un grand mangeur, et le bœuf rôti avait pour lui un attrait tout particulier. Un jour, transporté à la vue d'un superbe aloyau bien cuit à point, des flancs duquel s'échappait un jus onctueux et succulent, il le sacra, dans son enthousiasme, baron et chevalier.

Ce titre de noblesse, octroyé par la bouche royale à la longe de bœuf, a été sanctionné par l'usage, et, depuis lors, on ne désigna plus cette pièce de résistance que par les noms de *sir-loin* et de *baron of beef*.

C'est ce même prince, de gourmande mémoire, qui institua le corps des gardiens de la Tour de Londres. Ces soldats, qui formaient une garde d'élite, étaient soumis à un régime de nourriture éminemment substantielle, composée presque exclusivement de bœuf rôti et bouilli. De là leur nom de *beef-eaters* (mangeurs de bœuf).

On peut encore voir aujourd'hui les gardiens du donjon historique, affublés du même costume pittoresque qu'ils portaient en l'an 1500, et qui se compose d'un justaucorps écarlate bariolé de velours noir, avec les armes royales brodées sur la poitrine. Autour du cou, une collerette tuyautée telle qu'en portait Henri IV. J'ignore si le régime du bœuf à perpétuité continue à leur être imposé.

Le roast-beef ne se sert jamais en Angleterre sans être accompagné d'une sauce au raifort, ou, pour le moins, de raifort simplement gratté en copeaux. La sauce raifort se fait ainsi :

Râper de la racine de raifort préalablement épluchée, et y ajouter une faible poignée de mie de pain fraîche imbibée de crème double. Assaisonner de sel, d'un peu de moutarde anglaise, de quelques gouttes de vinaigre et d'une pincée de sucre.

Outre la sauce au raifort (*horse radish sauce*), il est d'usage aussi en Angleterre de manger avec le bœuf rôti un certain gâteau appelé *yorkshiro pudding*, qui se prépare de la manière suivante :

Délayer dans une terrine 125 grammes de farine avec trois œufs entiers, 1 demi-litre de lait, du sel et un peu de muscade râpée. Faire chauffer dans un plat à sauter, profond, de la graisse clarifiée, et y verser la pâte liquide. Mettre au four pendant quelques minutes; puis, placer le plat et son contenu sous le roast-beef, de manière qu'il se trouve arrosé par la graisse et le jus de la viande.

Lorsque le pudding est cuit d'une belle couleur, le retourner sur un plafond, le couper en morceaux de 4 ou 5 centimètres carrés, le dresser sur un plat chaud et le servir en même temps que le bœuf.

ALFRED SUZANNE.

LES PLATS RENOMMÉS

DES GRANDS RESTAURANTS DE PARIS, DE PROVINCE

et des Maîtres Cuisiniers

SUIVIS DE

1200 Recettes Pratiques

DE

BONNE CUISINE FRANÇAISE

CHOISIES PAR UN COMITÉ DE CHEFS DE CUISINE

ET DE CUISINIÈRES EXPÉRIMENTÉS

SEUL LIVRE CONTENANT

DE NOMBREUSES FORMULES

DE LA CUISINE DES PROVINCES

ET LES RECETTES

DES RENOMMÉES GOURMANDES

des vieux Formulaires français.

LES ÉPLUCHEURS

AVANT-PROPOS

Avant de livrer au public les recettes de l'*Art du bien manger*, vous m'avez prié de les lire; vous me faites même l'honneur de me demander mon avis, chose plus difficile à donner, étant acquis par nous, cuisiniers cuisinant, que le meilleur d'entre nous est celui qui plaît à son maître.

Il me semble que vous avez apporté un grand soin à ce sujet, cherchant à satisfaire tous les goûts : du brouet de Lacédemone et des boussacs de Taillevent à la sole Paillard, il y a un grand pas. De ce pas, vous avez fait un splendide gradin dont chacun peut à sa guise monter et redescendre les degrés. Je trouve, sincèrement, que l'ordre et la marche du cortège sont parfaits.

Mais, ce qui m'étonne vraiment, ce n'est pas votre patience, votre persévérance à collationner et recueillir partout et dans toute la France, la série ininterrompue de vos mirobolantes recettes culinaires. Non. C'est votre audace, votre courage, dois-je dire. Comment ! Vous entendez partout jeter le cri d'alarme : la cuisine se meurt ; la cuisine est morte ! et vous nous lancez à la face un livre de cuisine ; à des affamés sans appétit, vous offrez de pantagruéliques repas. Les noces de Gamache suivant en sarabande les banquets de Trimalcion ; les effrayants holocaustes d'il y a cent ans, aux soupers d'hier ; à des buveurs d'eau qui dînent d'un sandwich, vous parlez d'impromptus servis par vingt-quatre, dont dix-huit doubles entrées.

Donc, vous avez la foi, et là, je vous admire. Laissez sans crainte, ceux que les vapeurs à la mode de l'avant-dernier siècle, ont repris aujourd'hui sous un nouveau vocable ; laissez ces pauvres hères qui, malgré eux, et pour cause, veulent imiter Succi et sa troublante pâleur, et apportez fièrement la bonne parole, exposant nos principes, aux fervents et joyeux apôtres de la cuisine française ; le nombre en est grand, de ceux qui connaissent l'Art de vivre et bien vivre, mais le nombre est plus grand encore de ceux qui l'ignorent et désirent l'apprendre.

Pour cette tentative que je proclame héroïque, je vous adresse mes félicitations sincères, et, heureux d'avoir été le premier à lire ces pages utiles à notre art, je vous prie d'agréer mon cordial remerciement.

G. Sevin.

LES EXPOSITIONS CULINAIRES DE PARIS

Les expositions culinaires françaises prennent une importance de plus en plus considérable ; c'est le champ clos où nos maîtres-queux viennent chaque année se mesurer dans l'art de la gourmandise, et affirmer par leurs alléchantes innovations toute la supériosité de leur méthode.

En 1902, cette fête de la gastronomie fut particulièrement brillante, le Président de la République, qui s'intéresse à toutes les manifestations utiles du génie français, honora d'une visite le pavillon de l'Exposition culinaire aux Tuileries.

Après avoir félicité les organisateurs de cette solennité, M. Émile Loubet leur témoigna toute la sympathie qu'il portait à l'œuvre philanthropique des caisses de retraite et de secours qu'ils avaient créées dans un but de solidarité fraternelle.

« Maintenant, — dit-il en terminant — laissez-moi vous parler de la cuisine. La France est célèbre dans le monde par ses lettres et par ses arts; elle doit en outre à la cuisine le grand renom dont elle jouit. Grâce à sa cuisine, les plébéiens comme vous et moi reçoivent à leur table les têtes couronnées. Les princes les plus illustres viennent des pays lointains, attirés également par les séductions de notre capitale et par les agréments culinaires qu'ils sont sûrs d'y trouver. Nulle part — c'est un dicton universel — on ne mange aussi bien qu'en France. Vous contribuez donc, et puissamment, à l'excellente réputation de notre pays et et aussi à sa fortune.

« Faites de la bonne cuisine. Soignez vos sauces et mettez-y votre talent qui est votre honneur. Vous avez conscience de l'importance de votre rôle social, conservez-le et maintenez la cuisine française au rang éminent où vos devanciers l'ont portée. Je bois à cette royauté qui est un élément de notre prospérité nationale! »

Un des maîtres de la cuisine française, M. P. Montagné, présenta à l'Exposition culinaire de 1902 un délicat souper dont les dispositions d'élégante simplicité lui valurent les éloges unanimes des véritables gourmets. En voici le menu et les formules :

MENU

Un souper froid de 4 couverts au Grand Hôtel

Le Consommé à la Madrilène
Les Hors-d'Œuvre
Les Paupiettes de Soles Grand Hôtel
Le Filet de Bœuf à la Carême
Les Aiguillettes de Poularde glacées au Xérès
La Salade Lucifer
Les Pommes de Calville à la gelée de Violettes
Le Gâteau Printemps
Les Desserts
Les Fruits

N° 1. — *Le Consommé à la Madrilène.*

Voir la recette page 458.

N° 2. — *Les Paupiettes de Soles Grand Hôtel.*

A. **Apprêt des paupiettes.** — Lever les filets de deux soles, les parer, les aplatir et après les avoir enduits d'une légère couche de farce de brochet, les rouler sur une carotte taillée en forme de bouchon et beurrée.

Cette opération a pour objet de façonner une paupiette dont le centre se trouvera évidé par le retrait de la carotte après la cuisson.

Entourer ces paupiettes d'une bande de papier d'office beurré.

B. **Cuisson des paupiettes.** — Ranger les paupiettes dans un plat à sauter beurré, assaisonner de sel et de poivre, et mouiller de 6 décilitres de fumet de poisson marqué au vin de Chablis et parfumé aux champignons.

Laisser cuire à très faible ébullition, la casserole couverte (une cuisson trop rapide déformerait les paupiettes).

Laisser refroidir les paupiettes dans la cuisson les égoutter, retirer les carottes, parer les paupiettes.

C. — **Gêlée de poisson.** — Cette gelée se prépare selon la méthode habituelle, c'est-à-dire en appuyant le fonds de cuisson d'une quantité suffisante de gélatine et en le clarifiant au blanc d'œuf suivant le principe.

Passer la gelée au linge et la réserver au frais.

D. — **Mousse de crevettes.** — Piler dans un petit mortier 125 grammes de crevettes épluchées, les passer au tamis fin. Les mettre dans une terrine et travailler en pleine glace en leur incorporant deux ou trois cuillerées de gelée de poisson, une pincée de paprika et 1 décilitre de crème double fouettée très ferme.

E. — **Opérations finales.** — Placer les paupiettes sur autant de fonds d'artichauts cuits au blanc. Les décorer de feuilles d'estragon blanchies et trempées dans de la gelée mi-prise. Remplir le creux des paupiettes avec la mousse de crevettes que l'on montera en dôme. Placer sur le sommet une lame de truffe correctement taillée et trempée à la gelée mi-prise.

F. — **Dressage.** — Ranger les paupiettes en cercle dans un plat en cristal à rebords peu élevés. Couler dans le fond du plat une couche de gelée de poisson. Mettre entre chaque paupiette une moitié d'œuf de vanneau lustré à la gelée et placer le plat de cristal sur un plat plus grand, afin de pouvoir l'entourer d'une bordure de glace pilée en neige.

N° 3. — *Filet de bœuf à la Carême.*

A. **Opérations préalables.** — Parer un filet de bœuf raccourci des deux bouts et le piquer de lard fin.

L'inciser longitudinalement du côté de la chaîne et le farcir d'un appareil composé de foie gras cru et de chair de filet de bœuf (on emploie les parties enlevées aux deux extrémités du filet. Assaisonner cette farce, la passer au tamis, lui ajouter un salpicon de foie gras et de truffes.)

Recoudre l'incision du filet; le ficeler et le marquer dans une braisière avec l'endaubage habituel de viandes, de jarret de veau, parures du filet, oignons émincés, carottes, bouquet garni.

B. **Cuisson.** — Mettre le filet au four pendant 20 minutes afin de le faire dorer. Le mouiller d'un demi-litre de vin de Madère et de 4 décilitres de bon fonds de volaille.

Recouvrir la braisière et laisser cuire au four en arrosant de temps en temps. Cette cuisson se règle à raison d'un quart d'heure par livre.

C. **Fonds ou coulis.** — Egoutter le filet; le réserver

au chaud, à la bouche du jour. Mouiller la braisière où s'est effectuée la cuisson avec 1 litre de fonds de volaille; faire bouillir un instant sur le fourneau pour bien détacher toutes les parties sapides qui se sont fixées sur les parois de la braisière.

Passer à la passoire fine, dégraisser et faire réduire d'un tiers, en plein feu, ce qui donnera au coulis la consistance voulue.

Ajouter au fonds un verre de vieux madère ou de xérès et passer à la mousseline. Réserver au bain-marie.

D. **Garnitures**. — 1° Douze truffes moyennes, épluchées, cuites avec un morceau de beurre frais, une pointe de paprika et du sel et mouillées, mais une fois cuites seulement, d'un décilitre du fonds du filet où on les laissera compoter jusqu'au moment de les employer.

2° Douze gros champignons, épluchés, citronnés cuits au four et remplis d'un salpicon de crêtes de volaille et de pointes d'asperges.

Observation. — Ce filet, composé pour la XIXe Exposition Culinaire, y avait été servi en froid, ce qui avait nécessité certaines modifications de dressage.

N° 4. — *Aiguillettes de Poularde glacées au xérès*.

Le style un peu somptueux de ce plat semble devoir le classer uniquement dans les apprêts de grande cuisine. On peut, cependant, avec de légères modifications, le faire figurer dans les menus de pratique courante.

1° **Apprêts préalables**. — Brider une poularde en entrée et la mettre à cuire dans un fonds blanc ou bouillon de volaille garni selon la méthode du « Pot au Feu ».

Régler la cuisson de la pièce qui doit pocher à très légère ébullition et s'imprégner ainsi de tous les sucs du mouillage.

Lorsque la poularde est cuite (45 minutes à 1 heure pour une pièce de 3 à 4 livres), la débarrasser avec son fonds, dans une grande terrine et l'y laisser complètement refroidir. (Il est même bon de faire cuire la volaille la veille du jour de l'emploi.)

2° Egoutter la volaille, l'éponger et détacher les cuisses et les ailes ainsi que les filets mignons.

Détailler ces pièces en aiguillettes régulières que l'on parera en forme de cœur allongé.

3° **Sauce chaud-froid.** — Avec un tiers de la cuisson, marquer une sauce velouté ou coulis blanc. Faire dépouiller cette sauce pendant 45 minutes et la faire réduire en plein feu en l'additionnant, pendant la réduction, d'une égale quantité de gelée d'aspic et d'un tiers de crème double.

Essayer la farce de cette sauce en en faisant refroidir une petite quantité sur glace. Si elle n'était pas suffisamment solide, on lui ajouterait une petite quantité de gélatine préalablement dégorgée à l'eau.

Parfumer cette sauce de deux ou trois cuillerées de vin de Xérès et la passer à la mousseline.

Observations sur la sauce chaud-froid blanche. — La gelée d'aspic indiquée comme appoint de cet apprêt est fournie par le fonds de cuisson de la Poularde. (Voir le paragraphe suivant.)

On prépare aussi la sauce chaud-froid en l'appuyant de jaunes d'œufs. Cette méthode est analogue à celle de la sauce Allemande.

4° **Gelée d'aspic.** — Avec le restant du fonds de cuisson, augmenté, s'il est nécessaire, d'une certaine quantité de fonds blanc, marquer une gelée selon la formule habituelle, avec l'appoint de gélatine et clarifiée avec la viande hachée et les blancs d'œufs.

5° **Opérations finales.** — *A.* Mettre dans une terrine une petite quantité de sauce chaud-froid, la vanner en pleine glace afin de la faire prendre à moitié. Lorsqu'elle est suffisamment consistante, en napper les aiguillettes de poularde. (Pour cette opération, placer les filets, un à un, sur une fourchette et les recouvrir d'une petite cuillerée de sauce.

L'aiguillette se couvrira de la sauce nécessaire, le surplus coulant à travers les dents de la fourchette.

Laisser se solidifier les aiguillettes, puis les garnir, chacune, d'une large lame de truffe, trempée dans la gelée mi-prise et les lustrer complètement à la gelée.

B. Remplir aux trois quarts une coupe ronde en cristal avec la gelée indiquée.

Lorsque cette couche de gelée est prise, dresser dessus, les aiguillettes de poularde en les disposant en couronne.

Napper le tout d'une couche de gelée mi-prise et réserver en lieu frais.

Le dressage de ce plat se fait en incrustant la coupe de cristal en un bloc de glace vive frustement taillée et creusée. On peut également entourer la coupe de glace réduite en neige. Ces dressages en pleine glace permettent de conserver les gelées très délicates, c'est-à-dire très peu fournies en gélatine.

En principe, il est même préférable de ne pas coller une gelée. Les éléments de base, s'ils sont convenablement dosés, donnent à cet apprêt une résistance suffisante, résistance que l'on augmente, en ajoutant au fonds des viandes gélatineuses telles que pieds ou jarrets de veau, couennes fraîches de porc, carcasses de volaille, etc., etc.

N° 5. — *La salade à la Lucifer.*

L'originalité de cette salade consiste à être servie dans l'intérieur du crustacé en ayant fourni un des éléments principaux.

Après avoir fait cuire et refroidir un crabe de la grande espèce, on détache délicatement le test supérieur de manière à pouvoir enlever toutes les chairs intérieures sans toucher aux pattes ou serres destinées à former le support de la salade.

Ajouter à la chair du crabe, coupée en dés, deux ou trois pommes de terre cuites à l'eau et émincées, une poignée de crevettes épluchées, deux bananes émincées.

Assaisonner le tout de deux cuillerées de mayonnaise très serrée, ajouter du cerfeuil et de l'estragon grossièrement haché, du sel, du paprika et une pincée de poudre de currie.

Dresser cette macédoine, qui doit être très serrée, dans l'intérieur du crabe, et servir sur un plat garni d'une serviette.

N° 6. — *Les Pommes de Calville à la gelée de Violettes.*

Creuser 6 pommes de Calville sans briser l'enveloppe.

Avec la pulpe retirée, additionnée de deux pommes coupées en quartiers, préparer une gelée que l'on clarifiera selon la formule ordinaire et que l'on parfumera, une fois passée à la serviette, d'un verre à liqueur de kummel et de deux ou trois gouttes d'essence de violettes.

Faire pocher les six pommes creusées dans un sirop vanillé, les cuire très légèrement, les égoutter et les laisser refroidir.

Les remplir avec la gelée mi-froide et les mettre à prendre sur glace.

Prosper Montagné.

Barbue à la Richardin.

Proportions pour 10 à 12 personnes;
1 barbue de 12 à 1500 grammes;
250 grammes champignons crus;
3 fonds d'artichauts;
40 grammes de truffes;
150 grammes de beurre;
1/2 litre crème double;
50 grammes parmesan râpé.

Sel, paprika, persil, cerfeuil, 1/2 litre de vin gris de Lorraine.

1° Racler, vider et ébarber le poisson selon la méthode habituelle ; l'inciser longitudinalement du côté noir en soulevant légèrement les filets, briser l'arête médiale en deux ou trois endroits.

Assaisonner la barbue intérieurement et extérieurement de sel et de paprika (poivre rouge de Hongrie, d'une plus grande sapidité que le poivre ordinaire, se trouve chez Hédiard).

Placer le poisson sur une plaque allant au four, grassement beurrée.

La recouvrir d'un salpicon (en dés menus), composé avec les champignons, la truffe, et les artichauts (ces derniers auront été tournés et mis à blanchir, pendant 10 à 12 minutes dans un demi-litre d'eau salée et acidulée).

Semer quelques petits fragments de beurre sur le poisson, ajouter l'assaisonnement suffisant pour les nouveaux éléments de garniture.

Mouiller du vin gris de Lorraine et faire partir sur le fourneau d'abord puis mettre à cuire au four, la plaque recouverte, pendant 35 à 40 minutes en arrosant souvent.

2° Egoutter la barbue et la dresser sur le plat de service (ce plat doit pouvoir aller au four).

Faire réduire la cuisson en plein feu en lui incorporant la crème double indiquée aux bases.

Lorsque la sauce nappe, très légèrement à la cuillère, lui ajouter le restant du beurre, mais hors du feu et terminer en lui additionnant une demi-cuillerée de persil et de cerfeuil hachés.

Napper le poisson avec ce coulis ; le saupoudrer du parmesan râpé et faire gratiner à four très vif pendant 5 minutes.

Nota. — *A*. Pour faire gratiner un poisson, ou tout autre plat, il est indispensable de le placer sur une plaque ou plat à sauter rempli d'eau. Cette précaution empêche les sauces à base de beurre ou d'œufs de se désagréger.

B. On peut augmenter l'aspect de ce plat en entourant la barbue d'une garniture de moules cuites au vin blanc. La cuisson de ces moules doit être ajoutée, à celle de la barbue pendant la réduction. Se méfier dans ce cas de l'assaisonnement, le fonds des moules étant toujours salé.

P. Montagné.

RECETTES DES MAITRES CUISINIERS

Langouste à la Marigny

Prenez une langouste vivante ; brossez-la et tronçonnez-la suivant l'usage ; enlevez avec soin dans le coffre la petite poche contenant du gravier ; détachez le corail et mettez-le de côté. Hachez deux oignons moyens fins et faites-les revenir dans un plat à sauter avec de l'huile d'olive et un petit morceau de beurre fin ; prenez deux ou trois tomates fraîches épépinées, coupez-les en petits morceaux et joignez-les aux oignons avec un peu de thym, une demi-feuille de laurier et quelques queues de persil ; faites cuire quelques minutes en remuant de temps en temps ; ajoutez vos morceaux de langouste, retournez-les jusqu'à parfaite cuisson. Prenez le corail, écrasez-le, ajoutez une pointe d'ail et une pincée de paprika, délayez le tout avec un demi-verre de vin blanc sec et un peu de marsala, versez dans la langouste et laissez mijoter pendant dix à quinze minutes; évitez que la sauce soit trop longue. Faites une liaison d'un jaune d'œuf ou deux avec un peu de crème. Au dernier moment, ajoutez à cette liaison un morceau de beurre fin et un petit jus de citron, dressez sur un plat creux ou dans une timbale. G. GODARD

Le Chou farci (*Sous fassun*).

La ville de Grasse en Provence n'est pas seulement renommée pour sa parfumerie et les excellents fruits confits de la maison Nègre, on y prépare aussi un mets national très simple, mais qui a son mérite, et, s'il est bien fait et servi avec goût, il peut être présenté sur toutes les tables. C'est le chou farci, en provencal *sous fassun*. Sa recette :

Effeuillez un chou, ébouillantez les feuilles, égouttez-les ; préparez une farce avec des feuilles de poirée et cœurs de laitues hachées, 100 grammes de riz cru, 100 grammes de chair à saucisse, 150 grammes de poitrine de porc, 150 grammes de foie de porc, 1/4 de petits pois frais ou conservés ; mélangez le tout dans une terrine avec deux œufs entiers, assaisonnez de haut goût, reformez le chou en superposant une couche de feuilles une couche de farce, et mettez dans un filet ; masquez une marmite avec poitrine de bœuf, jambon cru, un pied de porc, carottes, navets, bouquet garni ; cuire le chou pendant deux heures ; dressez-le avec la viande que vous avez parée et les légumes intercalés ; servez très chaud, une sauce tomate à part.

Ami lecteur, si vous doutez du chou farci à la mode de Grasse, apprêtez-le et faites comme moi, goûtez-y.

G. DAVER.

Le Pâté de Chartres.

Créée sous Louis-Philippe en un jour de désarroi, cette pièce de résistance adoptée d'abord par des chasseurs et des commis-voyageurs affamés par les longues courses, a vu sans doute, comme toute chose, bien des hauts et des bas dans son évolution lente. — Pour qui veut bien la faire, elle reste de son régime et n'y veut rien changer; c'est un vieux plat, s'il avait le don de la parole, il dirait certainement qu'il doit être dressé, coiffé du bonnet de coton des ancêtres.

Recette. — Prendre quatre perdreaux de plaine, tués depuis quatre jours, les flamber, vider et ouvrir par le dos. Les piquer sur les filets de gros lardons : on dit les fusiller ! Garnir l'intérieur de farce, composée de lard frais, veau et panne à raison d'un tiers de chaque (il feut pour tout à l'heure conserver la moitié de la farce).

Faites d'autre part une bonne pâte au beurre, ferme ; étendez-là sur la table en une large abaisse bien ronde ; au centre, déposez un lit de farce, couchez-y vos perdreaux que vous entourez en tous leurs interstices et en hauteur du reste de votre farce, comme un château fort casematé. Là ! des deux mains prestes et habiles, par la pression combinée des doigts, vous élevez la pâte autour de votre mamelon, ne laissant aucun vide entre le mur et la garnison. Avant de souder le couvercle, mettez sur le tout un bon morceau de beurre de Prunay. Une feuille de laurier, pincez tout autour, dorez à l'œuf et cuisez à bon four.

G. SEVIN.

Soles Princesse.

Lever les filets de deux soles, faites-les dégorger à

l'eau fraîche, les marquer avec deux cuillerées de mirepoix fondue, mouillée d'un demi-décilitre de sauterne et passée au chinois. Egoutter les filets, les réserver au chaud. Avec le fonds de cuisson réduite préparer une béarnaise en long sur le plat. Garnir de crevettes épluchées et de truffes émincées. Les napper avec la sauce et les entourer de fleurons en feuilletage.

E. BARRIER.

Lièvre farci à la parisienne.

Dépouillez un lièvre de pays bien en chair. En le vidant, conservez le plus possible de peau au ventre.

Préparez la farce suivante :

Hachez et pilez 300 grammes de foie gras cru mélangé au foie du lièvre. Ajoutez deux ou trois échalotes très finement hachées, et liez le tout avec le sang du lièvre mis en réserve. Assaisonnez de haut goût, et remplissez avec l'intérieur du lièvre dont vous recoudrez soigneusement l'ouverture. Dénervez les filets, troussez le lièvre, et, après l'avoir assujetti à la broche, faites-le rôtir à feu vif, en observant de le tenir très saignant.

Pour servir, détaillez les filets en aiguillettes, les cuisses en escalopes et rangez-les sur la farce. Envoyez en même temps une sauce poivrade préparée selon la méthode habituelle.

TESCH,
Chef des Cuisines au Palais de l'Élysée.

Filets de merlans brochettes.

Levez les filets de six petits merlans, parez-les et supprimez la peau. Assaisonnez et roulez-les en forme de paupiettes ; les mettre en brochettes, les paner au beurre et les griller comme des rognons de mouton. D'autre part, avec les arêtes et parures, suivant les règles, vous faites un fumet ; réduire à glace à monter au beurre, ajouter persil haché et saucer vos filets. Envoyer en même temps des pommes de terre cuites à l'eau.

F. Bigou.

Poulet à la Alexis.

Préparez un poulet en entrée, écartez la peau de l'estomac pour y mettre du parmesan râpé, beurrez le fond d'une casserole à glace, mettez-y le poulet beurré, assaisonné dedans et dessus ; faites partir sur le fourneau sans découvrir et ensuite au four, du charbon rouge dessus, 1/2 heure; le poulet doit être d'un beau jaune.

Faites cuire du riz à part, des ris d'agneau, des chipolatas ; quand le riz est cuit, ajoutez le fond de volaille sans dégraisser, une pointe de cayenne, du parmesan râpé ; garnissez un plat de riz, de ris d'agneau, de chipolatas, recouvert de riz, du parmesan râpé dessus et gratinez au four. Découpez votre poulet, roulez-le dans de l'œuf battu et du parmesan, faites frire; dressez sur votre gratin, servez une sauce tomate à part et un peu de jus.

G. Delafoy.

Canard à la Sauge.

Avoir un canard nantais ; faire une farce avec 150 grammes de mie de pain, 30 grammes graisse de veau, 3 foies de canard, 5 feuilles de sauges hachées bien fin, un jaune d'œuf cru ; garnir l'intérieur du canard, mettre à rôtir; envoyer une sauce bourguignonne avec quelques feuilles de sauge dedans.

J. Ruby.

Poularde amateur.

Bridez une poularde pour entrée ; faites-la braiser dans un fond de volaille ; après cuisson, égouttez la poularde ; passez cette cuisson, la dégraisser, la réduire à glace ; montez cette glace au beurre fin, finissez au moment de servir avec de la crème double ; dressez la volaille sur un plat, saucez-la et envoyez à part le reste de la sauce assaisonnée de haut goût. Entourez la poularde de petites pailles frites au parmesan.

Cette entrée doit être servie extrêmement chaude.

L. HUBERT.

Caneton à la Séville.

Préparer et rôtir un canard rouennais de première qualité ; découpez-le en aiguillettes que vous glacerez d'une sauce chaufroid, finie avec du madère et de l'essence de truffes ; préparez ensuite une mousse de foies gras aux truffes pour garnir l'intérieur du canard ; dressez les aiguillettes à côté l'une de l'autre, sur le foie gras, en leur donnant la forme d'un canard, décorez le dessus du canard avec de la gelée, dressez sur un socle en ris, entourez le socle, en forme de coupe, d'une garniture d'olives de Séville farcies au foie gras.

ARMAND S.

Homards soufflés.

Avoir de tous petits homards bien vivants, en cuire un au court-bouillon ; faire avec ses chairs et un quart de champignons cuits, un petit salpicon ; fendre les autres sur leur longueur, supprimer l'estomac et le boyau, enlever les chairs dans une terrine sans perdre les parties liquides ; passer les chairs au tamis de fer, puis au tamis de crin, assaisonner, pointe de cayenne, travailler deux minutes dans la terrine, ajouter égale quantité de crème fouettée ; mélanger légèrement et ajouter le salpicon. Nettoyer les carapaces, supprimer la grosse pince, les aligner sur place en les calant, les garnir avec l'appareil, saupoudrer de chapelure et de quelques petits morceaux de beurre, pousser à bon feu quinze minutes ; servir sans retard.

ARÈSE,
Ex-chef de cuisine, à l'Ambassade d'Amérique, à Londres.

Galantine de Truite à la Norvégienne.

Désossez une truite en l'ouvrant par le ventre. Mettez dans un vase la chair de quelques merlans, débarrassée des arêtes, sel, poivre, muscade, une pointe de cayenne, 50 grammes de beurre fin que vous amollissez pour le mélanger à la chair des merlans ; faites une farce grossière ; ajoutez un œuf et un peu de lait, des truffes bien hachées ; garnissez votre truite, sanglez-la dans une serviette, faites cuire dans du lait salé, laissez un peu refroidir, resserrez-la en lui donnant sa forme, deballez, la débarrassez de la peau, glacez-la à la gelée, dressez sur un pain de riz, garnissez les côtes de petits canapés de caviar frais et moitié d'œufs garnis de salade russe.

Servez accompagnée d'une sauce mayonnaise à la tomate assez liquide et bien relevée.

G. SALAIN.

Poussins à la Giscour

Poêler 4 beaux poussins en ajoutant un verre de porto rouge, dressez en dôme ; sautez des cèpes de moyenne grosseur et des fonds d'artichauts dans de l'huile d'olive, les égoutter sur une serviette ; dressez en couronne autour des poussins, saucez avec une demi-glace où vous aurez incorporé le fond dans lequel ont cuit les poussins. (En dégustant ce plat, boire une bouteille de Château-Giscour, 1891.) (*Recette du Docteur.*)

R. BIARD.

Timbale de Wheat Manioc à la Hédiard.

Faire de petites crêpes avec le wheat manioc, les

couper à l'emporte-pièce, avec un petit rond dans le milieu, de la grandeur d'un moule à charlotte; beurrer le moule ; une crêpe, une couche marmelade d'abricots, une crêpe, une couche crème aux amandes, jusqu'aux trois quarts du moule, remplir avec une royale à la crème vanillée : four doux, une heure ; sauce fouettée au bassin, quatre jaunes, un œuf, un petit verre de kirsch, 60 grammes de sucre, sauce très légère.

Ed. Hoerter.

Consommé Nouveau Règne.

Ce potage, a été servi pour la première fois dans un dîner exécuté par M. Henri Faucheux, chef des cuisines de sir Ernest Cassel, à Londres, quelques jours après l'avènement au trône de Sa Majesté le roi Edouard VII ; en voici la recette :

Consommé de volaille, légèrement lié à l'arow-root, avec grosses quenelles de volailles, noircies d'une purée de truffes et fourrées d'un coulis aux paillettes d'or relevé d'un fumet d'herbes à tortue.

Manière de fourrer les quenelles :

Prenez quelques feuilles d'or, brisez-les, formez-en des paillettes que vous mélangerez avec un peu de gelée de volaille aromatisée d'une infusion d'herbes à tortue, laissez prendre sur glace ; quand votre gelée est ferme, découpez-la en petits cubes que vous introduirez dans des moules à quenelles au milieu des moules garnis de farce ; faites pocher vos quenelles, dressez-les dans la soupière, où le consommé de volaille sera versé.

Nota. — Faire les quenelles assez grosses afin que les convives soient obligés de les couper pour les manger, car c'est à ce moment que se produit la surprise, quand tout à coup, d'une quenelle noire et triste, s'échappe un flot de paillettes d'or qu'agrémente le parfum d'herbes à tortue.

Victor Vallette.

Caneton froid à la Mode.

Ayez un beau caneton, un pied de veau, un pied de porc, une botte de petits oignons nouveaux, autant de petites carottes, et un bouquet garni.

Les pieds seront, d'abord, *aux trois quarts cuits* selon la méthode ordinaire, c'est-à-dire au court-bouillon (sans farine) avec les aromates habituels :

Le caneton, une fois vidé, flambé et bridé, sera mis à la casserole, avec de la bonne graisse de rôti. Faites-le revenir *bien doré* ; égouttez la graisse. Ajoutez alors les pieds de veau et de porc, leur cuisson (à peu près un demi-litre), un verre de vin blanc sec, un petit verre de cognac, les petites carottes, les oignons (ceux-ci *légèrement rissolés*), et le bouquet garni. Assaisonnez de sel et poivre, couvrez la casserole, et laissez *mijoter* à l'aise pendant une heure environ.

Retirez du feu, dégraissez, et laissez refroidir, le même laps de temps.

Maintenant, découpez le caneton selon la pratique usuelle ; désossez les pieds, et divisez-les en morceaux carrés. Prenez un plat profond carré ou un moule ovale, au choix; rangez-y tous ces morceaux, en ayant soin de placer les petits légumes autour; retirez le bouquet. A la cuisson adjoignez de la gelée, en égale quantité; versez au-dessus. Enfin, laissez le tout ainsi jusqu'au lendemain, dans un endroit frais.

Comme l'on peut en juger, c'est le procédé du bon et ancien Bœuf à la Mode, moins les lardons. L'Ancienne Cuisine, quoi qu'on en dise, valait bien les nouveautés actuelles, elle à qui nous devons le Pot-au-Feu national, le Canard aux Navets, si affectionné par le gourmet émérite, feu Charles Monselet, et tant d'autres succulences, dont l'apprêt est des plus faciles !...

ALBERT CHEVALLIER,
Chef des cuisines du Prince d'Arenberg.

Consommé froid à la Vivian.

Dans un décilitre de gelée de volaille, mélangez autant de crème douce pour la laisser prendre et imiter de la royale ; dans un plat creux, dressez en décors les petites garnitures suivantes : concombres coupés en petits dés et cuits à l'eau salée, chair de tomate cuite et concassée, cerfeuil, persil, feuilles d'épinards et de laitues, le tout ensemble et peu haché, jaunes d'œufs durcis et hachés ; avec la gelée à la crème, entourez ces garnitures en dents de loup ou autres dessins ; on verse alors dans la soupière posée sur la glace, un consommé à base de volaille fait avec des viandes portant le moins possible à la gélatine, pour éviter qu'il ne prenne en gelée, et l'on présente le plat dressé des garnitures en servant le consommé.

(Recette créée au service de S. E. Lord VIVIAN, ambassadeur à Rome, Italie).

Kaïmac à la diplomate.

Le kaïmac n'est qu'une crème de lait de buffle. A son défaut, le lait des vaches normandes, suisses ou autres est aussi bon et peut-être plus doux ; pour l'obtenir, on dépose 10 à 12 litres de lait dans une terrine qu'on laisse dans une température tiède, 4, 5 ou 6 heures, la crème se met à croûter ; à ce moment portez la terrine au frais, et 6 heures après coupez le dessus en carrés que l'on soulève soigneusemeut avec une écumoire ; on dépose ces carrés sur une mousseline étalée sur une grille ; d'autre part, vous aurez un ananas tourné et cuit dans un léger sirop, vous l'égouttez pour le couper en tranches minces dont vous détachez une sur deux, en forme de castagnettes liées ensemble ; prenez alors ces doubles tranches pour les garnir de kaïmac en les dressant chevalées en rond sur un plat, et faisant bailler les tranches en dessus comme un chou à la crème bien garni ;

dans le centre, dressez en pyramides des dattes dont vous aurez enlevé le noyau qui sera remplacé par le kaïmac, tenez le plat au frais. Au sirop d'ananas, ajoutez 500 grammes de sucre, 125 grammes de fraises, laissez cuire dans un poêlon jusqu'à ce que le sirop nappe sans coller, vous le passerez pour napper après refroidissement; envoyez le plat, le surplus du sirop l'accompagnera dans une saucière. (Il est bon de dresser les tranches sur une couronne de gênoise ou autre biscuit, celui à l'orange fait très bien, mais peu épaisse.)

(Recette créée au service de S. E. sir PHILIPPE CURRIE, ambassadeur à Constantinople, Turquie).

J. MERLIN, chef de cuisine.

Truite du lac Léman (*Dédiée à Gaston Sevin.*)

Ebarber, vider et enlever l'arête du milieu, piquer la truite avec rangée de lard et truffes sur toute sa longueur.

Préparez une farce à quenelles bien moelleuse avec homard et crevettes cuites, un filet de brochet; ajoutez un beurre de corail de homard, une pointe de cayenne et petits dés de truite ; farcir la truite en ayant soin de la bien reformer, gardez une partie de la farce pour les quenelles. Foncez une poissonnière avec un bon fond de braise, ajoutez un bon fond de poisson, mettez votre truite sur la grille, ajoutez une bouteille de Cliquot sec et deux verres de Marsala; laissez cuire la truite à feu doux, arrosez souvent et laissez bien glacer.

Sauce. — Un bon velouté maigre, faites-le réduire avec une grande partie de la cuisson de la truite bien dégraissée, liée avec six jaunes d'œufs, deux décilitres crème Chantilly ; ajoutez, au moment du service, un bon beurre d'écrevisses.

Garniture. — Petits champignons farcis avec une

purée de crevettes un peu relevée, petites coquilles Saint-Jacques garnies avec un salpicon de homard, et truffes glacées à la salamandre, moules frites à la Villeroy, laitances de carpes sautées au beurre d'écrevisses, belles quenelles fourrées au salpicon ; garnir la truite, envoyez la sauce dans la saucière ; quatre beaux hatelets ornent la truite.

REGNIER,
Restaurant National, Montpellier.

Laitances de harengs saurs.
(*Hors d'œuvre hongrois.*)

Pocher des laitances de harengs saurs à l'eau bouillante légèrement acidulée. Retirer le récipient du feu aussitôt les laitances dans l'eau, ne pas les laisser bouillir. Faites pocher quelques minutes, laisser refroidir dans l'eau.

Préparer une sauce moutarde composée de moitié moutarde anglaise et française, montée avec de l'huile d'olive, dans laquelle vous mettez une forte prise de *paprika* (poivre de Hongrie); égouttez les laitances, dressez-les sur raviers, et versez la sauce dessus (pas trop épaisse). GEORGES SCHAAL.

Gâteau le Czar.

Une demi-livre miel mélangé avec huit œufs battus sur le feu comme pour une gènevoise, vous pilez 60 grammes d'amandes fraîches avec 60 grammes noisettes grillées, au parfum fleur d'orange et kummel, un quart de farine gruau, 65 grammes crème de riz et 120 grammes de beurre noisette, four doux; fourré de crème praliné au kummel, glacé orange.

TRIBAULT.

Saumon à la Jules Beer.

Prenez un saumon bien frais, ouvrez-lui le ventre du haut en bas, désossez-le, enlevez toutes les arêtes, assaisonnez de sel, poivre. Préparez une farce de poisson (pas trop légère, bien truffée), de préférence des soles.

Reformez votre saumon en lui incorporant cette farce, cousez-le, et roulez-le dans une mousseline.

Avoir préparé une bonne cuisson dite mirepoix, bien revenue ; mouillez-la avec deux bouteilles de vin blanc et un bon fumet de poisson, laissez réduire un peu, remouillez avec du jus, que le saumon trempe bien ; mettre sur le coin du feu pour pocher bouillir, suivant la grosseur ; une fois cuit ; le laisser refroidir dans sa cuisson.

Faire la gelée avec la cuisson du saumon, parez-le et nappez-le à la gelée.

Garniture sur le plat. — Coquilles de caviar ; champignons tournés et nappés ; crevettes roses ; quatre écrevisses, deux à chaque bout ; œufs durs sur le dos, en gradins.

Servir à part une sauce (mayonnaise, worcestershire).

E. Guillot.

Homard à la moderne.

Cuisez au court-bouillon un homard selon sa grosseur, de 25 à 30 minutes ; laissez refroidir. Avec la chair d'un homard plus petit et un peu de corail, faites un zéphyr monté à la crème et fini à la crème fouettée ; assaisonnez sel, poivre, paprika ; nettoyez la coquille de homard cuit, réservez la chair pour couper en escalopes. Garnissez la coquille avec votre zéphyr. Recouvrez du dit, lissez bien et laissez pocher à four très doux pendant une heure ou une heure et demie selon sa grosseur ; garnissez de persil et d'éperlans frits, servez à part une casserole de riz créole et sauce homard.

F. Chaussin,
Chef des cuisines du baron H[i] de Rothschild.

Tourte de Saumon (*cuisine ancienne.*)

Prenez des tranches de saumon, ôtez-en la peau,

coupez-les en filets; faites une abaisse de pâte brisée fine; pilez un morceau de saumon, avec quelques champignons hâchés finement, un morceau de beurre à proportion de la chair de saumon, assaisonnez de fines épices, ajoutez un peu de crème douce. Mettez le tout sur l'abaisse de pâte. Placez les filets de saumon dessus, assaisonnez-les légèrement, mettez quelques petits morceaux de beurre dessus, couvrez le tout d'une abaisse de même pâte, soudez les deux ensemble, et faites une bande étroite de pâte feuilletée que vous mettez autour.

Dorez et cuisez à four modéré; une fois cuit, dégraissez et mettez dessus au moment de servir, un ragoût bien chaud de queues d'écrevisses et de laitances.

PAUL MAURENNE.

Pudding froid d'Auvergne.

(*six à huit couverts.*)

Cuire 125 grammes de chocolat dans une tasse d'eau, ajoutez un demi-litre de lait sucré et vanillé.

Epluchez trente marrons que vous cuisez également au lait sans sucre; pilez et mélangez avec le chocolat et additionnez trois œufs battus entiers.

Versez dans un moule à charlotte *caramelé* et cuisez au bain-marie environ une heure.

Servez à part une anglaise au rhum.

P. PALANGUE.

Langouste soufflée à la Victoria.

Prendre une langouste vivante, en couper les antennes; enlever le boyau intestinal et la diviser par le milieu; avoir le soin de recueillir l'eau (ce qui est le sang); enlever les chairs de chaque milieu de la queue, avec soin pour ne pas les endommager, prendre les parties crèmeuses qui se trouvent dans le coffre; faire un petit coulis avec le corail, œufs et sang.

Piler les chairs de la queue avec un peu de béchamel froide, beurre, sel, muscade râpée, poivre de Cayenne et légèrement de worcestershire (sauce).

En pilant la farce, lui incorporer de la crème double bien fraîche et trois œufs entiers. Le coulis doit être très réduit. Essayer la farce et lorsqu'elle est à point, l'amener à bon goût. Faire cuire d'autre part les deux carapaces pour les faire rougir. Les égoutter et les dresser sur un plat long ; monter à la crème double trois blancs et les incorporer à la farce. Remplir les carapaces et faire gratiner à four moyen. Couvrir le dessus avec un papier beurré ! Servir à part une julienne de truffes blanches crues du Piémont.

JEAN NAVENANT.

Boudin Sainte-Sophie.

Préparez une farce à quenelles de brochets truffée ; formez-en des boudins d'une grosseur moyenne ; pochez-les dans un bon fond de poisson. Une fois pochés, faites-les rafraîchir ; dès qu'ils seront froids, égouttez-les sur un linge, passez-les à l'anglaise et rangez-les sur un plat à gratin ; mettez au four pour les chauffer et dorer légèrement. Nappez au moment de servir, d'une sauce et garniture Joinville ; servez très chaud.

ARSÈNE ANTHON.

Noix de chevreuil à la Edmond Richardin.

(dédié à l'auteur de « l'*Art du bien manger* »).

Piquez vos noix bien fraîches et sans avoir été marinées ; faites-les cuire à la broche en les conservant saignantes. Formez une bordure de pain de foie gras suivant les prescriptions, que vous faites pocher au four en attendant la cuisson des noix. Au moment de servir, démoulez la bordure sur plat d'entrée. Vous rangerez en couronne les noix découpées en escalopes ; garnissez le milieu de ce turban avec des truffes émincées sauce madère, entourez le turban de croûtons en losanges et garnissez le centre avec farce de gibier au foie gras que vous aurez préalablement gratinée légèrement. Envoyer à part dans une saucière, le surplus de la garniture truffée, sauce madère.

Arsène Anthon.
Chef de cuisine, à Valence.

RECETTES DE CUISINE DU CAFÉ ANGLAIS

Fondé en 1800, ce restaurant était alors fréquenté par les officiers de notre armée au retour des champs de bataille du premier empire.

En 1814 et 1815, ils furent remplacés par les officiers de la coalition; c'est à cette nouvelle clientèle que la maison dut de porter le nom de Café Anglais qui lui est resté depuis cette époque.

Établissement de premier ordre, où fréquentent les têtes couronnées en villégiature à Paris.

Filets de Soles à la Mornay.

Levez les filets d'une sole; faites-les cuire avec du fumet de poisson et un bon morceau de beurre dans un plat fermé hermétiquement. Assaisonnez d'un peu de sel et poivre. Prenez deux cuillerées à bouche de béchamel que vous monterez au beurre. Mettez-y une petite pointe de cayenne et une pincée de parmesan râpé. Ensuite, faites réduire votre cuisson de filets de soles et additionnez-la à votre sauce béchamel. Mettez une cuillerée de sauce au fond de votre plat à dresser. Rangez vos filets de soles et nappez dessus avec le reste de votre sauce.

Saupoudrez d'un peu de parmesan et faites glacer à four chaud au moment de servir.

Pommes de terre Anna.

Coupez vos pommes de terre en liards très minces (5 à 600 grammes de pommes de terre). Essuyez-les bien dans une serviette, salez-lez. Mettez dans un plat à sauter fermant herméti quement, 100 grammes de beurre fin bien étendu. Mettez une première couche de pommes de terre avec 50 grammes de beurre bien étendu dessus, le restant de vos pommes de terre et encore 50 grammes de beurre. Fermez votre plat à sauter, mettez feu dessus et dessous (braise allumée sur le couvercle). Laissez cuire un quart d'heure. Découpez votre pain de pommes de terre en quatre, retournez-les, remettez-les au feu dix minutes environ. Au bout de ces vingt-cinq minutes vos pommes doivent être cuites et bien colorées.

Vous levez alors vos quatre parties de pommes de terre que vous dressez sur votre plat rond comme si le pain était entier. Servez de suite. Il ne faut pas que ces pommes de terre attendent beaucoup.

Poularde à la d'Albuféra.

Préparez une poularde comme pour la truffer. Troussez-la en entrée. Assaisonnez-la de sel épicé à l'intérieur. Faites cuire du riz au consommé; une fois cuit, ajoutez-y 4 cuillerées à ragoût de velouté réduit avec un bon morceau de glace de viande, de la crème double, le tout fini de beurre fin. Ajoutez-y une demi-livre de truffes fraîches coupées en lames. Mélangez bien le tout avec votre riz.

D'autre part, faites braiser un foie gras au madère. Coupez-le en lames épaisses.

Garnissez alors votre poularde du riz préparé comme il est dit et de vos lames de foie gras en alternant l'un et l'autre jusqu'à ce que votre poularde soit bien bondée. Bridez-la très ferme et faites-la braiser à blanc.

Pour garniture de votre poularde, vous mettez un cordon de grosses truffes cuites au champagne et un autre cordon d'escalopes de foie gras sautées au madère. Frappez votre poularde de sauce suprême très riche. Servez en même temps que la poularde, une saucière de votre sauce suprême et un légumier de riz blanc bien égrené.

(*Café Anglais.*)

LE CAFÉ DE PARIS

Admirablement dirigé par un des chefs renommés de la cuisine française, Mourier, est le restaurant de la société mondaine, française et cosmopolite; maison de tout premier ordre où l'on mange excellemment.

Voici quelques-unes des créations du maître:

La Poularde du Café de Paris (froide).

Faites-braiser une belle poularde pendant quarante-cinq minutes dans un bon fond, laissez refroidir dans sa cuisson, puis découpez-la, en laissant les ailerons tenir à la carcasse. Faites braiser un bon foie gras de Strasbourg dans un fumet de truffes et madère (vingt minutes); laissez refroidir, pilez au mortier et ajoutez trois ou quatre cuillerées de sauce chaud froid, montée à la crème. Mettez le foie gras dans la carcasse. Escalopez les filets de la poularde, et remontez-la entière, puis nappez avec une bonne sauce chaud-froid montée à la crème. Décorer avec des lames de truffes et de la gelée passée à la poche.

Épaules d'agneau Louis le Grand.

Désossez 3 épaules d'agneau petites, mais bien blanches, en laissant adhérer le manche et retirant les parties nerveuses des chairs intérieures, battez légèrement ces chairs, assaisonnez. — Emplissez les épaules avec un peu de farce de quenelle ferme, mêlée avec un salpicon de truffes et champignons. Rapprochez les chairs pour les coudre en enfermant la farce. Sciez-en le bout du manche, puis placez-les dans une casserole foncée avec du lard, du jambon et des légumes. Mouillez aux trois quarts de hauteur avec du bon bouillon et un verre de vin blanc, posez la casserole sur un bon feu ardent pour faire réduire le mouillement d'un tiers. A ce point, retirez la casserole sur feu modéré et finissez de cuire les épaules tout doucement en les arrosant.

Égouttez-les ensuite, débridez-les et faites-les glacer de belle couleur avec un peu de leur cuisson réduite. Parez-en le manche pour le papilloter, découpez les chairs en entaille, dressez les épaules debout sur un plat avec les manches appuyés contre un support en pain frit collé sur le centre du plat; piquez à ce support un hatelet de légumes, emplissez les intervalles avec une garniture de petites carottes glacées.

Envoyez une saucière de cuisson à part.

(*Café de Paris.*)

Les Aubergines Opéra.

Prenez deux aubergines, épluchez-les, coupez-lez en liards, assaisonnez sel et poivre, faites-les sauter au beurre, puis égoutez. D'autre part, prenez trois tomates, que vous aurez soin d'émonder pour enlever la peau, émincez et faites-les sauter au beurre comme les aubergines.

Rangez dans un légumier ou une timbale une couche d'aubergines que vous saupoudrez de fromage rapé. Alternez avec la tomate jusqu'à ce que votre légumier soit plein, puis faites gratiner au four, et servez. (*Café de Paris.*)

Le Homard Thermidor.

Coupez un homard vivant en deux dans la longueur, brisez bien les pattes, assaisonnez, sel, poivre, épices, ciselez les chairs et faites cuire au four environ douze minutes. Puis retirez les chairs, hâchez-les grossièrement, faites un fumet de poisson très réduit auquel vous ajouterez une bercy.

Remettez les chairs dans la carapace du homard, nappez avec la sauce ci-dessus indiquée et glacez au four.

MOURIER.

LES RECETTES DE CUBAT

Pierre Cubat, un des maîtres réputés parmi nos grands cuisiniers, dirige en Russie, les cuisines de la Cour Impériale; il a su y maintenir avec éclat la renommée sans égale de l'art culinaire français.

Huîtres à la Russe.

Ouvrez une douzaine de grosses huîtres, retirez-en les chairs, mettez-les dans une petite casserole, faites-les pocher, lorsqu'elles sont froides, parez-les et assaisonnez; trempez-les entièrement dans une bonne sauce Villeroy finie avec une pointe de cayenne; rangez-les sur une plaque et laissez refroidir.

Brossez bien les 12 coquilles creuses des huîtres et faites-les sécher. Préparez une petite farce de merlan à la crème. Avec une couche de cette farce, masquez le fond des coquilles creuses, sur la farce, posez une huître, et couvrez-la de cette même sauce. Rangez les coquilles sur un petit plafond et faites pocher au four doux pendant douze minutes. Dressez sur une serviette.

Koulibiack.

Préparez une pâte à brioche sans sucre. Prenez du vésiga que vous faites cuire à l'eau, hachez-le et faites revenir au beurre avec oignons hachés. Hachez six filets de merlans, que vous faites aussi revenir au beurre avec des oignons, ajoutez quatre œufs durs hachés et mélangez le tout ensemble. Allongez la pâte en forme ovale d'un centimètre d'épaisseur et mettez cette farce en long dessus, puis une douzaine de filets de merlans entiers préalablement cuits; recouvrez le tout avec la pâte, pour en faire un pâté long. Dorez à l'œuf et faites cuire au four quarante minutes.

Gélinottes rôties à la Russe.

Choisissez les gélinottes fraîches, videz, flambez et bardez-les, faites-les macérer dix minutes dans du lait froid ; retirez et cuisez à la casserole, assaisonnez ; glacez-les au pinceau et servez entouré de cresson. Envoyez en même temps une saucière de bon jus.

PIERRE CUBAT, maître d'hôtel de Sa Majesté le Tsar Nicolas II.

LA MAISON DORÉE

Le dernier propriétaire, le maître Casimir, réputé parmi les meilleurs des chefs de nos cuisines, maintint la vieille et excellente réputation de cette maison Dorée, un des temples de la gastronomie française. Voici quelques-uns de ses plats renommés :

Poularde braisée à la Maison d'Or.

Faites braiser votre poularde dans du bon consommé. Préparez d'autre part une financière qui se compose de crêtes, rognons de coqs, quenelles de volaille et truffes ; coupez de belles escalopes de foies gras, faites-les passer au beurre, égouttez-les sur un tamis et dans le plat où ces escalopes ont été sautées, versez une demi bouteille de madère, faites réduire et ajoutez deux fortes cuillerées de sauce espagnole, deux cuillerées de blond de veau, réduisez à nouveau. Ajoutez vos escalopes à votre financière et passez cette sauce dessus.

Égouttez votre poularde et dressez.

Poulet sauté à la Bordelaise.

Faites sauter un poulet avec les fonds d'artichauts coupés en morceaux, également des pommes de terre de la même grosseur, ajoutez un bouquet garni. Il faut que poulet et légumes soient largement gras comme beurre ou huile selon le goût. Assaisonnez-les bien de sel, poivre fin. Si votre poulet n'était pas bien tendre, vous le feriez partir dix minutes avant; ensuite, vous mettez vos légumes, car il faut que tout soit cuit ensemble. Lorsque votre poulet est cuit, vous hachez un peu de persil, une pointe d'ail que vous jetez au moment de le dresser. Faites frire dans l'huile bouillante, des oignons coupés en ronds et très minces, des feuilles de persil que vous mettrez par bouquets autour de la volaille. Ce poulet doit se servir sans sauce, au cas contraire, on peut y ajouter quelques lames de tomates et un morceau de glace de viande.

(*Maison Dorée.*)

Écrevisses à la nage.

Coupez en rondelles carottes et oignons, ajoutez feuilles de laurier, thym, quelques branches de persil et un peu d'estragon. Faites passer le tout au beurre, mouillez avec deux bouteilles de vin blanc, assaisonnez de sel, gros poivre et une pointe de cayenne, laissez bouillir un quart d'heure et jetez les écrevisses dans cette cuisson. Laissez cuire dix minutes.

(*Maison Dorée.*)

Anguilles à la gelée.

Faites une mirepoix composée de petits dés de carottes et oignons, thym, laurier, persil, quelques clous de girofle et gros poivre ; faites revenir le tout à l'huile, d'une couleur presque blonde. Après avoir bien nettoyé vos anguilles, coupez-les en tronçons réguliers et ajoutez-les à votre mirepoix, assaisonnez gros sel et une pointe de cayenne. Faites passer quelques minutes. Vous aurez préparé d'autre part une douzaine de gousses d'ail émincées, ajoutez une pincée de romarin et faites frire dans une poêle à friture très chaude. Lorsque cela commence à prendre couleur, ajoutez un fort filet de vinaigre et jetez le tout dans vos anguilles. Finissez la cuisson. Laissez reposer quelque temps, retirez vos morceaux d'anguille, placez-les dans le plat où ils doivent être servis, clarifiez votre cuisson et masquez vos anguilles.

(*Maison Dorée.*)

Timbale Nantua.

Préparez une mirepoix composée de petits dés de carottes et oignons, thym, laurier, queues de persil, faites passer au beurre d'une couleur blonde; à ce point mettez vos écrevisses, assaisonnez sel, poivre de Cayenne, un morceau de glace de viande, une demi-bouteille de vin blanc, un verre de cognac, un peu de consommé blanc. Faites cuire à feu vif douze à quinze minutes. Laissez refroidir vos écrevisses; passez la cuisson. Épluchez vos écrevisses, retirez les queues et mettez-les à mesure dans la cuisson. Faites piler les débris de vos écrevisses, ajoutez un fort morceau de beurre frais et passez à l'étamine, cela s'appelle beurre d'écrevisse. Vous mettez dans un plat à réduction un peu de béchamel, autant de fumet de poisson et faites réduire à feu vif.

Vous aurez soin, à mesure que la réduction se fait, de verser peu à peu un demi-litre de crème double. Lorsque la réduction est à point, ajoutez par petites fractions 500 grammes de beurre fin et votre beurre d'écrevisses. Passez à l'étamine et versez sur vos queues d'écrevisses.

CASIMIR, de la Maison Dorée.

LE RESTAURANT CHAMPEAUX

Créé en 1800, par Champeaux, cet établissement est resté dans la famille jusqu'en 1864. Depuis 1872, dirigé par Catelain, qui a maintenu les grandes traditions culinaires de la maison. Cuisine justement renommée, cave remarquable.

Admirable décoration des salons du restaurant par Parvillée! Le maître céramiste a su mettre en valeur, dans une harmonie de couleurs, les reflets les plus inattendus; les verdures des feuillages, les plantes singulières, les fleurs les plus rares apparaissent dans un mirage de bronze et d'or adouci de tons discrets dans cette magique et lumineuse coloration.

Les plats renommés de Champeaux :

Potage bisque d'écrevisses.

Mettez selon la grosseur, quatre ou cinq écrevisses par potage et par personne.

Préparez une mirepoix composée de carottes, oignons, hachés très fins, un bouquet de persil garni, un petit morceau de beurre. Faites revenir la mirepoix jusqu'à couleur blonde, assaisonnez de sel, mignonnette, muscade, mouillez de vin blanc; laissez réduire de moitié. Mettez les écrevisses dans cette cuisson pendant dix minutes, retirez-les du feu, séparez-les en deux, épluchez les queues et mettez les chairs de côté. Videz les coquilles et mettez le quart de côté pour les garnir de farce à quenelles de poisson. Pilez au mortier le tout ensemble, ajoutez un peu de riz crevé d'avance au consommé blanc, mouillez avec la cuisson des écrevisses, passez la purée à l'étamine, remettez-la sur le feu, éclaircissez-la d'un peu de consommé blanc, de façon qu'elle forme une purée claire. Brisez-la avec un morceau de beurre fin et tenez-la au chaud sans laisser bouillir. Vous ferez pocher au consommé les coquilles que vous aurez farcies ; vous couperez en petits dés la chair des queues que vous mettrez dans la soupière, vous verserez le potage par dessus, vous placerez ensuite les coquilles dans la soupière qui surnageront dans le potage. Servez ensuite.

Turbot à la Champeaux.

Mettre le turbot coupé en morceaux dans une casserole avec tomates coupées, oignon haché, persil concassé, sel et poivre, glace de viande, vin blanc, consommé, beurre fin, et pommes de terre; cuire le tout à grand feu pendant vingt minutes.

Turbot à la Marinière.

Prenez carottes, oignon, persil, laurier, cannelle, thym, sel et poivre, mettez vin blanc, consommé, beurre fin, pommes de terre; cuire le tout à grand feu pendant vingt-cinq minutes; même cuisson que ci-dessus; coupez le turbot en morceaux, mouillez avec la cuisson et le laissez cuire pendant vingt minutes à grand feu.

Servir en même temps des pommes de terre à l'anglaise et beurre fondu.

Truite ou Carpe à la Champeaux.
(*Pour 4 personnes.*)

Préparer un court bouillon composé de :

Une demi-bouteille de Sauternes, un quart de litre de consommé, carotte, oignon, thym, laurier, persil, sel, poivre en grain. — Faire cuire le poisson dans cette préparation ; quand il est cuit, l'égoutter, enlever la peau des deux côtés et le dresser sur un plat; garnir ensuite les côtés, de la composition suivante :

100 grammes de beurre fin à moitié fondu et assaisonné fortement de sel et poivre additionné de cerfeuil, ciboulette, cornichons hachés très fin, bien remuer le tout ensemble dans un endroit frais de façon à ce que le mélange devienne assez ferme pour qu'on puisse en garnir le poisson.

Retirer les légumes de la cuisson, la clarifier au moyen de trois blancs d'œufs, un petit verre de fine champagne et six feuilles de gélatine.

Lorsque cette gelée aura bouilli pendant environ dix minutes très doucement, la passer dans un linge bien fin, la laisser refroidir et lorsqu'elle commence à prendre, la verser sur le poisson.

Sole et barbue à la Champeaux.

Faire cuire la sole ou la barbue avec du bon vin blanc et un peu de consommé ; lorsqu'elle est cuite, l'égoutter, ajouter un peu de mignonnette et faire réduire la cuisson ; ensuite, lier cette réduction avec deux jaunes d'œuf et du bon beurre fin, puis la passer à l'étamine.

Semer des queues de crevettes sur la sole ou la barbue, verser la sauce dessus et saupoudrer de chapelure, la faire glacer pendant cinq minutes au four et la servir avec des écrevisses.

Homard sauté à l'Américaine.

Coupez le homard en morceaux, mettez dans un plat à sauter beurre et huile, faites chauffer, mettez le homard dedans, faites-le revenir à feu vif, assaisonnez assez vigoureusement, sel fin, poivre, muscade râpée ; quand le homard aura pris couleur, versez dessus un peu de cognac et allumez-le, faites sauter le homard, ajoutez une forte pincée d'échalotes hachées, mouillez de vin blanc, faites cuire pendant quinze minutes, dressez dans une soupière ou légumière, faites réduire la cuisson, ajoutez une mirepoix coupée le plus mince possible, terminez la sauce avec un peu de sauce tomate et demi-glace, ajoutez poivre de Cayenne et jus de citron.

Poulet à la Champeaux.

Coupez un poulet en morceaux, faites-le revenir dans du beurre ; lorsqu'il est bien doré, ajoutez du persil concassé, mouillez avec un peu de vin blanc (1 verre à madère) un peu de jus et de la glace de viande, laissez-le cuire, dressez-le, ensuite, finissez votre jus avec un peu de beurre. Faites cuire à part des pommes de terre tournées en noisettes et ajoutez-les à votre poulet. Faites revenir des petits oignons et placez-les par petits bouquets avec les pommes de terre.

Pour le **poulet à la Parmentier**, supprimez les petits oignons et coupez les pommes de terre en dés.

Pâté de volaille.

Faire dans une casserole un jus de veau avec des os bien cassés, des carottes, des oignons, du thym, laurier, persil; le faire bien pincer, mouiller avec du vin blanc et du consommé, y ajouter du gros poivre et du sel.

Laisser bien cuire, passer, et dégraisser.

Découper un gros poulet, l'assaisonner, sel, poivre, épices, muscade, le faire sauter dans une grande casserole de façon qu'il soit bien doré.

Le placer dans une marmite en terre, le mouiller avec le jus de veau et ajouter un petit bouquet de thym et laurier.

Le laisser cuire au four à petit feu pendant deux heures.

CATELAIN, du restaurant Champeaux.

RECETTES DE CUISINE DU RESTAURANT PAILLARD

Très habilement dirigés par Paillard, le restaurant de la Chaussée d'Antin et celui fondé récemment dans les Champs-Élysées tiennent une des premières places parmi les grands restaurants parisiens. Voici quelques-unes de leurs formules renommées :

Potage Chicago.

Faites un bon potage bisque dans lequel vous mélangez du portugais ou purée de tomate, des perles du Japon et des tomates fraîches concassées.

Sole Rabelais.

Faites pocher une sole dans du fumet de poisson. Avec sa cuisson, vous faites la sauce liée avec un jaune d'œuf et un bon morceau de beurre. Ajoutez-y un beurre d'anchois ou essence d'anchois, saucez votre sole et semez dessus des œufs de homard bien cuits. Servez bien chaud.

Rumsteak sauté chez soi.

Faites sauter un rumsteack ou entre-côte dans du beurre bien chaud ou noisette. Aussitôt coloré et à moitié cuit, ajoutez des petites pommes de terre, du lard, des oignons, le tout blanchi,et un petit bouquet garni.

Faites mijoter et finir de cuire; si le rumsteack est cuit avant la garniture, retirez-le et laissez achever la cuisson de votre garniture, versez dedans une larme de jus, un peu de fines herbes et citron. Servez dans la cocotte ou casserole argentée ; ne pas oublierl'assaisonnement.

Canard Paillard.

Farcissez un canard avec 250 grammes de lard gras finement râpé, auxquels vous ajoutez des échalotes et la moitié du foie du canard hachés. Faites rôtir le canard en ayant soin de le tenir saignant ; servez avec la sauce suivante : hachez des échalotes avec l'autre moitié du foie et mettez-les dans une casserole avec thym, laurier et un verre de vin rouge ; faites réduire et ajoutez un peu de Liebig, laissez encore réduire et au moment de servir, ajoutez 60 grammes de beurre très fin.

Soufflé javanais.

Faites une infusion de thé et café, liez votre appareil avec un peu de crème de riz, ajoutez deux jaunes et quatre blancs d'œufs. Montez bien ferme, quand votre soufflé est aux trois quarts cuit, vous le glacez au sucre vanillé et vous ajoutez un petit pralin aux pistaches.

Salade Danicheff.

Dans une salade mettez :

Des truffes en julienne, des fonds d'artichauts escalopés, du céleri rave en julienne, des pommes de terre émincées coupées chaudes, des têtes de pointes d'asperges, quelques champignons crus émincés, des queues d'écrevisses, quelques fines herbes.

Assaisonnez une mayonnaise de poivre, sel et vinaigre et servez.

PAILLARD

RECETTES DE CUISINE DU RESTAURANT DE LA TOUR D'ARGENT

Fondé en 1582, le restaurant de la Tour d'Argent était fréquenté à la fin du règne de Henri III par les Guise et leurs partisans; célèbre sous Henri IV; plus tard, sous Louis XIII, il fut le rendez-vous habituel des seigneurs de la cour.

Actuellement le restaurant de la Tour d'Argent est dirigé par un des meilleurs cuisiniers français, Frédéric, qui continue les anciennes et excellentes traditions de la maison.

Œuf de M. J.-W. Mackay.

Faire un croûton de pain creusé intérieurement, le passer au beurre et le garnir de six queues d'écrevisses Nantua ; faire pocher un œuf dans une eau fortement salée et poivrée. Egoutter l'œuf et le dresser sur le croûton, recouvrir l'œuf d'un peu de la même sauce et garnir le tout d'appareil à fondre au fromage, saupoudrer de chapelure et de fromage et gratiner au four.

Poulet de Madame J.-W. Mackay.

Désosser les membres d'un poulet, assaisonner de sel et poivre et farcir une bonne farce de foie gras et un beau morceau de truffe dans chaque ; leur donner la forme de balottines, les mettre sur une broche effilée et les faire rôtir au sarment. Les servir avec autant de truffes cuites à la serviette dont la sauce servira pour manger le poulet ; chaque truffe doit avoir un petit interstice dans lequel on mettra du foie gras ; avec les débris de truffes faire un hachis et en recouvrir les truffes.

Fruits Sir Henry Layard.

Prendre un biscuit de Savoie carré de 15 à 20 centimètres. L'évider et le garnir de beurre frais mélangé de confitures de groseilles. Rafraîchir des fruits, pêches, framboises, oranges, petites fraises, grosses fraises, abricots, prunes, raisin, ananas coupé en petites tranches, le tout macéré dans la liqueur Tour d'Argent (sucre vanillé), kirsch, cherry brandy, jus de citron, jus d'orange, grenadine en sirop ou fraîche, sirop de groseilles.

Retirer les fruits très frais, passer au tamis pour en égoutter le jus que l'on fait glacer en sorbet, garnir le biscuit des fruits, rafraîchir et recouvrir le biscuit (qui doit être également tenu au froid), avec la glace.

Filet de sole du grand-duc Wladimir.

Faire une croquette de pommes de terre en forme de cœur et l'évider, faire une quenelle de brochet de même forme que la croquette. Farcir un filet de sole d'une bonne farce de merlan, faire pocher dans du vin blanc et un peu de cuisson de sole.

Faire une sauce Winterthur, c'est-à-dire une réduction de crème ou de bon lait, la beurrer et y ajouter du fromage de gruyère rapé, un salpicon de truffes et champignons, sel, poivre et une pointe de kary, il faut tenir cette sauce assez épaisse.

Mettez un peu de cette sauce dans la croquette, puis y ajouter la quenelle de brochet et le filet de sole, ainsi que quatre queues d'écrevisses, recouvrir le tout de la sauce Winterthur et d'un peu de chapelure mélangée de fromage râpé.

Beurrer un plat et mettre dessus la croustade avec une noisette de beurre sur chacune et faire gratiner au four.

FRÉDÉRIC, de la Tour d'Argent.

LES PLATS RENOMMÉS DU RESTAURANT DURAND

Le restaurant Durand, vieille et excellente maison justement renommée, a su maintenir sa réputation. C'était chez Durand que le général Boulanger donnait ses fameux dîners.

Clientèle très select.

Œufs Pont-Biquet.

Faites une purée de poisson avec une bonne sauce au marquis de Béchamel : mettez une cuillerée de cette purée sur un plat rond en argent, et dessus deux œufs pochés chauds ; ensuite nappez ces œufs avec une sauce veloutée, verte ou vénitienne, ajoutez une belle lame de truffe dessus les œufs, mettez un cordon de deux sauces alternées autour, ainsi que de la glace de viande ; servez le mieux possible et avec haut goût.

Barbue Durand.

Émincez des carottes et des oignons en grosses rouelles ; faites *tomber* ces légumes dans une petite casserole, avec sel, poivre, vin blanc, un peu d'eau ou fumet de poisson, laissez cuire suffisamment et qu'il ne reste pas un iota de cuisson, c'est-à-dire que cet appareil soit très sec, de façon à pouvoir le conserver quelques jours dans le frigorifique. Ensuite beurrez un plat à sauter en bi-métal intrinsèque en argent, mettez trois rouelles d'oignons et trois rouelles de carottes, couchez dessus une belle barbue ouverte sur le côté noir et assaisonnée dans l'arête avec sel et un peu de beurre, mouillez-la avec un bon verre de vin blanc, un peu d'eau, ajoutez un bouquet garni ainsi que de la sarriette fraîche et quelques tomates fraîches concassées, oignons hachés très fin et fines herbes, couvrez avec un four de campagne, laissez cuire environ douze ou quinze minutes pour une barbue de cinq ou six personnes, ensuite découvrez, mettez un tour de moulin à poivre frais, un jus de citron, de la crème double, un petit morceau de beurre fin ;

vannez bien en arrosant la barbue avec le rond de cette cuisson, goûtez avant de servir et envoyez avec haut goût!

Poulet sauté Archiduc.

Découpez un poulet reine pour cinq personnes, mettez-le dans un plat à sauter, avec beurre assaisonné de sel et poivre, faites cuire sur le bord du fourneau, pour qu'il n'aille pas trop vite et qu'il reste blond lorsqu'il est cuit, ensuite versez un verre des *liqueurs* que je désigne : kirsch, porto, wisky, madère, vin blanc, cognac. Aussitôt ces liqueurs réduites, mettez de la crème double avec votre poulet, vannez bien, tout en mettant le reste de l'assaisonnement qu'il mérite. Dressez dans une timbale en argent les morceaux de poulet, passez votre sauce au linge fin. Nappez votre poulet, servez de haut goût, sans oublier les manchettes à chaque extrémité des membres. (*Restaurant Durand.*)

RECETTES EXCLUSIVES DU RESTAURANT LAPÉROUSE

Œufs pochés Lapérouse.

Faites une bonne purée de champignons, placez-la dans un plat à œufs. Mettez sur cette purée vos œufs que vous aurez pochés au préalable ; recouvrez le tout d'une sauce blanche dite « mousseline », un peu de fromage râpé dessus et faites gratiner au four vif.

Entrecôte Lapérouse.

Faites une réduction de vinaigre, échalotes, estragon et un verre de vin blanc; une fois réduite, ajoutez deux cuillerées et demie à trois de glace de viande, laissez cuire un quart d'heure. Passez ensuite la sauce dans une passoire très fine dite « chinois ».

Faites sauter une entrecôte dans un beurre clarifié ; une fois cuite placez-la sur un plat long, saucez avec votre sauce Lapérouse et servez avec des pommes à la crème.

Pommes à la crème.

Ce sont des pommes de terre cuites à l'eau, que vous épluchez ensuite et émincez comme pour sauter. Mettez-les dans une casserole avec un peu de lait, un morceau de beurre, sel et poivre. Ne les servez que lorsqu'elles commencent à se lier comme une purée claire.

Lièvre farci Lapérouse.

Prenez un lièvre, coupez lui les pattes et dépouillez-le en ayant grand soin de ne pas entamer la peau du ventre ; lavez-le ensuite dans plusieurs eaux, essuyez-le, qu'il soit bien sec. Préparez une farce avec 200 grammes de mie de pain, 100 grammes de farce fine, 200 grammes de graisse de rognons de veau, 100 grammes de foie de gibier, le zeste d'un demi citron et persil haché ; bien piler le tout ensemble, sel et poivre, ajoutez un œuf, trois cuillerées de lait, une cuillère de brou de noix verte.

Farcissez ensuite votre lièvre en recousant les peaux soigneusement ; fixez un hatelet qui lui tienne la tête entre les deux pattes de devant, mettez-le rôtir et arrosez-le avec du bon beurre et du lait.

Servez avec une sauce au sang et une sauce groseille dite « Grand veneur ».

Sauce au lièvre de Saintonge.

En dépouillant le lièvre et pour éviter que le sang ne se coagule, il faut mettre dans le récipient une cuillère de vinaigre et une d'eau.

Pour une bouteille (*Frontignan*) d'eau, un verre de vinaigre, deux têtes d'ail, quelques échalotes, le foie du lièvre, poivre, épices et sel.

Faites bouillir trois heures, écrasez et passez le tout. Mettre un beau morceau de graisse, laisser bouillir un moment en remuant souvent (s'il n'y en a pas assez, prendre du sang de lapin). Puis mélanger le sang en tournant toujours, pour épaissir, noircir et rendre brillante la sauce qui doit être un peu plus épaisse que la sauce du chevreuil. Laisser bouillir le sang dans la sauce un quart d'heure à vingt minutes. Goûter et, si nécessaire, ajouter un petit morceau de sucre.

Le lièvre ne doit pas être mariné. En le vidant, mettre un verre d'eau-de-vie dans son ventre. Le lièvre doit cuire à la broche et être arrosé avec le jus composé uniquement de la graisse, eau et gros sel. Éviter le moindre atome de beurre.

Ris de veau Melba.

Braiser le ris de veau au jus ; au moment de servir, séparer la sauce du ris de veau (avoir soin de tenir un petit réchaud tout allumé sur la table de service), y placer un plat sur lequel vous mettez : un rond de beurre, une cuillère à café de moutarde *jaune*, sel et poivre, un jus de citron, liez avec le jus du ris de veau. Coupez le ris de veau en tranches et servez accompagné de pointes d'asperges ou encore de purée de champignons.

Très apprécié des gourmets.

(Ceci pour une seule noix de veau.)

(Julien, maître d'hôtel du restaurant Lapérouse.)

L'HOTEL RITZ

L'éminent architecte M. Mewès auquel M. Ritz, confia la réédification de l'ancien hôtel du premier duc de Retz, à la place Vendôme, sans rien sacrifier de l'admirable ordonnance de l'œuvre architecturale de Mansard, a doté l'hôtel Ritz dans ses aménagements, de l'impeccable élégance et du goût raffiné qui le placent au premier rang parmi les grands hôtels de l'Europe.

Voici deux spécialités gourmandes, préparées par le chef des cuisines de l'hôtel.

Turbotin braisé au vin du Rhin.

Prenez un beau turbotin bien blanc, faites-lui une incision sur le côté noir. Salez-le intérieurement ; beurrez une plaque à poissons ; placez-y votre turbotin ; mouillez avec un peu de cuisson de poisson et un bon verre de vin du Rhin ; mettez au four et laissez cuire pendant 25 minutes. Dressez-le sur un plat, entourez de quenelles de merlans ; faites réduire sa cuisson, montez-la légèrement au beurre ; versez votre sauce dessus et servez.

Canard de Rouen Vendôme.

Prenez un beau rouennais que vous faites cuire pendant 25 minutes. Retirez-le, et laissez-le refroidir complètement. Enlevez-en les 2 suprêmes ; dans chacun d'eux faites 6 ou 7 aiguillettes ; coupez la carcasse en le laissant entièrement à découvert; moulez un beau parfait de foies gras, auquel vous donnerez la forme de l'estomac du canard; placez votre parfait dans la carcasse; ajoutez-y vos aiguillettes par-dessus. Napez-le d'une sauce chaud-froid très légère, dressez-le sur un plat, décorez avec quelques quartiers d'oranges et têtes d'asperges vertes; un peu de gelée hachée; le tenir autant que possible sur la glace jusqu'au moment de servir.

L'été, quand il n'y a plus de foies gras frais, on peut remplacer le parfait par une mousse de foies gras très ferme.

ELYSÉE PALACE HÔTEL

M. Diette, le fondateur de ce Palais merveilleux, a été le propagateur à Londres, de l'influence culinaire française; rentré à Paris pour diriger le splendide établissement qu'est le *Palace Hôtel*, il s'est adjoint un collaborateur, chef de cuisine émérite, auquel les gastronomes sont redevables de quelques plats inédits dont voici les formules :

Filets de soles Palace.

Pocher les filets avec échalotes, estragon, champignons hachés, ranger des lames de tomates et champignons dessus, saucer Mornay clair et glacer.

Turbotin à la Théodora.

Braiser le turbotin au champagne, garnir le dessus d'escalopes de homards, huîtres, lames de truffes, le tour de petites pommes noisettes, saucer bercy et glacer.

Suprême de caneton royal Hampton.

Dresser les suprêmes sur médaillons de foie gras en couronne, garnir de croustades de purée de champignons truffés et petites pommes croquettes. Saucer rouennaise.

Perdreau à la Palace.

Farcir le perdreau d'une farce d'oignons, de foie de volaille, d'huîtres, mie de pain trempée au lait, un jaune d'œuf, fines herbes, faire braiser en cocotte, saucer polonaise.

ÉLYSÉE-PALACE.

RECETTES DU GRAND HÔTEL A PARIS

Médaillon de volaille à la d'Orléans.

Levez l'estomac des volailles et battez-les bien qu'ils soient le plus plats possible sans être fendus. Avec les carcasses marquez un fond avec lequel vous ferez une sauce suprême.

Nappez les filets de volaille d'une farce fine montée à la crème et assaisonnée à point. Collez deux par deux ces filets, qu'une portion soit composée de deux filets reliés par la farce.

Placez-les dans un plat à sauter bien beurré. Assaisonnez les filets et faites les cuire très doucement, qu'ils ne prennent pas de couleur.

Faites chauffer autant de fonds d'artichauts que vous avez de médaillons, avec un peu de madère et consommé, égouttez-les. Placez un médaillon sur chaque fond d'artichaut et dressez les en couronne, saucez le tout de sauce suprême et garnissez le puits de pointes d'asperges, puis sur chaque médaillon une lame de truffe préalablement passée dans un peu de glace de viande. Envoyer une saucière de sauce suprême à part.

(A. LEGRAND, chef des cuisines du Grand Hôtel, Paris).

Suprêmes de soles Cendrillon.

Levez les filets de soles et aplatissez-les bien de manière à rompre les fibres pour empêcher le retrait des chairs, Pliez-les de la manière suivante : le filet de sole étant sur la table, placé horizontalement, ramenez un des bouts sur vous puis l'autre sur le premier.

Mettez les filets ainsi pliés dans un plat à sauter beurré, assaisonnez-les et ajoutez-y un petit verre de fine champagne, un verre de chablis et un peu de cuisson de champignons, laissez cuire doucement, puis égouttez-les.

Faites réduire la cuisson, ajoutez-y une bonne cuillerée de béchamel et montez cette sauce au beurre de crevettes et un peu de parmesan râpé, passez-la à l'étamine après l'avoir assaisonnée à point, ajoutez une pointe de poivre de Cayenne.

Garnissez l'intérieur des filets de soles d'un salpicon composé de champignons, truffes et crevettes, le tout coupé en dés et lié avec un peu de la sauce indiquée ci-dessus.

Masquez le fond d'un plat rond avec un peu de sauce. Dressez les filets de soles en roue, les pointes appliquées sur le milieu du plat. Saucez-les, saupoudrez-les légèrement de parmesan râpé et faites-les glacer à la salamandre.

Ajoutez sur chaque filet de sole une crevette rose décortiquée, sauf la tête et la queue, piquée droite et garnissez le milieu de petites têtes de champignons roulées dans un peu de beurre noisette et mettez dessus une pointe de persil haché.

(A. Legrand, *chef des cuisines* du Grand Hôtel, Paris).

LA MAISON TIVOLLIER DE TOULOUSE

Fondé en 1853 par Auguste Tivollier, cet établissement s'éleva rapidement au premier rang parmi les meilleurs restaurants français et devint le rendez-vous de tous les fins gourmets.

En 1880, M. Emmanuel Tivollier succéda à son père ; il sut depuis cette époque, par son intelligente activité, développer considérablement l'œuvre qui lui avait été confiée.

La fabrication des pâtés de foie de canard, est devenue sous sa direction, une industrie vraiment nationale, qui a donné à sa maison, dans le monde entier, une réputation incontestée. Le nom de Tivollier brillera parmi les plus célèbres dans le Livre d'or de l'Art culinaire français.

Les caves de la maison Tivollier sont uniques au monde, non seulement par leur installation, mais aussi par la quantité, la qualité et la rareté des vins qui y sont rassemblés. Les grands crus de France, d'Espagne, du Rhin, d'Italie, du cap de Bonne-Espérance, de l'Archipel et de la Hongrie y sont représentés et vieillissent à côté des eaux-de-vie les plus réputées ; cette diversité des vins les plus fameux représente la fortune accumulée de deux générations, elle est la gloire d'une maison.

LES PLATS RENOMMÉS DE TIVOLLIER

Bisque de Langoustins,

Les langoustins ou crevettes géantes se pêchent dans les eaux de la Méditerrannée, du côté de Barcelone.

Vous les faites cuire pendant dix minutes dans du vin blanc de Bordeaux ou de Bourgogne en y ajoutant : oignons émincés, carottes, persil, une feuille laurier, une petite branche de thym, sel, poivre, une pointe de Cayenne. Une fois cuits, vous enlevez la queue à une certaine quantité que vous taillez en croûtons pour y ajouter au potage une fois fait.

Dans la cuisson, que vous tirez à clair, vous ajoutez quelques croûtons carrés de pain, que vous aurez dorés en les passant au beurre, et laissez bouillir.

Vous pilez au mortier vos langoustins ; quand ils sont réduits en pâte, vous y ajoutez du beurre gros comme un œuf, puis insensiblement le pain qui aura bouilli dans la cuisson, ensuite cette dernière elle-même et passez le tout à l'étamine.

Faire chauffer ce potage au bain-marie ; si cela est utile, vous l'allongez avec du bon consommé, et vous y ajoutez le beurre.

Le goûter et le servir en y ajoutant les queues que vous avez coupées en croûtons.

Ce potage doit être relevé.

Soupe aux fèves.

A l'époque des fèves nouvelles cette soupe est délicieuse.

Vous prenez une livre de fèves nouvelles écossées, les mettez dans une casserole avec un peu de graisse d'oie, vous les faites revenir pendant huit à dix minutes, vous les mouillez ensuite avec cinq litres d'eau, un bouquet garni, vous y ajoutez deux quartiers d'oie confits, et vous faites cuire pendant deux heures environ.

On sert cette soupe avec une partie des fèves en la versant sur du pain blanc éminicé et desséché et le restant des fèves avec le confit à part

Ortolans à la Toulouse.

Vous choisissez une douzaine de belles truffes que vous ferez cuire au vin de Madère.

D'autre part cuisez douze ortolans dans du bon beurre, vous les salez, poivrez. Vous creusez chaque truffe de façon à y placer l'ortolan, vous glacez le tout et mettez la truffe garnie de l'ortolan dans une caisse papier plissé.

Vous dressez vos ortolans ainsi garnis sur une croûte de pain forme gradin.

Servez une purée de foie gras en même temps.

Rable de lièvre flambé Saupiquet.

Vous choisissez un râble de lièvre jeune, mais fourni.

Vous le piquez, vous le mettez à la broche en l'enveloppant de papier huilé.

Au milieu de la cuisson vous le flambez avec un morceau de lard enveloppé dans du papier auquel vous mettez le feu.

Vous servez à part une sauce faite avec échalotes, ail, oignons, jambon, foie de lièvre, vinaigre, bouquet garni, assaisonnée vigoureusement, liée au moment avec le sang du lièvre; passez cette sauce à l'étamine et servez-la à part.

Salmis de bécasses chasseur.

Vous faites cuire deux bécasses, vous les découpez par membres. Vous prenez les carcasses et les intestins, vous y ajoutez six mauviettes cuites, un peu de purée de foies gras, vous ajoutez quelques croûtons de pain frits au beurre, vous pilez le tout et le passez au tamis.

Vous faites une sauce salmis avec échalotes, gousse d'ail, bouquet garni, un oignon piqué de girofle, vous mouillez avec une demi-bouteille de vin de Bordeaux dans laquelle vous ajoutez les parties qui n'ont pas pu passer au tamis ; vous y ajoutez un peu d'espagnole. Quand la sauce est cuite, vous la passez à l'étamine, vous la faites réduire et y ajoutez la purée de gibier passée au tamis de Venise.

Chauffez, goûtez et assaisonnez de haut goût et y ajoutez les membres de bécasses déjà découpés et vous dressez sur des croûtes de pain dorées au beurre.

Œufs à la Vic.

Vic est un village où les saucissons sont très renommés. On y mange des œufs excellents préparés simplement et dont voici la façon.

Vous coupez en petits dés du gras de jambon que vous faites revenir dans un plat à œufs vous y ajoutez une pincée de poivre fraîchement moulu.

Vous cassez dessus vos œufs frais comme pour les œufs sur le plat, que vous faites cuire au four, selon la règle.

D'autre part vous faites griller autant de tranches de saucisson que vous aurez ébarbées et bouillantées, vous les placez à côté de vos œufs déjà cuits, ajoutez-y un peu de poivre et servez.

Œufs à la Nantua.

Vous faites pocher au consommé des œufs bien frais.

Vous faites une béchamel à la crème bien réduite; vous la liez avec du beurre d'écrevisses.

Vous dressez vos œufs sur un plat beurré, vous les masquez avec votre béchamel et y ajoutez quelques queues d'écrevisses, et quelques lames de truffes.

Un petit coup de four et servez.

Asperges à la crème.

Vous ratissez des asperges d'après les règles, vous les attachez en petits paquets, pour que la cuisson soit uniforme.

Vous les faites blanchir dans de l'eau salée dans laquelle on ajoute un peu de sel de Vichy pour les rendre plus tendres et plus digestives; vous égouttez ensuite.

D'autre part, vous faites une béchamel bien réduite, dans laquelle vous incorporez de la crème de lait, vous assaisonnez cette sauce à point.

Vous servez vos asperges dressées sur un napperon, et la sauce à part dans un saucier.

Cèpes bordelaise.

Vous choisissez quelques jolies têtes de cèpes de bonne qualité, vous les faites blanchir; les passez à l'eau froide et laissez égoutter.

D'autre part, vous mettez dans une sauteuse un verre à bordeaux d'huile d'olive première qualité; vous épongez les cèpes et quand l'huile est chaude, vous les faites rissoler à feu gai en ayant soin de les retourner au fur et à mesure qu'ils se colorent, vous les assaisonnez avec poivre moulu frais et sel fin.

Vous retirez vos cèpes et vous les dressez en couronne dans un légumier avec l'huile qui reste dans le plat sauté. Vous faites frire une pincée de mie de pain jusqu'à ce qu'elle soit dorée; vous y ajoutez persil et ail haché et après un bout vous versez cette préparation sur vos cèpes. Après un coup de four vous servez.

Truites à la Gavarnie.

Vous prenez six truites saumonnées de ruisseau, vous les choisissez très fraîches et vous les videz.

Dans un plat sauté vous mettez un peu de beurre, oignons émincés, un peu de carotte, une feuille de laurier, une branche de thym, un peu de sel, de poivre en grains et vous mouillez avec une bouteille de bordeaux rouge.

Vous laissez cuire ce court-bouillon un moment, dès qu'il bouillira, vous ajouterez les truites et vous laisserez cuire doucement.

Dès qu'elles seront cuites vous les retirerez avec une écumoire sur un tamis.

Vous faites réduire ensuite la cuisson que vous aviez passée et quand vous la trouverez à point, comme goût, vous la lierez avec du beurre que vous aurez préalablement manié avec de la farine.

La sauce étant ainsi liée vous remettez dedans les truites et après un léger bout vous les servez.

On peut servir en même temps des croûtes passées au beurre.

Sole Normande.

Vous choisissez une belle sole que vous nettoyez. Vous détachez les chairs de l'arête de chaque côté sur la partie où on enlève la peau.

Vous mettez dans un plat à gratin un morceau de beurre, un jus de citron et deux verres de vin blanc, du sel et légèrement de poivre, et vous y ajoutez la sole. Faire cuire.

Vous aurez préparé d'autre part avec du fumet de poisson un velouté maigre.

Vous faites cuire comme garniture des champignons tournés, des ronds de truffes, des écrevisses et des moules ; vous ajoutez cette cuisson au velouté ainsi que celle de la sole, vous faites réduire le tout et le liez avec deux jaunes d'œufs et du bon beurre.

Vous passez la sauce à l'étamine et la tenez au bain-marie.

Vous dressez la sole sur un plat, vous la nappez entièrement avec la sauce ; près de la tête vous mettez une couronne de truffes, les huîtres au milieu, les champignons autour, six éperlans frits ainsi que six croûtons de pain dorés au beurre, on y ajoute les écrevisses, on donne au plat un coup de four et on sert.

Filet de bœuf Richelieu.

Vous parez un joli filet vous le piquez dans le milieu et vous couvrez le reste de bardes de lard.

Le filet doit être ensuite placé dans une braisière longue que vous aurez foncée avec des débris de jambon graisseur et on le fait partir sur le feu en y ajoutant une ou deux cueillerées à pot de jus ; vous le mettez au four, vous l'arrosez pendant la cuisson qui doit durer une heure environ ; vous le glacez ensuite.

Vous faites cuire à part des tomates farcies, des laitues braisées, de petits cèpes farcis.

Vous dressez le filet sur un plat, les tomates, laitues et cèpes tout autour intercalés.

On sert en même temps une bonne sauce madère et une sauce tomate.

Noix de veau à la Soubise.

Vous préparez une bonne sauce soubise avec crème de lait.

D'autre part, vous parez et piquez une jolie noix de veau.

Vous marquez une mirepoix sur laquelle vous mettez votre noix, vous la mouillez avec du jus de veau et vous faites cuire pendant deux heures environ, en ayant soin de l'arroser souvent pendant la cuisson.

Vous la glacez et la dressez sur un plat, entouré de petits oignons glacés.

Vous servez en même temps la sauce Soubise.

Gigot d'agneau rôti brésilienne.

Vous mettez un joli gigot d'agneau à la broche en l'arrosant avec la graisse fine tombée dans la lèchefrite.

Vers la fin de la cuisson, vous le saupoudrez avec de la rapure de pain mêlée d'un peu d'échalote et quand il est doré vous le débrochez et le servez.

Servir en même temps un jus à l'échalote à part.

Poulet sauté Paysanne.

Couper un poulet pour sauter, le ranger dans un sautoir, sur un peu de graisse d'oie fondue ; y adjoindre une gousse d'ail, un bouquet garni, sel et poivre, un morceau de jambon entrelardé et coupé en dés.

Vous couvrez votre sautoir et faites cuire à feu vif votre poulet, vous le mouillez avec un bon verre de madère que vous faites tomber à glace.

Lorsque le poulet est cuit vous le retirez petit à petit en palpant les membres pour vous assurer de la cuisson.

Vous ajoutez dans votre plat sauté, les chairs de deux tomates coupées en dés, quand elles sont cuites, vous sortez le bouquet garni, vous remettez le poulet dedans, donnez un bouillon et vous servez votre volaille dressée sur un plat avec tomates et croûtons frits au beurre, vous ajoutez un peu de persil haché.

Dinde truffée Périgueux.

Vous choisissez une dinde jeune, fine et grasse, vous la videz par la partie du gésier, en lui coupant le bréchet.

Vous la garnissez de belles truffes panées à la graisse fine et salées avec sel et muscade, vous placez quelques belles lames de truffes entre chair et peau.

Vous l'emballez dans du papier graissé, la ficelez et faites cuire à la broche, vous la salez et la déballez.

Vous servez ensuite votre dinde avec une excellente sauce Périgueux.

Mousse au chocolat praliné.

Vous faites chauffer quatre billes de chocolat dans une casserole, vous y ajoutez un bâton de vanille ouvert et un peu d'eau ; vous remuez ce chocolat à la spatule jusqu'à ce qu'il soit bien cuit et lié.

Vous le passez au tamis de soie et vous mettez cet appareil de côté.

D'autre part, vous battez de la bonne crème Chantilly, vous la sucrez à point au sucre vanillé.

Quand votre crème est prête, dans un récipient, vous faites le mélange du chocolat passé et de la crème, fouettez, faites le mélange avec une cuillère en bois.

Avec cette préparation vous garnissez des petites caisses en papier; vous mettez quelques amandes fraîches pralinées, coupées en petites lames, dessus.

Vous faites frapper dans des caisses spéciales en salant bien la glace et en prenant bien les précautions nécessaires pour que l'eau salée produite par la fonte de la glace ne pénètre pas dans la caisse.

Vous servez sur un socle en nougat ou simplement dressées sur une serviette.

Bombe Excelsior.

Vous faites macérer dans du kirsch et du bon marasquin des fruits confits coupés en morceaux tels que : prunes, cédrat, cerises, abricots, ananas, poires, figues, etc.

D'autre part vous nappez avec une crème vanille glacée, un moule à bombe que vous garnissez avec l'appareil ci-dessus, mêlé à de la crème de Chantilly fouettée; vous garnissez avec cela votre intérieur de bombe, vous recouvrez avec une couche de crème glacée, vous fermez hermétiquement votre moule à bombe, et vous le mettez à frapper dans la glace salée.

Deux heures après vous démoulez et servez sur une serviette pliée.

E. TIVOLLIER.

LE RESTAURANT DU LYON D'OR, A BORDEAUX

Fondé en 1878 par Grisch, un des chefs connus de la cuisine française, le Lyon d'Or a conquis de haute lutte un rang distingué parmi les maisons renommées de la région bordelaise.

Quelques créations culinaires de cet établissement sont de véritables chefs-d'œuvre de science gastronomique. Grisch, du reste, a de qui tenir! Il est en effet le descendant de cuisiniers fameux; son grand-père faisait partie de la maison du comte de Provence, il fut l'élève préféré de M. de Beauvillers, officier de bouche du prince; le petit-fils n'a pas démérité.

Lorsque votre bonne Fée gourmande vous conduira chez Grisch, réclamez son « *Margaux* 1878 » et dégustez-le religieusement.

Les plats renommés du Lyon d'Or, à Bordeaux.

POTAGES

Purée de lièvre à l'Écossaise
Osmazonne

POISSONS

Filets de soles Gilberte
Turbot à la Jeanne d'Arc
Truite saumonée à la Russe
Timbales de soles Dieppoise
Langouste Bagration

ENTRÉES

Grives à la Cevenole
Filet de bœuf Lion d'or.
Cuissot d'agneau Périgourdine

ENTREMETS

Ananas à la Fontanges
Savarin à la Maréchale

Potage purée de lièvre à l'Écossaise.

Vous prenez un lièvre, vous le désossez, vous gardez les râbles et les cuissots. Avec le reste vous hachez et le faites cuire avec une mirepoix mouillée d'un bon verre de cognac et d'un verre de porto. Lorsque ce sera cuit, vous pilez le tout et vous passez cette pâte. Mouillez avec un bon bouillon gras bien dégraissé, pasez à l'étamine, laissez cuire et servez bien chaud en ajoutant des croûtons faits avec les râbles ou les cuissots, cuits, coupés en dés.

Potage Osmazonne.

L'osmazonne est la partie la plus succulente de la viande, le difficile est de la conserver. Pour cela faire il faut, après avoir bien fait écumer le pot-au-feu, fermer avec soin, boucher plutôt, les parois ou le couvercle du pot et laisser cuire à petit feu; l'évaporation ne se produisant plus, l'osmazonne reste et constitue le potage que vous pouvez additionner de pâtes ou de croûtons de volatile.

Grives à la Cévennole.

Prenez des grives au genièvre, vous en faites un salmis, vous en retirez les cuisses et la partie arrière, vous ne conservez que l'estomac et la tête, avec les cuisses et l'intérieur de la grive, moins le gésier que vous hachez et écrasez très menu et vous ajoutez cela à votre sauce de salmis.

Filet de bœuf Lyon d'Or.

Vous rôtissez un filet de bœuf piqué, vous faites une sauce très courte dans laquelle vous mettez un verre de madère, de la glace de viande, des truffes coupées en dés, et le jus de votre filet, liez avec du beurre fin, servez chaud.

Cuissot d'agneau Périgourdine.

Prenez des cuissots charnus d'agneaux, pelez-les, mettez-les dans une marinade au vin rouge, laissez macérer trois jours, faites rôtir vos cuissots et servez-les sur une purée de marrons, accompagnée d'une bonne sauce chevreuil.

Filet de soles Gilberte.

Filets cuits au vin blanc, montés sur un croûton nappé avec une sauce vénitienne, dans laquelle il y aura comme garniture un salpicon, des palourdes cuites ; ajouter à la sauce du jus des palourdes.

Turbot Jeanne d'Arc.

Escalopez votre turbot, piquez les filets de truffes en lames, faites braiser au vin blanc; avec la cuisson, vous montez une sauce au beurre, ajoutez-y un coulis d'écrevisses, et nappez vos escalopes montées sur un croûton.

Truite saumonée à la Russe.

Faites cuire une truite, laissez-la refroidir, passez-la à la glace, nappez-la avec une gelée au fumet de poisson, dressez-la sur un socle, entourez-la d'œufs farcis avec de la salade russe et servez avec une tartare verdie.

Timbale de soles Dieppoise.

Roulez vos filets de soles après les avoir farcis avec une farce à quenelles, faite-les cuire au vin blanc, rangez-les dans une timbale, saucez avec une sauce au beurre, dans laquelle vous aurez monté un beurre d'écrevisses, garniture de moules et de truffes.

Langouste Bagration.

C'est une langouste que l'on appelle langouste Cardinal à Paris, mais qui est accompagnée d'une bagration de légumes et d'une sauce au corail de la langouste.

PLATS FROIDS

Ananas à la Fontanges.

Ce sont des rondelles de biscuit amandé, montées dans un moule à charlotte, intercalées de tranches d'ananas, et saucées avec un sabagou à la pistache, mis à frapper à la glace.

Savarin Maréchale.

C'est un gâteau Savarin avec un sabagou au kirsch.

LE GRAND HOTEL DU CHAPEAU ROUGE A AVALLON

Une des cuisines renommées de province ; table exquise, très abondante, y réclamer les Truites à la Cousine, d'Eugène Létrange. Les préceptes culinaires des vieux formulaires y sont toujours scrupuleusement appliqués.

Les recettes de cuisine du Grand hôtel du Chapeau rouge à Avallon.

Pigeonneau à l'Aballo.

Après avoir désossé des pigeonneaux et les avoir mis mariner dans du madère pendant douze heures, les farcir de godiveau truffé et les ayant reformés, les rouler dans de la chapelure blanche (après les avoir trempés au blanc d'œuf) ; les faire braiser ensuite pendant quinze minutes. Mouiller avec un peu de la marinade et dresser dans de petites croustades légèrement garnies de purée de tomate.

Aile de dinde à la Bariatinski.

D'une dinde bien grasse, enlever les ailes crues, les piquer de lard, puis les mettre cuire au four sur un fond de casserole bien conditionné. Étant cuites et glacées, les servir sur une garniture de flageolets bien verts assaisonnés au beurre fin.

(Ce mets, dédié au prince Bariatinski, fut très apprécié par leurs Excellences lors de leur séjour à l'hôtel du Chapeau Rouge, en septembre 1892).

Truites à la Cousine.

Après avoir fait cuire des truites du Morvan, 150 à 200 grammes, au vin rouge (sel, poivre et persil comme assaisonnement), faire un roux et mouiller avec la cuisson des truites ; faire dépouiller la sauce un quart d'heure, y ajouter un morceau de beurre fin, et au moment de mettre en saucière, y ajouter des câpres.

EUGÈNE LÉTRANGE, *chef de cuisine à l'hôtel du Chapeau Rouge*, à Avallon (Yonne).

LE BUFFET DE LA GARE DE DIJON

Est justement renommé par l'excellence de sa table et la qualité de ses vins ; voici les recettes de plats bourguignons, que M. Parizot, le propriétaire actuel de cet établissement, a mises aimablement à ma disposition.

Pochouse Bourguignonne.

Nettoyez proprement trois belles perches, deux carpes, un brochet, une anguille ; foncez une casserole plate, avec deux oignons coupés en tranches, six gousses d'ail, une poignée de persil, deux feuilles de laurier, un peu de thym, et six tranches de lard maigre, coupez votre poisson en tranches de l'épaisseur de 3 centimètres, mettez-le avec sel et poivre, mouillez avec du bon vin blanc de manière que le poisson se trouve complètement couvert, ajoutez un demi-verre de bon cognac, faites partir votre casserole sur un feu très vif en pleine ébullition, le feu doit prendre sur le vin, au bout de dix minutes la sauce réduite de moitié ; ajoutez trois cuillerées de bon beurre manié, retirez la casserole du feu, et versez une liaison composée de six jaunes, un demi-litre de bonne crème et 100 grammes de beurre.

Dressez le poisson en couronne sur un plat creux et envoyez à part une timbale de croûtons aillés et une autre timbale d'œufs pochés, sur lesquels vous verserez un peu de sauce de la liaison.

Poulet Bourguignon.

Coupez en petits morceaux des os de veau, une carotte, un oignon, une feuille de laurier, un peu de thym, faites revenir au beurre dans une casserole; lorsque le tout est de belle couleur, ajoutez une demi-cuillerée de farine, faites revenir un peu et mouillez avec une bouteille de bon vin de Bourgogne (rouge), faites réduire à petit feu pendant une heure.

Coupez un poulet, faites-le cuire dans du beurre, assaisonnez-le quand il est de belle couleur, versez la sauce réduite sur le poulet. laissez mijoter environ dix minutes.

Dressez le poulet sur un plat creux, entourez-le avec de petits oignons que vous aurez fait glacer au beurre.

PARIZOT.

LE GRAND HÔTEL DU LOUVRE ET DE LA PAIX A MARSEILLE

Maison de tout premier ordre, admirablement située; cuisine et caves remarquables.

Cet établissement est très habilement dirigé depuis vingt ans par le propriétaire actuel, M. L. Echenard.

Voici les formules renommées de la célèbre **Cuisine provençale**, qu'a bien voulu me communiquer le maître A. Caillat, chef des cuisines de l'hôtel :

Bouillabaisse.

Il existe pour la préparation de ce mets, beaucoup de formules différentes ; comme par elle-même, la recette peut varier selon les circonstances, c'est-à-dire être modifiée suivant le poisson dont on dispose, nous ne donnerons ici que celle que l'on pratique couramment dans les divers restaurants, ainsi que dans nos cuisines.

Toutefois, nous ferons observer d'abord que le poisson doit être choisi de première fraîcheur, varié dans les espèces devant constituer ce mets, car chaque poisson ayant sa saveur propre, c'est de toutes ces saveurs combinées que résulte une bouillabaisse parfaite

Il est donc essentiel de ne pas plus lésiner sur la quantité que sur la qualité

Les espèces que l'on emploie de préférence sont : la rascasse, le grondin, le boudroie, le congre, le roucaou, le loup, le merlan, le Saint-Pierre ou zée et la langouste.

Ces poissons choisis bien frais. les écailler et les vider pour les couper en tronçons ; mettre à part le merlan, le loup, le Saint-Pierre et le roucaou, qui, étant plus délicats demandent moins de cuisson.

Déposer dans une casserole un oignon haché, 2 tomates et 3 ou 4 gousses d'ail également hachées, un brin de thym, de fenouil, de laurier et écorce d'orange, le poisson sauf celui mis à part ; arroser d'un décilitre d'huile d'olive, assaisonner de sel poivre et safran, mouiller juste à couvert avec de l'eau bouillante et faire partir sur feu vif, que l'ébullition soit précipitée ; cinq minutes après ajouter le poisson réservé :

merlan, loup, etc.; maintenir l'ébullition cinq minutes encore et toujours très vive afin que le fond soit parfaitement lié.

L'on aura préparé sur un plat creux des tranches de pain d'un centimètre d'épaisseur, verser le bouillon sur ce pain, en le passant, dresser le poisson sur un autre plat en le débarrassant des aromates, saupoudrer de persil et envoyer.

Aïoli.

Tour à tour chanté et honni, ce mets fut à coup sûr le premier et le plus en honneur dans notre antique cuisine locale. Ce dut être le premier que préparèrent les fondateurs de la vieille Phocée en prenant pied sur la terre ferme, et, à en juger par les vers suivants, nous pouvons affirmer qu'il eut toujours de nombreux fervents, et sa vogue parmi les amateurs de l'ardente cuisine provençale n'est pas près de s'éteindre, en voici la formule :

(1) Horaça, se l'avièS tastado,
Ben luen de l'avé blastémado,
L'auries douna toun amitié.
Auriés mies estima ta testa courounado
D'un réz d'ayet que de lauzié.

Piler finement au mortier 5 à 6 gousses d'ail ; ajouter une pincée de sel, un jaune d'œuf et verser goutte à goutte d'abord et à petit filet ensuite en tournant à mesure avec le pilon,

(1) Horace, si tu l'avais goûté
Loin de l'avoir déblatéré,
Tu lui aurais donné ton amitié.
Tu aurais mieux aimé ta tête couronnée
D'une chaîne d'ail que de laurier.

2 décilitres d'huile d'olives, alternant de temps en temps avec quelques gouttes d'eau.

On obtient par ce travail une pommade ou sauce très épaisse qui est l'aïoli ou beurre de Provence.

Si, par accident, cette pommade venait à tourner ou se décomposer, ce qui peut se produire, on sortirait le tout du mortier et, remettant un second jaune d'œuf dans celui-ci, on ajouterait petit à petit l'aïoli manqué en remuant continuellement avec le pilon jusqu'à ce qu'on ait obtenu une pommade épaisse et bien liée.

L'aïoli ne constitue pas par lui-même un mets, il sert de condiment ou de complément à une foule d'autres mets que l'on doit servir ensemble. Ce sont : des escargots, de la morue, des pommes de terre en robe, des carottes, des artichauts, des haricots verts, voire même des poulpes, le tout bouilli, cuit et servi séparément, ce qui exige une assez grande mise en scène.

Cependant toutes ces choses ne sont pas de rigueur, il est souvent bien difficile de se les procurer toutes à la fois ; on fait alors selon ses moyens, car, il n'est pas question de ce qui doit garnir la table, mais de l'aïoli lui-même.

Il sert en outre de trait d'union entre le mets qui précède : la bouillabaisse et celui qui suit : la bourride.

Bourride.

La bourride est un genre de bouillabaisse liée à l'aioli, moins en faveur que la bouillabaisse en raison de la forte dose d'aïl que l'on fait entrer dans sa confection, mais elle n'en est pas moins un plat très estimé en Provence.

Nous ne sachons pas qu'aucun des étymologistes gourmands qui se sont plu à en rechercher l'origine soit jamais parvenu à retrouver les moindres preuves de son état civil.

On prend de préférence pour la bourride, le boudroie, le loup, le merlan ou tout autre poisson blanc. Coupé en tronçons, le déposer dans une casserole, le garnir d'un oignon émincé, thym, fenouil, laurier, écorce d'orange, couvert d'eau bouillante, assaisonné de sel et poivre et laisser cuire dix à douze minutes.

Ranger sur un plat creux ou dans un légumier, des tranches de pain d'un centimètre d'épaisseur.

Le poisson étant cuit à point, humecter ces tranches de quelques cuillerées de son bouillon et tenir au chaud.

Mettre dans une casserole une cuillerée d'aïoli par convive (voy. l'article qui précède) et un jaune d'œuf pour chaque cuillerée; y verser dessus petit à petit le bouillon du poisson, en le passant au tamis, on doit en même temps remuer ce mélange avec un fouet de cuisine ou une cuiller en bois.

Poser la casserole sur feu doux et tourner l'appareil jusqu'à ce que la cuiller s'en trouve masquée, c'est-à-dire qu'il soit parfaitement lié et crémeux, mais éviter surtout l'ébullition car l'opération serait manquée. Verser ensuite cette crème ou soupe, comme on voudra, sur les tranches de pain, dresser le poisson sur un autre plat et envoyer le tout en même temps.

Aïgo saou (Eau de sel).

Cette soupe de poisson, variante un peu éloignée de la bouillabaisse, est très en faveur parmi les familles de pêcheurs ou riverains des ports de mer méditerranéens; mais elle n'est guère répandue dans les cuisines bourgeoises en raison de sa simplicité un peu rustique.

On peut faire l'aïgo saou avec divers poissons ; voici ceux que l'on prend d'ordinaire : sars, vives, sévéréous, petites dorades, etc. Coupés en tronçons et déposés dans une casserole, les garnir d'un oignon émincé, d'une tomate coupée en tranches, un bouquet garni de thym, laurier, fenouil, branches de persil et céleri ; ajouter quelques pommes de terre coupées en tranches, mouiller juste à couvert avec de l'eau, assaisonner et faire partir sur feu vif pour produire une ébullition précipitée ; vingt minutes de cuisson suffisent.

Ranger alors sur plat creux des tranches de pain, les arroser de bonne huile d'olive, saupoudrer de poivre et verser dessus le bouillon du poisson. Dresser ce dernier à part sur un autre plat et l'envoyer en même temps.

On sert en même temps une saucière d'aïoli ou bien une sauce que les gens des Martigues désignent sous le nom de *rouille* (1).

Bœuf en daube.

Variante du bœuf à la mode, ce plat local se distingue par la forte dose d'ail qui entre dans son assaisonnement, ainsi que par la présence de l'écorce d'orange qui sert à l'aromatiser.

Couper environ 2 ou 3 kilogrammes de bœuf en morceaux carrés de 100 grammes à peu près. Choisir de préférence sur les parties nerveuses

(1) Voy. cette sauce dans les 150 manières d'accommoder les sardines par A. Caillat (Aubertin et Rolle, éditeurs, Marseille).

et grasses : culotte ou gîte. Mettre ces morceaux dans une terrine avec carottes et oignons coupés en quatre, bouquet garni, gousses d'ail et assaisonnement et les sauter après les avoir arrosés d'un verre de vinaigre et une bouteille de vin rouge ; laisser mariner au frais cinq à six heures.

Faire revenir dans une marmite en terre avec du lard haché et fondu, 2 ou 3 oignons coupés en quatre, laisser roussir et ajouter le bœuf et sa garniture après l'avoir égoutté. Faire revenir en le sautant de temps en temps ; joindre 5 à 6 gousses d'ail, un bouquet garni avec écorce d'orange et mouiller avec la marinade. Lorsque celle-ci se trouve réduite de moitié, compléter le mouillement avec de l'eau bouillante, de sorte que le bœuf se trouve à peine couvert ; fermer hermétiquement la marmite en lutant le couvercle comme il est dit pour les paquets et laisser cuire doucement durant cinq heures environ. Il n'y aura plus qu'à dégraisser et servir.

Les Paquets.

Les paquets à Marseille jouissent à peu près de la même faveur gastronomique que les tripes en Normandie. C'est à eux que le petit village de la Pomme doit son inscription sur la carte gourmande de la Provence.

Une maison qui a acquis une certaine renommée en ce genre de préparation est celle de la famille Morel fondée en 1810. On entourait jadis la recette de ce mets d'un certain mystère, mais aujourd'hui on sert d'excellents paquets dans tous les bons restaurants de Marseille et des environs.

Voici une excellente formule pour leur préparation :

Nettoyer d'abord une demi-douzaine de pieds de mouton, bien blanchis, flambés et grattés.

Prendre une ou deux tripes de mouton, coupées en morceaux carrés de 8 à 10 centimètres carrés, après les avoir toutefois bien nettoyées et blanchies. Hacher le reste avec un peu de boyaux gras ou traine, petit salé, persil et ail, de quoi former un hachis grossier, assaisonner de sel et poivre et enfermer une cuillerée de cette farce dans chaque carré de tripes que l'on roule ensuite et que l'on ficelle.

Faire revenir dans une marmite en terre, avec du lard haché et fondu, 2 oignons, 2 carottes émincées, ajouter ensuite 2 tomates hachées, bouquet garni de céleri, persil, thym, laurier ; laisser revenir encore, puis, arroser d'un verre de vin blanc. Ajouter les pieds d'abord, les tripes ou paquets ensuite, mouiller juste à couvert avec moitié eau et moitié bouillon, assaisonner, mettre encore un oignon piqué de quelques clous de girofle et quelques gousses d'ail et l'ébullition étant commencée, fermer hermétiquement la marmite en lutant le couvercle avec du repère pour laisser cuire tout doucement sept à huit heures au four où on place la marmite à moitié enterrée dans les cendres chaudes avec de la braise autour.

Le tout étant cuit à point, sortir les tripes délicatement ainsi que les pieds auxquels on enlève l'os.

Passer la sauce dans une casserole pour la dégraisser, remettre dedans tripes et pieds et laisser mijoter tout ensemble jusqu'au moment de servir.

Si la sauce se trouvait trop abondante, il faudrait, après l'avoir passée, l'amener au point voulu pour en avoir la quantité nécessaire.

Macreuse farcie.

La macreuse, connue aussi sous le nom de foulque, est un gibier d'eau peu recherché ; néanmoins, en apportant des soins attentifs à sa préparation, on peut obtenir un mets que ne dédaignent pas certains amateurs, mais on doit, pour cela, suivre ponctuellement les indications formulées ci-dessous.

Il est d'abord essentiel que la macreuse soit fraîche et non point faisandée. Après lui avoir coupé les ailes et supprimé les grosses plumes sans l'écorcher, la frotter soigneusement avec de la résine en poudre en l'appliquant avec la paume de la main, de sorte que toutes les petites plumes et duvet en soient bien imprégnés. La tremper vivement à l'eau bouillante; cinq à six secondes suffisent ; puis, sitôt sortie, la racler fortement avec le dos de la lame d'un couteau, l'essuyer avec un linge et toutes les plumes et le duvet doivent avoir disparu.

Bien lavée à l'eau fraîche acidulée après l'avoir vidée, on la remplit avec une farce ainsi composée :

Deux ou trois échalotes légèrement passées à l'huile d'olive fine, additionnées de moelle de bœuf hachée ou petit salé, la même quantité de chair de porc finement hachée, persil, assaisonnement et quelques olives noires.

Étant bridée, la cuire à la broche en l'arrosant d'huile d'olive, en ayant soin de rejeter la graisse qui en découle, car elle est toujours saturée d'un goût de poisson assez désagréable.

On peut la servir telle quelle ou accompagnée d'une sauce piquante.

A. CAILLAT, *chef de cuisine*, à Marseille.

RECETTES DU GRAND HÔTEL, A MONTE-CARLO.

Écrevisses à la Tzarine.

Faites étouffer de belles écrevisses dans du lait cru, le plus frais possible, et laissez les y 3 ou 4 heures.

D'autre part, préparez une cuisson de bon vin blanc sec, salé à point et légèrement vinaigré. Pas d'aromates.

Lorsque cette cuisson est bouillante, prenez vos écrevisses, égouttez-les et faites-les pocher 20 minutes.

Mangez les écrevisses chaudes ou froides à volonté.

Bécasse Noël et Pattard.

Faites cuire une belle bécasse à la broche. Retirez-la très peu cuite, découpez-la avec soin et placez-en les morceaux : ailes, cuisses et estomac sur une assiette à part.

Dans un plat vous écraserez le foie et l'intérieur de l'oiseau en exprimant dessus le jus d'un citron, et en y ajoutant quelques petites lames de zeste coupées très minces.

Ceci fait, dressez sur votre plat les morceaux découpés que vous aviez mis à part, assaisonnez-les de quelques pincées de sel fin, de poivre et de deux cuillerées à café de bonne moutarde avec en plus un demi verre de vin de champagne sec.

Placez alors votre plat sur le feu ou sur un

réchaud et remuez de façon à ce que chacun de vos morceaux se pénètre bien de l'assaisonnement sans qu'aucun s'attache.

Empêchez ce ragoût de bouillir et lorsqu'il arrive à ce terme ajoutez-y quelques filets d'huile d'olive fine.

Servez très chaud.

NOËL ET PATTARD.

RESTAURANT DIVOIR, A LILLE.

Le restaurant Divoir a conservé sa réputation de table exquise et de cave excellente, c'est un des meilleurs établissements de la région du Nord.

Potage crème Divoir

Masquez un fond de veau à blanc, comme un pot-au-feu. Laissez cuire deux heures, émincez le blanc de dix poireaux, faites-les blanchir, masquez un velouté avec votre fond de veau, ajoutez-y les poireaux blanchis, laissez cuire une demi-heure, passez à l'étamine, remettez dans une casserole sur le feu, laissez dépouiller vingt minutes. Au moment de servir, liez votre potage avec quelques jaunes d'œufs et de la crème double, versez alors dans une soupière dans laquelle vous mettez des perles du Japon que vous avez fait pocher à l'avance.

Truite Dunkerquoise.

Prenez une truite saumonnée de deux kilogrammes, videz-la, sans faire une trop grande ouverture, farcissez-la avec une farce à poisson à laquelle vous avez mélangé des truffes hachées; enveloppez les ouïes avec une barde de lard et couchez votre truite dans une saumonnière; vous avez masqué une bonne mirepoix, carottes, oignons, lard, un peu de maigre de veau, thym, laurier, une gousse d'ail, faites revenir au beurre et mouillez avec une demi-bouteille de vin blanc et une demi-bouteille de vin rouge, un verre de cognac, flambez, mouillez avec deux louches de bouillon, sel et poivre en grains; laissez cuire une heure. Une fois un peu refroidie, versez votre cuisson sur votre truite, mettez dessus un papier beurré et faites braiser au four.

Votre truite étant cuite, prenez une bonne moitié de la cuisson, faites-là réduire de moitié et liez-la avec un beurre manié dans lequel vous aurez incorporé un soupçon d'essence d'anchois. A votre sauce bien dépouillée et passée à l'étamine, ajoutez une garniture de queues d'écrevisses, de petites quenelles de poisson, de truffes et de laitances. Dressez votre truite sur un support, entourez-là avez des écrevisses retroussées et envoyez la sauce à part.

Poulardes à la Boufflers.

Faites revenir comme pour risot 150 grammes riz caroline, mouillez au consommé, ajoutez une pincée de cari, laissez cuire douze minutes, ajoutez 200 grammes de foie gras frais, coupé assez gros, 150 gr. de truffes également coupées, laissez prendre cuisson trois minutes, retirez votre riz du feu, soulevez à la fourchette en lui mélangeant 50 grammes de beurre frais et quatre jaunes d'œufs, en ayant soin de ne pas briser le foiegras, débarrassez dans une terrine et laissez refroidir.

Videz une belle poularde par le haut, cassez-lui le bréchet et incorporez votre appareil comme si vous truffiez la poularde, bardez votre poularde, mettez-la dans une braisière foncée d'os de veau, couennes de lard, carottes, oignons, thym et laurier, mouillez avec un verre de madère, faites-la poêler; une fois cuite, mettez votre poularde sur un plat, ajoutez un peu de demi-glace à la cuisson, passez au chinois, dégraissez bien, mettez comme garniture des crêtes de coq et des truffes et versez la sauce sur la poularde.

Noisette de Pré-salé Stanley.

Préparez une bonne purée soubise que vous liez avec trois ou quatre jaunes d'œufs, laissez-la refroidir.

Faites sauter des noix de côtes de mouton bien dénervées, mettez-les sur un plat à gratin, faites sauter autant de fonds d'artichauts que de noisettes et mettez-les sur le même plat à gratin. Garnissez les noisettes et les fonds avec la Soubise, lissez bien au couteau, saupoudrez de fromage et de chapelure et faites glacer au four vif.

Dressez sur un plat rond en alternant la noisette et un fond, dans le puits vous ajoutez de petites pommes noisettes.

Envoyez dans une saucière une bonne demi-glace beurrée. (*Restaurant Divoir, à Lille.*)

LES RECETTES D'URBAIN-DUBOIS (1).

Ancien chef de cuisine de la Cour royale de Prusse.

Croûtes de bécasses.

Sur un pain de cuisine, coupez sept à huit tranches de pain en forme de carré long, ayant

(1) *Ecole des cuisinières*, par Urbain-Dubois. 1 vol. in 8°, relié, 7 fr. Dentu, éditeur.

un demi-centimètre d'épaisseur, faites-les légèrement colorer d'un côté, dans un sautoir; égouttez aussitôt.

Mettez les intestins crus de deux bécasses dans une casserole, avec deux cuillerées de lard, coupé en petits dés, un morceau de beurre, quelques aromates, et cinq à six bons foies de volaille ou quelques tranches minces de foie de veau, faites-les revenir à bon feu, en les retournant jusqu'à ce que les foies soient bien cuits; laissez refroidir; pilez et passez au tamis. Incorporez à la purée trois cuillerées de bonne sauce brune réduite avec un peu de glace et de madère, bien serrée; ajoutez quatre jaunes d'œuf et une pointe de muscade. Avec cet appareil, masquez les tranches de pain, du côté frit, avec une couche épaisse et bombée, lissez-le avec soin et remettez les croûtes dans le sautoir où est le beurre; chauffez celui-ci et poussez le sautoir au four modéré, afin de faire en même temps frire le pain et pocher l'appareil. Ces croûtes sont excellentes pour déjeuner.

Boudins de lièvre aux olives.

Prenez un seul filet de lièvre, parez les chairs, coupez-les en dés; mêlez-leur le foie et les rognons du lièvre, cuits; pilez-les, en ajoutant, peu à peu, un tiers de leur volume de panade, autant de beurre; continuez à les piler, jusqu'à ce que le mélange soit opéré; ajoutez alors deux jaunes d'œuf; assaisonnez la farce; quelques minutes après passez-la et mêlez-lui deux cuillerées de jambon cuit, coupé en petits dés; divisez-les en parties égales de la grosseur d'un œuf, mettez celles-ci sur la table farine, roulez-les en bouchon avec la main; aplatissez-les avec la lame d'un couteau, afin de leur donner la forme ovale; il en faut une douzaine. Faites pocher ces boudins à l'eau salée, égouttez-les, laissez-les refroidir, trempez-les dans des œufs battus, panez-les et faites-les frire au beurre, dans une casserole plate; dressez en couronne sur un plat, versez dans le centre une sauce aux olives.

Salpicon de poulets à la Provençale.

Prenez les filets d'un ou deux poulets cuits, supprimez-en la peau et les parties dures; coupez-les en petits dés. Déposez ce salpicon dans une casserole, mêlez-lui un tiers de son volume de langue écarlate, quelques bons foies de poularde, l'un et l'autre cuits, coupés comme la volaille; assaisonnez l'appareil avec une pointe de muscade, tenez-le couvert.

Mettez, dans une casserole plate, quelques bonnes cuillerées de bonne sauce brune; faites-la réduire en incorporant, peu à peu, 5 à 6 cuillerées de glace fondue et 2 de sauce tomate; quand elle est succulente, additionnez une pointe de cayenne, retirez-la du feu, incorporez-lui le salpicon; dressez-la sur un plat chaud, entourez avec une couronne de champignons, cèpes ou roussillons farcis à la provençale.

Truffes à la montglas.

Émincez en montglas les chairs blanches d'un poulet cuit; déposez-les dans une casserole; liez-les avec quelques cuillerées de sauce blonde, réduite, bien chaude, tenez la casserole au bain-marie.

Choisissez cinq à six moyennes truffes crues,

d'une égale grosseur; pelez-les, émincez-les aussi en montglas, mettez-les dans une casserole; assaisonnez, mouillez avec le quart d'un verre de madère; faites réduire le liquide à feu vif. Liez alors les truffes avec un peu de glace fondue, ajoutez un morceau de beurre divisé en petites parties, ainsi que le jus d'un citron; dressez les chairs de poulet sur un plat, faites un creux sur le centre, dressez les truffes dans celui-ci; entourez avec des croûtons de pain frits.

Pour préparer la montglas, on prépare des montglas de volaille, de gibier, de foie-gras, de ris de veau, en coupant ces viandes en gros filets plus ou moins épais et longs, selon leur nature et l'usage auquel la montglas est destinée; la montglas n'est en somme qu'une grosse julienne. Aux chairs de volaille, de gibier ou autres, coupées en montglas; on mêle ordinairement des champignons, des truffes ou de la langue à l'écarlate. Ces garnitures sont liées avec une bonne sauce brune ou blonde; elles doivent chauffer sans ébullition au bain-marie.

Quische au jambon.

Foncez une grande tourtière à rebords avec de la pâte fine; 300 grammes de beurre pour 500 grammes de farine. Piquez la pâte, beurrez-la au pinceau et masquez-la avec des tranches minces de jambon cru; poussez la tourtière à four vif, afin de saisir le jambon en le chauffant; retirez-la alors et versez sur le jambon un appareil de crème crue, mêlez avec des œufs, une pointe de sucre et un peu de muscade: six œufs pour demi-litre de bonne crème. Remettez alors la tourtière au four, bien d'aplomb, et cuisez la quische au four pendant 25 minutes; retirez-la et servez-la dans la tourtière.

URBAIN-DUBOIS.

LES RECETTES DE BARRÉ,

Chef des cuisines du baron Alphonse de Rothschild.

Filets de sole Deauvillais.

Piler un quart chair de crevettes avec un quart beurre fin, passer à tamis fin, faire un beurre avec les carapaces, y laisser cuire les filets de soles. Les ranger ensuite dans un plat, finir la sauce dans la cuisson avec un velouté de poisson et les chairs pilées, assaisonner de bon goût, masquer les filets quelques secondes à feu vif, et servir. BARRÉ.

Turbotin farci.

Prendre un petit turbot, sur le milieu en sortir les arêtes et le farcir avec une bonne farce de merlan dans laquelle vous aurez mis un peu de cerfeuil haché.

Le faire pocher dans la cuisson avec deux litres de moules, puis de cette cuisson faire une bonne sauce crémeuse, à laquelle vous ajoutez un peu de cerfeuil.

Dresser le turbot sur un plat avec les moules autour, saucer et servir une saucière à part.

BARRÉ.

Barbue Béarnaise.

Mettre une barbue dans un plat grassement beurré et la cuire au fond en l'arrosant souvent de son beurre; quand elle sera cuite, au moment de servir, la saupoudrer de mie de pain frite de belle couleur; arrosez encore une fois, servez et envoyez une saucière de béarnaise, dans laquelle vous aurez mis un peu d'essence d'anchois. BARRÉ.

Poularde surprise.

Désossez l'estomac d'une belle volaille, bourrez-la avec la farce suivante :

Une truffe fraîche pilée, un filet de volaille, puis un foie gras cru; assaisonnez, passez au tamis et emplissez la poularde; bien la coudre; enveloppez dans une mousseline comme une galantine, et faites cuire une heure et demie dans une cuissson composée d'une demi-bouteille de champagne sec et de bons fonds de poulet; la laisser refroidir dans cette sauce; servez dans une coupe cristal ou plat creux, dans la cuisson clarifiée en gelée. BARRÉ.

Poulet à la Bressane.

Poêlez un poulet dans une casserole avec demi-livre beurre, demi-livre de champignons; cuire de belle couleur.

Retirez le poulet.

Mettre le beurre de la cuisson à part et déglacer le fond du poulet avec un bon jus réduit; monter à la crème et lui incorporer petit à petit le beurre de la cuisson, de manière à faire une bonne sauce; y mettre un peu d'estragon. Saucer légèrement le poulet et envoyer saucière à part. BARRÉ.

Dinde à la viennoise.

Retirer le bréchet de la poitrine d'une dinde, autrement dit la désosser, en conservant le bréchet entier, le plus possible; l'emplir d'une farce de volaille dans laquelle on aura mélangé de gros dés de foie gras, truffes et langues; lui redonner la forme naturelle et braiser doucement dans un bon fond, en l'arrosant souvent, puis terminer la sauce avec ce fond. BARRÉ.

Côtelettes d'agneau Maintenon.

Mettre dans un plat à sauter un verre à bordeaux de madère, une pincée de mignonnette, quelques champignons émincés et faire réduire aux trois quarts. Préparer une sauce bâtarde, moitié lait, moitié consommé, que l'on réduira dans le plat à sauter, jusqu'à ce que l'on obtienne une sauce assez épaisse pour bien envelopper les côtelettes, lier avec des jaunes d'œufs et parfumer avec un soupçon d'ail (c'est-à-dire un peu d'ail graté avec la pointe d'un couteau).

Faire sauter les côtelettes, demi-cuites, les ranger sur un plat en les espaçant, les masquer avec la sauce et passer à four très chaud, le temps de terminer la cuisson et de colorer le dessus; arroser d'un peu de sauce madère et envoyer le reste à part dans une saucière. BARRÉ

Noix de veau régence.

Faire cuire une noix de veau de belle couleur, puis l'évider comme un vol-au-vent.

Escaloper le blanc, que vous retirez, le mettre dans un plat à sauter avec quelques tranches de foie gras, truffes, champignons, rognons de coq, mélanger le tout, lier avec une sauce suprême et du parmesan râpé, remplir la noix, la refermer avec la calotte que vous aurez conservée, passer au four quelques minutes pour glacer et servir bouillant; envoyer un bon fond de veau à part.

Nota. — On doit voir à peine que la noix a été vidée et remplir si on rajuste bien le couvercle.

Barré.

LES RECETTES DE GASTON SEVIN

Chef des cuisines de l'Ambassade d'Angleterre à Paris.

Réception officielle en l'honneur du 81me anniversaire de Sa Majesté la Reine Victoria.

Les buffets où les fleurs les plus rares sont distribuées à profusion sont en plus garnis de magnifiques *surtouts* pur style Empire, qui sont la propriété de l'Ambassade.

Après le régal des yeux, on pouvait savourer, déguster à son aise ;

Le consommé de volaille chaud ; les sandwichs de toutes façons, depuis le fin jambon d'York, les blancs de volaille, foies gras et autres, jusqu'au rafraîchissant cresson, dont maintes légères tranches de pain étaient garnies. Puis les entrées savantes à l'aspect chatoyant : jambonneaux à la Cumberland, au montant digne de leur dressage. — Les aspics à la Marie-Louise, rappelant à juste titre le style de leurs supports.

Les croustades de foies gras, justement dénommées à l'Ambassadrice, pour la sveltesse de leur allure et leur gracieux accueil.

Puis et encore les blancs-manger neigeux et roses, transparents comme les gelées aux fraises et oranges qui, en une course ininterrompue, suivent ou précédent tout ce tournoi de mets.

Pour encadrer le tout, de jolis petits monts de pâtisseries légères qui, d'une ligne sinueuse, invitent, par le caprice de leurs formes et de leurs tons, à suivre leur course jusqu'au bout.

G. SEVIN.

En parlant d'écrevisses.

Ce délicieux crustacé, digne fille du Cardinal des mers, malgré tous les mérites de sa chair et de ses propriétés digestives et réconfortantes, est, en dehors de l'intimité ou du libre tête-à-tête, un mets difficile à présenter sur une table, où l'étiquette et l'art du bien manger sont de règles.

A part la manière à la Bordelaise et les fameux buissons pyramidaux, présidant aux agapes de nos pères où, coudes sur la table, on pouvait à son aise, décortiquer « manu militari », les zodiacales éphémères, et la salade de queues, soit en aspics ou à la nantua, je ne vois guère, dis-je, dans toutes nos préparations culinaires, une façon pratique et gracieuse de savourer l'écrevisse chaude, en lui conservant l'attrait de sa rutilante enveloppe et toutes ses qualités gastronomiques.

Je ne crois pas être le seul à avoir trouvé ce nouveau mode de présenter sur table les écrevisses.

En tous cas je préconise cette manière pour l'avoir souvent pratiquée.

Je les nomme barquettes d'écrevisses, sans nom ronflant.

En voici la recette :

Barquette d'écrevisses.

Retirer la vie des écrevisses — par la façon normale —, oh! les cruels ! en les plongeant à l'eau bouillante légèrement salée et acidulée, les cuire à la Mirepoix mouillée de haut sauterne, et, quand elles ont perdu lenr plus grande chaleur, les décortiquer avec soin, joindre deux carapaces bout à bout et remplir ce petit bateau que nous appelons barquette, des chairs des écrevisses onctueusement roulées dans leur fond de cuisson où un bon morceau de beurre d'Ysigny aura donné la noisette de son parfum, et le verre de fine champagne ajouté à la pointe de Cayenne, le montant de son arome.

Recouvrez le tout d'un excellent soufflé de de poisson, léger comme un zéphir; quelques minutes au four, car on doit les attendre, et il est probable que ces barquettes vogueront vers de nouveaux succès.

G. SEVIN.

LES RECETTES DE MONTAGNÉ

Chef de cuisine à Monte-Carlo.

Consommé à la Madrilène.

1° Préparer, selon la méthode, un succulent consommé de volaille.

Le clarifier comme il est indiqué aux formules spéciales et le passer au linge.

2° Passer au tamis fin 6 tomates crues bien en chair.

Mettre la pulpe obtenue dans une casserole à rebords élevés et la laisser cuire jusqu'à ce qu'elle soit complètement réduite en glace.

La passer au linge à beurre et la mélanger au consommé.

Ce consommé, surtout dans les soupers, gagne beaucoup à être servi complètement glacé.

Il suffit pour cela de le mettre sur glace deux heures avant de le servir.

On le sert en tasses. MONTAGNÉ.

Paupiettes de sole Élisabeth.

Préparations préliminaires. — 1° Parer correctement douze fonds d'artichauts choisis bien tendres.

Les mettre à cuire aux trois quarts dans un blanc marqué selon la formule et après les avoir fait étuver au beurre frais, les réserver au chaud.

2° Lever les filets de 3 soles moyennes.

Les aplatir et les parer puis les rouler en paupiettes en les soudant d'une farce fine de brochet.

Les ranger dans un plat à sauter grassement beurré ;

Les mouiller avec 3 ou 4 décilitres d'essence de poisson.

Laissez-les cuire sans ebullition pendant vingt-cinq ou trente minutes.

3° Garniture : préparez un appareil composé ainsi : émincez 3 fonds d'artichauts fortement blanchis dans une eau acidulée et salée ainsi que 2 truffes moyennes épluchées.

Sautez d'abord les artichauts au beurre et lorsqu'ils sont aux deux tiers cuits, ajoutez les truffes.

Liez ce ragoût de deux ou trois cuillerées de sauce Béchamel réduite à la crème,

Fourrez dans cet appareil les fonds d'artichauts préalablement creusés.

4° Sauce : réduire des deux tiers la cuisson des paupiettes :

La lier de 3 décilitres de sauce Béchamel et, après l'avoir laissée réduire quelques minutes en plein feu, la passer à l'étamine.

5° Placer une paupiette dans chaque fond d'artichaut et les napper de la sauce indiquée.

Opérations finales. — 1° Saupoudrer les paupiettes de parmesan râpé, les placer dans un plat à gratin et les faire glacer à four vif.

2° Les dresser en couroune sur un plat rond. Remplir le centre d'un ragoût de truffes lié de 2 ou 3 décilitres de sauce demi-glace maigre réduite au vin de Porto et servir. MONTAGNÉ.

Filets de sole à l'Égyptienne.

Préparations préliminaires. — 1° Préparer avec du fort papier vergé une douzaine de caisses oblongues. Ces caisses doivent être faites de manière à ce que six d'entre elles puissent servir de couvercles aux autres.

Les enduire légèrement d'huile ou de beurre clarifié et les mettre à sécher à l'étuve pour les solidifier et leur enlever toute odeur.

2° Lever les filets de trois belles soles bien épaisses; les aplatir et les parer selon la règle.

3° Sauce : Empoter les arêtes et parures de sole, ainsi qu'une poignée d'épluchures de champignons avec un morceau de beurre frais, une pincée de sel et une prise de poivre de Paprika.

Laisser étuver lentement et mouiller d'un verre de vin de Porto.

Lorsque le mouillage est réduit des deux tiers, ajouter 3 décilitres d'espagnole maigre bien dépouillée et laisser cuire à léger frémissement pendant 45 minutes en alimentant de temps en temps d'essence de poisson si la réduction était trop rapide.

Passer le fond à la passoire fine; le dégraisser soigneusement, le faire réduire de moitié et ajouter 3 décilitres de crème double. Laisser bouillir quelques minutes et passer à l'étamine.

4° Garnitures : Emincer en paysanne deux truffes épluchées et cinq ou six têtes de champignons bien fermes.

Les sauter au beurre frais en les assaisonnant de sel et de poivre.

Opération finale. — 1° Assaisonner les filets de sole et les fariner légèrement, Les faire sauter 5 minutes dans du beurre brûlant.

2° Garnir chaque caisse (les six dessous) d'une cuillerée de sauce, placer dans chaque, deux pièces de filets de sole, les recouvrir de la garniture et les napper avec la sauce.

Ajouter quelques gouttes de vin de Porto et terminer enfin en recouvrant les caisses avec leurs couvercles.

3° Les faire cuire à four doux pendant douze minutes et les servir sur un plat garni d'une serviette. MONTAGNÉ.

Mousse d'écrevisses à la gelée.

1° Préparer une gelée de poisson (merlan, sole ou turbot), selon la méthode ordinaire.

Cette gelée doit être suffisamment collée, les appareils d'écrevisses demandant à être tenus très moelleux.

On parfumera la gelée d'aspic une fois clarifiée d'un verre à bordeaux de vin de Sherry.

2° Appareil de la mousse : Cuire dans un court-bouillon marqué au vin de Chablis une cinquantaine de petites écrevisses bien dégorgées.

Décortiquer les queues que l'on pare et que l'on réserve pour décorer les parois du moule.

Piler les carapaces et les amalgamer avec cinq décilitres de sauce Béchamel réduite avec de la crème double et la cuisson des écrevisses.

Passer l'appareil, en le foulant, à l'étamine, puis au linge à beurre.

Cet appareil doit être très consistant et d'un assaisonnement un peu forcé.

Travailler cette purée en pleine glace en lui mélangeant environ un demi-litre de crème fouettée et un décilitre de gelée de poisson réduite.

3° Montage de la mousse: décorer de truffes levées à l'emporte-pièce et de queues d'écrevisses les parois d'un moule uni.

Les revêtir d'une couche de gelée d'environ 1 centimètre.

Placer le moule dans une terrine contenant de la glace pilée et lorsque la couche de gelée est suffisamment solidifiée, garnir le milieu du moule avec l'appareil en se servant d'une poche.

Recouvrir complètement de gelée et laisser refroidir deux heures environ avant de démouler.

4° Dressage : tailler en forme de coupe un bloc de glace de Norwège. Polir les contours à l'aide d'un fer rouge.

Le placer sur un plat garni d'un feutre.

L'entourer de fleurs et démouler la mousse sur ce socle.

MONTAGNÉ.

Salade impératrice.

Composition. — Céleris en julienne fine.

Fonds d'artichauts blanchis et émincés.

Bananes épluchées et émincées,

Pommes reinettes émincées.

Fleurs de capucines.

Fleurs de violettes.

Assaisonnement. — Broyer quatre ou cinq jaunes d'œufs durs en leur amalgamant l'huile et le vinaigre nécessaires. Ajouter une cuillerée de sauce anglaise, du sel, du poivre de Paprika, du cerfeuil et de l'estragon hachés.

Dressage. — Disposer les éléments de la salade dans un saladier de cristal que l'on placera en pleine glace.

Décorer au moment de servir avec les fleurs de capucines et les violettes et n'ajouter l'assaisonnement qu'en dernier lieu.

MONTAGNÉ.

LES RECETTES DE BONTOU

Professeur de cuisine à Bordeaux.

Morue Béchamel au gratin.

Après avoir dessalé deux beaux filets de morue, vous les coupez en morceaux carrés, et les mettez à bouillir dans une casserole pleine d'eau, de façon à ce que la morue soit bien couverte.

Après cuisson, vous l'égouttez et la coupez à la main par tranches en l'effeuillant.

Faites une béchamel de la façon suivante :

Chauffez une forte cuillerée de beurre dans une casserole. Ajoutez une bonne cuillerée de farine que vous laissez blondir à petit feu. Mouillez d'un litre de lait. Assaisonnez de sel, poivre et pincée de muscade. Laissez cuire une demi-heure en appuyant fortement avec la cuillère de bois au fond de la casserole pour éviter que la sauce ne s'attache. Mélangez alors votre morue avec la béchamel.

Vous garnissez le tour d'un plat allant au feu, d'une couronne de purée de pommes, ou bien de pommes de terre bouillies, coupées en lames minces.

Dans le puits, versez votre morue. Ajoutez dessus une mince couche de purée de pommes ou de lames de pommes de terre bouillies. Arrosez de béchamel que vous aurez réservée.

Saupoudrez de chapelure. Mettez dessus quelques morceaux de beurre et passez au four chaud.

Lorsque votre plat est gratiné, servez.

Chartreuse d'artichauts.

Préparez douze fonds d'artichauts ; émincez-les très fin ; faites-les blanchir, égouttez-les et passez-les au beurre, à feu vif, en assaisonnant de sel, poivre et pincée de muscade.

Mouillez avec un demi-litre de lait et deux fortes cuillerées de béchamel.

Faites cuire à feu doux jusqu'à ce qu'ils soient en purée, puis passez au tamis.

Liez avec quatre jaunes d'œufs et un œuf entier.

Vous aurez préparé d'autre part six fonds de gros artichauts que vous aurez fait blanchir en les laissant un peu fermes. Coupez-les en colonnes avec le vide-pomme.

Beurrez un moule à charlotte, décorez le fond avec des losanges d'artichaut et le tour avec vos colonnes d'artichaut.

Garnissez l'intérieur de votre purée et mettez au bain-marie et au four.

Démoulez et servez avec une sauce béchamel à part.

Vous pouvez, pour enjoliver le décor, passer quelques-uns de vos fonds d'artichauts au carmin.

BONTOU.

RECETTES DE JULES BESSET (1)

Potage à l'essence de volaille à la Duchesse.

Ayez 125 grammes de riz et une volaille rôtie, vous lavez le riz et le faites cuire avec du bouillon, ensuite vous coupez la volaille en très petits morceaux, les mettez dans une casserole avec une quantité suffisante de bouillon, et les faites cuire à petit feu pendant une heure environ ; après ce temps, vous les passez à travers une passoire, vous versez les débris dans un mortier, vous les pilez en les mouillant peu à peu avec la cuisson ; étant réduits en pâte fine, vous y mêlez la cuisson s'il en reste, et vous passez le tout à travers un tamis de crin, avec pression, en vous aidant d'une cuillère de bois pour en retirer toute l'essence possible ; puis, quand le riz est bien cuit, vous le passez aussi soit à travers le même tamis ou passoire fine ; ces préparatifs terminés, mettez le tout dans une casserole, mêlez-le bien en ajoutant peu à peu le bouillon nécessaire à votre potage ; mettez la casserole sur le feu, sur le coin du fourneau, voyez qu'il soit assaisonné à point et donnez-lui une belle couleur ; au moment de servir le potage, vous le versez dans la soupière contenant des croûtons de pain frits.

Tête de veau en tortue.

On prend une belle tête de veau que l'on fait bouillir assez longtemps pour pouvoir la désosser.

(1) J. Besset, *L'Art culinaire*, G.-M. Nouguiès, éditeur. Albi 1 vol. in-8°, 5 fr. ; franco poste 6 fr. Adresser les demandes à Mlle Marie Besset, rue Mariés, 2, Albi (Tarn).

Dans un roux bien fait, on fait cuire un jarret de veau avec un bouquet, oignons, une tranche de citron, sel et poivre, puis on passe le jus, qui procure un bon coulis, au travers d'un tamis. On met dans ce coulis la cervelle de veau qui a été gardée à part, des huîtres de Marennes, un bon verre de vin de Madère, le jus de deux citrons ; on y place ensuite la tête de veau coupée en morceaux avec des blancs de volaille. On laisse la tête dans cet assaisonnement jusqu'à ce qu'elle soit bien tendre; on y ajoute une douzaine de boulettes d'œufs, des boulettes de viande et de blancs de volaille, des truffes et des champignons. Les boulettes d'œufs qui figurent dans ce ragoût, les œufs de tortue, se font de la manière suivante :

On prend des jaunes d'œufs durs, en quantité suffisante, on les écrase bien en y ajoutant un peu de muscade, du jus de citron, sel et poivre. On les manie ensuite et on les pétrit soigneusement avec la quantité de beurre frais nécessaire pour en faire une pâte un peu solide dont on forme des boulettes de la grosseur d'un œuf de pigeon et bien rondes ; on les ajoute au ragoût au moment de servir.

Jules Besset, chef de cuisine, auteur de l'*Art culinaire*.

Carpe farcie à la Toulouse.

Écaillez la carpe, retirez les ouïes, videz-la en lui faisant une petite ouverture, lavez-la, mettez-la sur un plat, saupoudrez-la dessus et dessous avec une poignée de sel blanc et attendez quelques heures. Pendant ce temps vous préparez une farce avec le foie et la laitance que vous aurez conservés, gros comme un œuf de mie de pain trempée dans du jus ou du bouillon, quelques champignons de garniture et des truffes, les filets de deux anchois, 50 grammes de bon beurre, un œuf entier, fines herbes, sel et poivre, assurez-vous que ce soit bien assaisonné; ceci fait, lavez la carpe de nouveau et essuyez-la; ensuite vous introduisez la farce dans l'intérieur et sous les ouïes, cousez l'ouverture, puis vous l'arrosez d'huile et l'enveloppez dans une double feuille de papier fort, bien graissé ou huilé; il est essentiel que le papier dépasse le poisson de chaque bout de 5 à 6 centimètres, que vous ficelez fortement; faites-la cuire sur le gril à petit feu ou bien au four; lorsqu'elle est cuite déballez-la, dressez-la sur le plat et servez-la avec une sauce à votre goût, de celles indiquées pour le saumon, que vous aurez préparée d'avance.

On peut farcir et servir de même toutes sortes de gros poissons.

Jules Besset, chef de cuisine, auteur de l'*Art culinaire*.

Foie de canard aux truffes.

Ayez un ou deux foies de canard, passez-les à la casserole avec un peu de graisse, faites-leur prendre une belle couleur de chaque côté et retirez-les, puis vous mettez dans la casserole une échalote hachée très fin et une cuillerée de farine; faites prendre une belle couleur, remuez et vous mouillez avec du jus; ajoutez alors les foies et les truffes coupées en tranches et faites cuire à petit feu; avant de servir, dégraissez la sauce, voyez qu'elle soit bien assaisonnée, ajoutez un jus de citron et servez.

Jules Besset, auteur de l'*Art culinaire*.

Canard à la Richelieu.

Vous désossez parfaitement un canard de la même manière que pour une galantine, ensuite vous faites une farce avec le foie et le gésier, 750 grammes de porc frais, du jambon gras et maigre, mettez cette farce dans une terrine, ajoutez un peu de persil haché, un œuf entier, des champignons et des truffes coupés en petits dés, sel et poivre, mêlez bien le tout ensemble, voyez qu'elle soit bien assaisonnée : introduisez la farce dans le canard, cousez l'ouverture, donnez-lui une belle forme, ensuite vous foncez une casserole avec du jambon et un peu de graisse, un oignon et deux carottes coupées en tranches, posez le canard dessus, ajoutez la carcasse coupée en petits morceaux, un oignon piqué de trois clous de girofle, trois gousses d'ail, un petit bouquet garni, un peu de sel, mettez la casserole sur un feu modéré ; quand l'oignon aura pris une belle couleur, vous mouillez avec du bouillon ou de l'eau chaude et faites cuire à petit feu ; après une demi-heure liez la sauce à point, donnez-lui une belle couleur avec le caramel, et continuez à faire cuire de même; un moment avant de servir, retirez le canard avec précaution, passez la sauce à travers une passoire pour retirer les légumes, remettez-la dans la casserole, ainsi que le canard, ajoutez les quenelles et quelques truffes coupées en petits dés et laissez mijoter jusqu'au moment de servir. JULES BESSET.

Filet de bœuf aux truffes, au suprême, à la moderne.

Ayez un beau filet de bœuf, retirez toute la

graisse et la peau qui est à la surface, piquez-le de lardons fins, brossez ensuite une livre de truffes de bonne qualité, essuyez-les dans un linge, puis pelez-les, mettez-les dans un saladier, assaisonnez-les de sel et de poivre, versez dessus un peu de jus de jambon, ou bien de la graisse de foie de canard, fondue seulement ; faites-les sauter afin que chacune soit humectée ; enveloppez-les ensuite par deux, trois ou quatre, suivant leur grosseur, avec des tranches de lard coupées aussi minces que possible ; mettez-les à mesure dans le milieu d'une double feuille de papier fort, serrez-les bien les unes contre les autres, puis pliez-les parfaitement ; cette opération terminée, une demi-heure ou trois quarts d'heure avant de servir, mettez les truffes sur une tourtière, graissez la surface et mettez-les au four, chaleur modérée ; puis vous mettez la pelure de truffes dans une petite casserole, sur le feu, avec un verre environ de jus ; ne faites pas bouillir, laissez mijoter seulement ; ensuite mettez le filet à la broche, ne cherchez pas à le raccourcir, comme d'habitude ; laissez-le, au contraire, dans toute sa longueur, la cuisson n'en sera que plus régulière ; on le fait cuire à grand feu, on doit le flamber et le saupoudrer de sel ; au moment de servir, dressez le filet sur un plat, entourez-le avec les truffes soit entières ou bien coupées en tranches, versez dessus l'essence ainsi que le jus du rôti, en ayant soin de bien passer le tout à travers une passoire fine pour retenir la pelure, et servez.

J. Besset, chef de cuisine, auteur de l'*Art culinaire.*

LE GRAND HÔTEL DE LA MÉTROPOLE A MONTPELLIER.

Timbale de volaille froide.

Coupez deux volailles en cinq parties comme pour sauter; faites-les raidir au beurre clarifié dans une casserole couverte pour conserver tout leur arome sans les colorer. Retournez et ajoutez une pincée d'échalotes hachées, saupoudrez d'une demi-cuillerée de farine.

Flambez les morceaux de volailles avec un verre de fine champagne, mouillez d'un demi-verre de vin blanc et de consommé blanc; couvrez et laissez cuire environ trente minutes.

Faites tomber à glace une douzaine d'oignons et une quinzaine de champignons revenus au beurre, à l'étuvée.

Retirez les volailles dans une timbale; dressez-les avec les petits oignons, faites réduire la sauce, liez avec trois ou quatre jaunes d'œufs, passez-la à l'étamine sur les volailles et laissez refroidir.

Se servir d'une timbale en pâte ou en argent.

CROCHARD, chef de cuisine.

Pâté de Canetons froid.

Préparez 1 kilog. de pâte à pâté un peu ferme, laissez-la refroidir une demi-heure en lieu frais. Coupez les ailerons, pattes et cou, et divisez les canetons par quarts, désossez-les, supprimez-en les nerfs.

Avec les os et les parures, préparez un succulent fumet. Prendre environ 600 grammes de farce fine bien assaisonnée, y ajouter le fumet ci-dessus, réduit à glace avec une cuillerée à café de paprika.

Assaisonnez les quarts de canards de la même façon, en laissant dominer le paprika; posez sur un petit plafond un moule lisse à charnières de forme ronde, moins haut d'un tiers que ceux à pâté de foie gras ; beurrez et foncez le moule avec les deux tiers de la pâte, masquez-en le fond d'une épaisse couche de farce, masquez aussi le pourtour; sur ce fond, placez deux quarts de canards, un peu de farce, un demi-foie gras, assaisonnez suivant l'indication ci-dessus, mettez-y des truffes crues, placez dessus les autres quartiers que vous masquerez avec le restant de la farce en la montant en dôme, couvrez d'une mince barde de lard, puis fermez l'ouverture du pâté avec une abaisse de la même pâte en appuyant contre la base du dôme et les bords saillants du pâté pour les souder ensemble, coupez droit sur la pâte pour la pincer.

Dorez le pâté, poussez-le à four modéré. Aussitôt qu'il commence à se colorer, couvrez-le avec du papier, cuisez-le une heure et demie environ. Laissez refroidir pendant douze ou vingt-quatre heures avant de servir.

CROCHARD, chef de cuisine.

LES RECETTES D'ARSÈNE ANTHON

Chef de cuisine à Valence (Drôme).

Perdreaux en Belle-Vue.

Piquez deux jeunes perdreaux, faites les rôtir à couleur dorée et mettez-les refroidir, décorez un moule à aspic, placez vos perdreaux au milieu en mettant les estomacs au fond, garnissez votre moule de gelée de gibier bien claire, mettez-lè dans un endroit très frais et démoulez au moment de servir, mettez à la cuillère de la gelée hachée autour du plat.

Croquettes Reinequet.

Faites autant de crêpes non sucrées que vous désirez avoir de croquettes, mettez à refroidir. D'autre part, faites un petit hachis très léger de champignons, volaille, jambon et truffes que vous lierez à la béchamel, vous étendrez une légère couche de ce hachis sur vos crêpes et les roulerez en forme de croquettes; passez à l'anglaise, faites frire et servez avec sauce tomate.

Aiguillettes de Canard sauvage à l'oranger.

Levez vos filets, mettez-les dans une casserole avec un peu de beurre; dès qu'ils ont une belle couleur, ajoutez-y une cuillerée de cuisson de champignons ou de consommé, couvrez-les d'une feuille de papier beurré et faites cuire à four vif. Dressez-les en couronne, coupez en julienne le zeste d'une orange que vous mettrez dans votre casserole avec une cuillerée ou deux de sauce brune, faites bouillir pendant quelques minutes et passez sur vos aiguillettes.

Purée Freneuse.

Choisissez une douzaine de beaux petits navets gris ou autres, faites-les sauter au beurre légèrement; mouillez-les avec une béchamel et faites cuire au four en mettant dessus une feuille de papier beurrée, passez à l'étamine et finissez en beurrant comme la purée de pommes de terre.

Cette purée peut se servir comme légumes ou comme garniture diverse.

ARSÈNE ANTHON.

POTAGES

Le Pot-au-feu.

L'épaule de bœuf ou le quartier de derrière donne un excellent pot-au-feu.

Prenez des plates-côtes ou du gîte à la noix, mettez de préférence la viande dans un pot en terre ou à défaut dans une marmite en fonte, ajoutez les os coupés, des abatis de volaille de l'eau froide — 1 litre 1/4 pour 500 grammes de viande — et du gros sel.

Placez la marmite sur le feu, laissez cuire doucement, écumez.

Après trois heures d'ébullition, mettez dans la marmite, carottes, navets, un oignon piqué de trois clous de girofle, une gousse d'ail, un quartier de chou blanc, une feuille de laurier, céleri, cerfeuil, quelques grains de poivre. Laissez cuire encore pendant deux heures; colorez avec un morceau de sucre que vous aurez caramélisé. Dégraissez le bouillon, passez-le à la passoire fine dans une soupière sur des tranches minces de pain, passées au four. Servez le bœuf avec sa garniture de légumes.

Pot-au-feu sans bœuf.

Deux litres d'eau salée, huit à dix carottes, autant de navets, cinq ou six poireaux, un peu de graisse de bœuf ou de porc si faire se peut, deux cuillerées et demie à café d'extrait de viande Liebig.

Coupez les légumes en tranches, mettez à bouillir dans l'eau, ajoutez la graisse. Lorsque les légumes sont cuits, ce qui est prompt, ajoutez l'extrait de viande Liebig. Si le goût ne vous paraît pas assez relevé, ajoutez encore un peu d'extrait. Vous aurez un très bon bouillon qui peut être employé à tous les usages du bouillon ordinaire.

Si vous avez à votre disposition des débris de volaille ou de viande (excepté de mouton qui donne un goût ne convenant pas à tout le monde), vous les faites cuire en même temps que les légumes, et vous obtiendrez ainsi un succulent consommé.

Soupe à l'oignon.

Si vous désirez goûter à cette soupe si appréciée des disciples de Bacchus, préparez-la selon les indications suivantes :

Faites revenir dans du beurre (pour deux litres de lait), un gros oignon, coupé en tranches fines, quand l'oignon est bien doré, mettez le lait et le sel et laissez cuire. Préparez ensuite dans votre soupière de fines tranches de pain que vous recouvrez de fromage de gruyère râpé, continuez ainsi jusqu'à mi-hauteur, versez dessus votre bouillon et servez,

Soupe aux poireaux et aux pommes de terre.

Coupez quelques poireaux en morceaux de 2 centimètres, faites-les revenir légèrement dans du beurre, ajoutez eau, sel, poivre et pommes de terre coupées en dés ; faites cuire pendant deux heures et versez sur le pain en ajoutant un bon morceau de beurre au moment de servir.

Soupe à la purée de haricots à l'oseille.

Faites cuire un demi-litre de haricots dans deux litres d'eau salée, égouttez-les en conservant la cuisson. Passez les haricots au tamis, puis délayez cette purée avec la cuisson des haricots. Hachez deux ou trois poignées d'oseille, que vous faites revenir dans une poêle avec un morceau de beurre, mélangez-la à la purée de haricots, cuisez dix minutes et versez sur des tranches de pain.

Potage purée de foie à la noisette.

Faites griller du pain en tranches, disposez-les au fond d'une soupière, placez entre chaque lit de pain, une couche de foie de mouton cuit et écrasé en miettes fines; alternant avec une couche de fromage râpé, de canelle pulvérisée et d'épices diverses.

Vous avez préparé à part une purée de noisettes, grillées et cuites dans du bouillon, versez sur cette purée ce qui reste de bouillon, et jetez sur le pain le fromage et le foie.

Potage à la jardinière.

Coupez des carottes et des navets en petits bâtons; ayez deux laitues, de l'oseille et du cerfeuil émincés. Faites revenir le tout dans du beurre, et mouillez ensuite avec du bouillon; ajoutez-y une poignée de petits pois et de pointes d'asperges. Ces légumes étant bien cuits, dégraissez-les bien, versez le tout sur des croûtes de pain.

Riz au gras.

Prenez du riz suivant la quantité de potage que vous devez servir, c'est-à-dire, un quarteron (125 grammes) pour quatre assiettes; lavez-le à l'eau tiède trois ou quatre fois en le frottant avec les mains; faites-le cuire à petit feu pendant trois heures environ, avec du bouillon ou du jus de veau. Quand il est cuit, dégraissez-le, et servez-le, ni trop épais, ni trop liquide.

Riz au maigre.

Faites crever votre riz dans l'eau bouillante, et lorsqu'il est bien crevé, mettez-y du beurre, du sel et du poivre. On peut y ajouter au besoin une purée quelconque, ou un coulis au maigre.

Riz au lait.

Faites crever votre riz dans du lait, avec un peu de sel et du sucre, auquel on ajoute ordinairement des jaunes d'œufs et de la fleur d'oranger.

La dose commune est celle d'un quarteron (125 grammes) de riz, pour une pinte (1 litre) de lait.

Potage à l'Imbroglio.

Mettez dans une marmite, un quartier de chou, deux panais, six oignons, un pied de céleri, un bouquet de persil, quatre navets; faites un paquet avec de l'oseille, poirée, cerfeuil, que vous ficelez ensemble; un demi-litre de pois que vous mettez dans un sac en mousseline; faites bouillir tous ces légumes à l'eau pendant trois heures; passez ce bouillon au tamis, et mitonnez votre potage, après avoir salé le bouillon ; au moment de servir, garnissez le potage avec les légumes qui sont au fond de la marmite.

Potage aux navets.

Préparez vos navets comme vous avez préparé vos carottes (Voy. *Potage aux carottes*), mettez-les dans le beurre jusqu'à ce qu'ils soient un peu revenus ; après cette opération vous les égouttez et les disposez comme le potage aux carottes.

Potage au fromage de Gruyère ou de Parmesan.

Foncez votre soupière de fromage rapé, de l'une ou de l'autre espèce, à votre volonté; entre chaque couche de tranches de pain, faites trois couches successives de cette façon l'une sur l'autre. Préparez un bon bouillon gras ou maigre fait avec toutes sortes de légumes et une purée de pois claire, peu de sel, un morceau de beurre fin ; faites mitonner le tout jusqu'à ce qu'il soit gratiné. Au moment de servir, versez dans la soupière, et faites en sorte que le potage soit un peu épais.

(*Vieille recette.*)

Panade.

Prenez la mie d'un pain tendre de deux livres; mettez-la dans une casserole avec une pinte (1 litre) d'eau, sel, poivre et un quarteron (125 grammes) de beurre frais ; vous la placerez sur un fourneau un peu ardent, et la remuerez avec une cuillère de bois, afin qu'elle ne s'attache pas au fond ; lorsqu'elle sera réduite comme une sauce, vous la retirerez du feu et la lierez avec trois jaunes d'œufs.

Tapioca au lait.

Faites bouillir le lait, lorsqu'il est en ébullition, jetez en pluie, une cuillerée de tapioca par personne, ayez soin de bien remuer, même lorsqu'il bout; laissez cuire de quinze à vingt minutes. Au moment de servir, mettez-y un peu de sucre et de la fleur d'oranger.

Potage à l'oignon, aux œufs et à la crème.

Préparez votre potage, comme le potage à l'oignon ordinaire. Au moment de servir, cassez quatre œufs dont vous séparez les blancs des jaunes, mettez les jaunes dans la soupière, délayez-les avec un peu de bouillon, mettez le pain, versez dessus votre potage à l'oignon, ajoutez-y un petit morceau de beurre et deux ou trois cuillerées de bonne crème, mélangez le tout et servez.

Croûte au pot gratinée.

Prenez des croûtes de pain bien dorées, mettez ces croûtes sur un plafond, arrosez-les d'un peu de bouillon et de la graisse du pot-au-feu, mettez-les au four, laissez-les gratiner, sans brûler, placez-les ensuite dans la soupière, avec des légumes assortis découpés fin, versez dessus votre bouillon bouillant et servez.

Potage au Gluten.

Procédez de la même manière que pour le potage aux pâtes d'Italie, que ce soit du bouillon ou du lait, une cuillerée de gluten par personne. (Voy. *potage aux pâtes d'Italie*).

Potage au Sagou.

Le sagou s'emploie comme la semoule, le plus souvent avec du bouillon gras. (Voy. *potage à la semoule.*)

Consommé aux œufs pochés.

Faites pocher des œufs très frais dans du bouillon, mettez-les égoutter sur une serviette pliée en quatre, parez-les, mettez-les dans la soupière et passez dessus le bouillon dans lequel vous les avez fait pocher, ajoutez du bouillon très chaud suivant la quantité de convives, assaisonnez et servez.

Potage à la purée de marrons.

Après avoir enlevé l'écorce et la seconde peau à 2 litres de marrons, mettez-les cuire à petit feu dans du bouillon ; une fois cuits, passez-les au tamis, délayez-les à point avec du bouillon et versez cette purée très chaude sur des croûtons frits, assaisonnez et servez.

Potage au mouton.

Placez un gigot de mouton dans une marmite remplie d'eau, joignez-y poireaux, carottes, navets, céleri, oignons piqués de clous de girofle, un bouquet de persil, asaisonnez. Laissez cuire pendant six heures. Un quart d'heure avant la fin de la cuisson, ajoutez le quart d'un chou bien blanc, passez le bouillon légèrement coloré sur des croûtons de pain grillés et servez à part, mais en même temps, les légumes parés.

Consommé à la moelle.

Prenez pour dix personnes, 20 centimes de moelle de bœuf, faites-la fondre feu doux dans une casserole ; quand la moelle est liquide, ajoutez 2 œufs, un peu de mie de pain bien fine et une bonne cuillerée de cerfeuil haché, remuez le tout ensemble; laissez refroidir ; roulez ensuite cette pâte en petites boulettes de la grosseur d'une cerise, passez-les dans la farine et jetez-les dans du consommé bouillant; assaisonnez; faites cuire cinq minutes et servez.

Potage au vermicelle.

Ayez du bouillon que vous passerez au tamis de soie, en proportion de votre potage ; faites-le bouillir; quand il bouillira, vous y mettez votre vermicelle, délayez-le. Laissez-le bouillir un quart d'heure. Retirez-le du feu afin qu'il ne soit pas trop crevé, et que votre potage soit bien net ; ne le laissez pas épaissir. Une demi-livre suffit pour quinze personnes.

Vermicelle au lait.

Mettez le vermicelle dans votre lait bouillant et remuez-le assez vivement pour qu'il ne se mette pas en pâte ; que votre potage soit d'un bon sel ou d'un bon sucre. Une demi-heure suffit pour faire crever le vermicelle.

Potage à la semoule.

Mettez dans une casserole du bouillon que vous aurez eu soin de passer au tamis, pour le dégager de ses parties hétérogènes et trop grasses ; quand il bouillira, versez votre semoule dedans (une cuillerée par personne), et mélangez avec une cuillère, afin d'empêcher la semoule de s'agglomérer en grumeaux, retirez-la du feu après une demi-heure; si elle se trouve assez cuite, dégraissez votre potage et employez les procédés en usage pour lui donner une belle couleur.

Potage aux pâtes d'Italie.

Procéder de la même manière que pour le potage au vermicelle au gras. (Voy. *potage vermicelle.*)

Potage au tapioca.

Ayez du bouillon que vous passez au tamis, faites-le bouillir, et au moment où il est en ébullition, mettez une cuillerée de tapioca pour chaque personne, tournez avec une cuillère afin d'empêcher le tapioca de s'agglomérer, cuisez dix minutes et versez dans la soupière.

Potage purée de lentilles au riz.

Faites cuire un demi-litre de lentilles à l'eau salée, passez-les au tamis, ensuite délayez-les avec moitié de leur cuisson et moitié de bouillon, ajoutez le riz que vous laissez cuire pendant vingt minutes et servez.

Potage pois cassés au riz.

Voir au potage *purée de pois* et ajoutez du riz vingt minutes avant de servir.

Potage aux carottes nouvelles.

Coupez des carottes rouges en petits bâtons; faites-les blanchir, ensuite vous les mettrez dans du bouillon, et les ferez bouillir jusqu'à ce qu'elles soient cuites; assaisonnez; au moment de les servir, versez-les dans votre soupière, où vous avez mis des tranches de pain.

Purée de potiron.

Prenez un quartier de potiron, ôtez la peau et les pépins, coupez le en petits morceaux. Hachez un petit oignon, faites-le revenir avec du beurre, mouillez avec 2 litres d'eau chaude, ajoutez les morceaux de potiron, du sel, et faites bouillir pendant une demi-heure; assaisonnez; la cuisson terminée, passez au tamis et mettez 150 grammes de riz blanchi, donnez un bouillon et versez dans la soupière, sur un bon morceau de beurre frais.

Potage crème d'asperges.

Prenez une bonne quantité de petites asperges vertes, coupez-les à l'endroit tendre, débitez-les par dés et faites-les blanchir dans de l'eau bouillante salée ; égouttez et mettez en réserve une partie des pointes. Faites un roux que vous mouillez de bouillon de poulet, jetez-y des pointes d'asperges, un peu de sel et laissez cuire doucement, pendant une demi-heure. Passez ensuite à l'étamine, ajoutez un demi-verre de crème et 3 jaunes d'œufs très frais, un morceau de beurre et les pointes d'asperges mises en réserve.

Potage à la Chantilly.

Mettez sur le feu des lentilles avec de l'eau froide ; ajoutez un bouquet de persil, un oignon, un peu de sel ; laissez cuire, égouttez et passez au tamis ; mettez la purée dans une casserole, rendez-la liquide avec du bouillon, ajoutez un bon morceau de beurre, au premier bouillon; versez dans la soupière et servez avec des croûtons de pain frits au beurre.

ANNETTE.

Quénafes (potage russe).

Délayez un demi-litre de farine avec 6 jaunes d'œufs, 2 blancs, du bouillon, de la muscade râpée, du gros poivre.

Ayez une casserole remplie aux trois quarts de bouillon très chaud, bouillant. Faites-y tomber en la poussant du doigt votre pâte liquide par cuillerées. En glissant elle formera une boule ronde ou ovale, laissez cuire une demi-heure.

Consommé à l'ancienne.

Mettez dans un pot en terre allant au feu, 4 litres d'eau froide pour 1 kilogramme de viande de bœuf, épaule ou poitrine, laissez bouillir lentement, écumez soigneusement, garnissez avec trois carottes, un oignon piqué de trois clous de girofle, deux navets épluchés et deux poireaux auxquels vous mettrez une petite branche de céleri, laissez mijoter la viande pendant cinq heures, retirez-la ensuite ainsi que les légumes, dégraissez soigneusement; ceci est le bouillon du pot-au-feu; pour en faire du consommé il faut hacher fin 500 grammes de viande de bœuf très fraîche, un morceau de cuisse est préférable; ajoutez à ce hachis un œuf entier, deux abatis de volaille, et incorporez à cette viande par petite quantité le bouillon que vous venez de dégraisser, en remuant continuellement avec une spatule en bois. Remettez ensuite sur le feu;

au premier bouillon retirez et laissez mijoter une heure; la viande fraîche et l'œuf auront alors clarifié le bouillon; passez-le à la serviette et mettez dedans les garnitures désignées plus loin.

Croûte au pot.

Au moment de passer le bouillon ci-dessus, enlevez les légumes, parez-les, coupez-les ensuite en tranches de 1 centimètre d'épaisseur, mettez-les dans la soupière, ajoutez quelques morceaux de choux cuits d'abord dans de l'eau salée, et dont vous terminerez la cuisson dans un peu de bouillon. Coupez ensuite deux pains à potage en plusieurs morceaux, faites-les griller afin de les colorer; au moment de servir, mettez le chou avec les autres légumes, ainsi que les croûtes, et versez le consommé bouillant par dessus. Servez après deux minutes d'attente. On peut saupoudrer ce potage de parmessan ou de gruyère râpé et le mettre gratiner au four, c'est tout à fait délicieux.

Potage au macaroni.

Prenez 200 grammes de petit macaroni que vous casserez en morceaux de 1 centimètre, faites-les cuire quinze minutes dans l'eau salée, égouttez et mettez-les ensuite dans 3 litres de consommé indiqué au commencement, laissez cinq minutes avant de servir.

Potage aux lasagnes.

Les lasagnes sont des macaronis plats comme un ruban, ou coupés déjà à l'état frais. Pour tous ces potages, choisissez toujours vos pâtes chez des marchands de comestibles italiens; faites-les blanchir à l'eau salée et à petit feu, et après les avoir égouttés, mettez-les dans le consommé bouillant ; ordinairement on ajoute au potage, lorsqu'on le sert, une assiette de fromage râpé, gruyére ou parmesan. Ce potage peut se faire à l'eau, au lieu de consommé, en y ajoutant 2 cuillères à café d'extrait de viande et 100 grammes de beurre frais pour 3 litres de liquide.

Potage aux nouilles.

Prenez 200 grammes de nouilles fraîches, faites-les blanchir dans 3 litres d'eau salée, ajoutez 2 cuillerées à café d'extrait de viande Liebig, et au moment de servir, vous le verserez dans la soupière, contenant 100 grammes de beurre frais, 4 jaunes d'œufs, 1 pincée de cerfeuil haché et 1 poignée de parmesan râpé.

Potage velouté maigre.

Faites bouillir dans de l'eau, du tapioca, salez et poivrez, mettez dans la soupière un demi-quart de beurre, 4 jaunes d'œufs et 2 cuillerées à soupe de crème épaisse, mélangez le tout, puis versez petit à petit et en remuant, le tapioca bouillant ; servez.

Potage purée Saint-Marceaux.

Cette purée est faite avec des petits pois très frais et un émincé de poireaux nouveaux, coupés en Julienne. Pour la servir, mélangez-la avec une égale quantité de consommé de volaille ; au premier bouillon versez le tout dans une soupière, contenant : un verre à Bordeaux de crème double, 100 grammes de beurre frais et 4 jaunes d'œufs ; sitôt lié, ajoutez soit une poignée de petits croûtons frits au beurre, soit des petites quenelles de volaille. Servez immédiatement.

Potage bisque de crevettes.

Même préparation que celle indiquée pour le potage bisque d'écrevisses. Comme garniture, ajoutez des queues de crevettes et quelques quenelles de poisson ; au moment de servir, liez dans une soupière contenant : un verre de madère, 4 jaunes d'œufs, 100 grammes de beurre. Servez très chaud immédiatement.

Consommé à la royale.

La royale est une garniture excellente dans un bon consommé. Cassez 4 œufs dans un verre, et mettez-les dans une terrine, ajoutez autant de lait que vous avez de quantité d'œufs, sel, poivre et muscade, battez le tout avec un fouet, afin de bien mélanger, versez ensuite dans une petite casserole ou un moule uni, bien beurré, et faites pocher au bain-marie, retirez sitôt poché, et laissez refroidir pendant une heure ou deux ; démoulez et coupez ensuite en morceaux réguliers que vous mettrez dans le consommé ; si c'est au printemps, vous pouvez y ajouter une petite garniture d'asperges vertes et cuites à l'eau salée.

Purée de volaille.

Mettez à cuire dans 3 litres d'eau, une jeune poule, ajoutez 3 cuillerées à café d'extrait de viande, garnissez de légumes comme un pot-au-feu ; lorsque vous aurez écumé, salez-le et laissez cuire pendant deux heures, retirez ensuite la poule, enlevez-lui sa peau, retirez toutes les chairs que vous pilerez finement, et que vous passerez au travers d'un tamis fin.

Passez le bouillon, liez-le avec un demi-paquet de farine de riz que vous aurez délayée dans de l'eau froide et que vous verserez dans le bouillon bouillant, remuez afin que votre potage soit lisse, laissez cuire le riz un quart d'heure, ajoutez ensuite la purée de volaille, mais ne laissez plus bouillir; au moment de servir, mettez dans une terrine 6 jaunes d'œufs, pour 3 litres de potage, 100 grammes de beurre frais et un demi-litre de lait ; battez le tout et versez dans le potage bouillant, remuez jusqu'à ce que le beurre soit fondu, mettez dans la soupière et servez après avoir goûté si le potage est bien assaisonné,

Potage Saint-Hubert.

Prenez le devant d'un vieux lièvre, frais tué, coupez-le en morceaux, mettez-le dans une casserole avec 4 litres d'eau froide, salée et garnie comme pour un pot-au-feu ; ajoutez 3 cuillerées à café d'extrait de viande, mettez sur le feu, écumez et laissez cuire trois heures, retirez ensuite les viandes que vous désosserez, pilerez et passerez au tamis fin; liez le bouillon de la cuisson avec 4 cuillères à soupe de farine de riz, laissez cuire quinze minutes, ajoutez la purée de lièvre et au premier bouillon liez le potage avec 6 jaunes d'œufs, 125 grammes de beurre fin et un quart de litre de lait, goûtez et servez; si votre potage n'était pas très lisse, donnez-lui quelques coups avec le fouet.

Potage de cailles.

Les cailles troussées et blanchies seront cuites dans du bon bouillon gras avec fines herbes et bardes de lard au fond de la marmite; préparez un coulis de blanc d'une volaille déjà rôtie que vous mettrez dans une marmite bien couverte ; versez des croûtes de pain mitonnées de bouillon clair, mettez vos cailles dessus, ajoutez un peu de bon jus, dans lequel vous aurez pressé un citron et servez le potage garni de ris de veau piqués et rôtis.

Potage alsacien.

Ayez un bon bouillon gras, quand il est en ébullition, jetez-y goutte à goutte la préparation suivante : Mettez dans un bol 2 cuillerées de farine et 2 œufs entiers, que vous délayez en y ajoutant de l'eau petit à petit, jusqu'à ce que ce soit une crème lisse, versez doucement dans le bouillon en remuant continuellement et laissez cuire cinq minutes.

Potage velouté.

Mettez 2 œufs entiers dans un bol avec de la crème épaisse (pour 15 centimes), mélangez bien et versez graduellement quelques cuillerées de bouillon en remuant toujours, jetez le mélange dans la soupière avec votre potage gras au tapioca.

Potage blanc.

Faites cuire dans une casserole de l'eau avec du sel, quand l'eau est en ébullition, jetez-y du vermicelle (une cuillerée par personne), mettez ensuite dans une soupière un quart de fromage de gruyère râpé, 3 œufs entiers, battez-les avec le fromage et quand le vermicelle est cuit versez petit à petit dans la soupière en remuant bien.

Potage au cresson.

Faites cuire des pommes de terre dans de l'eau avec du sel et un morceau de pain rassis, 2 navets et un poireau; quand vos légumes sont bien cuits passez-les et mettez-les dans la casserole avec un bon morceau de beurre, ayez une demi-botte de cresson bien frais, que vous hachez finement, mettez-la dans la soupière, versez dessus votre potage après l'avoir lié de 2 ou 3 cuillerées de tapioca.

Potage napolitain.

Faites cuire ensemble dans de l'eau légèrement salée, 1 kilogramme de tomates, 3 ou 4 pommes de terre et une poignée de feuilles d'oseille; quand la cuisson est suffisante, passez au tamis, remettez ensuite dans une casserole avec un bon morceau de beurre et laissez cuire. Faites revenir dans du beurre quelques croûtons que vous placerez dans la soupière au moment de servir votre potage.

Potage Crécy.

Cuire dans 25 grammes de beurre six grosses carottes émincées ainsi que deux oignons, mouillez avec un litre d'eau bouillante salée. Lorsque les carottes sont bien cuites, préparer un roux blanc avec une cuillerée de farine et gros comme un œuf de beurre, y passer à travers le tamis les carottes préalablement pilées et le jus qui reste. Mouiller encore avec un litre d'eau bouillante salée dans laquelle vous aurez délayé deux cuillerées à café d'extrait Liebig. Laissez bouillir le tout ensemble et servez.

Potage purée de pois.

Cuire à l'eau les pois cassés en ajoutant persil, poireau. Passez au tamis après cuisson, ajoutez le beurre, une cuillerée à café d'extrait de viande Liebig que vous aurez eu soin de délayer dans un peu d'eau chaude. Servez avec des croûtons frits au beurre.

Potage Saint-Germain.

Faites cuire les pois à l'eau salée. Écrasez et passez au tamis. Remettez cette purée sur le feu, mouillez et ajoutez une cuillerée à café d'extrait de viande Liebig. Quand la purée commence à bouillir ajoutez un morceau de beurre fin, quelques pois entiers, cuits à l'eau à part, une pincée de cerfeuil haché, remuez le tout ensemble, versez sur les croûtons.

POTAGES WURSTHORN.

Potage julienne.

Coupez en tranches et ciselez bien finement, carottes, navets, choux, poireaux, laitues, oseille et oignons, assaisonnez de sel et d'un peu de sucre, mélangez bien le tout, mettez ensuite du beurre dans une casserole, joignez-y votre julienne, mouillez avec un demi-verre de consommé, couvrez avec un papier beurré et laissez cuire au four, la casserole couverte; finissez votre potage avec du consommé.

Potage à la reine.

Faites blanchir du riz, égouttez-le et rafraîchissez-le, mettez-le ensuite dans une casserole avec une volaille recouverte de consommé, faites bien cuire le tout ensemble, puis enlevez les chairs de la volaille, pilez-les finement avec le riz, passez à l'étamine et tenez le tout en réserve en ayant soin de bien remuer.

Prenez maintenant 4 cuillerées de cette crème de volaille ; faites chauffer, délayez-y quelques jaunes d'œufs avec un morceau de beurre que vous ajoutez tout doucement dans les jaunes. Versez ensuite le tout d'un seul coup dans une soupière, en ayant soin de bien mélanger et servez avec des petits morceaux de volaille coupés en croûtons.

Potage paysanne.

Coupez en lames, pommes de terre, poireaux, oignons et choux, mouillez avec de l'eau jusqu'à hauteur de vos légumes, salez, laissez cuire à petit feu jusqu'à ce que vos légumes soient entièrement tombés ; mouillez à nouveau avec moitié eau, moitié consommé, laissez bouillir. Versez alors dans une soupière sur quelques tranches de pain.

Potage printanier.

Prenez des haricots verts blanchis, que vous coupez en losanges, des petites têtes de choux-fleurs, des petits pois, des petites carottes tournées à la cuillère, des navets, faites blanchir et ajoutez dans du bon consommé.

Potage tortue.

Mettez au fond d'une casserole, carottes, oignons, thym, laurier et persil, ajoutez quelques morceaux de cuisse de bœuf, mouillez jusqu'à hauteur avec du consommé, laissez réduire de moitié, ajoutez moitié eau et moitié consommé de tortue, laissez bouillir, délayez ensuite un peu de farine dans de l'eau ou dans du bouillon, mélangez à votre potage, en remuant bien jusqu'à ce qu'il recommence à bouillir, afin que ce mélange ne s'attache pas au fond de la casserole, ajoutez un peu de sel, du basilic et de la marjolaine, laissez cuire le tout ensemble pendant cinq heures, passez votre potage à l'étamine, mettez-y un peu de madère, un peu de cayenne, de la glace de viande et un jus de citron, prenez de la chair de tortue que vous coupez en morceaux, mettez-les dans une soupière et versez le potage dessus.

WURSTHORN.

Potage aux laitues.

Faire blanchir des laitues, les rafraîchir, les couper toutes minces et les jeter dans du bouillon : laisser cuire longtemps. Au moment de servir, lier le potage avec des jaunes d'œufs, du beurre, du lait et un peu de fécule.

Bouillon de grenouilles.

Nettoyez les grenouilles, mettez-les dans l'eau bouillante avec les mêmes légumes et assaisonnements que pour le pot-au-feu.

Faites cuire dans du beurre quelques oignons coupés en tranches, que vous jetez ensuite dans le bouillon et laissez cuire pendant deux heures. Avant d'employer ce bouillon, vous le passez. C'est un excellent potage pour les malades, on peut le préparer comme le bouillon gras.

Bouillon de veau.

Prenez un beau jarret de veau, faites-le cuire comme la viande du pot-au-feu, mettez du sel, des carottes, navets et poireaux, ce bouillon étant pour des malades, n'y mettez jamais ni poivre, ni laurier, ni clous de girofle.

Soupe au lard.

Mettez le lard dans l'eau sur le feu avec du sel (il importe peu que l'eau soit froide ou chaude, le lard ne donne pas d'écume). Faites bouillir pendant quatre heures sur un feu vif, car plus ce bouillon cuit vite, meilleur il est ; quand le lard est à moitié cuit, ajoutez une gousse d'ail et un oignon piqué d'un clou de girofle, un peu de laurier et des carottes, navets, pommes de terre, chou ; assaisonnez.

Au moment de servir, vous versez le bouillon sur les tranches de pain préparées d'avance ; dressez les légumes sur un plat avec sel et poivre et les servez en même temps que la soupe ; mettez sur les légumes le morceau de lard cuit.

(*Recette lorraine.*)

Soupe aux pommes de terre et fines herbes.

Pelez et coupez des pommes de terre en tranches assez grosses, mettez-les dans une casserole avec le beurre nécessaire. Quand elles sont à moitié cuites, ajoutez échalotes, oseille, épinards, cerfeuil hachés et un peu de farine ; quand les pommes de terre sont cuites, écrasez-les et terminez avec de l'eau, sel et poivre. Avant de verser votre potage dans la soupière, mettez de la bonne crème sur le pain.

Soupe aux cerises.

Prenez de belles cerises noires bien fraîches et enlevez-en les queues et les noyaux. Coupez des tranches de pain et faites-les griller dans du beurre fondu ; retirez-les, puis, jetez dans ce même beurre les cerises avec du vin et de l'eau en quantité égale, du sucre et de la cannelle. Lorsque les cerises sont cuites, versez le tout sur le pain grillé et servez.

Potage à la Sévigné.

Préparez un consommé de 2 kilogrammes de bœuf, 1 kilogramme de veau, une poule ou poulet (ôtez les filets de la volaille après l'avoir poêlée) ; ne mettez que l'eau suffisante pour le potage ; après avoir écumé, ajoutez les légumes d'usage, plus une petite laitue ; assaisonnez ; le consommé sera à point après quatre à cinq heures d'une douce ébullition ; passez ensuite le consommé au travers d'une serviette ; d'autre part, avec les filets de volaille faites des petites quenelles de la dimension d'une grosse noisette, que vous ferez pocher au bouillon ; puis, faites cuire 6 cuillerées de pointes d'asperges vertes que vous mettrez dans la soupière avec les quenelles ; ajoutez ensuite le consommé pour servir chaudement. (*Vieille recette.*)

Consommé à la duchesse.

Tenez au chaud 4 litres de consommé de

volailles. Délayez dans une terrine 8 jaunes et 2 œufs entiers, délayez-les avec de la crème ou du lait, la valeur de 6 moules à dariole, assaisonnez l'appareil avec sel, muscade, une pointe de sucre ; passez-le deux fois au tamis. Beurrez 8 à 10 moules à dariole, emplissez-les avec cet appareil ; faites pocher celui-ci au bain-marie, sans ébullition, au four ou sur le fourneau, mais à casserole couverte. Quand l'appareil est refroidi, démoulez les petits pains, coupez-les en tranches épaisses, dressez-les dans un plat creux avec un peu de consommé ; envoyez-les en même temps que la soupière.

(*Vieille recette.*)

Potage flamand.

Faites revenir dans du beurre, des choux, navets, carottes, pommes de terre, du pain, du cerfeuil, le tout coupé très fin ; mouillez avec de l'eau ; quand les légumes sont cuits, passez au tamis ; servez en liant avec 1 œuf que vous battez bien dans la soupière, en ajoutant un peu de lait.

ANNETTE.

Potage aux tomates.

Faites revenir des oignons coupés en tranches et ajoutez-y des tomates pelées, coupées en quatre et auxquelles vous aurez enlevé les graines. Laissez cuire quelques instants, mouillez avec du bouillon et versez votre potage sur des croûtons frits au beurre.

ANNETTE.

SAUCES

Sauce Villeroi.

Roux blond de beurre frais et farine, bien réduit; lier avec des jaunes d'œufs cuits dur, broyés et mélangés avec un peu de beurre, donner un bouillon à la sauce et passer à la passoire fine.

Marinade pour le poisson.

Huile d'olive, sel, poivre, rouelles d'oignons, feuilles de laurier et persil.

Sauce italienne.

Mettez dans une casserole gros comme une noix de beurre et deux bonnes cuillerées d'huile; passez au feu et faites revenir des champignons hachés, ajoutez un bouquet de persil, ciboule, une feuille de laurier, gousse d'ail, clou de girofle; laissez sur le feu jusqu'à ce que le tout soit bien coloré, ajoutez une pincée de farine et mouillez avec un verre de vin blanc, une demi-cuillerée à café de Liebig délayé, faites bouillir à petit feu pendant trois quarts d'heure, dégraissez, ôtez le bouquet et servez.

Sauce poivrade.

Mettez dans une casserole gros comme la moitié d'un œuf de beurre, avec carotte et oignons coupés en tranches, échalotes, clous de girofle, laurier, passez le tout sur le feu pour le colorer, mettez-y une bonne pincée de farine; mouillez avec un verre de vin rouge, un verre d'eau et une cuillerée de vinaigre. Faites bouillir une demi-heure ; dégraissez, passez au tamis ou dans une passoire, salez, poivrez, servez-vous de cette sauce pour tout ce qui a besoin d'être relevé.

Sauce Colbert.

Versez dans une casserole la valeur de deux décilitres de glace de viande fondue ; faites-la bouillir, retirez-la sur le côté du feu et incorporez-lui peu à peu 150 grammes de beurre divisé en petites parties : incorporez le beurre sans cesser de tourner la sauce ; quand elle est bien liée, finissez-la avec le jus de deux citrons et une pincée de persil haché. Si la sauce menaçait de tourner, relevez-la avec quelques gouttes d'eau froide.

Sauce hollandaise.

Pour sept ou huit personnes, mettez un jaune d'œuf cru dans une casserole au bain-marie, avec un petit morceau de beurre frais ; tournez de la même manière que pour une mayonnaise, en remettant de temps en temps un peu de beurre, quand la sauce devient trop épaisse. Il ne faut pas laisser cuire. Si cela devient trop chaud, on retire un instant en tournant toujours, et on met un peu d'eau froide dans le bain-marie si cela est nécessaire. Lorsque la sauce a la consistance voulue, retirez du feu et ajoutez sel, poivre, vinaigre ou jus de citron : elle se sert chaude ou froide à volonté.

Sauce aux huîtres.

Faites un roux blond avec un bon morceau de

beurre et de la farine, laissez cuire sur la cendre chaude; mouillez avec un demi-litre de bouillon, tournez jusqu'à l'ébullition, laissez bouillir doucement et couvrez légèrement. Mettez ensuite dans votre casserole trois douzaines d'huîtres avec leur eau, faites bouillir et finissez de cuire à petit feu ; égouttez et parez vos huîtres, replacez-les dans la casserole avec une partie de leur cuisson, l'autre partie peut se joindre à la sauce ; laissez réduire et passez à l'étamine, mettez les huîtres dans la sauce que vous servez vivement.

Sauce tomate à la française.

Mettez quinze tomates dans une casserole, avec un peu de bouillon, du sel, du gros poivre ; faites-les cuire et réduire ; quand vos tomates sont épaissies, passez-les comme une purée, dans une étamine ; au moment de servir, mettez gros comme un œuf de beurre, que vous ferez fondre dans votre sauce, servez après avoir goûté si votre sauce est de bon goût.

Sauce à la maître-d'hôtel.

Mettez un quart de beurre dans une casserole, du persil et des échalotes hachés très menus, du sel, du poivre et un jus de citron ; vous maniez le tout ensemble ; au moment de servir, versez votre sauce sur le mets préparé.

Sauce au beurre de crevettes.

Mélangez, moitié beurre fondu, moitié sauce poivrade blanche, joignez-y du beurre de crevettes, un peu d'essence d'anchois et des queues de crevettes grises que vous avez épluchées, servez très chaud (le beurre de crevettes se fait comme le beurre d'écrevisses).

Sauce aux anchois

On prend la chair de deux anchois, que l'on hache menu avec un œuf dur, blanc et jaune, l'on y ajoute une pointe d'ail, on met ensuite de la bonne huile d'olive dans une poêle, et on la fait chauffer, sans arriver à l'ébullition, en y ajoutant le mélange d'anchois et d'œuf; lorsque cette sauce est très chaude, on la verse dans une saucière et l'on y met le jus d'un citron, des câpres et une forte pincée de fines herbes.

Sauce crevettes.

Faites bouillir les épluchures des crevettes (y joindre si possible les arêtes d'un poisson), avec oignon, sel, poivre et persil, une demi-heure environ. Piler après la cuisson, verser le jus et le passer dans une passoire. Mettre dans une casserole un morceau de beurre, le manier avec une cuillerée de farine, prendre le jus et le verser sur le beurre fondu, laisser cuire dix minutes, y ajouter, au moment de servir, le jus d'un demi citron et un peu de poivre de Cayenne.

Jus pour le macaroni.

Faites revenir deux côtelettes de mouton avec un morceau de beurre et un oignon ou deux, pas de farine; mouillez avec un verre à Bordeaux de vin rouge, couvrez un moment et ajoutez ensuite un litre de bouillon, quelques cuillerées de sauce tomate, sel, poivre et bouquet garni, laissez réduire pendant deux heures.

Sauce génoise pour le poisson.

Mettre dans une casserole un bon morceau de beurre, faites revenir avec quatre ou cinq carottes émincées, six échalotes, thym, laurier, une tête d'ail, sel et poivre. Après vingt minutes de cuisson, ajoutez une cuillerée de farine, laissez cuire; versez ensuite une demi-bouteille de vin rouge, faites réduire une bonne heure et passez votre sauce avant de servir.

Sauce chaude pour accompagner le poisson.

Mettez dans une casserole un morceau de beurre frais et une ou deux cuillerées d'huile d'olive; séparez les blancs des jaunes de deux ou trois œufs, délayez les jaunes avec une cuillerée de vinaigre, sel et poivre. Faites fondre le beurre au bain-marie, quand il est tout à fait liquide, ajoutez les jaunes d'œufs en tournant constamment la sauce comme pour une crème, continuez jusqu'à ce que la sauce bien épaissie ait pris consistance. Cette sauce est fort délicate, on peut la transformer en délicieuse sauce tartare, en y ajoutant de la moutarde.

Sauce à la russe pour poisson.

Prendre trois jaunes d'œufs durs, les piler avec quatre anchois dessalés et nettoyés; ajouter une bonne cuillerée de moutarde, puis deux jaunes d'œufs crus, du vinaigre et de l'huile qu'on incorpore peu à peu en tournant comme pour une mayonnaise. Saler, poivrer, et mettre pour finir des petits dés de saumon fumé. Cette sauce se sert avec tous les poissons froids.

ANNETTE.

Sauce au blanc pour servir avec les volailles et les viandes blanches.

Prenez une livre de lard râpé, une livre de graisse, une demi-livre de bon beurre, deux citrons coupés en tranches dont vous ôterez les pépins, le zeste et le blanc. Prenez du laurier, deux ou trois clous de girofle, quatre ou cinq carottes coupées en dés, quatre au cinq oignons, une cuillerée d'eau, et vous ferez bouillir le tout jusqu'à réduction; ayez soin de tourner sans cesse votre blanc, de crainte qu'il ne s'attache. Quand votre graisse sera fondue et qu'il n'y aura plus de grumeaux, jetez-y du sel blanc et faites bouillir. Après quoi, vous l'écumerez.

ANNETTE.

Sauce piquante blanche.

Faites réduire du vinaigre aux deux tiers, dans lequel vous aurez ajouté de l'oignon et de l'échalote ciselés en dés très fins, avec sel et poivre; mouillez avec de l'eau; épaississez avec du roux blond; au premier bouillon, liez avec jaune d'œuf et beurre.

Sauce piquante.

Mettez dans une casserole un morceau de beurre et faites un roux blond dans lequel vous mettez deux oignons coupés en tranches, une carotte, un panais, thym, laurier, basilic, clous de girofle, échalotes, persil, une gousse d'ail, ciboule, mouillez avec de l'eau et un filet de vinaigre; faites bouillir à très petit feu, assaisonnez de poivre et de sel, ajoutez un peu d'extrait de viande Liebig que vous délayerez, passez au tamis, puis mettez dessus quand vous servez, des cornichons en tranches.

Bleu ou court-bouillon pour toutes sortes de poissons.

On le lave bien : on le met ensuite sans l'écailler dans un plat profond, et on l'arrose de vinaigre rouge bouillant ; on recouvre aussitôt hermétiquement le plat ; quelques secondes après on le découvre et on le met dans un chaudron ou une poissonnière pleine d'eau bouillante ; assaisonnez de sel, poivre, clou de girofle, feuilles de laurier, oignons en tranches et gousses d'ail. Dès que le poisson est cuit, on ôte le vase du feu, on y verse un verre d'eau froide, et on l'y laisse jusqu'à l'instant où il faut le servir. Servez sur une serviette ployée. Ceci est un *bleu* ou *court-bouillon bleu* : dans le *court-bouillon* simple on emploie du vinaigre blanc. (*Vieille cuisine.*)

Autre court-bouillon au vin.

Lavez et écaillez votre poisson, placez-le dans la poissonnière, remplissez-la de vin ordinaire, sel, poivre, ail, oignons coupés en tranches, clous de girofle, thym, laurier, lard gras ou du beurre, ou un peu d'huile d'olive, si c'est en maigre. La poissonnière accrochée à la crémaillère, sur un feu clair, on laisse prendre le feu au vin, et c'est ce qui donne le meilleur goût au poisson. Faire réduire aux deux tiers le court-bouillon, on retire le poisson, on le fait bien égoutter, et on le sert sur un plat long et sur une serviette ployée. Ce court-bouillon se conserve très bien ; on doit seulement remplir la poissonnière de vin chaque fois qu'on veut s'en servir. Il est supérieur à tous les court-bouillons faits avec du vinaigre.

Sauce Robert.

Faites un roux dans lequel vous mettez, par cuillerée de farine, trois gros oignons hachés très fin et un bon morceau de beurre, mouillez avec du bouillon, sel, poivre, dégraissez si c'est nécessaire et laissez bouillir une demi-heure; au moment de servir, mettez un filet de vinaigre et de la moutarde.

Cette sauce se sert pour le porc frais.

Sauce à la sultane.

Mettez dans une casserole une demi-bouteille de bouillon avec un verre de vin blanc, deux tranches de citron la peau ôtée, deux clous de girofle, une gousse d'ail, une demi-feuille de laurier, persil, ciboules, un oignon, faites bouillir une heure et demie à petit feu et réduire au point d'une sauce; passez-la au tamis, vous y mettrez un peu de sel, gros poivre, un jaune d'œuf dur haché, une pincée de persil blanchi et haché très fin.

Sauce bourgeoise.

Faites bouillir à petit feu pendant une demi-heure un verre de vin blanc, avec autant de jus, deux bonnes pincées de mie de pain très fine, gros comme une noix de beurre, deux échalotes, persil, ciboules, sel, gros poivre; en servant, un filet de verjus.

Sauce au jus d'oranges.

Mettez dans une casserole un demi-verre de bouillon avec autant de jus; quelques zestes de pelure d'orange aigre, gros comme la moitié d'un œuf, de bon beurre manié avec une pincée de farine, sel, gros poivre; faites lier sur le feu et y pressez ensuite le jus d'une orange aigre.

Sauce à la Sainte-Menehould.

On met dans une casserole du coulis, avec un bon morceau de beurre manié avec un peu de farine, sel, gros poivre, trois jaunes d'œufs, trois ou quatre échalotes hachées; on fait lier sur le feu. Il faut qu'elle soit épaisse. Cette sauce sert pour les mets préparés à la Sainte-Menehould. On l'étend sur la viande ou le poisson que l'on passe ensuite, puis on l'arrose avec du beurre ou de l'huile, pour lui faire prendre une couleur dorée, dans un four ou sous un couvercle de tourtière.

Sauce enragée.

Vous écrasez quatre jaunes d'œufs durs, en les arrosant de trois cuillerées d'huile d'olive; à mesure que vous les écrasez, vous incorporez à ce mélange trois gousses d'ail et de petits piments; pilez une cuillerée à thé de safran, salez et poivrez, ajoutez une cuillerée à bouche de vinaigre, passez et servez avec un poisson.

Sauce Béarnaise.

Mettez dans une casserole sur le feu cinq jaunes d'œufs crus, 30 grammes de beurre, sel et poivre, tournez avec une cuillère de bois, et lorsque les œufs s'épaississent, retirez du feu et ajoutez 30 grammes de beurre, une poignée d'estragon, une demi-cuillère de vinaigre. Cette sauce doit avoir autant de consistance qu'une mayonnaise. Elle se sert avec les viandes noires rôties.

Sauce espagnole brune.

Mettez dans une casserole 125 grammes de bon beurre. Lorsqu'il est fondu, ajoutez quatre à cinq cuillerées de farine. Tournez avec une cuiller de bois jusqu'à ce que le mélange ait pris une couleur marron clair. Puis mouillez avec du bouillon fait avec l'extrait de viande Liebig; laissez cuire pendant 1 heure et demie, écumez, puis avec la cuiller prenez la sauce, enlevez-la et laissez-la retomber à plusieurs reprises pendant qu'elle bout vivement. Ne laissez pas attacher au fond de la casserole. Lorsque la sauce est arrivée à bonne consistance, passez au tamis et versez dans un vase de terre; mettez un peu de beurre par-dessus. Laissez refroidir et servez-vous de cette sauce pour améliorer vos mets.

Sauce Périgueux.

Mettez dans une casserole 100 grammes de jambon cuit, coupé en dés, un oignon émincé, une échalote, un morceau de beurre, faites revenir légèrement, mouillez avec un demi-verre de madère, ajoutez un bouquet garni et quelques truffes hachées, faites réduire le liquide de moitié, passez, ajoutez quelques cuillerées de sauce brune, faites bouillir quatre ou cinq minutes; avant de servir, versez dans votre sauce deux ou trois truffes hachées.

Sauce blanche pour les asperges.

Faire fondre dans une casserole un bon morceau de beurre, une fois le beurre fondu, y délayer une cuillerée de farine, bien remuer, ajouter, en remuant toujours, un peu de lait et un peu d'eau de la cuisson des asperges ; quand votre sauce est bien épaisse, vous y introduisez, au moment de servir, quelques cuillerées de bonne crème et quelques ciboulettes finement hachées.

Sauce à la provençale.

Mettez dans une casserole deux cuillerées d'huile d'olive fine, de l'échalote, des champignons hachés, et deux gousses d'ail; passez le tout sur le feu ; mettez-y une pincée de farine; mouillez ensuite avec du bouillon, un verre de vin blanc de Chablis, du sel, du gros poivre, un bouquet de persil et ciboules, faites bouillir cette sauce à petit feu pendant une demi-heure, dégraissez-la, et ne laissez d'huile que ce qu'il faut pour qu'elle soit perlée et légère ; ôtez le bouquet et les deux gousses d'ail, et servez avec les mets qui vous plairont.

Sauce bachique verte et piquante.

Mettez dans une casserole une cuillerée d'huile fine, un verre de bon bouillon, un demi-litre de vin blanc ; faites bouillir le tout ensemble, et réduire à plus de moitié ; mettez-y ensuite de l'échalote, du cresson alénois, de l'estragon, du cerfeuil, du persil, de la ciboule, un peu d'ail, le tout haché très fin, sel et gros poivre ; faites bouillir le tout ensemble et servez.

Sauce blanquette au gras.

Tournez sur le feu de la farine dans du beurre, ajoutez échalotes hachées, mouillez avec du bouillon gras, laissez cuire dix minutes, faites une liaison de jaunes d'œufs avec ou sans crème, un bon morceau de beurre frais et un jus de citron, faites cuire un moment la viande dans la sauce pour la chauffer.

Sauce jaune ou blanquette maigre.

Mettez dans une casserole un morceau de beurre frais, une cuillerée de farine que vous tournez dedans, et laissez jaunir mais pas roussir, puis une poignée d'échalotes ou d'oignons hachés que vous laissez revenir. Mouillez avec de l'eau chaude; sel, poivre, laissez cuire un quart d'heure, puis ajoutez une liaison d'un ou deux jaunes d'œufs battus avec un peu d'eau, et si vous voulez, muscade râpée ou girofle en poudre ou jus de citron; terminez par un morceau de beurre frais.

Versez sur le ragoût auquel vous destinez votre sauce et saupoudrez ou non de chapelure

Sauce piquante au citron.

Faites revenir dans du beurre une bonne poignée d'échalotes hachées, ajoutez une cuillerée de farine, et quand elle est d'un beau jaune, mouillez de bouillon trés chaud, d'un verre de vin; mettez le jus d'un citron et quelques morceaux du zeste. Laissez cuire un quart d'heure, cette sauce qui doit être claire, elle convient surtout pour la tête de veau au naturel.

Sauce à la moutarde et à l'estragon.

Écrasez deux jaunes d'œufs cuits durs, en mettant peu à peu deux cuillerées d'huile d'olive, sel, poivre, quelques cuillerées de bon vinaigre, une demi-cuillerée de moutarde et une poignée d'estragon haché, mélangez bien le tout et servez avec poissons ou viandes froides.

Sauce mayonnaise.

Pour huit personnes, prenez deux jaunes d'œufs frais et crus, et à peu près le quart d'un litre de bonne huile d'olive.

Mettez les jaunes d'œufs dans un bol ou autre vase profond et tournez vivement d'une main, tandis que de l'autre vous versez doucement l'huile de manière qu'elle ne coule que goutte à goutte ; si la sauce commence à tourner mettez-y un filet de vinaigre; après un quart d'heure de travail, cette sauce doit être très consistante ; ajoutez-y sel, poivre et estragon ou ciboules finement hachés, un bon filet de vinaigre Servez avec viandes et poissons froids.

Sauce ravigote.

Écrasez quatre jaunes d'œufs durs et mêlez-y quatre ou cinq échalotes, ciboules, estragon, persil, tiges d'échalotes etd'oignons hachés. poivre, sel, quatre cuillerées d'huile et deux de vinaigre ; mélangez bien et servez.

Sauce tartare.

Mettez dans une saucière, du persil, des échalotes, de l'estragon, des cornichons hachés, du sel, du poivre, de la moutarde, montez-la comme une mayonnaise et ajoutez du vinaigre, puis du vin blanc pour éclaircir la sauce à volonté.

Sauce madère.

Cette sauce préparée de la manière suivante, est spéciale pour servir avec un filet de bœuf, un jambon d'York, une poularde ou un poulet; commencez d'abord à faire un jus ainsi composé :

Émincez un gros oignon, une petite carotte, mettez cela dans une casserole avec 50 grammes de beurre ou de saindoux, faites cuire lentement les légumes, mouillez ensuite avec 1 litre d'eau, salez et poivrez, ajoutez une tomate fraîche, ou deux cuillères à bouche de sauce tomate, une demi cuillère à bouche d'extrait de viande, un bouquet garni de persil, thym et laurier, laissez cuire pendant vingt minutes ; pendant ce temps, délayez dans une tasse trois cuillères à café de farine avec un verre d'eau froide, remuez afin que le mélange soit très lisse et sans grumeaux; versez-la ensuite en remuant, dans le jus bouillant, qui prendra de suite la consistance d'une sauce brune ; laissez encore cuire vingt minutes, puis passez-la à la passoire fine dans une autre casserole, ajoutez un verre de vin de Madère, et 100 grammes de beurre, que vous ferez blondir dans la poêle, brunir seulement et non noircir, ce beurre donne un excellent goût à la sauce, et le madère la parfume.

Sauce châteaubriant.

Faites chauffer au bain-marie pendant deux minutes, dans une petite casserole, une cuillère à café d'extrait de viande et mélangez ensuite, au moyen d'une petite spatule en bois, 150 grammes de beurre fin; il faut que le beurre en se fondant dans l'extrait de viande chaud, devienne comme une sauce; ajoutez le jus d'un citron, ou quelques gouttes de vinaigre, une pincée de persil haché, sel et poivre, et au moment de servir terminez comme il sera indiqué au *Filet château-briant.*

Sauce mironton.

Cette sauce est excellente pour accompagner et servir les restes de bœuf bouilli, de bœuf braisé, et même comme ragoût de bœuf; voici la méthode la plus rapide :

Epluchez pour cinq ou six personnes trois oignons moyens, émincez-les finement, mettez-les dans une casserole avec 100 grammes de saindoux, faites-les blondir sur le feu, lorsque l'oignon sera cuit et d'une couleur très blonde, ajoutez une forte cuillère à bouche de farine, remuez un instant et mouillez avec deux verres d'eau froide, remuez jusqu'à l'ébullition, ajoutez alors une cuillère à café d'extrait de viande, trois cuillerées à bouche de vinaigre fort, sel, poivre et muscade, laissez cuire pendant vingt minutes, versez cette sauce sans la passer sur vos débris de viande, laissez mijoter pendant quelques minutes et servez bien chaud.

Sauce remoulade.

Un jaune d'œuf cuit et écrasé;
Un jaune d'œuf frais;
Une petite cuillerée à café moutarde ordinaire.

Mettez ces trois quantités dans une petite terrine, remuez avec une cuillère de bois et, de seconde en seconde, ajoutez quelques cuillerées à café d'huile d'olive en tournant toujours votre cuillère d'une façon régulière; lorsque vous aurez la valeur d'une saucière de sauce, ajoutez persil cerfeuil, et ciboulette hachés, quelques gouttes de bon vinaigre, sel et poivre ; goûtez, il faut que votre sauce remoulade soit bien relevée comme goût.

Sauce aux truffes.

Pour la valeur de deux saucières de sauce, prenez 200 grammes de truffes fraîches du Périgord, lavez-les, enlevez bien toute la terre, pelez-les ensuite très finement, coupez-les en lames minces, mettez-les dans une cassérole avec un verre de madère, un grain de sel et une demi-cuillerée à café de jus de viande, faites cuire dix minutes à grand feu, ajoutez ensuite deux saucières de sauce madère ordinaire; laissez donner un bouillon sur le feu et servez avec un filet de bœuf ou gibier quelconque.

Sauce anchois chaude.

50 grammes de beurre frais ;
Deux cuillerées à soupe d'huile d'olive;
Trois anchois lavés et filetés.
Trois gousses d'ail hachées.

Mettez dans une petite casserole, le beurre, l'huile, les filets d'anchois et l'ail, et faites cuire tout cela à petit feu; si l'ail ne prend pas couleur, vous n'aurez rien à craindre pour l'odeur; l'ail bouilli dans le beurre ne conserve ni saveur ni goût prononcé.

En quelques minutes, les filets d'anchois seront fondus et auront lié votre sauce dont vous pourrez vous servir pour accommoder les macaronis au maigre, les cardons à la piémontaise et comme sauce pour les anchois à la niçoise.

Beurre d'anchois.

Prenez trois anchois lavés, pilez-les avec 50 grammes de beurre frais, passez au tamis fin au moyen d'une cuillère de bois, et servez-vous de ce beurre pour vos beefsteaks et sauces.

Marinade pour cuissot de chevreuil et autre.

Émincez dix carottes, douze oignons, quinze échalotes et six gousses d'ail, joignez-y quinze clous de girofle, grains de poivre et grains de genièvre, (pour cinq centimes de chaque), thym, dix feuilles de laurier, sauge, deux piments, sel et persil, faites revenir légèrement avec un peu de beurre, mouillez avec un demi-litre de vinaigre et un demi-litre de bouillon, donnez deux ou trois bouillons, passez et laissez refroidir.

THÉRÈSE.

SAUCES DE WURSTHORN

Ancien chef de cuisine de l'amiral Bonnard.

Glace de viande.

Faites un consommé de bœuf, ajoutez un bouquet garni, des poireaux, carottes, oignons, navets, céleri; lorsque c'est cuit, vous passez votre bouillon que vous faites réduire à petit feu; cette glace peut servir pour bien des sauces, ainsi que pour bouillon en la délayant dans de l'eau chaude; ne salez pas.

Sauce tomate.

Pressurez vos tomates pour enlever les pépins ; faites-les fondre avec un peu de sel, masquez un mirepoix composé de carottes, oignons, jambon de Bayonne coupé en dés, thym, laurier et persil; ajoutez de la mignonnette, muscade et du beurre, laissez tomber, mélangez vos tomates avec le mirepoix, un peu de sucre, une demi-bouteille de vin blanc et jus; quand elle commence à bouillir, laissez réduire au fond, couvrez la casserole, et passez votre sauce à l'étamine.

Sauce normande.

Masquez votre poisson soit barbue ou sole, couvrez d'oignons émincés, thym, laurier, persil, sel et poivre, mouillez avec du vin blanc et un peu de beurre; lorsque votre poisson est cuit, égouttez la cuisson, faites un petit roux blond, ajoutez-y la cuisson et deux jaunes d'œufs, lorsque cela devient crémeux, mettez du beurre comme pour une sauce hollandaise, ajoutez un jus de citron, passez à l'étamine et servez.

Espagnole.

Foncez une casserole avec quelques lames de jambon de Bayonne, carottes et oignons émincés, un morceau de veau ou de bœuf, recouvrez le tout de jus ou de bouillon, faites cuire à feu vif jusqu'à l'ébullition, mouillez avec de l'eau, mettez-y sel, poivre, oignons, carottes, un bouquet garni et laissez cuire doucement; dans une autre casserole faites un roux léger; une fois cuit ajoutez-le à votre Espagnole et laissez cuire pendant trois ou quatre heures.

Sauce vénitienne.

Faites réduire une demi-cuillerée à sauce de fumet de poisson, ajoutez-y une cuillerée à bouche de velouté, beurrez comme il faut et ajoutez-y, au moment de servir, une pointe de cayenne et un peu de vert d'épinards.

Sauce menthe (chaude).

Mettez dans une sauteuse un demi-verre de vinaigre, deux bonnes pincées de sucre en poudre, une pointe de cayenne et deux pincées de feuilles de menthe; faites réduire en sirop, ajoutez une demi-cuillerée de jus et gros comme une demi-noix de glace de viande; laissez bouillir un moment et passez ; versez dans une saucière, en y jetant quelques feuilles de menthe hachées.

Sauce velouté.

Mettez un morceau de bœuf dans une casserole avec sel, carottes, oignons et bouquet garni, recouvrez d'eau et laissez cuire pendant trois heures ; dans une autre casserole, faites un très léger roux, ajoutez ce roux dans votre bouillon et laissez cuire trois heures encore.

Sauce suprême

La sauce suprême se compose d'un bon velouté, que vous mouillez un peu clair avec du consommé dans lequel vous mettez une belle volaille après l'avoir fait revenir, laissez-la cuire pendant deux heures et passez à l'étamine. Quand vous employez votre sauce, soit comme financière, soit comme autre sauce, vous la liez avec un ou des jaunes d'œufs, suivant la quantité que vous voulez employer.

Sauce Soubise.

Préparez une purée d'oignons comme pour bretonne (voyez *Bretonne*). Mélangez alors trois ou quatre cuillerées de cette purée avec cinq ou six cuillerées de béchamel, une pointe de cayenne et du bon beurre ; après cuisson servez avec côtelettes de mouton grillées ou autre viande.

Bretonne.

Coupez des oignons en lames, jetez-les dans de l'eau bouillante et laissez cuire vingt minutes; égouttez et mettez vos oignons dans une casserole avec un bon morceau de beurre, sel, poivre; laissez cuire et ajoutez une bonne cuillerée de jus; faites réduire, passez à l'étamine et mélangez soit à des haricots, soit à des viandes grillées.

Fumet de gibier.

Mettez au fond d'une casserole oignons et échalotes émincés, thym, laurier, persil et un peu de jambon de Bayonne coupé en dés, joignez-y vos débris de gibier et faites revenir dans un peu de beurre; une fois revenus, mouillez avec quelques cuillerées de Madère; quand votre fumet est bien diminué, ajoutez-y un peu de bon jus et laissez cuire le tout; une fois cuit passez-le et laissez-le réduire presque à glace.

Béchamel.

Tournez sur le feu un peu de farine dans du beurre, mouillez avec du lait, lorsque votre sauce est liée; vous mettez dans votre casserole un morceau de veau coupé en gros dés, que vous passez au beurre sans le colorer, ajoutez-y trois ou quatre poireaux coupés, une feuille de laurier, thym, persil, mignonnette et un peu de muscade râpée, laissez réduire et ajoutez votre béchamel; remettez sur le feu en ayant soin que la sauce ne s'attache pas au fond de la casserole; quand la cuisson est terminée mettez le sel nécessaire, passez à l'étamine et beurrez au moment de servir.

Anglaise au beurre fondu.

Se compose de sel, poivre, un jus de citron et de beurre, que vous faites fondre légèrement au moment de servir.

Sauce rouennaise.

Coupez un oignon en dés, mettez-le dans une sauteuse avec un verre de vin rouge, faites réduire entièrement, ajoutez six cuillerées à bouche de demi-glace, quatre cuillerées de jus et gros comme une noisette de glace de viande, un jus de citron et un peu de cayenne, faites réduire jusqu'à consistance et passez à l'étamine au moment de servir.

Cette sauce se sert pour les canetons.

Sauce Grand veneur.

Mettez dans une casserole quatre échalotes, un oignon, une petite lame de jambon de Bayonne, le tout coupé en dés, une demi-feuille de laurier, une pincée de mignonnette, quatre branches de persil, trois branches de thym ; faites suer vos aromates avec un morceau de beurre de la grosseur d'une noix, ajoutez-y une demi-bouteille de Bordeaux, quatre ou cinq cuillerées de demi-glace, une pointe de sucre, faites réduire ajoutez à votre sauce un peu de fumet de gibier, laissez cuire deux heures sur le coin du fourneau. Il faut, avant de servir, que votre sauce nappe bien avec la cuillère.

WURSTHORN.

Sauce gaillarde.

Faites durcir deux œufs, écrasez les jaunes, hachez très fin les blancs, deux ou trois cornichons, des oignons confits au vinaigre, de l'estragon, du cerfeuil, de la ciboule et une pointe d'échalote, mélangez ce hachis avec les jaunes déjà écrasés, puis tournez votre sauce en versant petit à petit de l'huile d'olive, salez, poivrez; mettez une ou deux cuillerées de vinaigre et un peu de moutarde. Servez, soit avec du poisson ou des viandes froides.

LES SAUCES DE A. CAILLAT (1)

Chef des cuisines du Grand Hôtel du Louvre et de la Paix, à Marseille.

Gelée de poisson.

Mettre dans une casserole quelques menus poissons, arêtes de soles ou tous autres dont on dispose, tranches d'oignons, carottes, laurier, céleri et assaisonnement, mouiller un peu plus qu'à couvert avec de l'eau et laisser cuire en écumant.

Hacher quelques filets de soles, les mettre dans une casserole avec deux ou trois blancs d'œufs, un demi-verre d'eau, autant de vin blanc; ajouter six feuilles de gélatine par litre de gelée à obtenir, le jus d'un citron, un brin d'estragon et deux échalotes émincées; remuer bien le tout puis incorporer petit à petit, en le passant, le bouillon de poisson. Poser la casserole sur le feu et porter le liquide à l'ébullition sans discontinuer de remuer avec une cuillère en bois; au

(1) Voir les observations relatives à ces sauces dans *Cent cinquante manières de préparer les Sardines* (1 vol., Librairie Aubertin, Marseille).

premier bouillon retirer de côté et laisser cuire lentement environ un quart d'heure. Passer ensuite à la serviette, pour obtenir une limpidité parfaite.

Une toute petite pincée de safran délayé dans cette gelée, lui donne une teinte dorée qui produit un effet merveilleux.

Fond de poisson (*autrement dit fumet*).

Mettre dans une casserole des arêtes de sole ou à défaut quelques poissons osseux et de qualité inférieure, un oignon et une carotte émincés, un brin de thym, branche de persil, une feuille de laurier, poivre en grains, deux clous de girofle et une poignée d'épluchures de champignons, mouiller à couvert avec un tiers de vin blanc et deux tiers d'eau. Saler légèrement, faire bouillir en écumant et retirer sur le coin du fourneau, pour laisser cuire lentement pendant une demi-heure.

Passer ensuite au tamis ou à la serviette et tenir en réserve.

Velouté de poisson.

Faire fondre dans une casserole 100 grammes de beurre, ajouter 100 grammes de farine, cuire le roux sur le feu sans prendre couleur ; le délayer peu à peu avec un litre et demi de fumet de poisson désigné formule précédente. Fouetter la sauce durant trente à quarante minutes. La dépouiller soigneusement de toute l'écume qui monte à la surface.

Dégraisser, passer à l'étamine et faire refroidir en la vannant. Tenir en réserve pour s'en servir au besoin.

Farce à quenelles de poissons.

Plusieurs sortes de poissons sont à préférer pour faire ces quenelles, parmi celles-ci, nous citerons le merlan, la sole et le baudroie, comme poissons de mer. En eau douce, c'est le brochet qui est le meilleur.

Prendre 250 grammes de chair de merlan, baudroie ou autre, la piler au mortier après avoir enlevé la peau et les nerfs.

L'on aura, d'autre part, mis tremper dans du lait, 100 grammes de mie de pain; l'exprimer et le mettre dans une casserole avec gros comme un œuf de beurre, puis faire dessécher quelques minutes sur le feu en travaillant avec une cuillère. Débarrasser sur une assiette pour faire refroidir. Mettre ensuite cette panade avec le poisson et bien piler le tout ensemble; ajouter 50 grammes de. beurre, quatre jaunes d'œuf, assaisonner et passer au tamis.

Tenir au frais jusqu'au moment de l'employer.

Farce à quenelles de merlan à la toulonnaise.

Prendre 500 grammes de chair de merlan bien ferme, la piler finement et incorporer vivement environ un quart de litre de crème double très épaisse, assaisonner de sel, poivre et muscade. Passer ensuite au tamis en crin et tenir en lieu frais jusqu'au moment de l'employer.

Cette farce est excessivement délicate; on doit user de précaution quand on en fait des quenelles, c'est-à-dire les bien rouler à la farine et les pocher lentement, sans précipitation.

Je dois cette recette à l'obligeance de mon

ami J.-B. Reboul, auteur de la *Cuisinière du Midi.*

Cuisson de moules.

Bien les racler à l'aide d'un couteau, puis laver soigneusement, les mettre dans une casserole avec un oignon finement émincé, brin de thym, une feuille de laurier, une pincée de poivre, arroser d'un verre de vin blanc, couvrir hermétiquement et poser sur le feu.

Deux minutes d'ébullition suffisent pour les faire ouvrir; les sortir ensuite de leurs coquilles, les parer et débarrasser dans une terrine avec leur fond de cuisson déposé et transvasé.

Sauce Bercy.

Mettre dans une casserole deux ou trois échalotes finement hachées avec deux cuillerées à pot de fumet de poisson; faire réduire de moitié, ajouter une cuillerée à pot de sauce veloutée (*formule* ci-dessus), laisser bouillir encore quelques minutes.

En dernier lieu incorporer à cette sauce, en la fouettant, 100 grammes de beurre fin, un jus de citron, une pointe de poivre de Cayenne et persil haché.

A défaut de fond de poisson, la simple cuisson des sardines peut servir à préparer cette sauce en procédant pour le reste comme nous venons de le dire.

Sauce Mornay.

Vu le grand usage que l'on fait aujourd'hui de cette sauce dans la plupart des nouvelles créations de la cuisine moderne, elle a tout droit de prendre place à côté de l'espagnole, du velouté, dans le chapitre des sauces capitales.

Mettre dans une casserole quelques cuillerées à pot de fond de poisson, autant de cuisson de champignons et deux fois ce volume de sauce béchamel.

Faire réduire en travaillant à la spatule; ajouter ensuite à cette sauce et hors du feu, une bonne poignée de fromage râpé, gruyère et parmesan mélangés, 50 grammes de beurre fin et une pointe de poivre de Cayenne.

Cette sauce étant destinée à masquer les mets que l'on veut gratiner, doit être d'une certaine consistance.

Duxelles sèches.

De nombreux auteurs culinaires désignent cette préparation sous le nom de fines herbes cuites, mais elle est plus généralement connue sous la dénomination dont nous nous servons ici.

Elle est d'un grand secours pour le travail journalier et il est toujours bon d'en avoir en réserve. Elle se conserve du reste plusieurs jours.

Faire revenir au beurre un oignon haché finement, ajouter ensuite deux échalotes hachées, leur donner deux tours sans les laisser roussir, mélanger quelques champignons hachés finement. Lorsqu'ils auront réduit leur humidité, ajouter du persil haché, sel, poivre et débarrasser finalement dans une petite terrine pour garder au frais en réserve.

Sauce Villeroy maigre.

La sauce Villeroy n'est guère usitée que dans la cuisine au gras, néanmoins voici comment on doit procéder en cette circonstance.

Mettre en réduction un demi-litre de fond de poissons avec la même quantité de sauce béchamel, puis la lier avec 4 jaunes d'œufs broyés avec gros comme une noix de beurre.

Comme cette sauce est destinée à napper, c'est-à-dire à recouvrir les mets dont on s'occupe, elle doit être par conséquent assez épaisse.

Sauce Italienne pour gratin.

Mettre en réduction dans une casserole un demi-verre de vin blanc et autant de cuisson de champignons. Ajouter 2 cuillerées à pot de duxelles sèches et environ un demi-litre de sauce demi-glace ; donner quelques bouillons à cette sauce, terminer avec une pointe de cayenne, un morceau de beurre et un jus de citron. Elle doit être bien liée, c'est-à-dire d'une épaisseur convenable.

Au cas où cette sauce devrait être servie en maigre, on remplacerait la demi-glace par du fumet de poisson mélangé de sauce tomate. Il est même préférable d'adopter ce système pour toute cuisine de ménage comme étant moins dispendieux et plus pratique.

Beurre d'écrevisses.

Faire cuire une douzaine d'écrevisses avec un verre de vin blanc, un oignon et carotte coupés en dés, thym, laurier, sel et poivre en grains.

Sortir les queues et les mettre en réserve pour s'en servir plus tard.

Piler tous les coffres, pattes, etc., avec 150 grammes de beurre ; lorsque le tout est réduit en pâte, le mettre dans une casserole, chauffer modérément durant quelques minutes le tournant avec une cuillère.

Lorsque le beurre commence à mousser, passer à travers un linge et avec pression, c'est-à-dire en le tordant. Recueillir le beurre dans une petite terrine.

Il existe, bien entendu, d'autres procédés pour extraire le beurre d'écrevisses ; nous indiquons celui-ci comme étant un des plus pratiques.

On fait par la même méthode du beurre de *langouste*, de *homard*, de *crevettes*, etc.

Huile d'écrevisses.

Même opération que ci-dessus, en remplaçant le beurre par de l'huile et en ayant soin de très peu chauffer cette dernière, car elle prendrait un goût d'empyreume très prononcé. Nous conseillons même de chauffer la composition au bain-marie.

A. Caillat.

POISSONS DE MER

SOLES

Soles à la bosniaque.

Assaisonnez une sole, la foncer sur un plat avec beurre, vin blanc de zilaika et jus de citron et faites cuire.

D'autre part, coupez en julienne, carottes,

blancs de poireaux et champignons que vous faites réduire dans le fond de la sole. Une fois réduit, liez et montez-le avec du bon beurre fin, sans le faire bouillir.

Saucez la sole et envoyez.

WALCH, restaurant du Palais Bosniaque,
Exposition Universelle de 1900.

Soles frites.

Les petites soles étant bien nettoyées, il faut les essuyer, les fariner et les jeter dans la friture bouillante ; ne pas négliger ce dernier détail, car autrement elles seraient molles. Sitôt qu'elles ont pris une belle couleur dorée, on les retire de la poêle et on les pose sur une serviette, puis on saupoudre de sel blanc et l'on sert vivement.

ANNETTE.

Filets de sole à la Orly.

Enlevez les filets à des soles épaisses en les détachant avec le couteau; roulez-les en forme de colimaçon et attachez-les ; faites-les mariner pendant deux heures avec sel, poivre, persil en branches, oignons coupés en rouelles, jus de citron. Retirez, égouttez, trempez dans la pâte à frire, plongez dans la friture bouillante et laissez prendre belle couleur. Dressez sur un plat avec persil frit et accompagnez d'une sauce tomate dans une saucière à part. ANNETTE.

Soles Colbert.

Ayez une ou plusieurs soles de moyenne grosseur (il faut environ une livre pour quatre personnes, cinq au plus). Faites-les frire, égouttez, enlevez avec beaucoup de précaution l'arête du milieu et introduisez en place une maître d'hôtel (beurre frais et persil haché, sel). ANNETTE.

Sole Matelote.

Prenez une sole, nettoyez-la ; vous mettez dans un plat à sauter ou matelotière, oignon haché, persil, sel, poivre et un peu de beurre (cinq minutes de cuisson pour une sole moyenne). Ensuite, vous retirez votre sole sur un plat, et vous faites réduire la cuisson presque à sec ; vous ajoutez du beurre par petites parties, en ayant soin de faire remuer votre sautoir de manière à bien lier la sauce ; vous nappez votre sole, vous y mettez un peu de chapelure brune et servez bien chaud. (On met le beurre à la fin, suivant la grosseur de la sole.)

J. BONNEFOY, Hôtel de France, Bernay.

(*Voir les autres préparations de soles dans la 1re partie*).

MERLANS

Merlans roulés.

Prenez trois merlans de moyenne grosseur, ouvrez-les sans les partager tout à fait, coupez les têtes et enlevez les arêtes que vous faites cuire à part avec un peu de vin blanc pour faire un jus ; faites une farce avec la chair d'un de ces merlans, un peu de mie de pain trempée dans du lait, un anchois et quelques branches de persil, sel et poivre. Avec cette farce vous remplissez vos deux merlans, vous les cousez en leur donnant leur forme naturelle, vous les faites ensuite revenir dans un peu de beurre ; dès qu'ils sont revenus, préparez un roux blond, ajoutez-y le jus de la cuisson et laissez-les mijoter une demi-heure dans cette sauce; au moment de servir mettez dans votre plat une bonne cuillerée de câpres, ou des olives tournées.

Filets de merlans aux truffes.

Faites revenir dans du beurre des filets de merlans coupés en quatre, assaisonnez-les de poivre, sel et un peu de quatre épices; retirez-les de la casserole, tenez-la au chaud, et faites revenir les truffes coupées dans cette même casserole; ajoutez un verre de bon vin blanc, laissez cuire, puis un peu réduire; au moment de servir, remettez ces filets de merlans dans la même cuisson et servez-les bien chauds, entourés de rondelles de truffes. ANNETTE.

Merlans grillés.

Videz, lavez vos poissons; séchez-les bien dans un linge, et frottez-les d'un peu de vinaigre; passez-les à la farine; frottez le gril avec du beurre, et laissez-le bien chauffer avant d'y poser vos poissons, autrement ils s'y attacheraient; retournez-les deux ou trois fois pendant la cuisson; quand ils sont cuits, mettez autour des cornichons avec du beurre bien chaud, et servez. (*Vieille formule.*)

Merlans frits.

Se préparent comme la sole frite. (Voy. *sole frite.*)

Merlans au gratin.

Videz, grattez, lavez et essuyez des merlans. Beurrez un plat à gratin, saupoudrez avec oignons et champignons hachés, placez dessus les merlans, entourez-les de champignons, d'oignons coupés en morceaux et de moules que vous aurez fait ouvrir sur le feu et sorties de leur coquille. Salez, saupoudrez de persil haché et de chapelure, arrosez d'un bon verre de vin blanc, de quelques cuillerées de jus et garnissez le plat de petits morceaux de beurre ; faites bouillir et cuire quinze minutes au four ; quand ils auront pris une belle couleur dorée, servez.

On prépare la sole de la même façon.

HOMARDS

Sauce Vivier de Roscoff.

Ayez des homards moyens ou petits bien vivants, coupez-les par morceaux, comme pour un ragoût de viande.

Faites blondir dans une casserole un beau morceau de beurre, ajoutez échalotes ou petits oignons hachés fins. Jetez vos morceaux de homards, saupoudrez de farine, assaisonnez de poivre, bouquet garni (pas de sel) ; ajoutez vin blanc et laissez bouillir quarante à cinquante minutes.

Maquereaux aux fines herbes.

Quand les maquereaux sont grillés, arrangez-les sur le plat que vous devez servir, fendez-les en deux, mettez dessus persil, échalotes hachés, un bon morceau de beurre, un peu d'eau, sel, poivre, et un filet de vinaigre ; faites cuire quelques instants au four et servez à courte sauce.

Maquereaux au beurre d'estragon.

Après avoir vidé, lavé et essuyé avec soin les

maquereaux, fendez-leur légèrement le dos et la tête; placez-les sur un plat, arrosez d'un peu d'huile, saupoudrez de sel et de poivre et laissez-les mariner pendant une heure. Après ce temps, mettez-les sur le gril ou au four et quand ils sont cuits, garnissez la fente que vous avez faite dans le dos de beurre d'estragon, puis servez-les sur un plat garni d'une couche de ce même beurre.

Vous faites le *beurre d'estragon* en pilant bien l'estragon et en lui mélangeant du beurre bien frais, un peu de sel, du poivre et un petit filet de vinaigre.

Maquereaux à la maître d'hôtel.

Videz et lavez bien vos maquereaux; faites-les cuire sur le gril dans un papier gras, fendus par le dos et farcis d'un bon morceau de beurre frais, manié de fines herbes assaisonnées, et du jus d'un citron. (*Ancienne cuisine,*)

Maquereaux à l'Italienne.

Faites-les cuire dans une casserole avec vin, tranches de carottes, d'oignons, échalotes, ail, sel, laurier, poivre et persil. Quand ils seront cuits, dressez-les sur un plat avec une sauce Italienne.

Éperlans frits.

On ne les vide point, mais on les lave bien, et on les essuie entre deux linges; après quoi on les farine, et on les fait frire à grand feu. Ils se servent pour plat de rôt.

Vous pouvez aussi les servir entre deux plats, à la bourgeoise, pour entrées, comme on le fait à l'égard des soles, limandes et carrelets.

(*Vieille cuisine.*)

Thon à la provençale.

Arrangez votre thon sur le plat que vous devez servir sur table, avec de l'excellent beurre, du persil et des fines herbes bien hachés ; panez-le de mie de pain, et faites-lui prendre couleur sous un four de campagne.

Rougets en caisse.

Sauter les rougets au beurre sans les vider. Déglacer avec vin blanc, une pointe échalote. Réduire à glace et mouiller de 2 ou 3 décilitres de fond brun. Réduire de moitié et ajouter en vannant 50 à 60 grammes de beurre, persil haché et jus de citron. Mettre les rougets dans des caisses longues en papier, les napper avec la sauce, les saupoudrer de mie de pain frite au beurre et égouttée et les pousser cinq minutes à four vif.

Rouget sur le gril.

Ce poisson ne s'écaille point ; on le vide, on le lave, on en garde les foies, on le fait cuire sur le gril, et on le sert avec les sauces employées pour les autres poissons ; on a soin de mettre les foies dans la sauce que l'on veut servir dessus.

Rougets ou mulets à la niçoise.

Nettoyez votre poisson, ne le lavez pas, essuyez-le avec une serviette, assaisonnez-le avec sel, poivre, muscade et huile d'olive, faites-le griller sur le gril chaud. Aussitôt cuit des deux côtés, dressez-le sur un plat et préparez la sauce suivante : un gros cèpe brun haché ou des champignons, un oignon, persil, une lame d'échalote, une petite truffe blanche du Piémont, hachez le tout et assaisonnez avec une pincée de chapelure, saupoudrez vos poissons avec le hachis, arrosez le tout avec un verre de vin blanc dans lequel vous aurez fait fondre une cuillère à café d'extrait de viande, poussez cinq minutes au four après avoir mis quelques morceaux de beurre frais. et servez bien chaud.

Rouget au vin blanc.

Après les avoir vidés et lavés, sans les écailler, mettez-les cuire avec du vin blanc, un peu de beurre, sel, poivre, un bouquet de racines et oignons. Comme il ne faut qu'un moment pour les cuire, faites bouillir une demi-heure le court-bouillon, pour qu'il ait du goût quand vous les mettrez dedans.

Quand ils sont cuits, retirez-les du court-bouillon, pour enlever doucement l'écaille partout, hors la tête, et servez avec les mêmes sauces que ci-dessus.

Mulet au vin rouge.

Il faut un beau mulet d'une livre et demie au moins ; videz-le, lavez et essuyez-le, puis placez-le dans une casserole de terre ou une poissonnière et faites-le baigner dans moitié bouillon, moitié vin rouge, salez, poivrez, mettez ail, thym, oignons, laurier, girofle et muscade. Pour servir, faites une sauce avec le jus de la cuisson et un morceau de beurre frais manié de farine, versez cette sauce sur le poisson dans un plat creux, le reste de la sauce dans une saucière s'il y a lieu.

Mulet à la sauce hollandaise.

Nettoyez un beau mulet, mettez-le dans une

poissonnière, couvrez-le d'eau froide, ajoutez sel, vinaigre, persil et légumes émincés ; au premier bouillon retirez sur le côté du feu, laissez-le pendant trente minutes, puis égouttez-le, dressez-le sur un plat entouré de pommes de terre anglaises et de bouquets de persil ; servez en même temps dans une saucière, une sauce Hollandaise.

Mulets grillés.

Videz, écaillez et lavez deux mulets de moyenne grosseur, mettez-les à mariner dans de l'huile pendant une demi-heure, avec sel, poivre, oignons et persil, puis faites-les griller à feu doux et servez-les sur une sauce maître d'hôtel.

Grondin à la sauce aux câpres.

Préparez un court-bouillon, avec moitié eau, moitié vin blanc, sel, gros poivre, persil, carottes, oignons, ail et échalotes émincés, faites bouillir pendant dix minutes ; plongez-y le grondin, donnez quelques bouillons, puis retirez sur le côté et continuez la cuisson pendant vingt-cinq minutes. Égouttez le poisson, dressez-le et servez-le entouré de persil et accompagné d'une sauce aux câpres.

Filets de Grondin au gratin.

Levez les filets d'un beau grondin ; assaisonnez et rangez-les dans un plat à gratin beurré, saupoudrez avec oignons, champignons, et persil hachés, rangez autour du plat des moules, des queues de crevettes, et des champignons entiers, salez, mouillez avec quelques cuillerées de jus, autant de fumet de poisson et un verre de vin blanc, masquez le tout avec de la chapelure fine, disposez dessus des petits morceaux de beurre frais, faites bouillir, pendant vingt minutes au four; faites prendre belle couleur dorée et servez.

Dorade grillée.

Choisissez une dorade bien fraîche; quand elle est propre, ciselez-en les chairs des deux côtés, assaisonnez et entourez-la d'un papier beurré, faites griller à feu modéré, en ayant soin de la retourner.

Servez avec beurre fondu et persil haché.

Dorade, sauce Gaillarde.

Prenez une belle dorade bien argentée, écaillez-la et lavez-la soigneusement, puis faites-la cuire dans un court-bouillon bien assaisonné. Après cuisson égouttez-la et servez-la entourée de persil avec une saucière de sauce Gaillarde.

Coquilles Saint-Jacques.

Coupez le poisson par petits morceaux de la grosseur d'un dé, on hache menu cinq ou six petites échalotes, persil, sel, poivre et champignons; un morceau de beurre manié de farine; on mélange le tout avec le poisson, on met dans chaque coquille préalablement beurrée, deux cuillerées à peu près de cette pâte, on couvre de chapelure et on y ajoute une demi-cuillerée à café d'huile d'olive. Cuire au four pendant une demi-heure.

Moules à la poulette.

Après les avoir bien lavées, ratissez leurs coquilles, égouttez-les et mettez-les à sec dans une casserole sur un bon feu de fourneau, la chaleur les fera ouvrir; vous les éplucherez après une à une; ayez soin d'en ôter les crabes, si vous en trouvez; mettez vos moules, après les avoir ôtées de leurs coquilles, dans une casserole avec un morceau de bon beurre, persil, ciboules hachées, passez-les sur le feu ; jetez-y une petite pincée de farine; mouillez avec un peu de vin blanc; mettez une liaison de trois jaunes d'œufs ; faites lier votre sauce, et mettez-y après un filet de vinaigre.

Moules marinière.

Choisissez de belles moules, bien fraîches, grattez-les avec un couteau et lavez-les à plusieurs eaux. Hachez deux oignons, mettez-les dans une casserole avec du beurre ou de l'huile, faites-les revenir sans les colorer. Ajoutez les moules, faites-les ouvrir en les sautant, enlevez la moitié des coquilles; cuisez ensuite pendant huit ou dix minutes, liez la cuisson avec du beurre manié du persil haché et deux cuillerées de mie de pain fine, donnez deux bouillons et servez.

Églade de moules.

Avoir de bonnes moules, les disposer sur une planche (planche entourée de feuillard formant bord, hauteur un peu inférieure à celle des moules qui sont disposées debout en rangées; la tête, c'est-à-dire la charnière, en haut; la planche doit être percée de trous comme une écumoire) obliquement pour qu'elles puissent égoutter, une rangée seulement, recouvrir le tout de copeaux, de tiges de fèves sèches; mettre le feu, éventer, laisser les moules s'entr'ouvrir, servir sur la table avec du bon beurre frais.

JEANNE D'OLÉRON.

Saumon en Fricandeau.

Coupez par tranches, piquez-le et faites-le cuire dans une braisière, comme il est indiqué au fricandeau de veau, finissez-le et servez-le de même, où avec une sauce tomate, poivrade ou italienne.

Saumon à la Genevoise.

Mettez dans une casserole une bonne tranche de saumon avec champignons, échalotes et persil hachés, sel, épices, mouillez avec moitié vin rouge et bouillon. Étant cuit, maniez dans une casserole un morceau de beurre avec deux cuillerées de farine que vous mouillez avec la cuisson du saumon, faites bouillir et réduire et versez-la sur le saumon.

Escalopes de saumon.

Coupez en rond, autant que possible, de minces tranches de saumon, et mettez-les dans la casserole avec du beurre, faites-les sauter. Étant cuites, vous les dressez en couronne sur un plat et les servez avec une sauce italienne.

Saumon en caisse.

Prenez deux tranches de saumon frais de l'épaisseur d'un bon demi-doigt: mettez-les mariner une heure avec de l'huile fine, persil, ciboules, un peu de champignons, une demi-gousse d'ail, une écha'ote, le tout haché très fin, une demi-feuille de laurier, thym, basilic, hachés comme en poudre, sel, gros poivre: ensuite vous faites une caisse de papier blanc de la grandeur des deux tranches de saumon; mouillez les dessous avec de l'huile, et les mettez sur un plat: placez le saumon dans la caisse avec tout son assaisonnement: panez-les dessus avec de la mie de pain; mettez cuire au four, ou mettez le plat sur un petit fourneau avec un couvercle de tourtière et du feu dessus. Quand le saumon sera cuit, et le dessus d'une belle couleur dorée, vous y mettez un grand jus de citron en servant. Si vous voulez y ajouter une sauce à l'espagnole, il faudra dégraisser la cuisson du saumon préalablement.

(*Vieille cuisine.*)

Bardes de Saumon vert-galant.

(Formule de l'hôstellerie du Roy de Navarre, à Bayonne.)

L'on met des tranches de rouelle de veau et un peu de jambon dans le fond d'une casserole, juste à la grandeur de la tranche du saumon que l'on veut servir. Le saumon mis dessus et couvert de bardes de lard, y ajouter un bouquet de persil, ciboules, deux clous de girofle, trois échalotes, peu de sel, on fait cuire un quart-d'heure sur un moyen feu; ensuite on mouille avec un verre de vin de Jurançon; on achève de cuire à petit feu: au moment de servir, on passe au tamis la sauce de la cuisson, on y ajoute du coulis: bouillir quelques bouillons, et servir sur le saumon débarrassé des viandes.

Saumon à la Colbert.

Après avoir fait cuire une darne de saumon ou un saumon entier, préparez la garniture suivante: pour 6 personnes 3 douzaines de grosses moules cuites au beurre et avec une cuiller de vin blanc, sel et poivre, 2 douzaines de grosses huîtres, une demi-livre de champignons et 24 olives tournées; lorsque chacune de ces garnitures sera cuite séparément, coupez une truffe crue en lames fines, faites-la cuire avec un verre de madère et une cuiller à bouche d'*extrait de viande*, dressez votre saumon sur un plat, entourez-le de toutes ces garnitures, puis faites réduire à grand feu les cuissons réunies; lorsque le tout formera comme jus la valeur d'un verre, liez avec 2 jaunes d'œuf et 200 grammes de beurre; assaisonnez. Saucez saumon entouré de ses garnitures et servez.

Saumon au bleu.

(Formule de l'hostellerie des Preux, à Nantes.)

Videz votre saumon sans lui couper le ventre; lavez-le et essuyez-le bien, mettez-le dans une poissonnière, et faites-le cuire dans une marinade à base de vin, pendant deux heures, plus ou moins, selon sa grosseur; faites bouillir doucement le court-bouillon, avant de le servir, égouttez-le bien, mettez une serviette sur votre plat, le saumon dessus et du persil à l'entour. Préparez votre sauce avec le court-bouillon.

Saumon à la rémoulade.

Prenez une dalle de saumon que vous ferez cuire dans un court-bouillon, après quoi vous l'égoutterez, l'écaillerez et le dresserez avec une rémouladedessous;garnissez le dessus de votre dalle avec des anchois dessalés; vous pouvez aussi la servir au beurre. (*Vieille cuisine.*)

Saumon grillé aux câpres.

Marinez une dalle de saumon avec de l'huile; du sel et du gros poivre; si cette dalle est épaisse, il faut une heure pour la cuire; dressez-la sur un plat avec une sauce au beurre et des câpres que vous semerez dessus.

Aloses grillées.

Après avoir écaillé et vidé vos aloses, vous les fendez un peu par le dos, et les faites mariner avec un peu d'huile ou un peu de beurre, sel, poivre; mettez-les sur le gril, et arrosez-les de temps en temps avec leur marinade; étant grillées à point, servez-les avec une sauce aux câpres et anchois.

Alose grillée maître d'hôtel.

L'alose vidée, écaillée, bien essuyée et ciselée, salez, poivrez, arrosez-la d'huile, placez-la sur le gril chaud, cuisez à feu doux des deux côtés et dressez-la dans un plat creux et chaud sur une maître d'hôtel.

Alose sauce rémoulade.

Faites cuire au court-bouillon, laissez refroidir dans la cuisson, dressez sur un plat entouré de persil en branches et faites suivre d'une sauce rémoulade.

Gibelotte de poisson.

Mettre au fond d'une casserole de l'oignon émincé à roussir avec de l'huile, y ajouter ensuite une belle tomate pelée et coupée en morceaux, un peu de persil haché et un ail entier; après cuisson y verser un bon demi-verre de vin blanc. Mettre dans un bol une cuillerée de farine, que l'on délaie avec de l'eau; quand la sauce est assez épaisse, on coupe le poisson en tronçons et on le fait cuire en remuant souvent la casserole afin d'éviter que cela ne s'attache sur le feu.

Langouste ou maquereau au court-bouillon.

Mettre sur le feu une casserole avec de l'eau, sel, poivre et persil haché: quand l'eau bout, mettre la langouste coupée en tronçons, laisser cuire un quart d'heure, retirer la langouste et délayer dans la cuisson une cuillerée de farine pour épaissir la sauce. Dressez sur un plat les morceaux de langouste ou de poisson, montez un jaune d'œuf avec de l'huile, le délayer avec un peu de la cuisson, l'ajouter à la sauce, cuire un instant et verser sur les morceaux de langouste encore chauds.

Raie à la bourgeoise.

Faites cuire votre raie dans un chaudron ou une terrine, avec de l'eau, du vinaigre, quelques tranches d'oignons et un peu de sel, après l'avoir bien lavée avec de l'eau fraîche, et lui avoir ôté l'amer du foie; ne lui faites faire que deux bouillons, afin qu'elle ne cuise pas trop; retirez-la ensuite sur un plat pour l'éplucher; remettez-la sur le fourneau avec un peu de son court-bouillon; prête à la servir, égouttez-la et mettez-y ou une sauce au beurre, avec des câpres et des anchois, ou une sauce à l'huile.

(*Vieille cuisine.*)

Raie au beurre noir.

Faites cuire votre raie comme la précédente ; nettoyez-la et parez-la de même ; faites frire du persil en feuilles, que vous mettrez autour de votre poisson, et que vous masquerez de beurre noir avec un filet de vinaigre.

Raie au vin blanc.

On fait cuire la raie comme il est dit ci-devant. Epluchée et dressée sur le plat que l'on doit servir, on y met un verre de vin blanc, un morceau de beurre, persil, ciboules, deux échalotes, trois feuilles de basilic, deux ou trois champignons, le tout haché très fin, du sel, un peu de gros poivre, de la chapelure passée au tamis, on fait bouillir un quart d'heure à petit feu ; on sert le plat après en avoir essuyé les bords.

Raie marinée frite (Entrée).

Arracher la peau et la couper par morceaux comme la précédente, pour la faire mariner deux ou trois heures avec un peu d'eau, de vinaigre, sel, poivre, persil, ciboules, une gousse d'ail, oignons en tranches, zestes de racines, clous de girofle ; ensuite vous l'égouttez et essuyez pour la fariner et faire frire ; servez avec persil frit. (*Vieille cuisine.*)

Raie à la sauce de son foie (Entrée).

Faites-la cuire comme il est dit ; pour la sauce, vous la ferez de cette façon : mettez dans une casserole persil, ciboules, champignons, une pointe d'ail, le tout haché très fin, un peu de beurre.

Passez-les quelques tours sur le feu, et y mettez une bonne pincée de farine, ensuite un morceau de beurre, câpres et un anchois hachés, le foie de la raie cuit et écrasé, sel, gros poivre; mouillez avec de l'eau ou du bouillon; faites lier sur le feu : servez sur la raie.

(*Vieille cuisine.*)

Raie au fromage (Entrée).

Arrachez la peau à une belle moitié de raie bouclée; coupez-la en quatre morceaux égaux et la lavez; faites-la cuire avec un demi-setier (un verre) de lait et gros comme la moitié d'un œuf de beurre manié de deux pincées de farine, une gousse d'ail, deux clous de girofle, deux échalotes, une feuille de laurier, thym, basilic, peu de sel, poivre; faites bouillir avant d'y placer la raie : pour la cuire, il faut peu de temps. Retirez-la de la sauce pour l'égoutter; passez la sauce au tamis, et la faites réduire au point d'une sauce liée; mettez-en la moitié dans le fond du plat que vous devez servir, et par dessus une petite poignée de fromage de gruyère râpé; arrangez dessus les morceaux de raie, et entre les morceaux garnissez d'une douzaine de petits oignons blancs cuits au bouillon et bien égouttés, et de petits morceaux de pain frit coupés en rond, que vous entremêlez arrangés proprement : arrosez le dessus du restant de la sauce; couvrez avec du fromage de gruyère râpé ou du parmesan. Mettez votre plat sur un petit feu, faites bouillir doucement, jusqu'à ce qu'il ne reste presque plus de sauce, glacez le dessus avec une pelle rouge, et quand le dessus sera d'une belle couleur dorée, servez. (*Vieille cuisine.*)

Morue à la Garonne (Entrée).

On met cuire dans une casserole des filets de morue avec un bon morceau de beurre, deux cuillerées d'huile, câpres, anchois, persil, ciboules, le tout haché très fin, du gros poivre. Au moment de servir, on fait chauffer, en remuant toujours jusqu'à ce que le beurre et l'huile soient bien liés ensemble : dressez sur le plat, et jetez dessus une chapelure de pain passée au tamis. (*Vieille cuisine.*)

Morue à la provençale (Entrée).

Prenez de la morue cuite à l'eau, bien égouttée ; prenez le plat que vous devez servir ; mettez dans le fond, de l'échalote, un peu d'ail, persil, ciboules, du citron en tranches la peau ôtée, du gros poivre, deux cuillerées d'huile, gros comme la moitié d'un œuf de beurre ; arrangez la morue dessus, remettez par dessus le même assaisonnement que dessous, et panez ensuite avec la chapelure de pain : mettez le plat sur un petit feu, faites bouillir doucement et prendre couleur par dessus avec une pelle rouge ou un couvercle de tourtière.

Morue au beurre noir (Entrée).

Faites-la cuire dans l'eau et égoutter, mettez-la sur le plat que vous devez servir, avec un demi-verre de vinaigre, autant de bouillon, du gros poivre : faites-la bouillir un demi-quart d'heure, et mettez dessus du beurre roux bien chaud avec du persil frit. (*Vieille cuisine.*)

Morue à la sauce aux câpres et anchois (Entrée).

Faites cuire votre morue dans l'eau ; après l'avoir égouttée, dressez-la chaudement dans le plat que vous devez servir, et mettez par dessus une sauce aux câpres et aux anchois.

(*Vieille cuisine.*)

Cabillaud ou morue fraîche à la vraie hollandaise (Entrée).

Mettez sur le feu à l'eau froide un morceau de cabillaud, avec les tranches d'un citron sans pépins, sel, tranches d'oignon, thym, laurier, un morceau de beurre ; quand il sera cuit, retirez-le ; faites cuire dans la même eau 12 à 15 pommes de terre ; dressez sur le plat, les pommes autour du poisson, et masquez d'une sauce hollandaise faite d'un quarteron (125 grammes) de beurre mêlé d'une demi-cuillerée de farine, sel, poivre, muscade, 3 jaunes d'œufs : mouillez d'un peu d'eau tiède, tournez sans laisser bouillir ; ajoutez une cuillerée de vinaigre et servez. (*Vieille cuisine.*)

Brandade de morue.

Après avoir ôté les arêtes d'une crête de morue, vous l'écrasez avec une fourchette et la mettez dans une casserole, avec une gousse d'ail hachée, deux jaunes d'œufs et une cuillerée de crème double ; mettez-la sur un fourneau bien doux, en la remuant toujours ; faites-lui boire peu à peu une bonne demi-livre d'huile fine ; servez-la chaudement avec quelques lames de truffes autour.

Brandade de morue (Autre manière).

Votre morue étant préparée et cuite à l'eau comme à l'ordinaire, vous lui enlevez toutes ses arêtes, vous la pilez dans un mortier pour la réduire en pâte, vous mettez dans une casserole deux cuillerées de véritable huile d'olive, ajoutez-y la morue, posez-la sur le feu en remuant *continuellement* avec une cuiller de bois; dès qu'elle bout et commence à s'épaissir, ajoutez en tournant toujours et alternativement une cuillerée d'huile et une cuillerée d'eau de la cuisson, jusqu'à liaison ayant la consistance d'une pâte soutenue sans être trop ferme. Cinq minutes avant de servir, mélangez à la morue deux gousses d'ail et quelques branches de persil hachés.

Morue à l'oignon (Entrée).

On coupe cinq ou six oignons en filets que l'on passe longtemps sur le feu avec du beurre, en les remuant souvent jusqu'à ce qu'ils commencent à se colorer. Alors on y met deux pincées de farine, on les laisse encore prendre couleur, en remuant toujours, ensuite on y ajoute une cuillerée de vinaigre, gros poivre, un peu de bouillon. L'oignon bien cuit et la sauce étant bien liée, placez-y la morue cuite, levée par filets, on lui fait prendre goût en la faisant mijoter dedans ; au moment de servir, y mettre un morceau de beurre. (*Vieille cuisine.*)

Morue à la 24e.

Bien dessalée et cuite à l'eau, la partager en petits morceaux.

Dans la même eau faire cuire quantité voulue de pommes de terre.

Disposer sur plat qui va au four, une couche de pommes de terre coupées en rondelles, une couche de morceaux de morue, et ainsi de suite.

De temps en temps ajouter une pointe d'échalote et un peu de poivre.

Versez quelques cuillerées de vinaigre et cinq à six cuillerées de bonne huile d'olive.

Saupoudrer le dessus du plat avec de la chapelure.

Mettre le plat au four assez chaud un quart d'heure. Servez.

Nota. — La morue ne doit jamais bouillir à la cuisson dans l'eau, elle deviendrait dure et chanvreuse.

Queue de cabillaud au four à la sauce blanche aux câpres.

Avoir une bonne queue de cabillaud bien fraîche (de 1 à 2 kilos), bien la nettoyer, la laver et l'essuyer. La mettre au four chaud, dans une poêle à rôtir, entourée dessus, dessous, de morceaux de bon beurre (en tout 50 grammes); l'assaisonner de poivre et de sel, et laisser cuire pendant une heure. Veiller à ne pas la laisser sécher ni brûler en ayant soin de l'arroser souvent avec une cuillère, du liquide qui se forme dans la poêle. Quand elle sera cuite d'un côté, il faudra la renverser doucement, avec une pelle à friture, de l'autre côté afin qu'elle cuise également. Quand elle sera suffisamment cuite, la glisser soigneusement avec son jus sur un plat ovale chauffé; couvrir de sauce blanche aux câpres et servir très chaud, accompagné d'une saucière de même sauce. ANNETTE.

Morue au gratin.

Faites dessaler de beaux filets de morue, enlevez soigneusement les arêtes et la peau, et mettez cuire à l'eau froide; quand l'eau commence à bouillir, retirez du feu et laissez au chaud sur le coin du fourneau. Faites cuire des pommes de terre au four, hachez un peu d'ail, mélangez avec du beurre et pilez successivement dans un mortier une pomme de terre, quantité égale de morue et du beurre additionné d'ail. Mêlez le tout ensemble et mettez dans un plat allant au four. Saupoudrez de fromage et de chapelure et faites cuire à bonne couleur.

ANNETTE.

Harengs frais à la maître d'hôtel.

Nettoyez et faites-les griller, fendez-leur le dos, dressez-les sur le plat, et garnissez le dedans du corps avec du beurre manié de persil, sel fin, poivre; faites chauffer le plat pour servir chaud, et ajoutez jus de citron ou filet de vinaigre.

(Vieille cuisine.)

Harengs frais à la moutarde.

Faites-les griller comme il est indiqué ci-dessus, servez-les très chauds sur le plat, et la sauce suivante dans une saucière : mettez ensemble dans une casserole un morceau de beurre, une cuillerée de bouillon, une pincée de farine, du sel, une cuillerée de moutarde; faites lier sur le feu, assaisonnez. *(Vieille cuisine.)*

Harengs frais à la tartare.

Vous prenez les filets que vous faites mariner; panez-les et les faites griller; vous les servez ensuite sur une sauce tartare.

(*Vieille cuisine.*)

Harengs saurs.

On les mange ordinairement grillés et assaisonnés d'huile seulement, ou en salade avec de la fourniture.

Harengs saurs en caisse.

Faites une caisse de papier, garnissez-en le fond avec des petits morceaux de beurre, persil, ciboules hachés, champignons coupés en petits morceaux; mettez dessus les filets de vos harengs sans tête, peau, queue, ni arêtes, couvrez d'un autre lit de beurre et de champignons, persil, ciboules, poivre; ajoutez de la chapelure, et faites griller de belle manière. C'est un très bon mets pour les déjeuners. (*Vieille cuisine.*)

Harengs saurs panés grillés.

Ouvrez-les par le dos, et ôtez la tête, la queue et les arêtes; trempez dans du beurre ou de la graisse tiède, panez des deux côtés; retrempez et repanez, avec des fines herbes dans la panure. Faites griller et servez arrosé d'huile d'olive en abondance. (*Vieille cuisine.*)

Harengs frais à la bourgeoise.

Écaillez, lavez et essuyez vos harengs avec un linge, faites-les cuire sur le gril; leur cuisson achevée, servez-les avec la sauce suivante :

Mettez dans une casserole un morceau de

beurre, un peu de farine, un filet de vinaigre ou du jus de citron, une cuillerée de moutarde, du sel, du poivre et un peu d'eau; faites lier la sauce sur le feu, et masquez-en vos harengs.

(*Vieille cuisine.*)

Turbot et barbue.

Videz-le, lavez-le et nettoyez l'intérieur du corps, faites une incision du côté noir jusqu'au milieu du dos, relevez les chairs des deux côtés et enlevez un morceau d'arêtes de trois joints ou nœuds, ce qui donnera de la souplesse et empêchera qu'il ne se fende; arrêter la tête avec une aiguille à brider et de la ficelle passée entre l'arête et l'os de la première nageoire.

Mettez de l'eau dans un chaudron, autant qu'il en faudra pour cuire le poisson, une livre de sel, 20 feuilles de laurier, une poignée de thym, autant de persil, 10 oignons coupés par tranches, faites bouillir le tout un quart d'heure, passez au tamis et laissez reposer. Il faut avoir une turbotière, sorte d'ustensile de la forme losange du turbot, et qui a un fond mobile nommé *feuille* pour l'enlever; placez-y votre poisson et frottez-le de jus de citron du côté blanc. Si vous ne voulez pas employer de jus de citron vous mettez une ou deux pintes (2 litres) de lait et versez dessus votre court-bouillon quand il est bien éclairci. Faites mijoter sans bouillir pendant une heure, et plus s'il est très gros. Si c'est en été, il faut le faire partir à feu vif, car à feux doux il pourrait se corrompre; sitôt qu'il commence à frémir vous couvrez le feu et faites mijoter. Couvrez, pendant la cuisson, d'un papier beurré pour l'empêcher de noircir. La cuisson faite, vous le retirez cinq minutes avant de servir, le mettez égoutter et l'arrangez sur un plat, le ventre en dessus, et posé sur une serviette. Coupez les extrémités des barbes et le bout de la queue. Masquez les déchirures, s'il y en a, avec du persil. Vous servez dans une saucière une sauce aux câpres, et les débris se mangent à l'huile. (*Vieille cuisine.*)

Turbot et barbue glacés.

Vidé et lavé, on pique tout le dessus de lard fin, on le fait cuire très doucement à petit feu entre des bardes de lard, un peu de vin de Champagne, sel, un bouquet de fines herbes.

L'on met dans une autre casserole de la rouelle de veau coupée en dés, avec deux tranches de jambon, que l'on fait cuire avec du bouillon jusqu'à ce que cette sauce ait de la consistance; passée au tamis au moment de servir, on la fait réduire en glace, que l'on prend avec des plumes pour mettre sur tout le reste du turbot.

On met ensuite un bon coulis dans la casserole où l'on fait la glace; on détache ce qui reste en faisant chauffer; on y presse un jus de citron avant de servir. Il faut remarquer que pour tout ce que l'on sert glacé ou en fricandeau, on verse toujours la sauce dessous. (*formule excentrique.*)

Bouchées de crevettes.

Achetez chez le pâtissier quelques bouchées en feuilletage à dix centimes pièce, et préparez chez vous leur garniture ainsi composée.

Faites fondre 20 grammes de beurre dans une petite casserole, ajoutez 25 grammes de farine;

remuez sur le feu en ajoutant un verre à bordeaux de bouillon ; au premier bouillon, liez la sauce avec un jaune d'œuf, mélangez les queues de crevettes (un quart suffit), salez, poivrez et remplissez vos bouchées.

Anchois à la Niçoise.

Sortez les anchois au naturel, d'une boîte ; rangez-les minutieusement les uns à côté des autres dans un petit plat de porcelaine ovale ; arrosez-les avec la sauce anchois chaude.

Laissez tiédir trois minutes au four et servez.

Soufflé de poisson.

Piler 300 grammes de chair crue de merlan ou de brochet. Passer au tamis, ajouter trois quarts de son poids de panade au lait bien desséchée. Travailler avec quatre jaunes d'œufs, un décilitre de crème double, une cuillerée de velouté et ajouter quatre blancs d'œufs battus. Cuire pendant trente-cinq minutes au bain-marie dans un moule uni beurré. Servir avec sauce normande ou autre sauce poisson.

HUITRES

Sauce froide pour les huîtres.

Hachez très fin des échalotes que vous mêlez dans du vinaigre avec du poivre ; vous en versez sur chaque huître.

Coquilles d'huîtres.

Ouvrez quatre douzaines d'huîtres, détachez-les de leurs coquilles et les faites jeter un seul bouillon dans leur eau : égouttez-les ; mettez à la casserole un morceau de beurre, champignons, persil et échalotes hachés : faites revenir; ajoutez une cuillerée à bouche de farine et délayez le tout avec du jus, du bouillon et un demi-verre de vin blanc : faites cuire et réduire cette sauce et mettez-y les huîtres. Vous réservez une douzaine de coquilles les plus grandes et les plus propres que vous avez lavées, mettez quatre huîtres et de la sauce dans chaque, couvrez-les de chapelure et arrosez d'un peu de beurre. Au moment de servir mettez-les sur le gril et posez la pelle rouge dessus, ou bien le four de campagne très chaud.

(*Vieille cuisine.*)

Huîtres grillées.

Ouvrez les plus grosses et placez sur chacune un petit morceau de beurre manié de persil et épices et les mettez sur un gril; lorsqu'elles commencent à bouillir, dressez-les sur le plat et servez. (*Vieille cuisine.*)

Coquilles Saint-Jacques avec des huîtres portugaises.

Ces coquilles se préparent comme les coquilles Saint-Jacques, mais à celles-ci on substitue des huîtres portugaises, c'est bien meilleur et plus fin que les coquilles ordinaires.

JEANNE D'OLÉRON.

20 DES 150
MANIÈRES D'ACCOMMODER LES SARDINES
Du Maître **A. CAILLAT** (1).

Sardines à l'étuvée.

Nettoyer les sardines comme à l'ordinaire.

Emincer deux oignons, deux ou trois tomates et une poignée d'oseille, ajouter deux gousses d'ail écrasées, une feuille de laurier ; faire du tout un bon lit dans un poêlon, assaisonner de haut goût, ranger les sardines par dessus, mouiller avec un verre de vin blanc, puis couvrir le poêlon hermétiquement et faire cuire à l'étuvée.

Une fois cuit, poser le poêlon sur un plat et envoyer sur la table, tel que.

Le même mets est aussi nommé *Reveissé*, mais on doit alors, si on le désigne par ce nom-là, une fois la cuisson terminée, renverser le tout sur un plat et l'envoyer ainsi. De là son nom de *Reveissé*, qui en provençal signifie *renversé*.

Sardines à la mode des Chartreux.

Couper en rouelles deux oignons et trois ou quatre carottes, les mettre dans un sautoir avec quelques cuillerées d'huile d'olive : faire revenir à moitié, ajouter deux ou trois tomates émincées, étendre dessus une douzaine et demie de belles sardines écaillées, vidées et ayant la tête supprimée. Assaisonner, ajouter un bouquet garni, couvrir la casserole et faire réduire à l'humidité des tomates. Mouiller ensuite avec un verre de vin blanc et autant de fond de poisson ; laisser

(1) A. Caillat, chef de cuisine, *150 manières d'accommoder les sardines*, 1 plaquette, librairie Aubertin et Rolle, à Marseille.

finir de cuire, puis dresser les sardines tout autour.

Quelques personnes ajoutent des fonds d'artichauts en quartiers, des petits pois, champignons, etc., ces légumes doivent être cuits au préalable.

Sardines à la Bonne Femme.

Émincer finement cinq à six oignons blancs nouveaux, les faire blanchir deux minutes, les égoutter, puis les faire revenir à l'huile, de couleur blonde, ajouter ensuite une feuille de laurier, un bon verre de vin blanc; faire réduire celui-ci.

Sauter à la poêle et à l'huile cinq à six tomates pelées épépinées et coupées en tranches, les ajouter aux oignons pour laisser finir de cuire ensemble.

Le tout bien assaisonné, le verser dans un plat à gratin; ranger dessus symétriquement une douzaine de belles sardines en couronne, saupoudrer de mie de pain mélangée avec de la semence de fenouil pulvérisée, arroser d'huile d'olive et faire gratiner.

Sardines farcies au vin blanc

Choisir de belles sardines bien fermes, les écailler, supprimer la tête et les intestins, les ouvrir par le ventre sur toute leur longueur pour en extraire l'arête; les ranger ainsi toutes ouvertes sur une planche, les unes à côté des autres; étendre sur chacune une légère couche de farce à quenelle de poisson. Doubler ensuite, deux par deux, les sardines en les mettant farce contre farce. Les parer et les ranger ensuite dans un sautoir beurré ; assaisonner, mouiller avec un verre de vin blanc, puis, couvertes d'un papier beurré, les faire pocher huit à dix minutes au four.

Préparer, d'autre part, un velouté de poisson, incorporer à cette sauce le fond de cuisson des sardines passé au tamis fin et une liaison composée de deux jaunes d'œufs, le jus d'un citron et 50 grammes de beurre.

Au moment de servir, nappez avec cette sauce les sardines rangées sur un plat et envoyer.

Sardines farcies gratinées au vin blanc.

Préparer les sardines comme il est indiqué à la formule précédente, puis une fois pochées, rangées en couronne sur un plat beurré, les napper avec un velouté de poisson fini comme à l'article précédent mais avec un peu moins de beurre, saupoudrer de panure, arroser de beurre fondu et faire glacer quelques minutes au four.

Sardines farcies à la Toulonaise.

Préparer une farce à quenelles de merlan à la Toulonaise ; en farcir de belles sardines en suivant le procédé indiqué ci-dessus ; préparer également un velouté de poisson qu'on liera comme il est dit. Faire ouvrir, d'autre part, quelques douzaines de moules. Cuites et bien parées, les mettre dans une casserole avec deux cuillerées de la sauce préparée.

Au moment de servir, dresser les sardines en couronne, mettre au milieu les moules en les dressant en pyramide et napper avec la sauce.

Sardines à la Varoise.

Les préparer comme aux formules précédentes; pochées et rangées sur un plat à gratin, semer dessus une bonne poignée de câpres.

Hacher finement deux oignons et les faire revenir à l'huile, de belle couleur; ajouter deux ou trois cuillerées à pot de velouté de poisson un peu épais, faire réduire deux minutes, napper les sardines avec cette sauce, saupoudrer de panure et faire gratiner deux minutes seulement à four très chaud. *(Méthode du Var.)*

Sardines aux petits pois.

Mettre dans une casserole un morceau de beurre gros comme un œuf, un oignon haché et un demi-litre de petits pois frais et tendres, les sauter quelques minutes sur le feu et mouiller avec un verre d'eau bouillante, assaisonner et laisser cuire à couvert; les lier en dernier lieu avec une cuillerée de farine maniée avec gros comme une noix de beurre.

Dresser les petits pois ainsi préparés sur un plat en argent un peu creux; ranger tout autour les sardines farcies comme dans les formules qui précèdent; les arroser de beurre fondu, assaisonner et les faire pocher ainsi pour les servir telles quelles.

Sardines à la Bercy.

Farcir les sardines comme il est indiqué pour celles au vin blanc en ajoutant à la farce quelques échalotes hachées, les pocher sur plat beurré en les arrosant de vin blanc. Les servir avec une sauce Bercy.

On peut préparer cette sauce tout simplement en liant le fond de cuisson que l'on aura fait réduire avec une échalote hachée finement ; cette liaison se fait avec un peu de beurre manié avec une cuillerée à bouche de farine; mélanger à cette sauce un jus de citron, persil haché et incorporer en dernier lieu 50 grammes de beurre. Elle doit être fortement relevée en assaisonnement.

Sardines à la Ménagère.

Farcies comme ci-dessus avec farce à quenelles, les mettre dans un plat à gratin beurré et saupoudré d'échalotes hachées; assaisonner, garnir les vides avec des champignons émincés, mouiller légèrement au vin blanc, saupoudrer de mie de pain fraîche, arroser de beurre fondu, couvrir d'un papier beurré et pousser au four.

En les sortant et au moment de servir, exprimer dessus le jus d'un citron et saupoudrer de persil, cerfeuil et estragon hachés.

Sardines à la Vauclusienne.

Farcies à la duxelles et aux œufs durs hachés, puis pochées, les dresser sur une fine purée de pommes de terre finie à la crème double.

Pour pocher les sardines, on doit tout simplement les ranger dans le plat beurré, également arrosées de beurre fondu, et les cuire lentement, couvertes d'un papier beurré, pour empêcher qu'elles ne colorent.

Sardines à la Mirabeau.

Piler au mortier deux anchois bien lavés, dessalés et dépourvus de leurs arêtes, et deux jaunes d'œufs cuits durs ; le tout bien broyé, étendre la purée avec 1 décilitre d'huile d'olive fine.

Farcir quelques douzaines d'olives avec un mélange fait de mi-partie purée de pommes et mi-partie purée d'anchois.

Les sardines bien nettoyées, la tête supprimée, et ouvertes, les passer à l'huile et les paner ensuite, les faire griller puis les dresser en couronne sur plat rond, les olives au milieu. Les tenir quelques instants à la bouche du four. Dresser autour du plat quatre bouquets de pommes paille, verser sur les olives la sauce préparée et envoyer de suite.

Sardines à la Maltaise.

Sortir l'arête à deux douzaines de sardines et les remettre en forme.

Émincer cinq à six oignons blancs nouveaux, ranger les sardines par couches alternées avec ces oignons, assaisonner de sel et de poivre, arroser d'un jus de citron et d'un filet de vinaigre, couvrir hermétiquement et faire cuire au four à l'étuvée.

On prend pour cette préparation soit un poêlon en terre ou mieux encore une de ces terrines de forme élégante qui se servent sur table. Ainsi présentées, elles n'en ont que plus d'originalité.

Sardines à la Colbert.

La tête supprimée, ouvertes et débarrassées de leurs arêtes, les assaisonner de sel et poivre.

Battre dans une assiette un ou deux œufs avec une cuillerée à bouche d'huile d'olive.

Passer les sardines dans la farine, les tremper

dans l'œuf battu et les rouler ensuite dans de la mie de pain blanche.

Faire cuire sur plaque beurrée et arrosées de beurre fondu à four très chaud. A défaut de four, les cuire dans une poêle en les retournant.

Les dresser ensuite en couronne en les arrosant, au moment de servir, d'une sauce Colbert.

Sardines à la Sicilienne.

Panées comme celles à la Colbert, les faire frire de même. En les servant, dresser sur chaque sardine une tranche de citron paré à vif, c'est-à-dire complètement débarrassé de l'écorce.

Verser tout autour un beurre noisette dans lequel on aura mélangé un hachis composé d'une cuillerée de câpres, deux filets d'anchois et un œuf dur.

Disposer tout autour du plat, en guise de décor, une bordure de tranches de citrons.

Sardines à la gelée en cocotte.

Les rouler en paupiettes en enfermant un filet d'anchois au milieu de chacune, les pocher dans une gelée de poisson, couler dans des petites cocottes ou même des toutes petites marmites en terre, deux cuillerées à bouche de cette même gelée, une fois prise, poser dessus une paupiette et juste assez de gelée pour qu elle en soit couverte, laisser refroidir et prendre.

Faire un décor quelconque avec des feuilles d'estragon trempées dans de la gelée liquide ; une fois fixées, mettre dessus une couche de gelée de 3 millimètres au plus et tenir au frais jusqu'au moment de servir.

Sardines grillées maître-d'hôtel.

Bien essuyées avec un linge, les rouler dans de l'huile pour les ranger ensuite sur le gril et faire cuire à feu clair, c'est-à-dire avec de la braise bien allumée ; les retourner en les assaisonnant et les dresser sur un plat en les arrosant d'un beurre maître-d'hôtel.

Sardines grillées sauce moutarde.

Les faire griller comme ci-dessus et servir en même temps qu'une sauce moutarde.

Sardines frites.

Essuyées proprement, les passer dans du lait, puis, après les avoir enfarinées les plonger à friture très chaude ; cinq à six minutes de cuisson suffisent.

Nous ferons observer ici que nous n'avons pas indiqué de vider les sardines pour les deux recettes qui précèdent.

On ne peut en user ainsi qu'à la condition de les avoir très fraîches, c'est-à-dire à proximité de la mer.

Au moindre doute, il faudrait les vider.

Au reste, la chose étant facultative, on doit se conformer au goût des convives.

Sardines pannées et frites.

Casser un œuf dans une assiette, le battre avec deux cuillerées à bouche d'huile et une pincée de sel et poivre. Tremper les sardines bien écaillées et vidées dans cette composition ; les rouler ensuite dans la panure et faire frire cinq à six minutes à grande friture.

Les servir avec une sauce remoulade.

Tourte de sardines.

Préparer une pâte feuilletée, en faire une abaisse ronde de 20 centimètres de diamètre et épaisse de 5 millimètres, le poser sur plaque mouillée, étendre dessus une couche de farce aux anchois.

Les sardines étant ouvertes comme pour la formule précédente, les ranger en couronne sur la farce et les couvrir de même. Ménager un espace de 2 centimètres tout autour de l'abaisse, non recouvert de farce, le mouiller et recouvrir le tout d'une abaisse pareille à la première. Souder les bords en appuyant dessus, dorer à l'œuf battu, décorer avec la pointe du couteau et faire cuire à four chaud.

Tourte aux anchois.

Lever les filets de sept à huit anchois, les faire légèrement dessaler en les laissant tremper quelques minutes à l'eau fraîche, les égoutter ensuite.

Préparer une pâte feuilletée et une farce anchois comme il est indiqué pour la tourte aux sardines et terminer en procédant exactement comme pour cette dernière.

Allumettes aux anchois.

Nettoyer les anchois comme nous venons d'indiquer ci-dessus. Préparer de même une pâte feuilletée ainsi qu'une farce aux anchois comme ci-devant.

Étendre la pâte au rouleau en deux abaisses de 3 millimètres d'épaisseur, larges de 12 centimètres, et longue de 40.

Sur l'une de ces abaisses et dans le sens transversal, déposer à l'aide d'un cornet garni de ladite farce, des cordons d'un centimètre et demi d'épaisseur et à distance égale entre chacun de 4 centimètres, ce qui fait 10 sur chaque bande.

Placer sur chacun un filet d'anchois, mouiller avec un pinceau trempé à l'eau les intervalles de chaque filet, appliquer soigneusement la seconde bande dessus et couper en dix morceaux que l'on pose sur plaque mouillée, dorer à l'œuf battu et cuire à four vif.

Farce aux anchois.

Mettre dans une casserole gros comme un œuf de beurre et deux cuillerées à bouche de farine, mélanger et mouiller avec un demi-verre de lait bouillant ; faire cuire quelques minutes pour obtenir une pâte très épaisse; retirer du feu, ajouter un œuf entier et trois jaunes, quatre anchois passés au tamis et assaisonnement nécessaire en ménageant le sel ; lier le tout sur le feu en remuant vivement.

Anchoyade.

Les anchois bien nettoyés et légèrement dessalés, les égoutter, en séparer les filets que l'on dépose dans une assiette avec quelques cuillerées de bonne huile d'olive, quelques gousses d'ail hachées et une bonne pincée de poivre.

Couper d'autre part sur le dessous d'un pain de ménage une large tartine ; déposer sur cette tartine les filets d'anchois et à l'aide de morceaux de pain coupés carrés, écraser les anchois. Tremper de temps en temps le pain dans l'huile de l'assiette, pour humecter la tartine (quelques personnes ajoutent à cette huile un filet de vinaigre).

Les morceaux de pain se mangent à mesure qu'ils sont bien imprégnés d'anchois et la tartine se grille en dernier lieu devant un bon feu clair.

Rien de plus engageant pour des amateurs que le parfum qui s'en dégage. Rien de plus délicieux que ce mets vraiment provençal.

L'anchoyade est le hors-d'œuvre presque de rigueur de tout déjeuner champêtre.

Dans certaines localités de la Provence, particulièrement dans les Bouches-du-Rhône, l'anchoyade prend le nom de Quichet.

Canapés de filets d'anchois.

Sur un pain de mie un peu rassis, couper des tranches de pain de forme rectangulaire ayant 5 à 6 centimètres de long sur 3 centimètres de large, les faire raidir sur le gril sans qu'elle prennent couleur. Ranger sur ces tranches ou canapés, 3 filets d'anchois en long, en laissant un peu d'espace à côté de chacun. Remplir cette place en alternant les nuances, avec du jaune d'œuf dur et blanc hachés séparément et mettre à chaque bout une pincée de persil haché.

Salade d'anchois.

Les filets d'anchois étant bien parés, dessalés quelques minutes à l'eau fraîche, puis bien égouttés, les ranger symétriquement dans des assiettes à hors-d'œuvre ou ravier. Former un dessin quelconque en agrémentant les formes avec de l'œuf dur haché blanc et jaune séparément, des fines herbes finement hachées, quel-

36

ques câpres, etc. Arroser de bonne huile d'olive et de quelques gouttes de vinaigre.

A. CAILLAT, chef de cuisine,
à Marseille.

N. B. — A la fin de ce chapitre des sardines, nous ne parlons que pour mémoire, des sardines à l'huile, dont le choix demande cependant une attention toute particulière ; en recommandant à nos lecteurs la marque Amieux-Frères, nous sommes certains d'avoir leur approbation.

POISSONS D'EAU DOUCE.

Matelote de carpes marinière.

Prenez 2 carpes œuvées de préférence, écaillez, videz et nettoyez-les ; coupez-les en tronçons et recueillez-en le sang dans une tasse ; faites revenir blonds douze petits oignons, mettez-les dans une cocotte avec du vin rouge, ajoutez les tronçons de carpes avec feuilles de laurier, un peu de thym, etc. ANNETTE.

Carpe au bleu.

Videz une carpe, sans lui ouvrir trop le ventre ; prenez garde de crever l'amer, et d'endommager ses écailles ; ôtez-lui ses ouies sans gâter la langue, et mettez-la dans une poisonnière ; salez et poivrez ; faites bouillir un demi-litre de vinaigre rouge, que vous verserez dans une ébullition sur votre carpe, pour lui donner une couleur bleu ; mouillez-la d'une braise maigre ou grasse ; couvrez-la d'un papier beurré ; faites-la cuire à petit feu ; sa cuisson achevée, égouttez-la ; placez votre carpe sur une serviette bien blanche, proprement arrangée sur votre plat, et, après, l'avoir couronnée de persil, servez-la.

(*Vieille cuisine.*)

Carpe en étuvée.

(Formule de « l'Hostellerie de l'Arbalète », à Noyon.)

Après avoir écaillé et vidé votre carpe, faites-la cuire en entier avec des petits oignons coupés en tranches, racines coupées en filets, persil, ciboule, thym, laurier, sel, poivre, une pinte (1 litre) de vin rouge, un morceau de beurre frais manié d'un peu de farine et un peu de vinaigre, sel, poivre ; la cuisson achevée, dressez la carpe sur un plat, passez votre cuisson au tamis, et faites-la réduire au point d'une sauce; ajoutez-y un anchois haché, câpres fines, et servez sur la carpe.

Carpe frite.

Videz, écaillez votre carpe, et fendez-la ensuite en deux morceaux par le dos ; ôtez-en la laite, ou les œufs ; après l'avoir passée dans la farine mettez-la dans une friture très chaude, faite avec du saindoux ou du beurre fondu; salez; quand la carpe est à moitié cuite, jetez dans la friture la laite ou les œufs ; faites cuire, et servez votre poisson garni de persil frit.

Carpe grillée sauce aux câpres.

Après avoir écaillé et vidé votre carpe, vous la mettez sur un plat avec du sel, du poivre et de l'huile ; posez-la ensuite sur le gril, à un feu modéré ; quand elle est grillée à point, vous la dressez sur votre plat, et la masquez avec une sauce aux câpres. (*Vieille cuisine*).

Moyen de faire passer aux carpes le goût de vase.

Celles que l'on pêche dans les lacs ou étangs

vaseux ont ordinairement un goût de bourbe qui empêche qu'on les mange avant de les avoir fait dégorger dans l'eau vive pendant une huitaine de jours. On peut néanmoins détruire ce mauvais goût en très peu de temps : il s'agit de faire avaler à la carpe qui vient d'être pêchée un verre de fort vinaigre. Il s'établit alors sur son corps une sorte de transpiration épaisse que l'on enlève en grattant plusieurs fois avec un couteau en même temps qu'on l'écaille. Quand elle est morte, sa chair se raffermit et est d'un goût aussi franc que si elle avait été pêchée dans une eau vive. De très bonnes cuisinières font mariner la carpe dans du vinaigre, poivre, sel, thym, laurier, muscade, les carpes qu'elles destinent à la friture, après les avoir préparées et ouvertes. (*Vieille cuisine.*)

Carpe à la Chambord.

(Formule des cuisines de la Maison Royale de France.)

Écaillez, videz et lavez. Levez la peau d'un côté, et piquez de lard fin ; emballez-la dans un linge, et la faites cuire au court-bouillon au vin. Etant cuite, vous la déballez et la servez du côté où elle est piquée ; glacez-la de ce même côté, et servez autour la garniture suivante : Mettez dans un bon jus des ris de veau blanchis, des quenelles de farce de poisson, des truffes, des crêtes de volaille et des laitances de carpes ; faites mijoter le tout dans le jus, un peu longtemps. Garnissez-en le tour de la carpe, sans rien mettre dedans, ni farce ni autre chose; ajoutez gros comme une noix de sucre à la sauce, en servant.

Carpe à la Provençale.

Mettez dans une casserole une carpe coupée par tronçons, avec de l'huile, un demi-litre de vin, un petit morceau de beurre manié de farine, sel, poivre, persil, ciboules, échalotes, champignons, le tout haché ; faites cuire et réduire à courte sauce et servez.

Tanches aux fines herbes.

Ayez des tanches vivantes, que vous limonez pour qu'elles ne sentent pas la bourbe ; pour cela vous versez dessus de l'eau presque bouillante, et les retirez promptement, écaillez-les en commençant par la tête, en prenant garde de les écorcher ; videz-les ensuite et faites-les mariner avec de l'huile, persil, ciboules, échalotes, le tout haché, thym, laurier, sel, poivre ; enveloppez-les avec toute leur marinade dans deux feuilles de papier beurré ; faites cuire sur le gril, dressez-les sur un plat, en ôtant le papier, le thym et le laurier, et servez dessus une poivrade ou une sauce blanche.

Les tanches se servent aussi en *matelote*, à l'*étuvée*, à la *poulette* ou *frites*.

Perche au bleu.

Otez les ouïes et videz : faites-la cuire dans un court-bouillon, comme il est indiqué. Quand elle est cuite, épluchez-la de ses écailles, dressez-la sur le plat que vous devez servir, et une sauce à l'huile dans une saucière.

(*Vieille cuisine lorraine.*)

Perches à la tartare.

Videz et écaillez trois moyennes perches, ensuite

hachez persil et fines herbes, échalotes, champignons ; faites mariner vos perches avec 2 cuillerées d'huile, jus de citron et assaisonnement : quand elles auront mariné deux heures, passez vos herbes et la composition au beurre, ajoutez la marinade et 3 jaunes d'œufs battus ; versez le tout sur votre poisson, et panez deux fois, faites griller, et servez sur une sauce tartare.

(*Vieille cuisine lorraine.*)

Brochet à la flamande.

Videz et parez un fort brochet, levez la peau d'un côté, et seulement les écailles de l'autre ; piquez de lard fin, carottes, cornichons, le côté où la peau est levée. Versez une bouteille de bon vin blanc dans une poissonnière, avec carottes coupées en lames, un oignon, un bouquet : faites réduire aux trois quarts, et passez au tamis. Faites fondre une demi-livre de beurre dans votre poissonnière, et posez votre brochet dessus, laissez revenir et mouillez ensuite avec la réduction, poivre, sel : couvrez le dessus pour prendre couleur, à feu doux. Servez sur la sauce réduite à glace, et garnissez comme à la tête de veau en tortue. (*Vieille cuisine lorraine.*)

Brochet en filets.

Le brochet que l'on a desservi de la table, peut s'utiliser, coupé par filets avec une sauce béchamel, ou avec une sauce aux câpres et aux anchois, on peut aussi l'introduire dans une matelote ou le servir encore, mariné.

Brochet farci.

Prenez un gros brochet, que vous écaillez,

videz par les ouïes et lardez finement de filets d'anchois et de lames de cornichons ; préparez une farce maigre que vous lui introduisez dans le corps, puis beurrez un papier sur lequel vous étendez des fines herbes et des épices, emballez soigneusement votre brochet dans ce papier, embrochez-le avec un grand hâtelet, attachez-le solidement à la broche et pendant la cuisson, arrosez-le de vin blanc et de beurre fondu : après complète cuisson servez-le avec une sauce piquante, ou une sauce blanche aux câpres.

Brochet rôti.

Mettez-le au four avec du beurre ; pendant la cuisson arrosez-le de vin blanc mêlé à de l'huile fine et un jus de citron ; quand il est cuit, liez la sauce avec de la fécule, ajoutez sel, poivre et cornichons hachés.

Brochet en fricassée de poulet.

Lavez-le, égouttez-le, puis coupez-le par tronçons que vous tournez sur le feu dans du beurre frais et de la farine, mouillez d'eau chaude et d'un peu de vin blanc, assaisonnez de sel, poivre, échalotes, ail, laurier et persil ; faites cuire doucement, et avant de servir, ajoutez une liaison de jaunes d'œufs et de bonne crème.

Matelote.

Ayez carpe, anguille, brochet, barbillon et quelques écrevisses ; après l'avoir nettoyé, coupez le poisson tout vivant par tronçons, faites un roux avec du beurre et une cuillerée à bouche de farine; lorsqu'il est de belle couleur, vous y mettez quelques petits oignons en ajoutant un peu de beurre, mouillez ensuite avec moitié vin rouge et bouillon maigre ; versez dans cette sauce le poisson que vous avez préparé; assaisonnez de sel, poivre, un bouquet garni de fines herbes ; faites cuire votre matelote à grand feu pendant une demi-heure. Quand vous êtes prêt à servir, passez au beurre quelques croûtons de pain, dont vous entourez votre matelote.

Brochet à l'étuvée.

Faites un roux avec du beurre et de la farine ; mettez-y une bonne demi-bouteille de vin rouge, un bouquet de fines herbes, 3 ou 4 clous de girofle, 20 à 24 petits oignons à moitié cuits, du poivre, du sel, et enfin le brochet coupé en morceaux ; faites mijoter à un feu doux jusqu'à complète cuisson ; ôtez le bouquet de fines herbes, mettez un morceau de beurre ajoutez 2 anchois hachés et une cuillerée de câpres; garnissez avec du pain frit, et versez la sauce sur le poisson ; joignez-y si vous le jugez à propos des fonds d'artichauts ou des champignons, etc.

Brochet à la tartare.

Préparé et coupé par morceaux, on le fait mariner avec de l'huile, sel, gros poivre, persil, ciboules, champignons, 2 échalotes, le tout haché très fin; on imbibe chaque morceau mariné, que vous parez avec de la mie de pain et les faites cuire sur le gril, en les arrosant avec le reste de la marinade ; cuit d'une belle couleur dorée; on le sert à sec sur le plat, et une sauce tartare dans une saucière.

Anguille à la poulette.

Dépouillez une anguille ; coupez-la en tronçons que vous mettez dans une casserole avec du sel, poivre, muscade et un bouquet garni ; passez-la au beurre et changez-la ; mouillez avec une bouteille de vin de Champagne ; ajoutez-y un maniveau de champignons ; votre anguille cuite, égouttez-la, dressez-la sur un plat avec des croûtons de pain frits entre chaque morceau ; mettez-la ou dans un vol-au-vent ou dans une croûte de pâté chaud ; faites réduire la sauce après l'avoir dégraissée, et lorsqu'elle est liée avec 3 jaunes d'œufs, passez-la à l'étamine et mélangez-y un morceau de beurre frais.

(On peut préparer ainsi le *brochet*, la *carpe*, la *tanche* et la *perche*).

Anguille à la tartare.

Dépouillez votre anguille ; coupez-la par tronçons, de moyenne grosseur ; faites-la cuire dans du court-bouillon avec un peu de sel ; lorsqu'elle est froide, vous l'égouttez dans de la mie de pain ; passez de nouveau et faites-lui prendre couleur sur le gril. Dressez-la sur un plat et servez dans une saucière une tartare dans laquelle vous incorporez la cuisson réduite de l'anguille.

Anguille aux montants de laitues romaines.

Après avoir coupé l'anguille en tronçons et l'avoir cuite comme une fricassée de poulet, prenez des montants de laitues romaines bien épluchés et faites-les cuire dans une eau blanche avec du sel et du beurre; égouttez-les et mettez-les avec l'anguille pour qu'ils en prennent le goût; liez sur le feu avec 3 jaunes d'œufs, délayés avec de la crème, un jus de citron et servez entouré de croûtons frits.

Anguilles à la Saint-Trojean.

Prenez des anguilles de 2 à 3 centimètres de diamètre, ayant la peau noire et lisse; pour les tuer, saupoudrez-les de sel marin et retournez-les dans la terrine; sous l'action du sel, la peau blanchit presque instantanément et le poisson, si vivace pourtant, meurt aussitôt.

Videz-les, essuyez-les simplement, placez-les sur un gril très chaud, beurrez et servez, c'est exquis! JEANNE D'OLÉRON.

Anguille à la broche.

Prenez une grosse anguille que vous dépouillez; coupez-la en tronçons de 8 à 10 centimètres; piquez-là de lard fin sur le dos; mettez mariner trois heures avec huile, sel, laurier, oignons et persil en branches; retirez de la marinade, attachez vos tronçons à une brochette en bois en les séparant par des morceaux de pain de la même grandeur et d'une bonne épaisseur, fixez votre brochette à la broche, arrosez de beurre et servez soit avec une rémoulade ou une sauce poivrade.

Anguille frite.

Dépouillez une anguille et nettoyez-la : coupez par morceaux de 3 pouces (6 cm.) de long : mettez-la dans une casserole avec demi-bouteille de vin blanc, tranches d'oignons, carotte, thym, laurier, bouquet garni; assaisonnez de sel et d'épices : ajoutez un peu d'eau. Quand elle sera cuite, égouttez-la : passez le fond au tamis. Mêlez avec un fort morceau de beurre, 2 cuillerées de farine, muscade râpée, mouillez avec votre fond. Quand la sauce sera liée, ajoutez une liaison de 3 œufs et votre anguille; quand elle sera froide, panez à la mie de pain, à l'œuf et une seconde fois à la mie de pain; faites frire au moment de servir; servez dessous une sauce tomate ou italienne.

(*Vieille cuisine lorraine.*)

Anguille marinée grillée.

Dépouillez une anguille, et coupez-la par morceaux, sautez-la deux minutes dans une casserole avec un morceau de beurre : versez-la dans un plat creux, ajoutez sel, poivre, muscade, persil, fines herbes, champignons, une échalote, ciboule, le tout haché, une cuillerée d'huile; quand elle aura mariné deux à trois heures, panez de mie de pain et faites griller. Versez dessous une sauce piquante ou aux anchois.

(*Vieille cuisine lorraine.*)

Anguille piquée.

Étant dépouillée et épluchée, piquez-la de lard fin sur le dos et roulez-la sur un plat, le dos et les lardons en dessus : qu'elle n'excède pas l'intérieur du plat sur lequel vous la retenez avec des hâtelets (ou brochettes de bois) et de la ficelle graissée. Vous mettez dans une casserole un morceau de beurre, oignons, carottes en tranches, ail, laurier, thym, basilic, branches de persil, sel, épices, faites revenir dans le beurre et mouillez avec eau ou bouillon; si c'est au gras, versez vin blanc ou vinaigre; faites bouillir. Au bout d'une heure, passez la marinade au tamis et versez-la sur l'anguille que vous faites cuire au four. Vous la servez, si vous voulez, sur un ragoût de chicorée, d'oseille, etc., et en ajoutant une autre sauce, tartare, tomate, etc.

(*Vieille cuisine lorraine.*)

Tanches frites.

Après avoir vidé et bien lavé vos tanches dans un linge, vous les ouvrez par le dos; vous les saupoudrez avec un peu de sel; vous les frottez de farine et les mettez dans une friture de saindoux bouillant; faites-leur prendre une belle couleur; faites une sauce avec un anchois, des champignons, des truffes et des câpres, le tout haché bien menu, et mijoté dans du jus de viande avec le jus d'un citron, ou un peu de coulis de poisson. (*Vieille cuisine lorraine.*)

Ragoût de laitances.

Faites réduire une demi-bouteille de vin de Champagne avec un bouquet garni; quand elle est réduite, ôtez le bouquet, et mettez à la place quelques cuillerées d'espagnole et du consommé; clarifiez cette sauce, et réduisez-la ensuite à son point; faites blanchir légèrement les laitances de carpe; faites-les mijoter quelques minutes dans leur sauce. (*Vieille cuisine lorraine.*)

Anguilles en rissoles.

Coupées par tronçons, on les fend en deux pour prendre une partie de la chair et en faire une farce, on met cette farce sur chaque morceau, après les avoir roulés et ficelés, on les fait cuire avec du vin blanc et bon assaisonnement. Ensuite on les retire pour les mettre égoutter; étant froids, les ficelles ôtées, on les trempe dans de l'œuf battu pour les paner de mie de pain, les faire frire et servir garnies de persil frit.

(*Vieille cuisine lorraine.*)

TRUITE

Il y a plusieurs espèces de truites qui diffèrent entre elles par leur grosseur et leur couleur; la saumonée est plus grande que les autres. Les grosses truites se servent comme le saumon.

Petite truite à la génevoise.

Faites cuire au court-bouillon au vin. Mettez à la casserole un morceau de beurre avec champignons, persil et échalotes hachés. Lorsque ces fines herbes sont revenues un instant sur le feu, ajoutez une croûte de pain, cuite dans le court-bouillon et passée en purée, délayez avec du court-bouillon passé au tamis. Égouttez la truite et servez sur la sauce.

Truites frites.

Il ne faut pas qu'elles pèsent plus d'un quart. Quand elles sont frites dans de l'huile d'olive, saupoudrées de sel et que le plat est orné de tranches de citron, ce mets, dit l'auteur de la *Physiologie du goût*, est digne d'un cardinal.

Truites à la Saint-Florentin.

Choisissez de belles truites que vous videz par les ouïes et que vous farcissez avec du beurre manié de fines herbes, sel et poivre. Faites cuire dans une poissonnière avec de bon vin blanc en quantité suffisante pour qu'il recouvre de 3 centimètres le poisson; ajoutez une croûte de pain, des oignons, bouquet garni, muscade, clous de girofle, sel et poivre; faites cuire à feu clair, de façon à ce que le vin s'enflamme, et lorsque vous le voyez prêt à s'éteindre, ajoutez du beurre manié de farine. Dressez sur un plat et versez sur le poisson la cuisson passée au tamis.

ANNETTE.

Barbeau à la mode du Périgord.

Pilez dans un mortier 5 à 6 gousses d'ail, du persil, poivre et sel, délayez avec un litre ou un demi-litre de vin blanc suivant la grosseur du poisson à cuire; mettez ce court-bouillon dans une poissonnière, ajoutez le poisson, mettez le tout sur le feu; d'autre part faites un roux dans une casserole avec beurre et farine, délayez-le avec quelques cuillerées du court-bouillon déjà préparé et versez ensuite sur le poisson; faites cuire pendant une heure, en ayant soin, toutes les dix minutes de retirer une petite quantité de court-bouillon et de le mettre dans la casserole ayant servi pour le roux, puis de le reverser sur le poisson, cette opération a pour but d'épaissir la sauce.

On sert le poisson dans un plat creux, recouvert de son court-bouillon, qui remplace une sauce; on peut garnir le plat de croûtons frits dans le beurre. JANE DE TOULOUSE.

Le *Brochet*, l'*Anguille*, la *Carpe*, la *Perche* et la *Tanche*, se préparent de la même façon.

Barbeau à la mode de Touraine.

(Formule de l' « Hostel des Trois Barbeaulx » à Tours).

Choisissez un barbeau de 3 ou 4 livres, écaillez et videz-le, lavez-le à grande eau, marinez-le pendant deux heures avec 2 cuillerées d'huile d'olive et un petit verre de cognac. Versez dans une poissonnière, une pinte de vieux vin rouge (1 litre) avec gousse d'ail, oignons, persil, échalotes, ciboules ; assaisonnez.

Déposez le barbeau dans ce bain aromatisé, cuisez-le jusqu'à réduction des trois quarts.

Dans une casserole, faites fondre à part un quarteron (125 grammes) de beurre frais, faites-y revenir un quarteron (125 grammes) de champignons, versez-y deux cuillerées de crème fraîche. Passez à la passoire fine, dans cette cuisson, la sauce réduite et laissez cuire doucement pendant vingt minutes.

Déposez le barbeau dans un plat, sur des croûtons beurrés et grillés, couvrez-le de la sauce et servez.

Le *Brochet*, l'*Anguille*, la *Perche*, la *Tanche* et la *Carpe* se préparent de la même façon.

GRENOUILLES (1).

Grenouilles en fricassée de poulet.

Mettez sur le feu beurre frais et farine, tournez un instant, jetez-y les grenouilles, remuez-les et ajoutez de l'eau ainsi que tous les assaisonnements ordinaires. Faites ensuite une liaison de jaunes d'œufs avec ou sans crème. Si c'est pour

(1) On enlève la tête des grenouilles, on les écorche, on coupe les pattes à la hauteur des chairs.

garniture de vol-au-vent, tenez la sauce bien épaisse.

Grenouilles en ragoût.

Faites un roux d'un beau jaune, tournez-y les grenouilles, mouillez avec de l'eau, persil, ail, échalotes et laurier, faites cuire et servez.

Grenouilles au beurre.

Mettez dans une poêle un bon morceau de beurre, ajoutez vos grenouilles quand le beurre est fondu, salez et poivrez et laissez cuire douce ment.

Grenouilles frites.

Procéder comme pour les poissons frits; ou bien, trempez-les dans une pâte à beignets et faites cuire sur feu modéré.

Grenouilles en omelette.

Après avoir fait cuire au beurre vos grenouilles, battez des œufs comme pour une omelette ordinaire et versez-les dans la poêle où sont les grenouilles, laissez cuire et servez

Grenouilles à la poulette.

Prenez des grenouilles bien propres, faites-les dégorger deux heures dans de l'eau et du lait.

Emincez une carotte et un oignon, faites-les revenir dans du beurre, jetez-y vos grenouilles; cinq minutes après saupoudrez-les de farine et mouillez avec moitié vin blanc et moitié eau chaude, ajoutez sel, poivre et persil, faites bouillir et retirez du feu; quand les grenouilles sont cuites, passez la sauce, liez-la avec 2 ou 3 jaunes d'œuf et finissez-la avec un jus de citron, versez sur les grenouilles et servez.

Escargots à la provençale.

Lavez vos escargots dans cinq ou six eaux différentes, mettez-les dans une casserole remplie d'eau froide, puis sur un feu doux que vous activez ensuite.

Ayez soin d'écumer, comme on procède pour le pot-au-feu, mettez en même temps un bouquet garni, thym, laurier, etc., sel et poivre. Après trois heures de cuisson, goûtez, et si vos escargots sont cuits, égouttez-les soigneusement.

Pendant que cuisent vos escargots, pilez dans un mortier un fort bouquet de persil, une tête d'ail, deux anchois, douze noix, un échaudé et un brin de menthe. Mettez-le tout à roussir avec un peu d'huile d'olive; après avoir fait un roux, joignez-y vos escargots et laissez cuire une demi-heure environ; au moment de servir, montez 2 ou 3 jaunes d'œufs avec la valeur d'un verre de la cuisson des escargots, délayez-y un peu de farine et versez dans la casserole. Il faut agiter souvent et faire sauter. THÉRÈSE.

Escargots à la bourguignonne.

Après avoir fait jeûner pendant une quinzaine de jours les escargots dans un panier, quand on veut les cuire, on les met pendant quelques heures dans un vase avec deux ou trois poignées de son, du sel et du vinaigre pour les faire dégorger. On les lave ensuite à plusieurs eaux et on les fait cuire avec des aromates. Quand ils sont cuits et égouttés, on les retire de leur coquille, on enlève les boyaux, on lave soigneusement la coquille, puis on y replace un escargot et l'on prépare un beurre à escargots de la manière suivante :

Pour 50 escargots :
400 grammes de beurre frais,
3 gousses d'ail hachées et pilées,
une cuillère de persil haché,
une cuillère de chapelure blanche,
sel et poivre.

Mélangez intimement le tout, afin d'avoir un beurre bien assaisonné ; bouchez alors l'ouverture de la coquille avec une noisette de beurre préparé, mettez au four sur un plat spécial et servez très chaud, quand le beurre commence à frire.

Escargots Caudéranaise..

Pour 300 escargots ordinaires, ayant bien jeûné et que vous aurez fait dégorger et bien lavés.

Mettez dans une casserole 80 grammes saindoux, que vous faites chauffer, ajoutez 100 grammes jambon crû haché avec une trentaine d'échalotes et 6 gousses d'ail, que vous faites revenir doucement ; une fois revenu, ajoutez une assiette à soupe de mie de pain, mouillez avec du vin blanc et du bouillon, un bouquet de persil, thym, laurier.

Faites cuire vos escargots dans cette sauce, jusqu'à ce que l'escargot puisse sortir facilement de sa coquille.

Ranciat chef de cuisine.

Cagouilles oléronnaises.

Ramasser délicatement dans son jardin des petits escargots blancs et ronds, les laisser jeûner quelques jours avec un peu de farine, les nettoyer et les faire cuire à l'eau bouillante salée; les servir avec des pommes de terre bouillies, accompagnés soit d'une sauce blanche, d'une vinaigrette ou même de beurre fondu.

On peut ajouter à la cuisson des escargots, soit feuilles de figuier ou de fenouil. C'est bon !

JEANNE D'OLÉRON.

VIANDE DE BOUCHERIE

BŒUF

Bœuf bouilli.

Prenez un morceau de 2 à 3 kilos de culotte de bœuf, désossez et ficelez-le; mettez-le dans une marmite avec des débris ou parures de boucherie et un abatis de volaille, placez cette marmite sur un feu modéré, non pleine d'eau entièrement, et écumez-la doucement; après qu'elle aura un peu bouilli, vous y mettrez du sel, 2 navets, 6 carottes, 6 oignons dont un piqué de trois clous de girofle, un bouquet de poireaux, mettez-la doucement jusqu'à parfaite cuisson, après quoi vous retirez votre pièce de la marmite et la servirez, soit avec du persil en branche ou une garniture d'oignons et de légumes,

Bœuf en miroton.

Coupez votre bœuf cuit la veille, en tranches fort minces ; mettez, dans le plat dans lequel vous le devez servir, deux cuillerées de jus, avec de l'oignon, du persil, de la ciboule, des câpres, des anchois, une petite pointe d'ail ou d'échalotes, le tout hâché très fin, ajoutez-y du sel et du gros poivre; arrangez dessus vos tranches de bœuf et assaisonnez-les par-dessus comme vous l'avez fait par-dessous; mouillez légèrement; couvrez votre plat et faites bouillir à petit feu sur un fourneau pendant une demi-heure ou trois quarts d'heure, et servez à courte sauce.

Bœuf à la mode.

Ayez un morceau de tranche de bœuf de 5 à 6 livres, que vous piquerez également de lard bien frais; mettez-le dans une casserole avec un bon verre de madère, deux cuillerées de cognac, quelques petits morceaux de lard, un ail, deux ou trois échalotes, des petits oignons entiers, deux carottes, sel, poivre, un bouquet de persil, thym, laurier, un piment, un pied de veau, et quelques couennes de porc; faites cuire à feu doux, en ayant grand soin que votre casserole soit bien fermée; faites mijoter pendant cinq ou six heures, après quoi, vous retirerez votre morceau de bœuf et le ferez revenir dans une autre casserole; quand il aura pris une belle couleur, servez-le sur un plat, entouré de tout son assaisonnement.

Bœuf braisé.

Choisissez un beau morceau de la culotte de bœuf, que vous lardez ou non, mettez-le dans une braisière avec moitié beurre, moitié graisse, quelques bardes de lard, un pied de veau coupé en morceaux et quelques couennes de lard peu salé, pour rendre la sauce gélatineuse, sel, poivre, un bouquet de persil, thym, laurier, clous de girofle, oignons et carottes; ajoutez un bon verre de vin blanc, un demi-verre de cognac et un verre de bouillon ; faites cuire à petit feu pendant plusieurs heures, en ayant soin de couvrir le bœuf d'un papier beurré et en fermant hermétiquement la braisière afin d'éviter l'évaporation.

Bœuf à la bordelaise.

Prenez un morceau d'aloyau bien tendre, enlevez la graisse et les peaux, faites-le mariner au moins douze heures avec de la bonne huile, sel, poivre, persil, laurier, échalotes et oignons coupés en tranches. Faites-le rôtir à petit feu avec beurre et graisse, laissez-cuire une heure et demie ou deux heures, suivant la grosseur, servez-le avec une sauce faite de la marinade que vous passez et joignez à un roux, ajoutez-y vinaigre et jus de viande et quelques cornichons au moment de servir.

Bœuf au gratin.

Coupez en tranches égales, du bœuf froid de desserte, faites fondre un peu de beurre dans un plat allant au four, quand le beurre est fondu saupoudrez le fond du plat d'un peu de chapelure, rangez ensuite les tranches de bœuf, recouvrez-les de champignons coupés en lames, d'un oignon, d'une ou deux échalotes et de quelques branches de persil hachés, mouillez avec un peu de bouillon et quelques cuillerées de tomate ; recouvrez de chapelure et laissez cuire au four un quart d'heure avant de servir.

Bœuf maître d'hôtel.

Coupez en tranches du bœuf ayant même servi à faire du bouillon ; faites fondre dans une casserole du beurre; une fois chaud, mettez-y les tranches de viande avec persil haché, sel et poivre, cuisez un instant, puis dressez la viande sur un plat, servez dessus la maître d'hôtel, ajoutez un jus de citron et servez.

Biftecks.

Prenez du filet, de l'aloyau ou un autre morceau bien tendre, que vous coupez en carrés longs et d'un bon centimètre d'épaisseur, assaisonnez de sel, poivre et d'un peu d'huile, faites-les griller à bon feu en les retournant, servez avec du beurre et persil haché.

Biftecks au beurre d'anchois.

Préparez des biftecks, comme il est dit ci-dessus, quand ils sont cuits servez-les sur un bon beurre d'anchois dont vous avez garni le milieu du plat et que vous avez fait fondre au bain-marie.

Biftecks sautés madère et champignons.

Ayez des biftecks un peu minces, faites-les sauter dans une casserole avec du beurre, pendant dix minutes. Retirez-les; avec le beurre de leur cuisson, faites un léger roux, mouillez avec un demi-verre de madère et un peu de bon jus, joignez-y quelques champignons que vous aurez fait sauter un instant dans du beurre, laissez cuire un quart d'heure, remettez les biftecks dans cette sauce, laissez-les quelques instants et servez.

Bifteck Richardin.

Prenez des biftecks en filet, faites-les cuire sur le gril, assaisonnez; hachez des œufs, que vous avez fait durcir (un œuf par bifteck). Mélangez-y des fines herbes, arrosez le tout d'un jus de citron, salez et poivrez, prenez un plat bien chaud sur lequel vous étendrez votre garniture, placez-y les biftecks, couvrez-les de beurre bien frais, chauffez à feu doux et servez.

Entrecôte à la Maître d'hôtel.

Prenez une entrecôte un peu épaisse, assaisonnez-la d'un peu de sel et de poivre, mettez-la sur un gril bien propre et faites-la cuire à feu modéré; quand le jus commence à paraître, tournez-la et faites cuire de même l'autre côté, mettez-la sur un plat avec une bonne maître d'hôtel. (Voir sauce maître d'hôtel.)

Entrecôte au cresson.

Faites cuire comme ci-dessus une entre-côte, entourez le plat que vous devez servir, de cresson finement épluché et assaisonné d'un peu de sel et de vinaigre.

Entrecôte au beurre d'anchois.

Préparez l'entrecôte comme le bifteck au beurre d'anchois. (Voir bifteck au beurre d'anchois).

Biftecks à la Paysanne.

Beurrez un plat à gratin, mettez un oignon émincé; coupez en rondelles des pommes de terre épluchées, garnissez-en le fond du plat, placez ensuite au-dessus, cinq ou six biftecks, pris dans le filet, saupoudrez-les d'un autre oignon haché, assaisonnez, mettez encore une autre couche de pommes de terre, mouillez avec du bon bouillon, couvrez bien le plat et faites cuire pendant une heure au four doux. Servez dans le plat de la cuisson.

CHARLOTTE.

Tournedos aux fonds d'artichauts truffés.

Faites sauter des petits cœurs de filets au beurre. Les dresser sur croûtons et détacher la casserole avec un demi-verre de madère, un peu de glace de viande et de consommé. Puis saucer sur le filet et garnir de petits fonds d'artichauts farcis, d'une purée de champignons et de truffes.

Aloyau à la Gombervaux.

Vous levez le filet d'un aloyau que vous coupez en tranches assez minces, cuisez-les dans une casserole avec une sauce aux câpres, anchois, champignons, une pointe d'ail, le tout haché, passé dans un peu de beurre et mouillé avec un bon coulis. Quand vous avez dégraissé la sauce, assaisonnez-la de bon goût; mettez-y les tranches de filet avec le jus de l'aloyau, faites chauffer sans bouillir et servez sous l'aloyau.

Entrecôte bordelaise.

Faites chauffer dans une petite casserole émaillée, à fond plat, 50 grammes de beurre; lorsqu'il est clair, jetez dans la casserole une demi-cuiller d'échalotes hachées et un verre de vin rouge, laissez réduire et ajoutez une cuiller à café d'extrait de viande; lorsque la réduction est complète, mettez sel, poivre et muscade, et incorporez en remuant 60 grammes de beurre frais et une pincée de persil haché.

Retirez votre entrecôte du gril, et arrosez-la avec cette sauce: servez avec l'entrecôte un citron coupé.

Toutes ces entrecôtes, de bon bœuf tendre surtout, réclament un bon assaisonnement relevé souvent par une pointe de cayenne ou de carry.

C'est de la cuisine de ménage faite au moment, bien conditionnée et servie à point.

Entrecôte aux pommes de terre frites.

Servez votre entrecôte cuite comme à l'ordinaire et entourée de pommes de terre frites.

Entrecôte sauce piquante.

Cuisez l'entre-côte comme à l'ordinaire et arrosez-la d'une sauce piquante au citron. (Voir sauce piquante au citron.)

Entrecôte sauce Bercy.

L'entrecôte une fois cuite suivant les principes ordinaires, servez-la entourée d'une sauce Bercy. (Voir sauce Bercy).

Entrecôte aux champignons et vin blanc.

Prenez une entrecôte un peu mince, mettez-la dans une casserole avec du beurre, assaisonnez, faites-la revenir pendant dix minutes, retirez-la ; avec le beurre de la cuisson faites un roux que vous mouillez avec un verre de bon vin blanc, mettez-y un bouquet garni et quelques champignons parés et ciselés, laissez cuire vingt minutes et ajoutez un instant avant de servir, un peu de glace de viande.

Filet de bœuf Béarnaise

Prenez un filet de bœuf, piquez-le, assaisonnez-le et enduisez-le d'un morceau de beurre gros comme une noix, que vous avez fait fondre dans une casserole, faites cuire au four ou à la broche, (un quart d'heure par livre), une fois cuit entourez-le d'une sauce Béarnaise. (Voir sauce béarnaise.)

Filet de bœuf aux champignons farcis.

Préparez un filet de bœuf, comme ci-dessus. D'un autre côté ayez de beaux champignons, que vous épluchez et lavez sans les faire tremper, égouttez-les bien, coupez les queues, hachez-les avec le quart de leur volume de persil haché et autant d'échalotes également hachées, passez le tout sur le feu avec un morceau de beurre, faites un léger roux mouillé de bouillon, ajoutez un peu de bon jus, laissez réduire; lorsque cette farce aura pris consistance, garnissez-en les champignons, saupoudrez-les de chapelure, mettez-les sur un plat beurré allant au four, faites cuire un quart d'heure, arrangez-les autour du filet et servez-les en faisant passer, en même temps le jus du rôti dans une saucière.

Entrecôte à la moelle.

Prenez une belle entrecôte, assaisonnez-la avee sel, poivre et huile, faites-la griller à bon feu pendant dix ou douze minutes en ayant soin de la retourner. Faites fondre quelques tranches de moelle de bœuf, ajoutez-y un peu de glace de viande, persil et échalotes hachés, un jus de citron, placez dessus votre entrecôte, et servez avec un morceau de beurre manié.

Entrecôte Béarnaise.

Faites griller une entrecôte, dressez-la sur un plat, couvrez-la d'une sauce Béarnaise et entourez-la de pommes de terre à l'anglaise, servez très chaud. (Voir sauce béarnaise.)

Filet de bœuf au madère.

Prenez un filet de bœuf, parez-le et piquez-le, faites-le cuire ensuite au four comme pour le rôtir, retirez-le aux trois quarts de la cuisson et finissez de le cuire dans une sauce madère préparée comme il est dit (sauce madère); ajoutez le jus du rôti et servez.

Escalopes de filet de bœuf.

Coupez des tranches de filet de bœuf d'un bon centimètre d'épaisseur, parez-les, faites-les sauter dans du beurre chaud, salez et poivrez, servez les soit au jus ou à telle sauce que vous choisirez.

Filet de bœuf à la chipolata.

Prenez un demi-filet piqué, que vous placerez dans une casserole sur une garniture de carottes, oignons émincés, bardes de lard et aromates. Assaisonnez avec un peu de bouillon et faites réduire. Mouillez à nouveau, faites bouillir un quart d'heure, retirez du feu; fermez la casserole et cuisez pendant une heure un quart ou une heure et demie. Après ce temps, égouttez le filet. Passez la cuisson, dégraissez et liez-la avec du beurre manié ; ajoutez une garniture chipolata ou petites saucisses préalablement cuites au bouillon ou au vin blanc. Faites bouillir et retirez sur le côté. Dressez le filet sur un plat avec la garniture autour.

Filet de bœuf piqué à la broche.

Vous le dégraissez et le parez proprement, vous le piquez de lard par-dessus aux deux extrémités et laissez le milieu sans être piqué; faites-le mariner pendant plusieurs jours avec de l'huile, oignons, persil et jus de citron, vous le trousserez et le ferez cuire à la broche d'une belle couleur; mettez alors dessous la sauce que vous jugerez la meilleure pour relever votre bœuf.

Filets mignons à la Périgueux.

Piquez de lardons, des filets de mouton fins, marinez-les pendant vingt-quatre heures dans du vin blanc avec sel et poivre et quelques rondelles de truffes. Égouttez-les et séchez-les dans un linge avant la cuisson. Mettez du beurre dans une casserole, faites-y revenir les filets; lorsqu'ils auront pris une belle couleur, mouillez-les de quelques cuillerées de jus et d'un petit verre de madère. Ajoutez quelques truffes coupées en lames très minces, laissez cuire, casserole couverte, pendant vingt minutes. Retirez et dressez vos filets dans un plat chaud, versez les truffes et la sauce au milieu, et servez accompagné d'une sauce Périgueux, mise à part dans une saucière.

Tournedos Rossini.

Prendre quatre beaux morceaux de filet (sur le milieu autant que possible), et d'une épaisseur de 3 à 4 centimètres. Partager chaque filet en deux sur son épaisseur, et aplatir légèrement chaque partie. Assaisonner, sel et poivre et sauter vivement au beurre clarifié, puis égoutter le beurre et détacher le fond de la casserole avec un peu de madère. Ajouter de la sauce espagnole bien réduite et claire, juste pour saucer l'entrée, ainsi que quatre ou cinq lames de truffes par tournedos. Relever avec un peu de quatre épices. Dresser les morceaux de filet en couronne, sur des croûtons en croissants passés au beurre, et poser, sur chaque, une petite escalope de foie gras, pochée au four. Dresser les lames de truffes en couronne autour de cette escalope et masquer, c'est-à-dire bien saucer l'entrée. Envoyer le surplus de la sauce à part. On doit opérer très vivement, car les tournedos doivent rester légèrement saignants.

Filet de bœuf à la Saint-Germain.

Prenez un filet de bœuf; après l'avoir dénervé piquez-le finement; parez et ficelez-le, mettez-le dans une braisière sur un fond de couennes de lard, mettez-y carottes et oignons émincés; faites revenir; quand le morceau est doré, mouillez-le, avec du bouillon et faites réduire à glace. Versez maintenant dans la braisière, deux décilitres de madère et du bouillon, jusqu'à moitié du filet; couvrez d'un papier beurré et faites cuire en arrosant la cuisson, un quart d'heure par livre. Avant de servir, dressez sur un plat, en entourant le filet de pois frais, de navets, de carottes et de petites pommes de terre. Envoyez avec une sauciére de béarnaise.

Filet de bœuf des « Nautes ».

Au moment des chasses, dédié aux maîtres désireux de varier le menu de leurs déjeuners, avant les battues des grands jours. C'est la recette d'un mets « national », conservé traditionnellement par les mariniers du Rhône, depuis la corporation des « Nautes », si favorisée par les édits des empereurs.

Prenez un filet de bœuf ou une entrecôte, suivant les goûts, que vous faites couper en tranches un peu épaisses. Mettez dans une casserole profonde en cuivre; avec de l'oignon coupé par-dessus et du beurre. Salez et poivrez largement. Alors, placez sur le feu et faites cuire à l'étouffée, impénétrablement. Lorsque la viande est cuite, un peu roussie, prenez vivement une petite gousse d'ail (n'ayez pas peur!), du persil bien frais, un anchois, un cornichon ou deux, selon la grosseur; hachez le tout très finement, jetez dans la casserole et faites achever la cuisson. Au moment de servir, si la sauce, qui provient presque uniquement du jus de la viande et doit être abondante, se trouve un peu courte, allongez-la avec du bouillon; liez, au dernier moment, avec un peu d'huile d'olive, — et servez !

Les convives trouveront là un plat digne des dieux — des dieux bien portants — et célébreront à l'envi la gloire de la « grillade » des « patrons » de Givors, Condrieu, Serrières et autres villes saintes du grand fleuve français.

(*Le Figaro*).

Filet de bœuf sauce Chateaubriand.

Préparez un morceau de filet de bœuf comme à l'ordinaire, faites-le cuire à point, quand il est cuit servez-le, soit entouré de truffes ou de champignons, saucez avec la sauce Chateaubriand et servez.

Langue de bœuf braisée.

Faites bouillir dans une marmite d'eau, garnie comme un pot-au-feu de légumes, une langue de bœuf bien échaudée et lavée ; après deux heures, retirez la langue au moyen d'une fourchette, puis enlevez la peau blanche (muqueuse) qui l'enveloppe, commencez par la pointe de la langue, méttez ensuite votre langue dans une casserole ovale avec un peu de beurre, laissez-la colorer des deux côtés, garnissez avec une poignée de petites carottes nouvelles, dix petits oignons épluchés, une gousse d'ail, deux échalotes, un bouquet bien garni de thym et laurier, deux verres vin blanc, un verre madère, laissez mijoter tout cela pendant une heure, versez ensuite la cuisson de la langue dans une petite casserole, ajoutez une cuiller à café d'extrait de viande, retirez la langue de la casserole, posez-la sur un plat, entourez avec la garniture de carottes et oignons et un bouquet de pommes de terre cuites à l'eau, versez le jus réduit par-dessus, et servez. (Même travail pour les langues de veau.)

Langue de bœuf en paupiettes.

(Formule du cabaret de la Lamproye à Chinon).

Prenez une langue de bœuf dont vous ôtez le cornet et faites-la blanchir dix minutes à l'eau bouillante ; mettez-la cuire dans le pot-au-feu jusqu'à ce que la peau puisse s'enlever, elle ne gâtera pas votre bouillon ; ôtez-en la peau, et mettez-la refroidir, coupez-la en tranches minces, dans toute sa largeur et sa longueur ; couvrez chaque morceau avec de la farce de godiveau ou autre farce de viande, de l'épaisseur d'un petit écu ; passez un couteau trempé dans l'œuf sur la farce ; roulez-les ensuite, et les embrochez dans un attelet ; après avoir mis à chacune une petite barde de lard, faites-les cuire à la broche ; quand elles seront presque cuites, jetez de la mie de pain sur les bardes ; faites-leur prendre une couleur dorée à feu clair, et servez-les avec une sauce piquante dessous.

Langue de bœuf aux cornichons.

Après avoir fait dégorger votre langue, faites-la blanchir pendant une demi-heure ; mettez-la ensuite rafraîchir : lorsqu'elle sera refroidie, vous la parerez ; prenez des lardons que vous assaisonnerez avec du sel, du gros poivre, des quatre épices, du persil et des ciboules, hachés très menus ; piquez votre langue avec ces lardons assaisonnés, et faites-la cuire dans une casserole, dans laquelle vous jeterez quelques bardes de lard, quelques tranches de veau et de bœuf, des carottes, des oignons, du laurier, du thym et plusieurs clous de girofle ; mouillez votre cuisson avec du bouillon ; laissez cuire votre langue à petit feu pendant quatre heures ; au moment de la servir, ôtez la peau de dessus ; ayez du coulis roux dans lequel vous mettrez des cornichons bien hachés. (*Vieille formule.*)

Palais de bœuf en blanquette.

Nettoyez quatre palais de bœuf, que vous ferez cuire dans un blanc ; au bout de cinq ou six heures, égouttez-les, coupez-les par morceaux, et placez-les très légèrement ; faites ensuite clarifier et réduire quelques cuillerées de coulis blanc, et, au moment de servir, incorporez dans cette réduction un quarteron (125 grammes) de bon beurre et un peu de jus de citron, surtout ne pas la laisser bouillir, car elle tournerait en huile; mettez-y vos palais de bœuf, bien égouttés et bien chauds, et dressez le tout proprement sur un plat.

(*Vieille formule.*)

Cervelles de bœuf en matelote.

(Formule de l'hôtellerie du Roy Henry à Bourges).

Après avoir nettoyé les cervelles, ôté le sang caillé, enlevé la petite peau et les fibres qui y sont entremêlées, vous les faites dégorger pendant quelques heures, faites-les cuire pendant une demi-heure au plus avec du vin ou du vinaigre, oignons, thym, laurier, persil, sel et eau. Quad elles sont cuites, passez au tamis, faites passer aussi des petits oignons dans le beurre jusqu'à ce qu'ils aient pris une belle couleur; saupoudrez avec une pincée de farine; mouillez avec le vin dans lequel ont cuit vos cervelles; ajoutez-y des champignons si bon vous semble; dressez vos cervelles, et jetez votre ragoût dessus avant de servir.

Cervelles de bœuf marinées.

Cette marinade se fait avec un morceau de beurre manié de farine, un peu d'eau, sel, poivre, vinaigre, ail, échalotes, quelques clous de girofle, persil, ciboule; faites-la tiédir en la remuant sur le feu; après quoi mettez-y votre cervelle de bœuf, préparée et bien dégorgée, coupée par tranches épaisses d'un dêmi-doigt; faites mariner environ deux heures, faites égoutter et farinez ; après qu'elle est frite, servez-la avec du persil frit. (*Vieille formule.*)

Cœur de bœuf à la poivrade.

Ayez un cœur de bœuf que vous couperez en tranches, et que vous ferez mariner pendant plusieurs jours, comme le filet de bœuf piqué ; au moment de servir, faites-le griller, et mettez dessous une sauce à la poivrade.

(*Vieille formule.*)

Gras-double à la rhutenoise.

Prenez 500 grammes de gras-double préparé, faites-le blanchir dans de l'eau, avec un bouquet garni, un oignon, sel et poivre ; après vingt minutes de cuisson, passez-le et conservez son eau.

Faites alors revenir dans la graisse, quelques petites tranches fines de jambon ; une fois revenu, retirez-le et placez-le à part ; vous faites revenir dans cette même graisse, le gras-double coupé en morceaux ; lorsqu'il est bien doré, saupoudrez-le d'une forte cuillerée de farine, laissez-le roussir encore ; versez dans la casserole le bouillon de la cuisson, faites cuire jusqu'à ébullition, ajoutez le jambon et laissez cuire à feu doux pendant une demi-heure après avoir mis dans votre ragoût quelques cuillerées de bonne sauce tomate ; ajoutez au moment de servir deux cuillerées de chapelure et deux cornichons découpés ou des câpres.

Tripes à la mode d'Angoulême.

Prenez une marmite en terre, foncez-la avec une grosse carotte entière, un gros oignon piqué de 2 clous de girofle, un bouquet de persil, thym, laurier, une vingtaine de petites échalotes hachées avec 5 ou 6 gousses d'ail, sel, poivre; mettez dans votre marmite 2 kilogrammes tripes de bœuf, 2 jolis pieds de veau, le tout coupé en petits morceaux, mouillez avec 1 litre de vin blanc, et un peu de bouillon, faites cuire à feu doux, pendant 12 heures; caserole hermétiquement fermée. Pour servir retirez, carotte, oignon, bouquet et versez sur quelques croûtons de pain grillé.

RANCIAT chef de cuisine.

Gras-double à la sauce Robert.

Mettez sur le feu des oignons coupés en tranches et un petit morceau de beurre; lorsqu'ils sont à moitié cuits, mettez-y le gras-double coupé en carrés, sel, poivre, un peu de bouillon, un filet de vinaigre; laissez bouillir une demi-heure, au moment de servir, ajoutez de la moutarde.

Gras-double à la bourgeoise.

Prenez du gras-double cuit à l'eau, après l'avoir bien nettoyé, coupez-le de la grandeur de quatre doigts, et le faites mariner avec sel, poivre, persil, ciboule, une pointe d'ail, le tout haché, un peu de graisse, ou de beurre frais fondu; faites tenir tout l'assaisonnement au gras-double pané de mie de pain, et le faites griller; servez avec une sauce au vinaigre. (*Vieille formule.*)

Gras-double à la poulette.

Après avoir bien nettoyé les gras-double, coupez-les en petits carrés, mettez-les dans une casserole, faites-les cuire à point. Préparez une sauce poulette légère, cuisez-la un quart d'heure, passez-la sur le gras-double, faites mijoter vingt minutes, assaisonnez, liez avec un jaune d'œuf et finissez avec persil haché et jus de citron.

Queue de bœuf en hochepot.

Coupez une queue de bœuf par morceaux, de joint en joint, faites-la blanchir et cuire dans du bouillon, assaisonnez de légumes et d'épices; égouttez ensuite la queue; dégraissez le fond, et passez-le au tamis; remettez-la dans ce même fond, avec des carottes en bâtonnets et blanchies; lorsque les carottes sont bien cuites et la sauce réduite, ajoutez-y quelques cuillerées de coulis. (*Vieille formule.*)

Rognon de bœuf à la parisienne.

Coupez votre rognon par filets minces, faites-le passer sur le feu avec un morceau de beurre, sel, poivre, persil, ciboules, une pointe d'ail hachés menus; quand il est cuit, mettez-y un filet de vinaigre, un peu de coulis, et ne le laissez plus bouillir, de crainte qu'il ne se racornisse. (*Ancienne cuisine.*)

VEAU

Tête de veau farcie à la Bourgeoise.

Ayez une tête de veau avec sa peau blanche et bien échaudée; enlevez la peau de dessus la tête, et prenez bien garde de la couper. Vous désossez ensuite la tête pour en prendre la cervelle, la langue, les yeux et les bajoues; faites une farce avec de la cervelle, de la rouelle de veau, de la graisse de bœuf, le tout haché très fin. Assaisonnez avec du sel, gros poivre, persil, ciboules hachés, une demi-feuille de laurier, thym et basilic hachés comme en poudre; mettez-y deux cuillerées à bouche d'eau-de-vie ; liez cette farce avec trois jaunes d'œufs, et les trois blancs fouettés; prenez la langue, les yeux, dont vous ôtez tout le noir, les bajoues; épluchez le tout proprement, après l'avoir fait blanchir à l'eau bouillante, le coupez en filets ou en gros dés, et les mêlez dans votre farce. Mettez la peau de la tête de veau, sans être blanchie, dans une casserole, les oreilles en dessous, et la remplissez avec votre farce; ensuite vous la cousez en la plissant comme une bourse. Ficelez-la tout autour en lui redonnant la forme naturelle; mettez-la cuire dans un vaisseau juste à sa grandeur, avec un demi-setier (1 verre) de vin blanc, deux fois autant de bouillon, un bouquet de persil, ciboules, une gousse d'ail, trois clous de girofle, deux racines, oignons, sel, poivre; faites-la cuire à petit feu pendant trois heures. Lorsqu'elle est cuite, mettez-la égoutter de sa graisse, et l'essuyez bien avec un linge, après lui avoir ôté la ficelle. Passez une partie de sa cuisson au travers d'un tamis; égouttez-y un peu de coulis si vous en avez, et y mettez un filet de vinaigre ; faites-la réduire sur le feu au point d'une sauce. Servez sur la tête de veau. (*Vieille formule.*)

Tête de veau à la Sainte-Menehould.

Otez-en les mâchoires, et coupez-les jusqu'auprès des yeux; mettez-la dans une marmite avec de l'eau, et la faites écumer comme un pot-au-feu ; ensuite vous y mettez un bouquet de persil, ciboules, deux gousses d'ail, trois clous de girofle, une feuille de laurier, thym, basilic, sel, poivre. Lorsque la tête est cuite, vous la tirez pour la bien égoutter; ôtez les os qui sont sur la cervelle; dressez-la sur le plat que vous devez servir; couvrez la tête d'une sauce de cette façon : mettez dans une casserole un morceau de beurre un peu plus gros qu'un œuf, deux bonnes pincées de farine, sel, gros poivre, trois jaunes d'œuf, deux cuillerées de vinaigre ; délayez le tout ensemble, et y ajoutez un demi-verre de bouillon, faites lier la sauce sur le feu, qu'elle soit bien épaisse; mettez-en partout dessus la tête; panez-la de mie de pain, arrosez la mie de pain avec un peu de beurre; faites prendre couleur au four, ou dessous un couvercle de tourtière assez élevé pour qu'il ne touche pas à la mie de pain. Quand elle sera de belle couleur dorée, penchez le plat pour égoutter la graisse, essuyez les bords. Servez dans le fond une sauce piquante, que vous trouverez à l'article des *Sauces*.

(*Vieille cuisine.*)

Tête de veau au naturel.

Coupez les mâchoires, que vous faites dégorger pendant une nuit entière dans l'eau ; après quoi faites blanchir la tête et cuisez-la dans un blanc. Quand elle est bien cuite, faites-la égoutter; découvrez la cervelle; servez-la avec une sauce piquante, ou une poivrade, ou une ravigote, etc. (*Vieille cuisine.*)

Oreilles de veau à l'italienne.

Échaudez huit oreilles de veau; flambez-les, faites-les blanchir et rafraîchissez-les ; cuisez-les dans un blanc, ou autrement; foncez une casserole de bardes de lard ; mettez-y ces oreilles avec un bouquet de persil et de ciboules assaisonné, et quelques tranches de citron; mouillez avec du consommé et un demi-verre de bon vin blanc ; couvrez les oreilles de bardes de lard ; mettez dessus un rond de papier beurré ; après les avoir fait cuire une heure et demie, vous les égouttez, vous les essuyez, et vous ciselez les bouts comme vous feriez d'une ciboule; dressez-les, et servez dessus une sauce à l'italienne.

(*Ancienne mode.*)

Oreilles de veau à la sauce aux truffes.

Prenez des oreilles que vous préparez comme celles de la tête de veau ordinaire; étant cuites et égouttées, vous ciselez les bouts que vous renversez en arrière. On place une truffe dans chaque oreille, semez-les autour du plat et au milieu versez une sauce au truffes.

Les oreilles de veau se servent aussi frites.

Oreilles de veau farcies.

Faites dégorger les oreilles dans de l'eau fraîche, renouvelez l'eau plusieurs fois; après cela, faites-les blanchir dans de l'eau avec sel, poivre, oignons, carottes, navets et un bouquet garni; après quatre heures de cuisson, sortez-les de ce court-bouillon et égouttez-les ; quand elles sont presque froides, garnissez-les à l'intérieur avec une bonne farce cuite, que vous aurez soin de bien unir à l'extérieur; passez ensuite les oreilles à l'œuf et faites-les frire, servez-les, soit avec un jus clair dessous, une sauce tomate ou seulement avec un bouquet de persil frit.

JANE DE TOULOUSE.

Langues de veau aux cornichons.

Vous les dégorgez bien et les faites blanchir pour en ôter la peau dure : piquez-les de gros lardons de part en part; mettez-les dans la casserole; avec de gros oignons et des carottes, afin qu'elles fassent du jus. Lorsque le tout est bien glacé, mouillez avec de l'eau ; ajoutez du sel, un clou de girofle, un peu de thym, et faites cuire très doucement cinq heures. Au moment de servir, dégraissez la sauce, liez-la avec de la fécule ; ouvrez chaque langue en deux, en forme de cœur, versez la sauce dessus. On met à volonté des cornichons hachés ou des champignons dans la sauce. (*Ancienne mode.*)

Pieds de veau frits.

Faites-les cuire dans un bon fond ou dans un blanc, après les avoir désossés; retirez-les lorsqu'ils sont cuits, et faites-les mariner dans du poivre, du sel et un peu de vinaigre; vous les égouttez et les faites frire d'une belle couleur dans une pâte; servez chaudement avec du persil frit. (*Ancienne formule.*)

Pieds de veau à la Camargo.

Prenez quatre pieds de veau, faites-les cuire dans de l'eau; quand ils sont cuits et bien égouttés, mettez-les dans une casserole avec deux cuillerées de verjus, un morceau de beurre manié d'une pincée de farine, sel, gros poivre, de l'échalote hachée, un verre de bouillon ; faites-les mijoter une demi-heure à petit feu. Avant de servir, vous y mettrez un anchois haché que vous délayerez bien dans la sauce, une pincée de persil blanchi, haché, et si la sauce n'a point assez d'acide, vous y remettez encore un peu de verjus. Servez à courte sauce.

(*Vieille formule.*)

Oreilles de veau aux pois.

Prenez-en quatre, que vous faites bouillir un moment à l'eau chaude, et les retirez à l'eau fraîche. Quand elles sont bien épluchées, faites-les cuire avec un bouillon clair, un peu de citron ou verjus en grain, sel, poivre, un bouquet de persil, ciboules, clous de girofle, une pointe d'ail, une feuille de laurier. Quand elles sont cuites et blanches, vous les servez avec le ragoût de pois qui suit : prenez un litron (1 litre) et demi de petits pois, que vous passerez sur le feu avec un morceau de beurre, un bouquet de persil et ciboules ; mettez-y une pincée de farine, et mouillez moitié jus et moitié bouillon : faites cuire à petit feu. Quand ils sont cuits, mettez-y gros comme une noix de sucre, un peu de sel fin : si vous avez du coulis, mettez-en une cuillerée : que votre ragoût ne soit point clair, et servez sur les oreilles de veau.

(*Vieille formule.*)

Fressure de veau à la Bourgeoise.

Prenez la fressure, qui comprend le mou, le cœur et la rate, que vous coupez par morceaux, et faites dégorger dans l'eau froide et blanchir un moment à l'eau bouillante ; mettez-la après dans une casserole avec un morceau de bon beurre, un bouquet garni, passez-la sur le feu, et y mettez une pincée de farine : mouillez après avec du bouillon.

Quand le ragoût est cuit et assaisonné de bon

goût, mettez-y une liaison de trois jaunes d'œufs délayés avec un peu de lait : faites lier sur le feu, et avant de servir, mettez un filet de vinaigre.

(*Ancienne mode.*)

Fraise de veau à la française.

(Formule de l'hôtellerie de la Fleur de Lys à Blois).

Faites dégorger votre fraise dans de l'eau froide; mettez-la dans un chaudron d'eau bouillante; quand elle a bouilli un bon quart d'heure à peu près, replongez-la dans l'eau froide ; après qu'elle est entièrement refroidie, vous la ficelez et vous la mettez cuire dans un blanc. Il faut deux heures pour cuire votre fraise; la sauce piquante est la seule qu'on emploie pour relever la fraise, qui est très fade par elle-même.

Mou de veau au roux.

Après avoir préparé votre mou comme le précédent, mettez-le dans une casserole, avec du lard coupé en morceaux ; faites revenir le tout ensemble, et ajoutez-y une cuillerée de farine; assaisonnez avec sel, poivre, ail, persil, ciboules, thym, laurier; mouillez avec du bouillon, et faites bouillir pendant une demi-heure; ajoutez des petits oignons et des champignons ; quand il est cuit à point, dégraissez et servez.

(*Ancienne mode.*)

Mou de veau au blanc.

Faites dégorger un mou de veau, et changez-le d'eau plusieurs fois; faites-le blanchir, et, après l'avoir repassé à l'eau froide, coupez-le en morceaux que vous mettez dans une casserole, et que vous faites cuire avec un morceau de beurre et une pincée de farine; faites en sorte que le beurre ne prenne point de couleur; mouillez avec du bouillon, sel, poivre, persil, ciboules, thym et laurier. Quand votre mou est à moitié cuit, ajoutez-y des petits oignons, et même des champignons; au moment de servir, liez la sauce avec des jaunes d'œufs et servez avec un filet de vinaigre. (*Vieille cuisine.*)

Foie de veau à la Bourgeoise.

Coupez par tranches un foie de veau, mettez-le dans une casserole avec de l'échalote, persil, ciboules hachés, un morceau de beurre : passez-les sur le feu, et mettez-y une pincée de farine, mouillez avec un verre d'eau, autant de vin blanc, sel et gros poivre : laissez bouillir une demi-heure ; délayez trois jaunes d'œufs avec une cuillerée de vinaigre. Quand le foie est cuit à sauce réduite mettez la liaison, faites lier sans bouillir et servez.

Foie de veau à l'Italienne.

Coupez un foie de veau en filets très minces; ayez du persil, ciboules, champignons, une demi-gousse d'ail, deux échalotes, le tout haché très fin ; thym, une demi-feuille de laurier hachés comme en poudre. Prenez une moyenne casserole ; mettez dans le fond une couche de filets de foie de veau ; assaisonnez avec du sel, gros poivre, huile fine, un peu de fines herbes assorties. Continuez de cette façon jusqu'à ce que vous ayez employé tout le foie, en assaisonnant chaque couche comme vous l'avez fait pour la première. Faites-le cuire à petit feu pendant une heure; retirez-le de la casserole avec une écumoire ; dégraissez la sauce ; mettez-y un très petit morceau de beurre manié de farine, avec un filet de vinaigre, faites lier la sauce sur le feu, en le tournant avec une cuillère ; si elle était trop courte, vous y ajouteriez un peu de jus ; mettez le foie dans la sauce pour le faire chauffer et dressez sur le plat de service,

Foie de veau à l'Étuvée.

Prenez un foie bien blanc, ôtez-en les nerfs ; et coupez-le en tranches de l'épaisseur d'un doigt ; mettez fondre du beurre dans une poêle, et faites cuire dedans les morceaux de foie assaisonnés de sel et de poivre ; quand ils sont cuits d'un côté, retournez-les pour les faire cuire de l'autre. Retirez-les de la poêle, et faites-les cuire dans une casserole avec du beurre, persil, ciboules, échalotes, une pointe d'ail, le tout haché ; remuez ; mettez-y une pincée de farine, et mouillez avec ue bon verre de vin ; faites bouillir un instant la sauce et servez avec un filet de vinaigre.

Foie de veau en brochettes.

Coupez des lardons maigres de 2 centimètres sur 15 millimètres ; coupez des tranches de foie de veau de la même largeur mais du double d'épaisseur, soit d'un centimètre. Faites sauter légèrement le foie avec un peu de beurre pour le raffermir ; embrochez-le sur une brochette de bois ou de métal en alternant le foie et les lardons, et remplissez la brochette sans la serrer pour en permettre la cuisson intérieure. Salez, trempez dans du beurre fondu et roulez dans de la mie de pain passée au tamis. Faites griller sur une braise amortie cinq minutes de chaque côté.

Arrosez d'un peu de beurre fondu, de quelques gouttes de citron, saupoudrez de persil et servez chaud.

ANNETTE

Foie de veau sauté aux fines herbes.

Choisissez un foie de veau épais et de nuance blonde ; coupez-le en tranches minces ; mettez du beurre dans une poêle ; lorsqu'il sera chaud, rangez les tranches les unes à côté des autres ; salez, poivrez ; faites cuire des deux côtés sans laisser bouillir, sur feu assez vif ; lorsque le sang qui perle est blond, retirez et laissez au chaud. Mettez dans la poêle du vin blanc ; épaississez légèrement de roux brun ; faites bouillir ; retirez du feu ; incorporez dans la sauce un morceau de beurre, en remuant ; finissez avec un jus de citron et persil haché. Dressez le foie dans un plat, en couronne ; versez la sauce dessus et servez.

Rognons de veau sautés au vin blanc.

Enlevez la peau et la graisse des rognons de veau, coupez-les en morceaux et faites-les sauter dans du beurre sur feu vif, avec sel, poivre et persil haché, retournez-les fréquemment, ajoutez un peu de farine, mouillez avec un peu de vin blanc et de bon jus ; une fois cuits liez avec un morceau de beurre frais, pressez le jus d'un demi-citron et servez entouré de croûtons frits.

Rognons de veau en brochettes.

Les rognons de veau se préparent de la même façon que les rognons de mouton, (Voy. *rognons de mouton en brochettes.*)

Côtelettes de veau à la Mère Moinet.

Prenez de belles côtelettes premières, faites-les revenir de façon qu'elles soient bien dorées, retirez-les ensuite sur un plat. Préparez une mie de pain que vous passerez au tamis pour qu'elle soit bien fine; faites-la revenir dans la casserole; lorsqu'elle sera bien jaune, remettez les côtelettes, arrosez-les avec un verre de vin blanc et un verre de bouillon, sel, poivre. Faites cuire à petit feu avec un oignon non coupé; une heure de cuisson suffit; un quart d'heure avant de servir, saupoudrez vos côtelettes avec persil et échalotes hachés très fin.

Dégraissez avant de servir et enlevez l'oignon.

CHARLOTTE

Croquettes de veau à l'italienne.

Avec l'horrible chaleur, l'appétit diminue, la viande répugne, le poisson, à moins d'habiter près de la mer, n'est pas frais, on ne sait quel mets excitant présenter sur la table; beaucoup de ménagères me demandent de les aider en leur indiquant des recettes de plats nouveaux susceptibles de raviver l'appétit.

J'ai justement retrouvé une vieille recette italienne pour utiliser le veau rôti, et en faire des croquettes qui sont ma foi délicieuses.

Hachez du veau rôti très fin, prenez-en deux cuillerées à bouche, une petite cuiller à dessert de porc gras haché très fin aussi; mélangez à cela une bonne cuillerée de chapelure revenue dans du beurre ou dans du jus. Une cuillerée de parmesan râpé, deux œufs, le jaune et le blanc battu séparément, le jus d'un demi-citron, sel et poivre;

travaillez bien ce mélange et formez-en des croquettes; passez-les à l'œuf et à la chapelure et faites-les frire, et servez en accompagnant d'une bonne sauce tomate. C'est bon. On peut employer également un relief de volaille.

TANTE ROSALIE.

Cervelles de veau au jus.

Après avoir lavé et dénervé une ou plusieurs cervelles, mettez-les dans une casserole avec de l'eau fraîche; aussitôt que l'ébullition commence, retirez-la du feu, et rafraîchissez à l'eau froide; préparez ensuite la cuisson suivante : un litre d'eau, un petit verre de vinaigre, sel, poivre et un bouquet garni; après cinq minutes de cuisson, plongez la cervelle et retirez après dix minutes de cuisson; faites bouillir ensuite dans une petite casserole : un verre de madère ou de bon vin blanc, une cuiller à café d'extrait de viande pour deux cervelles, laissez réduire; au moment de servir, faites colorer au brun dans une poêle, 100 grammes de beurre, que vous verserez bien chaud dans la réduction, afin de faire une petite sauce liée; retirez les cervelles de leur cuisson, égouttez, posez sur un plat, arrosez les cervelles avec la sauce assaisonnée, parsemez le tout de persil haché finement, et servez.

Cervelles de veau en marinade.

(Formule de l'Hôtellerie du Roy Louys à Senlis)

Délayez trois poignées de farine avec un verre d'eau tiède, dans laquelle vous ferez fondre comme une noix de beurre; assaisonnez de sel, et mettez deux jaunes d'œufs et les blancs fouettés; faites cuire vos cervelles dans une marinade; coupez-les en quatre, et trempez-les à mesure dans cette pâte pour les faire frire ; lorsqu'elles auront pris une belle couleur; vous les égoutterez et les dresserez sur un plat avec du persil frit par-dessus.

Cervelles de veau au beurre noir.

Prenez trois ou quatre cervelles; après les avoir bien épluchées, faites-les dégorger pendant plusieurs heures; ayez une casserole d'eau bouillante, dans laquelle vous jetez une petite poignée de sel et un demi-verre de vinaigre ; mettez vos cervelles blanchir à l'eau bouillante pendant cinq minutes; vous les retirez et les laissez refroidir dans cette eau, afin qu'elles soient bien fermes. Vous les faites cuire dans une bonne marinade pendant vingt minutes et, au moment de servir, mettez du beurre noir et du persil frit autour. (*Vieille formule.*)

Cervelles de veau en beignets.

Les cervelles de veau une fois blanchies se trempent dans de la pâte à beignets et se font frire comme les beignets ordinaires, servez avec persil frit.

Cervelles de veau en matelote.

Prenez deux cervelles de veau, faites-les dégorger dans de l'eau, et cuire dans du vin blanc, bouillon, sel, poivre, un bouquet garni. Vous faites un ragoût de petits oignons et champignons, que vous faites cuire avec bouillon et vin, assaisonnez de bon goût et liez avec du coulis, servez dessus les cervelles.

Cervelles de veau au soleil.

Ayez des cervelles de veau que vous faites dégorger dans l'eau tiède; mettez-les cuire avec un peu de bouillon, deux ou trois cuillerées de vinaigre, un bouquet de persil, une gousse d'ail, trois clous de girofle, thym et laurier. La cuisson faite, coupez les cervelles en morceaux et trempez-les dans une pâte faite de deux poignées de farine délayée avec une cuillerée d'huile, un bon verre de vin blanc et du sel fin; faites-les frire dans du saindoux, jusqu'à ce qu'elles soient d'une belle couleur dorée et la pâte croquante. Servez très chaud.

Beignets de fraise de veau.

Faites cuire une fraise de veau avec de l'eau, du sel, un bouquet de persil, ciboules, deux gousses d'ail, une feuille de laurier, thym, basilic, trois clous de girofle. Quand elle est cuite, mettez-la égoutter et la dégraissez; coupez-la par petits bouquets, et la mettez mariner une heure avec un peu de beurre, deux cuillerées de vinaigre, persil, ciboules, échalotes, le tout haché, sel, gros poivre. Faites tiédir la marinade; ensuite vous retirerez tous les petits morceaux de fraise et les coulerez à mesure, en faisant tenir les fines herbes après. Quand ils seront froids, trempez-les bien dans de l'œuf battu; panez-les de mie de pain; faites frire d'une belle couleur dorée. (*Vieille mode.*)

Pain de ris de veau.

Faites blanchir deux ris de veau; lorsqu'ils sont blanchis, vous prenez les noix, que vous laissez refroidir; vous ajoutez ensuite un peu de lard gras, une noix de graisse de veau, une noix de moelle de bœuf, persil, un ail, une échalote, le tout haché ensemble. Mettez dans un récipient quelconque un jaune d'œuf que vous délayez avec deux cuillerées de lait; ajoutez-y sel et poivre, vous versez dedans votre viande hachée, mélangez bien le tout et versez dans un moule beurré. Faites cuire au bain-marie; au moment de servir arrosez de quelques cuillerées de bon jus.

Pour s'assurer que la cuisson est parfaite on plonge un couteau dans le pain, il doit ressortir net.

CHARLOTTE.

Ris de veau en papillotes.

Ayez des ris de veau blanchis, roulez-les dans de la mie de pain assaisonnée de persil, échalotes et d'un peu d'ail hachés, sel et poivre. Enveloppez-les dans une feuille de papier beurré, posez une autre feuille de papier beurré aussi, sur le gril et le ris dessus, cuisez pendant une demi-heure à petit feu et servez dans son papier.

Croquettes de ris de veau.

Coupez les ris déjà blanchis par petits morceaux, faites une béchamel. Jetez-y la viande et laissez refroidir, donnez-lui la forme de croquettes longues, roulez-les dans des blancs d'œufs battus, panez-les de mie de pain, puis jetez-les dans une friture chaude sur un feu vif.

Ris de veau en beignets.

Trempez des tranches de ris de veau dans une pâte à beignets (*Voy. pâte à beignets*) et faites frire de belle couleur.

Ris de veau piqué.

Faites dégorger et blanchir des ris de veau, piquez-les de lard par-dessus et faites-les cuire au four dans une bonne réduction, pendant trois quarts d'heure; glacez-les d'une belle couleur et servez-les sur de l'oseille ou de la chicorée à la crème.

Ris de veau aux fines herbes.

Proportions. — Persil, ail, champignons, échalotes, bouquet garni, beurre, épices, deux ris de veau, bardes de lard, un verre de vin blanc, une cuillerée à café de Liebig.

Recette. — Hachez les fines herbes et les champignons, mélangez avec un bon morceau de beurre, sel, poivre, bouquet garni; prenez les ris de veau, que vous aurez fait blancbir. Mettez-les à la casserole avec des bardes de lard par-dessus, un verre de vin blanc, autant d'eau chaude dans laquelle vous aurez dissous l'Extrait de viande Liebig. Faites cuire à tout petit feu; quand les ris sont cuits, sortez-les de la casserole avec précaution, pour ne pas les défaire, dégraissez la sauce, ajoutez une pointe de Liebig pour corser et colorer votre sauce, puis versez sur les ris.

Ris de veau à la financière.

Choisissez de beaux ris de veau, faites-les blanchir, parez-les, piquez-les de lard fin, mettez-les cuire dans une casserole dont le fond sera garni de débris de lard, de légumes émincés et de bon jus, glacez-les et dressez-le sur un plat avec une bonne garniture financière et la cuisson réduite à point.

Ris de veau aux petits pois.

Les ris de veau aux petits pois se préparent et se servent comme les précédents, entourés d'une garniture de petits pois.

Ris de veau à la Périgueux.

Faites blanchir deux ris de veau ; rafraîchissez-les et laissez-les refroidir sous presse. Cloutez-les ensuite avec des filets carrés de truffes; rangez-les dans un sautoir foncé avec du lard et des légumes émincés; mouillez à hauteur avec du bouillon clarifié; faites-les braiser en les glaçant.

Quand ils sont cuits, fendez-les chacun en deux parties sur leur largeur, sans les séparer ; dressez-en un autour d'un anneau en farce poché sur plat; emplissez le vide avec des petites quenelles moulées et pochées, puis posez l'autre sur le haut; saucez le fond du plat avec une demi-glace; envoyez en même temps une saucière de sauce Périgueux.

Ris de veau frits.

Faites une marinade avec gros comme la moitié d'un œuf de beurre manié de farine, un grand verre d'eau, clous de girofle, gousse d'ail, échalotes, ciboules, persil, laurier, thym, basilic, sel et poivre; faites tiédir la marinade en remuant le beurre jusqu'à ce qu'il soit fondu ; mettez-y ensuite vos ris de veau et ôtez-les du feu pour les laisser mariner une heure et demie ou deux heures; faites-les égoutter, essuyez-les avec un linge; farinez-les et faites-les frire de belle couleur. Servez-les avec du persil frit autour.

ANNETTE.

Ris de veau Gustave Geffroy

Prenez deux beaux ris de veau, faites-les dégorger à l'eau tiède, et blanchissez-les en les faisant bouillir dans l'eau salée pendant dix minutes; retirez-les à l'eau fraîche, ôtez-en le cornet; divisez les ris en petites tranches ; marinez-les avec de l'huile, persil, ciboules, champignons, le tout haché, sel et poivre. Ayez huit petits moules de pâte à pâté de la largeur de trois doigts, frottez-les en dessous avec de l'huile; placez y les ris de veau avec tout leur assaisonnement; mettez-les sur un papier huilé. Dans un four chaud, cuisez à très petit feu pendant une demi-heure. Quand les ris seront cuits, arrosez-les d'un jus de citron et servez. GOMBERVAUX.

Ris de veau en escalopes.

On prend deux ris de veau que l'on prépare comme à l'ordinaire; on les coupe en tranches minces pour les arranger sur un plat avec persil, ciboules, échalotes et champignons hachés, sel, poivre et huile fine. Un quart d'heure avant de servir on les met sur le feu, on les fait cuire des deux côtés et on les sert avec un bon jus et quelques tranches de citron.

Ris de veau à la peluche verte.

Prenez trois ou quatre ris de veau, suivant leur grosseur; faites-les dégorger à l'eau tiède, et les faites blanchir un quart d'heure à l'eau bouillante. Retirez-les à l'eau fraîche, ôtez le cornet, laissez les gorges; mettez cuire les ris avec un peu de bouillon, un verre de vin blanc, un bouquet de persil, ciboules. une demi-gousse d'ail, un clou de girofle, une demi-feuille de laurier et quelques feuilles de basilic, sel, poivre. Lorsqu'ils sont cuits, passez la sauce au tamis ; faites-la réduire si elle est trop longue ; mettez-y une demi-cuillerée de verjus, avec gros comme une noix de bon beurre manié d'une pincée de farine, faites lier sur le feu en donnant à la sauce une consistance de crème double ; mettez-y une bonne pincée de persil blanchi, haché très fin ; dressez les ris de veau dans le plat et la sauce par-dessus. (*Ancienne formule.*)

Ris de veau à la lyonnaise.

HORS-D'ŒUVRE OU ENTREMETS.

Faites dégorger et blanchir trois ou quatre ris de veau, prenez une demi-livre de lard bien entrelardé, coupez-le en lardons, et le mettez dans une casserole pour le faire suer à petit feu, jusqu'à ce qu'il soit presque cuit ; vous en larderez ensuite les ris de veau en travers ; mettez-les dans une casserole avec du bon bouillon, un bouquet de persil, ciboules, une demi-gousse d'ail, deux clous de girofle, cinq ou six feuilles d'estragon, point de sel. Faites cuire les ris de veau une demi-heure ; passez leur cuisson dans un tamis, et la dégraissez ; remettez-la sur le feu pour la réduire en glace, glacez tout le dessus des ris de veau. Mettez un demi-verre de bouillon dans une casserole avec deux cuillerées à bouche de verjus ; détachez ce qui reste dans la casserole ; mettez-y gros comme une noix de bon beurre manié d'une pincée de farine, deux jaunes d'œufs ; faites lier sur le feu sans bouillir. Servez dessous les ris de veau. (*Ancienne mode.*)

Ris de veau en hatelet.

Formule de l'hostellerie du Heaume à Poitiers.

Coupez un quarteron (125 grammes) de petit lard en petites tranches fines et carrées de la largeur d'un doigt; faites-les suer dans une casrole sur un petit feu jusqu'à ce qu'elles soient à moitié cuites. Vous avez deux ris de veau dégorgés et blanchis, que vous coupez en dés; mettez-les dans la casserole avec du petit lard, persil, ciboules, champignons, une échalote, une pointe d'ail, le tout haché; passez le tout ensemble sur le feu et y mettez une bonne pincée de farine; mouillez avec du bouillon; faites bouillir une demi-heure, jusqu'à ce qu'il n'y ait plus de sauce. Si le petit lard n'a pas assez salé le ragoût, vous y mettrez un peu de sel avec du gros poivre. Ne dégraissez point le ragoût. Quand il est presque cuit, mettez-y quatre jaunes d'œufs crus; faites lier sur le feu, sans qu'il bouille, et que la sauce soit si épaisse qu'elle s'attache à la viande; ôtez-le du feu. Etant à moitié refroidi, vous embrochez le tout dans un petit hatelet d'argent ou de petites brochettes de bois; faites-y tenir toute la sauce; panez-les à mesure avec de la mie de pain, et les faites griller à petit feu, d'une belle couleur dorée. Servez à sec.

Ragoût au salpicon.

Mettez dans une casserole un ris de veau blanchi, deux fonds d'artichauts aussi blanchis, des champignons, le tout coupé en dés, ajoutez un bouquet de persil, ciboule, une demi-gousse d'ail, un clou de girofle, une demi-feuille de laurier, un morceau de beurre ; passez-les sur le feu, et mettez-y une bonne pincée de farine ; mouillez avec du jus, vin blanc, un peu de bouillon, sel, gros poivre, faites cuire et réduire à courte sauce, dégraissez avant de servir.

Fricandeau de veau.

Prenez une noix de veau bien grasse, piquez-la de gros lardons de lard dans le sens de la viande, assaisonnez, enveloppez votre noix de veau dans un morceau de lard et placez-la dans une braisière avec toutes sortes de légumes et un bon bouquet garni ; mouillez avec du consommé et faites cuire pendant quatre heures ; après cette cuisson, vous la dépouillez de son lard et la mettez ensuite dans une autre braisière, en dégraissant son fond, et en le passant dessus avec un tamis de soie ; vous le faites ainsi réduire sur un fourneau un peu vif, et lorsque cette réduction est liée, vous le retournez de tous les côtés pour lui donner une couleur égale ; vous le servez entouré de son jus, soit avec de l'oseille ou de la chicorée à la crème. (*Vieille cuisine.*)

Rouelle de veau au verjus.

Prenez de la rouelle de veau que vous coupez en petits carrés, lardez-les et assaisonnez-les de fines herbes bien hachées, de sel, de poivre et autres épices ; faites-les cuire dans leur jus avec des bardes de lard. Après la cuisson, ôtez les bardes, dégraissez la sauce, et faites réduire en glace ; glacez vos morceaux de veau, après quoi détachez ce qui reste dans la casserole avec un peu de bouillon, et servez-vous ensuite de ce bouillon pour faire une liaison avec quelques jaunes d'œufs, un filet de verjus ou de vinaigre. Faites lier sur le feu, et servez dessous votre rouelle. (*Vieille cuisine.*)

Rouelle de veau aux épinards.

Lardez un morceau de rouelle de veau, que vous faites cuire avec poivre, sel, oignons, bouquet de thym, laurier, persil et clous de girofle, mouillez avec un verre d'eau et un verre de vin blanc ; laissez sur le feu pendant deux heures au moins et dressez sur un ragoût d'épinards, ainsi préparé : Passez vos épinards sur le feu pendant une demi-heure, avec un morceau de beurre bien frais, et mouillez avec la sauce de la rouelle, après avoir eu soin de la dégraisser et de la passer au tamis. La rouelle de veau se sert aussi avec une purée d'oseille.

Rouelle de veau roulée.

Découpez une rouelle en tranches très minces, faites un hachis de porc frais et de viande de desserte, ajoutez-y de la mie de pain arrosée de lait, sel, poivre, oignon, ail, persil ; couvrez de farce la rouelle, mais surtout dans le milieu; roulez et ficelez la viande pour en former un saucisson ; puis mettez de gros lardons dans une casserole avec du beurre fondu ; faites roussir de tous côtés, mouillez de bouillon gras pour faire le jus. Servez avec une garniture de champignons.

Rouelle de veau à la couenne.

Prenez un morceau de rouelle de veau que vous coupez en tranches, et les piquez de lard ; assaisonnez de sel, gros poivre, persil, ciboules, échalotes, ail, le tout haché. Prenez de la couenne de lard frais, coupez-la par morceaux, mettez dans une casserole, un lit de tranches de veau et un lit de couenne, continuez jusqu'à la fin; mouillez ensuite avec un demi-verre d'eau et autant d'eau-de-vie, faites cuire à feu très doux pendant quatre ou cinq heures et servez avec son jus. (*Formule lorraine.*)

Carré de veau à la bourgeoise.

Parez un carré de veau, et piquez le filet avec des lardons de lard assaisonnés d'un bon goût et de fines herbes ; mettez-le dans une casserole, avec une carotte et un oignon coupés en tranches, un bouquet garni; mouillez avec quelques cuillerées de consommé, couvrez-le de bardes de lard, et faites-le cuire pendant deux heures et demie; changez-le alors de casserole et passez son fond par-dessus, faites-le réduire à courte sauce, afin que le carré de veau glace d'une belle couleur; vous le servez sur une garniture quelconque.

Veau à la marengo.

Coupez en morceaux la quantité d'épaule de veau que vous désirez servir. Faites chauffer dans une casserole, moitié huile, moitié beurre, ajoutez les viandes et faites revenir à feu vif; assaisonnez; quand elles sont bien colorées, mettez dans la casserole trois ou quatre cuillerées d'oignon haché, une gousse d'ail et un bouquet garni, laissez cuire de huit à dix minutes; mouillez alors avec un peu de vin blanc ; quand le vin est réduit, ajoutez quelques cuillerées de bouillon ou de bon jus ; couvrez la casserole et laissez cuire à feu doux, les viandes, à court mouillement ; un quart d'heure avant de servir, retirez le bouquet garni et l'ail, ajoutez une pincée de poivre de Cayenne et quelques cuillerées de sauce tomate ; après cuisson servez sur un plat bien chaud sans dégraisser.

Veau aux pointes d'asperges.

Prenez un morceau de noix de veau, faites-le revenir dans du beurre ; mettez-y des oignons nouveaux, un bouquet garni, sel, poivre, du bouillon ; à mi-cuisson, baignez d'un demi-verre de vin blanc. Cinq minutes avant de servir, jetez dans ce jus des pointes d'asperges cuites et refroidies ; réchauffez un instant et servez.

Epaule de veau à la bourgeoise.

Désossez une épaule de veau ; assaisonnez-la de sel, de poivre ; roulez-la en lui donnant une forme allongée. Mettez dans une casserole de la graisse de porc ; lorsqu'elle sera chaude, ajoutez l'épaule avec des petits oignons ; faites revenir le tout de couleur jaune foncé ; retirez la graisse ; saupoudrez légèrement de farine ; mouillez d'eau aux deux tiers ; ajoutez des carottes coupées de forme longue, un bouquet garni ; couvrez, faites mijoter à petit feu pendant deux heures et demie environ, réduisez à demi-glace ; retirez le bouquet. Dressez la viande sur un plat et versez garniture et sauce dessus.

Poitrine de veau farcie.

Désossez une poitrine de veau, faites une incision entre la peau et les côtes et introduisez entre cette peau et les côtes une farce, composée de mie de pain, de jambon gras et maigre, d'un petit morceau de viande, de persil, ail, échalotes et de quelques champignons ; assaisonnez et après avoir haché le tout finement, cassez deux œufs, mélangez bien le tout, cousez bien la peau et faites cuire dans une daubière, avec carottes, oignons, couenne et pied de veau. Après cuisson passez et dégraissez votre sauce, que vous versez autour du veau après y avoir ajouté quelques câpres ou des cornichons coupés en rond. (*Ancienne manière.*)

Rouelle de veau à la bourgeoise.

Parez un morceau de rouelle de veau, faites-le sauter dans une casserole, avec du beurre et des tranches de lard. Lorsqu'il sera doré à point, joignez-y des petits oignons, des carottes, un bouquet garni, la moitié d'un pied de veau blanchi. Mouillez de bouillon et d'un petit verre de cognac, faites cuire à petit feu pendant deux heures, en arrosant souvent avec la cuisson ; lorsqu'elle est terminée, dressez dans un plat chaud, en garnissant la rouelle avec les carottes et les oignons ; dégraissez et passez le jus au tamis, versez sur le tout et servez.

Quasi de veau à la crème.

(Formule de l'hostellerie de la Salamandre à Compiègne.)

Mettez dans un plat de faïence allant au feu, une pinte (1 *litre*) de lait, avec un bon morceau de beurre manié de farine, deux gousses d'ail, quatre échalotes, persil, ciboule, laurier, thym, basilic, quatre clous de girofle, deux oignons émincés, sel, poivre, faites tiédir cette marinade et remuez-la sur le feu jusqu'à ce que le beurre soit fondu. Otez-la du feu pour y mettre le quasi, que vous y laissez prendre goût pendant douze heures ; ensuite vous l'égoutterez ; couvrez-le d'un papier bien beurré. Faites-le cuire à la broche ; servez-le avec une sauce piquante faite de cette façon : passez sur le feu deux oignons en tranches avec un morceau de beurre, quand ils sont bien colorés, mettez-y une pincée de farine, mouillez avec du bouillon, deux cuillerées de vinaigre, un verre de coulis, sel et poivre, faites bouillir un quart d'heure, dégraissez et passez au tamis, servez dessous le quasi.

Longe de veau à la broche.

Parez une longe de veau, en ayant soin de ne pas laisser trop de graisse autour du rognon, enveloppez-la de deux feuilles de papier huilé et faites-la cuire à la broche pendant trois quarts d'heure ; au moment de servir, vous la développez et l'assaisonnez de gros sel.

Blanquette de veau.

Coupez en morceaux la moitié d'une poitrine de veau ; faites-les cuire dans une casserole recouverte d'eau tiède avec une carotte, un oignon, sel, poivre et bouquet garni ; à moitié de la cuisson passez la viande et conservez le bouillon.. Faites fondre un morceau de beurre dans une autre casserole, délayez-y deux cuillerées de farine, laissez cuire quelques instants et ajoutez-y petit à petit le bouillon de la cuisson après l'avoir passé, faites cuire pendant dix minutes, puis ajoutez les viandes et quelques champignons parés, laissez mijoter à feu modéré ;

au moment de servir, retirez la viande que vous dressez sur un plat, liez votre sauce avec deux ou trois jaunes d'œufs, versez-la sur vos viandes et parfumez votre blanquette d'un jus de citron.

Escalopes de veau aux fines herbes.

Coupez de la rouelle de veau en tranches rondes de l'épaisseur d'un centimètre et demi; faites chauffer du beurre dans une poêle; mettez-y les escalopes; salez, poivrez. Lorsqu'elles sont bien cuites des deux côtés, retirez-les, mettez-les au chaud. Déglacez le plat avec du vin blanc et ajoutez un peu de roux brun pour former la sauce; au premier bouillon, retirez du feu; incorporez un morceau de beurre, du persil haché, un jus de citron ou un filet de vinaigre. Dressez les escalopes en couronne dans un plat chaud et versez la sauce dessus.

Côtelettes de veau en papillote.

Prenez une côtelette de veau, faites-la sauter dans une casserole plate avec beurre, sel et poivre; lorsqu'elle est cuite, retirez et mettez-la au chaud. Mettez dans la casserole de l'échalote ciselée en dés fins, faites blondir seulement; ajoutez une poignée de champignons et une pincée de persil haché; salez, poivrez. Faites revenir quelques instants; mouillez d'un peu de vin blanc; épaississez de roux brun; corsez d'extrait et faites réduire. Coupez en cœur une feuille de fort papier blanc huilé; posez sur chaque côté de la feuille une petite bande de lard gras frais très mince; versez la moitié de cette préparation sur le côté droit; posez la côtelette dessus; ajoutez le reste sur la côtelette et pliez le papier autour de façon à enfermer hermétiquement la côtelette. Arrangez-la sur un plat, poussez-la au four pendant vingt minutes sans retirer le papier ; dressez telle quelle.

Côtelettes de veau à la Guyenne.

Ayez des côtelettes un peu épaisses et bien parées ; on les larde de filets d'anchois de jambon et de cornichons, pour les faire cuire entre deux bardes avec un demi-verre de vin blanc, autant de bouillon sans sel, un bouquet de persil, ciboules, deux échalotes, trois ou quatre feuilles de basilic. La cuisson faite on prend le fond de la sauce, sans la dégraisser, que l'on délaye avec trois jaunes d'œufs ; on la fait lier sur le feu comme pour une fricassée de poulet pour la servir sur les côtelettes. (*Mode ancienne.*)

Côtelettes de veau à la marmotte.

(Formule de l'auberge de l'Ours à Grenoble.)

Prenez des côtelettes bien épaisses, lardez-les d'anchois et de lard. On les met dans une casserole avec quatre ou cinq gros oignons entiers, un bouquet de persil, ciboules, une demi-feuille de laurier, basilic, deux clous de girofle, douze grains de coriandre ; on les fait bouillir à petit feu dans leur jus avec deux cuillerées à bouche d'eau-de-vie, la cuisson faite, on les sert avec les oignons et le fond de la cuisson.

Côtelettes de veau à la Cuisinière.

Coupez un carré de veau en côtelettes, mettez dans le fond d'une casserole un quart de petit lard coupé en tranches, un peu de beurre et les côtelettes dessus ; faites-les cuire à petit feu dans leur jus en les retournant souvent. Lorsqu'elles sont cuites, vous les dressez sur le plat que vous devez servir, les morceaux de petit lard dessus. Mettez dans la casserole de leur cuisson, une liaison de trois jaunes d'œufs avec du bouillon, du persil blanchi haché, une échalote hachée ; détachez tout ce qui tient à la casserole, faites lier sur le feu, et ajoutez-y un petit filet de vinaigre, un peu de gros poivre ; servez sur les côtelettes bien chaudes.

(*Cuisine lorraine.*)

Côtelettes de veau grillées.

Choisissez des côtelettes de veau de moyenne grosseur, marinez-les pendant une heure avec sel, gros poivre, champignons, persil, ciboules, une petite pointe d'ail, du beurre un peu chaud : faites tenir la marinade après les côtelettes, en les passant avec de la mie de pain, mettez-les griller à petit feu en les arrosant avec le restant de la marinade ; quand elles sont cuites, servez-les, soit sans sauce, soit avec un jus clair auquel vous ajoutez deux cuillerées de verjus.

(*Vieille formule.*)

Poitrine de veau au roux.

Prenez une poitrine de veau que vous coupez en morceaux, vous faites un roux avec un petit morceau de beurre, une cuillerée de farine ; quand il est roux de belle couleur, mettez-y deux verres d'eau ou de bouillon, et ensuite le veau que vous faites cuire à petit feu ; assaisonnez de sel, poivre, un bouquet garni, une demi-cuillerée de vinaigre. Quand la viande est cuite, dégraissez, et servez à courte sauce.

Tendrons de veau au Vert-Pré.

(Formule de l'Hostellerie du Pré-aux-Clercs).

Prenez une poitrine de veau, et en coupez les tendrons en morceaux égaux de la largeur d'un doigt; faites-les blanchir un moment à l'eau bouillante; mettez-les dans une casserole avec un morceau de beurre, un bouquet de persil, ciboules, deux clous de girofle, une demi-feuille de laurier, thym, basilic, une gousse d'ail. Passez-les sur le feu et mettez-y une bonne pincée de farine; mouillez avec du bouillon, assaisonnez de sel, de gros poivre; faites cuire à petit feu jusqu'à ce que les tendrons soient cuits et qu'il ne reste plus de sauce. Ne dégraissez qu'à moitié. Prenez deux poignées d'oseille; ôtez-en les queues, lavez-la bien, pressez-la fortement; mettez-la dans un mortier pour la piler très fin; exprimez-en au moins un demi-verre de jus; passez-le au tamis et vous en servez pour délayer trois jaunes d'œufs.

Mettez cette liaison dans les tendrons, faites lier sur le feu sans bouillir, comme une fricassée de poulet; si la sauce se trouve trop liée, vous y mettrez un peu de bouillon.

Côtelettes de veau à la poêle.

Mettez dans une casserole avec du lard fondu, persil, ciboules, un peu de truffes, sel, poivre, le tout haché très fin, une tranche de citron de belles côtelettes de veau, couvrez-les avec des bardes de lard, faites-les cuire à petit feu. Quand elles sont cuites, ôtez-les de la casserole, essuyez-les de leur graisse, et dressez-les sur le plat que vous devrez servir. Otez la tranche de citron qui est dans la casserole, et mettez dedans un peu de coulis, dégraissez la sauce, mettez-la sur le feu et versez-la sur les côtelettes au moment de servir. (*Ancienne manière.*)

Côtelettes de veau au petit lard.

Prenez un quart de petit lard bien entrelardé; coupez-le par tranches et mettez-le dans une casserole avec un morceau de beurre gros comme la moitié d'un œuf, faites un peu rissoler le lard, et mettez-y les côtelettes de veau pour les faire cuire, en les rissolant à petit feu, avec le beurre. Ayez soin de les retourner de temps en temps jusqu'à ce qu'elles soient cuites; ôtez-les de la casserole avec le petit lard pour les mettre sur une assiette; retirez la moitié de la graisse, et mettez dans la casserole deux échalotes, une pincée de persil haché, peu de sel, gros poivre, mouillez avec un demi-verre de vin blanc et autant de bouillon ou de l'eau; faites bouillir et réduire à moitié, remettez les côtelettes avec le petit lard, et une liaison de trois jaunes d'œufs délayés avec deux cuillerées de bouillon, faites lier sur le feu sans bouillir. En servant ajoutez un filet de vinaigre. (*Formule lorraine.*)

Côtelettes de veau en marinade.

Mettez dans une casserole 50 grammes de beurre, maniez-le de farine, ajoutez un oignon découpé, trois clous de girofle, persil, thym, laurier, trois cuillerées de vinaigre d'Orléans, un demi-verre d'eau, sel, poivre ; faites tiédir sur le feu ; déposez-y des côtelettes de veau et laissez-les séjourner dans cette marinade pendant deux heures sur un feu très doux; retirez-les, faites égoutter, saupoudrez-les de farine et faites-les frire dans une friture nouvelle.

Noix de veau aux truffes.

Prenez une belle noix de veau que vous piquez régulièrement de lardons fins et de lames de truffes, faites cuire à feu doux avec bouquet garni, assaisonnements et quelques cuillerées de bon bouillon. Quand le veau est cuit, dégraissez la sauce et ajoutez-y deux cuillerées de coulis; faites réduire à courte sauce et servez la noix de veau entourée de rondelles de truffes et arrosée de son jus.

Paupiettes.

Coupez des tranches de veau de la largeur de deux doigts et longues au moins de trois, aplatissez-les et garnissez-les d'une farce de viande quelconque, roulez-les ensuite et entourez chaque paupiette d'une barde de lard, ficelez, et faites cuire à la broche, enveloppées de papier; quand elles sont cuites, passez le dessus des bardes, et faites leur prendre une belle couleur dorée, servez avec un jus assaisonné de bon goût.

Paupiettes à la braise.

Faites vos paupiettes de la même façon que les précédentes, mais au lieu de les entourer de bardes de lard, vous mettrez les bardes dans le fond d'une casserole, arrangez vos paupiettes dessus, et faites cuire à très petit feu avec un demi-verre de vin blanc, autant de bouillon, un peu de sel et poivre. La cuisson faite, dressez-les dans le plat, dégraissez la sauce, passez-la au tamis et servez-la dessus. (*Ancienne mode.*)

Brezolles.

(Formule de l'Hostellerie de la Licorne à Agen).

Coupez de la rouelle de veau le plus mince que vous pourrez, de la longueur d'un doigt, et suffisamment pour garnir le plat que vous devez servir. Ayez du persil, ciboules, échalotes, hachés très fin; prenez une casserole, mettez dans le fond un peu d'huile ou de beurre avec des fines herbes hachées, sel, gros poivre. Arrangez dessus, un lit de rouelle de veau mince, saupoudrez de fines herbes, de beurre ou d'huile, sel, gros poivre. Faites un nouveau lit de rouelle de veau et continuez jusqu'à la fin. Garnissez le dessus avec des bardes de lard, mettez une feuille de papier blanc, couvrez la casserole, faites cuire à petit feu pendant une heure et demie. A moitié de la cuisson, mettez un demi-verre de vin blanc. Quand elles seront cuites, vous les servirez dans le fond de leur sauce bien dégraissée.

Queues de veau à la Sainte-Ménehould.

Prenez trois queues de veau, vous les coupez en deux; faites-les blanchir un instant à l'eau bouillante, mettez-les dans une petite marmite avec du bouillon bien gras, un bouquet de persil, ciboules, une gousse d'ail, trois clous de girofle, deux échalotes, une feuille de laurier, thym, basilic, sel, poivre, une carotte, un panais. Faites bouillir jusqu'à ce qu'elles soient cuites et qu'il reste très peu de sauce. Retirez-les pour les refroidir; passez la sauce dans un tamis clair. Mettez dans une casserole trois jaunes d'œufs délayés avec une bonne pincée de farine; faites lier sur le feu; épaississez, vous y trempez ensuite les queues de veau, et les panez à mesure avec de la mie de pain. Mettez-les sur le plat que vous devez servir, et faites-leur prendre belle couleur. Servez-les avec une sauce piquante. (*Vieille mode.*)

Queue de veau aux choux.

(Formule de l'hostellerie de la Galère, à Rouen).

Prenez deux ou trois queues de veau, que vous couperez en deux; faites-les blanchir un instant avec une demi-livre de petit lard coupé en tranches; vous ferez aussi blanchir la moitié d'un gros chou, pendant un quart d'heure; retirez-le de l'eau fraîche et pressez-le bien; ôtez les trognons; mettez les queues dans une marmite avec le petit lard, ficelés ensemble, puis le chou, un bouquet garni, ail, deux clous de girofle et mouillez avec du bouillon, un peu de sel et gros poivre, faites bouillir à petit feu jusqu'à ce que les queues soient cuites; retirez le tout de la marmite pour l'égoutter, dégraissez, dressez les queues et le petit lard sur le chou et saucez avec un peu d'espagnole réduite.

Pieds de veau à la Sainte-Ménehould.

Avec un couperet, fendez par le milieu quatre pieds de veau bien échaudés, ficelez-les et mettez-les cuire dans une bonne braise; lorsqu'ils sont cuits à sauce réduite, faites-les refroidir à moitié; retirez-les pour les paner de mie de pain, arrosez avec la graisse de la braise, faites-les griller de belle couleur et servez-les très chauds. (*Ancienne mode.*)

Pieds de veau en gelée.

Après avoir fait dégorger les pieds de veau, mettez-les sur le feu dans une casserole avec moitié eau et moitié vin blanc jusqu'à ce qu'ils soient recouverts; faites-les cuire, écumez, mettez sel, poivre, un oignon piqué de girofle, ail, laurier, et faites cuire à petit feu, jusqu'au moment où la viande se détache des os. Otez les plus gros et coupez les pieds par morceaux, que vous arrangerez délicatement sur le plat que vous devez servir. Laissez réduire la cuisson, dégraissez, clarifiez et passez à travers un linge mouillé, versez ensuite sur la viande. Mettez au frais afin que la gelée s'affermisse.

Pieds de veau à la poulette.

Cuits comme les précédents, vous les assaisonnez de la même manière que les cervelles de veau.

Queues de veau à la rémolade.

Faites cuire des queues de veau dans une braise faite avec bouillon, un bouquet garni, sel, poivre, vin ou vinaigre; égouttez-les, et trempez-les dans de l'œuf battu; panez de mie de pain, trempez-les dans l'huile, et repanez; faites griller de belle couleur, en les arrosant légèrement avec de l'huile; servez sur une rémolade.

(*Ancienne mode.*)

Queues de veau à la flamande.

(Formule de l'Hostellerie du Duc Philippe, à Lille).

Coupez un chou en quatre, faites-le blanchir un quart d'heure avec deux queues de veau, un morceau de petit lard coupé en tranches, tenant à la couenne ; ficelez le lard et le chou, que vous mettez cuire avec les queues, bon bouillon, un bouquet de fines herbes, sel, gros poivre, dressez sur le plat avec le petit lard, les choux et servez.

MOUTON ET AGNEAU.

Gigot braisé, dit de 7 heures (relevé).

(Formule de l'auberge de la Coquille-d'Or, à Beauvais).

Otez l'os du quasi et celui du milieu du gigot, sans le déchirer : piquez de gros lard assaisonné de sel et d'épices, sans que les lardons paraissent hors du gigot ; ficelez, donnez un coup de couteau dans la jointure pour replier le manche, dont vous coupez le bout pour qu'il tienne moins de place. Mettez-le dans une daubière ou braisière, avec 6 oignons, 4 carottes, un gros bouquet de persil bien garni de plantes aromatiques, sel, épices, les os retirés du gigot et d'autres débris de viandes que vous auriez, deux bardes de lard, deux verres de bouillon ou eau. Quand il a commencé à bouillir, vous le menez doucement avec du feu, sur le couvercle. Quand il est cuit, vous le servez avec son jus dégraissé et passé au tamis. Pour lui donner meilleur coup d'œil vous le glacerez avec son jus réduit à part dans une petite casserole.

Gasconnade (rôt.),

(Formule du cabaret du Roy de Navarre, à Pau).

Piquez un gigot de douze gousses d'ail, et douze anchois en filets, faites-le rôtir à la broche et le servez sur le ragoût suivant. Épluchez un litron (litre) de gousses d'ail, faites-les blanchir à plusieurs bouillons ; lorsqu'elles seront presque cuites, retirez-les et les jetez dans l'eau fraîche; égouttez-les. Mettez dans une casserole un verre de bouillon et du jus, avec du coulis, si vous en avez ; jetez-y votre ail, faites-le réduire et servez sous votre gigot en place de haricots.

Émincées de mouton aux cornichons (*Entrée*).

Prenez du gigot cuit à la broche : coupez la chair très mince et de la grandeur d'un écu : mettez ces émincées dans une casserole ; faites un roux, mouillez avec un peu de bouillon, sel, poivre ; faites réduire votre sauce ; ajoutez un morceau de beurre, et des cornichons coupés en tranches; mettez vos émincées dans la sauce, et faites cuire doucement sans faire bouillir. (*Vieille formule.*)

Gigot à la bonne femme.

Désossé et replié comme celui de sept heures, vous le faites revenir dans la casserole avec un peu de beurre ; faites-lui prendre couleur comme s'il sortait de la broche. Assaisonnez-le de sel, épices, et d'un bouquet garni ; laissez-le mijoter, en le retournant de temps à autre jusqu'à ce qu'il soit cuit, et le servez avec son jus, des haricots, ou des pommes de terre. Ces pommes de terre épluchées, crues, peuvent se faire frire avec la graisse du gigot, quand il est près de sa cuisson. (*Vieille formule.*)

Gigot rôti au naturel.

Prendre un gigot mortifié, ne le faire cuire que trois ou quatre jours après que le mouton aura été tué; on le bat bien pour l'attendrir; mettez une gousse d'ail dans le manche du gigot, on l'embroche, et on le fait cuire à feu très vif, afin qu'il soit saisi tout à coup. On le tourne et on l'arrose avec son jus. Une heure suffit pour le faire cuire à point. (*Ancienne formule.*)

Gigot de mouton en chevreuil.

Faites mariner le gigot pendant plusieurs jours dans une forte marinade, au vinaigre rouge avec sel, poivre, une poignée de grains de genièvre et un bon bouquet de persil. Lardez-le, faites-le rôtir et servez-le sur une sauce poivrade ou une sauce de gibier.

Gigot de mouton braisé.

Piquez d'ail et lardez un beau gigot de mouton, mettez-le dans une casserole avec beurre et graisse, lard, tranches de carottes, de navets, d'oignons, persil, échalotes, sel, poivre, thym et laurier ; faites revenir le tout, et ajoutez un verre ou deux de vin blanc et un peu de bouillon Couvrez la casserole et faites cuire au four en arrosant de temps en temps la viande de son jus. Dressez sur le plat, ajoutez au jus dégraissé un peu de beurre frais et de fécule, versez sur le gigot.

Gigot à l'eau.

(Recette de l'auberge de la Chèvre à Orléans).

Lorsque le gigot est piqué d'ail, mettez-le dans une marmite avec assez d'eau pour qu'il y baigne, ajoutez sel et poivre ; laissez cuire à petit feu jusqu'à ce que l'eau soit réduite et le gigot assez cuit ; il faut environ quatre heures. Lais sez alors roussir le gigot puis dressez-le. Détachez le jus avec un peu d'eau chaude, dégraissez et servez. Si vous désirez une sauce, saupoudrez de farine le gigot lorsqu'il a de la couleur, retournez, mouillez de bouillon ou d'eau, ce qu'il faut pour la sauce; laissez environ un quart d'heure, dégraissez, ajoutez un morceau de beurre frais et un filet de vinaigre. La *poitrine* et *l'épaule* peuvent s'accommoder de même; cette manière de cuire le mouton est très bonne surtout lorsqu'il est dur.

Rôti de mouton à l'Anglaise.

Il se met à la broche, servi dans son jus ; il se sert aussi à la Sainte-Menehould, alors on le fait cuire à la braise; quand il est cuit panez-le et faites-lui prendre couleur au four et servez dessous une sauce à votre goût; on peut aussi quand il est bien piqué, le faire cuire à la broche, le glacer d'une belle couleur et mettre des haricots à la bretonne dessous (Cuisson, un quart d'heure par livre).

Carré de mouton (Côtelettes).

On le met sur le gril, coupé en côtelettes; on trempe auparavant ces côtelettes bien parées dans du beurre frais fondu, sel et poivre ; on les pane de mie de pain et on les fait cuire sur le gril; pendant la cuisson, on les arrose avec un peu de beurre, afin qu'elles ne soient pas sèches ; quand elles sont cuites, on les sert avec un jus clair, ou une sauce piquante.

Carré de mouton poivrade.

Parez un carré de mouton, et piquez-le de lard; faites-le mariner un ou deux jours dans un demi-verre d'huile, le jus d'un citron ; sel, poivre, aromates, deux oignons en tranches, et du persil en branches ; faites-le cuire à la broche et glacez-le d'une belle couleur ; servez avec une poivrade dessous.

Épaule de mouton rôtie.

On suit, pour faire rôtir une épaule de mouton, les mêmes procédés que pour le gigot.

Épaule de mouton aux oignons.

Tandis que l'épaule cuit à la broche, passez sur le feu un morceau de beurre frais, avec oignons et échalotes hachés; ajoutez-y une pincée de farine; mouillez de bouillon, sel et poivre, et faites réduire à courte sauce.

L'épaule cuite, levez-en la peau sans la détacher tout à fait; prenez la viande qui est dessous, coupez-la en filets, mettez-les dans le ragoût d'oignons avec une liaison de jaunes d'œufs délayés avec du bouillon; faites lier sur le feu; mettez-y un filet de verjus ou de vinaigre; dressez l'épaule dans le plat, le ragoût dessous la peau, de façon qu'elle paraisse entière.

(*Vieille formule.*)

Épaule de mouton à la Ste-Ménehould.

(Recette de l'hôtellerie des trois Maures à Verdun).

Désossez et faites cuire une épaule de mouton dans une braise, avec un peu de bouillon, un bouquet de persil, des ciboules. une gousse d'ail, deux clous de girofle, une feuille de laurier, du thym, des oignons, des racines, du sel et du poivre ; quand elle est cuite, vous l'ôtez de la casserole, vous l'égouttez et la dressez sur le plat; mettez dessus un peu de coulis bien assaisonné et bien réduit, et panez-la avec de la mie de pain bien fine, délayez trois jaunes d'œufs avec un peu de beurre fondu, arrosez-en l'épaule, que vous panez encore avec de la mie de pain; vous la mettez dans un four d'une moyenne chaleur et l'arrosez de temps à autre avec du beurre fondu; lorsqu'elle a pris une belle couleur, vous la servez, avec son fond clarifié et bien réduit.

Épaule de mouton en Musette.

On la désosse, en laissant le bout du manche; on la pique de gros lardons; assaisonnez de sel, poivre; on la ficelle afin de lui donner une forme ronde comme une assiette. Il ne faut pas la rouler. Étant ficelée on lui fait prendre couleur, et on la cuit exactement comme le gigot à l'eau, cinq heures de temps. Étant cuite, on la dégraisse; on lie la sauce et on en glace l'épaule. On la sert entourée de son jus ou avec une garniture de légumes. (*Vieille formule.*)

Filets de mouton en chevreuil.

Parez promptement douze filets mignons de mouton, et piquez-les de lard; faites-les mariner trois jours dans le vinaigre, des aromates, du persil en branches et de l'oignon en tranches; vous les faites cuire dans une demi-glace, et d'une belle couleur, servez chaudement avec une sauce poivrade.

Hachis de mouton à la bourgeoise.

Un gigot rôti se mange rarement entier le même jour; le lendemain on fait un hachis de ce qui reste. On lève les chairs, on en ôte les nerfs et les peaux : après avoir haché la viande, mettez-la dans une casserole ; faites réduire quelques cuillerées de coulis, et, au moment de servir, liez le hachis avec cette réduction : mettez-y un demi-quarteron (60 gr.) de beurre ; faites-le chauffer, sans bouillir et servez avec des œufs mollets autour. (*Vieille formule.*)

Filet de mouton aux légumes.

Prenez un carré de mouton ; ôtez les os et piquez-le de menu lard ; faites-le cuire à la broche ; servez dessous, des légumes tels que : épinards, chicorée, oseille, haricots blancs ou macédoine de légumes.

Filets de mouton grillés aux pommes de terre.

Parez dix ou douze filets mignons de mouton, assaisonnez-les de sel et de mignonette, et trempez-les dans du beurre, faites-les griller et glacer d'une belle couleur ; dressez-les ensuite sur un plat avec des pommes de terre dans le milieu, frites au beurre et bien assaisonnées.

Côtelettes de mouton sautées à la poêle.

Ayez huit ou dix belles côtelettes de mouton, que vous faites cuire à petit feu dans une poêle avec un bon morceau de beurre : la cuisson bien opérée, faites-les égoutter de leur graisse ; laissez dans la poêle une demi-cuillérée de graisse, à laquelle vous ajoutez quelques cuillerées de bouillon, échalotes, fines herbes, le tout bien haché, sel, poivre et cornichons coupés en filets ; faites bouillir ; dressez vos côtelettes, et servez la sauce dessus avec un filet de verjus ou de vinaigre. (*Ancienne cuisine.*)

Côtelettes à la jardinière.

Parez des côtelettes, et faites-les mariner avec un peu d'huile d'olive, sel et poivre; avec les débris, carottes et oignons, vous faites un peu de jus. Vous passez ce jus, où vous mettez toutes sortes de légumes préparés comme pour la macédoine. Au moment de servir, mettez les côtelettes sur le gril, sans être panées. Étant cuites, liez la sauce où sont les légumes, et y mettez cinq minutes les côtelettes. On les sert en couronne, et les légumes dans le milieu.

Côtelettes de mouton grillées panées.

Préparez vos côtelettes ; après les avoir assaisonnées de sel, de gros poivre, trempez-les dans du beurre tiède ; quand elles en seront imbibées, saupoudrez-les de mie de pain, ayant soin qu'elles en prennent suffisamment ; déposez-les ensuite sur un couvercle de casserole en y remettant de la mie de pain dessus et dessous ; un quart d'heure avant de les servir, mettez-les sur le gril, à un feu un peu ardent, que vos côtelettes ne cuisent pas trop et que votre mie de pain ne brûle pas. Dressez-les avec un jus clair dessus.

Haricot de mouton à la cosmopolite.

Coupez un carré de mouton par morceaux; mettez dans une casserole un morceau de beurre avec votre mouton, que vous ferez revenir sur un feu vif; les chairs ayant pris une couleur dorée, égouttez-les ; tournez des navets en bâtonnets, et passez-les dans la graisse de mouton; après leur avoir donné une belle couleur, égouttez-les; ensuite faites un roux; repassez votre mouton dans ce roux ; après l'avoir mouillé, mettez-y du sel, poivre, un bouquet, deux oignons, un clou de girofle, une feuille de laurier, et vos navets ; le mouton presque cuit, faites-le mijoter et dégraissez-le; la cuisson achevée, si la sauce est trop longue, retirez-en une partie, et faites-la réduire au degré convenable; après cette opération, dressez votre haricot, que vous masquez avec vos navets, et que vous servez bien chaud.

Ragoût de mouton.

(Navarin ou haricot, suivant les uns).

Que vous l'appeliez ragoût, navarin ou haricot de mouton, c'est toujours le plat par excellence des familles, toujours reçu à table avec plaisir, lorsqu'il est bien fait; il demande beaucoup de soin et de savoir-faire; voici la méthode la plus habituelle.

Prenez toujours la viande de mouton dans la poitrine ou dans l'épaule, environ trois livres, coupez-la en morceaux carrés, assaisonnez avec sel, poivre, muscade; mettez sur le feu une casserole plate assez large pour pouvoir bien remuer les morceaux, mettez au fond de la casserole une cuiller de saindoux ou de dégraissis de bouillon, faites chauffer sur un bon feu, ajoutez vos viandes coupées ainsi que deux oignons divisés en quatre parties, remuez de temps en temps afin de bien colorer les viandes sur toutes les faces.

A ce moment, retirez la casserole du feu, enlevez la graisse fondue, et mettez une bonne cuiller à bouche de farine, remuez avec une cuiller de bois afin que toute la farine entoure bien la viande, versez par-dessus un litre d'eau froide et une cuillère à café d'extrait de viande, un bouquet garni, deux échalotes, une gousse d'ail; au premier bouillon, goûtez la sauce, afin de bien l'assaisonner, colorez-le s'il en a besoin. Ajoutez une poignée de petites carottes, des navets nouveaux et des pommes de terre de Hollande, la garniture ne doit se mettre dans le ragoût qu'une heure avant de servir, temps suffisant pour cuire les légumes et la viande, car une demi-heure suffit pour colorer les viandes sur le feu avant de mouiller. Ne réserver que la quantité de sauce nécessaire pour envelopper la viande, ni trop claire, ni trop épaisse et servir très chaud.

Rognons de mouton.

Les rognons de mouton se font cuire sur le gril, il faut les ouvrir par le milieu, et passer au travers une petite brochette; assaisonnez-les de sel, poivre; quand ils sont cuits mettez au-dessous une sauce à l'échalotte.

Brochettes de rognons..

Prenez pour une brochette un beau rognon de mouton, enlevez la peau et les nerfs et coupez-le en morceau à peu près égaux; préparez de même un morceaux de lard un peu gros et coupez-en une quantité égale aux morceaux de rognons; prenez ensuite une brochette en argent, enfilez-y un morceau de lard puis un morceau de rognon et continuez jusqu'à ce que votre brochette soit garnie, salez et poivrez légèrement, faites cuire sur le gril à feu vif et servez très chaud sur du beurre fin manié de persil haché; accompagnez de quelques rondelles de citron et servez.

Rognons de mouton au vin blanc.

Coupez les rognons en petits morceaux, que vous faites revenir sur le feu avec du beurre et une cuillère de farine, mouillez d'un verre de vin blanc et d'un peu de jus de viande, ajoutez échalotes et persil hachés, sel et poivre. Faites cuire un quart d'heure et servez.

Rognons de mouton au madère.

Divisez les rognons en deux, retirez la peau, faites-les sauter au beurre. Lorsqu'ils seront cuits à point dressez-les sur croûtons. Coupez en tranches fines, quelques truffes et champignons, mettez-les dans la casserole où ont cuit les rognons, versez-y un demi-verre de madère et du bon jus, cuisez dix minutes, jetez sur les rognons et servez.

Petits pâtés de Béziers.

Faire bouillir de l'eau que l'on sale modérément. Prendre une livre de farine, un quart et demi de beurre, pétrir avec l'eau bouillante et casser un œuf dans la pâte.

Quand la pâte est travaillée, on la laisse reposer quelques minutes ; préparez une farce composée moitié de graisse de rognons de veau, moitié de maigre de mouton ; pour une livre de viande on met une livre de sucre roux auquel on mélange un ou deux citrons râpés. Envelopper la farce avec la pâte en lui donnant la forme d'un petit pâté et faire cuire au four.

Rognons de mouton au vin de champagne.

Coupez vos rognons en une quinzaine de tranches chacun, et les accommodez comme il est indiqué pour les rognons de bœuf. Le vin de Champagne est préférable, mais on peut cependant en employer d'autres.

Langues de mouton à la purée de légumes.

Coupez en tranches trois oignons, trois carottes, trois navets, un pied de céleri, champignons : passez-le tout au beurre; ajoutez, sel, épices, uu bouquet garni, deux cuillerées de vin blanc, faites cuire vos langues dedans : retirez-les, levez la peau de dessus; passez le mouillement au tamis, faites une purée de légumes que vous mêlez avec une cuillerée de farine, et le mouillement si elle est trop épaisse, servez-le sur les langues. (*Ancienne mode.*)

Langues de mouton en papillotes.

Faites cuire dix ou douze langues dans une bonne braise ; lorsqu'elles sont cuites, ouvrez-les en deux, et laissez-les refroidir ; maniez des fines herbes avec une demi-livre de beurre; assaisonnez-les d'un bon goût; enveloppez chacune d'elles dans du papier huilé, et faites-les griller doucement. (*Vieille formule.*)

Langues de mouton braisées.

Elles se servent ordinairement en entrée ; prenez dix ou douze langues ; faites-les dégorger, après quoi vous les ferez blanchir pendant une demi-heure ; rafraîchissez-les ensuite, égouttez-les, essuyez-les, et coupez le cornet; piquez-les avec de petits lardons assaisonnés ; faites-les cuire dans une bonne braise pendant cinq ou six heures, égouttez-les pour en ôter la peau ; faites-les mijoter ensuite dans une demi-glace, et servez chaudement avec une poivrade. (*Vieille formule.*)

Cervelles de mouton à l'étuvée.

(Formule de l'auberge de la Pomme à Caen).

Il faut quatre cervelles pour faire une entrée d'une grandeur ordinaire : bien dégorgées dans l'eau, et blanchies à l'eau à deux bouillons ; on les met cuire entre des bardes de lard, entourées d'une douzaine de petits oignons blancs, d'un bouquet de persil, ciboules, deux clous de girofle, thym, laurier, un verre de vin blanc, un quart de petit lard coupé en gros dés, un peu de sel et du gros poivre. La cuisson faite on passe le fond de la sauce au tamis, on y ajoute du coulis pour la lier. On dresse les cervelles dans le plat, les petits oignons et le lard autour avec des croûtons frits, on délaie dans la sauce un anchois haché, une pincée de câpres fines et entières pour la servir dessus.

Cervelles de mouton en marinade.

Voir *Cervelles de veau.*

Cervelles de mouton au beurre noir.

Voir *Cervelles de veau.*

Cervelles de mouton en beignets.

Voir *Cervelles de veau.*

Pieds de mouton à la poulette.

Flambez une trentaine de pieds de mouton, et ôtez-en une petite touffe de poils qui se tient au milieu de la fente du bout du pied ; faites-les cuire dans un blanc, et lorsqu'ils sont cuits, quatre bonnes heures sont nécessaires, vous les égouttez sur un torchon blanc et en ôtez les os de la jambe ; faites réduire quelques cuillerées de coulis blanc avec des champignons auparavant passés au beurre ; liez-le avec trois jaunes d'œufs ; ajoutez à cela trois quarterons (375 grammes) de beurre frais, une pincée de persil blanchi, du jus de citron, et jetez vos pieds de mouton dans cette sauce. (*Vieille formule.*)

Pieds de mouton à la ravigote.

Quand ils sont cuits dans l'eau, ôtez-en le gros os, et les mettez dans une casserole avec bon beurre, un bouquet garni, du bouillon, bon coulis, sel, poivre : faites-les bouillir jusqu'à ce que la sauce soit réduite. Quand vous êtes prêt à servir, vous mettez dedans votre ravigote, composée de toutes sortes de fournitures de salade, comme cerfeuil, pimprenelle, pourpier, corne-de-cerf, peu de baume, peu d'estragon, et de la civette. Faites blanchir le tout un demi-quart d'heure au plus, retirez-les de l'eau et les pressez ; hachez-les très fin, servez-les dans le ragoût : que la sauce ne soit ni trop claire ni trop épaisse, et assaisonnée d'un bon goût. (*Vieille formule.*)

Pieds de mouton à la sauce Robert.

Prenez de l'oignon que vous coupez en filets ; mettez-le dans une casserole avec un morceau de beurre ; faites-le cuire à moitié : mettez-y ensuite les pieds de mouton coupés en trois et bien épluchés ; mouillez avec du bouillon et un peu du coulis assaisonné de sel, poivre.

Quand votre ragoût est cuit, mettez-y de la moutarde, un filet de vinaigre, et servez à courte sauce. (*Vieille formule.*)

Pieds de mouton farcis.

Ayez une douzaine de pieds de mouton cuits à l'eau ; mettez-les dans un peu de bouillon avec du sel, poivre, une feuille de laurier, thym, basilic, une gousse d'ail ; faites-les mijoter pendant une demi-heure, retirez-les et les désossez le plus que vous pourrez, et à la place des os, vous ferez entrer une farce de cette façon : hachez un petit morceau de viande cuite avec autant de graisse de bœuf, un peu de mie de pain desséchée avec du lait. Assaisonnez de sel, poivre, persil, ciboules hachés, liés de trois jaunes d'œufs. Après qu'ils seront farcis, si vous voulez les faire frire, trempez-les dans de l'œuf battu, et les panez de mie de pain : faites-les frire de belle couleur : servez sortant de la poêle. Si vous voulez les servir sans être frits, vous les trempez dans du beurre chaud ; panez-les de mie de pain. Vous pouvez les faire griller ou leur faire prendre couleur sur le plat que vous devez servir, avec un couvercle de tourtière et du feu dessus ; égouttez-en la graisse, s'il y en a : servez, les bords du plat bien essuyés. L'on peut y mettre une sauce d'un jus clair, si l'on veut. (*Vieille formule.*)

Pieds de mouton au gratin.

Faites-les cuire dans l'eau, et ensuite vous les mettez prendre du goût dans une casserole avec un verre de vin blanc, trois cuillerées de bouillon et autant de coulis, un bouquet de persil, ciboules, une demi-gousse d'ail, deux clous de girofle, sel, gros poivre ; faites-les bouillir à petit feu et réduire à courte sauce : ôtez le bouquet, et les servez sur un gratin. comme celui des langues de mouton ci-dessus.

(*Vieille formule.*)

Pieds de mouton frits.

Cuits à l'eau, et désossés comme les précédents, faites-les mijoter une heure dans une marinade composée avec sel, poivre, ail, vinaigre, un peu de bouillon, beurre manié de farine, laurier et clous de girofle ; foites-les refroidir ; trempez-les dans de l'œuf battu ; panez de mie de pain ; faites frire de belle couleur ; servez garni de persil frit. (*Vieille cuisine.*)

Pieds de mouton au fromage.

Mettez dans une casserole des pieds de moutons cuits, et désossés comme ceux à la poulette, coupez-les en deux ; passez-les sur le feu avec beurre, champignons, persil, ciboules, ail, clous de girofle ; mouillez avec bouillon ; mettez du sel, poivre ; faites cuire et réduire à peu de sauce ; mettez-y un filet de vinaigre : dressez sur le plat ; couvrez avec une farce de godiveau de l'épaisseur d'un écu ; unissez avec de l'œuf battu ; panez moitié de pain et moitié de fromage de Gruyère ; faites prendre couleur au four de campagne et servez. (*Ancienne mode.*)

Queues de mouton à la braise.

Faites cuire plusieurs queues dans une casserole avec oignons, carottes, céleri, fines herbes, sel, poivre et bouillon ; laissez sur le feu trois heures ; quand elles sont cuites, faites réduire la sauce à glace, et glacez vos queues que vous servez sur une purée d'oseille, de lentilles, un ragoût de choux, de chicorée ou une sauce tomate. (*Ancienne mode*).

Queues de mouton grillées.

Faites cuire comme les précédentes. Quand elles sont refroidies, passez-les dans des œufs battus ; panez de mie de pain ; passez-les encore après dans l'huile, et repanez-les ; mettez-les ensuite sur le gril, faites-les cuire à petit feu ; quand elles sont de belle couleur, servez avec une sauce piquante, tartare, etc. (*Vieille formule.*)

Queues de mouton frites.

Quand elles sont refroidies, comme les précédentes, passez-les dans des œufs battus ; panez de mie de pain, et faites frire ; avec persil frit.

AGNEAU

Agneau à la Poulette.

Faites blanchir un quartier d'agneau ; mettez un morceau de beurre dans la casserole avec une cuillerée de farine ; quand votre farine est délayée avec le beurre, versez peu à peu deux ou trois verres d'eau bouillante afin qu'elle se lie bien avec le beurre ; quand vous la trouverez assez claire, mettez votre agneau, poivre, sel, bouquet garni, petits oignons ; une demi-heure avant de servir ajoutez des champignons, dégraissez la sauce, liez-la d'un jaune d'œuf et servez. (*Ancienne cuisine.*)

Quartier d'agneau pané et rôti.

Piquez-le de petit lard du côté de la peau, et saupoudrez fortement l'autre partie de mie de pain ; couvrez-le de papier pour que le feu ne le saisisse pas trop vivement, en le mettant à la broche. Quand il est presque cuit, retirez-le, vous saupoudrez une seconde fois de mie de pain, la partie non lardée, assaisonnez de sel et persil haché très menu ; colorez ensuite à un feu trés vif et servez avec un filet de vinaigre.

(*Ancienne mode.*)

Épaule d'agneau à la Meunière.

Désossez, roulez et ficelez l'épaule. Faites revenir des lardons dans du beurre fondu, retirez-les et jaunissez la viande dans cette graisse ; retirez l'épaule et mettez-la cuire dans une casserole avec bouillon, sel, poivre, ail et bouquet garni, puis les lardons. Dans la graisse où l'on a fait jaunir les lardons et la viande, on fait cuire des pommes de terre entières que l'on place autour du morceau de viande, dix minutes seulement avant de servir afin qu'elles n'en absorbent pas tout le jus et ne se brisent point. Pour servir, débridez l'épaule, placez-la au milieu du plat, entourez-la des pommes de terre, versez sur le tout le jus et la graisse contenus dans vos casseroles.

Carré d'agneau à la Périgord.

Passez sur le feu un carré que vous avez paré, ajoutez un peu d'huile, persil, ciboule, champignons hachés, sel, poivre : mettez-le dans une casserole foncée de tranches de veau avec leur assaisonnement et sept ou huit truffes entières; couvrez de bardes de lard, la moitié d'un citron en tranches; faites suer à petit feu, mouillez avec bouillon. La cuisson terminée, servez le carré d'agneau entouré des truffes et arrosé de son jus.

Tranches d'agneau de ferme.

(Formule de l'Hostellerie des Rois Mages à Meaux.)

On coupe un filet d'agneau par tranches; on les poivre et on les sale, puis on les fait frire; quand elles seront frites, mettez-les dans un plat, et versez du beurre dessus; jetez un peu de farine dans une casserole, avec un peu de bouillon de bœuf, un peu de saumure de noix; faites bouillir le tout, et remuez continuellement; mettez-y les tranches, placez-les bien en rond; garnissez avec du persil frit, et servez.

Filet d'agneau en blanquette.

Faites cuire cinq ou six filets d'agneau à la broche, et laissez-les refroidir; coupez-les en blanquette, et mettez-les dans une casserole entre deux bardes de lard, que vous placez dans nne étuve une heure avant de servir, afin que les filets chauffent doucement et ne se racornissent point; au moment de servir, ôtez le lard, et mettez-le dans une sauce à l'allemande liée avec deux jaunes d'œufs, un morceau de beurre et du jus de citron; ayez soin de les garnir de quelques champignons passés dans le beurre.

(*Vieille cuisine.*)

Oreilles d'agneau à l'oseille.

Ayez douze oreilles d'agneau, que vous ferez cuire dans une braise; prenez ensuite une bonne poignée d'oseille, hachez-la un peu, et faites-la cuire dans une cuillerée de bouillon et un morceau de beurre; versez dedans une petite cuillerée à pot de coulis, mettez-y un peu de poivre, de sel et de muscade râpée ; après avoir fait mijoter quelques minutes, tortillez proprement les oreilles, et placez-les ensuite dans un plat. (*Vieille cuisine.*)

Ris d'agneau à l'ancienne.

Faites blanchir vos ris ; mettez-les quelque temps dans l'eau froide ; jetez-les ensuite dans une casserole avec une cuillerée à pot de bouillon, un peu de poivre et de sel, un bouquet d'oignons nouveaux et de persil, remuez-les avec un morceau de beurre fariné, et faites-les mijoter une demi-heure ; ayez prêts deux ou trois œufs bien battus dans de la crème avec un peu de persil haché et de la muscade ; mettez-y quelques pointes d'asperges déjà bouillies, et vos autres ingrédients ; évitez surtout les grumeaux; ajoutez un peu de jus de citron ; vous en ferez un plat recherché en y joignant quelques tranches de truffes.

Tête d'agneau à l'ancienne.

Vous prenez deux têtes d'agneau, que le collet tienne avec ; vous ôtez les mâchoires et le museau ; faites-les blanchir et cuire dans une braise blanche, comme les oreilles de veau.

Vous les mettez dans une marmite avec du bouillon, un gros bouquet garni, sel, poivre, racines, oignons, du verjus en grain ou la moitié d'un citron coupé en tranches. La peau ôtée, faites-les cuire à petit feu : quand elles sont cuites, découvrez les cervelles, dressez-les dans le plat que vous devez servir, et versez dessus telle sauce que vous jugerez à propos, comme sauce à l'espagnole, sauce à la ravigote, sauce à la poivrade liée, sauce à la peluche verte, ou pour le plus simple, vous prenez du bouillon de leur cuisson. Prenez garde qu'il ne soit trop salé : délayez-le avec trois jaunes d'œufs, une pincée de persil haché, faites-lier sur le feu, et servez dessus les têtes.

Vous pouvez encore, à la place des sauces, y mettre un ragoût de crêtes ou un salpicon, ou un ragoût de truffes.

L'on fait aussi des potages à la tête d'agneau qui sont au blanc.

Épigrammes d'agneau à l'anglaise.

Excellent plat de déjeuner, très peu coûteux et très bon. Prenez deux belles poitrines de mouton bien fraîches, faites-les cuire dans un bouillon composé d'eau, environ 3 litres, une carotte, un oignon, un poireau, un bouquet garni avec une branche de menthe fraîche, ajoutez une cuillère à bouche d'extrait de viande, un tout petit peu de sel, quelques grains, puis mettez en ébullition pendant trois heures, ayez soin de bien écumer au premier bouillon.

Après trois heures de cuisson, retirez les poitrines, retirez les os, et mettez-les à refroidir entre deux plats et sous une légère presse. Coupez-les ensuite en carrés longs ou en cœur, chaque poitrine doit vous donner sept morceaux réguliers et fermes ; pour les paner, mettez deux jaunes d'œufs sans une assiette, délayez-les avec 100 grammes de beurre fondu, trempez chaque épigramme dans cette sauce, roulez-les ensuite dans de la mie de pain fraîche.

Faites griller à feu doux et dressez sur un plat.

Quant au jus de la cuisson, après l'avoir bien dégraissé, faites-le réduire à consistance de sauce, et au moment de servir, ajoutez la pointe d'un couteau de menthe, fraîchement hachée, un jus de citron et 50 grammes de beurre que vous incorporerez au jus en dehors du feu. Versez dans une saucière et servez.

PORC

Boudin de porc.

Prenez de l'oignon que vous hachez et faites-le cuire avec un peu d'eau et de la panne. Quand il est bien cuit et qu'il ne reste que de la graisse, vous prenez da la panne que vous coupez en dés ; mettez-la dans la casserole où est l'oignon, avec du sang et un quart de crème. Assaisonnez de sel fin, épices mêlées : maniez le tout ensemble, et entonnez dans des boyaux que vous aurez coupés auparavant de la longueur que vous voulez donner aux boudins. Ne les emplissez pas trop, car ils créveraient en cuisant. Ficelez les deux bouts de chaque boyau; cuisez-les ensuite dans l'eau bouillante : il faut un quart d'heure de cuisson. Pour s'assurer s'ils sont cuits tirez-en un avec une écumoire, et le piquez avec une épingle. Si le sang ne sort plus, et que ce soit de la graisse, la cuisson est terminée : mettez-les ensuite refroidir, pour les faire griller quand vous voudrez les servir. (*Recette lorraine*).

Boudin blanc à la Bourgeoise.

Mettez sur le feu une chopine (une bouteille) de bon lait que vous faites bouillir et y jetez après, une bonne poignée de mie de pain. Passez à la passoire : faites bouillir le tout ensemble en le tournant souvent, principalement vers la fin, jusqu'à ce que la mie de pain ait absorbé le lait, et qu'elle soit bien épaisse : mettez-la refroidir. Coupez une demi-douzaine d'oignons en petits dés, et les faites cuire à petit feu, sans qu'ils soient colorés : mettez un morceau de beurre avec une demi-livre de panne de cochon hachée, que vous mêlez avec les oignons, après qu'ils sont ôtés du feu. Mettez-y aussi la mie de pain avec six jaunes d'œufs, un peu plus d'un demi-setier (1 verre à bordeaux) de crème; délayez le tout ensemble : assaisonnez de sel fin, fines épices. Prenez des boyaux de cochon bien lavés; coupez-les de la longueur que vous voulez pour vos boudins : ne les emplissez qu'aux trois quarts; liez le bout. Faites bouillir de l'eau, quand elle bouillira bien fort, mettez-y doucement les boudins, et laissez-les jusqu'à ce qu'ils soient cuits : ce que vous constaterez en les piquant avec une épingle, et qu'il en sortira de la graisse. Retirez-les doucement avec une écumoire, mettez-les dans de l'eau fraîche, faites-les égoutter, et les faites griller dans une caisse de papier; vous les sortez de la caisse pour les servir chaudement.

(*Vieille formule.*)

Andouilles de porc.

Prenez des boyaux gras de porc, soigneusement lavés, coupez-les de la longueur des andouilles; faites-les tremper dans de l'eau mélangée d'un quart de vinaigre, du thym, laurier, basilic pour leur faire prendre goût de charcuterie. Prenez ensuite une partie de ces boyaux que vous coupez en filets; assaisonnez le tout ensemble avec sel et fines herbes mêlés avec un peu d'anis; remplissez ensuite vos boyaux aux deux tiers, ficelez-les par les deux bouts, faites-les cuire avec moitié eau et moitié lait, sel, thym, laurier, basilic, un peu de panne pour les nourrir. Quand elles sont cuites, laissez-les refroidir dans leur cuisson. Lorsque vous voulez les servir, vous les faites griller.

(*Fabrication de Vaucouleurs.*)

Manière de faire toutes sortes de saucisses.

Prenez de la graisse de porc plus grasse que maigre : hachez-la et mettez-y persil, ciboules hachées, assaisonnez de sel et de fines épices; entonnez-le tout dans des boyaux de veau ou de cochon; ficelez les saucisses de la longueur que vous les voulez; faites-les griller. Pour leur donner le goût, ce que vous jugez à propos, comme truffes, échalotes, etc. Si c'est aux truffes, vous en hachez avec la chair, suivant la quantité que vous voulez; si c'est à l'échalote, vous en mettrez très peu, de crainte que leur goût ne domine. Les saucisses plates se font de la même façon, seulement vous mettrez la viande dans de la crépine de porc; faites-les griller de même que les saucisses longues. (*Mode ancienne.*)

Manière de faire toutes sortes de cervelas.

Communément on prend de la chair de porc la plus tendre et la plus entrelardée. Si vous voulez les faire d'autre viande, soit veau, lièvre ou lapin, vous aurez soin que votre viande soit bien nourrie de lard. Vous prendrez donc de la viande selon la quantité de cervelas que vous voudrez faire : hachez-la, mettez-y un peu de persil, ciboules hachées, sel, épices mêlées. Prenez des boyaux de telle grosseur que vous jugerez à propos ; emplissez-les de viande, et les ficelez par les deux bouts : mettez-les fumer à la cheminée deux jours, et les faites ensuite cuire deux ou trois heures, suivant leur grosseur, dans un bouillon sans sel. Si vous voulez faire des cervelas à l'oignon, vous prendrez des oignons suivant la quantité de viande que vous aurez ; il faut les hacher et les faire cuire avec du lard fondu ou du saindoux. Quand ils seront cuits aux trois quarts, vous les mettrez avec la viande, et finirez vos cervelas comme il est dit ci-devant. Si vous voulez faire des cervelas aux truffes, hachez-en la quantité que vous jugerez à propos, sans les faire cuire, et vous finirez vos cervelas de la même façon.

(*Mode ancienne.*)

Fromage de cochon.

Prenez une tête de cochon bien nettoyée ; désossez-la à forfait : levez toute la chair et le lard sans découper la couenne, en filets très minces ; faites-en autant du lard : mettez le maigre à part sur un plat bien étendu, et le gras dans un autre. Coupez les oreilles aussi en filets : assaisonnez le tout des deux côtés avec du sel fin, du gros poivre, thym, laurier, basilic, six clous de girofle, deux pincées de coriandre, la moitié d'une muscade, le tout haché très fin, deux gousses d'ail, quatre échalotes, aussi hachées, une demi-poignée de persil en feuilles entières. Mettez la peau de la hure dans une casserole ronde, arrangez tous vos filets de viande en mettant un lit de viande, et quelques tranches de jambon, si vous en avez, des feuilles de persil arrangées proprement : continuez de cette façon jusqu'à la fin. Vous coudrez la couenne en la plissant comme une bourse : enveloppez-la d'un torchon blanc, que vous serrerez fort avec de la ficelle. Mettez ce fromage dans une marmite jusqu'à sa grandeur, pour le faire cuire pendant six ou sept heures avec du bouillon, une pointe de vin blanc, de l'oignon, racines, thym, laurier, basilic, une gousse d'ail, sel, poivre. Lorsqu'il sera cuit, vous l'égoutterez, et le mettrez dans un vaisseau juste à sa grandeur et bien rond. Couvrez-le avec un couvercle et un poids très lourd dessus, pour lui faire prendre la forme que vous voulez, jusqu'à ce qu'il soit froid : vous le servirez pour gros entremets. (*Formule lorraine.*)

Des oreilles, de la langue et des pieds de porc.

Les oreilles se font cuire à la braise, qui se fait comme celle pour la tête. Quand elles sont cuites, il faut les paner et les faire griller : servez-les à sec.

Elles sont encore bonnes salées et fumées. La langue se met à la braise avec des sauces piquantes, et pour le mieux elle se mange salée et fumée. Les pieds s'accommodent comme les oreilles. (*Vieille formule.*)

Gâteau de foie de cochon.

Prenez une livre et demie de panne, hachez-la le plus fin possible : hachez aussi deux livres de foie très fin ; hachez très fin une échalote, un oignon, une petite gousse d'ail, champignons, la moitié d'une feuille de laurier et un peu de thym; mêlez avec votre foie, et la panne ; assaisonnez de sel et d'épices. Beurrez le tour d'un moule ou casserole, placez dans le fond, et autour, de la coiffe de porc et des bardes de lard minces; ajoutez votre hachis, et faites cuire une heure et demie sous le four. (*Formule lorraine.*)

Saucisses à l'Ancienne.

Prenez une livre de chair de porc, une livre de lard, hachez le plus fin possible ; hachez aussi un oignon et de la ciboule ; mêlez avec ; assaisonnez de sel, poivre et épices, thym et laurier. Votre hachis préparé, voyez s'il a bon goût, prenez une coiffe de porc frais, enveloppez dedans votre hachis, donnez à votre saucisse une forme un peu allongée et plate; pour les servir vous mettez un peu de beurre fondre dans une casserole et faites cuire.

Rillons de Tours.

Prenez du porc frais très entre lardé, coupez-le par morceaux de la grandeur d'un centimètre, mettez tous ces morceaux avec une quantité d'eau dans un chaudron, sur un feu clair et très ardent. La graisse fond, l'eau s'évapore ; salez et entretenez le feu, en remuant continuellement, comprimez le plus possible les morceaux avec l'écumoire, jusqu'à complète évaporation de l'eau, et que les rillons soient bien cuits et d'une teinte brune. Enlevez les morceaux et faites-les égoutter pour les servir.

Boudin blanc à l'ancienne.

Hachez ensemble de la chair de poisson crue, des filets de volaille, des ris de veau et des laitances de carpes, et les mettez dans un mortier pour piler fin. Ajoutez de la mie de pain cuite dans du lait, au point d'être desséchée : mettez autant de beurre que vous avez déjà mis de chair et de mie : ajoutez une tétine de vache, cuite d'avance dans un blanc et hachée, un quarteron (125 grammes) de riz cuit au lait, autant de purée d'oignons blancs que de riz, cinq à six jaunes d'œufs, un à un. Chaque fois que vous ajoutez quelque chose, vous pilez avant de remettre autre chose. Mettez le tout dans un vase creux avec sel, poivre, muscade, une pinte (1 litre) de bonne crème fraîche : mêlez bien le tout et l'entonnez dans des boyaux bien appropriés. Faites cuire comme les noirs, mais dans du lait; étant refroidis, vous les faites griller sur du papier à feu doux.

Saucisses à la crème.

Lorsque vos saucisses sont revenues à la poêle, ajoutez au jus de la crème que vous tournez un instant sur le feu, arrosez d'un filet de vinaigre et servez sur les saucisses.

Saucisses au vin blanc.

Les saucisses étant bien rôties, enlevez-les de la casserole, faites un roux, mouillez avec du bon vin blanc, ajoutez persil et échalotes hachés, sel et poivre, liez avec un peu de bon jus, remettez les saucisses, faites cuire pendant un quart d'heure et servez. (*Mode lorraine.*)

Saucisses à la mie de pain ou à la sauce brune.

Faites revenir de la mie de pain dans du beurre, avec quelques oignons hachés, mouillez avec un peu de bouillon et un peu de vin, mettez-y sel, poivre, laurier et un jus de citron, ajoutez à cette sauce le jus des saucisses que vous aurez fait revenir à part, laissez cuire quelques instants, puis versez sur les saucisses bien chaudes.

Rissoles au jambon.

Coupez douze tranches minces de pain de 6 centimètres sur 4 environ ; beurrez-les et saupoudrez-les de gruyère râpé (un quart de gruyère pour les douze morceaux). Placez une tranche mince de jambon entre deux de ces croûtes ainsi préparées pour former sandwich. Faites fondre 100 grammes de beurre dans une poêle, et dorez le sandwich des deux côtés. Les rissoles se servent chaudes.

ANNETTE.

Timbale de saucisses.

Voici un excellent plat qui vous sera, je crois, fort utile pendant les journées chaudes, quand la cuisine est ennuyeuse à préparer, et que l'on déguste volontiers un bon mets froid.

Peu connue, la recette de la timbale de saucisses, et bien bonne, je vous assure.

En deux mots, la voici :

Vous préparez une boule de pâte broyée ou, vous l'achetez toute prête chez votre boulanger.

Vous tapissez avec cette pâte (abaissée en un

plateau d'un demi-centimètre d'épaisseur) les parois d'un moule uni.

Vous avez acheté des saucisses fraîches, 500 grammes pour un moule moyen.

Vous faites revenir ces saucisses à la poêle, vivement, vous les retirez, vous passez dans ce jus un oignon haché menu, vous ajoutez une cuillerée de farine, vous laissez prendre couleur et vous mouillez avec un verre d'eau ou de bouillon et ajoutez deux œufs crus bien battus.

Ceci prêt, vous disposez, au fond du moule, une couche de saucisses, une couche de mie de pain émietté, vous arrosez avec la sauce préparée, vous renouvelez couche de saucisses, pain, sauce, vous fermez en rabattant la pâte en forme de couvercle, et vous mettez au four doux pendant une demi-heure. On laisse refroidir pour démouler. Excellent pour les déjeuners sur l'herbe et même pour ceux plus confortables pris à la maison.

TANTE ROSALIE.

Côtelettes de porc sur le gril.

Ayez des côtelettes de porc un peu grasses, aplatisssez-les pour leur donner une belle forme, faites-les cuire sur le gril, et servez-les après une parfaite cuisson, avec une sauce Robert ou aux cornichons.

Côtelettes de porc frais en ragoût.

Coupez un carré de porc frais en côtelettes, faites-les cuire avec un peu de bouillon, un bouquet garni, peu de sel, poivre; mettez-les dans une casserole, avec champignons, un peu de beurre; passez-les sur le feu, ajoutez-y une bonne pincée de farine; mouillez moitié bouillon, un verre de vin blanc et du jus pour colorer le ragoût, sel, gros poivre, un bouquet de persil, ciboule, une demi-gousse d'ail, deux clous de girofle; laissez cuire et réduire à courte sauce; servez sur les côtelettes.

Tête de cochon en hure.

(Formule de l'hostellerie du Roy François à Rheims.)

Elle se met en hure de sanglier; faites-la brûler à un feu clair sur le fourneau bien ardent, et la frottez à force de bras avec une brique, et ensuite avec un couteau : lorsqu'elle est nette, désossez-la à moitié, sans ôter la peau; piquez-la en dedans avec de gros lard; assaisonnez de sel, épices mêlées, persil, ciboules, champignons, ail, le tout haché; enveloppez-la avec un linge blanc; ficelez-la, et la faites cuire dans une bonne braise faite avec du bouillon, du vin rouge, un gros bouquet garni, oignons, racines, sel et poivre.

Quand elle est cuite, laissez-la refroidir dans sa braise, et servez-la sur une serviette pour entremets du milieu.

Pieds de cochon à la Sainte-Menehould.

Entortillez les pieds de cochon avec du ruban de fil large; mettez-les dans une casserole avec du thym, du laurier, des carottes, des oignons, quelques clous de girofle, du persil, des ciboules, un peu de saumure, une demi-bouteille de vin blanc, plus ou moins. Devant rester longtemps au feu, employez beaucoup de mouillement; faites-les mijoter pendant vingt-quatre heures sans discontinuer; laissez-les ensuite refroidir dans leur cuisson; développez-les avec soin, et laissez-les reposer jusqu'au lendemain. Avant de les servir, trempez-les dans du beurre tiède; assaisonnez-les de gros poivre, et roulez-les dans la mie de pain; mettez-les ensuite sur le gril, à un feu très doux, et servez-les sans sauce. (*Ancienne mode.*)

Rognons de cochon au vin de Champagne.

Après avoir émincé les rognons de cochon, vous les mettrez dans une casserole sur un feu ardent, avec un morceau de beurre, du sel, du poivre, du persil, des petits oignons et de l'échalote, le tout haché bien menu; sautez votre émincé sans relâche, afin qu'il ne s'attache pas. Lorsque vos rognons sont réduits, ajoutez un peu de farine, que vous remuez avec l'émincé; vous y versez ensuite un verre de vin de Champagne; vous retournez votre ragoût sans le laisser bouillir; servez.

Jambon en Cingarat.

Prenez du jambon que vous coupez en tranches fort minces ; mettez-les dans une casserole ou dans la poêle, avec un peu de gras de jambon ou du lard; faites cuire à petit feu. Quand il est cuit, vous le dressez dans un plat, et mettez dans la même casserole un peu d'eau, un filet de vinaigre et du poivre concassé; il faut détacher ce qui reste dans la casserole, en remuant la sauce avec une cuillère, et la servez sur le jambon.

Jambon frais mariné rôti.

Faites mariner le jambon dans du bon vin blanc, oignons, carottes coupées en tranches, persil, laurier, ail, échalotes, fermez hermétiquement le récipient par un léger et un couvercle; faites ensuite rôtir et cuire le jambon en l'arrosant de temps en temps de sa marinade; lorsqu'il est presque cuit, enlevez la couennne, saupoudrez-le de chapelure fine, remettez-le au feu pour le dorer; servez-le avec sa marinade que vous faites cuire et réduire à consistance d'une sauce. (*Recette lorraine.*)

Jambon à la broche.

Dans les familles nombreuses, un plat de résistance pour l'été est le jambon à la broche, on le mange chaud le premier soir puis froid le lendemain. Cela fournit plusieurs bons repas.

Voici comment il faut procéder :

Levez la couenne et laissez le couvert de sa graisse, faites-le mariner deux ou trois jours avec sel, poivre, huile d'olive, un bouquet de sauge et une demi-bouteille de très bon vin blanc, mettez-le deux heures à la broche et l'arrosez beaucoup avec sa marinade. Étant cuit, vous le servez avec une sauce faite de jus, échalotes hachées et moitié de sa marinade.

TANTE ROSALIE.

Jambon aux épinards (sauce madère).

Commencez par faire dessaler à l'eau fraîche pendant vingt-quatre heures le jambon que vous voulez cuire, mettez-le ensuite dans une marmite, couvrez-le d'eau et mettez sur le feu; au premier bouillon, retirez le jambon, plongez-le dans l'eau froide, brossez et grattez, changez l'eau de la marmite, remettez votre jambon en cuisson, garnissez de légumes et d'aromates, remarquez le premier bouillon et marquez l'heure, il faut cuire un jambon un quart d'heure par livre, ainsi pour un jambon de huit livres, il faut deux heures de cuisson.

Pendant ce temps, faites blanchir un paquet d'épinards par cinq personnes ; pour les avoir verts et délicats, faites-les cuire à grande eau bouillante après quelques bouillons, égouttez, rafraîchissez à l'eau froide, laissez ensuite égoutter dans un tamis, puis pressez-les afin d'en extraire entièrement l'eau ; hachez-les finement, et passez-les au beurre frais pour les sécher encore, assaisonnez avec sel, poivre, sucre et muscade, une demi-cuiller à café d'extrait de viande, et terminez avec 150 grammes de beurre frais.

Le jambon étant arrivé au terme de sa cuisson, retirez-le, enlevez la couenne, parez-le bien rond, et servez avec une sauce madère (voy. *Sauces*) ; envoyez les épinards à part dans un légumier.

Pour découper le jambon, commencez du côté du manche en arrivant dans la noix, et enlevez les tranches très minces.

Longe de porc rôtie.

Prenez une longe de porc, saupoudrez-la de sel et faites-la macérer pendant deux heures, égouttez-la bien, mettez-la dans un plat allant au four, arrosez-la de beurre bien frais et faites-la rôtir ; une fois bien dorée, vous la laissez cuire à feu doux en l'arrosant toujours de son jus ; servez entouré de pommes de terre à l'anglaise et de tranches de citron.

Épaule de porc au riz.

Faites rôtir une épaule de porc; lorsqu'elle a une belle couleur, cuisez-la avec eau chaude, sel, poivre, bouquet garni, oignon piqué de girofle, laurier, ail, échalotes. Environ une heure avant la cuisson complète de la viande, mettez-y à peu près une demi-livre de riz, laissez achever de cuire le tout ensemble, enlevez les épices, et servez le riz autour de la viande.

Filet de porc à la mie de pain.

Donnez au filet la forme ronde, placez-le dans du beurre bien chaud et dans une casserole de sa dimension.

Faites-lui prendre couleur des deux côtés, saupoudrez-le ensuite de mie de pain, sel, poivre, oignon, échalotes, un peu d'ail, persil haché. Mettez-le au four. Lorsque la mie de pain est d'un beau jaune, ajoutez un verre de bouillon ; couvrez la casserole, laissez cuire, et, en dressant, mettez un filet de verjus ou de vinaïgre. (*Mode lorraine.*)

Oreilles de porc.

Flambez-les, nettoyez-les et mettez-les cuire avec un litre de lentilles, de l'eau, oignons, carottes et bouquet garni ; vous les servez sur ces lentilles après en avoir fait une purée.

On sert aussi les oreilles de porc sur des purées de pois verts ou de haricots, sur une sauce tomate ou piquante, et frites comme les oreilles de veau.

Rognons de porc au vin blanc.

Coupez les rognons en morceaux, passez-les à la poêle, avec beurre, sel, poivre, persil, ciboules hachés ; remuez souvent, afin qu'ils ne s'attachent pas ; mettez une pincée de farine, et mouillez avec du vin blanc ; retournez votre ragoût, sans le laisser bouillir ; quand il est cuit, servez.

Galantine de cochon de lait (Relevé).

Échaudez, flambez et désossez jusqu'à la tête, que vous ne détachez pas ; prenez deux livres de bon foie de veau, et deux livres de lard que vous hachez séparément : mêlez ensemble et ajoutez deux œufs, sel et épices. Étendez le cochon de lait sur la table tout à plat, et le couvrez de la moitié de cette farce. Vous mettrez dessus tout ce que vous voudrez, des lardons, du gibier et volaille émincés, des truffes par tranches ; couvrez tout cela du reste de la farce, recousez la peau du ventre, et rendez à l'animal sa forme naturelle. Enveloppez-le d'un linge, en le ficelant de manière à ne pas le déformer, et le mettez cuire dans une braisière où il puisse tenir dans sa longueur. Faites-le cuire avec carottes, oignons, gros bouquet bien garni, thym, basilic, sel, poivre, épices, les os du cochon et autres débris, deux pieds de veau, bouillon, demi-bouteille de vin blanc ; faites cuire à petit feu pendant environ quatre heures ; égouttez avant le refroidissement ; ôtez le linge. Servez froid sur un plat et sur une serviette. (*Vieille formule.*)

Jambon, manière de le faire cuire.

Mettez-le dessaler vingt quatre heures à grande eau, nouez-le dans un linge blanc ; placez-le ensuite dans une marmite sur une bonne poignée de foin avec thym, laurier, ail, dix à douze oignons, quatre à cinq clous de girofle, carottes en tranches, une once (30 grammes) de salpêtre pour un jambon de huit livres : mouillez-le d'eau et si vous voulez, une bonne bouteille de vin blanc. Sondez avec une lardoire, si elle entre facilement il est cuit. Retirez du feu et laissez refroidir dans la marmite : retirez-le ; ôtez l'os du milieu sans l'endommager, en laissant le bout du manche pour mettre une manchette : placez le jambon dans une terrine creuse pour qu'il prenne uneforme ronde. Levez la couenne, chapelez-le et le décorez avec des ronds de carottes et de cornichons, et de la gelée autour.

Si vous voulez le servir d'une manière plus distinguée, quand il est cuit, au lieu de le couvrir de chapelure, vous enlevez la couenne du dessus en rond, mais en conservant celle qui couvre les côtés tout autour. Si la graisse est blanche, vous la décorez de différents dessins ; sinon vous la couvrez d'une légère couche de saindoux. Ces dessins se forment avec de la nonpareille, dont on arrange les couleurs avec goût, et que l'on accompagne de fines herbes. On trace aussi des parties de ces dessins avec du caramel que l'on couche au moyen d'un pinceau léger, ou d'une plume.

(*Ancienne manière.*)

Porc frais au Kary.

Le porc frais au kary, se prépare de la même manière que le poulet au kary.

Soufflé au jambon.

Faites fondre dans une casserole un morceau de beurre gros comme un œuf, vous y ajoutez une cuillerée de farine, une pinte et demie de (1 litre 1/2) crème et vous faites bouillir le tout.

Vous ajoutez ensuite un quart de fromage de gruyère râpé, une demi-livre de maigre de jambon haché et pilé au mortier, cinq jaunes d'œufs, cinq blancs battus en neige.

Vous beurrez un moule et vous versez le tout dedans. Vous faites cuire votre soufflé au bain-marie, feu dessus et dessous pendant deux heures.

Servez entouré d'une sauce à la crème ou de jus.

BARONNE BIDARD.

Hure de cochon.

Mettre dans une marmite une tête de cochon, après l'avoir bien échaudée et nettoyée, et en avoir retiré la langue et les oreilles. Faites cuire à l'eau assaisonnée de sel, poivre, thym, laurier, basilic, sauge, clous de girofle, oignons et carottes. Faites cuire à l'eau jusqu'à ce qu'il soit facile d'en ôter les os. Retirez-la du feu ; posez-la sur un torchon étendu sur une table. Lorqu'elle sera refroidie assez pour y tenir les mains, séparez-en doucement la peau en la déchirant le moins possible. Prenez une casserole étroite et profonde que vous garnissez d'un linge fin ; vous prenez la peau que vous étendez dans la casserole, de manière à en garnir le fond et les côtés, en tournant en dehors le côté des soies. Vous désossez la tête et n'y laissez aucun petit os ni cartilages. Ramassez cette chair en un seul tas et la mettez dans la casserole en la pressant le plus possible, et la chargeant même d'un poids pendant vingt-quatre heures, après avoir relevé en dessus le linge qui fait le fond de la casserole. Le linge sert à la retirer de ce moule, ou casserole, pour la servir sur un plat en la renversant. Alors on la sert froide et sans autre cuisson. Ce mets est bon pour les déjeuners. (*Vieille manière.*)

Langue de porc au roux.

Lardez une langue de porc, faites ensuite un roux que vous mouillez avec du bouillon, metjez-y sel, poivre, bouquet garni, ajoutez la langue de porc et laissez cuire à moitié de la cuisson, versez dans la casserole un bon verre de vin blanc, dégraissez et servez entourée du jus.

VOLAILLE

POULETS

Poulet à la Marengo.

Dépecez un poulet pour le mettre en fricassée; faites cuire dans l'huile fine, les cuisses d'abord, puis les autres morceaux avec sel, poivre et un peu de quatre épices, un bouquet garni et une poignée de champignons. Laissez bien cuire, puis faites un roux blanc, mouillez-le avec un bon consommé, un verre de bon madère et un de vin blanc, et ajoutez ensuite peu à peu l'huile dans laquelle le poulet aura sauté, en agitant vivement pour ne pas faire tourner la sauce. Au moment de servir, dressez les morceaux sur un plat, les beaux au-dessus; saucez le tout; mettez autour les champignons et des rondelles de truffes tenus au chaud. Placez quelques écrevisses dressées à volonté dessus et autour, et envoyez bouillant sur table. ANNETTE.

Fricassée de Poulet.

Prenez deux beaux poulets, bien en chair, que vous flambez, épluchez et videz. Coupez-les par membres et mettez-les tremper dans de l'eau un peu tiède pour les faire dégorger ; mettez aussi les foies, après avoir ôté l'amer, les gésiers, que vous fendez pour les nettoyer, les cous dont vous coupez la moitié de la tête. Les poulets étant bien dégorgés, égouttez-les sur un tamis ou dans une passoire, mettez-les dans une casserole avec un morceau de bon beurre, un bouquet garni, deux clous de girofle, des champignons, une tranche de jambon ; passez le tout sur un bon feu, jusqu'à ce qu'il n'y ait plus de sauce ; saupoudrez d'une bonne pincée de farine et mouillez avec un peu d'eau chaude ; assaisonnez de gros poivre, faites cuire à sauce réduite. Au moment de servir faites une liaison de trois jaunes d'œufs délayés avec de la crème ou du lait ; liez sur le feu sans bouillir, parce que la sauce tournerait. Mettez-y un jus de citron ; dressez la fricassée, les abatis au fond du plat, les ailes et les cuisses dessus, arrosez le tout avec la sauce et les champignons, et garnissez le plat de croûtons passés au beurre.

Poulet rôti fermière.

Plumez, flambez et videz un bon poulet, ayant de la chair et peu de graisse ; hachez le foie avec gros comme une noix de beurre frais, sel, poivre et muscade, mettez ce hachis dans l'intérieur du poulet, bridez-le, rôtissez-le dans une casserole avec un morceau de beurre, en le plaçant sur le côté, afin de cuire les cuisses ; en trente-cinq minutes, le poulet sera cuit. Retirez de la casserole, ajoutez à son jus naturel un demi-verre d'eau et une cuillère à café d'extrait de viande, faites cuire le tout pendant une minute et versez sur le poulet, que vous garnirez d'un bouquet de cresson.

Poulet rôti.

Après avoir vidé et flambé un bon poulet bien tendre, on le fait rôtir de préférence à la broche en l'arrosant avec du beurre; on peut aussi le faire rôtir au four, en le plaçant dans un plafond et en le retournant pour le faire dorer de tous les côtés, la cuisson est d'une demi-heure à trois-quarts d'heure; on dresse le poulet rôti entouré de cresson, on le sale au moment de servir et on sert son jus dans une saucière.

Poule ou poulet au rizotto.

Après avoir plumé, flambé et vidé votre volaille, bridez-la avec une ficelle, posez-la dans une casserole avec tous ses débris ou abatis, cou, gésier, graisse; le cœur et le foie, après avoir retiré le fiel, se remettent dans la volaille, couvrez-la d'eau fraîche, ajoutez deux carottes, un oignon piqué de trois clous de girofle, un bouquet garni composé de persil, thym et laurier, 50 grammes de beurre ou de saindoux, une cuiller à café d'extrait de viande, et laissez cuire pendant quarante-cinq minutes pour un poulet, une heure pour une poularde, deux heures pour une poule ou une dinde.

Pendant ce temps, prenez autant de poignées de riz de Piémont que vous avez de convives, triez-le soigneusement, lavez à plusieurs eaux, laissez sécher pendant vingt minutes sur un linge blanc ; lorsque votre volaille sera à peu près cuite, retirez-la de la casserole, passez le bouillon au travers d'une passoire fine, remettez la volaille au chaud dans la casserole avec un peu de bouillon pour finir la cuisson. Mettez le riz dans une casserole, couvrez-le avec le dégraissis du bouillon, mettez sur le feu et remuez continuellement afin de le dessécher et qu'il n'attache pas à la casserole, mouillez-le ensuite avec trois fois son volume de bouillon, ajoutez sel, poivre et muscade ; il faut compter vingt-deux minutes montre en main pour cuire le riz et le servir immédiatement, car un riz qui est trop cuit ou qui est froid n'est pas mangeable. Aussi, lorsqu'il est arrivé à son terme de cuisson, le grain doit être entier et bien cuit, et assez épais pour se soutenir mollement dans le plat où vous le verserez en posant la volaille au milieu. Avec la volaille au riz on ne met pas de fromage râpé, c'est pour le rizotto à la tomate au jus qu'il faut conserver cet accompagnement.

Poulets au fromage (Entrée).

Flambez et épluchez deux poulets. Après les avoir vidés et avoir troussé les pattes dans le corps, vous les fendez un peu sur le dos, et les aplatissez avec le couperet. Faites-les revenir dans une casserole avec un peu de beurre; mouillez avec un demi-verre de vin blanc et autant de bon bouillon : mettez-y un bouquet de persil, ciboule, une demi-gousse d'ail, deux clous de girofle, une demi-feuille de laurier, thym, basilic, peu de sel, gros poivre. Cuisez une heure à petit feu, qu'ils ne fassent que mijoter : enlevez les poulets, et mettez dans la sauce gros comme une noix de bon beurre manié d'une bonne pincée de farine : liez-la sur le feu. Sur le plat que vous devez servir : mettez une partie de cette sauce dans le fond, et sur la sauce une petite poignée de fromage de gruyère râpé; placez les poulets dessus, et arrosez-les avec le restant de la sauce, et autant de fromage de gruyère râpé que vous en avez mis dessous. Mettez le plat sur un petit feu doux et un couvercle de tourtière avec du feu : quand ils seront d'une belle couleur dorée, et plus de sauce; servez chaudement. Si votre fromage est fort de sel, il n'en faut point ajouter dans la cuisson des poulets.

(*Vieille cuisine.*)

Poulets à l'estragon (Entrée).

Faites blanchir un demi-quart d'heure une bonne pincée de feuille d'estragon : retirez-la à l'eau fraîche, pressez-la et hachez-la finement. Flambez et épluchez deux poulets; videz-les et prenez en les foies, que vous hachez et mêlez avec un morceau de beurre, le quart de l'estragon haché, sel, gros poivre : placez cette farce dans le corps des poulets : mettez-les dans une casserole, après les avoir troussés avec leurs pattes, pour les faire revenir dans la graisse ou du beurre, mettez leur une barde sur l'estomac, et les faites cuire à la broche enveloppés de papier. Quand ils seront cuits, ajoutez le reste de l'estragon haché dans une casserole avec deux foies, gros comme une noix de beurre manié d'une pincée de farine; deux jaunes d'œufs, un demi-verre de jus, deux cuillerées de bouillon, un filet de vinaigre, sel, gros poivre; lier la sauce sans bouillir, crainte que les œufs ne tournent : servez sur les poulets. (*Vieille cuisine.*)

Poulet sauté à la chasseur.

Prenez de préférence de jeunes poulets ; dépecez-les et faites-les sauter au beurre ; ajoutez un peu de farine, mouillez avec du bouillon et du vin blanc. Mettez sel, poivre, persil et champignons hachés. Laissez réduire, dégraissez et servez sur des croûtons frits ou grillés.

ANNETTE.

Poulet au réveil (Entrée).

(Recette de l'Hostellerie de l'Arbre-Vert à Gondrecourt.)

Flambez et épluchez deux poulets : videz-les et hachez les foies, que vous mêlez avec un morceau de beurre, persil, ciboule, deux feuilles d'estragon, deux ou trois branches de cerfeuil, le tout haché, sel, gros poivre ; farcissez-en les poulets et troussez les pattes ; faites revenir sur le feu avec un peu de beurre ou de la graisse du pot ; mettez cuire à la broche, enveloppés de lard et de papier ; mettez dans une casserole le beurre qui vous a servi à passer les poulets, avec deux racines en zeste, deux oignons en tranches, une gousse d'ail, deux clous de girofle, une feuille de laurier, thym, basilic ; passez-les sur le feu sans les colorer : mouillez avec un verre de vin blanc, autant de bouillon ; faites bouillir à petit feu pendant une demi-heure, et passez au tamis. Prenez des herbes à fourniture de salade, comme estragon, pimprenelle, cerfeuil, civette, cresson alénois, de chacune suivant la farce ; que le tout ne fasse qu'une demi-poignée, que vous hachez très fin ; infusez dans la sauce pendant une demi-heure sur la cendre chaude sans bouillir; passez au tamis, et pressez les herbes pour en faire sortir l'expression. Mettez dans cette sauce gros comme deux noix de bon beurre manié d'une bonne pincée de farine, sel, gros poivre; faites lier sur le feu sans bouillir : servez sur les poulets.

Poulets au Verjus en grains (Entrée).

Flambez, épluchez et videz les poulets; farcissez-le dedans avec le foie mêlé avec du beurre, persil, ciboules hachées, sel, gros poivre, et faites cuire à la broche; mettez dans une casserole un peu de beurre avec deux oignons, une gousse d'ail, persil, ciboules, une carotte, un panais, deux clous de girofle ; passez le tout ensemble jusqu'à ce qu'ils soient colorés : mettez-y une bonne pincée de farine ; mouillez avec un verre de bouillon; laissez cuire et réduire à moitié; passez au tamis. Prenez une poignée de verjus en grains bien verts; ôtez-en les pépins et les faites blanchir un instant à l'eau bouillante. Retirez-les pour les égoutter: mettez-les dans la sauce avec deux jaunes d'œufs; faites lier sur le feu sans bouillir, en tournant toujours : aussitôt que la sauce s'épaissit, ôtez-la du feu. Servez sur les poulets. (*Formule ancienne.*)

Poulets à la Sainte-Menehould.

Flambez, videz et troussez les pattes dans le corps à deux poulets; mettez-les dans une casserole avec du beurre, un verre de vin blanc, du sel, du gros poivre, un bouquet de persil, de la ciboule, une gousse d'ail, du thym, du laurier, du basilic et deux clous de girofle; faites-les cuire à petit feu, et attachez toute la sauce autour des poulets; trempez ensuite vos poulets dans de l'œuf battu, panez-les de mie de pain; retrempez-les dans du beurre, et repanez-les; faites-les griller d'une couleur dorée, servez-les à sec ou avec une sauce piquante.

(*Vieille cuisine.*)

Poulet au blanc.

Faites cuire un beau poulet dans de l'eau avec une ou deux carottes, oignons, sel, poivre, bouquet garni; avec du beurre et de la farine, faites un roux blond, délayez-le avec la cuisson du poulet, et laissez cuire en tournant jusqu'à ébullition, mettez ensuite la casserole sur le côté du feu, ajoutez à votre sauce, quenelles, petits oignons et champignons parés, cuisez vingt-cinq minutes, passez la sauce, liez-la avec deux ou trois jaunes d'œufs, dressez le poulet, versez la sauce dessus, les champignons, petits oignons, et quenelles autour et ornez les bords du plat de tranches de citron.

Poulet au Kary.

Faire revenir des oignons dans une cuillerée de saindoux, du lard coupé en morceaux, trois cuillerées à café de safran et une cuillerée à café de poudre de kary, mélangés dans le même saindoux (petit feu). Ajouter un poulet découpé en morceaux, les faire revenir, puis deux tomates coupées. Ajouter un décilitre d'eau tiède, un bouquet garni, sel et poivre, laisser cuire à petit feu pendant environ une heure et demie. D'autre part : prendre du riz de l'Inde, bien le laver, le mettre dans une cocotte en fonte, avec une fois et demi d'eau, c'est-à-dire un bol et demi d'eau pour un bol de riz, couvrir, faire cuire à grand feu, jusqu'à ce que l'eau soit absorbée. A ce moment, découvrir, mettre sa cocotte sur un petit feu, et retourner le riz de temps en temps pour le faire sécher. La cuisson dure vingt minutes, et le séchage une heure, servir ensemble le poulet et le riz.

MARTHE.

Poulets aux petits pois.

Coupez-les par membres et mettez-les dans une casserole avec un litre de petits pois, un morceau de beurre, un bouquet de persil, ciboules; passez-les sur le feu; mettez-y une bonne pincée de farine, mouillez moitié bouillon, faites cuire et réduire à courte sauce; ne mettez du sel qu'un moment avant de servir, un peu de sucre si vous voulez.

Poulets en pain.

Il faut les désosser, sans enlever la peau, et les remplir d'un ragoût de ris de veau. Ficelez-les en les arrondissant, et enveloppez-les de lard et d'un linge blanc; faites-les cuire avec du vin blanc, bon bouillon, un bouquet garni, servez avec une sauce à l'espagnole.

Poulets à la poêle.

Flambez et épluchez deux poulets, fendez-les en deux par le milieu de l'estomac, videz-les et les passez dans une casserole avec un morceau de beurre, une pointe d'ail, deux échalotes, des champignons, persil, ciboule, le tout haché; mettez-y une pincée de farine, mouillez avec un verre de vin blanc, et autant de bouillon; assaisonnez de sel, gros poivre; faites cuire et réduire à courte sauce; dégraissez avant de servir.

(*Vieille cuisine.*)

Aspics de volaille à la gelée.

Ayez des petits moules, forme timbales basses, sautez des filets de volaille au blanc, cuisez des truffes au madère et coupez de la langue à l'écarlate mince, ainsi que les filets de volaille et les truffes, puis faites macérer un moment les filets de volaille dans poivre, sel, vinaigre, et faites un peu de mayonnaise; coupez les morceaux de volaille.

Ayez de la glace pilée très fine, faites-en un lit assez épais pour que les moules puissent en être entourés jusqu'en haut. Garnissez le fond des moules de gelée de haut goût, refroidie et liquide, et lorsqu'elle sera un peu prise, déposez avec précaution la rondelle de truffes dessus, puis la rondelle de blanc de volaille masquée d'un peu de sauce mayonnaise très ferme, une rondelle de langue écarlate, et pour finir une tablette de mie de pain qui ne doit pas être plus large que le moule, alors vivement remettez de la gelée liquide tout autour du moule en écartant légèrement les viandes avec la pointe d'un couteau, de façon à ce que le moule soit tout à fait plein; laissez la gelée se raffermir dans la glace et ne démoulez que deux heures après, au moment d'envoyer sur table, présentés en couronne.

La gelée doit être toujours au madère, et le plus possible avec de l'estragon.

ANNETTE.

Poulets en matelote.

Coupez la tête et la queue à une douzaine de petits oignons blancs, faites-les blanchir pendant huit minutes à l'eau bouillante, retirez-les à l'eau fraîche pour en ôter la première peau, parez deux carottes et un panais; mettez dans une casserolle un petit morceau de beurre avec deux pincées de farine; faites roussir fortement en tournant sur le feu, mouillez avec un verre de vin blanc, autant de bouillon, mettez-y les carottes, les petits oignons, un bouquet garni, une gousse d'ail, deux clous de girofle, sel et gros poivre; faites bouillir à petit feu une demi-heure; ensuite, vous avez un beau poulet que vous flambez; épluchez et videz, faites-le revenir sur le feu; après l'avoir coupé en quatre, mettez-le dans le ragoût, joignez-y le foie, le cou, les ailerons et les pattes, faites bouillir à petit feu pendant une heure; la cuisson faite, qu'il reste peu de sauce; dégraissez-la, mettez un anchois haché et une bonne cuillerée de câpres. Servez chaudement.

Poulets au cerfeuil.

Mettez dans une casserole un peu de beurre avec persil, un panais, deux ou trois oignons émincés, une gousse d'ail, deux clous de girofle, une feuille de laurier, thym; passez le tout sur un petit feu, jusqu'à ce qu'ils soient un peu colorés; mouillez ensuite avec un verre de vin blanc, autant de bouillon, faites cuire à petit feu et réduire à moitié; passez au tamis, mettez-y gros comme la moitié d'un œuf de bon beurre manié d'une forte pincée de farine, avec deux cuillerées de cerfeuil haché très fin ; faites lier cette sauce sur le feu et servez-la sur des poulets cuits à la broche.

Poulets à la gibelotte (Entrée).

Coupez-les par membres et les mettez dans une casserole avec les abatis, des champignons, un bouquet de persil, ciboules, une gousse d'ail, la moitié d'une feuille de laurier, thym, deux clous de girofle, un peu de beurre; passez-les sur le feu, mettez-y une bonne pincée de farine, mouillez avec un verre de vin blanc, du bouillon, du jus ce qu'il en faut pour colorer le ragoût, sel, gros poivre; faites cuire et réduire à courte sauce. (*Vieille cuisine.*)

Poulets aux fonds d'artichauts.

Ayez deux poulets que vous coupez par membres, passez-les sur le feu dans une casserole avec un morceau de beurre, un bouquet garni, et les fonds d'artichauts à moitié blanchis ; mettez-y une pincée de farine, mouillez avec du bouillon, un peu de jus et un demi-verre de vin blanc, faites bouillir à petit feu ; dégraissez la sauce, et assaisonnez de bon sel.

Poulet à la Tartare (Entrée).

Flambez et videz-le; faites-le refaire sur le feu, et le coupez par moitié. Cassez-lui un peu les os, et le faites mariner avec du bon beurre frais que vous faites fondre : mettez-y persil, ciboules, champignons, une pointe d'ail, le tout haché, sel, poivre : trempez-le dans le beurre, et panez de mie de pain ; faites-le griller à petit feu, et servez à sec, ou avec une bonne sauce tartare. (*Vieille cuisine.*)

Poulets en caisse (Entrée).

Ayez deux poulets, que vous flambez, videz et troussez les pattes dans le corps; laissez les ailes et applatissez un peu les poulets : faites-mariner avec persil, ciboule, échalotes, ail, le tout entier, de l'huile fine, sel, gros poivre. Faites une caisse de papier : mettez-y les poulets avec tout leur assaisonnement, et les couvrez de bardes de lard et de papier : faites-les cuire à petit feu sur le gril ou dessous un couvercle de tourtière. Quand ils seront cuits, ôtez les fines herbes et les bardes de lard; servez dans la caisse, en mettant quelques gouttes de verjus sur les poulets. Vous pouvez aussi les ôter de la caisse et les servir avec la sauce que vous voudrez. (*Vieille cuisine.*)

Poulets à la Sauffrignon.

On prend un ris de veau dégorgé et blanchi un moment à l'eau bouillante, on le coupe en petits dés avec des champignons, on le passe au feu, avec du beurre, un bouquet garni; après avoir saupoudré d'une pincée de farine on mouille avec du bouillon et un peu de jus assaisonné de sel et de gros poivre; on fait cuire une bonne demi-heure à sauce courte. Ce ragoût refroidi, on prépare deux moyens poulets gras pour la broche, après les avoir flambés et épluchés, les farcir du ragoût. Cousez et troussez-les, faites revenir sur le feu dans une casserole avec un peu de beurre, en prenant garde de les colorer; on les fait ensuite cuire à la broche, couverts de bardes de lard et de papier.

La cuisson terminée, ôtez ficelle et papier et servez avec une sauce à l'espagnole.

GOMBERVAUX.

Poule au riz à l'Espagnole.

Ayez une poule ni trop jeune ni trop vieille, faites-la roussir dans une cocotte en terre, retirez-la quand elle aura pris belle couleur. Dans le jus qu'elle aura rendu, coupez un oignon bien fin, un peu de poitrine de porc et quatre tomates moyennes ; faites revenir le tout ensemble. Remettez la volaille, que vous couvrez d'eau, assaisonnez, sel, poivre, très peu de laurier, ail, un clou de girofle ; laissez bouillir à petit feu une heure et demie à deux heures, ajoutez ensuite une pincée de poivre de Cayenne, et pour dix centimes de safran, jetez le tout dans la casserole, sans oublier le riz, que vous laissez bouillir jusqu'à complète cuisson.

THÉRÈSE.

Poule farcie à la Béarnaise.

Choisissez une poule bien belle et bien grasse, plumez, videz et flambez-la comme il faut ; hachez son foie et son gésier avec un bon morceau de jambon de Bayonne, un ail, un bouquet de persil, et un morceau de mie de pain que vous aurez eu le soin de mettre, dix minutes avant, tremper dans du lait; quand le tout est haché bien fin, salez et poivrez, puis mettez dans cette farce deux jaunes d'œufs; mélangez le tout, battez en neige les blancs et ajoutez-les à votre appareil. Introduisez alors la farce dans la poule, quand elle en est remplie cousez-la en rabattant sur son dos la peau du cou, cousez aussi son croupion afin que la farce ne s'échappe d'aucun côté. Faites cuire comme pour un pot-au-feu, un morceau de bœuf ou de mouton avec de l'eau et les légumes habituels, quand il est écumé, plongez-y la poule, cuisez-la pendant trois ou quatre heures, suivant son âge et sa grosseur. Préparez à part du riz que vous ferez crever dans du bouillon, cuisez-le vingt minutes et servez-le dans un plat creux, en plaçant la poule au milieu; envoyez dans une saucière, une sauce tomate.

Poularde au naturel.

Après avoir vidé, flambé et troussé votre poularde, à laquelle vous laissez les ailes et le foie, vous la bardez et la faites cuire dans du bouillon, avec sel, gros poivre, bouquet garni, racines, oignons et un verre de vin blanc. Il faut avoir soin de ne pas la faire trop cuire, on la sert avec un peu de bouillon dans lequel elle a cuit.

Poularde à la Montmorency.

Flambez et videz une poularde dont vous piquez le dessus, remplissez-la avec des foies coupés en dés, du petit lard et des petits œufs, cousez la poularde et faites-la cuire comme un fricandeau, et glacez-la de même.

Poularde en pâté en broche (Entrée).

On fait un pâté avec de la farine, du beurre, deux œufs, de l'eau et du sel : on le laisse reposer une heure avant de s'en servir. On prend une poularde tendre; après l'avoir flambée, vidée et épluchée, on met dans le corps une farce de son foie mêlée de mie de pain avec de la crème, deux jaunes d'œufs crus, persil, ciboules hachées, sel, gros poivre, beaucoup de lard râpé, ou du bon beurre. On met la poularde à la broche, on l'enveloppe d'une barde de lard, et ensuite avec la pâte que l'on a battue avec le rouleau jusqu'à ce qu'elle soit de l'épaisseur d'un petit écu. Il faut mouiller la pâte sur les bords pour la souder, et la couvrir de plusieurs feuilles de papier. Étant bien ficelée, on la fait cuire une heure et demie à la broche; presque cuite, on ôte le papier pour donner la couleur à la pâte : dressée sur le plat, on fait un trou sur le dessus de la pâte pour y faire entrer une bonne sauce, comme celle à l'espagnole ou à la sultane. Voyez l'article des SAUCES. (*Vieille cuisine.*)

Poularde en croustade (Entrée).

Il faut la flamber, vider, trousser les pattes dans le corps, et la larder en travers avec de gros lardons de petit lard bien entrelardé. Faites-la cuire avec un peu de bouillon, sel, poivre, un bouquet. Quand elle est cuite, vous attachez toute la sauce autour, et la laisserez refroidir. Mettez dans une casserole un bon morceau de beurre manié d'une demi-cuillerée à bouche de farine; mouillez avec un peu de lait, sel, poivre, Faites lier cette sauce, qu'elle soit épaisse : versez-la partout sur la poularde, et y semez à mesure de la mie de pain, jusqu'à ce que cela forme nne croûte : faites-la colorer sous un couvercle de tourtière : servez avec une sauce piquante.

(*Vieille cuisine.*)

Cramouskis de volaille.

Coupez en filets très minces de la volaille déjà rôtie, des champignons cuits et des truffes, mélangez tout cela dans un peu de bon velouté, séparez en parties égales vos cramouskis, tenez votre apprêt assez ferme, enveloppez ensuite chaque partie dans de la crépinette de porc, panez-les à l'anglaise, donnez-leur une belle forme. Mettez dans le fond d'un plat à sauter un gros morceau de beurre, assez pour pouvoir couvrir vos cramouskis, posez-les, les uns à côté des autres et laissez-leur prendre au four une belle couleur dorée, servez-les avec un bouquet de persil frit au milieu et passez en même temps une saucière de demi-glace.

WURNSTHORN.

Poulet en fritteau.

Découpez un poulet, comme pour le faire sauter, assaisonnez-le de sel et de poivre ; mettez un bon morceau de beurre dans une casserole, assez pour en couvrir le fond, ajoutez les morceaux de poulet que vous faites cuire doucement; lorsqu'ils sont cuits, retirez-les, passez chaque morceau dans la farine, puis dans du blanc d'œuf battu, passez-les une seconde fois dans la farine, faites-les frire jusqu'à ce qu'ils aient atteint une belle couleur dorée, dressez-les en rocher, avec une garniture autour du plat de quatre œufs frits, de quatre écrevisses et de croûtons frits coupés en cœur ; passez en même temps une saucière de bonne sauce aux tomates.

WURNSTHORN.

Poularde au gros sel.

Videz, flambez et troussez une poularde, faites-la blanchir un instant dans l'eau bouillante, entourez-la de tétine de veau, enveloppez-la dans une serviette bien lessivée ; faites cuire la poularde dans une chaudière remplie d'eau bouillante salée, lorsque vous jugerez qu'elle est suffisamment cuite, vous la sortez de son enveloppe et vous la servez avec une forte cuillerée de gros sel gris que vous répandez sur la poitrine.

JANE.

Poularde dorée.

Ayez une belle poularde, hachez son foie et mélangez-le avec un peu de beurre, persil, ciboules, ail hachés, sel et poivre, deux jaunes d'œufs, mettez cette farce dans le corps de la poularde, que vous troussez ensuite et faites cuire comme un poulet rôti. Quand elle est cuite, arrosez le dessus avec du beurre chaud auquel vous avez mêlé un jaune d'œuf, saupoudrez de mie de pain ; mettez au four pour faire prendre une belle couleur dorée. Servez avec une saucière de sauce piquante.

Poularde Coquelin cadet.

Brider une poularde, la braiser avec carottes, oignons, bouquet garni ; la mouiller de consommé blanc, l'égoutter, la débrider, la couvrir d'une sauce béarnaise verte, y parsemer des lames de foie gras et de truffes découpées en rondelles.

GOMBERVAUX.

Galantine de volaille.

Choisissez une belle volaille pas trop grasse, flambez-la, débarrassez-la des pattes, des ailerons et du cou pris sous la peau; désossez-la; pour cela, fendez la peau dans toute la longueur du dos et détachez des os toute la chair que vous pourrez, en ayant soin de ne pas percer la peau, ôtez les nerfs des cuisses et des filets, enlevez les chairs de l'estomac, divisez-les enfilets puis étalez-la peau sur une table. Hachez la chair des cuisses avec 300 grammes de maigre de veau et de porc frais, hachez un égal volume de lard frais, assaisonnez fortement la farce, mélangez le tout, préparez en filet du jambon très gras, du lard, du veau, du porc frais, et quelques belles truffes. Garnissez la volaille d'une couche de farce, de morceaux de truffes et des filets de viande préparés en alternant avec les filets de l'estomac du poulet; rassemblez la galantine en lui donnant une forme longue et bien ronde, cousez la peau, enveloppez-la d'une serviette bien serrée, ficelez-la des deux bouts, placez-la dans une daubière entourée de légumes, de couennes fraîches, des os retirés, de deux pieds de veau blanchis, couvrez de bouillon non dégraissé, cuisez pendant deux heures à feu modéré, au bout de ce temps sortez la volaille de la daubière, mettez-la sous presse toujours enveloppée; le lendemain glacez-la, placez-la sur un plat avec de la gelée faite avec sa cuisson clarifiée décorez et servez.

Chapon au riz.

Videz et flambez légèrement un chapon, bridez-le avec une grosse aiguille, et assujettissez-lui les cuisses et les pattes, après quoi mettez-le dans une casserole remplie de bouillon ; après l'avoir bien écumé, mettez-y une demi-livre de riz, lavé à cinq ou six eaux ; faites bouillir le tout à petit feu pendant deux heures, plus ou moins ; débridez ensuite votre volaille, mettez-la sur un plat, et versez votre riz par-dessus ; tâchez que le tout soit d'un bon sel ; ajoutez-y un peu de gros poivre. (*Vieille cuisine.*)

Dindons et dindonneaux.

Le dindonneau se sert à la broche, piqué ou bardé, pour un plat de rôt, principalement quand il est gras et jeune.

Quand il est cuit et refroidi, ce que l'on a desservi de la table vous sert à faire différentes entrées.

Dindon à la daube.

Ce ne sont que les vieux dindons qu'on met à la daube ; plumez-les, videz-les, troussez leurs pattes dans le corps, faites-les refaire sur la braise ; lardez-les de gros lardons assaisonnés de sel, poivre, persil, ciboules, ail, échalotes, le tout haché menu ; posez-le dans une marmite juste à sa grosseur ; mettez-y une chopine (1 bouteille) de vin blanc, du bouillon, racines, oignons, un bouquet garni, sel, poivre ; faites-le cuire à petit feu ; quand il est cuit, passez le bouillon au tamis, et le faites réduire en glace que vous mettez refroidir ; étendez-la. (*Vieille cuisine.*)

Dindon roulé. (Entrée).

Il faut flamber un dindon, et le couper en deux, le désosser à forfait, et remettre sur chaque moitié une bonne farce de viande; roulez ensuite chaque moitié; ficelez-les et les faites cuire, couvertes de bardes de lard, avec un verre de vin blanc, autant de bouillon, un bouquet de persil, ciboules, une gousse d'ail, deux clous de girofle, un peu de thym, laurier, basilic, sel, poivre, deux oignons en tranche, une carotte, un panais. La cuisson faite, dégraissez la sauce, et la passez au tamis, mettez-y un peu de coulis pour la lier : servez sur la viande. (*Vieille cuisine.*)

Abatis de dindon à la bourgeoise.

Les abatis d'un dindon comprennent les ailes, les pattes, le cou, le foie, le gésier; après avoir échaudé le tout et l'avoir épluché, on le met dans une casserole avec un morceau de beurre, un bouquet de persil, des ciboules, une gousse d'ail, deux clous de girofle, du thym, du laurier, du basilic, et des champignons; on passe le tout sur le feu, et on y met une bonne pincée de farine; on mouille avec du bouillon, et on assaisonne de sel et de gros poivre; on ajoute à cela quelques navets passés à la poêle et roussis d'une belle couleur; on fait cuire et on dégraisse; que la sauce soit courte, et servez.

(*Vieille cuisine.*)

Oie farcie à la broche. (Grosse entrée)

Prenez des marrons ou de grosses châtaignes · ôtez-en la première peau et les mettez sur le feu dans une poêle percée, et les remuez jusqu'à ce que vous puissiez ôter la seconde. Fardez les plus beaux pour faire un ragoût. Si vous n'avez pas de poêle percée, mettez les marrons dans de l'eau bouillante, en les faisant bouillir jusqu'à ce que vous puissiez ôter la première peau. Mettez à part ceux que vous destinez pour le ragoût ; les autres, vous les hachez et mettez dans une casserole avec la chair de quatre ou cinq saucisses, le foie de l'oie haché, deux cuillerées de saindoux ou un bon morceau de beurre, une échalote, une petite pointe d'ail, persil, ciboules, le tout haché. Passez le tout ensemble sur le feu pendant un quart d'heure ; laissez refroidir. Vous avez une oie jeune et tendre ; après l'avoir vidée, flambée et épluchée, mettez cette farce dans son corps ; cousez pour que rien ne sorte. Faites cuire à la broche, et la servez avec un ragoût de marrons. (*Vieille cuisine.*)

Oie à la moutarde. (Entrée.)

Ayez une oie jeune et tendre, que vous flambez ; épluchez et videz, prenez-en le foie que vous hachez après avoir ôté l'amer, et le mêlez avec deux échalotes, une demi-gousse d'ail, persil, ciboules, le tout haché ; une feuille de laurier, thym, basilic haché finement ; un bon morceau de beurre, sel, gros poivre. Farcissez-en l'oie et cousez ; cuisez-la à la broche, en l'arrosant de temps en temps avec un peu de beurre, et à mesure que vous arrosez, vous tenez un plat dessous pour recueillir ce qui tombe. Lorsque l'oie est presque cuite, mêlez une cuillerée de moutarde dans le beurre qui vous a servi à l'arroser ; arrosez-en l'oie, et panez à mesure, jusqu'à ce qu'elle soit bien couverte de mie de pain; achevez la cuisson, qu'elle soit d'une belle couleur dorée. Servez avec une sauce faite de cette façon : mettez dans une casserole gros comme la moitié d'un œuf de beurre manié de deux pincées de farine, une bonne cuillerée de moutarde, une cuiller à café de vinaigre, un petit verre de jus ou de bouillon, sel, gros poivre; faites lier sur le feu : servez dessous l'oie. (*Vieille cuisine.*

Oie à la daube.

On prend toujours une vieille oie; on la vide et on lui trousse les pattes dans le corps; on la fait refaire sur le feu et on l'épluche ; lardez-la partout avec des lardons assaisonnés et maniés avec du persil, de la ciboule, deux échalotes, une demi-gousse d'ail, le tout haché, une feuille de laurier, thym, basilic haché comme en poudre, sel, gros poivre, muscade râpée; après avoir ainsi lardé votre oie, vous la ficelez, et la mettez dans une marmite juste à sa grandeur, avec deux verres d'eau, deux verres de vin blanc, et un demi-verre d'eau-de-vie, et un peu de sel et gros poivre; couvrez bien la marmite, et faites cuire à très petit feu pendant quatre heures; la cuisson faite à point, et la sauce assez courte pour qu'elle puisse se mettre en gelée, dressez la daube sur un plat; quand elle sera froide, mettez la sauce par-dessus, et servez-la en gelée pour entremets froid. (*Vieille cuisine.*)

Cuisses d'oie grillée à la rémolade.

Faites cuire des cuisses d'oie à la braise; trempez-les ensuite dans le gras de leur cuisson;

panez avec de la mie de pain; arrosez légèrement avec de la bonne huile d'olive; faites griller de belle couleur et servez à sec, et la rémolade dans une saucière. (*Vieille cuisine.*)

Ragoût de foie gras.

Otez l'amer de vos foies, et les laissez entiers; faites-les blanchir à l'eau bouillante, dans une casserole, avec deux cuillerées de coulis, un demi-verre de vin blanc, autant de bouillon, du persil, de la ciboule, une demi-gousse d'ail, sel, gros poivre; faites-les bouillir une demi-heure; dégraissez-les, et servez-les avec telle viande que vous jugerez convenable, ou seuls, pour entrée. (*Formule ancienne.*)

Canard farci.

Hachez le foie du canard avec pareille quantité de lard, assaisonnez de fines herbes, de truffes hachées, ajoutez des jaunes d'œufs, mettez le tout dans le corps du canard cousez-le et faites-le cuire au four pour le servir sur une sauce italienne.

Canard à la Henri Hocquard.

Épluchez et troussez le canard, enveloppez-le de bardes de lard, assaisonnez, puis, faites-le braiser en le mouillant de moitié bouillon et moitié vin blanc, avec adjonction de tranches de citron; quand il est cuit, passez la cuisson, faites-la réduire et servez entouré d'olives farcies.

GOMBERVAUX.

Canard aux navets.

Après avoir vidé, troussé et flambé votre canard, mettez un peu de beurre dans une casserole avec une cuillerée de farine; faites roussir ce mélange que vous mouillez avec du bouillon, mettez-y votre canard avec un bouquet garni, un peu de sel et de poivre; coupez en lames des navets que vous faites cuire avec le canard; s'ils sont durs, vous les mettrez en même temps; s'ils ne le sont pas, vous les mettrez à moitié de la cuisson; quand le ragoût est cuit et dégraissé, versez-y un filet de vinaigre et servez à courte sauce.

Canard en daube.

Ordinairement l'on prend un canard qui n'est point assez tendre pour mettre à la broche. Videz-le et troussez-lui les pattes dans le corps, flambez-le et épluchez-le, ensuite, lardez-le partout, avec des lardons de lard assaisonné et manié avec persil, ciboules, deux échalotes, une demi-gousse d'ail, le tout haché, une feuille de laurier, thym, basilic haché, comme en poudre : sel, gros poivre, un peu de muscade râpée; après avoir lardé le canard, vous le ficelez et le mettez dans une marmite, juste à sa grandeur, avec deux verres d'eau, autant de vin blanc, et un demi-verre d'eau-de-vie; couvrez bien la marmite et faites cuire à très petit feu pendant trois ou quatre heures : la cuisson faite et la sauce très courte pour qu'elle puisse se mettre en gelée, dressez la daube dans son plat : quand elle sera presque froide, versez la sauce par-dessus, et ne servez que quand elle sera tout à fait en gelée, comme entrée froide.

Canard en chausson.

Vous le désossez et le farcissez comme le canard farci, ensuite vous le faites cuire avec un verre de vin blanc et autant de bouillon, un bouquet garni, sel, gros poivre. Lorsqu'il est cuit, passez la sauce au tamis, dégraissez-la et mettez-y un peu de coulis pour la lier; faites réduire à point et servez sur le canard.

(*Vieille cuisine.*)

Canard à la béarnaise.

Faites-le cuire avec un petit bouillon, un demi-verre de vin blanc, un bouquet de persil, ciboules, thym, laurier, basilic, deux clous de girofle. Mettez dans une casserole sept ou huit gros oignons, coupés en tranches, avec un morceau de beurre; passez-les sur le feu, en les retournant souvent jusqu'à ce qu'ils soient colorés; mettez-y une bonne pincée de farine : mouillez avec la cuisson du canard; faites cuire l'oignon et réduire à courte sauce; dégraissez-la; ajoutez-y un filet de vinaigre et servez sur la canard.

Canard à l'italienne.

Faites cuire un canard avec deux verres de vin blanc, autant de bouillon, sel, gros poivre; mettez dans une casserole deux cuillerées à bouche d'huile d'olive, persil, ciboules, champignons, une gousse d'ail, le tout haché finement; passez au feu, mettez-y une pincée de farine, mouillez avec la cuisson du canard qui doit être dégraissée et passée au tamis; faites réduire au point de sauce et servez.

Canard à la purée vert

Faites cuire un demi-litre de pois secs, avec un peu de bouillon, persil et ciboules, vous les passez ensuite en purée épaisse (si ce sont des pois frais il en faut un litre, et il ne faut ni persil, ni ciboules). Faites cuire un canard avec du bouillon, sel, poivre, persil, ciboules, thym, laurier, basilic, une demi gousse d'ail, deux clous de girofle, sel et poivre; quand il est cuit, passez la sauce au tamis, mélangez la sauce à la purée de pois pour lui donner du corps, faites réduire la purée jusqu'à ce qu'elle soit ni trop claire ni trop épaisse, servez-la dans un plat et couchez le canard sur ce lit onctueux. En faisant cuire votre canard vous pouvez y mettre quelques morceaux de petit lard coupé en tranches fines que vous ajouterez sur la purée comme garniture. (*Vieille cuisine*,)

Canard à la rouennaise.

La réputation des canards de Rouen n'est plus à faire, ce sont les meilleurs ; aussi lorsque vous avez un beau et bon canard, bien qu'il ne soit pas de Rouen, préparez-le d'après cette méthode.

Plumez, flambez, videz le canard en lui faisant la plus petite incision possible ; prenez le foie, le cœur, le poumon, hachez-les avec un oignon moyen, une échalote, sel, poivre, muscade et épices fines aromatisées, ajoutez gros comme un œuf, de pain trempé dans du lait et pressé afin de le sécher, une noix de beurre frais, faites une pâte de tout cela, et garnissez-en l'intérieur du canard ; fermez l'incision en la cousant avec une aiguillée de fil fort, et rôtissez à feu vif pendant vingt-cinq minutes ; le canard ne doit être retourné que deux fois ; en le poussant au four il est sur son dos, dix minutes après, vous le tournez sur une cuisse, et dix autres minutes après sur l'autre; les filets d'un canard doivent être arrosés, mais ne jamais rester dans leur graisse; le canard ne doit pas être trop cuit, il faut que les filets soient encore un peu saignants; à ce point, l'intérieur du canard sera très onctueux, et très délicat; si le canard est trop cuit, les filets sont coriaces et l'intérieur sec

Canetons rôtis à la Duclair.

Prenez de jeunes canetons. Plumez, videz, réservez le foie et faites rôtir à la broche en donnant vingt minutes de cuisson; pendant la cuisson, pilez finement le foie que vous avez réservé, faites-en une farce avec du beurre, une pointe d'échalote hachée, sel, poivre et épices; mettez cette farce dans un plat de métal placé sur un réchaud; la cuisson des canetons terminée, levez les filets et les filets mignons, posez-les sur la farce, puis, à l'aide d'une presse à viande, extrayez le jus des carcasses, versez ce jus sur les filets; ajoutez un jus de citron, laissez chauffer pendant une ou deux minutes et servez.

Canard à la Richardin.

Il faut le flamber, le vider et mettre dans le corps un salpicon fait de cette façon : coupez en dés un ris de veau avec du lard bien entrelardé; maniez ensuite le tout avec du persil, ciboules, champignons, deux échalotes, le tout haché, peu de sel, poivre; cousez bien le canard, et cuisez-le avec une barde de lard sur l'estomac, un verre de vin blanc, autant de bouillon, deux oignons, une carotte, un bouquet garni; quand il est cuit, passez la sauce au tamis, dégraissez-la, mettez-y pour la lier, un peu de coulis; faites-la réduire à glace, et servez,

GOMBERVAUX.

Pigeons rôtis et farcis.

Videz et flambez trois pigeons, enlevez le cou, placez le foie à l'intérieur; bardez-les de lard mince, embrochez-les et faites rôtir vingt-cinq minutes à feu vif en les arrosant avec du beurre; salez, débrochez et servez, le jus au fond du plat. — Même méthode pour les ramiers farcis.

Hachez 250 grammes de petit salé avec un égal volume de champignons; ajoutez les foies, 30 grammes de mie de pain, une pincée de persil et d'échalote, un œuf entier, le tout haché. Vos trois pigeons vidés et bridés seront emplis de cette farce; bardez-les; rôtissez à la broche à feu vif pendant vingt-cinq minutes; débrochez, débridez et dressez. — Servez avec une sauce tomate ou sauce Périgueux.

Compote de pigeons.

Après avoir vidé et flambé plusieurs pigeons, coupez-les chacun en deux parties, c'est-à-dire que les deux filets tiennent ensemble, et les deux cuisses avec le croupion; faites dégorger le tout à l'eau tiède pendant quelques heures; après les avoir ficelés, faites-les blanchir; parez-les et masquez-les dans une casserole, entre deux bardes de lard; mouillez-les ensuite à court-bouillon avec un peu de consommé, et servez-les avec un ragoût à votre volonté. (*Vieille cuisine.*)

Pigeons à la crapaudine.

Prenez plusieurs pigeons, troussez les pattes en dedans; levez-leur la moitié de leurs filets que vous rabattez sur leur poche, aplatissez-les sans trop casser les os; trempez-les dans du beurre fondu, panez-les avec de la mie de pain; faites-les griller à petit feu, et d'une belle couleur; quand ils sont cuits, servez-les avec une sauce piquante ou du jus clair. (*Vieille cuisine.*)

Pigeons rôtis fermière.

Plumez, flambez et videz un ou plusieurs pigeons, hachez les foies avec un petit oignon, une noix de beurre, sel, poivre et muscade; mettez ce hachis dans l'intérieur des pigeons, bridez-les et enveloppez-les dans une barde de lard maigre.

Prenez ensuite quelques petits lardons de poitrine, faites-les revenir à la casserole avec un petit morceau de beurre; mettez les pigeons et faites-lés rôtir à bon feu pendant vingt minutes en les retournant fréquemment; lorsqu'ils seront d'une belle couleur dorée, retirez-les, dressez-les sur un plat, dégraissez le jus, mouillez le fond avec un demi-verre d'eau, ajoutez une demi-cuiller à café d'extrait de viande, faites bouillir sur le feu pendant une minute, versez ensuite sur les pigeons jus et lardons; servez à part un saladier de salade de cresson.

Pigeons aux petits pois.

Prenez trois ou quatre pigeons, suivant leur grosseur, échaudez-les et les faites blanchir. S'ils sont gros, vous les coupez en deux, après avoir troussé les pattes en dedans. Mettez-les dans une casserole avec un bon morceau de beurre, un litron (1 litre) de petits pois, un bouquet de persil, ciboules; posez-les sur le feu, et y mettez une pincée de farine, mouillez avec un verre d'eau; faites cuire à petit feu. Quand ils sont cuits et qu'il n'y a plus de sauce, vous y mettez un peu de sel fin, une liaison de deux œufs avec de la crème ; faites lier sur le feu sans bouillir. Servez à courte sauce.

Si vous voulez les mettre au roux, en les passant vous y mettrez un peu plus de farine, et mouillerez moitié jus et moitié bouillon. Laissez cuire et réduire jusqu'à ce qu'il n'y ait que peu de sauce bien liée, et vous y mettrez le sel un moment avant de servir, et gros comme une noisette de sucre fin. (*Vieille cuisine.*)

Pigeons en papillotes (Entrée).

(Formule de l'hostellerie du Pigeon blanc à Vaucouleurs.)

Ayez trois pigeons de moyenne grosseur, bien épluchés et vidés ; coupez-les en deux pour les aplatir un peu avec le couperet; on les fait ensuite mariner avec de la bonne huile, persil, ciboules, échalotes, champignons, leurs foies, quelques feuilles de basilic, le tout haché très fin, sel, gros poivre, et de petites tranches de lard; on met ensuite chaque moitié dans une demi-feuille de papier blanc, en mettant dessus et dessous des bardes de lard de leur assaisonnement; étant enveloppés, l'on met sur le gril une double feuille de papier bien graissée, les pigeons dessus, pour les faire cuire à petit feu. Quand le feu est trop vif, on l'abat avec la pelle; cuits d'un côté, on les retourne de l'autre. On les sert sans sauce dans leur papier.

Pigeons à la marianne (Entrée).

Formule de l'auberge des quatre fils Aymon à Toul.)

Préparez trois pigeons comme les précédents, aplatissez un peu avec le couperet, et les mettez dans une casserole avec deux cuillerées d'huile, un verre de bouillon, sel, gros poivre, deux feuilles de laurier : faites-les cuire sur des cendres chaudes pour qu'ils bouillent bien doucement. Lorsqu'ils fléchissent sous le doigt, pressez-les dans le plat que vous devez servir, après les avoir égouttés et essuyés de leur graisse. Otez les feuilles de laurier de la sauce, et la dégraissez : mettez-y un anchois trois échalotes et une pincée de câpres, le tout haché, de la muscade, gros comme une noix de beurre manié d'une bonne pincée de farine ; faites lier sur le feu, et servez dessus les pigeons.

Pigeon à la provençale.

Ayez un très beau pigeon, lardez-le (après l'avoir plumé, flambé et troussé) de morceaux d'anchois ; faites-le revenir dans l'huile d'olive bouillante à petit feu. Pendant ce temps, passez à la poêle de petits oignons, tous de même grosseur, et lorsqu'ils seront d'un beau jaune, ajoutez-les au pigeon ; mettez une petite gousse d'ail et un bouquet de cerfeuil, mouillez avec un peu de bouillon et un bon verre de vin de Champagne ; laissez mijoter lentement et réduire la cuisson, après quoi, retirez l'ail et le cerfeuil, dégraissez un peu. Ajoutez un jus de citron et servez entouré de petits croûtons et des oignons. ANNETTE.

RAMEREAUX

Les ramereaux s'accommodent comme les pigeons domestiques. Ils sont excellents rôtis.

Ramereaux marinés.

Troussez et lardez vos ramereaux, marinez-les douze heures avec sel, poivre, girofle, laurier, oignons et vinaigre en quantité suffisante pour les couvrir,

Foncez une casserole de bardes de lard sur lesquelles vous placez les pigeons, faites-les rôtir ; quand ils sont bien dorés, saupoudrez-les de farine, mouillez avec du bouillon et la marinade, laissez cuire à petit feu ; au moment de servir, finissez la sauce avec un peu de glace de viande, passez au tamis, et servez la sauce sur les ramereaux avec un jus de citron.

GIBIER A PLUMES

Alouettes en salmis à la bourgeoise.

Elles se servent en salmis à la bourgeoise quand elles sont cuites à la broche. Vous vous servez de celles qu'on a desservies de la table ; vous leur ôtez les têtes et ce qu'elles ont dans le corps. Jetez le gésier, et servez-vous du reste avec les rôties. Pilez le tout dans un mortier ; délayez ce que vous avez pilé avec un peu de bon bouillon ; passez-le à l'étamine, et assaisonnez ce petit coulis de sel, gros poivre, un filet de verjus. Faites chauffer dedans les alouettes sans qu'elles bouillent, et servez garnies de croûtons frits.

Toutes sortes de salmis à la bourgeoise se

tont de la même façon, en prenant les débris ou les carcasses pour les faire piler.

(*Vieille cuisine française.*)

Alouettes en ragoût.

Ayez une douzaine d'alouettes, que vous plumez, flambez et videz. Troussez les pattes pour les faire passer dans le bec, comme pour le rôt. Passez-les dans une casserole sur le feu, avec un morceau de beurre, un bouquet garni, des champignons, un ris de veau ; mettez-y une bonne pincée de farine. Mouillez avec un verre de vin blanc, bouillon et du jus ce qu'il en faut pour donner couleur. Faites bouillir et réduire au point d'une sauce liée. Dégraissez et assaisonnez de sel, gros poivre. Ce même ragoût, desservi de la table, peut se mettre en caisse. Vous foncez le plat que vous devez servir avec une bonne farce de viande. Mettez le ragoût dessus, couvrez-le avec de la même farce. Unissez avec un couteau trempé dans de l'œuf ; panez de mie de pain. Faites cuire dessous un couvercle de tourtière ; ensuite vous égoutterez la graisse, et mettrez dans le fond une sauce d'un jus clair. (*Vieille cuisine française.*)

Alouettes à la moderne.

Videz les alouettes : jetez le gésier, mais réservez le foie et tout l'intérieur, que vous pilerez dans un mortier avec une quantité de foie gras, truffes, sel et poivre. Bourrez l'intérieur des alouettes de cette farce ; bardez-les de lard gras ; embrochez-les en travers du corps, deux ou trois empilées côte à côte sur la même brochette. Mettez-les quelques minutes sur le gril, en les retournant, jusqu à ce qu'elles soient à moitié cuites. Retirez-les alors et placez-les dans une casserole à sauter, à fond beurré; couvrez et laissez achever la cuisson. Débardez. Servez sur de petites rondelles de pain grillé, saucées avec le jus qui a découlé des alouettes. ANNETTE

Alouettes des champs, rôties.

Les alouettes ou mauviettes se mettent ordinairement cuire à la broche, piquées ou bardées, moitié l'un et moitié l'autre; on ne les vide point, et on met dessous des rôties de pain pour recevoir ce qui en tombe. On sert les alouettes sur des rôties pour plat de rôt.

Alouettes à la minute.

Retirez le gésier et mettez les alouettes sur le feu dans une poêle avec du beurre; sautez-les; quand elles auront pris couleur, ajoutez échalotes et persil hachés, sel, poivre, une pincée de farine ou de chapelure; mouillez de bouillon et de vin. Laissez faire quelques bouillons et servez en ajoutant à la sauce un jus de citron.

Pâté d'alouettes.

Les alouettes étant vidées et flambées, coupez-les en deux par le milieu du dos, sans couper le ventre; emplissez les corps des alouettes de lard haché avec des fines herbes, le tout bien assaisonné, refermez ces corps, bardez-les de lard. Garnissez un moule de pâte à pâté, rangez dans la pâte les alouettes ainsi troussées, semez beurre et laurier dans le plat, abaissez le couvercle de pâte et faites cuire deux bonnes heures à four régulier. Laissez refroidir.

Mauviettes sautées.

Il faut quatre minutes pour cuire des mauviettes, aussi, commencez par faire blanchir à l'eau bouillante autant de lardons de lard de poitrine que vous avez de mauviettes ; deux minutes suffisent pour cette opération.

Mettez ensuite 25 grammes de beurre dans une poêle, ajoutez les lardons, faites-les colorer, et lorsqu'ils seront bien chauds, mettez les mauviettes, sautez-les vivement ; en quatre minutes, lard et petits oiseaux seront cuits ; dressez-les sur un plat, mettez dans la poêle un demi-verre de madère, un demi-verre d'eau et une demi-cuiller à café d'extrait de viande, faites réduire et versez sur les mauviettes ; servez bien chaud.

Cailles à l'ancienne.

Vous les plumez, videz et faites cuire sur de la braise, enveloppées de feuilles de vigne et de bardes de lard ; assaisonnez. Servez de belle couleur.

Si vous voulez les mettre en *entrée*, cuisez dans une braise, composée de tranches de veau, un bouquet garni, bardes de lard, un peu de bon beurre, très peu de sel, un demi-verre de bon vin blanc, une cuillerée de bouillon ; faites-les cuire à très petit feu.

Quand elles sont cuites, retirez-les, et mettez dans leur cuisson un peu de coulis ; dégraissez la farce et passez-la au tamis ; goûtez si elle est assaisonnée de bon goût ; servez dessus les cailles. En faisant cuire les cailles de cette façon, vous pouvez les garnir d'écrevisses ou de ris de veau, que vous faites cuire avec les cailles ; elles se servent aussi aux choux, garnies de petit lard ou de purée de lentilles, comme les perdrix.

GOMBERVAUX.

Cailles au laurier.

Il faut les flamber et vider; hachez les foies, que vous mêlez avec persil, ciboules, un morceau de beurre, sel, gros poivre; emplissez-les de cette farce et faites-les cuire à la broche, enveloppées de papier. Faites bouillir huit minutes dans l'eau quatre ou cinq feuilles de laurier, et mettez-les ensuite faire un bouillon dans une sauce de coulis de veau. Servez dessus les cailles.

Cailles au gratin.

Prenez six ou sept cailles que vous flambez et videz; passez-les dans une casserole sur le feu, avec un morceau de beurre, un bouquet de persil, ciboules, une demi-gousse d'ail, deux clous de girofle, une demi-feuille de laurier, thym, basilic, des champignons; mettez-y une bonne pincée de farine, mouillez-les avec un verre de vin blanc, du bouillon et du jus, ce qu'il en faut pour donner couleur, sel, gros poivre. A moitié de la cuisson, vous y ajoutez un ris de veau blanchi, coupé en gros dés; achevez de cuire et faites réduire au point d'une sauce liée. Votre ragoût étant fini, de bon goût et bien dégraissé, vous le gratinez d'un gratin fait de cette façon : hachez le foie des cailles avec persil, ciboules, et mêlez avec un peu de mie de pain, un morceau de beurre, sel, gros poivre, deux jaunes d'œufs; prenez le plat que vous devez servir, mettez cette petite farce dans le fond et mettez-le ensuite sur un petit feu jusqu'à ce que cette farce soit gratinée; servez ensuite le ragoût dessus. (*Mode ancienne*).

Cailles au salpicon.

Faites cuire les cailles à la broche; servez-les ensuite avec un ragoût au salpicon.

Cailles au lard.

Les cailles étant plumées et vidées, mettez-les dans une casserole avec bardes de lard dessus et dessous, beurre frais, bouquet garni, sel, poivre, laurier, girofle, un demi-verre de vin et autant de bouillon; faites cuire à très petit feu; servez avec la sauce dégraissée et liée.

Financière de cailles.

Troussez vos cailles avec soin, faites-les revenir comme des poulets, mettez-les dans un petit pot avec du bon bouillon, des bardes de lard, un bouquet de fines herbes, et tous les assaisonnements nécessaires, une tranche de bœuf battu et une tranche de lard maigre, du citron vert. Laissez cuire à petit feu; garnissez votre Financière de ris de veau, de fonds d'artichauts, champignons, truffes, fricandeaux, crêtes; mettez un coulis de veau par-dessus et servez.

Cailles grillées.

Prenez des cailles que vous flambez et videz; fendez-les à moitié par le dos; mettez-les dans une casserole avec de l'huile, laurier, sel, poivre; couvrez de bardes de lard; faites cuire à très petit feu sur de la cendre chaude. Quand elles sont presque cuites, panez et faites griller; mettez dans la casserole du bouillon; détachez tout ce qui peut tenir après, dégraissez ; passez au tamis et servez dessous les cailles.

(*Vieille cuisine*).

Étuvée de cailles.

(Formule de l'auberge de la Pucelle, à Greux (Vosges)

Faites un roux avec de la farine et du beurre; passez-y des cailles, après les avoir flambées et vidées, avec des petits oignons; mouillez avec un verre de vin, bouillon, bouquet de persil, ciboules, laurier, clous de girofle; garnissez cette étuvée de ce que vous voulez, comme culs d'artichauts cuits à moitié dans l'eau, petites saucisses, crêtes ou foies gras, champignons. Quand l'étuvée sera cuite, servez garnie de croûtons passés au beurre

PERDREAUX.

Perdreau à la broche.

Plumez, videz, piquez fin et faites cuire à la broche. Il est important de saisir le point de cuisson, car un perdreau trop cuit n'a plus de saveur. Il faut ordinairement de douze à quinze minutes. Servez entouré de demi-citrons et de bon jus dans la saucière.

Perdreaux au gratin.

Prenez des perdreaux cuits à la broche, coupez-les par membres ; mettez sur le plat que vous devez servir, un morceau de beurre manié avec de la chapelure, persil, ciboules, échalotes hachés, sel, poivre; faites gratiner sur le feu, mettez-y après les perdreaux chauffés dans un peu de bouillon, sel, poivre, un filet de vinaigre, et servez avec un peu de chapelure par-dessus.

Salmis de perdreaux.

Voy. *Salmis de bécasses.*

Perdreaux à la crapaudine.

Ils se préparent comme les Pigeons à la crapaudine.

Salade de perdreaux.

Dépecez des perdreaux rôtis, ôtez-en la peau, parez les extrémités et mettez-les dans une terrine avec de la bonne huile d'olive et du vinaigre à l'estragon, du sel et du gros poivre, champignons, persil, échalotes hachées, câpres, un peu d'anchois; faites revenir et cuire avec beurre, jus ou bouillon. Dressez vos morceaux sur le plat avec cœurs de laitues en cordon, œufs durs, cornichons coupés et filets d'anchois arrangés avec goût et arrosés de l'assaisonnement.

(*Vieille formule.*)

Mayonnaise de perdreaux.

Dépecez et parez des perdreaux rôtis et placez-les sur une sauce mayonnaise, couvrez-les aussi de cette sauce et décorez le plat d'olives farcies, de croûtons frits, d'œufs durs, de gelée, de filets d'anchois, de truffes, etc. Donnez-lui un aspect agréable qui réponde à sa délicatesse.

Purée de perdreaux.

Prenez des chairs de perdreaux rôtis dont vous enlevez la peau et les nerfs, hachez-les et pilez-les en y mettant une cuillerée à bouche de sauce béchamel, passez à l'étamine et ne faites chauffer qu'un moment. Servez avec œufs pochés par-dessus et entouré de croûtons frits.

Perdrix à la Catalane.

Après avoir plumé, vidé, flambé et troussé vos perdrix, faites-les revenir dans du beurre. Ce même beurre, dont vous aurez retiré les perdrix, servira à faire un roux auquel vous ajouterez du bouillon, sel, poivre et un bouquet de persil. Replacez vos perdrix dans la casserole, et les y laissez jusqu'à ce qu'elles soient presque cuites ; en même temps, vous aurez fait blanchir à part une certaine quantité d'ail, et dans une autre casserole, une orange coupée en tranches. Vingt minutes avant de servir, vous réunissez le tout, afin de parfaire la cuisson ; dégraissez et servez sur un plat très chaud, que vous garnissez de tranches de citron.

THÉRÈSE.

Perdrix à l'estoufade.

Plumez, videz, flambez, troussez les pattes en dedans, piquez de lardons, assaisonnez de sel et poivre ; placez dans la casserole avec oignons, carottes, bouquet garni, bardes de lard, un verre de vin blanc et du bouillon, sel : faites cuire à petit feu et servez avec le jus de la cuisson dégraissé et passé au tamis.

(*Vieille formule.*)

Perdrix à la purée de lentilles.

Après les avoir fait cuire comme les précédentes, vous les servez sur une purée de lentilles cuite avec lard de poitrine, oignons, carottes, eau ou bouillon. On peut aussi les faire cuire avec les lentilles, et les servir avec des croûtons frits. (*Ancienne mode.*)

Perdrix à la purée de pois verts.

Faites cuire les perdrix à l'estoufade, et les servez sur une purée de pois verts.

(*Vieille mode.*)

Perdrix à la ménagère.

Faites revenir dans une casserole, une vieille perdrix, après l'avoir flambée et vidée, troussez les pattes dans le corps, et faites-la cuire à petit feu pendant trois heures dans une petite marmite, avec verre de bouillon, bardes de lard, oignons, carottes, un peu de sel, poivre; après la cuisson, dégraissez la sauce, passez-la au tamis et servez sur la perdrix. (*Vieille cuisine.*)

Terrine de perdreaux.

Faites une farce de toutes les chairs que vous pourrez avoir : débris de veau, volaille, lièvre, perdrix ou perdreaux, chair à saucisse, foies, et autant de lard gras, persil, ciboules et truffes par morceaux, le tout haché, sel et épices; remplissez de cette farce le corps de deux ou trois perdreaux, que vous placez sur le dos, dans une terrine faite pour cela : remplissez les vides avec la farce, couvrez le tout de bardes de lard, posez le couvercle que vous fermez autour avec de la pâte, et faites cuire au four pendant trois heures. Servez froid.

Perdrix aux choux.

Plumez, videz, flambez, troussez deux perdrix; faites-les revenir à la casserole avec du beurre et une pincée de farine; mouillez de trois verres de bouillon ; ajoutez un quart de lard coupé en dés, un bouquet garni : laissez cuire. Mettez dans une marmite un chou de Milan ou frisé, avec trois quarts de petit salé et deux cuillerées de graisse; emplissez-la d'eau et faites cuire aux trois quarts. Prenez deux carottes, que vous coupez en rond, et un cervelas, que vous coupez de même ; beurrez une casserole, placez vos carottes au fond, ainsi que les ronds de cervelas. Coupez en bandes le petit salé qui a cuit avec le chou, faites-en six morceaux que vous placez debout et régulièrement autour de la casserole. Faites égoutter vos choux et placez en lits sur vos carottes; dressez-en aussi autour de la casserole, dans les intervalles du petit salé, placez vos deux perdrix au milieu, et recouvrez-les de ce qui vous reste de choux. Délayez de bouillon le fond de la casserole où les perdrix ont cuit, passez au tamis et versez ce coulis dans la casserole où sont perdrix et choux. Faites cuire une demi-heure sans attacher. Au moment de servir, posez votre plat sur la casserole et renversez d'un seul coup ; colorez avec un bon jus.

Perdreaux à la chipolata.

Faites prendre couleur à du lard coupé en dés : retirez-le. Faites un roux dans lequel vous faites revenir des membres de perdreaux; mouillez avec bouillon ou eau, un verre de vin blanc; mettez champignons, le lard, petits oignons passés au beurre, saucisses (dont vous aurez fait trois d'une seule en les nouant avec du fil, et que vous aurez fait revenir sur le gril, déficelées ensuite et ôté la peau); ajoutez une vingtaine de marrons grillés : faites cuire le tout ensemble avec bouquet garni. Etant dégraissé et réduit à son point, servez avec des croûtons frits. On peut ajouter des truffes. Il faut faire attention, chaque fois que l'on met plusieurs légumes dans le même ragoût, tels que petits oignons, champignons, etc., de ne les mettre que chacun à leur tour, suivant qu'ils sont plus ou moins longs à cuire.

(*Vieille cuisine.*)

Perdreaux à l'anglaise.

Étant vidés et flambés, troussez les pattes, et fendez-les par le dos d'un bout à l'autre, sans les séparer du côté du ventre; aplatissez-les légèrement avec le plat du couperet, et les mettez mariner avec sel, poivre, laurier, ail, branches de persil et de l'huile. Faites-les griffer à feu vif : retournez-les. Servez-les sous une maître d'hôtel, avec jus de citron ou verjus.

Vous pouvez servir les mêmes avec une *rémolade* ou une *poivrade*. (*Vieille cuisine.*)

Perdreaux panés et grillés.

Cuits et préparés comme les précédents, mais en séparant les deux moitiés, vous pouvez les paner, griller, et servir avec *rémolade* ou *poivrade*. (*Vieille cuisine.*)

Perdreaux en papillotes.

Séparez-les en deux et faites-les revenir dans le beurre : retirez-les presque cuits. Faites une sauce de champignons, persil haché, échalotes, dans le beurre où sont revenus les perdreaux ; ajoutez un peu de farine, sel, épices ; mouillez de bouillon et vin blanc ; faites cuire et réduire cette sauce, et la versez sur les moitiés de perdreaux, que vous garnissez dessus et dessous d'une légère barde de lard. Enveloppez-les de papier huilé, et faites-les griller environ vingt minutes sur un feu doux. *(Vieille cuisine.)*

BÉCASSES, BÉCASSINES.

Bécasses et bécassines rôties.

Les bécasses et bécassines se cuisent rôties à la broche ; vous les servez piquées ou bardées, avec feuilles de vigne sous la barde ; vous ne les videz point. Mettez dessous des rôties de pain en cuisant pour en recevoir le jus et servez dessus les roties.

Salmis de bécasses et bécassines

Vous faites des salmis de bécasses et bécassines, quand elles sont cuites et refroidies. (Voy. *Salmis d'alouettes à la bourgeoise.*)

Bécasses farcies au naturel.

Quand vos bécasses sont plumées et flambées, vous les fendez par derrière pour les vider. Vous vous servez de tout, excepté du gésier, hachez le reste, et le mêlez avec du lard râpé, ou un morceau de beurre, persil, ciboules hachés, un peu de sel ; mettez cette farce dans le corps, et cousez l'ouverture ; troussez les bécasses, et les faites cuire à la broche, enveloppées de lard et de papier.

Quand elles sont cuites, servez-les avec sauce ou ragoût comme les perdreaux.

(Vieille cuisine.)

Bécasse à l'ancienne.

La bécasse bardée de lard est placée dans une casserole de terre avec les assaisonnements habituels, oignons, bouillon, etc. Elle doit cuire à petit feu jusqu'au moment où l'intérieur commence à paraître sous le croupion (c'est le moment décisif). Une tartine de pain grillé a été préparée; elle est recouverte, chaude, d'une épaisse couche de foie gras (de bonne marque), le tout est saupoudré de poivre et zeste de citron fraîchement râpé (pas de jus de citron). C'est sur ce coussin que l'on étale rapidement l'intérieur, et l'on verse sur le tout, le fond de la casserole, passé au tamis. Filets et membres de la bécasse sont disposés autour de cette tartine royale.

Servez chaud et vous m'en donnerez des nouvelles.

CHARLOTTE.

Bécasses à la minute.

Voy. *Alouettes à la minute.*

FAISAN

Faisan à la broche.

Les faisans se servent ordinairement rôtis, videz-les et piquez-les de petit lard; mettez-les cuire à la broche et servez-les de belle couleur.

Faisan aux choux.

Le faisan aux choux se fait comme la perdrix aux choux. (Voy. *Perdrix aux choux*).

Faisan en salmis.

On procède de la même façon que pour le salmis de perdreaux. (Voy. *Salmis d'alouettes.*

Soufflé de faisans.

Le soufflé de faisans se prépare de la même manière que le soufflé de perdreaux.

Financière de faisans.

Flambez et videz un jeune faisan, garnissez l'intérieur d'une farce fine à laquelle vous joignez le foie et quelques truffes coupées en dés; bridez-le, piquez de lard ses filets et ses cuisses et mettez-le dans une casserole foncée de débris de lard et de légumes; assaisonnez et mouillez de vin blanc, faites cuire à feu vif jusqu'à réduction, mouillez à nouveau avec du bouillon et laissez cuire une bonne heure à feu très doux dans une casserole hermétiquement fermée. Préparez à part une garniture financière composée de champignons ciselés, de truffes, de crêtes, de rognons et de quenelles, cuisez avec le jus du faisan, ajoutez quelques cuillerées d'espagnole et de bon vin blanc sec et servez.

Vanneau.

Le vanneau est un oiseau à peu près de la grosseur d'un pigeon; il est fort estimé pour son goût et sa délicatesse. Il se fait cuire à la broche pour rôti et se sert comme le canard sauvage.

Gélinotte.

La gélinotte des bois est une espèce de poule sauvage; elle se sert et se prépare de même que le vanneau. (Voy. *la recette de M. André Theuriet.*)

Sarcelles rôties.

Les sarcelles se font cuire à la broche, flambées, et vidées, sans être piquées ni bardées, et se servent pour rôt

Sarcelles à la mode des Ducs.

(Formule attribuée au duc Charles IV de Lorraine).

Plumez, videz vos sarcelles, flambez-les légèrement; après les avoir nettoyées, maniez une demi-livre de beurre avec du sel, du poivre et de la muscade râpée; insérez cet assaisonnement dans le corps de vos sarcelles; troussez-les et faites-les cuire à la broche, enveloppées dans du papier beurré. Au moment de servir, débridez-les ; faites sortir le beurre de leur corps ; dressez-les sur votre plat, et mettez pour sauce une espagnole clarifiée, dans laquelle vous pressez le jus d'un citron. (*Vieille formule.*)

Sarcelles à diverses sauces.

Si vous voulez les mettre en entrée, enveloppez-les de papier, et les servez avec un ragoût d'olives, ragoût de montants de cardons, aux navets, aux truffes

Ortolans rôtis.

Les ortolans, sont des petits oiseaux très délicats et excellents qui se servent rôtis. (Voy. *la recette du maître Tivollier.*)

Rouges-gorges.

Les rouges-gorges se servent rôtis comme les autres petits oiseaux, on les recouvre d'une mince tranche de lard, et on les dresse sur des rôties de pain. On ne vide généralement pas les oiseaux de passage. (Voy. *la recette d'Edmond Richardin.*)

Grives et merles rôtis.

Les grives et les merles se servent en plats de rôts; on les plume, on les fait refaire sans les vider, et on les met cuire à la broche avec des rôties dans la lèchefrite; on les enveloppe de feuilles de vigne. (*Ancienne mode*).

Salmis de grives.

Les grives en salmis se préparent de la même manière que les alouettes. (Voy. *Salmis d'alouettes.*)

Grives en daube.

Les grives en daube se servent froides ou chaudes on les prépare comme une daube ordinaire.

Canard sauvage.

Les canards sauvages, ou oiseaux de rivière (la femelle estimée la meilleure), se servent ordinairement pour rôt sans être piqués ni bardés, après les avoir flambés et vidés.

Vous en faites aussi des entrées; étant cuits à la broche, et refroidis, vous en tirez des filets que vous mettez à différentes sauces, comme aux jus d'oranges, aux anchois et câpres et salmis.

Lièvre au chaudron.

(Formule attribuée à Gaston Phœbus, Seigneur de Béarn (XIVe siècle).

Prenez un lièvre encore chaud, dépecez-le comme pour un civet. Recueillez le sang, mettez-le dans un chaudron avec le lièvre, un quart de lard coupé en morceaux, un gros bouquet garni, un oignon, peu de sel, force poivre, trois quarts de litre de bon vin rouge très spiritueux; accrochez le chaudron à la crémaillère sur un feu clair et de bois sec qui enveloppe le chaudron, afin qu'au premier bouillon le vin s'enflamme. Quand il a cessé de brûler, roulez légèrement un quart et demi de beurre dans la farine, ajoutez-le à votre lièvre; laissez diminuer la sauce; il ne faut qu'une demi-heure en tout.

Pâté de lièvre en terrine à l'ancienne.

Le lièvre doit être frais tué; désossez-le; ayez une livre de rouelle de veau, une livre de porc frais maigre, et un peu de gras de bœuf, persil, ciboule, thym, laurier, ail, poivre et girofle; hachez le tout très menu; garnissez une petite marmite évasée et dont le couvercle ferme bien, avec des bandes de lard qui la couvrent entièrement; placez-y votre hachis, mêlé d'une demi-livre de lard en morceaux; versez dessus un verre d'eau-de-vie; couvrez de bardes de lard, mettez le couvercle, que vous fermez soigneusement avec de la pâte, faites cuire quatre heures au four.

Levraut à la Saint-Lambert.

Vous le faites comme le lapereau ci-après, mais vous faites revenir dans le beurre avant de mettre le bouillon et les légumes. (*Vieille cuisine*).

Levraut sauté ou à la minute.

Dépouillez et videz un jeune levraut; coupez-le par morceaux et le mettez dans une poêle ou dans une casserole avec un morceau de beurre, sel, poivre, épices, sautez-le jusqu'à ce qu'il soit raffermi; ajoutez champignons, échalotes et persil hachés, deux cuillerées de farine, mêlez et mouillez avec du vin blanc et un peu de bouillon, ou du bouillon seulement, ou de l'eau, faute de bouillon; retirez du feu quand il commence à bouillir. Servez à courte sauce. (*Ancienne mode.*)

Pâté de Lièvre à la moderne.

On prend un beau lièvre, quand il est dépouillé, on en ôte toutes les chairs que l'on hache menu; on hache également un bon morceau de lard gras, puis on réunit ces deux viandes, en y ajoutant, sel, poivre, une feuille de laurier coupée très fin, un peu de clous de girofle pilés, un peu d'ail et d'échalotes toujours hachés fin, on mélange bien le tout et on lie cette farce en y ajoutant un œuf frais. Remplissez la terrine dans laquelle doit cuire le pâté, pressez fortement les viandes, on met dessus un ail, deux échalotes, du laurier et des aromates, enfin on verse sur ce mélange un verre de bourgogne, on recouvre la terrine de son couvercle, et l'on fait cuire au four pendant une heure et demie. Quand la cuisson est terminée, on coule de la bonne graisse sur la terrine ce qui permet de la conserver.

Civet de lièvre. (*Mode lorraine.*)

Après avoir coupé un lièvre en morceaux, le mettre mariner dans vin rouge, épices, sel, poivre, ail, oignons, échalotes, persil, cerfeuil, feuille de laurier, pendant vingt-quatre ou quarante-huit heures.

Nota. — Gardez le sang, et le battre avec un

peu de vinaigre pour l'empêcher de se coaguler.

Cuisson. Faire un roux en y ajoutant quelques petits lardons, y ajouter les morceaux de lièvre saupoudrés de farine, les tourner dans le roux.

Mouiller avec la marinade, de laquelle on a ôté les épices et une cuillère à pot de bouillon plus un peu de vin rouge froid, pour que le lièvre baigne largement.

Mener la cuisson à feu doux.

Ajouter le sang dix minutes avant de servir.

Civet de lièvre. (*Mode gourmet.*)

Comme ci-dessus, en ajoutant au mouillage du court-bouillon qui a servi à la cuisson d'un poisson et un grand verre de cidre.

Civet à la Hildebrand.

Comme ci-dessus, en y ajoutant peu après le sang et seulement un moment avant de servir deux cuillerées de crème bien fraîche.

Résultat. Le civet a un goût franc de noisette très recherché dans la cuisine messine (Lorraine). Pour les palais blasés, ajouter ce qui pourrait tenir sur la pointe d'un canif de *poivre de Cayenne* en poudre.

Lapin de garenne en gelée.

Disposer les morceaux découpés dans une terrine qui va au four. Y mettre du vin blanc un peu plus qu'à hauteur des morceaux; par-dessus, épices, tranches d'oignons, ail, échalotes, laurier, persil, sel et poivre, laisser mariner au moins quarante-huit heures,

Mettre cuire au four environ deux heures, en y ajoutant quelques feuilles de gélatine, pour que la gelée soit bien ferme. Après cuisson et avant le refroidissement, retirer toutes les épices ci-dessus.

Nota. — On peut faire de même avec *Lièvre*, *Lapin domestique* ou *Oie* en y ajoutant quelques tranches de veau.

Lapins et lapereaux.

Sautez lapins et lapereaux, entre le thym et le laurier. Soyez heureux et fiers, lapins et lapereaux, les annales de la gastronomie sont remplies des préparations multiples de votre chair succulente! Plus de trente manières de vous accommoder ont été trouvées par les chefs illustres des cuisines françaises; votre gloire durera autant que le monde, et le nom de Napoléon aura depuis longtemps disparu dans la nuit des temps que vous régnerez encore en souverains, sur les tables populaires.

Sautez lapins et lapereaux, entre le thym et le laurier !

Voici, parmi les meilleures, les recettes les plus appréciées des gourmets.

Lapin à la bourgeoise. (Entrée.)

Coupez-le par membres, et le mettez dans une casserole avec un morceau de beurre, un bouquet garni, des champignons et fonds d'artichauts blanchis; passez le tout sur le feu : mettez-y une pincée de farine, mouillez avec du bouillon, un verre de vin blanc, sel, poivre.

Quand il est cuit, et qu'il n'y a plus de sauce, mettez-y une liaison de trois jaunes d'œufs délayés avec du bouillon, un peu de persil haché : servez assaisonné de bon goût.

Les lapins se servent comme les lapereaux, si c'est pour ragoût, où ils ont le temps de cuire.

Ils ne sont pas bons pour la broche, ni marinés, ni en papillotes, ni en caisses.

Lapin en matelote. (Entrée.)

Coupez un lapin par membres, faites un petit roux avec une cuillerée de farine et un morceau de beurre; mettez-y les membres du lapin avec le foie; passez-les et mouillez avec un verre de vin rouge, deux verres d'eau et du bouillon, un bouquet de persil, ciboules, une gousse d'ail, deux clous de girofle, thym, laurier, basilic, sel, gros poivre; faites cuire à petit feu : une demi-heure après, vous y mettrez une douzaine de petits oignons blanchis. Si vous voulez y mettre une anguille coupée par tronçons, vous ne la mettrez que lorsque le lapin sera cuit aux trois quarts. Avant de servir, ôter le bouquet, dégraisser la sauce, et y mettre une cuillerée de câpres entières; un anchois haché. Servez avec des croûtons passés au beurre; arrosez le tout avec la sauce.

Lapin aux petits pois. (Entrée.)

Coupez-les par membres, et les mettez dans une casserole avec un litre de petits pois, un morceau de beurre, un bouquet de persil, ciboules : passez-les sur le feu : mettez-y une bonne pincée de farine; mouillez avec du bouillon : faites cuire et réduire à courte sauce, ne mettez du sel qu'un moment avant de servir; un peu de sucre si vous préférez. (*Vieille cuisine.*)

Lapin en papillotes. (Entrée.)

Prenez un lapereau tendre, que vous coupez par membres; mettez-le mariner avec persil, ciboules, champignons, une pointe d'ail, le tout haché, sel gris, gros poivre, de l'huile fine. Enveloppez chaque morceau avec une couche de leur assaisonnement, et une petite barde de lard dans du papier blanc. Beurrez ou huilez le papier en dehors; faites cuire à très petit feu sur le gril, en mettant encore une autre feuille de papier graissée dessous; servez avec le papier

(Vieille cuisine.)

Lapin en gâteau. (Entrée.)

On ôte toute la chair d'un lapin ; on coupe celle des filets et des cuisses en tranches minces, et on hache le reste avec le foie, dont on fait une farce, l'on y jette une poignée de mie de pain desséchée sur le feu avec deux verres de lait, jusqu'à ce qu'elle soit bien épaisse. On y ajoute trois jaunes d'œufs crus, un quart de lard râpé, persil, ciboules, deux échalotes, deux feuilles de basilic, le tout haché très fin, sel, gros poivre. On prend une casserole de moyenne grandeur, où l'on met dans le fond des bardes de lard, ensuite des filets de lapins que l'on couvre de cette farce ; on remet une couche de filets, l'on continue à mettre de cette farce : il faut que la dernière couche soit de filets que l'on couvre de bardes de lard; on fait cuire à très petit feu entre deux cendres chaudes; on fait bouillir à part les os du lapin avec un verre de vin blanc, deux ou trois cuillerées de coulis, autant de bouillon. La sauce de bon goût étant assez réduite, on la passe au tamis pour la servir sur le gâteau après avoir ôté les bardes de dessus et de dessous. (*Vieille cuisine.*)

Lapin en gibelotte.

Votre lapin dépouillé et vidé, coupez-le en morceaux, mettez dans une casserole un quart de beurre et deux cuillerées à bouche de farine ; faites un roux dans lequel vous ferez revenir les morceaux de votre lapin, mouillez avec une bouteille et demie de vin blanc ; mettez-y des champignons, du petit lard, que vous ferez revenir à la poêle, un bouquet garni ; faites cuire votre ragoût à petit feu jusqu'à une certaine réduction ; ajoutez un peu de sel et de poivre ; dégraissez le ragoût, que votre sauce ne soit ni trop, ni trop peu liée, retirez le bouquet et servez.

Lapereaux en hachis.

Prenez les restes d'un laperean rôti, levez-en toute la chair, mettez un peu de mouton rôti ; hachez le tout ensemble. Prenez les os des lapereaux, que vous coupez en petits morceaux ; mettez-les dans une casserole avec un peu de beurre, quelques échalotes, une demi-gousse d'ail, thym, laurier, basilic, passez-les au feu, et mettez deux bonnes pincées de farine ; mouillez avec un verre de vin rouge, autant de bouillon : faites bouillir une demi-heure à petit feu ; passez la sauce au tamis et joignez-y la viande hachée, avec sel, gros poivre ; faites chauffer sans bouillir ; servez chaudement, vous garnissez si vous le voulez, avec des croûtons frits.

(*Mode ancienne.*)

Lapereaux en gîte. (Entrée.)

Farcissez deux lapereaux avec leurs foies, un morceau de beurre, persil, ciboule, champignons, le tout haché, sel, gros poivre, cousez-les et troussez les pattes dessous le ventre et celles de devant sous le nez ; mettez-y des brochettes pour les faire tenir : faites-les cuire avec un verre de vin blanc, du bouillon, un bouquet garni, sel, gros poivre. Lorsqu'ils sont cuits passez la sauce au tamis ; dégraissez-la et mettez-y un peu de coulis, faites réduire au point d'une sauce ; pressez les lapereaux comme s'ils étaient en gîte. (*Vieille cuisine.*)

Lapereaux aux fines herbes. (Entrée.)

Coupez-les par membres et mettez-les dans une casserole avec persil, ciboules, champignons, une gousse d'ail, le tout haché, un morceau de beurre, thym, laurier, basilic haché en poudre ; passez-les sur le feu, mettez-y une pincée de farine ; mouillez avec un verre de vin blanc, un peu de jus et du bouillon, sel, gros poivre ; faites cuire et réduire au point d'une sauce. Quand vous êtes prêt à servir, prenez les foies, qui ont été cuits avec la fricassée, écrasez-les et mélangez-les à la sauce.

(*Vieille cuisine.*)

Lapereaux au gratin. (Entrée.)

Coupez-les par membres et mettez-les dans une casserole sur le feu avec un morceau de beurre, un bouquet de persil, ciboules, une demi-gousse d'ail, deux clous de girofle, une demi feuille de laurier, thym, basilic, des champignons mettez-y une bonne pincée de farine : mouillez-les avec un verre de vin blanc, du bouillon et du jus ce qu'il en faut pour donner couleur, sel, gros poivre. A moitié de la cuisson, vous y mettez un ris de veau blanchi et coupé en gros dés ; achevez de cuire, et faites réduire au point d'une sauce liée. Votre ragoût étant fini, de bon goût et bien dégraissé, vous le servez avec gratin fait de cette façon : hachez le foie des lapereaux avec persil, ciboules, un peu de mie de pain, un morceau de beurre, sel, gros poivre, deux jaunes d'œufs ; prenez le plat que vous devez servir, garnissez le fond de cette farce et faites cuire à petit feu jusqu'à ce que la farce soit gratinée, versez dessus votre ragoût et servez.

(*Formule ancienne.*)

Fricassée de lapereau à la Saint-Lambert.

Coupez-le en morceaux ; mettez-le cuire dans du bouillon, qu'il baigne ; assaisonnez de sel, poivre, muscade et épices ; garnissez de deux carottes, quatre oignons, deux navets, trois pieds de céleri et un bouquet garni ; les légumes étant cuits, retirez-les, passez-les en purée ; si votre lapereau est cuit, passez le fond au tamis, faites-en une sauce un peu épaisse et mouillez votre purée de cette sauce ; dressez votre lapereau et le masquez avec la purée.

(*Vieille cuisine.*)

Lapereau au jambon.

Coupez un lapereau en morceaux ; piquez-le de gros lard et faites cuire avec des tranches de jambon, un peu d'huile, un verre de vin blanc, un bouquet de persil. ciboule, bouillon, poivre; prenez le fond de la sauce, que vous passez au tamis; dégraissez, et servez sur le lapereau. (*Vieille mode.*)

Lapereau à la poulette.

Coupez un lapereau en morceaux; faites-le dégorger deux ou trois heures dans l'eau froide, passez sur le feu avec morceau de beurre, une poignée de champignons, un bouquet de persil, ciboule; mettez une pincée de farine; mouillez avec un verre de vin blanc, bouillon, sel, poivre; faites cuire et réduire à courte sauce; mettez une liaison de jaunes d'œufs; faites lier sur le feu et servez. (*Vieille mode*).

Lapereau à la tartare.

Désossez un lapereau; coupez-le en morceaux, que vous faites mariner avec de l'huile, poivre, persil, ciboules, échalotes, le tout haché; panez de mie de pain; faites cuire sur le gril; arrosez de temps en temps avec le restant de la marinade; servez-les sur une sauce à la tartare.

(*Mode ancienne.*)

Lapereaux confits.

Quand on a trop de lapereaux, on peut les conserver comme il suit: Dépouillez et désossez-les, piquez-les de moyens lardons de lard et de jambon cru assaisonné de sel et d'épices; mettez-en aussi dans les lapereaux, en les roulant serrés depuis les cuisses jusqu'à la peau du cou; ficelez-les et placez-les dans une casserole avec de l'huile, sel, épices, laurier, thym et basilic; faites cuire une heure à feu très doux, sans bouillir, retournez-les pour qu'ils cuisent partout.

Faites-les égoutter et laissez-les jusqu'au lendemain. Parez-les et coupez-les par morceaux, puis placez-les dans des petits pots que vous remplissez de bonne huile. Quand on veut s'en servir, on les retire du pot; on les coupe en rouelles minces, et les sert entourés de persil haché, et arrosés de leur huile.

Croquettes de lapereau.

Faites rôtir un jeune lapereau; étant froid, coupez-le en petits dés ; ayez aussi de la tétine de veau cuite, que vous coupez en dés, ou d'autre graisse de veau ; il en faut le tiers de ce qu'il y a de chair; faites une sauce comme pour les croquettes de veau, et procédez de même. Faites frire, garnissez de persil frit.

(*Vieille cuisine.*)

CHEVREUIL.

Chevreuil rôti.

On rôtit les cuissots, épaules, ou la selle du chevreuil ; après en avoir enlevé la peau et les avoir dénervés, on les pique finement, puis on fait rôtir à la broche. On les sert soit sur une sauce poivrade, chevreuil, ou d'un goût relevé.

Il faut toujours faire mariner pendant quatre ou cinq jours. (Voy. *Marinade pour le gibier.*)

Chevreuil en civet.

Préparez un roux avec lard et beurre frais, faites-y revenir la poitrine ou toute autre partie du chevreuil coupée par morceaux, mouillez d'eau chaude et d'autant de vin rouge ; ajoutez sel, poivre, bouquet garni, ail, oignons, graines de genièvre serrées dans un linge.

Quand le chevreuil sera cuit, dégraissez la sauce et liez-la de fécule, si elle n'est pas assez épaisse, finissez avec quelques cuillerées de bon jus.

Poitrine de chevreuil au roux.

Faites comme pour le sanglier au roux.

Fricandeau de chevreuil.

Coupez un morceau du cuissot, enlevez la peau; lardez et faites cuire comme le fricandeau de veau. Lorsque le jus est réduit en glace, vous le prenez avec un pinceau pour glacer le fricandeau.

Côtelettes de chevreuil rôties.

Faites-les mariner et rôtir ensuite avec beurre et lard, servez sur une sauce chevreuil.

Côtelettes de chevreuil purée de marrons

Piquez vos côtelettes, faites-les mariner pendant quelques heures. Placez-les ensuite dans une casserole, avec un morceau de beurre fin, faites dorer, puis ajoutez un peu de bon jus et laissez réduire à glace; dans une autre casserole préparez une purée de marrons un peu épaisse, arrosez-la du jus de la cuisson des côtelettes, placez-la au milieu d'un plat en arrangeant autour les côtelette en couronne.

Gigot de chevreuil à l'ancienne.

Parez un gigot de chevreuil, et le piquez de lard fin; faites-le mariner cinq ou six heures, avec huile d'olive et sel. Mettez une heure à la broche, et arrosez avec sa marinade. On fait une sauce avec du jus d'échalotes hachées, et un peu de sa marinade. On la sert dans une saucière, et une papillote au manche du gigot.

C'est un abus de le faire mariner jusqu'à une semaine dans une forte marinade. Cependant on peut, pour ceux qui veulent que le chevreuil ait un goût plus prononcé, le faire mariner deux jours, avec huile, sel, épices, oignons en tranches, thym, et demi-bouteille de bon vin rouge : retournez-le de temps en temps.

Chevreuil en daube ou braise

Si on l'aime mariné, il ne faut le laisser que vingt-quatre heures et le faire cuire dans une braise environ cinq heures : faites réduire la sauce et passez-la au tamis. (*Vieille mode.*)

SANGLIER

Cuissot de sanglier braisé.

Après avoir échaudé, flambé et lardé un cuissot de sanglier, vous le mettez à mariner pendant cinq jours (Voy. *Marinade de gibier*). Lorsque vous voudrez le faire cuire, enveloppez-le d'un linge blanc et, bien ficelé, placez-le dans une braisière avec sa marinade, du vin blanc de bourgogne, de l'eau en assez grande quantité, laurier, carottes, oignons, clous de girofle, un bouquet garni, faites mijoter pendant cinq à six heures et si vous voyez qu'il est assez cuit, servez-le après l'avoir laissé reposer une heure dans sa cuisson.

Sanglier en daube.

La daube de sanglier se prépare comme une daube ordinaire. (Voy. *Daube.*)

Poitrine de sanglier au roux.

Essuyez avec un linge la viande que vous sortez de la marinade, faites chauffer un peu de beurre dans une casserole; lorsqu'il fume, mettez-y la viande avec des échalotes hachées, du lard coupé par petits morceaux, de la farine, sel, poivre, laurier, girofle. Couvrez la casserole et laissez cuire un quart d'heure ou vingt minutes, mouillez alors de bouillon et d'un peu de vin ; un quart d'heure avant de dresser, saupoudrez de chapelure ou de mie de pain grillée.

Hure de sanglier.

Coupez la tête assez loin, c'est-à-dire, étendez les oreilles par derrière et coupez à l'endroit où elles arrivent. Mettez la tête dans l'eau fraîche, désossez-la comme celle de porc et remplissez-la de même avec de la viande de sanglier, si vous en avez, ou du lard frais, ou moitié veau et moitié porc. Préparez-la comme la hure de porc, faites-la cuire avec quatre litres de vin et de l'eau en quantité suffisante pour couvrir la tête. Faites cuire à petit feu, de sept à huit heures, ayant soin que le liquide dépasse toujours la tête ; conditionnez-la tout à fait comme la hure de porc ; servez-la aussi de même. Si vous voulez la conserver quelque temps, laissez-la avec la cuisson dans une terrine.

CERF.

Le cerf se prépare comme le chevreuil, mais on le marine plus longtemps. Quand on le fait rôtir, il faut l'arroser de temps en temps.

Foie de cerf.

Le foie de cerf s'accommode comme le foie de veau lardé ; on y ajoute de plus des sardines au naturel, coupées par petits morceaux.

Filet de cerf.

(Formule de l'Hostellerie de l'Asne rayé à Rheims (1429).

Prendre du filet de hère ou de daguet qui aura vieilli quatre jours dans vin et aromates, le déposer dans une marmite où il cuira dans de la graisse de porc avec lard de poitrine découpé, oignons, genièvre, poudre de safran et farine de froment un quart d'once (*ensemble 5 grammes environ*), ajouter sel et vin de marinade, laisser cuire jusqu'à pleine cuisson.

GOMBERVAUX.

LÉGUMES

ARTICHAUTS

Artichauts à la Provençale.

Prenez des artichauts que vous nettoyez dessus et dessous ; faites-les cuire un quart d'heure dans l'eau ; ôtez-en le foin : mettez-les sur une tourtière avec huile, gousses d'ail, sel, poivre; faites cuire feu dessus et dessous : quand ils sont cuits, ôtez les gousses d'ail, et servez avec un jus de citron.

Artichauts farcis.

Les artichauts farcis se font de la même manière que les précédents. Au lieu d'ail, vous mettez dans le milieu des artichauts, persil, ciboules hachés et une farce de viande ou de godiveau ; quand les feuilles sont rissolées, servez avec les fines herbes ; peu d'huile et un jus de citron.

Artichauts sautés.

Coupez en quatre des artichauts moyens et tendres, ôtez le foin et parez-les en leur laissant à chacun trois feuilles ; lavez et essuyez. Mettez du beurre dans une casserole où vous arrangerez vos artichauts, et les mettez sur un feu doux seulement vingt minutes avant de servir. Pressez-les, sur le plat, en turban. Mettez une cuillerée de chapelure dans le beurre, autant de persil haché et un jus de citron, un peu de sel : servez cette sauce dans le milieu des artichauts. Il ne faut pas les blanchir.

Artichauts à la sauce blanche.

On les sert très chauds et bien égouttés, accompagnés d'une sauce blanche servie dans une saucière.

Artichauts au gras.

Coupez en deux de moyens artichauts, ôtez-en le foin et les parez : faites-les blanchir à l'eau et sel ; lorsqu'ils sont cuits, mettez des tranches de lard gras dans une casserole, avec une ou deux tranches de veau, deux oignons, une carotte, un clou de girofle et très peu de thym ; arrangez les artichauts sur les bardes et le veau, et mettez sur un feu doux. Quand le veau a pris couleur, mouillez avec un peu de jus ou du bon bouillon : faites mijoter. Servez les artichauts en turban, et la sauce que vous avez liée de fécule, au milieu. (*Ancienne mode.*)

Artichauts frits.

Prenez-les, petits et très tendres, les couper par quartiers, et les faire blanchir à l'eau bouillante salée. Faites une sauce à la poulette, composée d'un morceau de beurre fondu à la casserole ; ajoutez une cuillerée de farine, mouillez de crème, liez de jaunes d'œufs ; trempez-y les artichauts, laissez-les refroidir. Au moment de servir, trempez-les dans une pâte à frire.

Artichauts à la Dislaire.

Après avoir ôté le vert de dessous, coupez les feuilles de dessus à moitié, ou les partagez en deux. Le foin ôté, blanchissez à l'eau bouillante ; faites-les cuire avec du bouillon, du sel, poivre, un bouquet de persil, ciboules, deux clous de girofle, un oignon, une carotte et la moitié d'un panais. Presque cuits, égouttez-les, et les farinez pour les faire frire ; servez-les garnis de persil frit. (*Mode ancienne.*)

Artichauts à la barigoule.

On doit choisir pour cette préparation des artichauts bien tendres et de moyenne grosseur ; après les avoir parés, on les vide du foin qu'ils contiennent, et on les blanchit ; à l'avance, on a préparé du persil, des champignons, des échalotes bien hachés qu'on passe au beurre ; on ajoute du beurre et du lard, ce dernier râpé ; le tout convenablement épicé. On en remplit les artichauts qu'il faut avoir soin de ficeler pour qu'ils ne se déforment point. On met alors dans une casserole les artichauts entourés de bardes de lard et ajoutez-y de bonne huile d'olive. On les sert sur leur sauce réduite.

ANNETTE.

Morilles aux croûtons.

Sautez des morilles à la poêle, avec du beurre et du persil haché. Mettez un peu de farine, laissez prendre couleur, mouillez avec du bouillon, laissez cuire. Liez la sauce, qui doit être courte, avec deux jaunes d'œufs, et servez en entourant votre plat de croûtons frits au beurre.

ANNETTE.

Ragoût de marrons.

Commencez par éplucher un kilo de beaux marrons; la première peau enlevée, la seconde s'enlève facilement en mettant les marrons à la bouche du four, placez-les ensuite dans une petite casserole juste de grandeur, couvrez-les d'eau froide, une pincée de sel, un morceau de sucre et une branche de thym. Au premier bouillon, mettez 25 grammes de beurre et une demi-cuiller à café d'extrait de viande, couvrez la casserole et laissez cuire doucement pendant une heure ; les marrons devront rester bien entiers, et avoir absorbé tout le liquide.

ASPERGES

Asperges en petits pois.

Prenez des petites asperges ; coupez-les de la grosseur d'un pois, faites-les cuire dans une casserole à l'eau bouillante et au sel ; lorsqu'elles sont cuites, égouttez-les dans une passoire, mettez dans une casserole du lard gras coupé en dés, faites-le revenir dans du beurre, mettez-y vos asperges, mouillez avec du bouillon, ajoutez un bouquet garni, cuisez pendant une demi-heure et finissez avec un peu de jus de viande, servez à courte sauce.

Pain de pointes d'asperges.

Découpez finement de petites asperges vertes, blanchissez-les pendant cinq minutes à l'eau bouillante salée; égouttez. Prenez de l'excellent beurre d'Isigny, que vous salez et poivrez, ajoutez une sauce béchamel et laissez cuire à feu doux.

Passez cette purée à l'étamine; mouillez-la légèrement de bon consommé, ajoutez-y quatre jaunes d'œufs et les pointes d'asperges. Faites cuire au bain-marie dans un moule beurré, laissez refroidir, démoulez et servez.

GOMBERVAUX.

Asperges violettes (sauce au beurre, ou vinaigrette).

Coupez les asperges d'une égale longueur, ratissez-les, faites-en des petites bottes, que vous laissez dans l'eau froide jusqu'au moment de les cuire. Plongez-les alors dans l'eau bouillante et salée, cuisez-les à point, égouttez-les et rangez-les sur un plat spécial ou sur une serviette pliée. Servez en même temps une sauce au beurre, une sauce blanche à la crème ou une vinaigrette.

Des cardes poirées.

Après les avoir épluchées et lavées, faites-les cuire dans de l'eau, et les remuez de temps en temps pour que le dessus ne noircisse pas.

Quand elles sont cuites, égouttez-les; faites une sauce blanche avec une pincée de farine, de l'eau, du beurre, sel, poivre, un filet de vinaigre, liez-la sur le feu, et y mettez les cardes bouillir à petit feu pour qu'elles prennent du goût. Si le beurre tournait en huile, c'est que la sauce serait trop épaisse; vous y mettriez une cuillerée d'eau, et la remueriez jusqu'à ce qu'elle soit revenue comme auparavant. (*Vieille cuisine.*)

Des cardons d'Espagne au coulis.

Coupez-les de la longueur de trois pouces : ne mettez point ceux qui sont creux et verts; faites-les cuire une demi-heure dans de l'eau; et les retirez dans l'eau tiède pour les éplucher; vous les faites cuire avec du bouillon où vous avez délayé une cuillerée de farine; mettez-y du sel, oignons, racines, un bouquet de fines herbes, un filet de vinaigre, un peu de beurre. Quand ils sont cuits, retirez-les pour les mettre dans un bon coulis avec un peu de bouillon; faites-les bouillir une demi-heure dans cette sauce pour qu'ils prennent goût et servez-les. La sauce doit être blonde. (*Vieille cuisine.*)

Cardons au gratin.

Faites une sauce espagnole, ou au jus, dans laquelle vous mettrez du vin blanc; quand elle sera réduite, ajoutez-y vos cardons cuits, jus de citron, et laissez refroidir; ensuite, dressez sur un plat qui aille au feu; saupoudrez de chapelure; arrosez de beurre, et faites prendre couleur sous le four de campagne. (*Ancienne mode.*)

Cardons à la poulette. (Entremets.)

Faites-les cuire comme les précédents, faites une sauce à la poulette, dans laquelle vous ajoutez une liaison de trois jaunes d'œufs et jus de citron. Vous pouvez aussi en faire une purée.

(*Ancienne mode.*)

Cardons à la piémontaise.

RÉGAL DES AMATEURS.

Choisissez pour cela un petit cardon blanc et bien tendre; après l'avoir nettoyé et essuyé avec un linge sans le laver, préparez la sauce suivante pour six personnes : 50 grammes de beurre frais que vous mettez dans une petite casserole avec trois cuillerées à bouche de bonne huile d'olive, six anchois au sel, que vous laverez et auxquels vous lèverez les filets afin d'en retirer l'arête et la tête, hachez grossièrement ces douze filets et mettez-les dans la casserole en ajoutant six gousses d'ail coupées en lames fines. Mettez sur le feu; lorsque le beurre, l'huile, commenceront à chauffer, les anchois seront dissous et l'ail sera assez cuit; surtout ne chauffez pas trop fort. Ajoutez à cette sauce une truffe blanche et trempez-y chaque morceau de cardon cru; si l'ail n'a pas frit, il ne développe aucune odeur et n'incommode pas; c'est, pour les amateurs, la meilleure manière de manger le cardon; dans tous les cas, c'est un des plats les plus recherchés de la cuisine italienne.

Céleri à la crème.

Épluchez votre céleri et coupez-le par petits morceaux, faites ensuite blanchir et bien égoutter dans une passoire. Mettez un bon morceau de beurre dans une casserole, jetez-y le céleri coupé, saupoudrez d'un peu de fécule, et mouillez avec de l'eau chaude. Ajoûtez sel, poivre, un peu de muscade, si le goût vous convient; laissez réduire sur un feu doux pendant un bon quart d'heure. Faites alors une liaison avec des jaunes d'œufs délayés dans la crème, et mélangez le tout. Servez vos céleris entourés de croûtons. ANNETTE.

Concombres au beurre.

Pelez et coupez un concombre en morceaux de 4 à 5 centimètres, enlevez-lui ses graines et les parties filandreuses, cuisez-le à l'eau bouillante salée, égouttez-le puis mettez-le dans une casserole avec un bon morceau de beurre, faites-le mijoter quelques minutes, puis servez-le avec du persil haché.

Concombres à la crème.

Procéder comme ci-dessus et servez avec une sace à la crème.

Concombres à la poulette.

Se préparent comme les concombres ordinaires et se servent avec une sauce poulette.

Crônes du Japon.

Lavez-les proprement et coupez la radicelle. Faites cuire un quart d'heure dans de l'eau salée, oignons, échalotes, laurier et girofle, mettez-y les crônes, faites-les cuire dix à douze minutes, puis égouttez-les et accommodez-les soit au beurre, au jus ou à la sauce blanche.

Céleri au jus.

Faites-le tremper dans l'eau pour le bien laver ensuite faites-le cuire pendant une demi-heure dans de l'eau bouillante ; retirez-le à l'eau fraîche; pressez-le bien et faites-le cuire doucement avec du bouillon et du coulis ; assaisonnez-le, et ayez soin de le dégraisser avant de servir.

Céleri-rave au jus.

Prenez trois ou quatre plantes de céleri-rave, épluchez-les bien, lavez-les à l'eau fraîche, coupez-les en morceaux à peu près égaux, faites-les blanchir de quatre à cinq minutes à l'eau bouillante, rafraîchissez, égouttez-les et faites-les revenir dans une casserole, avec un bon morceau de beurre, sur un feu doux ; quand ils ont pris couleur, assaisonnez-les et laissez-les cuire avec du bon bouillon et un peu de jus de viande; au moment de servir parsemez-les de persil haché.

Aubergines sur le gril.

Coupez-les en deux dans leur longueur; mettez-les sur un plat ; saupoudrez-les de sel fin et poivre; arrosez d'huile fine; laissez mariner une demi-heure ; faites-les griller en les arrosant avec la marinade. (*Ancienne formule.*)

Aubergines frites.

Pelez les aubergines et coupez-les en tranches que vous trempez dans un battu épais composé de farine délayée avec un œuf et de l'eau, avec une pincée de sel, un peu d'huile d'olive. Jetez ces tranches dans la friture bien chaude et servez.

Aubergines farcies. (Hors-d'œuvre.)

Prenez trois aubergines bien mûres, fendez-les en deux dans leur longueur; retirez la chair de dedans sans percer l'écorce, et la hachez: mettez-la dans un vase creux pour purger un peu; ajoutez sel, poivre et un peu de vinaigre; laissez une heure; ensuite, hachez persil et fines herbes, un oignon, la moitié d'une gousse d'ail, échalote; passez le tout au beurre; pressez votre chair d'aubergines et ajoutez-la à cet assaisonnement. Faites tremper gros comme deux œufs de mie de pain dans du bouillon, ou lait; pressez et pilez; ajoutez une demi-livre de chair à saucisses que vous pilez avec; ajoutez toute votre composition, assaisonnez, pilez un peu, farcissez vos aubergines : saupoudrez de chapelure de pain; arrosez de beurre, et faites cuire sous le four de campagne. (*Ancienne mode.*)

Laitues pommées en sauce.

Après les avoir épluchées et lavées, faites-les blanchir et cuire dans du bouillon avec quelques bardes de lard; au moment de servir, égouttez-les, pressez-les dans un torchon, et les dressez en miroton sur un plat; mettez entre chaque laitue un croûton de pain glacé, et saucez-les avec une sauce bien corsée. (*Ancienne mode.*)

Chicorée blanche cuite.

Après l'avoir épluchée et lavée, faites-la bouillir un quart d'heure dans de l'eau; retirez-la dans de l'eau fraîche pour la bien presser; après l'avoir hachée, mettez-la dans une casserole avec un morceau de beurre, sel, poivre et muscade; mouillez-la avec du velouté, et faites-lui boire une chopine (1 bouteille) de crème; lorsqu'elle est réduite, dressez-la sur un plat, avec des œufs mollets ou des croûtons de pain autour. (*Ancienne mode.*)

Croûte aux champignons.

Mettez-les dans une casserole, avec un morceau de beurre, un bouquet de persil; lorsqu'ils sont passés sur le feu, ajoutez une pincée de farine, et mouillez avec de l'eau chaude ou du bouillon chaud et un peu de sel; quand ils sont cuits et que la sauce en est tarie, mettez une liaison de jaunes d'œufs et de crème. Faites frire dans du beurre une bonne croûte de pain que vous mettez dans le fond du plat qu'on doit servir; versez les champignons dessus et servez bien chaud.

Champignons en caisse.

Prenez des champignons que vous épluchez et coupez en morceaux; faites une caisse de papier que vous beurrez; mettez dedans vos champignons avec beurre, persil, ciboule, échalote hachés, sel, poivre; mettez-les sur le gril et faites cuire à un feu doux; servez dans la caisse. (*Vieille cuisine.*)

Champignons sur le gril.

Il faut les choisir gros : on les épluche et on en ôte la tige; on les place sur le gril, de manière à ce qu'ils aient en dessus leur creux que l'on remplit de beurre, sel, poivre et fines herbes, au moment de servir, comme on fait pour des rognons à la brochette. (*Vieille cuisine.*)

Champignons en fricassée de poulet.

Épluchez et coupez les champignons s'ils sont gros; faites-les blanchir; remettez-les à l'eau froide et les essuyez bien. Mettez-les dans une casserole avec un morceau de beurre; faites revenir; ajoutez une pincée de farine, sel et poivre, un bouquet de persil; mouillez avec du bouillon; faites une liaison de jaunes d'œufs avec une demi-cuillerée de vinaigre, au moment de servir. (*Ancienne mode.*)

Champignons à la Provençale.

Prenez une certaine quantité de champignons, et lavez-les sans les peler : mettez quelques cuillerées de bonne huile dans une poêle, et faites-les cuire ainsi sur un feu très vif, pendant sept à huit minutes; ajoutez-y, pendant qu'ils cuisent, du sel, poivre et muscade, des échalotes et du persil, le tout haché; versez-les dans le plat sur une croûte de pain beurrée et séchée sur le gril. (*Ancienne mode.*)

CHOUX — CHOUX-FLEURS.

Choux au petit lard.

(Formule de l'auberge de la croix de Lorraine à Pont-à-Mousson.)

Coupez des choux par quartiers ; après les avoir lavés, faites-les bouillir un quart d'heure dans de l'eau ; mettez-y du petit lard coupé par morceaux, tenant à la couenne ; retirez-les après dans de l'eau fraîche; pressez-les bien, et les ficelez ; mettez-les cuire dans une braise avec le morceau de lard et la viande que vous désirez servir avec, en y ajoutant du sel, poivre, un bouquet de persil, ciboule, clous de girofle, deux ou trais racines; la viande et les choux cuits, retirez-les pour les essuyer de leur graisse; dressez-les sur un plat, le petit lard par dessus.

Choux à l'allemande.

Prenez des *choux frisés*, ou bien des choux à petites pommes; faites-les blanchir; hachez-les un peu et faites-les revenir dans la casserole avec une suffisante quantité de beurre et de lard fondu; quand ils sont presque cuits, sans avoir été trop pressés, mouillez-les avec un peu de jus et de bouillon, et servez-les avec du lard ou avec des saucisses. *(Ancienne mode.)*

Choux de Bruxelles.

Les choux de Bruxelles sont de petits choux gros comme des noix et bien pommés.

Faites-les cuire un quart d'heure à l'eau bouillante avec du sel; égouttez-les. Mettez un morceau de beurre dans la casserole; faites-y revenir vos petits choux avec poivre et peu de sel, du jus; servez-les sous une sauce blonde.

Choux à la crème.

Après les avoir lavés, vous les ferez cuire à l'eau bouillante, avec une poignée de sel; quand ils fléchiront sous les doigts, vous les retirerez et les presserez; mettez-les dans une casserole avec du beurre, sel, poivre, une cuillerée de farine, mouillez avec de la crème. *(Ancienne mode.)*

Choux-fleurs à la bourgeoise.

On nomme chou-fleur une espèce de chou dont la graine nous vient d'Italie. On s'en sert pour faire des entremets et garnir des entrées de viande. Pour cet usage, on les épluche, on les lave, et on les fait cuire dans de l'eau de sel et du beurre ; quand ils sont cuits, dressez-les sur un plat, et mettez dessous une sauce blanche ou une sauce au coulis. (*Ancienne mode.*)

Choux-fleurs en salade.

Après avoir épluché, lavé et fait cuire vos choux-fleurs dans de l'eau de sel, vous les retirez, les égouttez et les laissez refroidir; vous les coupez en morceaux, et les assaisonnez de sel, vinaigre, poivre, huile, et les servez.

Choux-fleurs à la sauce blanche.

Faites-les égoutter sans les laisser refroidir, et dressez-les sur un plat, en y versant la sauce blanche, de manière à ce qu'elle pénètre partout.

Il faut observer que l'on doit les dresser sur le plat les uns à côté des autres, la fleur en dessus, de manière à ce qu'ils semblent ne former qu'un seul gros chou-fleur.

Choux-fleurs à la sauce blonde.

On les prépare comme ceux ci-dessus, et on les couvre d'une sauce blonde.

Choux-fleurs à la crème. (Entremets.)

Faites cuire comme les précédents, et les dressez sur le plat ; versez dessus de la crème ; saupoudrez de sel, poivre et de chapelure. Posez le plat sur un feu doux, et le couvrez du four de campagne ; faites cuire un quart d'heure.

Choux-fleurs au jus.

Faites cuire comme ci-dessus, et les faites revenir un moment dans une casserole, avec de la graisse et une pincée de farine ; ajoutez-y du jus, sel, poivre et muscade, un peu de bouillon, et les remuez avec précaution, pour les casser le moins possible.

Pain de choux-fleurs.

On peut prendre des choux-fleurs déjà accommodés et desservis, sinon faites-les cuire à l'eau, puis égouttez-les soigneusement. Passez-les au presse-purée, ajoutez trois ou quatre œufs entiers, quatre cuillerées de crème et un peu de beurre que vous chauffez pour qu'il soit coulant, sel et poivre ; mêlez, versez dans un moule beurré et faites cuire au bain-marie ; au moment de servir renversez sur le plat.

Choux-fleurs au gratin.

Prenez des choux-fleurs cuits à l'eau et égouttés. Rangez-les, par morceaux, dans un plat allant au feu, recouvrez-les de fromage râpé et d'une sauce béchamel, saupoudrez encore de fromage et de chapelure, mettez quelques morceaux de beurre dessus. Laissez cuire au four pendant vingt minutes et servez.

Garniture Printanière.

Tournez des carottes et des navets, coupez par morceaux du chou-rave et du céleri-rave, ayez soin que vos légumes soient tous de même grosseur. Faites-les blanchir à l'eau bouillante salée, égouttez et achevez la cuisson dans du bouillon. Mettez cuire séparément, à l'eau bouillante salée, des choux-fleurs, haricots verts coupés en losanges, pointes d'asperges, petits pois. Disposez ces légumes en bouquets autour de la pièce que vous devez garnir, en ayant soin d'en varier les couleurs; ajoutez des oignons glacés et tous les légumes frais de la saison.

ANNETTE.

ÉPINARDS — OSEILLE.

Épinards à différentes sauces.

Après les avoir épluchés et lavés, faites-les cuire dans de l'eau ; vous les retirez après dans de l'eau fraîche pour les bien presser.

Mettez-les ensuite dans une casserole avec un morceau de bon beurre ; les faites bouillir à petit feu sur un fourneau pendant un quart d'heure ; vous y mettrez un peu de sel, une pincée de farine, et les mouillerez avec du lait ou de la crème. Servez.

Épinards au jus.

Après avoir épluché les épinards, les blanchir, hacher et passer; les mettre ensuite dans une casserole avec le beurre qu'on laissera chauffer. Mêler une cuillerée de farine et la laisser cuire en tournant pendant quelques minutes.

Lorsque les épinards ont un peu réduit, les mouiller petit à petit avec une demi-cuillerée à café d'Extrait de viande Liebig, préalablement délayé dans un peu d'eau chaude, jusqu'à ce qu'ils aient la consistance voulue. Au moment de servir, terminer en laissant fondre dedans un morceau de beurre frais et ajouter encore un peu de Liebig.

Épinards frits et glacés.

Cuits cinq ou six bouillons dans l'eau, égouttés, bien pressés, et hachés fin, on les passe sur le feu avec un bon morceau de beurre : on y met un peu de sel, deux pincées de farine et du lait. Cuits et bien épais, on y ajoute deux œufs crus, du sucre, du citron confit et de la fleur d'orange pralinée, hachée. Étant bien liés sur le feu, on les étend sur un plat fariné, on jette dessus de la farine. Lorsqu'ils sont froids, on les coupe comme on veut les faire frire, et ensuite glacer avec du sucre et la pelle rouge. *(Ancienne mode.)*

Purée d'oseille.

Épluchez et lavez votre oseille à plusieurs eaux, égouttez, faites-là fondre dans une casserole avec gros comme un œuf de beurre. Laissez réduire ; épaississez avec un peu de farine de gruau ; salez, poivrez, corsez avec une demi-cuillerée à café d'Extrait de viande Liebig délayé dans un peu d'eau chaude. Ajoutez les œufs battus que vous mélangerez peu à peu. Dressez sur un plat et mettez dessus de la viande ou encore des œufs durs coupés en deux.

HARICOTS VERTS.

Haricots verts au maigre.

Après les avoir épluchés de leurs filandres et lavés, vous les jetez dans l'eau bouillante avec du sel ; quand ils sont cuits, vous les mettez à l'eau froide, si vous voulez leur conserver la verdeur ; retirez-les ; faites-les égoutter. Mettez dans une casserole du beurre frais, une pincée de farine, du persil et de la ciboule hachés très fin, du sel, muscade, un verre de lait ou de l'eau dans laquelle ils ont cuit; faites bouillir dix minutes, et servez avec une liaison de jaunes d'œufs. Si vous n'avez pas mis de lait, vous pouvez ajouter un filet de vinaigre.

Haricots verts au gras.

Vous les ferez cuire comme les précédents. Faites frire dans une casserole du persil et un oignon hachés fin, avec de bonne graisse; mettez vos haricots, faites revenir dix minutes, mouillez de jus et bouillon, faites bouillir un quart d'heure à petit feu; servez à courte sauce, avec une liaison de jaunes d'œufs.

Haricots verts à la maître d'hôtel.

Faites cuire de la même manière que les premiers. Quand ils sont près d'être retirés de l'eau bouillante, vous mettez dans la casserole du beurre frais manié de persil haché fin; faites fondre; retirez vos haricots, faites-les égoutter promptement, afin qu'ils ne refroidissent pas; mettez-les dans la casserole; sautez-les, et servez sur un plat chaud, avec un filet de vinaigre.

Haricots verts au beurre noir.

Après les avoir fait cuire comme ceux ci-dessus, vous les assaisonnez de sel, poivre et les dressez sur le plat. Mettez dans une poêle du beurre, que vous faites roussir; quand il est roux, vous le versez sur les haricots; faites chauffer dans la même poêle une cuillerée de vinaigre que vous versez aussi, lorsqu'il est chaud, sur vos haricots, et servez.

Haricots verts en salade.

Faites-les cuire comme à l'ordinaire, laissez-les refroidir, assaisonnez-les comme une salade ordinaire.

HARICOTS BLANCS.

Les haricots blancs nouveaux doivent être cuits à l'eau bouillante, c'est-à-dire que l'on doit les jeter dans l'eau au moment où elle donne ses premiers bouillons ; on y ajoute du sel, on fait bouillir à grand feu ; on les retire quand ils sont suffisamment cuits, et on les met égoutter dans une passoire pour les accommoder comme on le jugera à propos.

Les haricots blancs secs se cuisent de la même manière, avec cette différence qu'ils doivent être préalablement mis à L'eau froide, où on les laisse tremper pendant quelques heures (comme tous les légumes secs).

Haricots blancs à la maître d'hôtel.

Faites cuire comme il est indiqué ci-dessus, et égoutter promptement, afin qu'ils n'aient pas le temps de refroidir; mettez-les dans la casserole avec du beurre très frais manié de persil et ciboules hachés, sel, poivre, filet de verjus ; sautez-les et servez sur un plat chaud.

Haricots blancs au gras.

Mettez dans une casserole de la graisse, un oignon haché ; faites frire jusqu'à ce que l'oignon soit roux; ajoutez du persil haché ; laissez frire encore un peu ; jetez-y vos haricots cuits comme il est dit ci-dessus, et mettez-y sel, poivre, filet de vinaigre; mouillez, s'il est nécessaire, avec bouillon de haricots; laissez cuire une demi-heure et servez.

Haricots blancs au jus.

Faites fondre dans la casserole un morceau de graisse; jetez une pincée de farine que vous laissez roussir; faites revenir un instant vos haricots, cuits comme nous avons dit ci-dessus; ajoutez du jus et du bouillon, sel, poivre; faites boulllir une demi-heure et servez.

Haricots secs à la provençale.

Mettez dans un petit plat de terre, un litre de haricots de Soissons déjà trempés, avec du bouillon, quatre cuillerées d'huile, un petit morceau de beurre, deux oignons en tranches, du persil haché, un bouquet garni, une cuisee d'oie, ou du petit salé, poivre, sel, muscade; faites-les cuire pendant quatre heures, plus ou moins, de manière que, lorsqu'ils sont arrivés à leur cuisson, ils se trouvent liés à leur point.

Les *lentilles sèches* et les *pois secs* se font cuire de même. (*Ancienne mode.*)

Haricots blancs nouveaux à la bourgeoise.

Faites cuire vos haricots dans l'eau avec du sel et peu de beurre; quand ils sont cuits, égouttez-les; après quoi, mettez dans une casserole un morceau de beurre avec vos haricots; sautez-les, et ajoutez-y du persil haché, sel, poivre, un filet de vinaigre, ou le jus d'un citron. (*Ancienne mode.*)

Haricots rouges à l'étuvée.

Faites-les cuire dans l'eau avec du lard et des petits oignons; s'ils sont nouveaux, vous les mettez à l'eau bouillante, et s'ils sont secs, à l'eau froide. Quand ils sont cuits, vous mettez dans la casserole un morceau de beurre, une pincée de farine, fines herbes; ajoutez un verre de vin rouge; faites bouillir une demi-heure et servez avec le lard et les petits oignons. Il faut, pour cuire ces haricots, moins d'eau que pour les blancs et les verts. (*Ancienne mode.*)

Haricots panachés.

Les haricots panachés sont des haricots verts et blancs mélangés et servis ensemble, on les prépare principalement à la maître d'hôtel.

Haricots blancs en salade.

Les haricots se cuisent comme à l'ordinaire et refroidis s'accommodent comme toutes les salades.

LENTILLES.

Lentilles à la maître d'hôtel.

Faites cuire les lentilles à l'eau froide et un peu de sel, mettez-les ensuite dans une casserole avec un bon morceau de beurre et du persil haché, sautez le tout ensemble et servez.

Lentilles à la paysanne.

Accommodez les lentilles comme les haricots rouges, à l'étuvée, seulement n'y mettez pas de vin et ajoutez un peu plus d'eau.

(*Ancienne mode.*)

Lentilles en salade.

Après cuisson, égouttez-les, laissez-les refroidir et accommodez-les comme une salade ordinaire.

POIS.

Purée de petits pois secs.

Laissez tremper dans l'eau tiède pendant douze heures, deux litrons (litres) de pois secs; mettez-les ensuite dans une marmite avec une livre de lard, deux carottes, deux oignons, clous de girofle, bouquet de persil, ciboules, thym et laurier; vos pois cuits, passez-les au tamis, en les mouillant un peu avec le bouillon dans lequel ils ont cuit; mettez votre purée dans une casserole, en la mouillant du même bouillon, et faites-la cuire; après quoi servez. (*Vieille cuisine.*

Petits pois.

Prenez deux litres de pois, mettez-les dans la casserole avec un quart de beurre très frais, un bouquet de persil, et, si on veut, un cœur de laitue ou de romaine, trois ou quatre petits oignons, peu de sel et de sucre; remuez, faites bouillir à petit feu une demi-heure; retirez le bouquet, ajoutez un morceau de beurre manié de farine et servez. On peut lier l'oignon, la laitue ou la romaine avec le bouquet.

Autre façon.

Faites fondre dans une casserole un quart de beurre frais; ajoutez deux litres de pois, peu de sel, du sucre; remuez; faites cuire à très petit feu. Quand ils auront bouilli une demi-heure, ils seront cuits; liez de deux jaunes d'œufs et servez.

Petits pois à l'anglaise.

Mettez de l'eau dans une casserole; quand elle bout, ajoutez du sel, un bouquet de ciboules, une petite branche de menthe poivrée et les pois; quand ils sont cuits, égouttez promptement dans une passoire, et servez sur le plat avec du bon beurre frais, en le laissant fondre.

Pois au lard.

Prenez une demi-livre de lard ou jambon coupé en dés, et faites-les blanchir à l'eau bouillante; mettez du beurre dans une casserole et faites-y revenir le lard d'une belle couleur. Ayez un litre de pois verts que vous mettez dans une terrine, avec gros comme une noix de beurre; maniez-les avec une cuillère et versez de l'eau dessus, laissez-les y dix minutes, pour que leur peau s'attendrisse; égouttez-les dans une passoire et mettez-les dans une casserole où vous les faites chauffer et suer un moment. Étant bien verts, vous les mouillez avec du bouillon ou du jus, ajoutez-y le petit lard ou le jambon, un bouquet de persil, faites bouillir un moment et ensuite achevez la cuisson à petit feu; dégraissez, mettez un peu de sucre s'ils sont trop salés et servez. (*Ancienne mode.*)

On peut les faire beaucoup plus simplement, en faisant revenir le lard dans le beurre, y jetant les pois, mouillant d'eau et laissant cuire ainsi avec bouquet et assaisonnement.

Petites fèves à la macédoine.

Mettez dans une casserole du persil, ciboules, champignons, le tout haché, un morceau de beurre; passez sur le feu avec une pincée de farine; mouillez avec du bouillon, du vin blanc, un bouquet de persil, ciboule et sariette: faites bouillir à petit feu, ajoutez trois fonds d'artichauts blanchis un quart d'heure dans l'eau bouillante, et coupés en petits dés, avec un litre de petites fèves de marais, la robe ôtée et cuites un quart d'heure dans l'eau; faites cuire, assaisonnez de sel, poivre, ôtez le bouquet; servez à courte sauce.

Pour les accommoder *à la crème*, n'y mettez point de vin, ni d'artichauts; au moment de servir, faites une liaison de jaunes d'œufs avec de la crème. *(Vieille cuisine.)*

Fèves à la bourgeoise.

Mettez-les dans une casserole avec beurre, un bouquet de persil, ciboule, et un peu de sariette; passez sur le feu et mettez une pincée de farine, un peu de sucre, et mouillez avec du bouillon; quand la cuisson est faite, mettez une liaison de jaunes d'œufs délayés avec un peu de lait et servez.

Les fèves se préparent aussi à la *maître d'hôtel* et *à la poulette*. *(Vieille formule.)*

Purée de pois verts.

Prenez un litron (litre) et demi de pois verts, et faites-les baigner dans l'eau, mettez-y un quarteron (125 grammes) de beurre, dans lequel vous manierez vos pois; ensuite jetez l'eau et égouttez vos pois dans une passoire; mettez-les dans une casserole, sur un feu qui ne soit pas trop ardent; ajoutez à vos pois une poignée de feuilles de persil, et un peu de queues vertes de ciboules;

sautez vos pois pendant un quart d'heure; ensuite vous jetterez un peu de sel dedans, et la moitié d'une cuillère à pot de consommé ou de bouillon ; faites-les bouillir sur un feu moins ardent, en couvrant de son couvercle votre casserole; vos pois ayant passé trois quarts d'heure au feu, mettez-les dans un mortier pour les piler; passez-les ensuite à l'étamine, en vous servant de consommé froid ou de bouillon pour cette opération; quand votre purée sera passée, vous la déposerez dans une casserole; vous la ferez chauffer au moment de vous en servir, afin qu'elle ne jaunisse pas. (*Vieille formule.*)

Navets glacés au sucre.

Prenez des navets que vous taillez en long et faites-les blanchir: après les avoir égouttés, placez-les dans une casserole soigneusement beurrée; faites-les blondir au beurre et au sucre; mouillez-les d'excellent consommé, saupoudrez votre ragoût de sucre pulvérisé, assaisonnez ; couvrez et faites cuire avec feu dessus et dessous. La cuisson terminée, mettez un peu d'espagnole dans la casserole pour détacher la glace, ajoutez-y un peu de beurre très fin et servez.

Navets au roux.

Tournez les navets dans un roux, mouillez avec du bouillon, ou de l'eau, mettez sel et poivre, si la sauce est trop longue faites-la réduire ou liez-la avec un peu de fécule.

Navets à la crème.

Faites revenir les navets dans du beurre, mouillez d'un peu d'eau, sel et poivre, laissez cuire. Au moment de servir recouvrez-les d'une sauce blanche à la crème, à laquelle vous mêlez si vous le voulez un peu de moutarde,

Purée de navets. (Entrée.)

Coupez-les très minces et les faites blanchir et ensuite égoutter; mettez-les à la casserole avec un bon morceau de beurre, sel et poivre; et les y laissez mijoter cinq à six heures sur un feu très doux avec du jus si vous en avez. Ils sont alors en purée et vous les servez.

Ainsi cuits, ils peuvent se servir sous des viandes rôties. (*Ancienne cuisine.*)

Navets à la moutarde.

Quand vous avez fait blanchir vos navets et que vous les avez égouttés, vous pouvez les servir à la sauce blanche et à la moutarde, que vous délayez ensemble. (*Vieille mode.*)

Navets aux pommes de terre.

Prenez des navets de Freneuse; faites-les cuire à l'eau bouillante avec des petites pommes de terre longues; retirez-les avec précaution et les dressez sur le plat; faites fondre à la casserole un morceau de beurre frais; mêlez-y de la moutarde, versez sur le plat et servez.

(*Ancienne formule.*)

Carottes à la flamande.

Coupez-les en rond et faites-les blanchir cinq minutes; mettez-les dans une casserole avec beurre, bouillon et un peu de sucre; faites cuire et réduire; ajoutez un morceau de beurre, fines herbes, une cuillerée de jus, faites faire un bouillon et servez garni de croûtons frits.

Carottes à la poulette.

Ratissez et coupez-les par tranches ; mettez les à cuire à l'eau bouillante, sel, beurre ou graisse de volaille ; quand elles seront cuites, égouttez ; mettez un morceau de beurre dans une casserole avec deux cuillerées de farine, que vous mêlez avec le beurre : assaisonnez et mouillez avec du bouillon ou de l'eau, quand votre sauce sera liée, égouttez vos carottes, et une liaison de jaunes d'œufs et un peu de sucre.

Carottes aux fines herbes.

Faites cuire comme les précédentes ; mettez un morceau de beurre dans une casserole avec deux cuillerées de farine, faites un roux et ajoutez persil haché ; assaisonnez, mouillez avec jus ou bouillon ; laissez un peu bouillir votre sauce ; ajoutez vos carottes, un jus de citron et servez.

Gâteau de carottes.

Prenez des carottes cuites à l'eau ou dans le pot-au-feu ; passez-les dans le presse-purée, ajoutez pour un plat de quatre ou cinq personnes, trois œufs, cinq ou six cuillerées de crème, un peu de beurre frais, sel et poivre. Beurrez un moule ou cuisez dans un plat de service, avec feu dessus et par-dessous.

Carottes en ragoût.

Ratissez et lavez vos carottes, mettez-les blanchir à l'eau bouillante ; coupez-les en filets ; passez-les au feu avec un morceau de beurre, sel, poivre, persil haché ; faites-les cuire et mouillez avec du lait ; quand la cuisson est faite, liez de jaunes d'œufs, et servez.

Si c'est au gras, mettez-les dans une casserole avec des tranches de lard, persil, ciboules, sel, poivre, mouillez avec du bouillon et du jus; faites cuire et réduire à courte sauce ; servez le tout ensemble. (*Ancienne cuisine.*)

Carottes à la maître d'hôtel.

Tournez-les en petits bouchons, et faites-les cuire dans de l'eau avec du sel et du beurre. Mettez dans une casserole du beurre, persil, et ciboules hachés, sel et gros poivre, mettez-y vos carottes bien égouttées, sautez-les et servez

Carottes frites.

Coupez-les en ronds, faites-les blanchir un moment et les mettez dans la friture, retirez-les et les servez bien chaudes.

Carottes au lard.

Mettez dans une casserole du lard de poitrine salé, coupé en lardons, et blanchi. Faites revenir dans la graisse de porc, avec de petits oignons ; ajoutez les carottes coupées en quartiers, faites revenir, mouillez, salez, poivrez. Laissez cuire, liez avec un peu de roux brun et corsez avec une cuillerée à café d'Extrait de viande Liebig délayé dans une très petite quantité d'eau chaude ; ajoutez persil haché et servez.

Salsifis frits.

Ratissez-les et jetez-les, à mesure que vous les préparez, dans une casserole où vous avez mis de l'eau et du vinaigre : retirez-les et faites-cuire dans beaucoup d'eau, en les y mettant lorsqu'elle bout, avec un peu de sel et une cuillerée de farine; quand ils sont cuits, égouttez-les et faites-les mariner dans une terrine, avec sel, poivre et vinaigre, un moment avant de vous en servir: trempez-les ensuite dans une pâte à frire, faites-les frire de belle couleur et servez.

Salsifis à la poulette.

Ratissez-les et mettez-les à mesure dans l'eau froide avec un peu de vinaigre; délayez un peu de farine avec de l'eau; mouillez avec eau bouillante, assaisonnez et ajoutez vos salsifis; quand ils seront cuits, égouttez; faites une sauce à la poulette et liez avec quatre jaunes d'œufs, ajoutez vos salsifis, un jus de citron et servez.

Salsifis à la sauce blanche.

On les fait cuire dans l'eau comme les précédents, et on les sert sous une sauce blanche.

Salsifis à la sauce blonde.

Faites-les cuire comme ci-dessus et les servez sous une sauce blonde.

Salsifis au jus.

On les fait cuire comme les précédents, et on les accommode comme les choux-fleurs au jus.

Salsifis en salade.

Faites-les cuire comme ci-dessus. et égouttez; coupez-les d'une égale longueur; mettez-les dans un vase creux : assaisonnez comme une salade, et sautez-les pour les retourner; dressez dans votre saladier; ayez soin qu'ils soient blancs et employez du poivre blanc. (*Ancienne mode.*)

Petites tomates à l'Antiboise.

Choisir douze petites tomates, les évider sans les briser, les mettre à macérer avec quelques gouttes de bon vinaigre, du sel et du poivre, dans un endroit très frais, sur glace même. Préparer la farce suivante : un œuf dur, 50 grammes de thon mariné, les filets d'un anchois, six olives, câpres, cornichons, cerfeuil, persil, estragon, le tout haché finement, remplir l'intérieur des tomates de cette farce et servir sur un ravier avec huile et vinaigre.

CHARLOTTE.

Recette pour le sauté de tomates.

Coupez vos tomates en deux, pour en extraire les grains et le jus, sautez-les vivement à la poêle dans de l'huile bouillante, sel et poivre, laissez cuire quelques minutes sur un feu vif; ajoutez-y une gousse d'ail broyée et au moment de servir un peu de persil haché.

CHARLOTTE.

Tomates farcies au maigre.

Prenez six belles tomates, partagez-les, videz-les avec une petite cuillère sans les crever, passez au tamis ce que vous avez retiré de l'intérieur, mélangez ce jus avec de la mie de pain très fine, deux cuillerées d'huile d'olive, sel poivre, persil haché et une légère pointe d'ail. Garnissez vos tomates de cette farce, saupoudrez de chapelure, posez-les sur un plat allant au feu et mettez sur chaque quartier de tomate un petit morceau de beurre, faîtes cuire sous le four de campagne avec feu dessous.

Tomates farcies au gras.

Choisissez six ou huit belles tomates de moyenne grosseur, partagez-les, exprimez-en les graines et le jus et faites-les dégorger pendant quelques instants en les saupoudrant de sel; préparez alors un hachi composé de chair à saucisse, de mie de pain, sel, poivre, persil haché, oignon et deux jaunes d'œufs. Remplissez vos tomates, recouvrez-les de chapelure, mettez-les dans un plat allant au feu, arrosez-les de beurre fondu et faites les cuire avec feu dessus et dessous.

Topinambours sauce Béchamel.

Pelez et cuisez les topinambours à l'eau salée égouttez-les et faites-les cuire dans une casse role avec beurre et sel; quand ils sont cuits, arrosez-les d'une sauce béchamel.

Topinambours au gratin.

Cuisez-les comme ci-dessus, égouttez-les et coupez-les en tranches, mettez-les dans un plat à gratin, en alternant avec une couche de parmesan, de béchamel et topinambours, saupoudrez de chapelure et cuisez dix minutes au four.

TRUFFES

Des truffes.

Elles se mangent ordinairement cuites dans du vin et du consommé, assaisonnées de sel, poivre, un bouquet de fines herbes, de racines et oignons; vous ne les mettez cuire dans ce court-bouillon qu'après les avoir fait tremper dans l'eau tiède, et bien frottées avec une brosse, afin qu'il ne reste point de terre autour; cuites, vous les servez pour entremets sous une serviette; elles sont excellentes dans toutes sortes de ragoûts, soit hachées ou coupées en tranches, après les avoir pelées. (*Ancienne mode.*

Truffes à la maréchale.

Prenez de belles truffes bien lavées et nettoyées; enveloppez chacune, de cinq ou six morceaux de papier, que vous mouillez, et les faites cuire dans la cendre chaude pendant une bonne heure; ôtez le papier, essuyez les truffes et servez chaudement dans une serviette.

(*Ancienne mode.*)

Truffes au vin.

Vous les faites cuire entières dans une casserole, avec du lard haché, bouquet garni, une gousse d'ail, jus, bouillon et une demi-bouteille de bon vin blanc. Servez sous une serviette pliée. (*Ancienne mode.*)

Ragoût aux truffes.

(Formule de l'hostellerie d'Albret à Sarlat.)

Prenez une poignée de truffes, auxquelles vous faites subir les préparations nécessaires, pour qu'elles soient aussi bonnes que propres; après les avoir coupées en lames ou en dés, jetez-les dans une casserole avec un morceau de beurre sur un feu doux; après les avoir fait suer mouillez-les avec demi-verre de vin blanc, et deux cuillerées à dégraisser d'espagnole réduite, faites-les cuire sur un feu doux, dégraissez ensuite votre sauce, et finissez-la avec un petit morceau de beurre; faites-en sorte de bien l'incorporer avec vos truffes, soit en les passant, soit en les remuant.

Ragoût de truffes à la périgourdine.

Après avoir coupé des truffes en petits dés, passez-les dans du beurre; mettez-y deux ou trois cuillerées à dégraisser d'italienne rousse ou d'espagnole, avec un peu de vin blanc, et finissez votre sauce avee un morceau de beurre. Ce ragoût se sert sur des perdreaux, des poulardes, des poulets et des dindes truffées.

POMMES DE TERRE

Pommes de terre à l'anglaise.

Vous laverez bien des pommes de terre, vous les ferez cuire dans de l'eau et du sel, et vous les éplucherez : quand elles sont cuites, vous mettez tiédir un bon morceau de beurre dans une casserole, vous coupez les pommes de terre en tranches, et vous les placez dans le beurre; ajoutez du sel, du gros poivre, un peu de muscade râpée : vous sautez vos tranches de pommes de terre dans le beurre : ne les laissez pas tourner en huile : servez-les sur un plat.

Pommes de terre à la maître d'hôtel.

Faites cuire vos pommes de terre dans de l'eau et du sel; vous les coupez en tranches, mettez-les dans une casserole avec un bon morceau de beurre, du persil, de la ciboule hachée, du sel, du gros poivre; vous les posez sur le feu : sautez-les avec du beurre et de fines herbes : si le beurre tourne en huile, vous verserez dedans une cuillerée d'eau : au moment du service, vous y mettrez un jus de citron.

Pommes de terre à la Lyonnaise.

Lorsque les pommes de terre sont cuites à l'eau, vous les coupez en tranches et les mettez dans une casserole : faites une purée claire d'oignons, vous la versez dessus : tenez les pommes de terre chaudes, sans les faire bouillir : à part, vous mettrez un bon morceau de beurre : vous coupez huit oignons en tranches et vous les posez sur le feu : quand ils sont bien blonds, vous y ajoutez une cuiller à café de farine que vous mêlez bien avec les oignons, joignez-y du sel, du gros poivre, une petite cuiller à pot de bouillon et d'eau, et un filet de vinaigre : vous ferez mijoter les oignons pendant un quart d'heure; vous les mettrez sur les pommes de terre et les tiendrez chaudes.

Pommes de terre cuites à la Flamande.

Mettez vos pommes de terre, sans eau, dans un pot bien couvert, sur le feu, et non pas devant, mais sur un feu doux, en ayant soin de les remuer souvent, sans relever le couvercle, parce qu'il faut éviter de laisser évaporer l'humidité que la chaleur fait sortir des pommes de terre. Cuites, on les pèle, pendant qu'elles sont chaudes, après quoi on leur donne tel assaisonnement que l'on juge convenable.

Pommes de terre à la sauce blanche.

Faites cuire vos pommes de terre dans l'eau; pelez-les le plus chaud qu'il est possible; coupez-les ensuite par tranches; arrangez-les sur le plat que vous devez servir, et versez dessus une sauce blanche, faite, s'il est possible, avec de la farine de pommes de terre.

Pommes de terre à la provençale.

Les pommes de terre cuites dans de l'eau et du sel, coupez-les en lames un peu épaisses, et mettez-les dans une casserole avec de la bonne huile, persil, ciboule et ail, le tout haché bien menu; ajoutez-y sel, gros poivre et le jus d'un citron; à défaut de jus de citron, versez-y un filet de vinaigre : faites-les chauffer, et servez. On peut couronner ce plat de quelques anchois qui auront été préalablement un peu dessalés. (*Ancienne mode.*)

Pommes de terre aux champignons.

Ayez des pommes de terre violettes : après les avoir fait cuire dans l'eau et du sel, mettez-les dans une casserole avec de la ciboule, des champignons, de l'échalote, le tout haché, un bon morceau de beurre; passez-les sur le feu; ajoutez-y une pincée de farine mouillée de bouillon, sel, gros poivre; faites cuire et bien réduire la sauce, mettez une liaison de deux jaunes d'œufs délayés avec du verjus ou du vinaigre, ou du jus de citron. (*Ancienne mode.*)

Pommes de terre frites avec pâte.

Faites une pâte avec de la farine de pommes de terre ou avec de la farine de froment, deux œufs délayés avec de l'eau, mettez-y une cuillerée d'huile, une cuillerée d'eau-de-vie, sel et poivre; battez bien votre pâte pour qu'il n'y ait pas de grumeaux; pelez des pommes de terre crues, coupez-les par tranches minces; trempez-les dans cette pâte, et faites-les frire de belle couleur : avant de les servir sur table, saupoudrez-les de sel blanc. (*Ancienne mode.*)

Pommes de terre en purée.

Prenez des pommes de terre jaunes; faites-les cuire sous la cendre, pelez-les et passez-les à travers la passoire, mettez-les dans une casserole avec un demi-quarteron (60 grammes) de beurre très frais, sel; remuez et mouillez avec du lait jusqu'à ce que la purée soit au degré convenable; faites bouillir un instant sans laisser attacher; servez. On peut y mettre du sucre et point de poivre. (*Ancienne mode.*)

Pommes de terre à la barigoule.

Il faut prendre des pommes de terre d'une moyenne grosseur, les peler crues, les mettre dans du bouillon gras ou maigre et de l'eau, deux cuillerées de bonne huile, un peu de sel et de poivre, un oignon, un bouquet garni; faites-les cuire et réduisez entièrement la sauce; quand elles seront cuites, et qu'il n'y aura plus de sauce, laissez-les frire un moment dans l'huile; quand elles seront grillées d'une belle couleur, servez-les avec une sauce à l'huile, vinaigre, sel et gros poivre. (*Vieille cuisine.*)

Pommes de terre en boulettes.

Vos pommes de terre cuites et pelées, écrasez-les bien avec une cuillère de bois; faites un hachis de débris de viande bouillie ou rôtie; mettez-y un peu de beurre, sel, poivre, persil, ciboules, échalotes hachés, deux jaunes d'œufs et un blanc; prenez autant de pommes de terre que vous avez de viande hachée, mêlez le tout ensemble, formez-en des boulettes de moyenne grosseur, que vous trempez dans le blanc d'œuf, roulez-les ensuite dans la farine, et faites-les frire; servez-les garnies de persil.

Pommes de terre au lard.

Faites un coulis avec du beurre et de la farine que vous laissez bien roussir ; mettez-y du poivre, un bouquet de persil, ciboule et du lard gras et maigre, lorsqu'il est à moitié cuit, mettez-y vos pommes de terre après les avoir coupées et pelées. Quand elles sont cuites, dégraissez et servez. (*Mode lorraine.*)

Pommes de terre en ragoût.

Prenez une vingtaine de pommes de terre longues moyennes, pelez-les, donnez-leur la forme d'une quenelle ordinaire. Mettez-les dans la casserole avec un bouquet garni, un oignon piqué de deux clous de girofle, couvrir de bouillon préparé à l'Extrait de viande Liebig (un quart de cuillerée à café pour un demi-litre d'eau bouillante salée). Mettre au four, lorsque les pommes de terre auront absorbé le liquide, servez. Au moment de les dresser, corsez avec une pointe d'Extrait de viande Liebig.

Pommes de terre sur le gril.

Prenez des pommes de terre les plus grosses possible, faites-les cuire suivant les procédés suivants : pelez-les et coupez-les en deux ou trois; mettez-les sur le gril et dessus un feu doux ; elles deviendront croquantes. Pour leur donner plus de goût et de délicatesse, arrosez-les d'un peu d'huile vierge, et mettez-y un peu de sel. (*Ancienne mode.*)

Pommes de terre farcies à l'ancienne.

Prenez huit grosses pommes de terre, lavez-les et pelez-les ; fendez-les en long par le milieu ; creusez-les avec un couteau ou une cuillère, jusqu'à ce qu'elles soient réduites à l'épaisseur de deux gros sous. Prenez deux pommes de terre cuites sous la cendre, deux échalotes hachées, gros comme un œuf de beurre, un petit morceau de lard gras et frais, une pincée de persil et ciboule hachés ; pilez le tout avec poivre et un peu de sel, formez-en une pâte liée, beurrez l'intérieur des pommes de terre ; emplissez-les de cette pâte ; que le dessus soit bombé ; garnissez le fond d'une tourtière avec du beurre frais ; arrangez vos pommes de terre dessus ; placez sur un feu modéré ; couvrez du four de campagne ; au bout d'une demi-heure, si le dessous et le dessus des pommes de terre est rissolé, servez.

Pommes de terre farcies à la moderne.

Prenez de belles et grosses pommes de terre, pelez-les, faites-les cuire à demi à l'eau de sel. Retirez-les, creusez adroitement dans chacune, un trou assez grand, remplissez ce trou d'une farce composée de chair à saucisse, de mie de pain trempée dans du lait, beurre, jaune d'œufs, persil haché, poivre et sel. Si vous avez du jus, mettez-en, et, à défaut du jus, mouillez votre farce avec du bouillon et arrosez-en chaque pomme de terre ; faites cuire à feu doux sous le four de campagne, et servez. ANNETTE.

Gâteau de pommes de terre.

Faites cuire douze pommes de terre jaunes dans la cendre, épluchez et mettez-les dans une casserole, avec un peu de sel, citron en écorce râpé; remuez bien sur le fourneau, et mettez un morceau de beurre frais ; ajoutez un peu de crème toujours en remuant, et du sucre ; laissez un peu refroidir, et ajoutez un peu d'eau de fleur d'oranger, huit œufs, quatre entiers et quatre jaunes et battez ensemble ; mêlez avec votre purée. Beurrez un moule, et enduisez-le de mie de pain : mettez votre composition et posez votre moule sur la cendre rouge, le four de campagne dessus, laissez cuire trois quarts d'heure. (*Vieille cuisine.*)

Pommes de terre sautées au beurre.

Vous ôtez la pelure des pommes de terre crues; coupez-les en tranches rondes et minces ; mettez un bon morceau de beurre dans une casserole, posez-la sur un feu ardent; ajoutez-y les pommes de terre, sautez-les jusqu'à ce qu'elles soient blondes ; égouttez-les dans une passoire, saupoudrez-les de sel fin, et servez-les sur le plat sans autre assaisonnement.

Pommes de terre à la polonaise.

Mettez des pommes de terre brutes dans de l'eau avec deux gros oignons coupés en quatre, du thym, du laurier, du basilic, quelques clous de girofle, sel, gros poivre et un peu de beurre ; laissez-les cuire jusqu'à ce qu'elles cèdent sous le doigt ; jetez-les ensuite dans une passoire pour les égoutter ; pelez-les pendant qu'elles sont chaudes, coupez-les seulement en deux ou trois, et versez dessus une sauce blanche, dans laquelle vous pouvez mettre des câpres.

Pommes de terre à la maîtresse de maison.

Lavez bien les pommes de terre de la meilleure qualité : faites-les cuire dans le pot-au-feu, mais ne les y mettez que lorsque le bouillon est fait. Il faut avoir soin de les retirer sitôt qu'elles sont cuites, pour éviter qu'elles ne crèvent ; n'en mettez pas une trop grande quantité ce qui nuirait à la qualité du bouillon : servez-les bien chaudes avec du beurre frais que l'on ne met dedans que sur la table, en les mangeant avec du sel. (*Ancienne mode.*)

Pommes de terre aux oignons.

Faites roussir de l'oignon dans du beurre, coupez des pommes de terre à moitié cuites, et mettez-les finir de cuire avec de l'oignon roussi ; mouillez avec du bouillon gras ou maigre

Pommes de terre sous un gigot.

Choisissez les pommes de terre d'une moyenne grosseur ; faites-les cuire et mettez-les dans la lèchefrite, assez près du feu pour qu'elles puissent rôtir ; elles seront dans la graisse et recevront le jus qui tombe du gigot ; vous aurez soin de les tenir bien chaudes, et vous les mettrez sur le plat autour du gigot.

Pommes de terre pour farcir des oies et dindons.

Pelez de petites pommes de terre crues ; mettez-les cuire dans du jus de viande ou de légumes; lorsqu'elles sont cuites et assaisonnées de bon goût, mettez-les dans la volaille que vous voulez faire rôtir. (*Vieille cuisine.*)

Gâteau économique de pommes de terre.

Faites cuire des pommes de terre dans très peu d'eau, épluchez-les, et réduisez-les en purée, mettez une livre de cette purée dans une grande terrine ; ajoutez-y six jaunes d'œufs ; 125 grammes de sucre en poudre, pétrissez le tout ensemble, mettez-y le zeste d'un citron râpé, son jus et les six blancs d'œufs; mettez le tout dans une tourtière, un peu graissée avec du beurre afin que le gâteau ne s'y attache pas.

Pommes de terre au beurre noir.

Prenez de bonnes pommes de terre, faites-les cuire suivant la méthode indiquée; pelez-les ensuite; coupez-les en morceaux que vous arrangez sur un plat; faites frire du persil en feuilles que vous mettez autour de vos pommes de terre, que vous masquez avec une sauce au beurre noir. (Voyez *Sauce au beurre noir.*)

(*Ancienne mode.*)

Pommes de terre à la Duchesse.

Ayez des pommes de terre violettes, faites-les cuire dans de l'eau de sel, avec un bouquet de sariette; pelez-les, et après les avoir coupées en morceaux, mettez-les dans une casserole, avec quatre ou cinq cuillerées de sauce tournée réduite, trois jaunes d'œufs et un peu de sel; ajoutez-y un bon morceau de beurre, et liez à tour de bras. (*Vieille formule.*)

Pommes de terre à la poêle.

Vos pommes de terre cuites, pelées et coupées minces mettez-les dans une poêle avec très peu de beurre et de graisse ; retournez-les jusqu'à ce qu'elles soient bien colorées; servez-les sans sauce. Vous pouvez en garnir des plats d'épinards, de hachis de viandes et de mirotons.

Pommes de terre en galette.

Prenez douze pommes de terre longues, rouges, cuites sous la cendre; pelez-les, mettez-les chaudes dans une terrine avec un quart de beurre, sel, poivre, un verre de lait; broyez jusqu'à ce que le beurre soit mêlé et fondu. Garnissez le fond d'un plat qui aille au feu, d'une légère couche de beurre, versez vos pommes de terre dessus, étendez-les en losanges avec le dos d'un couteau, posez le four de campagne chaud et plein de braise sur votre plat; point de feu dessous. Quand le dessus est doré et forme une croûte, servez; il faut environ dix minutes pour la cuisson. (*Vieille cuisine.*)

Pommes de terre en pyramide.

Faites-les cuire à l'eau, épluchez; écrasez, comme pour en faire une purée; mettez-les dans une casserole avec un petit morceau de beurre et un peu de sel fin ; mouillez de bon lait, laissez-les sécher; à mesure qu'elles se dessèchent, mouillez-les de nouveau; faites cuire et laissez prendre la consistance nécessaire pour les dresser en pyramide sur le plat; unissez bien cette pyramide et faites-lui prendre couleur sous le four de campagne. Servez chaud. (*Ancienne mode.*)

Pommes de terre frites.

Vous coupez vos pommes de terre crues par tranches, vous les jetez dans une friture bien chaude ; quand elles sont bien cassantes et de belle couleur, vous les retirez, les saupoudrez de sel fin et servez très chaud.

Croquettes de pommes de terre.

Prenez des pommes de terre jaunes, rondes, que vous faites cuire à l'eau et les épluchez ; écrasez-les ou pilez-les. Ajoutez, quand elles sont très chaudes, quatre œufs, un peu de crème, persil, ciboules, sel, épices ; mêlez et pilez avec les pommes de terre. Pour une croquette, prenez le quart d'une cuillerée à bouche, que vous faites glisser dans la friture bien chaude. Cette pâte renfle et forme des espèces de pets-de-nonne.

Pommes de terre frites à la hollandaise.

Vos pommes de terre cuites à l'eau et au sel, pelez-les, écrasez-les et faites une purée que vous aurez soin de passer ; assaisonnez-la de sel, poivre et fines herbes ; mouillez-la d'un coulis au jus. Cette purée doit être fort épaisse ; formez-en des boulettes que vous trempez dans de l'œuf battu ; faites-les frire et servez-les avec du persil haché frit dessus. (*Ancienne mode.*)

Pommes de terre à la sybarite.

Vos pommes de terre manipulées comme dans l'article précédent, faites-en une purée ; lorsqu'elle est passée, mettez-y de bonne crème, du sel, un peu de sucre ; faites vos boulettes comme ci-dessus, mettez-les dans une pâte, et faites-les frire de belle couleur. (*Ancienne mode.*)

Pommes de terre à la Nanette.

Faites un roux de belle couleur avec du beurre et de la farine; mouillez-le avec du bouillon gras ou du bouillon de racine; mettez-y des pommes de terre que vous pelez sans les faire cuire; il faut les couper par morceaux un peu minces; mettez-y du sel, du poivre, un bouquet de persil et ciboule. Cuites, vous pouvez les servir telles qu'elles sont, ou mettre dessus telle viande rôtie que vous voudrez. (*Vieille cuisine.*)

Pommes de terre à l'allemande.

Faites cuire les pommes de terre, pelez-les et coupez-les par tranches; coupez aussi du pain en petits morceaux minces et carrés; faites frire le tout dans du beurre; faites ensuite une bouillie très claire avec de la farine de pommes de terre et du lait, mêlez-y un ou deux jaunes d'œufs, du sel, versez-la dans uu plat où vous avez dressé votre friture; si vous voulez y donner de la couleur, mettez du sucre en poudre par-dessus et le couvercle de la tourtière.

(*Vieille formule.*)

Pommes de terre à l'étuvée.

On les fait cuire dans l'eau; on les pèle, on les coupe par tranches, on les met dans une casserole avec du beurre, du poivre, du sel, persil et ciboule hachés, un peu de farine; mouillez ensuite avec du bouillon gras ou maigre, un bon verre de vin, plus ou moins, selon la quantité; et on sert à courte sauce. quand le tout est bien assaisonné. (*Ancienne mode.*)

Pommes de terre à la crème.

Vous mettez un bon morceau de beurre dans une casserole, une cuillère de farine, du sel, du poivre, un peu de muscade râpée, du persil et de la ciboule bien hachés ; mêlez le tout ensemble, vous y mettez un verre de crème, placez la sauce sur le feu et tournez-la jusqu'à ce qu'elle bouille ; vos pommes de terre étant cuites et pelées, coupez-les en tranches, et mettez-les dans la sauce : servez-les bien chaudes.

Pommes de terre au blanc.

Vos pommes de terre cuites, pelées et coupées, mettez-les dans une casserole, avec du persil et ciboules hachés ; faites-les revenir un peu de temps, et mouillez-les bien avec du lait avant de les servir. (*Ancienne mode.*)

Pommes de terre en matelote.

Faites cuire des pommes de terre, pelez-les et coupez-les par tranches ; mettez-les dans une casserole avec du beurre, du sel, du poivre, du persil et de la ciboule bien hachés, un peu de farine ; mouillez-les ensuite avec du bouillon gras ou maigre, un verre de bon vin, plus ou moins, suivant la quantité de vos pommes ; servez-les à courte sauce. (*Vieille cuisine.*)

Pommes de terre à la parisienne.

Pelez vos pommes de terre, faites-les cuire dans de l'eau et du sel ; après les avoir laissé ressuer, mettez-les en pâte dans une casserole avec du beurre, gros comme un œuf, une cuillère à café d'eau de fleur d'oranger, un peu de sel et un bon demi-setier (1 petit verre) d'eau ;

faites bouillir le tout ensemble un moment; faites une pâte bien liée et bien épaisse, en remuant toujours, jusqu'à ce qu'elle s'attache mettez-la promptement dans une autre casserole; délayez-y quelques œufs, jusqu'à ce que la pâte devienne molle, sans être claire, faites des petits tas de pâte de la grosseur d'une noix, mettez-les dans la friture plus qu'à moitié chaude, en remuant sans cesse; quand ils sont bien montés et de belle couleur, servez-les chaudement, après les avoir saupoudrés de sucre fin. (*Vieille formule.*)

Rizoto.

Mettre dans une casserole gros comme un œuf de beurre avec un oignon haché fin; faites revenir un instant sans roussir, ajoutez 250 grammes de riz, le sauter quelques minutes sans qu'il prenne trop couleur et mouillez avec un demi-litre de bouillon. Assaisonner de sel, poivre, muscade, ajouter un bouquet garni et laisser cuire vingt minutes à couvert.

Au moment de servir, sortir le bouquet et incorporer environ 50 grammes de fromage râpé.

On fait aussi le rizoto en ajoutant une forte pincée de safran, de même qu'on peut le faire également en additionnant quelques cuillerées à bouche de purée de tomates.

Pour le faire en maigre, on remplace le bouillon par de la cuisson de moules, voire même en cas extrême avec de l'eau, en incorporant en dernier lieu un bon morceau de beurre.

Comme en toutes choses, on fait selon les circonstances et les moyens dont on dispose.

A. Caillat.

Gnioquis à la semoule.

Mettez dans une terrine 200 grammes de semoule, huit jaunes et deux œufs entiers; délayez avec un demi-litre de lait. Passez à la passoire fine; ajoutez 100 grammes de beurre, sel, muscade; liez l'appareil en le tournant sur feu doux; cuisez sept à huit minutes; retirez et mêlez une poignée de parmesan râpé, versez sur une tourtière mouillée, étalez d'un doigt d'épaisseur, refroidissez. Découpez l'appareil en losanges, dressez par couches sur un plat à gratin; saupoudrez de parmesan, arrosez de beurre fondu, et gratinez au four dix minutes.

Riz à l'indienne.

Faites cuire 250 grammes de bon riz avec un verre de lait, un peu de sel fin et du sucre. Lorsque le lait est presque évaporé, vous y joignez un bon verre de rhum (petit verre) et un peu de safran pour le colorer. Retirez-le du feu pour y mélanger trois jaunes d'œufs. Versez-le alors dans une croustade.

Mettez-le quinze minutes au four doux, saupoudrez-le de sucre et faites-le prendre avec un fer à glacer. Servez-le promptement.

Salade prince de Galles.

On prend quelques sardines à l'huile, on les essuie légèrement, on leur enlève l'arête du milieu et on les divise en petits morceaux. Puis on découpe des laitues-escaroles, du cresson, du cerfeuil; on dépose le tout avec les sardines, dans un saladier. On ajoute des câpres hachées. Ajoutez deux œufs durs, dont on écrase les jaunes avec du sel, du poivre, de la moutarde et du poivre de Cayenne ; on y ajoute graduellement trois cuillerées d'huile et deux de jus de citron, puis, on remue bien. On garnit avec des tranches de citron et des capucines marinées.

Chou à la flamande.

Dressez votre chou, mettez dans une casserole suffisamment d'eau froide pour le couvrir ; chauffez graduellement ; quand l'eau bout, ajoutez quatre ou cinq pommes coupées en quartiers, un morceau de beurre et un peu de sel et de poivre. Une fois cuit et tout à fait tendre, ôtez le chou de la casserole, ajoutez du bouillon, du beurre et de la farine, une cuillerée de vinaigre et une cuillerée de confiture de groseille ; dressez avec les quartiers de pommes autour, et versez la sauce dessus.

Salade macédoine.

On mêle, dans un saladier, des légumes cuits à l'eau et au sel, tels que pommes de terre, petits pois, choux-fleurs, quelques feuilles de laitues, fonds d'artichauts, haricots verts, carottes, — coupés en très petits morceaux, — et flageolets. On peut y ajouter des filets de homard ou d'anchois, des fragments de chair d'écrevisse, des cornichons émincés, des fournitures de salade et des blancs d'œufs coupés très menus. On termine la macédoine de plusieurs manières ; en voici deux : 1° On prépare dans un bol un assaisonnement bien relevé et bien battu, auquel on ajoute des jaunes d'œufs écrasés, et l'on verse sur la salade ; 2° on peut remplacer l'assaisonnement aux jaunes d'œufs par une mayonnaise. Bien entendu la salade macédoine se mange froide.

ANNETTE.

MACARONI. — NOUILLES.

Nouilles au beurre.

Faites cuire à l'eau bouillante une demi-livre de nouilles aux œufs. Égouttez. Mettez à la poêle un bon morceau de beurre frais, quand il est fondu, jetez-y les nouilles et remuez, pour qu'elles s'assaisonnent bien. Puis ne remuant plus à la cuillère, vous les laissez à feu vif prendre couleur, en secouant la poêle pour qu'elles n'attachent pas et ne brûlent pas.

Pour servir, retournez sur le plat le contenu de la poêle qui présentera une belle croûte dorée sur le dessus.

Macaroni au jambon.

Faites crever un quart de macaroni au bouillon ou eau avec beurre, si le bouillon manque ; quand le macaroni est cuit, hachez un quart de livre de jambon, non salé, râpez une demi-livre de fromage de gruyère, mêlez-le tout ; ajoutez quatre jaunes d'œufs, battez les blancs en neige et tournez.

Faites une petite sauce blanche avec farine et crème, jetez-la sur la préparation. Mettez ensuite le tout dans un moule beurré et faites prendre au bain-marie pendant trois heures.

Sauce : faites une sauce à la crème avec farine et jaunes d'œufs, une demi-livre de champignons et truffes. Versez-la sur le macaroni avant de servir. Pour la sauce un demi-litre de crème suffit.

BARONNE BIDART.

RECETTES POUR LA PRÉPARATION DES PATES ALIMENTAIRES

Extrait des Comptes rendus des Cours de Cuisine pratique, *du professeur Auguste Colombié, fondateur et directeur de l'École de cuisine de Paris.*

LES PATES ALIMENTAIRES FRANÇAISES

Le temps n'est plus où, pour manger de bonnes pâtes alimentaires, il fallait s'adresser à l'Italie. L'activité intelligente déployée depuis de longues années dans cette branche de l'industrie, a conquis de haute lutte la première place à la fabrication française.

Les représentants les plus autorisés de l'alimentation, les consommateurs gourmets, doivent à nos industriels éminents les progrès accomplis ; ils peuvent maintenant manger en toute confiance ces nouillettes, ce macaroni, ce ravioli, ce canneloni, ces petites pâtes mignonnettes, ce vermicelle, ces cornets, et toutes ces pâtes de qualité ordinaire ou celles si exquises de la marque LUCULLUS, qui sont exclusivement françaises et fabriquées soit à Lyon, soit à Paris ou à Marseille.

Parmi les différentes fabriques importantes de pâtes alimentaires, la maison Rivoire et Carret s'est placée hors de pair, tant par la perfection de son matériel que par le soin méticuleux avec lequel elle choisit ses matières premières ; elle apporte une vigilance infatigable à contrôler la manipulation si délicate des produits, qui doivent être appréciés par les consommateurs du monde entier.

Une surveillance attentive, une juste et ferme sévérité, obligent les ouvriers et les ouvrières à se conformer, dans les différentes opérations, aux prescriptions de l'hygiène et de la propreté, conditions essentielles d'une irréprochable fabrication.

Si ces minutieuses précautions sont une sérieuse garantie pour le consommateur, elles sont en même temps la cause de la véritable prédilection que portent les professionnels et cordons bleus, à cette marque Rivoire si justement réputée.

La cuisson des pâtes alimentaires.

Avoir une bonne marque est certes un avantage appréciable, mais insuffisant. Il faut aussi savoir obtenir de ce produit de qualité irréprochable toutes les succulences dont le fabricant l'a dotées, avec l'autorité d'un gourmet et la compétence d'un industriel.

Pour la préparation des pâtes, la plus grande importance est la cuisson ; le grossissement extraordinaire qu'elles peuvent atteindre sans éclater, sans contracter ce goût de *colle de pâte* qui oblige les consommateurs à délaisser les qualités inférieures. Quand j'aurai donné au macaroni Lucullus de Rivoire et Carret le cachet et la finesse qu'il doit acquérir, j'aurai rempli le but que je me propose. Toutes ces qualités à mettre en valeur, toutes les difficultés à vaincre sont réalisables avec un peu de méthode. Il suffit de savoir l'appliquer.

Pour un plat de **macaroni au gratin** pour 8 personnes environ, prenez :

FORMULE 1.

Une petite boîte de macaroni Lucullus de 240 grammes ;

Un demi-quart de beurre, soit 65 grammes ;

Un demi-quart de fromage de gruyère râpé, 65 grammes ;

Un demi-quart de fromage Parmesan, 65 grammes ;

Farine de gruau, une cuiller à bouche, 20 grammes ;

Gros sel, 10 grammes ; une prise de poivre frais moulu ; un soupçon de noix muscade râpée ; 2 litres d'eau filtrée ; 1/4 de litre de lait bouillant.

Faire bouillir l'eau dans une casserole épaisse, en cuivre étamé, nickel ou terre du Midi ; pendant qu'elle chauffe, briser le macaroni si c'est du *trois étoiles* Rivoire et Carret, en quatre ; si c'est du macaroni *Lucullus* aux œufs du même fabricant, en trois seulement (ils n'ont pas la même longueur), les jeter dans l'eau en pleine ébullition, remuer pendant quatre ou cinq secondes avec une fourchette pour les empêcher de se coller, laisser reprendre le bouillon, éteindre le gaz et retirer loin du feu ; si l'on opère sur un fourneau, couvrir la casserole aussi hermétiquement que possible, laisser le macaroni *pocher*. C'est la seule manière de bien cuire les pâtes Lucullus, parce qu'elles sont faites avec des blés de choix de nos colonies.

Il est inutile de les regarder, de les remuer ; dans une demi-heure leur volume aura quintuplé. Vous pourrez vous en assurer en mettant à côté d'un macaroni cuit, un macaroni cru.

Ce gonflement a le double avantage de rendre la pâte meilleure, plus délicate au palais, et, par le volume, beaucoup plus économique qu'une pâte ordinaire, puisque pour le même prix et la même quantité vous pouvez servir un tiers de personnes en plus tout en donnant meilleur.

Mettre à profit le temps de ce gonflement pour faire la sauce et râper les fromages.

Les fromages.

Le fromage Parmesan nous vient d'Italie ; il a le défaut, pour les palais délicats, d'être un peu piquant, tandis qu'il est préférable de l'employer pour les palais habitués aux mets épicés. La conclusion est donc facile à tirer.

Le fromage de gruyère percé comme une écumoire est de mauvaise qualité, les trous sont produits par le dessèchement du petit lait resté dans la pâte ; celui fabriqué avec du lait de bonne qualité non écrémé est gras et n'a que quelques trous çà et là.

En employant moitié gruyère et parmesan, on obtient un composé un peu relevé, plus relevé même qu'avec le parmesan seul, plus doux avec le gruyère de choix. On peut aussi n'employer que du fromage de Hollande seul, dit tête de mort. Il est assez doux.

FORMULE 2.

La sauce pour gratin.

Faire fondre dans une casserole le tiers du beurre; mettre le poivre, la muscade et la farine; remuer quelques instants avec le petit fouet, retirer du feu, mouiller avec le lait bouillant, saler et battre toujours en dehors du feu une minute; la sauce épaissit et se lisse de suite. Ajouter ce qui reste de beurre et les trois quarts du fromage, mélanger avec une cuiller après avoir retiré le fouet.

Égoutter le macaroni dans une passoire à gros trous, le sauter pour bien égoutter l'eau qui reste à l'intérieur.

Prendre un plat à gratin rond ou ovale, un peu grand; étaler dans le fond un quart de la sauce, saupoudrer d'un peu de fromage, verser tout le macaroni et l'étaler bien uniformément, répartir sur la surface ce qui reste de sauce et de fromage et mettre au four sur la plaque du milieu pour que la chaleur frappe en plein toute l'étendue et le gratine d'un blond doré.

Si l'on se sert du four à gaz, n'allumer que la rampe du dessus, le dessous chauffe suffisamment.

Remarque : Il faut supprimer d'une façon absolue la chapelure. Le fromage râpé suffit. La chapelure donne un goût de brûlé et de graillon désagréable, elle provoque aussi la pituite.

Formule 3.

Macaroni à l'italienne.

Faites pocher 250 grammes de macaroni *trois étoiles* suivant la formule précédente.

Râpez 150 grammes de parmesan. Egouttez le macaroni, faites-le sauter dans la passoire, versez-le dans une casserole demi-basse dite *sauteuse* ; saupoudrez-le de sel fin, poivre et muscade si vous les aimez ; faites-le chauffer en le sautant de temps en temps ; le macaroni étant bien chaud, éparpillez au-dessus 50 grammes de beurre divisé en morceaux et le fromage, moins une cuiller à bouche : liez en tournant la casserole avec force, en dehors du feu (ne remuez pas avec la cuiller ou une fourchette, vous écrasez le macaroni et lui enlevez ce qui fait son charme) versez dans un plat bien chaud et servez en même temps des assiettes bien chaudes.

Formule 4.

Macaroni Trois Étoiles pour garnitures.

Préparez-le exactement comme ci-dessus en ajoutant sur le macaroni et DANS LE PLAT, un bon jus de viande braisée, bœuf ou veau.

Formule 5.

Macaroni Lucullus à la milanaise.

Cuisez le macaroni comme la formule n° 1, sans le casser. Egouttez-le, étendez-le sur un linge, divisez-le en bâtonnets de la longueur du pouce; mettez les morceaux dans une casserole, chauffez-les en les sautant.

Ajoutez un décilitre ou une louche à potage de très bon jus, deux cuillerées à bouche de sauce tomate, 100 grammes de langue écarlate coupée en filets de la longueur du macaroni, des champignons émincés et sautés au beurre, de la truffe coupée en filets, cuite au vin de Madère; on peut aussi y ajouter des filets de blanc de poularde braisée ou rôtie.

Formule 6.

Timbale de macaroni Lucullus.

Préparez une croûte à timbale en pâte à pâté. Garnissez-la avec le macaroni Lucullus préparé comme la garniture milanaise ci-dessus à laquelle vous ajoutez des queues d'écrevisses décortiquées, des dés de ris de veau braisés et 50 grammes de beurre pilé avec les coffres des écrevisses de la garniture et passé au tamis crin.

Formule 7.

Timbale de macaroni Lucullus à la financière.

A la garniture de timbale ci-dessus, ajoutez des crêtes et rognons de coq, des quenelles de poularde et au-dessus une couronne de rondelles de truffes cuites au madère.

Formule 8.

Timbale de macaroni Lucullus au maigre.

Remplacez la garniture au gras par des quenelles de poissons, des champignons, truffes, huîtres et queues d'écrevisses, liez au beurre d'écrevisses.

FORMULE 9.

Canneloni Lucullus farcis au gras.

Pilez 125 grammes de filet de veau ou de poularde dans un mortier en marbre avec un pilon en bois. Ajoutez 30 grammes de mie de pain trempée dans du lait froid et pressée pour extraire le lait; ajoutez 80 grammes de beurre, 10 grammes de sel, poivre et muscade, deux jaunes d'œufs. Liez en tournant la farce avec le pilon. Passez au tamis.

Faites bouillir un litre d'eau, jetez-y dix-huit carrés de pâte, un par un pour éviter qu'ils se collent, aussitôt le bouillon repris; retirez la casserole sur le côté du feu, couvrez et attendez cinq minutes.

Egouttez les carrés de pâte, rafraîchissez-les, essuyez-les sur un linge.

Posez les canneloni à côté les uns des autres, prenez un pinceau, dorez un côté avec un peu d'œuf battu, garnissez le milieu d'un petit boudin de pâte à quenelle, roulez le canneloni sans le serrer, en ayant soin que le côté doré soit dessus et ferme le canneloni en se collant.

Faites bouillir deux litres d'eau, jetez-y les canneloni farcis. Le bouillon repris, mettez la casserole à côté du feu, bien couverte, et laissez-les pocher vingt minutes.

Egouttez les canneloni avec soin pour ne pas les déformer, mettez du bon jus dans un plat creux, les canneloni au-dessus, encore du jus, saupoudrez de fromage râpé, passez cinq minutes au four et servez.

Formule 10.

Canneloni Lucullus farcis au maigre.

Remplacez les 125 grammes de chair de la formule 9 par 125 grammes de filet de brochet, d'anguille, de merlan ou de sole, et opérez en tout de la même façon.

Formule 11.

Coquilles Lucullus au beurre noisette.

Ces mignonnes coquilles que les cuisiniers et cuisinières ont baptisées d'un nom pittoresque exprimant bien leur forme, *des coudes*, font plusieurs mets.

On les prépare en potages gras ou maigres ; en timbales petites et grandes, farcies et en nature.

Préparées tout simplement au beurre noisette, c'est un manger délicieux, d'autant plus précieux que la préparation est d'une simplicité extrême et d'une rapidité merveilleuse.

Pour quatre personnes, pesez 125 grammes de coquilles Lucullus, plongez-les dans un litre et demi d'eau bouillante légèrement salée, remuez-les avec une cuiller de bois pour les empêcher de se coller ; aussitôt l'ébullition reprise, couvrez bien et laissez la casserole à côté du feu de vingt à trente minutes.

Egouttez les coquilles dans une passoire à gros trous ; pour bien les assaisonner, saupoudrez-les de sel fin d'une main tandis que l'autre fait sauter les coquilles ; versez-les dans un plat rond, chaud ; saupoudrez de poivre frais moulu et versez au-dessus 100 grammes de beurre que vous avez cuit blond, c'est-à-dire à la noisette.

Formule 12.

Coquilles Lucullus au Consommé.

Faites bouillir un demi-litre d'eau, jetez-y 60 grammes (le quart d'une boîte) de coquilles, remuez et retirez du feu. Tenez couvert dix minutes.

Egouttez les coquilles, remettez-les dans la casserole et couvrez-les largement de bouillon un peu gras.

Redonnez un bouillon, couvrez et tenez au chaud jusqu'au moment de verser dans la soupière avec le complément de bouillon pour le nombre de convives, de 6,8 ou 10, suivant l'importance du dîner.

Formule 13.

Coquilles Lucullus au lait.

Pochez-les une première fois à l'eau comme la formule 12 et ensuite dans le lait salé et légèrement sucré.

On peut aussi le servir cuit au lait, avec le beurre noisette de la formule 11.

Formule 14.

Nouillettes Lucullus à l'alsacienne.

Ces nouilles, de qualité tout à fait supérieure, rendent des services inappréciables en cuisine pendant l'hiver, les légumes frais étant rares.

On les assaisonne de toutes les façons possibles et imaginables : en potages gras et maigres, en garniture d'entrées de broche, timbales plates ou hautes, grosses ou toutes mignonnes ; au gratin, à la crème, au beurre noisette ; etc., etc.

On les prépare à l'alsacienne et, bien avisé sera celui qui pourra les distinguer des bonnes nouilles faites par nos habiles ménagères.

Pour une boîte de 250 grammes de nouilles Lucullus, faites bouillir 2 litres et demi d'eau, salez à peine, brisez les nouilles sur une assiette et faites-les glisser dans l'eau bouillante, remuez-les une seconde avec une fourchette et, aussitôt l'ébullition bien reprise, retirez à côté du feu, couvrez et attendez de vingt à trente minutes.

Faites dorer à la bouche du four un morceau de pain de la grosseur d'un œuf, écrasez-le avec une bouteille ou le rouleau à pâtisserie, ne faites pas cette chapelure fine, la grosseur moyenne est préférable. Préparez 100 grammes de beurre fin dans une poêle, et faites-les dorer sur un feu doux ; lorsqu'il cesse de chanter, c'est-à-dire de crépiter, versez-le sur les nouilles que vous avez saupoudrées avec la chapelure. Servez toujours des assiettes chaudes avec les pâtes alimentaires.

Formule 15.

Vermicelle Trois Étoiles Rivoire et Carret.

Ce vermicelle gonfle trop ou pas assez. Trop, s'il est mal cuit. Pas assez, si le pochage est mal fait. Le point essentiel est très facile à obtenir mais il faut y prêter attention.

Un vermicelle pour être parfait doit réunir deux conditions : 1° ne pas troubler le bouillon ; 2° ne pas donner au bouillon le goût de colle ni de farine. Le vermicelle *trois étoiles* comme le vermicelle Lucullus, du reste, possède ces qualités au suprême degré.

Il en faut peu par personne, 10 grammes (quatre *petits nœuds*) suffisent largement pour une personne, en comptant 2 décilitres de liquide par convive ou 1 litre pour cinq couverts. Faites bouilir 1/2 litre d'eau, jetez-y 50 grammes de vermicelle rompu dans la main, remuez légèrement pour le diviser, couvrez et attendez dix minutes. Egouttez-le, versez le dans la soupière, passez le bouillon par-dessus, couvrez et ne servez que dans cinq minutes.

Dans beaucoup de ménages on sert en même temps que le potage aux pâtes alimentaires une assiette de fromage de Parmesan râpé.

Formule 16.

Vermicelle au lait.

Le vermicelle se prépare également au lait après l'avoir fait pocher à l'eau comme ci-dessus. Si vous voulez rendre le vermicelle au lait tout à fait nutritif, battez un jaune d'œuf avec 20 grammes de beurre frais, dans un bol et versez le vermicelle soit au lait, soit au bouillon, par-dessus, en tournant la liaison.

Très sain pour les vieillards et les enfants.

La maison Rivoire et Carret a fait une innovation qui va révolutionner la fabrication du vermicelle. Elle est arrivée à perfectionner cette pâte d'une façon difficile à dépasser, du moins avec le mécanisme actuel.

Elle a présenté au public, qui l'a accueilli avec un vrai régal des yeux et du palais, le vermicelle Lucullus aux œufs, sous la forme de colimaçons très appétissants, que l'on poursuit avec d'autant plus d'âpreté avec sa cuiller qu'ils ont des tendances à la fuir; cette pâte obtient un réel succès.

Ce vermicelle est en outre très nourrissant, indépendamment de ses jolies forme et couleur, et le consommé reste éblouissant de limpidité.

Il se conserve très bien en boîtes, en ayant soin de l'éloigner de toute mauvaise odeur et de l'humidité.

Formule 17.

Petites pâtes mignonnettes Rivoire et Carret.

Pochez les graines de melons, les cartes à jouer, les étoiles, etc., etc., séparées ou réunies par le même procédé que le vermicelle, et servez-le de même, au gras ou au maigre.

Recommandation importante : Ne prenez qu'une cuillerée à bouche à peine pleine par personne, les potages trop épais ne sont ni bons, ni convenables surtout.

Formule 18.

Cornets Lucullus Rivoire et Carret.

Ces petits cornets sont de véritables petits chefs-d'œuvre d'un goût exquis ; c'est une trouvaille géniale de la maison Rivoire et Carret.

Après les avoir pochés quinze minutes, on peut les garnir avec un cornet de papier rempli de farce à quenelles comme celle des canneloni de la formule 9, les pocher de même une deuxième fois et les dresser en pyramide, les saupoudrer de fromage, les arroser de jus et les gratiner un instant avant de les servir.

Voilà les ressources qu'une maîtresse de maison peut trouver dans l'emploi des pâtes alimentaires de bonne qualité.

A^te^ Colombié
Professeur d'Art culinaire.

Aubergines à la Lucullus.

Pour six personnes.

Partager par moitié six belles aubergines régulières; les ciseler sur la pulpe et les assaisonner de sel fin. Les laisser macérer dans cet assaisonnement pendant une heure.

D'autre part, faire cuire à l'eau salée 100 grammes de coquilles Lucullus. Les égoutter et les mettre à compoter dans une casserole où l'on aura préalablement mis à fondre, avec trois ou quatre cuillerées d'huile d'olives, deux tomates épépinées et coupées en petits dés, quatre piments épluchés et coupés en salpicon, un grain d'ail écrasé, une cuillerée d'oignon haché finement, du sel et du poivre.

Ajouter 50 grammes de parmesan râpé et conserver au chaud.

Humecter les aubergines d'huile et les faire griller à feu doux.

Retirer la pulpe intérieure, la hacher et l'ajouter aux coquilles Lucullus.

Remplir de ce mélange les moitiés d'aubergines rangées dans un plat à gratin huilé. Saupoudrer de parmesan râpé, arroser de quelques cuillerées d'huile et faire gratiner à four très chaud.

E. Stalle,
Chef de cuisine à l'Ambassade d'Amérique,
à Constantinople (Turquie).

Macaroni à la languedocienne.

Pour huit à dix personnes.

A. Faire cuire à l'eau salée, et selon les indications habituelles, 250 grammes de macaroni Rivoire et Carret.

Les égoutter dès qu'ils sont bien gonflés et les mettre dans une sauteuse, avec deux fortes poignées de fromage de parmesan râpé et 60 à 80 grammes de beurre très frais.

Le maintenir au chaud, mais sans le laisser bouillir, pendant qu'on apprêtera les articles suivants :

B. 1° Faire sauter à l'huile, à la poêle, trois aubergines épluchées, préalablement macérées au sel et coupées en tranches épaisses d'un demi-centimètre. Assaisonner de sel et de poivre. Les égouter et les réserver au chaud.

2° Faire sauter dans l'huile où ont cuit les aubergines, six tomates bien fermes, partagées par moitié et épépinées. Saler et poivrer et réserver au chaud.

3° Coucher en quartiers, parer et faire blanchir dans un litre d'eau acidulée et salée, quatre artichauts bien tendres. Les égoutter et éponger, et les faire sauter à la poêle avec 50 grammes de beurre.

4° Faire sauter à la poêle, à l'huile, avec sel, poivre, 250 grammes de cèpes frais ou à défaut de conserve. Ajouter, lorsqu'ils sont rissolés, une pointe d'ail râpé et une forte pincée de persil haché.

C. Dresser le macaroni dans un grand plat rond. Disposer tout autour, en les alternant par bouquets, les différentes garnitures indiquées plus haut.

Faire chauffer à la poêle, en plein feu, l'huile et le beurre ayant servi à faire cuire les divers légumes. Ajouter si c'est nécessaire une ou deux cuillerées d'huile, puis une demi-cuillerée de persil haché et une pointe d'ail râpé, et verser ce mélange brûlant sur le tout. Servir aussitôt.

MICHAUD,
Propriétaire du Restaurant de la Comédie de Toulouse.

Crêpes agennaises (1).

Pour trois douzaines de crêpes, cassez neuf œufs que vous mélangez avec un demi-litre de lait, une demi-livre de farine, un demi-verre à bordeaux d'eau-de-vie, et un peu de fleur d'oranger.

Il en résulte une pâte un peu jaune, liquide, sans être trop coulante. Alors, sur un joli feu de petit bois, vous placez la poêle bien propre. Frottez-là d'un peu d'huile ou de graisse fine

(1) *La Cuisine messine.* — 1 vol. Sidot frères, éditeurs, Nancy.

et, lorsqu'elle est bien chaude, versez-y juste ce qu'il faut de l'appareil pour en couvrir la surface d'une très fine pellicule. La pâte se solidifie à l'instant même; vous tournez prestement la crêpe, vous attendez un instant qu'elle se dore et c'est fait. Graissez de nouveau la poêle et recommencez pour une autre.

Pour servir, vous prenez chaque crêpe et, après l'avoir saupoudrée d'un peu de sucre en poudre, vous la roulez sur elle-même et la rangez sur un plat chauffé. On en fait ainsi une file comme dans un peloton que l'on passe en revue et l'on en superpose une ou deux autres par-dessus.

AURICOSTE de LAZARQUE.

Macaroni en timbale.

Prenez une demi-livre de macaroni, mettez-le dans une casserole recouverte d'eau, sel, poivre et 30 grammes de beurre, faites bouillir jusqu'à ce qu'il n'y ait plus d'eau; râpez une demi-livre de gruyère et parmesan, mélangez-le au macaroni, ajoutez 30 grammes de beurre et quelques cuillerées de bon jus, mêlez-y quelques blancs de volaille coupés en dés, des champignons et des truffes. Foncez un moule de pâte à feuilleter, versez dedans le macaroni, recouvrez d'une abaisse de pâte en ménageant un trou au milieu; placez au four. Après cuisson détachez le couvercle, versez à l'intérieur du bon jus, recouvrez et servez.

Macaroni à toutes sauces.

Faites blanchir votre macaroni dans l'eau bouillante salée, égouttez-le et préparez-le avec le jus d'un *rôti de veau, d'un rôti de mouton, d'un rôti de porc, d'une sauce tomate et de quenelles de champignons.*

Lazagnes et pâtes similaires, nouilles, etc.

Se préparent comme le macaroni.

Kneppes (plat alsacien).

Mettez dans une écuelle, une livre de farine, faites un trou au milieu, cassez-y trois œufs entiers, un peu de sel, mélangez bien le tout, puis ajoutez petit à petit pour dix centimes de lait et formez du tout une pâte épaisse. Laissez reposer deux heures.

Ayez alors une grande casserole remplie d'eau bouillante, laissez-la sur le feu afin que l'eau continue à bouillir, prenez une petite cuillère, trempez-la dans l'eau, puis remplissez-la de pâte, et mettez cette pâte à cuire pendant dix ou quinze minutes dans cette même eau, continuez jusqu'à épuisement de la pâte.

Faites égoutter les kneppes, dressez-les sur un plat, préparez des croûtons de pain que vous faites frire dans le beurre, placez-les parmi les kneppes et mélangez au beurre qui reste dans la poêle pour quinze centimes de crème épaisse. Versez ce mélange sur votre plat et servez en même temps du fromage râpé, que chacun mélange à son gré.

Arroz à la valenciana. (*Riz à la Valencienne*).

Faire revenir une livre ou deux de poulet et un oignon coupé en tranches; ajouter une livre de riz, une douzaine d'huîtres, un morceau de jambon, une cuillerée de piment doux, de l'ail, échalote, un bouquet de persil, sel et poivre, une livre de tomates. Jeter sur le tout de l'eau bien chaude et laisser bouillir pendant vingt minutes ; laisser reposer le riz cinq minutes avant de servir. PAULINE C.

LES CONSERVES ALIMENTAIRES.

RECETTES POUR LES ACCOMMODER

Recommandation. — Les conserves ne se voyant pas quand on les achète, et la qualité ne pouvant s'apprécier qu'à l'instant où on les consomme, tout acheteur doit bien se pénétrer de cette vérité, que la marque seule peut le guider dans son choix; il comprendra alors l'importance de n'accepter qu'une marque connue et ancienne, appartenant à un fabricant en position de faire de bons produits à des prix modérés.

Nous croyous rendre service à nos lectrices, en leur recommandant la marque AMIEUX-FRÈRES, qui offre toutes ces garanties. Possédant douze usines placées dans les meilleurs pays de production, la maison AMIEUX-FRÈRES ne couvre de son nom que des conserves préparées avec des produits très frais, non échauffés par des transports onéreux.

Or, il en est des conserves comme de la cuisine : légumes, poissons, etc., demandent, pour être bons, à être préparés aussitôt récoltés ou pêchés; il faut, pour cela, être sur les lieux mêmes de production, et cette condition essentielle permet seule de concilier une fabrication supérieure avec des prix modérés.

NOTA. — *Les conserves doivent être chauffées et accommodées très vivement.*

Petits pois au naturel.

Ouvrez une boîte de petits pois Amieux-Frères, versez-la dans une casserole; faites chauffer ensuite les petits pois; au premier bouillon, égouttez-les dans une passoire, remettez les pois dans la casserole, ajoutez 25 grammes de beurre frais, sel, poivre, un jaune d'œuf et une cuiller de crème, remuez doucement la casserole afin de lier le tout sans le laisser rebouillir et servez immédiatement.

Petits pois à l'anglaise.

Ouvrez une boîte de petits pois Amieux-Frères, reverdis, dits à l'anglaise, faites-les chauffer dans une casserole; au premier bouillon égouttez-les soigneusement et versez-les immédiatement dans un légumier; ajoutez 25 grammes de beurre en petits morceaux, sel, poivre et un atome de muscade râpée, couvrez le légumier; la chaleur des petits pois doit fondre le beurre; au moment de présenter le légumier sur la table; remuez avec une cuiller, cela suffit.

Petits pois au lard.

Prenez pour cela des petits pois Amieux-Frères au naturel, non reverdis, faites-les chauffer dans une casserole; au premier bouillon égouttez-les; dans la casserole que vous venez de vider, faites blanchir dans de l'eau fraîche 50 grammes de petit lard de poitrine non fumé, et coupé en petits carrés; au premier bouillon égouttez encore les lardons, remettez-les dans la casserole avec un morceau de beurre et faites chauffer doucement afin de cuire les petits lardons que vous venez de blanchir; lorsqu'ils commencent à frire, ajoutez les petits pois avec 20 grammes de beurre frais et un peu de poivre, du sel et une pointe de muscade; sitôt bien chaud, servez dans un légumier.

Pour les petits pois au jambon, on remplace le lard par une même quantité de jambon découpé en dés.

Petits pois au velouté.

Ouvrez une boîte de pois AMIEUX-FRÈRES; faites-la chauffer; au premier bouillon, égouttez, et dans la casserole, mettez une noix de beurre fin, une cuiller à soupe de farine de gruau, un demi-verre d'eau fraîche, sel, poivre et une demi-cuiller à café d'extrait de viande; faites bouillir en remuant continuellement; au premier bouillon votre petite sauce doit être légèrement liée et très lisse, ajoutez vos petits pois, laissez bien chauffer et ajoutez au dernier moment 20 grammes de beurre fin, remuez la casserole afin d'opérer le mélange et servez.

Haricots verts au naturel.

Ouvrez une boîte de haricots AMIEUX-FRÈRES, égouttez l'eau et jetez les haricots égouttés dans une casserole d'eau bouillante; au premier bouillon retirez du feu, égouttez longuement dans une passoire, puis mettez pour une demi-boîte de haricots 25 grammes de beurre dans une poêle; sitôt que le beurre sera chaud, ajoutez vos haricots égouttés, sel, poivre et une pincée de persil haché; faites sauter à plein feu, vivement pendant une minute et servez de suite.

Haricots verts à l'anglaise.

Prenez une boîte de haricots verts reverdis, dits « à l'anglaise », AMIEUX-FRÈRES, ouvrez-la, égouttez l'eau et plongez les haricots pendant une minute à l'eau bouillante; pour cette opération, il est plus pratique de mettre les haricots dans une passoire et de plonger la passoire dans l'eau : l'opération est simple, et vivement conduite, le haricot vert reste bien entier. Sitôt retirés de l'eau et égouttés, mettez vos haricots dans un légumier et arrosez-les avec 50 grammes de beurre frais fondu; ajoutez poivre, sel et muscade, couvrez le légumier et servez de suite.

Haricots verts aux oignons.

Après avoir plongé vos haricots verts à l'eau bouillante afin de les échauder, pour leur enlever le goût et l'odeur de la verdure, mettez 50 grammes de beurre dans une poêle avec un oignon moyen finement haché ou émincé; sitôt que l'oignon commence à blondir, ajoutez les haricots avec une pointe de sel, de poivre et de persil haché, sautez deux ou trois fois, afin de bien mélanger l'oignon et les haricots et servez de suite.

Haricots flageolets au naturel.

Prenez une boîte de haricots flageolets AMIEUX-FRÈRES, après l'avoir égouttée, échaudez les haricots dans de l'eau bouillante, égouttez une deuxième fois et faites-les sauter à la poêle avec 50 grammes de beurre frais, sel, poivre, muscade et persil haché.

Haricots flageolets à la bretonne.

Faites toujours échauder les flageolets avant de les préparer; pendant qu'ils égouttent, hachez finement un oignon moyen, passez-le au beurre, sitôt blond, ajoutez une cuiller à café de farine, un verre de bouillon ou d'eau, dans ce dernier cas, mettez dans la casserole une cuiller à café d'extrait de viande, sel, poivre, muscade; au premier bouillon, ajoutez les flageolets, laissez mijoter deux minutes et servez, soit comme légumes, soit comme garniture d'un gigot de mouton.

Haricots panachés

Mettez moitié haricots verts échaudés et moitié flageolets Amieux-Frères, faites sauter à la poêle en bien les assaisonnant et servez de suite.

Asperges d'Argenteuil, sauce au beurre.

Ouvrez une ou plusieurs boîtes d'asperges Amieux-Frères, retirez-les une à une et posez-les sur une grille à asperges; au moment de servir, plongez la grille dans l'eau salée très chaude, retirez une minute après, pressez les asperges sur un plat garni d'une serviette, et servez avec une sauce au beurre, une hollandaise, une mousseline ou à l'huile?

Asperges en branche à la milanaise.

Après avoir retiré vos asperges de la grille, pressez sur un plat rond, toutes les têtes du même côté, saupoudrez chaque lit et seulement sur les têtes, de fromage de parmesan râpé, sel et poivre; lorsque toutes vos asperges sont prêtes, faites un beurre noir dans la poêle et versez-le bouillant sur les têtes d'asperges, afin de cuire le fromage et servez bien chaud.

Macédoine de légumes au beurre.

Après avoir ouvert une demi-boite de macédoine Amieux-Frères, faites-la bouillir dans de l'eau froide ; au premier bouillon égouttez et faites sauter à la poêle avec 50 grammes de beurre frais, sel, poivre et muscade ; cette macédoine ainsi préparée convient comme garniture d'une noix de veau, d'un fricandeau ou de côtelettes d'agneau.

Salade de légumes à la russe.

Après avoir ouvert une demi-boîte de macédoine de légumes Amieux-Frères, faites-la chauffer, égouttez et laissez refroidir sur une serviette, ajoutez à la macédoine une petite tête de choux-fleurs cuite à l'eau salée, quatre pommes de terre cuites à l'eau, épluchées et coupées en tranches minces; ajoutez à cette salade quelques filets d'anchois ou de harengs saurs, ou une demi-boîte de homards ; assaisonnez avec poivre, sel, moutarde, huile et vinaigre et une pincée de cerfeuil haché.

Salade de légumes à l'italienne.

Même salade que ci-dessus, seulement, en place de filets d'anchois, de harengs ou de homards, vous y mettez une truffe blanche coupée très fin; assaisonnez comme ci-dessus, en y ajoutant un jaune d'œuf cru ; servez dans un saladier, que vous garnirez avec des œufs durs coupés en quatre parties.

Fonds d'artichauts au suprême.

Chaque boîte de fonds d'artichauts Amieux-Frères contient de cinq à sept fonds. Pour les faire chauffer, faites un petit bouillon avec eau froide, farine et un jus de citron; au premier bouillon, mettez vos fonds et laissez-les chauffer lentement; préparez ensuite un suprême avec 25 grammes de beurre frais, une cuiller à bouche de farine, deux verres à vin de bouillon, ou, à défaut de bouillon, deux verres d'eau et une cuiller à café d'extrait de viande, sel, poivre et muscade; après le premier bouillon ajoutez un verre de crème et laissez réduire, afin d'obtenir une sauce bien lisse et succulente; au moment de servir, retirez vos fonds de leur cuisson, dressez-les sur un plat et arrosez-les grandement avec la sauce que vous passerez à la passoire fine.

Fonds d'artichauts printanier.

Faites chauffer vos fonds d'artichauts comme il est indiqué aux *Artichauts au suprême.*

Faites ensuite chauffer et préparez une demi-boîte de macédoine de légumes comme il est indiqué plus haut. Au moment de servir, retirez vos fonds d'artichauts de leur cuisson, et garnissez l'intérieur avec la macédoine préparée. Ce plat convient très bien pour garniture d'un filet de bœuf ou d'une selle de mouton.

Cèpes au naturel.

Le cèpe a presque autant d'emplois que le champignon; il a de plus l'avantage d'être utilisé dans la cuisine méridionale, que je vais indiquer.

Après avoir ouvert une boîte de cèpes au naturel AMIEUX-FRÈRES, égouttez-les et faites-les griller sur le gril à petit feu; servez-les en les arrosant d'une maître d'hôtel composée de beurre frais fondu, sel, poivre, persil haché et jus de citron ou demi cuiller de vinaigre.

CORTHAY, Ancien chef de cuisine du Roi d'Italie.

Liste des principales conserves françaises.

L'industrie des conserves en France est personnifiée par la maison AMIEUX-FRÈRES, la plus importante de notre pays. Les 3,000 ouvriers et ouvrières répartis dans ses douze usines, sont occupés à préparer les conserves qui portent dans le monde entier le renom de la cuisine française, et la devise « TOUJOURS A MIEUX ».

Parmi les 160 produits de la maison AMIEUX-FRÈRES, que nos lectrices peuvent obtenir de leurs fournisseurs d'épiceries, nous citerons les suivants :

POISSONS

Sardines sans arêtes.
Sardines au beurre.
Sardines à la tomate.
Sardines à la ravigote.
Sardines aux truffes.
Royans à la Brillat-Savarin.
Thon mariné à l'huile.
Parpelettes de thon.
Rougets à l'huile.
Maquereaux marinés au vin blanc.
Harengs marinés au vin blanc.
Lamproie à la bordelaise.

LÉGUMES

Petits pois.
Haricots verts au naturel.
Haricots verts à l'anglaise.
Haricots flageolets.
Champignons de couche.
Cèpes Sainte-Anne à l'huile.
Cèpes Sainte-Anne au naturel.
Asperges.
Petites carottes tournées.
Petits navets tournés.
Fonds d'artichauts.
Macédoine de légumes.
Jardinière.

VIANDES

Tête de veau tortue.
Tripes mode de Caen.
Civet de lièvre.
Pâtés de foie gras truffés.
Pâtés de gibiers truffés.
Purée de foie gras truffé.
Andouillettes.
Alouettes.
Galantine.
Hure de porc.
Langue de bœuf.
Pâtés divers.

ŒUFS.

Œufs à la coque.

Mettez de l'eau dans une casserole, quand votre eau bout, mettez-y vos œufs pendant deux minutes; retirez-les et couvrez-les une minute, pour leur laisser faire leur lait; servez-les dans une serviette.

Œufs au miroir.

Ayez un plat allant au feu, mettez dans le fond ue peu de beurre étendu partout; cassez alors vos œufs et versez-les dessus; assaisonnez-les de sel, poivre et de deux cuillerées de crème (on peut au besoin se passer de crème); faites-les cuire à petit feu sur un fourneau; passez la pelle rouge dessus et servez.

Œufs mollets.

Mettez de l'eau dans une casserole; faites-la bouillir, et mettez dedans la quantité d'œufs que vous jugerez à propos; faites-les bouillir cinq minutes bien juste et retirez-les dans de l'eau fraîche; enlevez doucement la coquille, le blanc sera cuit et le jaune tout mollet, servez-les entiers soit sur une sauce blanche, une sauce verte, une sauce ravigote, à votre choix.

Œufs aux épinards.

On prend des épinards cuits à l'eau bien pressés et pilés; on les passe à l'étamine avec de la bonne crème, on les délaye avec six œufs, et on les repasse une seconde fois; on y met du sucre, macarons pilés, de l'eau de fleurs d'oranger, un peu de sel; les mettre dans le plat que l'on veut servir pour les faire cuire à petit feu jusqu'à ce qu'il se forme un petit gratin dans le fond.

Œufs frits de toutes façons.

Au gras vous les faites frire avec du saindoux, et au maigre vous prenez du beurre fondu. Quand votre friture est bien chaude, mettez vos œufs un à un pour les frire, faites en sorte qu'ils soient bien ronds en les retournant dans la poêle et ne laissez pas durcir le jaune.

Vous pouvez servir ces œufs soit sur une sauce, sur un plat d'oseille ou d'épinards et mêmes seuls en y ajoutant un filet de vinaigre.

Œufs au petit lard.

Prenez un quart de petit lard entrelardé, coupez-le en petites tranches minces; mettez-le dans une casserole sur un feu doux, jusqu'à ce qu'il soit fondu. Mettez dans le plat que vous devez servir, deux cuillerées de jus; cassez sept ou huit œufs, mettez-y les tranches de petit lard, du gros poivre, un peu de sel; cuisez à petit feu, passez la pelle rouge dessus et servez à demi-mollets.

Œufs en filets.

Mettez sur le feu avec un morceau de beurre, de l'oignon, des champignons coupés en filets avec une petite pointe d'ail. Quand l'oignon commence à se colorer, mettez-y une bonne pincée de farine, mouillez avec du bouillon et un verre de vin blanc, sel, poivre, faites bouillir une demi-heure, et réduire au point d'une sauce; vous y mettrez ensuite des œufs durs, les blancs coupés en filets et les jaunes entiers; faites bouillir un moment et servez.

Œufs à la crème.

Mettez dans le plat que vous devez servir un verre de crème; faites bouillir et réduire à moitié, mettez-y huit œufs, sel, gros poivre, faites-les cuire, passez la pelle rouge par-dessus, servez à demi-mollets.

Œufs à la bourgeoise.

Étendez du beurre de l'épaisseur d'une lame de couteau dans le fond du plat que vous devez servir, mettez-y partout des tranches de mie de pain coupées très minces, et aussi de petites tranches de fromage de gruyère, ensuite huit ou dix œufs, assaisonnez de peu de sel, gros poivre, muscade, faites cuire à petit feu sur un fourneau.

Œufs à l'ail.

Ayez dix gousses d'ail cuites dix minutes dans de l'eau; pilez-les avec deux anchois, une bonne pincée de câpres, vous les délayerez ensuite avec de l'huile, un filet de vinaigre, sel et poivre, mettez cette sauce dans le fond du plat que vous devez servir, et des œufs durs dessus arrangés avec soin.

Œufs en peau d'Espagne.

Délayez trois cuillerées de coulis, autant de jus avec six œufs, blancs et jaunes, sel, poivre ; passez-les au tamis et mettez-les sur le plat que vous devez servir; faites-les cuire au bain-marie; quand ils seront pris, divisez-les au moyen de quelques coups de couteau, et servez dessus un jus clair.

Œufs durs.

Faites cuire des œufs pendant sept ou huit minutes dans de l'eau bouillante, de sorte qu'ils soient durs, coupez-les en deux, puis enlevez la coquille au moyen d'une cuiller, servez-les chauds avec une sauce blanche ou froids à la vinaigrette. On les met aussi comme garniture, coupés en quatre sur un plat d'épinards ou d'oseille.

Œufs à la moutarde.

Coupez en deux des œufs cuits durs et sortez-les de leur coque. Débattez de la crème en y incorporant sel, poivre, moutarde, ciboules, mettez cette sauce sur les œufs et laissez-les quelques instants au four doux.

Œufs à l'oseille.

Faites cuire les œufs durs; coupez ou hachez nn gros oignon, mettez-le sur le feu avec du beurre, et lorsqu'il est presque cuit, vous y jetez deux ou trois poignées d'oseille hachée, remuez et faites cuire; ajoutez une ou deux cuillerées de farine, laissez encore faire un bouillon ; écrasez les jaunes des œufs et les mêlez avec l'oseille. Divisez les blancs en deux en travers. Remplissez chaque moitié de la farce d'oseille; éclaircissez le reste de cette farce avec de la crème, versez dans le plat de service, posez les œufs dessus, le côté farci en dessus. Mettez quelques instants au four chaud et servez. On peut diminuer l'acidité de l'oseille en y mêlant des épinards ou du cerfeuil.

Œufs farcis.

Faites cuire des œufs durs, mettez-les dans de l'eau froide, enlevez la coquille, coupez-les en deux dans leur longueur, ôtez le jaune que vous écrasez, mêlez-y un peu de mie de pain trempée dans du lait, un anchois, du persil, des ciboules, le tout bien haché, du sel, du poivre, faites un mélange bien lié et assez épais. Remplissez chaque moitié d'œuf de cette farce et disposez-les dans une poêle, dans laquelle vous aurez mis un bon morceau de beurre, en ayant soin de mettre le côté du blanc de l'œuf en haut, faites revenir un moment et dressez sur un plat. Dans une casserole à part, faites une bonne sauce blanche à la crême, avec laquelle vous arrosez vos œufs bien dorés au moment de servir.

Œufs farcis (autre manière).

Cuisez quatre ou cinq œufs durs; coupez-les en deux; la coquille étant enlevée, écrasez les jaunes et y mêlez deux œufs crus bien battus, quarante grammes de beurre, sel, poivre, et une demi-poignée de mie de pain trempée dans du lait tiède. Remplissez les blancs avec cette farce, couvrez de beurre le fond d'un plat allant au feu, placez-y une mince couche de farce, arrangez dessus les œufs, le côté farci en haut. Faites prendre couleur entre deux feux.

Œufs farcis entiers.

Enlevez la coque des œufs cuits durs ; coupez le haut de chaque œuf, faites-en sortir le jaune avec un couteau, hachez-le avec des épices, du persil, et remettez le tout dans l'œuf que vous recouvrez avec le bout coupé. Trempez vos œufs dans du blanc d'œuf battu, passez-les avec de la chapelure, et jetez-les dans une friture bien chaude. Servez avez une sauce blanche ou une sauce aux tomates.

Œufs perdus.

Cassez des œufs et séparez le blanc des jaunes. Beurrez le plat de service, placez-y les jaunes en les espaçant régulièrement, entourez-les de crème, une petite cuillère par œuf, saupoudrez de sel; battez les blancs en neige, où vous mettez un peu de sel, arrangez-les autour des jaunes et même par-dessus, si vous voulez. Faites cuire entre deux feux (chaleur modérée).

Œufs à la mie de pain.

Mêlez une poignée de mie de pain avec 25 grammes de beurre, persil, échalotes, oignons hachés et deux jaunes d'œufs pas cuits. Garnissez le fond d'un plat avec cette farce, mettez sur un feu doux pour épaissir; cassez dessus quatre œufs, que vous assaisonnez de sel et de poivre; faites cuire doucement. Passez la pelle rouge dessus et servez.

Œufs brouillés.

Cassez les œufs et battez-les vivement avec du sel, une cuillerée de crème par œuf, quelques petits morceaux de beurre frais ; faites-les cuire sur le feu dans une poêle où vous avez fait chauffer du beurre; tournez-les avec une cuillère de façon à les lier sans faire de grumaux. Pour les servir au gras, vous pouvez remplacer la crème par du jus.

Œufs brouillés au petit salé.

Battez des œufs, mettez du sel, puis du lait en volume égal à celui des œufs; faites chauffer un bon morceau de beurre frais, jetez-y les œufs et faites cuire; versez dans un plat et dressez autour des tranches de petit salé grillé.

Œufs brouillés (troisième manière).

Pour deux œufs, douze cuillerées de lait, deux pincées de farine. Délayez d'abord la farine avec du lait froid, cassez ensuite les œufs, débattez-les, mettez le reste du lait, chaud ou froid à volonté et faites cuire comme ci-dessus.

On peut hacher des ciboulettes et les mettre dans les œufs brouillés. On agit de même avec des *choux-fleurs* cuits à l'eau ou desservis, avec *du jambon* cuit et coupé en petits dés, avec *des foies de volaille* hachés, *avec des tomates*, ainsi qu'*avec des asperges*. Pour celles-ci, il faut les couper en petits pois et les blanchir, puis les faire revenir dans du beurre et les mélanger avec les œufs brouillés, que vous cuisez à l'ordinaire.

Œufs brouillés au fromage.

Battez deux œufs, mêlez-y 40 grammes de fromage de gruyère râpé, 20 grammes de beurre frais, un peu de sel, faites cuire comme les autres œufs brouillés.

Œufs brouillés à la moelle.

Coupez en petits morceaux de la moelle, cuite dans un pot-au-feu, mettez-la dans un plat à œufs avec un bon morceau de beurre, faites-la fondre à feu très doux; quand elle est à peu près fondue, versez dans ce même plat des œufs bien battus et dans lesquels vous aurez mis des petits morceaux de beurre frais, salez et poivrez, tournez continuellement pendant la cuisson et servez quand ils seront bien crémeux.

Œufs en cocotte.

Mettez à fondre une noisette de beurre dans chaque petite cocotte en terre, pouvant contenir un œuf. Cassez votre œuf sur le beurre chaud, faire cuire une minute, ajoutez sel et poivre

ANNETTE.

Œufs à l'aurore.

Faites durcir dix œufs (temps réglementaire dix minutes), rafraîchissez-les à l'eau froide et épluchez-les. Coupez six œufs en deux, retirez les jaunes, écrasez-les dans une terrine avec 50 grammes de beurre fin, sel et poivre. Hachez quatre œufs entiers, mélangez-les dans une béchamel (sauce composée de beurre, farine et crème de lait), assaisonnez. Dressez sur un plat à gratin tous vos blancs d'œufs, garnissez-les avec vos œufs hachés et la béchamel, ensuite au moyen d'une grosse passoire, tamisez dessus, les jaunes d'œufs qui tomberont en manière de macaroni. Passez au four cinq minutes, pour servir chaud avec une légère couleur dorée.

Œufs pochés en matelote.

Faites bouillir dans une casserole un verre de vin et un verre d'eau, avec un bouquet garni, un oignon, une gousse d'ail, du sel, du poivre et deux clous de girofle. Au bout d'un quart d'heure, retirez l'assaisonnement et pochez dans le vin six œufs frais les uns après les autres, en les retirant à mesure avec l'écumoire. Dressez-les sur le plat avec des croûtons frits. Faites réduire la sauce, liez-la d'un morceau de beurre manié de farine, versez-la sur les œufs et servez.

ANNETTE.

Œufs à la jardinière.

Mettez dans une casserole quatre ou cinq gros oignons coupés en filets, avec un morceau de beurre, passez-les sur le feu jusqu'à ce qu'ils soient presque cuits; vous y mettez ensuite une bonne pincée de farine; mouillez avec un demi-litre de lait; assaisonnez de sel, poivre, et faites bouillir jusqu'à ce que la sauce soit épaisse; ôtez-les du feu pour y mettre dix œufs, que vous battez ensemble, mettez le tout dans le plat que vous devez servir pour le mettre cuire sur un petit feu, couvert d'un couvercle de tourtière.

Œufs à la tripe.

Coupez en petits dés une demi-douzaine d'oignons; faites-les roussir dans du beurre; lorsqu'ils sont d'une belle couleur, plongez-les et mouillez-les avec du consommé, faites dégraisser et réduire; au moment de servir, ajoutez-y un morceau de beurre sans faire bouillir et une douzaine d'œufs durs coupés en tranches.

Œufs brouillés à la coque.

Coupez autant de mie de pain en rond de la forme d'une petite tabatière, que vous voulez servir d'œufs; faites un petit trou dans le milieu pour y faire tenir un œuf dans sa longueur, ensuite vous prenez les œufs que vous brouillez: cassez-les par un bout pour les vider, brouillez-les en les mettant dans une casserole avec un petit morceau de beurre, un peu de persil, ciboules hachées, sel, gros poivre, deux cuillerées de crème; faites-les cuire sur le feu, en les remuant jusqu'à ce qu'ils soient cuits, et vous les remettrez dans leurs coquilles lavées et égouttées; dressez-les sur les mies de pain.

Œufs au fromage.

Mettez dans le plat que vous devez servir quatre cuillerées de crème réduite, et cassez-y dix œufs; prenez garde que le jaune ne crève; saupoudrez-les de fromage de parmesan râpé, et d'une pincée de mignonnette; faites-les cuire au four et les rendez mollets.

Œufs vieux garçons. (Pickles).

Dans une casserole remplie d'eau, faites bouillir seize œufs pendant douze minutes; puis vous les jetez dans de l'eau froide et leur ôtez leur coquille. Vous versez un litre de vinaigre dans une casserole; vous y ajoutez 5 grammes de poivre noir, 5 grammes de poivre de la Jamaïque, 5 grammes de gingembre; vous faites bouillir doucement le tout pendant dix minutes. Disposez les œufs dans un bocal couvrez-les de vinaigre et des condiments tout bouillants. Après complet refroidissement, on ferme hermétiquement le bocal. Ce pickles peut être mangé un mois après sa confection.

Œufs à la poulette.

Mettez dans la casserole un verre de lait, un morceau de beurre, du sel, du poivre, un soupçon de quatre épices, un peu de persil et ciboule hachés; faites bouillir le tout et, dix minutes avant de servir, mettez dedans des œufs durs coupés en rondelles; laissez prendre couleur et servez bien chaud.

ANNETTE.

Œufs à la Blidah.

Cassez trois œufs pour deux personnes; battez-les comme pour omelette en supprimant le poivre, ne mettant qu'un peu de sel et le jus d'une orange en place d'eau; mettez un morceau de beurre fin dans la casserole, un autre jus d'orange et un peu de jus de citron; versez les œufs battus, tournez comme pour une crème jusqu'à consistance; alors enlevez et servez vivement sur compotier comme entremets.

Œufs au beurre noir.

Les œufs au beurre noir se font en mettant dans une poêle un morceau de beurre que vous faites fondre sur le feu; quand il ne crie plus, vous avez les œufs cassés et assaisonnés de sel et de poivre, glissez-les dans la poêle et laissez-les cuire, passez une pelle rouge par-dessus pour cuire les jaunes, et coulez-les dans le plat de service. Versez un peu de vinaigre dans la poêle, faites chauffer un instant et arrosez les œufs.

Œufs à la bagnolet.

Pochez huit œufs frais; mettez dans une casserole du jambon cuit haché, avec un peu de coulis et du bouillon, un filet de vinaigre, du gros poivre et un peu de sel, faites chauffer la sauce et servez sur les œufs.

Œufs au gratin.

Prenez un plat qui aille au feu, mettez au fond un petit gratin fait avec de la mie de pain, un morceau de beurre, un anchois, persil, ciboules, une échalote, le tout haché, trois jaunes d'œufs, mêlez le tout ensemble; quand votre plat est garni, faites cuire un moment sur un feu doux, ensuite cassez dessus huit œufs, que vous assaisonnez de sel et de poivre, faites cuire doucement, passez la pelle rouge dessus, quand ils seront cuits, le jaune mollet, servez.

Œufs pochés au jus.

Mettez de l'eau aux trois quarts d'une casserole, avec du sel et un peu de vinaigre; placez-la sur le bord du fourneau, cassez vos œufs et versez-les doucement les uns après les autres dans l'eau, laissez-les prendre en ayant soin de tenir toujours l'eau bien bouillante, retirez-les de l'eau avec une cuillère percée, égouttez-les sur un linge blanc et dressez-les sur un plat, mettez un peu de mignonnette et de poivre sur chaque œuf et arrosez-les de bon jus.

Œufs à la huguenote.

Prenez le plat que vous devez servir; et mettez-le sur un feu doux avec un peu de jus; cassez doucement les œufs pour que les jaunes restent entiers; assaisonnez de sel, poivre, faites cuire le dessus avec la pelle rouge et servez à demi-mollets. (*Vieille formule.*)

OMELETTES.

Omelette au naturel ou à la bourgeoise.

Cassez dans un récipient la quantité d'œufs que vous jugez convenable, (environ deux par personne), saupoudrez-les de sel fin et battez-les bien; faites fondre du beurre dans une poêle; mettez-y les œufs et faites-les cuire d'une belle couleur, renversez votre omelette dans le plat que vous devez servir. On peut y ajouter du persil et de la ciboule bien hachés, ou d'autres fines herbes.

Omelette au rognon de veau.

Hachez un rognon de veau qui a été rôti avec le morceau, faites-le revenir dans une casserole sur un feu doux avec un morceau de beurre frais, ajoutez un peu de sel, mêlez ensuite aux œufs préparés comme pour l'omelette au naturel et faites-les cuire à l'ordinaire.

Omelette aux harengs saurs.

Ouvrez vos harengs par le dos, faites-les griller ; hachez-les menus, et mettez-les dans l'omelette, comme pour l'omelette au jambon, il ne faut point de sel dans les œufs, finissez cette omelette comme à l'ordinaire.

Omelette au fromage.

Râpez le fromage (gruyère ou parmesan), deux cuillerées pour huit œufs, mêlez-le avec les œufs, un peu de sel et battez le tout. Faites cuire comme l'omelette au naturel.

Omelette aux oignons à la moderne.

Pour une demi-livre de mie de pain, prenez un demi-litre de lait chaud que vous versez sur le pain, couvrez et remuez de temps en temps. Chauffez du beurre, jetez-y deux gros oignons hachés; quand ils sont cuits, mêlez-le pain avec six œufs battus et du sel, versez dans la poêle avec les oignons. Faites cuire comme les autres omelettes seulement retournez-la, pour la cuire également des deux côtés.

Omelette aux oignons.

Faites cuire avec du beurre dans une poêle des oignons coupés en tranches, lorsqu'ils sont cuits, versez les œufs battus pour l'omelette, et finissez la cuisson comme à l'ordinaire.

Omelette à la farine.

Délayez 125 grammes de farine avec huit œufs, un quart de litre de lait, que vous mettez peu à peu; ajoutez du sel et 30 à 40 grammes de sucre en poudre. Faites votre omelette et servez-la couverte de sucre en poudre.

Omelette au jambon.

Hachez du jambon cuit et battez-le avec les œufs d'une omelette au naturel ou aux fines herbes. Cuisez et dressez de même.

Omelette au lard à la mode lorraine.

Coupez en petits carrés du lard dont vous avez enlevé la couenne; faites-le frire dans la poêle;

versez dessus des œufs battus avec un peu d'eau, salez peu, à cause du lard, et laissez cuire.

Omelette au hachis.

Jetez une cuillerée de bon hachis dans les œufs battus pour une omelette; mêlez et faites cuire comme à l'ordinaire.

Omelette aux petits pois et aux pointes d'asperges.

Cuisez comme à l'ordinaire une omelette au naturel, et avant de la dresser mettez au milieu un ragoût de petits pois ou des asperges vertes en petits pois cuits au jus; repliez-la et renversez-la sur le plat de service, de manière que le ragoût se trouve au milieu de l'omelette.

On peut aussi mêler aux œufs les asperges ou les petits pois cuits d'avance.

Omelette bouquet.

Faites pour chaque convive une omelette avec deux œufs; quand elle sera cuite, roulez-la, puis trempez-la dans de l'œuf battu et ensuite dans de la mie de pain très fine. Faites cuire de belle couleur sur un feu modéré et doux.

Omelette aux tomates.

Lavez les tomates, enlevez les grains, coupez la pulpe en morceaux, faites-les revenir dans une casserole avec un morceau de beurre bien frais, ajoutez un peu de sel, quand la tomate est bien cuite; versez les œufs battus et faites cuire à l'ordinaire.

Omelette à la mie de pain.

Prenez une poignée de mie de pain, six cuillerées de crème, quatre œufs et une bonne pincée de sel ; faites tremper la mie de pain avec la crème ; lorsque celle-ci est absorbée par le pain, mettez le sel et les œufs puis battez vivement et laissez cuire. (*Vieille formule.*)

Omelette à la jardinière.

Préparez un ragoût de toutes sortes de légumes et herbages, faites-les cuire au jus avec quelques petits morceaux de jambon coupés en dés, mélangez-en la moitié avec une douzaine d'œufs bien battus, faites votre omelette; lorsqu'elle est cuite et de belle couleur entourez-la des légumes que vous avez réservés. (*Vieille formule.*)

Omelette aux anchois.

Ayez une douzaine d'anchois, faites-les dessaler à l'eau froide pendant un quart d'heure, coupez-les ensuite en filets et garnissez-en des tranches de pain rôties que vous aurez passées à la poêle dans de l'huile bouillante pour les humecter ; prenez ensuite une douzaine d'œufs frais, cassez-en six que vous battez vigoureusement, faites chauffer de l'huile d'olive, versez vos œufs et faites une omelette bien mince; après cuisson dressez-la sur un plat et garnissez-la des rôties aux anchois ; des six autres œufs, faites une seconde omelette, pareille à la première, recouvrez-en vos rôties et arrosez le tout de jus de viande ou d'une autre sauce.

Omelette aux pommes.

Pelez les pommes, coupez-les en tranches minces, que vous mettez dans une poêle avec un peu de beurre, faites cuire à feu vif. Lorsqu'elles sont cuites, versez les œufs battus et achevez comme une omelette ordinaire.

Omelette soufflée.

Cassez six œufs, séparez les blancs des jaunes, tournez les jaunes avec 125 grammes de sucre environ, parfumez au rhum ou au kirsch. Fouettez les blancs en neige ferme; mêlez-y les jaunes, tout en prenant garde de briser les neiges. Versez l'appareil dans un plat beurré, en lui donnant le plus de hauteur possible; mettez au four et servez dès que l'omelette prendra couleur. Saupoudrez de sucre en poudre.

Omelette sucrée.

Cassez huit œufs frais et séparez les blancs des jaunes; battez vivement les jaunes en y incorporant 125 grammes de sucre en poudre, parfum quelconque, trois cuillerées de crème épaisse et une pincée de sel. Mêlez les blancs aux jaunes, battez le tout très vivement et faites cuire l'omelette à la poêle, dans du beurre frais, comme une omelette ordinaire. L'omelette étant cuite, saupoudrez-la de sucre et passez la pelle rouge au moment de servir.

Omelette au rhum.

Faites cuire une omelette sucrée ou soufflée; couvrez-la de sucre en poudre; mettez aussi à côté trois petits morceaux de sucre, arrosez-la d'un demi-verre de rhum auquel vous mettrez le feu en la plaçant sur la table. Distribuez l'omelette dès que le rhum aura cessé de brûler.

Omelette à la confiture.

Préparez les œufs comme pour l'omelette sucrée, seulement avant de les battre ajoutez pour deux œufs une cuillerée à bouche de gelée de groseille ou autre.

Omelette parisienne.

Un demi-litre de lait, 125 grammes de beurre frais que l'on chauffe pour le rendre coulant, un œuf entier et cinq jaunes, 50 grammes de sucre, sel, une demi-cuillerée de levure de bière, et, farine, ce qu'il en faut pour une pâte ferme. Battez les œufs auxquels vous ajoutez le lait tiède, la levure, le sucre, le sel et le beurre; versez le tout dans le creux fait au milieu de la farine. Mélangez et travaillez la pâte jusqu'à ce qu'elle se détache des mains; couvrez-la et mettez-la au chaud pour la faire lever jusqu'à ce que son volume soit presque double; amincissez-la ensuite de l'épaisseur d'un demi-centimètre. Prenez de la confiture par petites cuillerées, placez-la de distance en distance sur la pâte étendue, recouvrez d'une pâte semblable à celle du fond. Partagez en appuyant avec un verre, de façon à obtenir de petits gâteaux ronds; arrangez sur une planche saupoudrée de farine; mettez encore au chaud pour lever, et faites cuire dans une friture chaude. Les omelettes doivent être cuites des deux côtés, et avoir une couleur brun clair. En les sortant de la friture, saupoudrez de sucre et de cannelle. On les mange chaudes ou froides.

Omelette à la Célestine.

Pour cinq à six personnes, cassez six œufs dans une terrine, ajoutez une pincée de sel, battez les œufs, puis beurrez une poêle, étalez-y les œufs comme pour une crêpe épaisse; lorsque les œufs sont cuits à point, étalez-y une couche de marmelade d'abricots, pliez l'omelette en deux, glissez-la sur plat et saupoudrez-la de sucre.

(*Vieille formule.*)

ENTREMETS

Charlotte à la groseille.

Faites fondre et réduire en sirop, de la gelée de groseille, l'additionner de kirsch, mettre dans un moule un lit de biscuit et un lit de groseille jusqu'à ce qu'il soit plein. Faites prendre à la glace, renversez et servez avec une crème à la vanille autour. ANNETTE.

Pâte à frire.

250 grammes de farine délayée dans une terrine avec un verre d'eau, pour obtenir une pâte coulante; ajouter deux jaunes d'œufs, deux cuillerées à bouche d'huile d'olive et une pincée de sel. Au moment de s'en servir, mélanger à cette pâte deux blancs d'œufs fouettés bien fermes. A. CAILLAT.

Pâte feuilletée.

Mettre sur le marbre 500 grammes de farine disposée en fontaine, au milieu d'une pincée de sel et incorporer trois décilitres d'eau, soit à peu près un verre et demi, pour obtenir une pâte ferme mais mollette. Le mélange doit se faire assez lestement mais sans précipitation, autrement la pâte serait cordée. C'est ce qui constitue la détrempe.

Laisser reposer un quart d'heure, l'étendre ensuite de l'épaisseur de deux centimètres, étaler dessus et de la même épaisseur, 500 grammes de beurre que l'on aura tenu sur glace et manié dans un linge mouillé, pour le rendre souple. Replier sur ce beurre, en bien l'enfermant, les quatre bords de la pâte ; abaisser au rouleau, de l'épaisseur de 15 millimètres, en allongeant la pâte devant soi, de forme rectangulaire ; la plier en trois et l'allonger de nouveau au rouleau comme ci-devant, mais dans le sens des plis, le replier en trois et laisser reposer dix minutes, cela constitue deux tours. Donner ensuite deux autres tours et dix minutes de repos, puis finalement les deux derniers. C'est ce que l'on appelle du feuilletage à six tours. En été il est indispensable de tenir cette pâte sur glace durant les divers repos qu'on lui fait subir pendant le tourage. Autrement le beurre crève la pâte, qui s'échappe, et l'opération est manquée, car l'on obtient alors un feuilletage qui ne fait presque point d'effet à la cuisson.

Pour s'en servir, l'abaisser au rouleau de l'épaisseur convenable; cette épaisseur est déterminée par l'emploi auquel on la destine.

A. Caillat.

Gaufrettes sèches pour le thé.

Mettez une livre de farine, une demi-livre de sucre en poudre, 200 grammes de beurre frais, trois œufs et un parfum quelconque dans une terrine, pétrissez le tout ensemble pendant trente minutes, formez des boules de pâte de la grosseur d'une noix, chauffez et beurrez un gaufrier plat, posez les unes après les autres vos boules de pâte et cuisez à feu doux, jusqu'à ce que vos gaufrettes soient bien dorées.

PAULINE C...

Gâteau madeleine.

Délayez cinq jaunes d'œufs avec 200 grammes de sucre en poudre, autant de farine de gruau et de beurre fin. Battez trois blancs d'œufs en neige, mélangez le tout, versez dans un moule beurré et mettez au four pendant une heure à feu doux.

Beignets.

Faites la pâte une heure à l'avance; prenez de la farine selon la quantité que vous voulez faire de beignets; mettez deux jaunes d'œufs et battez les blancs en neige; mettez quatre cuillerées d'huile d'olive, finissez de délayer la pâte avec un peu d'eau-de-vie et un demi-verre de lait, en y ajoutant un peu de sel; faites frire vos beignets dans l'huile ou le saindoux.

Pouding à la mie de pain.

Un verre de rhum, quatre œufs, 170 grammes de sucre en poudre, autant de mie de pain, autant de raisins de Corinthe, 125 grammes de beurre, trois cuillerées de lait, une demi-livre de cédrat et d'oranges confits.

Mélangez dans un saladier, le sucre, les jaunes d'œufs et le beurre fondu, avec de la mie de pain et travaillez un instant, puis ajoutez les raisins de Corinthe, le lait et les fruits confits coupés en très petits morceaux, un verre à bordeaux de rhum et deux blancs d'œufs montés en neige; beurrez bien le moule, versez dedans votre mélange. Faites cuire au bain-marie pendant cinq heures, après cuisson, humectez avec un verre de rhum.

Bavarois.

Faire une crème épaisse avec un demi-litre de lait, sept jaunes d'œufs; y faire fondre cinq feuilles de gélatine, incorporer dans cette crème que l'on aura parfumée au kirsch pour 1 fr. 25 c. de crème fouettée, sucrée et vanillée.

Plum-Cake.

Plusieurs nièces me réclament la manière de faire le plum-cake, qu'elles trouvent très commode pour emporter comme dessert, dans les parties de plaisir, pique-niques, etc.

Bien volontiers, d'autant que c'est fort simple.

Battez ensemble dans une terrine avec une cuillère de bois, jusqu'à devenir blanc, 200 grammes de sucre en poudre avec autant de beurre tiède, ajoutez 200 grammes de raisins de Corinthe, 60 grammes de malaga (dont on enlève les pépins), du zeste de citron haché, six œufs entiers l'un après l'autre et toujours en battant, puis, peu à peu, 360 grammes de farine, un peu de bonne levure si vous en avez; garnissez l'intérieur d'un moule uni, avec du papier beurré, remplissez-le aux trois quarts de l'appareil, faites cuire une heure et demie à four pas trop chaud, démoulez un quart d'heure après la sortie du four : Servez froid. Tante Rosalie.

Chaussons aux confitures.

Prenez de la pâte feuilletée, abaissez-la sur 6 à 8 millimètres d'épaisseur, et découpez deux ovales semblables de la grandeur que vous voudrez. Mettez sur l'un des deux de la confiture de mirabelles ou d'abricots, sans remplir jusqu'aux bords ; humectez avec un peu d'eau les bords de l'autre morceau de pâte et posez-le sur la première en collant bien les bords l'un contre l'autre. Dorez avec de l'œuf et faites cuire au four. Quand le gâteau est cuit, saupoudrez de sucre fin et glacez à la pelle rouge.

ANNETTE.

Tarte à la crème.

On fait une pâte *levée*, comme pour le pain, mais en l'additionnant de beurre et d'œufs (pour une livre de farine, un quart de beurre et deux œufs). Quand cette pâte est *revenue*, on l'étend sur une tourtière. On la saupoudre bien de sucre pulvérisé et, par-dessus le sucre, on répand une crème à la vanille qui doit être faite de la veille. On laisse cuire à point dans un four. La crème peut être remplacée par de la confiture de groseille ou d'abricot. ANNETTE.

Beignets d'abricots.

Coupez en deux des abricots pas trop mûrs ; après les avoir parés, enlevez les noyaux, laissez-les une heure dans de l'eau-de-vie, du sucre et le zeste d'un citron ; égouttez, trempez dans la pâte à frire et faites frire à belle couleur. Servez sur une serviette et saupoudrez de sucre râpé. ANNETTE.

Baisers (Entremets).

Battez six blancs d'œufs en neige très ferme avec une demi-livre de sucre, le jus et l'écorce d'un citron. Mettez par petites portions, sur des feuilles de papier graissé, et faites cuire à *four doux*. Ils doivent rester blancs.

ANNETTE.

Compote de pommes au beurre.

Prenez des pommes ordinaires ne pouvant être servies en dessert; épluchez-les, en ayant soin d'en enlever les cœurs et ce qui peut être défectueux; mettez les morceaux dans l'eau fraîche, et cuisez-les dans une casserole un peu profonde, avec six morceaux de sucre, un peu de beurre, de la vanille et un verre d'eau ; lorsqu'elles seront devenues roses, écrasez avec une cuillère de bois et versez dans un compotier. Ayez huit biscuits, arrosez-les de rhum, sur la partie plate, que vous mettez en étoile sur la compote.

ANNETTE.

Crèmes de fleurs.

Les crèmes de fleurs, roses, seringa, giroflée, muguet, réséda, héliotrope, jasmin, jonquille, jacinthe, violettes, sont très goûtées sous forme de boissons glacées. Fleurs quelconques mondées, 250 grammes; eau-de-vie blanche ou alcool à 58°, 4 litres; sucre blanc, 1^{k},500; eau, 2 litres 1/2.

Mettre le sucre et l'eau en ébullition, y jeter les fleurs mondées, surtout éviter les mélanges de fleurs, après refroidissement, couvrir le vase, passer dans un tamis ou une toile fine avec légère expression ; ajouter l'alcool, boucher, laisser au repos pendant quelques jours et filtrer.

ANNETTE.

Gâteaux secs croquants.

Pesez deux œufs, séparez-en les jaunes, battez les blancs en neige.

Prenez une quantité de sucre en poudre du poids des œufs, mélangez-la avec la neige des blancs et un égal poids de beurre frais un peu fondu. Pétrissez le tout avec de la farine pour en former une pâte épaisse, que vous coupez en lanières. Semez sur ces lanières de pâte des amandes coupées en morceaux (on les émonde à l'eau chaude). Portez les lanières de pâte au four sur une tôle, laissez-les bien cuire et bien sécher pour que les gâteaux soient croquants.

Entremets aux amandes.

Émondez une poignée d'amandes en les jetant à l'eau douce. Hachez les amandes au hachoir, procédé plus simple que de les piler dans un mortier. Mélangez-les avec 200 grammes de farine, quatre jaunes d'œufs et deux blancs battus en neige, deux cuillerées de sucre en poudre et une ou deux cuillerées de fleur d'oranger. Mettez le tout dans un moule beurré et portez au four à feu doux environ une heure et demie.

Ces proportions peuvent fournir un dessert pour six ou huit personnes.

✝ *Œufs aux macarons.*

Battez ensemble six jaunes d'œufs, trois blancs seulement, trois macarons pilés, une cuillerée de sucre en poudre, gros comme un œuf de beurre frais un peu chauffé ; râpez sur le tout un zeste de citron et logez cette pâte dans un moule que vous portez au bain-marie environ trois quarts d'heure.

Les proportions indiquées peuvent composer un entremets pour six personnes.

Sorbet à la fraise.

Épluchez deux kilos de fraises, écrasez-les au mortier et exprimez-en bien tout le jus, auquel vous ajouterez celui de deux citrons. Mêlez à ce jus 250 grammes de sucre, laissez infuser le tout pendant environ une heure, couvrez-le et portez-le au frais; ensuite, passez le tout et mélangez dans un litre de bon lait ou crème, à froid. Mettez à frapper dans la sorbetière entourée de glace, pendant une heure et demie, mais de temps en temps, détachez avec la spatule la glace qui se forme aux parois du moule, et tenez l'appareil plutôt mollet que trop ferme.

ANNETTE.

Œufs à la neige.

Mettre sur le feu un litre de lait sucré et vanillé; battre six œufs en neige très ferme et les plonger par cuillerées dans le lait bouillant, quelques secondes; les retirer, les poser sur un plat à trous, afin de laisser égoutter le lait. Versez ensuite dans le lait les jaunes d'œufs battus et sucrés, tourner pendant quelques instants et enlever la casserole du feu sitôt que l'on sent que la crème épaissit. Au moment de servir, poser les blancs d'œufs sur la crème.

ANNETTE.

Gâteau Alsace.

Mettez fondre à demi au bain-marie, un quart de beurre bien frais, remuez jusqu'à ce qu'il soit en crème; ajoutez-y petit à petit, en remuant sans cesse, un quart de sucre en poudre, un peu de vanille pulvérisée ou un autre parfum, à votre choix, puis un quart d'amandes, que vous avez épluchées et bien pilées au mortier; ajoutez trois œufs bien frais, que vous introduisez l'un après l'autre en remuant encore.

Vous garnissez de biscuits à la cuiller, le tour et le fond d'un moule en fer, serrez-les bien l'un contre l'autre, après les avoir légèrement râpés du côté du sucre; vous versez votre crème à l'intérieur, couvrez avec des biscuits; pressez fortement et laissez sous presse pendant deux jours. Après ce temps vous démoulez en tirant les bandes de papier dont vous avez garni votre moule, pilez et passez les débris de vos biscuits, saupoudrez-en votre gâteau, faites un caramel, trempez-y quelques amandes émincées et piquez-en le gâteau pour l'orner.

Bonbons méringués.

Pour deux blancs d'œufs, prenez un quart de sucre, ajoutez du chocolat Lombart rapé, de la fleur d'oranger ou du café, la valeur de deux cuillerées à café de l'une de ces substances, puis tournez jusqu'à ce que ce soit assez épais pour ne pas quitter la cuillère. Prenez alors une feuille de papier et mettez vos bonbons dessus, en leur donnant la forme que vous désirez; placez votre feuille couverte de bonbons dans un four doux, vos bonbons seront cuits quand ils se détacheront facilement du papier.

Saucisson au chocolat.

Prenez du chocolat Lombart en tablette et sans vanille, faites-le fondre doucement au bain-marie, mettez-y autant de miel qu'il en faudra pour lui donner une consistance convenable; un peu de girofle et de la canelle en poudre. Puis, ayez des amandes, ou des noisettes, coupez-les en deux ou trois morceaux et mêlez-les avec le chocolat; maniez ce mélange de manière à lui donner la forme et l'aspect d'un saucisson. Enveloppez ce saucisson d'un nouveau genre dans un papier d'argent et coupez-en des tranches.

JULIA DE CETTE.

Pêches à la Bourdaloue.

Prenez une douzaine de pêches, coupez-les en deux, enlevez la peau et les noyaux, puis, faites-les cuire dans un sirop parfumé au kirsch, et tenez-les au chaud; d'autre part préparez une *crème frangipane* ainsi composée : mettez dans une casserole 100 grammes de farine, 100 grammes de sucre, cinq jaunes d'œufs, travaillez le tout ensemble à la spatule pour en faire une pâte lisse, mouillez petit à petit avec un demi-litre de lait bouillant dans lequel vous aurez infusé une gousse de vanille ; remuez cette crème sur le feu jusqu'à ébullition; vous y ajouterez pour la finir 100 grammes de beurre fin.

Rangez dans un compotier vos quartiers de pêches sur la crème et arrosez-les du sirop dans lequel ils sont cuits après l'avoir fait bouillir et y avoir mêlé quelques cuillerées de marmelade d'abricots.

CHARLOTTE.

Soufflé au café.

Pour six personnes, faites bouillir un demi-litre de lait avec une pincée de sel et 125 grammes de sucre, laissez refroidir; délayez peu à peu 40 grammes de fécule avec le lait refroidi, mettez sur feu doux; à première ébullition, retirez, laissez refroidir, incorporez dans cette bouillie trois jaunes d'œufs, une cuillerée d'essence de café et les blancs battus en neige, mélangez le tout légèrement; versez cette préparation dans un plat creux ou un légumier allant au feu, n'emplissez qu'aux trois quarts, mettez au four pendant une demi-heure environ; quelques minutes avant de le sortir, saupoudrez de sucre, faites glacer et servez tout de suite.

Gâteau quatre-quarts.

Pesez le poids de quatre œufs de farine, autant de sucre en poudre et autant de beurre; mélangez dans une terrine sucre et farine; puis une cuillerée d'eau-de-vie et une cuillerée de pétales de fleurs d'oranger hachées; joignez les quatre œufs, blanc et jaune, un à un, en travaillant la pâte avec une spatule; après mélange incorporez-y le beurre fondu en crème, beurrez une forme, versez-y votre préparation et faites cuire au four modéré trois quarts d'heure environ; on sert chaud ou froid.

Crème aux abricots.

Faites cuire douze beaux abricots avec 250 grammes de sucre; passez au tamis, laissez refroidir; ajoutez un petit verre de ratafia de noyaux. Délayez-y huit jaunes d'œufs, passez ce mélange à l'étamine, ajoutez-y du sucre à volonté, faites cuire au bain-marie dans la jatte ou dans de petits pots destinés à recevoir la crème quand on la servira sur la table ; pour la cuisson, procédez comme pour les crèmes ordinaires. On peut substituer au ratafia du vin blanc

ANNETTE.

Compote de fraises aux abricots.

Faites tremper de belles fraises à l'eau fraîche pendant quelques secondes, puis égouttez-les au tamis ou dans une grande passoire; mettez-les sur le compotier de service, et saupoudrez-les de sucre vanillé. Faites un sirop cuit, un peu réduit et versez-le tiède sur les fraises, couvrez le tout pendant cinq minutes, pas plus, puis laissez refroïdir. Servez-les alors telles que, avec des talmouses ou des petits pains de la Mecque.

ANNETTE.

Cerises frites.

On lie quatre ou cinq cerises en petit bouquet (les fruits et pas les tiges) dans une pâte à beignets. Frire, saupoudrer de sucre et servir chaud. Excellent entremets de déjeuner.

ANNETTE.

Soufflé à l'abricot.

Mettez une demi-livre de marmelade d'abricots dans un plat creux; battez-la pendant une demi-heure, afin qu'elle devienne mousseuse et un peu blanche. Battez cinq blancs d'œufs en neige et incorporez-y cuillerée par cuillerée la marmelade.

Versez le tout dans un plat creux allant au feu, cuisez à four doux pendant sept minutes.

BARONNE BIDART.

Gâteau mousseline.

Huit œufs, quatre tasses à café de sucre en poudre et deux tasses de belle farine. Battez les blancs en neige ferme; mettez le sucre dans un vase et la farine dans un autre. Tournez toujours les jaunes dans le même sens, avec une cuillère de bois en y mettant une cuillère de neige, une de sucre, puis une de farine, ainsi de suite en employant tout. Ne vous pressez pas trop en mettant ces choses, car plus la pâte est travaillée, mieux cela vaut. Versez alors cette pâte dans un moule huilé, afin que le gâteau ne s'attache pas. Vingt minutes ou une demi-heure au plus de cuisson, selon la grosseur, chaleur moyenne. Quand le gâteau est cuit, renversez-le sur un plat, laissez-le s'essuyer et prendre couleur sur le devant du four ouvert.

Biscuit milanais.

Un excellent gâteau, pouvant facilement s'emporter dans les parties de campagne, est le biscuit milanais, très léger, peu coûteux à préparer, très facile à faire et qui peut se conserver plusieurs jours.

Mettez quatre œufs d'un côté de la balance, et de l'autre autant de sucre en poudre, mettez le poids d'un œuf de farine et autant de fécule.

Mettez le tout dans une terrine, faites un trou au milieu, cassez les quatre œufs et conservez deux blancs, que vous battez en neige très dure, on les mélange à la pâte, qui aura été battue un quart d'heure. On ajoute de la râpure d'un citron et une grosse poignée de raisins de Corinthe ou de Malaga. Aussitôt le mélange fait, on le met dans un moule bien beurré et l'on enfourne. Cuisez environ trois quarts d'heure.

TANTE ROSALIE.

Gâteau chocolat gourmet.

Pesez deux œufs, mettez un poids égal de beurre bien frais, de chocolat Lombart et de sucre en poudre. Faites fondre ensuite le chocolat dans un petit verre d'eau, quand il est bien fondu, retirez-le du feu, mettez-y le beurre, remuez jusqu'à ce qu'il soit complètement fondu; ajoutez les deux jaunes d'œufs, puis le sucre en poudre et une bonne cuillerée de farine en remuant toujours. Joignez-y les blancs d'œufs après les avoir battus en neige ferme. Quand le tout est mélangé, introduisez cette crème dans un moule bien beurré et faites cuire au four, à feu doux, pendant une heure. Préparez une crème à la vanille dont vous entourez cet excellent gâteau.

GENEVIÈVE R.

Petits gâteaux pour le thé.

Faites une pâte ainsi composée : 250 grammes de beurre frais, 250 grammes de fleur de farine, un peu de sel, un zeste de citron haché très fin et très peu de sucre en poudre. Pétrissez le tout avec une tasse de bouillon gras et séparez la pâte en petites boules. Prenez le fer à gaufres, mettez une des boules de pâte, faites cuire des deux côtés et retirez le gâteau, que vous servirez en pile sur une assiette.

ANNETTE.

Gâteau de marrons aux fruits confits.

Prenez un kilogramme de marrons, enlevez la première enveloppe, puis faites-les cuire à l'eau, enlevez la seconde peau, écrasez-les et passez-les au tamis. Préparez une compote de poires sucrée et vanillée; rangez dans le plat que vous devez servir vos quartiers de poires les uns contre les autres; coupez finement des fruits confits, tels que : abricots, chinois, prunes, angélique, écorces d'orange et de cédrat, mettez-en une bonne couche sur les quartiers de poires, recouvrez le tout de la purée de marrons, que vous aurez fait cuire, en y ajoutant le sirop cuit avec les poires. Battez très fort quelques blancs d'œufs en neige avec du sucre en poudre, recouvrez votre gâteau et décorez-le avec des fruits confits découpés ou avec des non-pareils.

Gâteau Mazarin.

Prenez gros comme deux noix de levure très fraîche, que vous délayez dans un saladier avec un peu d'eau chaude, en y faisant fondre deux morceaux de sucre pour ôter l'amertume. Ajoutez 60 grammes de raisins de Corinthe, 500 grammes de fleur de farine, six œufs entiers; faites fondre 250 grammes de beurre que vous versez dans le saladier, et battez le tout pendant un quart d'heure, ajoutez trois petits verres de rhum, mettez à lever dans un endroit chaud; quand la pâte est bien levée, serrez-la dans un moule beurré et cuisez au four pendant une heure.

BARONNE BIDART.

Charlotte de pommes

Pelez et épluchez vingt pommes de reinette que vous coupez par morceaux ; mettez-les dans une casserole où vous avez fait fondre un morceau de beurre et ajoutez du sucre et de la cannelle; faites feu dessus et dessous ; en ne les remuant pas elles ne s'attacheront pas; quand elles sont fondues, passez-les en purée et faites un peu réduire sur le feu sans laisser attacher. Taillez la mie d'un pain en cœur, garnissez-en le fond d'un moule sans qu'il y ait de jour entre, la pointe des cœurs au centre : garnissez-en aussi le tour. Tous ces croûtons se trempent dans du beurre fondu. Placez votre marmelade dedans par lits et ajoutez entre chaque lit, un lit de marmelade d'abricots ; recouvrez de tranches de pain très minces, et faites cuire avec feu dessus et dessous : vingt minutes suffisent pour prendre couleur; servez chaud. (*Vieille cuisine.*)

Charlotte russe aux pommes.

On dispose des biscuits de la même façon que les croûtons pour la charlotte. On a fait cuire des pommes au beurre que l'on coupe par moitié ou en quartiers et dont on garnit le tour du moule en dedans des biscuits, en laissant si l'on veut un creux au milieu, que l'on remplit de confitures de groseilles. (*Ancienne formule.*)

Pommes meringuées.

Dressez en pyramide de la marmelade de pommes sur un plat; fouettez deux blancs d'œufs auxquels vous ajoutez deux cuillerées de sucre en poudre et un peu de zeste de citron haché, couvrez-en votre pyramide, glacez toute la surface de sucre écrasé en grains, faites fondre de belle couleur dans un four presque éteint, servez chaud comme un soufflé.

Beignets d'oranges.

Prenez quatre ou cinq oranges de Portugal, enlevez superficiellement l'écorce, en la tournant avec un petit couteau; coupez les oranges par quartiers pour en ôter les pépins ; mettez-les cuire avec un peu de sucre. Faites une pâte. (Voir *pâte à beignets.*) Trempez vos quartiers d'oranges dedans pour les faire cuire dans une friture, jusqu'à ce qu'elles soient de belle couleur. Servez saupoudré de sucre fin.

Beignets de fraises.

On fait une pâte avec de la farine, une cuillerée d'eau-de-vie, un demi-verre de vin blanc, deux blancs d'œufs fouettés, citron vert haché, bien délayée, sans être trop épaisse ni trop liquide : il faut qu'elle file en la versant de la cuiller. On y trempe de grosses fraises, on les fait frire et on les glace avec du sucre et la pelle rouge. (*Ancienne formule.*)

Beignets à la vénitienne.

On fait cuire du riz avec du lait : bien cuit et bien épais, on le remue avec deux cuillerées de farine, du sucre fin, trois œufs blanc et jaune, de la fleur d'oranger prâlinée et citron vert haché, de la pomme reinette coupée en petits dés, et du raisin de Corinthe : former de petits tas sur du papier, et les faire frire. En servant, on les poudre de sucre. (*Ancienne formule.*)

Beignets à la crème, glacés.

Mettez dans une casserole un demi-setier (1 verre à bordeaux) de crème, un demi-setier de lait, un peu de sel, une pincée de citron vert haché très fin; faites bouillir et réduire à moitié : ensuite vous y mettrez trois cuillerées de farine que vous délayez sur le feu avec la crème, et la tournerez jusqu'à ce qu'elle soit bien épaisse. Otez-la du feu pour la mettre sur la table; abattez-la avec le rouleau, jusqu'à ce qu'elle soit mince comme un petit écu : coupez-la en losange; faites-la frire, et glacez avec du sucre et la pelle rouge. (*Ancienne formule.*)

Beignets de pommes.

Prenez des pommes reinette que vous coupez en rond; ôtez la peau et les pépins, parez-les proprement; faites-les mariner deux ou trois heures dans de l'eau-de-vie, sucre en poudre et zeste de citron; quand elles ont bien pris goût, faites-les égoutter et passez-les dans la farine, faites frire de belle couleur; dressez-les et saupoudrez-les de sucre.

Beignets d'abricots.

Se font de la même manière que les beignets de pommes, seulement on doit couper les abricots en deux et les choisir un peu fermes.

Beignets de pêches.

Procéder de même que pour les beignets d'abricots.

Gâteau de marrons.

Prenez un kilogramme de marrons, enlevez la première enveloppe, faites cuire à l'eau, enlevez la deuxième pellicule ; pilez les marrons pour les réduire en pâte, ajoutez-y du lait sucré et vanillé, et six blancs d'œufs battus en neige, versez la pâte dans un moule enduit de caramel et faites cuire une heure, au four pas trop chaud.

Préparez ce gâteau la veille et servez-le avec une crème à la vanille.

BARONNE BIDARD.

Mont-Blanc.

Faire cuire des marrons pendant une demiheure, les éplucher et les écraser avec une fourchette pendant qu'ils sont encore chauds ; les faire cuire avec lait et sucre à volonté environ cinq minutes pour faire une purée épaisse : passer dans une passoire sur une assiette la partie la plus liquide ; passer ensuite sur le plat que l'on doit servir afin de conserver à la purée la forme de vermicelle fin. Quand la purée devient plus épaisse et plus difficile à passer, on ajoute dans la passoire la partie claire restée sur l'assiette et on continue de manière à former un dôme. Recouvrir ensuite d'un litre de crème fouettée et deux blancs d'œufs pour cinquante marrons environ.

BARONNE BIDARD.

Croustade.

Un demi-verre d'eau un peu tiède, une demilivre de farine, trois cuillerées de sucre en poudre ; délayez le tout ensemble en y ajoutant une cuillerée de rhum et un peu de sel. Lorsque la pâte se détache du plat, étendez-la sur une table saupoudrée de farine ; une fois étendue, ajoutez par petits morceaux une demi-livre de beurre bien frais, étendez et repliez votre pâte trois ou quatre fois ; prenez un plateau en fer battu que vous enduisez de beurre, mettez-y un rond de pâte au fond, rangez-y des pommes que vous aurez eu le soin de faire macérer dans du sucre et du rhum. Recouvrez les pommes d'un autre rond de pâte, décorez-le avec goût et dorez votre gâteau avec du jaune d'œuf. Faites cuire au four ou dans les cendres chaudes.

JANE DE TOULOUSE.

Astriés.

Six jaunes d'œufs, trois quarts de farine, une demi-livre de sucre, un quart de beurre et un zeste de citron; mélangez le tout ensemble jusqu'à ce que la pâte soit dure; formez alors des petites boules d'égale grosseur, huilez un moule à gaufre et mettez chaque fois une petite boule qui s'étend en cuisant. JANE DE TOULOUSE.

Praliné.

Pilez dans un mortier un quart de pralines grises vanillées, mélangez avec une neige très ferme de neuf blancs d'œufs à laquelle vous ajoutez deux cuillerées de sucre en poudre. On verse ce mélange dans un moule enduit de caramel, et l'on fait cuire au bain-marie vingt minutes avec feu sur le couvercle. Ne démoulez qu'au moment de servir. Faites une crème au caramel que vous servez autour du gâteau.

BARONNE BIDARD.

Ile flottante.

Faites cuire dans l'eau bouillante huit ou neuf belles pommes; lorsqu'elles sont refroidies, passez-les dans un tamis et mêlez-y du sucre en poudre; ayez quatre ou cinq blancs d'œufs que vous battez avec une cuillerée d'eau de rose ou de fleur d'oranger; mêlez peu à peu avec les pommes, en continuant à battre de manière à rendre le tout très léger; puis dressez cette mousse sur une belle gelée large qui fera le fond du compotier ou sur une crème renversée.

BARONNE BIDARD.

Croûtes aux pêches.

Beurrez le fond d'une tourtière ou d'un plat qui aille au feu, coupez de larges tranches de pain, et de la longueur du fond de la tourtière ou du plat, mettez ces tranches dans la tourtière, de manière à en couvrir le fond. Prenez des pêches bien mûres, ouvrez-les en deux et en couvrez les tranches de pain, la peau des pêches du côté du pain et l'intérieur du fruit qui forme coquille en dessus et à découvert; mettez dans chaque moitié de pêche du sucre fin et un petit morceau de beurre frais, ensuite placez la tourtière sur un feu très doux, couvrez-la d'un four de campagne; il faut plus de feu dessus que dessous; réchauffez le four de campagne à plusieurs reprises, et plusieurs fois aussi, semez du sucre fin sur vos pêches. Vos pêches cuites, levez légèrement les croûtes de pain et les servez sur un plat, telles qu'elles étaient dans la tourtière; elles ne doivent pas être attachées; versez dessus le jus qui peut se trouver au fond de la tourtière et servez chaud.

(*Ancienne formule.*)

Croûtes aux prunes Reine-Claude.

Les croûtes aux prunes se préparent de même que celles aux pêches.

Croûtes aux mirabelles.

Voy. *Croûtes aux pêches.*

Croûtes aux abricots.

Voy. *Croûtes aux pêches.*

Croquettes de maïs.

Prenez un quart de sucre râpé, un quart de farine, moitié de maïs, moitié de farine ordinaire, même poids de beurre très frais, un peu d'écorce de citron râpé; pilez le tout dans un mortier jusqu'à consistance de pâte. Roulez ensuite cette pâte avec un rouleau; il faut qu'elle soit très mince. Coupez-la par morceaux, placez-les à sec sur une tourtière; faites cuire à petit feu dessus et dessous. Servez saupoudré de sucre en poudre.

Gâteau de riz.

Prenez une demi-livre de riz, faites-le blanchir; faites cuire et mouillez peu à peu avec un demi-litre de crème, mettez le zeste d'un citron, un peu de sucre et un peu de sel. Quand il sera crevé et bien épais, retirez l'écorce du citron, laissez refroidir; ajoutez un morceau de beurre frais, fleur d'oranger, six à huit œufs dont vous avez supprimé la moitié des blancs; mêlez le tout, versez dans le moule enduit de caramel, faites cuire au bain-marie pendant trois quarts d'heure et renversez sur le plat de service.

Beignets de riz.

Coupez les restes d'un gâteau de riz en rond ou en losange, trempez-les dans la pâte à frire, faites frire et glacez-les si vous voulez avec du sucre en poudre et le four dessus.

Croquettes de riz.

Faites crever un quart de riz et préparez-le comme ci-dessus; au lieu de le mettre dans un moule, faites-en des croquettes que vous trempez dans de l'œuf battu et sucré; panez-les, retrempez-les, repanez-les et faites frire.

Beignets soufflés.

Mettez 3 décilitres d'eau dans une casserole; ajoutez un grain de sel, une pincée de sucre, un morceau de beurre, un morceau de zeste. Au premier bouillon, retirez sur le côté, et incorporez au liquide 125 grammes de farine; liez bien la pâte sans faire de grumeaux, puis desséchez-la sur le feu pendant quelques minutes, en la travaillant sans la quitter; versez-la ensuite dans une autre casserole, et deux minutes après incorporez-lui quatre œufs entiers, l'un après l'autre et à distance, sans cesser de travailler la pâte, puis, poussez-la avec le doigt, de façon à lui donner la forme ronde et la faire tomber dans une poêle de friture à peine chaude; à mesure que les beignets grossissent, rappprochez la poêle du feu; quand ils sont légers et de belle couleur, égouttez-les, saupoudrez-les avec du sucre fin et dressez-les sur une serviette. Les beignets soufflés doivent être mangés bien chauds.

URBAIN-DUBOIS.

Pain perdu.

Faites bouillir un demi-litre de lait et réduire à moitié avec un peu de sucre, une pincée de sel, une demi-cuillerée d'eau de fleurs d'oranger, une pincée de citron vert hâché; ayez des mies de pain coupées de la grandeur d'un petit écu et beaucoup plus épaisses; trempez-les dans le lait un petit moment; quand elles seront toutes imbibées, égouttez-les; trempez dans l'œuf battu et faites frire. Servez-les saupoudrées de sucre.

(*Ancienne cuisine.*)

Soufflé de riz.

Faites blanchir une demi-livre de riz, et ensuite crever avec de la crème, sucre, peu de sel; étant bien cuit, passez-le au tamis; mettez cette purée dans une casserole avec six jaunes d'œufs, un peu de fleur d'oranger, zeste de citron, gros comme un petit œuf de beurre; mêlez-y aussi les blancs battus en neige. Faites chauffer au four de campagne, beurrez un moule dont vous garnissez les bords de bandes de papier beurré, pour soutenir ce soufflé quand il montera; versez-y votre composition et placez au four doux. Cuisez vingt-cinq minutes et servez aussitôt.

Soufflé aux pommes de terre.

Il se fait comme celui au riz : quatre onces de fécule, un demi-litre de crème et six œufs. Avec cette même bouillie, on fait aussi le soufflé aux macarons, en y ajoutant des macarons écrasés.

Soufflé aux macarons.

Voir *Soufflé aux pommes de terre.*

Recettes de Mlle Jeanne P...

Tourtisseaux ou crèpes en trois jours.

Quantités : deux livres de farine, un quart de beurre, quatre œufs, deux cuillerées d'eau-de-vie, deux cuillerées d'eau de fleurs d'oranger, une pincée de sel.

Prendre la moitié de la farine, casser les œufs dans un trou fait au milieu, délayez avec de l'eau tiède, ajoutez le beurre, que l'on aura fait fondre, et les autres ingrédients. Ajoutez peu à peu la seconde moitié de farine pour faire la pâte très dure. Laisser lever jusqu'au lendemain. Rouler très mince et découper la pâte en morceaux fantaisistes; plonger ces morceaux dans de l'eau bouillante jusqu'à ce qu'ils reviennent à la surface; égoutter et faire frire dans une graisse très chaude. Sucrer et servir (C'est exquis !)

Cruchades.

Délayer de la farine de maïs avec du lait, faire cuire à feu doux; ajouter un bon morceau de beurre. Quand la pâte est très consistante, verser sur une surface plane et laisser refroidir. Découper en morceaux, suivant l'imagination, et faire frire à grande friture. Sucrer et servir

Merveilles de la mère Eugénie.

(Se font en deux jours.)

Premier jour. — Mettez dans un plat trois livres de farine, et, dans un trou fait au milieu, cassez douze œufs; ajoutez un peu de sel, très peu de beurre, une cuillerée d'eau-de-vie, de l'écorce d'orange râpée. Pétrissez le tout jusqu'à ce que la pâte soit très ferme; ajoutez 600 grammes de sucre en poudre

Deuxième jour. — Découper la pâte en morceaux, l'étendre ensuite le plus mince possible avec un rouleau (1 millimètre d'épaisseur), couper dans chaque morceau des bandes s'arrêtant à quelque distance du bord. Tresser, replier ou enrouler en couronne, et faire frire les merveilles une par une dans de la graisse très chaude (quantités pour 36 merveilles). Les merveilles se conservent longtemps.

Milliat.

Prendre 200 grammes de farine de maïs, un quart de sucre, un peu de beurre, du sel ; délayer avec un peu d'eau bouillante, ajouter du lait pour éclaircir, mettre au four sur une plaque beurrée. Après cuisson, servir.

JEANNE D'OLÉRON.

Soufflé de riz aux pommes.

Cuisez une marmelade de pommes de reinette, de préférence, dans laquelle vous aurez mis un zeste de citron ou de la cannelle, pour parfumer. Faites cuire avec un peu de lait, du riz Caroline après l'avoir lavé. Lorsqu'il aura absorbé, pour 125 grammes de riz, un demi-litre de lait, et qu'il sera devenu bien tendre, ajoutez du sucre, gros comme une noisette de beurre, deux œufs entiers et un peu de crème, un peu de parfum : rhum, cognac ou sucre vanillé, même eau de fleurs d'oranger; mélangez bien, puis mettez dans un plat allant au four; faites fondre un peu de beurre fin, répandu partout, étendez dessus un peu de riz, puis mettez un lit de marmelade de pomme et ainsi de suite, plein le plat; finissez en saupoudrant d'un peu de sucre ou bien en finissant d'une meringue faite avec deux blancs d'œufs battus, sucrés et étendus vivement sur tout le plat. Cuisez un quart d'heure à four doux. Servez tel que, dans le plat. ANNETTE.

Gâteau d'amandes.

Pesez trois œufs avec leurs coquilles, prenez même poids de farine, même poids de beurre le plus frais possible, même poids de sucre râpé, avec lequel vous pilerez trois onces (90 grammes) d'amandes douces, pelées dans l'eau chaude; ajoutez un peu d'écorce de citron ou d'eau de fleur d'oranger; employez les trois œufs, blanc et jaune; mêlez le tout dans un mortier pour en faire une pâte; graissez le fond d'une tourtière avec du beurre frais; cuisez à petit feu dessus et dessous, Ce gâteau se sert, chaud ou froid, avec du sucre râpé dessus. (*Vieille formule.*)

Bouillie renversée.

Faites bouillir de la crème dans une casserole; quand elle bout, mettez-y plusieurs cuillerées de farine délayée avec de la crème, faites-en une bouillie très épaisse, mettez-y un morceau de beurre frais du meilleur possible, et faites cuire votre bouillie très doucement; cuite et très épaisse, mettez-y une liaison de deux ou trois jaunes d'œufs, et faites refroidir; mettez-y alors trois ou quatre jaunes d'œufs et trois ou quatre blancs fouettés en neige, l'écorce d'un citron haché fin ou de la fleur d'oranger; beurrez un peu une casserole ou un moule, mettez un rond de papier dans le fond et une bande tout autour, versez-y l'appareil; cuisez comme un gâteau de riz, renversez-la et servez-la avec ou sans le papier ; on ne remplit la casserole qu'aux trois quarts. (*Ancienne cuisine.*)

Beignets de bouillie.

Faites une bouillie épaisse, sucrée et à la fleur d'oranger; laissez refroidir à moitié et ajoutez quatre jaunes d'œufs ; étendez-la sur des plats à l'épaisseur des beignets et la laissez refroidir plusieurs heures. Coupez vos beignets en losanges : trempez dans l'œuf battu où vous avez mis du sucre et zeste de citron, panez deux fois; faites frire. (*Ancienne cuisine.*)

Croûte dorée.

Battez des œufs assaisonnés comme pour une omelette simple ; jetez-y des tranches de pain ordinaire avec la croûte, épaisses de la moitié du doigt; laissez tremper un bon quart d'heure, et faites-les frire comme des beignets dans une friture ; quand elles sont dorées, servez bien chaud saupoudré de sel. (*Ancienne cuisine.*

Crêpes.

C'était autrefois avec les beignets, le punch et la danse, le mets de réjouissance des jours gras ; on se réunissait souvent dans la cuisine pour la manger sortant de la poêle, et plus d'un gourmand a mis la main à la pâte et tenu la queue de la poêle pour avoir la gloire d'offrir une crêpe de sa façon.

Prenez un litre de farine, délayez-la avec six œufs, une cuillerée d'eau-de-vie, une bonne pincée de sel, une cuillerée d'huile et deux de fleur d'oranger, moitié eau et lait pour l'éclaircir et lui donner la consistance d'une bouillie. Allumez un feu clair de menu bois; faites fondre à la poêle gros comme une petite noix de saindoux, du beurre ou de l'huile, versez-y une cuillère à bouche de pâte ; étendez-la de façon que le fond de la poêle en soit couvert et très mince; faites cuire d'un côté, retournez lestement de l'autre, et mangez brûlant. *(Ancienne formule.)*

Mousse Italienne.

Prenez douze jaunes d'œufs frais et quatre verres de vin de Madère ou d'excellent vin blanc, six onces (180 grammes) de sucre et une pincée de cannelle en poudre. Mettez le tout dans une casserole sur un feu ardent, et remuez, en tournant très vite, avec un moussoir à chocolat, jusqu'à ce que la mousse ait rempli la casserole. Servez, sans perdre un moment, dans des pots de crème. *(Ancienne formule.)*

Crème au chocolat à l'espagnole

La veille du jour où vous avez l'intention de servir votre crème, mettez en morceaux *200 grammes* de chocolat et faites fondre dans un gobelet d'eau, jusqu'au lendemain matin.

Prenez trois quarts de litre de lait, faites bouillir. Retirez-en la valeur d'un verre, dans lequel vous délayez une cuillerée de belle farine.

Mettez le chocolat fondu dans le lait bouilli et remuez bien le mélange; ajoutez-y le lait dans lequel vous avez délayé la farine et continuez à faire bouillir jusqu'à consistance suffisante. Ensuite faites fondre 12 grammes de sucre en caramel et mêlez à la crème pour lui donner goût et couleur. JEAN D'AROUDISTE.

Crème à la vanille.

Prenez un litre de lait, une gousse de vanille que vous coupez en petits morceaux, une demi-livre de sucre; faites bouillir pendant un quart d'heure; retirez du feu et passez au tamis; vous avez battu un blanc d'œuf en neige, auquel vous joignez huit jaunes d'œufs battus pendant deux minutes; ajoutez peu à peu le lait en remuant toujours, cuisez à feu modéré jusqu'à ce que la crème soit liée; retirez-la au moment où elle va entrer en ébullition, versez dans un compotier et laissez refroidir.

Crème au citron.

Elle se fait comme celle à la vanille, en employant du zeste de citron au lieu de vanille.

Crème au café.

Un litre de lait, quatre cuillerées à bouche de café moulu, un quart de sucre en poudre, six jaunes d'œufs et un blanc battu en neige.

Passez le lait bouillant dans la minute sur le café, de cette façon la qualité de la crème ne sera pas altérée par l'eau; cuisez ce café avec le sucre, battez les jaunes d'œufs, mélangez et faites prendre sur le feu au bain-marie.

Procéder de même pour la crème au chocolat en faisant fondre du chocolat au lieu de café.

Crème au thé.

Un litre de lait, 15 grammes de thé, un quart de sucre en poudre, six jaunes d'œufs et un blanc battu en neige.

Procédez comme pour la crème au café.

Crème au caramel.

Mettez dans une casserole une chopine (une bouteille) de lait, un demi-setier (un verre à madère) de crème avec un morceau de cannelle, une bonne pincée de coriandre, de l'écorce de citron vert ; faites bouillir un quart d'heure ; ôtez-la du feu, et mettez dans une poêle un quarteron (125 grammes) de sucre avec un demi-verre d'eau ; faites bouillir jusqu'à ce qu'il soit au caramel, c'est-à-dire de couleur de cannelle foncée ; ôtez-le du feu, et y mettez la crème. Remettez sur le feu jusqu'à ce que le sucre soit délayé avec la crème ; délayez ensuite cinq jaunes d'œufs avec une pincée de farine, mettez-y la crème ; passez-la au tamis pour la faire cuire au bain-marie, comme les précédentes. (*Ancienne mode.*)

Crème à la duchesse.

Mettez dans une casserole une chopine (une bouteille) de lait avec un demi-setier (un verre à madère) de crème, avec un morceau de cannelle, une écorce de citron vert, un demi-quarteron (60 grammes) de sucre ; faites bouillir une demi-heure et diminuer d'un tiers ; passez-la au tamis, et la délayez ensuite avec six jaunes d'œufs et une pincée de farine ; mettez-y quelques biscuits d'amandes amères, une demi-tablette de chocolat, un peu de fleur d'orange pralinée, le tout haché très fin ; faites-la cuire au bain-marie, comme celle au café. (*Ancienne mode.*)

Crème à la bonne amie.

Délayez deux cuillerées de farine avec quatre œufs, une chopine (une bouteille) de crème, une tablette de chocolat, citron confit, fleur d'orange pralinée, le tout haché fin et du sucre, on fait cuire sur le feu pendant une demi-heure, en la tournant toujours; on y ajoute un peu de crème si elle devient trop épaisse : bien cuite, dressez-la sur le plat; en servant, jetez dessus du sucre fin, passez la pelle rouge pour la glacer.

(*Ancienne cuisine française.*)

Crème glacée.

Prenez une casserole, où vous mettrez une petite poignée de farine, du citron vert haché très fin, une pincée de fleur d'orange pralinée et pilée, un morceau de sucre; délayez le tout avec huit jaunes d'œufs, dont vous mettez les blancs à part dans une terrine bien propre, et délayez les jaunes avec une chopine (une bouteille) de crème et un demi-setier (un verre à madère) de lait.

Faites cuire cette crème sur le feu pendant une demi-heure.

Quand elle est épaisse, vous la retirez du feu, et fouettez les blancs avec un fouet.

Quand ils sont bien montés, vous les mêlez dans la crème; mettez cette crème dans le plat que vous devez servir, et du sucre par-dessus, que la crème en soit bien couverte.

Faites-la cuire au four, pas trop chaud, ou sous un couvercle de tourtière : quand elle est bien montée et glacée, servez. (*Ancienne formule.*)

Crème meringuée.

Délayez dans une casserole six jaunes d'œufs (on met les blancs à part dans une terrine sans qu'il reste de jaune) avec deux cuillerées de farine, une chopine (une bouteille) de crème, un peu de sel; de l'eau de fleur d'orange et du sucre; on fait cuire une demi-heure en remuant toujours; on la dresse ensuite sur le plat que l'on doit servir; on fouette les blancs d'œufs; quand ils sont bien montés en neige, l'on y met beaucoup de sucre très fin : couvrez la crème en façon de dôme avec les blancs d'œufs; jetez du sucre dessus : on met le plat dans un four doux ou sous un couvercle de tourtière pendant une demi-heure : bien cuite, d'une belle couleur dorée, servez tout de suite. (*Ancienne formule.*)

Crème à la frangipane.

Mettez dans une casserole deux cuillerées de farine, avec du citron vert râpé, de la fleur d'orange grillée, hachée, une petite pincée de sel; délayez avec cinq œufs blancs et jaunes, une chopine (une bouteille) de bon lait, un morceau de sucre; faites cuire, en la tournant toujours sur le feu pendant une demi-heure. Quand elle sera froide, elle vous servira pour faire une tourte de frangipane ou des tartelettes : vous n'aurez plus qu'à la mettre sur une pâte de feuilletage. (*Ancienne formule.*)

Meringues aux amandes.

Battez en neige ferme le blanc de trois œufs, ajoutez-y une demi-livre de sucre en poudre et une demi-livre d'amandes mondées et coupées en filets minces. Dressez sur une tôle. Four doux.

Meringues à la crème.

Battez en neige ferme six blancs d'œufs, ajoutez-y une demi-livre de sucre en poudre; dressez les meringues avec une cuillère sur du papier blanc saupoudré de sucre et posé sur une tôle ; donnez-leur la grosseur et la forme d'un œuf, mettez-les cuire environ une heure à four doux. Enlevez-les de dessus le papier ; si quelques-unes se détachent difficilement, mouillez un peu le papier. Creusez le milieu de chaque meringue, garnissez le vide d'une meringue de crème fouettée, sucrée et vanillée ; recouvrez-la d'une autre meringue. Continuez ainsi pour toutes les autres et servez promptement.

Caramels mous.

Un gobelet et demi de sucre en morceaux ; un demi-verre d'eau ; faire un sirop. Râper trois tablettes de chocolat très fin, versez peu à peu dans le sirop. Ajoutez : un verre de lait ou crème, deux cuillerées à café de beurre, une cuillerée à bouche de miel. Faire cuire sur feu doux et égal quarante-cinq minutes, et versez dans le moule que l'on a d'abord légèrement beurré. Cette recette fournit trente à trente-deux caramels mous.

JEANNETTE.

COMPOTES

Compote de pommes à la portugaise

Prenez des pommes de reinette ce qu'il en faut pour garnir le compotier : ôtez-en le milieu avec une videlle de fer-blanc ou avec un couteau, arrangez-les ensuite dans une tourtière ou sur un plat d'argent ; mettez dans chaque pomme un petit morceau de sucre ou bien du sucre en poudre, et un peu dans le fond de la tourtière, et les mettez cuire au four de campagne, feu dessus et dessous. Servez-les chaudes, avec un peu de sucre en poudre par-dessus. (*Vieille formule.*)

Compote de pommes farcies.

On a des pommes de reinette que l'on laisse entières ; pelées et vidées avec un petit couteau, sans les casser; on les fait cuire dans un sucre à la grande plume : finies et dressées dans le compotier, on les remplit de confitures, on fait réduire le sirop de leur cuisson jusqu'à ce qu'il soit en gelée : on les met refroïdir sur une assiette : ensuite on fait un peu chauffer l'assiette seulement pour la détacher, et on la met sur les pommes. (*Vieille formule.*)

Compote de pommes en gelée.

On fait cuire des pommes comme les précédentes : dressées dans le compotier sans y mettre de confitures, on les couvre avec une gelée faite de cette façon : on fait cuire des pommes coupées par morceaux dans l'eau, jusqu'à ce qu'elles soient en marmelade; passées au tamis, on y met du sucre clarifié : on les fait bouillir jusqu'à ce que cette gelée tombe en nappe en la versant de l'écumoire. (*Vieille formule.*)

Compote de poires.

Faites blanchir vos poires tout entières avec leur peau dans l'eau bouillante : quand elles seront au tiers cuites, vous les retirerez dans l'eau fraîche : vous les pèlerez après, entières ou par moitié, et les mettrez à mesure dans l'eau fraîche : faites bouillir le sucre dans une poêle avec demi-setier (un verre à bordeaux) d'eau : alors vous mettrez vos poires dedans avec une tranche de citron pour qu'elles se conservent blanches.

Quand elles seront cuites d'un bon sirop, servez-les chaudes ou froides, suivant le goût du maître. (*Ancienne mode.*)

Compote de fraises.

Faites cuire un quarteron (125 grammes) de sucre avec un verre d'eau, jusqu'à ce que le sirop soit bien fort ; il faut avoir soin de le bien écumer : ensuite vous avez de belles fraises, plus trois mûres épluchées, lavées et bien égouttées, mettez-les dans le sirop, et les ôtez de dessus le feu, pour les laisser reposer un moment dans le sirop ; faites-leur faire un bouillon, et les retirez promptement si elles ne restent point entières.

(*Ancienne mode.*)

Compote de groseilles.

Faites un sirop bien fort, comme le précédent ; ensuite vous avez une livre de belles groseilles, lavées et égouttées ; vous y laisserez la grappe si vous voulez : mettez-les dans le sirop pour leur faire faire deux ou trois grands bouillons couverts ; descendez-les du feu, et les écumez avant de les dresser dans le compotier.

(*Ancienne mode.*)

Compote de pêches.

Prenez sept ou huit pêches presque mûres, fendez-les par moitié ; après avoir ôté le noyau, mettez-les un moment à l'eau bouillante : ôtez-les aussitôt qu'il sera possible d'en enlever la peau, faites bouillir un quart de sucre avec un verre d'eau ; ayez soin de l'écumer, et ensuite vous y mettrez les pêches pour les faire cuire; réduisez le sirop avant de le verser sur les pêches.

Compote de prunes de reine-claude, de mirabelles.

Faites bouillir de l'eau, et jetez-y vos prunes pour les faire blanchir; quand elles seront bien mollettes sous les doigts, retirez-les avec une écumoire, et mettez-les dans l'eau fraîche; placez-les ensuite avec un peu de sucre sur un petit feu; qu'elles puissent frissonner et devenir bien vertes, et servez-les froides. (*Vieille formule.*)

Compote de cerises.

Coupez le bout des queues de vos cerises, et mettez-les dans une poêle avec un demi-verre d'eau et un quart de sucre; mettez-les sur le feu, et leur faites faire deux ou trois bouillons couverts; arrangez-les dans un compotier, mettez votre sirop dessus, et les servez froides.

(*Vieille formule.*)

Compote de framboises.

Faites cette compote comme celle des fraises, excepté que vous ne lavez point les framboises.

Compote d'abricots.

Prenez la quantité que vous voudrez d'abricots presque mûrs; fendez-les par la moitié, et ôtez-en les noyaux; mettez du sucre dans le fond d'un plat avec un demi-verre d'eau; arrangez les abricots dessus, et les mettez sur un moyen feu, pour les faire bouillir jusqu'à ce qu'ils soient presque cuits en dessous, et qu'il en reste que peu de sirop; après, vous les ôtez du feu, et jetez du sucre fin dessus ; couvrez-les avec un couvercle de tourtière, jusqu'à ce qu'ils soient cuits, et d'une couleur glacée ; dressez-les dans le compotier. (*Ancienne mode.*)

Compote de citrons ou d'oranges.

Il faut les couper par petits morceaux et les faire cuire dans l'eau jusqu'à ce qu'ils soient bien mollets sous les doigts ; vous les retirez avec une écumoire, et les mettez dans l'eau fraîche ; vous faites ensuite un petit sirop avec verre d'eau, un quart de sucre : vous mettez vos fruits dedans, mijotez tout doucement sur un petit feu pendant une demi-heure, et servez froid.

Compote de coings.

Prenez trois gros coings ; s'ils sont petits, vous en prendrez davantage, mettez-les dans l'eau bouillante pour les faire cuire jusqu'à ce qu'ils soient tendres sous les doigts ; vous les mettrez après dans de l'eau froide : coupez-les en quatre. Lorsque vous aurez ôté les cœurs et pelé proprement, vous mettrez un quarteron (125 grammes) de sucre dans une poêle avec un demi-verre d'eau : faites bouillir et écumez ; mettez-y les coings, achevez de les faire cuire. Servir chaudement à court sirop.

(*Vieille formule.*)

Compote de poires à la cardinale.

Prenez de grosses poires de bonne qualité, pelez-les crues et coupez-les ensuite en tranches ; faites-les cuire dans moitié eau et bon vin, avec du sucre, selon le goût, et un peu de cannelle ou de zeste de citron; faites cuire à petit feu, puis retirez les poires dans le compotier, dressez-les bien; faites réduire le jus de la cuisson et versez-le sur les poires. On peut manger la compote chaude ou froide.

ANNETTE.

CONFITURES.

Confiture d'oranges.

Prendre une douzaine d'oranges, les faire tremper pendant dix jours, en ayant soin de renouveler l'eau une fois par jour, les faire blanchir ensuite pendant une bonne demi-heure (les mettre à l'eau froide), les retirer sans les abîmer. Préparer un sirop à raison de 250 grammes de sucre par livre de fruits, trois verres d'eau pour cette quantité; le faire bouillir et retirer.

Les oranges refroidies, on les coupe en quatre, on enlève les pépins, puis on les plonge dans le sirop.

Cette confiture se fait de préférence au mois de mars.

Confiture de cerises et groseilles.

Épluchez des groseilles, faites-les crever sur le feu en les tournant; passez au tamis sans les presser. Pour 1 kilogramme de jus de groseilles, prenez 2 kilogrammes de cerises et 3 kilogrammes de sucre. Avec ces trois kilogrammes de sucre et trois verres d'eau, faites un sirop; épluchez les cerises en ôtant les queues et les noyaux. Quand le sirop est cuit, mettez-y les cerises; laissez bouillir jusqu'au moment où la confiture, essayée et refroidie sur une assiette, se prend;

à ce moment, ajoutez le jus de groseilles; laissez faire un bouillon; retirez la bassine et mettez en pots.

ANNETTE.

Confiture de mandarines ou plutôt marmelade de mandarines.

Pesez des mandarines, poids égal de sucre; pelez, ôtez les pépins et les filaments pour ne laisser que la pulpe. Laissez vingt-quatre heures dans une terrine avec le sucre concassé. Au bout de ce temps, mettez sur le feu. Faites blanchir à plusieurs reprises, en changeant l'eau, la moitié des peaux des mandarines. Coupez-les en morceaux très fins en enlevant le blanc autant que possible et mettez-les dans la marmelade à moitié de la cuisson, qui est complète quand le jus fait la perle. Cette confiture est extrêmement parfumée. On fait de même la *marmelade d'orange*.

ANNETTE.

Confiture de melons.

Prenez des melons très parfumés et qui ne soient pas trop mûrs; enlevez-en l'écorce et coupez-les en morceaux que vous mettrez dans un plat creux par couches alternant avec des couches de sucre râpé (à raison de 500 grammes de sucre par kilogramme de melon). Laissez reposer la nuit, et le lendemain faites cuire jusqu'à ce que le sucre fasse la perle; ajoutez un petit verre de kirsch ou de rhum par livre de melon. On peut ajouter à cette confiture des filets d'angélique et de citrons confits.

ANNETTE.

Pâte de coings.

A un kilo de pulpe, mélangez 500 grammes de sucre concassé; portez sur le feu et remuez jusqu'à ce que l'ensemble forme une purée compacte qu'on laisse refroidir dans un vase en terre ou porcelaine.

On étend ensuite la pâte avec un rouleau et on découpe en carrés, losanges ou rondelles à l'aide d'un verre à liqueur renversé. Pour que la pâte n'attache pas au rouleau ni à la table, enduire ceux-ci de sucre en poudre.

On range les pâtes de coings sur des feuilles de papier ou d'étain enduites de sucre en poudre. On laisse sécher au four; on ne les mange que lorsqu'elles sont un peu ramollies, quelques temps après le séchage.

Gelée de coings.

Peler les coings, les couper en tranches minces et laisser les pépins qui rendent le jus très épais; les couvrir d'eau dans une bassine et faire cuire jusqu'à ce que les tranches soient bien tendres; passer ce jus à l'étamine en pressant. Mettre dans une bassine un kilo de sucre par litre de jus, porter au feu et compter dix minutes d'ébullition. Parfumer la gelée avec du zeste de citron que l'on y met pendant la cuisson et que l'on retire avant de mettre en pots.

Confiture d'abricots.

Pelez les abricots et mettez-les sur le feu avec trois quarts de sucre par livre de fruits; si on met plus de sucre, on laisse moins cuire; remuez continuellement sur un feu vif, laissez cuire à gros bouillons jusqu'à ce que la confiture, refroidie sur une assiette, se prenne; dix minutes avant de la retirer du feu, ajoutez-y les amandes des noyaux, mélangez bien le tout et mettez en pots.

Confiture de fraises.

Même poids de sucre que de fraises. Mettez le sucre sur le feu avec un verre d'eau par livre de sucre, laissez cuire jusqu'à ce qu'il forme un sirop épais, puis, pendant qu'il bout, mettez les fraises en évitant de les écraser. Laissez le tout sur un bon feu jusqu'à ce qu'elles aient fait trois bouillons couverts (il y a bouillon couvert lorsque le sirop couvre le fruit par la fermentation ou la cuisson). Quelquefois, on est obligé de retirer la bassine du feu, mais alors on la remet aussitôt. Après ces trois bouillons, versez le tout dans une terrine et laissez reposer jusqu'au lendemain, pour recommencer l'opération, ainsi trois jours de suite. Mettez d'abord le sirop sur le feu, et quand il cuit, y glisser les fraises, comme la première fois. Après la troisième, versez la confiture dans les verres et y déposez les fraises avec soin. Quand la confiture est bien prise, couvrir d'un rond de papier trempé dans du cognac que l'on habille d'un second papier, pour éviter la poussière.

Kugelhoff (*gâteau alsacien*).

500 grammes de farine, trois œufs entiers, 125 grammes de beurre, une pincée de sel, sept morceaux de sucre, pour 10 centimes d'amande, 10 centimes de raisins de corinthe, 5 centimes de levure, 5 centimes de lait.

Délayez dans la farine les trois œufs, faire fondre le beurre dans le lait un peu doux, ainsi que le sucre et la levure, versez peu à peu dans la pâte, salez, ajoutez les raisins de corinthe ; travaillez la pâte, puis laissez-la reposer pendant trois heures au moins. Beurrez un moule en faïence, garnissez-le avec les amandes hachées, versez la pâte jusqu'à moitié du moule, et faites cuire au four.

Tarte au fromage blanc. — Quiche.

Préparez une pâte bien pétrie avec du beurre et des œufs, sans eau. Faites lever cette pâte. Bien que cette condition ne soit pas indispensable, une pâte qui, par quelques heures de repos, a légèrement fermenté, acquiert de la finesse et est d'une digestion plus facile.

Étalez ensuite cette pâte en mince abaisse sur un plateau de tôle que vous aurez préalablement enduit de beurre, afin que, une fois cuit, le gâteau n'adhère pas au métal et s'en détache aisément.

Prenez ensuite du lait caillé, bien ressué en quantité proportionnée aux dimensions de la surface à couvrir. Joignez-y de la crème, un œuf ou deux, salez, mélangez en fouettant, puis étalez cette mixture, appelée « mougin », sur la pâte, dans le plateau, de façon à former une couche de un centimètre environ d'épaisseur. Sur le tout, placez, à trois ou quatre centimètres d'intervalle, des petits morceaux de beurre de la grosseur d'un demi-centimètre cube et mettez au four jusqu'à cuisson. Évitez un trop brusque saisissement par la chaleur qui noircirait votre tarte et la rendrait amère.

La pâtisserie ainsi obtenue doit être mangée chaude. C'est un dessert d'un goût particulier qui complète admirablement un déjeuner.

Mousse à l'orange.

Exprimez le jus d'un citron et de trois ou quatre oranges, 250 grammes de sucre, 15 grammes de gélatine. Faire fondre la gélatine dans un demi-verre d'eau, passer le jus des oranges et du citron. Faire fondre le sucre dans un peu d'eau, un verre environ; y ajouter quelques petits mor- de zeste d'oranges et de zeste de citron, qu'on y laisse séjourner deux minutes seulement. Passer au tamis dans un saladier. Battre pendant une heure, pour obtenir une crème blanche, épaisse, que l'on place dans un moule non graissé, le plonger ensuite dans l'eau froide pendant plusieurs heures; au moment de servir passer rapidement le moule à l'eau tiède pour en détacher la mousse.

Pouding de cabinet.

Battez quatre œufs dans une terrine, délayez-les avec un demi-litre de lait bouilli et refroidi; ajoutez un zeste de citron et deux cents grammes de sucre en poudre, broyez et passez au tamis.

Beurrez un moule à charlotte, mettez dans le fond une couche de biscuits à la cuillère, partagés, une couche de raisins de Corinthe, de Malaga et de Smyrne mélangés (environ cent grammes de chaque sorte) et macérés soit dans un peu de rhum ou de kirsch; alternez ainsi jusqu'à ce que le moule soit rempli et ayez soin de terminer par les biscuits. Versez alors dans le moule, le lait aux œufs, cuisez trois quarts d'heure au bain-marie, dans le four sans ébullition. Démoulez et masquez soit avec une crème ou un sabayon.

URBAIN-DUBOIS.

Sabayon chaud pour Pouding.

Mettez 6 à 8 jaunes d'œufs dans une casserole, mesurez autant de demi-coquilles pleines de sucre, et mêlez avec les jaunes; mesurez aussi une égale quantité de vin blanc, et versez-le dans la casserole. Broyez le tout, ajoutez un brin de zeste et posez la casserole sur feu très doux; fouettez le liquide, sans le quitter, jusqu'à ce qu'il soit bien mousseux, en évitant de le faire bouillir : il doit devenir léger et ferme comme des blancs d'œufs fouettés; à ce point, retirez le zeste, et servez le sabayon, moitié avec le pouding, l'autre moitié en saucière.

Sabayon chaud.

Mettez 6 jaunes d'œufs dans un poêlon, ajoutez 7 à 8 cuillerées de sucre en poudre, autant de bon vin blanc léger, ajoutez un brin de zeste et un peu de cannelle. Fouettez l'appareil sur feu très doux, en évitant l'ébullition; quand il est mousseux, placez le poêlon au bain-marie, dans une casserole plate avec de l'eau chaude; fouettez jusqu'à ce qu'il soit épais et ferme, servez dans des verres.

On peut préparer des sabayons, avec du vin de Madère, Marsala, Champagne, du vin d'Asti, du kirsch, du curaçao, du marasquin, etc.

Gâteau aux pommes.

Épluchez des pommes de reinette, pesez 500 grammes de ces pommes que vous mettez dans une casserole avec 500 grammes de sucre; faire cuire à petit feu sans y ajouter rien autre qu'un parfum, vanille, citron ou autre. Quand la cuisson est terminée, c'est-à-dire les pommes réduites en purée très fine, beurrez un moule, versez-y la purée de pommes que vous arroserez d'un petit verre de rhum et cuisez au bain-marie pendant une heure.

Démoulez et servez avec une saucière de crème à la vanille.

Flan aux carottes à la mode de l'Allier.

Coupez six grandes carottes en quartiers, et faites-les cuire dans de l'eau salée pendant une demi-heure; finissez la cuisson dans un peu de bouillon.

Quand les carottes sont cuites, passez-les dans une passoire, et remettez la purée dans la casserole; assaisonnez-la de sel et de poivre, et saupoudrez d'une petite cuillerée de farine et arrosez d'un peu de jus dans lequel les carottes ont été cuites.

Ajoutez six jaunes d'œufs et six blancs bien battus; versez ce mélange dans un plat beurré et mettez au four, à chaleur moyenne, pendant quinze à vingt minutes; servez très chaud.

Quelques personnes remplacent le bouillon par du lait, sucrent la purée et la présentent entourée de biscuits comme entremets sucré; ce qui, je dois l'avouer, est encore plus succulent que la première recette.

(*La Bonne Cuisine*).

Pain au tapioca.

Faites bouillir un litre de lait vanillé ; sucrez, versez trois fortes cuillerées de tapioca ; quand il bout, tournez sans cesse jusqu'à consistance d'une bouillie.

Mettez de l'angélique confite coupée en filets minces. Otez du feu ; mettez dans une terrine.

Lorsqu'il n'est plus que tiède, mélangez-y trois œufs entiers ; faites cuire au bain-marie dans un moule enduit de caramel et couvert.

Servez froid avec une crème à la vanille.

(*La Bonne Cuisine*).

Mousse à l'Italienne.

Prenez six jaunes d'œufs et un petit verre de madère, 100 grammes de sucre et une pincée de canelle en poudre.

Mettez le tout dans une casserole sur un feu ardent et remuez en tournant très vite avec un moussoir, jusqu'à ce que la mousse ait rempli la casserole. Servez dans un compotier sans perdre un moment.

Pommes au riz.

Faites cuire du riz dans du lait, et sucrez-le. Pelez d'autre part des pommes, enlevez les pépins et sucrez. Puis, faites cuire au four pendant trois quarts d'heure.

Enfin, jetez sur les pommes le riz assez liquide; saupoudrez de sucre, et faites dorer au four.

On peut ajouter, si on préfère, des œufs crus au riz. (*La Bonne Cuisine*).

Crème frite.

Faire une crème avec un demi-litre de lait, six jaunes d'œufs, 125 grammes de sucre en poudre et une cuillerée de farine ; bien mélanger le tout et faire cuire. Mettez à refroidir dans un plat, coupez en morceaux réguliers, trempez les morceaux dans un jaune d'œuf et ensuite dans de la chapelure blanche. Faites frire et servez saupoudré de sucre en poudre.

Sauce pour accompagner le gâteau au riz.

Mettre deux jaunes d'œufs bien frais dans une saucière, tourner avec une cuiller comme pour faire une mayonnaise, y verser petit à petit du sucre en poudre jusqu'à consistance, y ajouter une cuillerée de bon rhum, et servir en même temps que le gâteau.

Riz à la Française.

Proportions pour six personnes : Il faut une demi-livre de riz, 200 grammes de sucre, un demi-litre de lait, un demi-quart de raisins de Malaga, 40 grammes d'orange confite, un demi-quart de macarons, 2 petits verres de marasquin, 5 jaunes d'œufs, un peu de sel, 10 centimes de beurre.

Choisissez une demi-livre de riz de première qualité, lavez-le à l'eau chaude, égouttez-le, mettez-le dans une casserole avec deux verres d'eau, faites bouillir à tout petit feu jusqu'à ce que l'eau soit toute absorbée. A ce moment ajouter le lait, remuer doucement avec la cuiller de bois; ajoutez le beurre, le sel, les raisins que vous aurez épépinés, mettez un couvercle sur la casserole, faites cuire à petit feu en ayant soin de ne pas trop remuer pour ne pas écraser le riz. Pendant la cuisson du riz, hachez l'orange, écrasez les macarons; lorsque le riz est presque cuit, ajoutez le sucre en poudre; dix minutes avant de servir, mettez dans le riz l'orange, les macarons, le marasquin; ajoutez les jaunes d'œufs, remuez doucement afin de mélanger le tout ensemble, dressez le riz sur un plat en forme de dôme, saupoudrez-le de sucre, glacez-le avec la pelle rougie, et servez.

LES RECETTES DU MAITRE PATISSIER G. BESSON

Flan de pommes à l'Anglaise dit « à la Goumeau ».

Proportions pour six à huit personnes: Pour la pâte dite pâte à foncer fine : 250 grammes de farine; 125 grammes de sucre; 5 grammes de sel; 1 décilitre et demi d'eau; 5 pommes de reinette.

Pour la crème dite à l'Anglaise : 125 grammes de sucre en poudre; 4 œufs entiers; 1/4 bâton de vanille; 4 décilitres de lait.

Préparations. — Tamisez la farine et formez-la en cercle sur la table (ce qui, en terme de pâtisserie, est désigné sous le nom de « fontaine »); mettez dans le milieu le sel, le beurre;

mélangez le tout de manière à former une pâte d'aspect grenu.

Ajoutez l'eau peu à peu et rassemblez la pâte en l'écrasant à deux reprises sous la paume de la main (ce qui constitue le « fraisage »).

Formez la pâte en boule ; enfermez-la dans un linge et laissez-la reposer au frais pendant une heure.

Étendez la pâte au rouleau pour former une abaisse ronde de 30 centimètres de diamètre et épaisse de 2 millimètres.

Étalez cette abaisse sur un cercle à flan beurré de 25 centimètres de diamètre, placé sur une plaque en tôle. Appuyez sur la pâte pour en bien garnir les parois du cercle.

Rognez, à l'aide du rouleau, l'excès de pâte dépassant les bords du cercle, et piquez le fond à l'aide d'une fourchette (pour empêcher le boursouflage).

Épluchez et coupez les pommes en 8 parties ; placez-les en rosace dans le flan.

Crème Anglaise. — Mettez dans une terrine les œufs et le sucre ; travaillez le tout ensemble avec un fouet, et ajoutez le lait que vous aurez préalablement fait bouillir avec la vanille. Passez cet appareil à la passoire fine et garnissez-en le flan. Mettez le flan à four doux, et laissez-le cuire pendant une heure.

Laissez tiédir, enlevez le cercle, et, au moment de servir, saupoudrez de sucre fin.

Les Gaufres fourrées.

L'apprêt des gaufres nécessite un matériel spécial dont un accessoire, surtout, le fer à gaufres, est absolument indispensable. Cet ustensile se trouve chez tous les marchands de moules de pâtisserie.

La pâte. — *Première recette.* — Proportions : 500 grammes de farine tamisée ; 250 grammes de beurre ; 60 grammes de sucre en poudre ; 3 œufs ; 10 grammes de carbonate d'ammoniaque ; 1/2 bâton de vanille.

Manipulation : Disposez la farine en fontaine sur la table ; ajoutez le beurre, le sucre, les trois œufs, le carbonate et la vanille.

Mélangez le tout ensemble sans trop travailler la pâte.

Laissez reposer cette pâte pendant deux heures. Abaissez-la au rouleau de l'épaisseur de 2 millimètres et détaillez-la à l'emporte-pièce cannelé rond ou ovale.

Pendant que vous abaissez la pâte, faites chauffer le fer à gaufres des deux côtés.

Beurrez-le et placez un morceau de pâte sur le fer ; fermez-le et mettez cuire au-dessus d'un fourneau à charbon de bois bien allumé ou sur un réchaud à gaz. Retournez une fois pendant la cuisson.

Retirez les gaufres, et, pendant qu'elles sont chaudes encore, divisez-les en deux parties dans le sens de l'épaisseur. Mettez les gaufres sous presse.

Laissez-les refroidir et tartinez-les avec la crème indiquée. Ressouder ces deux parties ensemble et tenir enfermé au sec jusqu'au moment de servir.

Ces gaufres se conservent fourrées deux ou trois jours. On peut apprêter les gaufres à l'avance et les fourrer à la crème au fur et à mesure des besoins.

Deuxième recette. — Proportions : 500 grammes de farine ; 125 grammes de beurre ; 30 grammes de sucre en poudre ; 15 grammes de levure ; 10 grammes de sel ; 4 œufs ; 2 à 3 décilitres de lait.

Manipulation : Procéder exactement comme il a été indiqué pour l'apprêt de la pâte à brioche.

Ainsi qu'il est d'usage pour la brioche, cette pâte à gaufres doit être préparée la veille de l'emploi et mise à lever, dans une terrine recouverte d'un linge, en un endroit frais. Le lendemain, façonner la pâte en petites boules grosses comme la moitié d'un œuf ; les placer sur une plaque en tôle farinée, les laisser lever du double et procéder pour la cuisson ainsi qu'il a été dit dans la recette précédente.

Les ouvrir sitôt cuites, les mettre sous presse et les fourrer à la crème.

Crèmes pour fourrer les gaufres. — *Première recette.* — Proportions : 250 grammes de beurre très fin ; 250 grammes de sucre glacé ; 200 grammes de praliné.

Manipulation : Faire tiédir une terrine et y travailler dedans, au fouet, le beurre, le sucre et le praliné.

Lorsque le mélange se présente sous forme de pommade homogène, l'employer pour fourrer les gaufres.

Cette crème est un peu lourde. Voici une deuxième formule donnant une crème très mousseuse :

Deuxième recette. — Proportions : 250 grammes de beurre ; 250 grammes de sucre en morceaux ; 16 jaunes d'œufs ; 200 grammes de praliné ; 1 décilitre d'eau.

Manipulation : Mettre le sucre et l'eau dans un bassin. Le faire cuire au « boulé » en l'écumant et le passer au chinois.

Mettre les jaunes dans une terrine ; verser le sucre par-dessus, en le faisant couler en filet léger. Mélanger complètement au fouet en travaillant jusqu'à ce que l'appareil soit complètement froid.

Ajouter alors le beurre préalablement ramolli en pommade, puis, en fouettant toujours, le praliné.

Observation : Bien que le « praliné » soit indiqué comme parfum des crèmes, on peut les terminer aussi au café, au chocolat, à la vanille, à l'orange, etc., etc.

La Brioche.

Bases : 500 grammes de farine de gruau ; 375 grammes de beurre ; 7 à 8 œufs ; 10 grammes de sel ; 25 grammes de sucre ; 10 grammes de levure ; 3 décilitres d'eau tiède.

Apprêt de la pâte. — Tamisez la farine et formez-la en deux cercles sur la table (opération désignée en pâtisserie sous le nom de « faire la fontaine » ; un de ces cercles sera formé des trois quarts de la farine, l'autre du restant.

Mettez dans le milieu du plus petit la levure que vous délayerez avec de l'eau tiède. Réunissez ensemble la levure et la farine et formez-en une pâte homogène que vous tasserez en boule et que vous placerez à lever sur un coin de la table.

Ajoutez dans le milieu du grand cercle la moitié des œufs indiqués (préalablement flairer afin de s'assurer de leur fraîcheur).

Mélangez parfaitement le tout en le passant à deux ou trois reprises sous la paume de la main afin de donner corps à la pâte.

Ajoutez les œufs restants, en pétrissant toujours;

Dès que l'amalgame est complet, ajoutez le beurre, préalablement ramolli afin d'obtenir une assimilation rapide et parfaite.

Mélangez alors le levain à la pâte (ce levain a dû, pendant que s'effectuaient les diverses opérations décrites plus haut, augmenter du double de son volume) ; ajoutez aussi le sel et le sucre, pétrissez vigoureusement de manière à obtenir une pâte très lisse.

Débarrassez cette pâte dans un torchon saupoudré de farine et placez-la dans un endroit très froid où vous la laisserez lever pendant 10 heures.

La cuisson. — 1° En couronne : Renversez la pâte sur la table et battez-la vigoureusement (opération désignée en pâtisserie sous le terme de « rompre »; ayez soin de vous fariner les mains).

Rassemblez cette pâte en boule et, les mains toujours saupoudrées de farine, ainsi que la partie supérieure du pâton de brioche, évidez cette boule de façon à former la pâte en couronne suivant le diamètre indiqué. Placez cette couronne sur une plaque en tôle forte beurrée. Laissez-la « lever » pendant 3/4 d'heure dans un endroit assez chaud.

Dorez-la avec un œuf battu et tailladez-la avec des ciseaux que vous aurez la précaution de plonger dans l'eau.

Mettez la brioche à cuire dans un four chaud où vous la laisserez pendant 15 à 20 minutes.

La Brioche mousseline.

Beurrer un moule à charlotte de la contenance d'un litre et demi; rassembler la pâte en une boule et la mettre dans le moule où on la laissera lever, c'est-à-dire gonfler, à une température de 26° environ.

Mettre à cuire au four où on laissera la brioche pendant 35 à 40 minutes. On doit tenir compte, dans ce dernier apprêt, que le volume de la brioche s'augmentant en raison du levage prolongé, on ne doit employer que la moitié de la pâte que peut contenir le moule. Avec la quantité indiquée, on peut donc préparer deux brioches mousseline. (Il faut avoir soin, avant de mettre dans le moule, de garnir ce dernier d'une bande de papier fort beurré, dépassant le moule de 7 à 8 centimètres.)

La Brioche parisienne.

Cette brioche s'obtient en employant un moule spécial, en forme de cône tronqué à grosses côtes. Diviser la pâte en deux boules, dont l'une, composée de deux tiers, sera placée d'abord dans le moule beurré.

Creuser profondément cette pâte et y introduire l'autre boule dont on aura façonné un côté en pointe. Dorer la brioche, la taillader avec des ciseaux et la faire cuire ainsi qu'il est dit plus haut.

La Brioche Nanterre.

Beurrer un moule rectangulaire de la contenance d'un litre et demi. Façonner la pâte à brioche en 5 boules régulières que l'on placera côte à côte dans le moule. Dorer la surface et taillader la brioche dans le milieu. Faire cuire comme à l'ordinaire.

La Génoise.

Proportions pour six personnes : 250 grammes de sucre semoule ; 250 grammes de farine tamisée ; 125 grammes de beurre ; 8 œufs entiers ; 1 zeste de citron râpé.

Mettez les œufs dans une bassine en cuivre et mélangez-leur le sucre semoule. Fouettez ce mélange, sur un feu très doux, avec un fouet métallique. Dès que la pâte, retombant de haut, se plisse à la façon d'un ruban, retirez l'appareil du feu et fouettez jusqu'à complet refroidissement.

Mélangez alors la farine tamisée, ajoutez le zeste de citron finement râpé et, en dernier lieu, le beurre fondu et décanté afin d'en extraire le petit lait.

Verser la pâte dans un moule à Génoise ou, suivant l'emploi final, dans une plaque carrée à rebords peu élevés, l'un et l'autre beurrés et farinés.

Mettez à cuire à four doux, où vous laisserez de 30 à 40 minutes. Démoulez au sortir du four.

G. Besson.

ENTREMETS DU RESTAURANT CH. DROUANT.

Poires « Josette. »

Prenez de belles poires, enlevez-leur la peau, ayez soin de leur laisser le pédoncule ; creusez-les par dessous pour enlever les pépins ; faites-les pocher au sirop vanillé, puis laissez-les refroidir.

Remplissez ensuite l'intérieur de glace vanillée ; dressez-les debout sur un plat à double fond rempli de glace pilée ; masquez-les entièrement de crème « Délices » refroidie et très épaisse ; décorez-les tout autour de crème Chantilly également vanillée ; saupoudrez légèrement la crème Chantilly de pralines pilées.

Crème « Délices ».

Proportions pour douze personnes : Mettez dans une casserole haute 1 kilo de chocolat en tablettes, 250 grammes de sucre, deux ou trois gousses de vanille ; mouillez de trois ou quatre litres d'eau ; faites bouillir en remuant, de façon que le chocolat n'attache pas.

Une fois bien fondu et en ébullition, laissez cuire deux, trois et même *quatre heures* en ayant soin de toujours écumer. (Pour cela, prenez une casserole d'eau dans laquelle vous placez votre écumoire, et, très fréquemment, retirez la croûte qui se forme sur le chocolat en ébullition.)

Une fois *réduit*, et bien dépouillé, votre chocolat devient *limpide* et *brillant* ; lorsque vous le jugez assez épais, passez-le au linge fin, et maintenez-le au chaud au bain-marie.

CH. DROUANT.

Pour développer toute la saveur des *Poires Josette*, il est utile de goûter cette délicate friandise, en dégustant une bouteille du fameux Haut-Brion 1895, que précieusement Drouant conservé dans un coin du caveau des amis ; l'arome du grand vin d'Aquitaine s'allie dans une harmonie parfaite aux subtils parfums du délicieux entremets.

Galette Lorraine (Quiche).

Proportions. — Pour la pâte : 200 grammes de farine ; 100 grammes de beurre ; 7 à 8 grammes de sel ; 1 œuf ; 1 décilitre et demi d'eau.

Pour le mélange : 1 demi-litre de crème double ; 1 œuf entier ; 3 jaunes d'œufs.

Préparez une pâte brisée avec la farine, le beurre frais et le sel. Après avoir soigneusement pétri le tout, ajoutez un demi-verre d'eau environ, et travaillez suffisamment la pâte ; laissez-la reposer pendant quelques heures, puis vous l'étendrez au rouleau et la dresserez sur un plateau, comme pour une tarte aux fruits.

Piquez légèrement cette pâte avec un couteau pointu, afin qu'elle ne se soulève pas en cuisant.

Cassez les œufs dans un bol ; mélangez-y la crème ; battez le tout ensemble ; salez, versez sur la pâte, et parsemez cette surface liquide de petits morceaux de beurre frais.

Faites cuire, de vingt à trente minutes, dans le four de la cuisinière ou entre deux feux dans une tourtière.

(*Formule authentique.*)

Galette au lard (formule lorraine).

Procédez comme ci-dessus, et, avant de verser votre mélange, disposez symétriquement sur la pâte, dans le plateau, 100 grammes de lard maigre découpé en dés ; — vous pouvez négliger de mettre les petits morceaux de beurre à la surface.

LES VINS.

L'ART DE CHOISIR LES VINS

ET DE LES SERVIR A TABLE

On ne s'est jamais assez préoccupé, dans les ouvrages culinaires, d'accorder à la question des vins la place à laquelle a droit cette partie si importante de l'alimentation.

J'emprunte au manuscrit de mon ami Georges Tausend, que je publierai prochainement, sous le titre : *L'Art du bien boire*, quelques pages intéressantes destinées à guider les maîtresses de maison dans les soins à donner aux vins, et à leur faciliter le choix judicieux qu'elles doivent en faire, pour les servir à table.

Il n'y a pas de bons repas sans d'excellents vins ! leur apparition opportune met en valeur la délicatesse de nos secrets culinaires et fait apprécier ce grand *Art du bien manger* qui a placé la France au premier rang dans l'Univers gastronomique.

Tout d'abord, il importe de diviser nos vins de France en deux catégories bien distinctes : les vins frais et les vins chauds, les vins riches en éthers et parfums et les vins riches en tanin.

Ces caractères particuliers dépendent de la nature du sol, du climat — du terroir, en un mot — et aussi du plant.

Les vins frais naissent dans les régions du Centre et de l'Est, en Bourgogne, dans le Beaujolais, la Franche-Comté, la Lorraine et la Touraine.

Les vins chauds proviennent des régions méridionales, du Bordelais, principalement, et de quelques autres départements du Sud de la France.

Les vins chauds, les vins du Midi, ceux de Bordeaux surtout, conviennent admirablement aux estomacs paresseux, aux gens nerveux, aux femmes délicates, aux convalescents et aux malades auxquels la diète n'est pas prescrite. Ils activent la digestion et contribuent largement à la nutrition.

Les vins frais sont plus excitants et plus diurétiques: ils ouvrent l'appétit, produisent à l'odorat et au palais des sensations agréables ; ils sont naturellement préférés des estomacs robustes, des gens qui « digèrent du fer », comme l'on dit, mais les estomacs sujets aux digestions pénibles ne doivent les absorber qu'en les mélangeant à de l'eau contenant des bases, pour combattre leur grande acidité et éviter le terrible pyrosis.

Les vins blancs provenant de ces différentes contrées présentent les mêmes caractères que les vins rouges ; ils sont peut-être un peu plus diurétiques. — Je ne parle, bien entendu, que de ceux qui sont le produit des raisins blancs ; quant aux autres, qui sont obtenus par du jus de raisins rouges, fermenté après que les grains ont été dépouillés de leur pellicule et de leurs pépins, ou décolorés par des moyens chimiques, *ces vins amorphes doivent être rejetés ; ils ne sauraient même pas être employés à la préparation des sauces dans lesquelles le vin blanc entre pour une partie.*

Je dois faire remarquer que les médecins, qui cherchent d'abord à se renseigner sur les goûts de leurs clients — je ne dis pas leurs malades — avant de leur prescrire une boisson alimentaire, ordonnent tantôt du vin blanc, tantôt du vin rouge. Je pense qu'ils seraient bien embarrassés de fournir des raisons de ce caprice médical ; mais ce dont je suis convaincu, c'est qu'ils ne réfléchissent pas qu'en portant leur préférence sur le vin blanc, ils favorisent la dénaturation d'un produit de la terre qui, pour être complet et parfait, doit contenir tous les principes dont la nature l'a doté. Or, la plupart des vins blancs de consommation courante, privés d'une partie de leurs éléments constitutifs, sont des vins incomplets. L'enveloppe des grumes, la tubescence dont elle est recouverte, les pépins et les nerfs de la pulpe, renferment des qualités essentielles qui contribuent pour une part à la perfection du vin. De même que, pour faire du bon kirsch, il faut distiller des cerises avec le noyau, pour faire du bon vin, il faut livrer à la cuve de fermentation la purée septembrale telle qu'elle arrive de la vigne au moment de la vendange.

Le docteur J. Rengade, dont on ne peut contester l'autorité en matière d'hygiène, de médecine pratique et de vulgarisation scientifique, a dit en parlant du vin de France : « Qui pourrait dire jusqu'à quel point la bonne humeur, la verve, la gaîté, la franchise, la vivacité que nous apportons si naturellement dans tous les actes de la vie, ne sont point développées, chez nos ancêtres, à la faveur de l'excitation cérébrale régulièrement produite par l'usage continu des bons vins de notre pays? Autant que celle du soleil et du milieu, leur salutaire action sur le génie national paraît incontestable. Sevrés de la vermeille liqueur si longtemps savourée et chantée par leurs pères, dans un avenir plus ou moins éloigné, nos descendants, sans être devenus plus sages, auraient probablement acquis, au physique, la corpulence, la bouffissure, l'embonpoint de mauvaise nature : au moral l'indifférence, l'engourdissement, la torpeur qu'ont certainement donnés aux blêmes populations du Nord, les brouillards et la bière! »

Je cite ces lignes parce qu'elles renferment la thèse que je me propose de développer dans l'*Art du bien boire*. De cette thèse, que je place au rang des plus beaux sujets de fugues littéraires à traiter, je me borne ici à l'exposé rapide. Je prends néanmoins la liberté de demander à ceux des lecteurs de cet ouvrage qui ont conservé le souvenir — sinon le culte — des traditions françaises, s'il ne leur est pas arrivé de constater, comme moi, la transformation du caractère qui s'est opérée en nous depuis que nous sommes condamnés au régime lacté — sous produit de l'élevage — ou à la douche perpétuelle de l'estomac — sous produit minéral des rivières !

Aujourd'hui nous dissimulons notre hypocrisie au fond d'un bol de lait ou d'une tasse de thé, tandis qu'autrefois nous échangions nos pensées et nos opinions franchement, le verre en main, et si des malentendus venaient à surgir tout était oublié au dernier toast :

In vino veritas !

Voici l'ordre dans lequel j'estime que nos vins de France doivent être classés :

BOURGOGNE

Vins de premier rang :

Rouges : Musigny-Vogué ; Clos Vougeot, Beaudet et Léonce Bocquet ; Clos Saint-Georges, à Nuits ; Romanée-Conti ; Chambertin.

Blancs : Montrachet ; Vougeot.

Les vins des hospices de Beaune peuvent être classés à part, entre le premier et le second rang.

Vins de second rang :

Rouges : Corton ; Nuits-Saint-Georges ; Beaune ; Pommard ; Volnay ; Meursault, Beaujolais et Maconnais ; Moulin-à-Vent ; Thorins ; Côte-Rotie.

Blancs : Meursault ; Chablis ; Pouilly.

Vins de troisième rang :

Rouges : Savigny ; Puligny ; Chassagne ; Santenay ; Mercurey ; Fleury ; Romanèche.

BORDELAIS

Vins de premier rang :

Rouges : Château-Laffite ; Château-Margaux ; Château-Latour ; Haut-Brion ; Léoville ; Larose.

Blancs : Sauterne ; Haut-Barsac.

Vins de second rang :

Rouges : Saint-Estèphe ; Branne-Mouton.

Vins de troisième rang :

Rouges : Léognan ; Pomerol ; Les Médoc ; Fronsac ; Saint-Emilion.

Blancs : Les Graves.

AUTRES CRUS

Premier rang :

L'Hermitage (Drôme).

Deuxième rang :

Château-Neuf-du-Pape (Comtat d'Avignon).

Certains vins blancs du Jura et de la Moselle peuvent être classés au second rang, suivant la qualité des cuvées.

Troisième rang : rouge :

Les Riceys (Aube) ; Mareuil ; Dizy ; Pierry ; Thiaucourt ; Pagny ; Les côtes de Toul, Blénod, Bulligny, Bruley (Lorraine).

Dans le Languedoc : Tavel ; Chuselou ; Saint-Geniez ; Saint-Georges ; Caute-Perdrix. — En Franche-Comté : Arbois ; Salins ; Trois-Châtel ; Pouilley ; La côte de Beure. Vins Blancs d'Alsace Turkeim ; Ribeauvillé ; Molsheim, etc.

Parmi les vins ordinaires qui méritent une mention en dehors des bordeaux et des bourgognes courants, je citerai ceux de Langlade, de Saint-Drézery (Languedoc), Guignes, Les Meuny, les vins de Baugency, dans l'Orléanais; les vins des Charentes, ceux de la Touraine : Angers, Saumur, Vouvray, Bourgueil, enfin ceux de la Corse — trop peu connus — de l'Algérie et de la Tunisie. Qu'on me permette de me borner seulement à énumérer, dans leur ordre de mérite, les vins de Champagne, dont je me réserve de parler avec plus de développement dans l'*Art du Bien Boire*.

Premier rang :

Aï; Sillery; Mareuil; Épernay; Versy; Versenay.

Second rang :

Avize; Saint-Martin-d'Albois. Au même rang, je placerai les vins blancs mousseux de Bourgogne, le volnay principalement, qui peut hardiment marcher de pair avec les champagnes, ainsi que les mousseux du Jura et de Saumur. D'ailleurs les fabricants de vins de Champagne font d'amples provisions de vins blancs dans ces diverses contrées, quand les leurs ne suffisent pas aux besoins courants.

LA CAVE ET LE CELLIER.

Les caves ou, à défaut, les celliers dans lesquels on emmagasine la provision de vins, doivent être des locaux frais, exempts d'humidité, obscurs et suffisamment aérés. Quand on loue un appartement ou un logement, il faut se contenter de la cave qui y est affectée; on n'a pas le choix. L'essentiel est de ne pas laisser longtemps le vin en fûts, et de veiller à ce que la mise en bouteilles s'effectue avec soin. En conséquence, on devra exiger que les bouteilles soient propres et bien égouttées; qu'elles soient remplies le plus possible, qu'il n'existe entre le liquide et la section du bouchon qu'un espace insignifiant ou nul; que les bouchons soient cylindriques et non tronconiques, comme les tonneliers de Paris en emploient souvent pour faciliter leur travail et éviter le bouche-bouteilles; qu'aussitôt remplies ces bouteilles soient rangées, couchées, dans l'endroit le plus obscur, soit dans des casiers, soit dans des porte-bouteilles, soit enfin, à défaut de ceux-ci, couchées sur le sol, chaque rang séparé de l'autre par de minces lattes qui maintiennent l'équilibre.

Si le vin est de la dernière récolte et, par suite, insuffisamment dépouillé lorsqu'on le met en bouteilles, il importe de le décanter en le transvasant dans une carafe ou dans une autre bouteille avant de le servir.

Ce qui précède ne s'applique qu'aux vins ordinaires; les vins fins ne demandent d'ailleurs pas beaucoup plus de soins, car, en général, on ne les achète que quand ils sont d'âge suffisant, et qu'ils ont subi les soutirages et autres manutentions propres à les mettre au point.

Je sais bien que tous ces détails, tous ces soins sont une corvée pour ceux qui, avec infiniment de raison, tiennent à mettre eux-mêmes leur vin en bouteilles ou à surveiller l'opération. Mais en cela, comme en beaucoup d'autres choses, on trouve la récompense de sa peine dans les satisfactions qu'elle procure.

Je ne sais plus quel philosophe a dit qu'un homme possédant une bonne cave se reconnaissait rien qu'à la façon dont il souriait en tendant la main à ses amis; toujours est-il que j'ai contrôlé plusieurs fois cette remarque, profonde comme une cave creusée dans le roc!

Je terminerai ce court chapitre en indiquant l'ordre dans lequel les vins doivent apparaître sur la table des fins gourmets.

Après le potage, on fait verser du bordeaux, grand ordinaire, ou bien un petit verre de Xérès, de Madère ou de Porto blanc : c'est ce qu'on appellé vulgairement le « coup du médecin ».

Au relevé du poisson, on offre des vins blancs, seconds crus de Bourgogne ou de Bordeaux. Les Champagnes secs font également très bonne figure à ce moment du repas, ainsi que les vins du Rhin.

Au second service, avec les viandes et les légumes, on laisse aux convives le choix entre les bourgognes ou les bordeaux rouges de premier rang, ou, à défaut, de second rang. De toute façon, les vins du second service doivent avoir été préalablement chambrés, c'est-à-dire amenés à une température suffisamment élevée pour éviter à l'estomac une sensation de froid intense.

Lorsque l'on n'est pas assuré de la limpidité parfaite des vins, il est essentiel de les décanter en carafe, afin de ne pas remplir les verres d'un liquide qui pourrait être troublé par la lie ou par les parcelles de tanin qui se détachent parfois des parois de la bouteille.

Les vins de Champagne peuvent être servis pendant toute la durée des repas. Les maîtres d'hôtel doivent faire préparer les bouteilles en dehors de la salle à manger, pour éviter aux convives le bruit de la détonation du bouchon, ce qui s'obtient facilement en penchant la bouteille, à une inclinaison de 45 degrés environ, après avoir dégagé le col de sa fermeture métallique, et en enlevant doucement le bouchon avec les doigts.

Au dessert, on fait verser des vins tels que malaga, alicante, malvoisie, tokay, lunel, frontignan, rivesaltes, parcaret, etc. Le champagne qui est servi en même temps que les fruits peut être glacé.

Un maître de maison doit faire choix d'un petit nombre de vins et s'attacher surtout à la qualité. Après les avoir décantés, il les goûtera pour éviter qu'une bouteille tarée ne vienne troubler l'harmonie d'un repas bien ordonné.

GEORGES TAUSEND.

Le Découpage

LE DÉCOUPAGE A TABLE ET L'ART D'Y PRÉSENTER LES PIÈCES DÉCOUPÉES

Pour pratiquer cet art difficile, l'étude théorique des règles principales s'y appliquant, est indispensable, on évite ainsi les tâtonnements inexpérimentés du début.

Les figures démonstratives qui accompagnent notre texte, aideront à la compréhension du mécanisme rationnel du découpage à table, et, par suite, l'exercice fréquent et méthodique, en assurera l'excellente et rapide exécution.

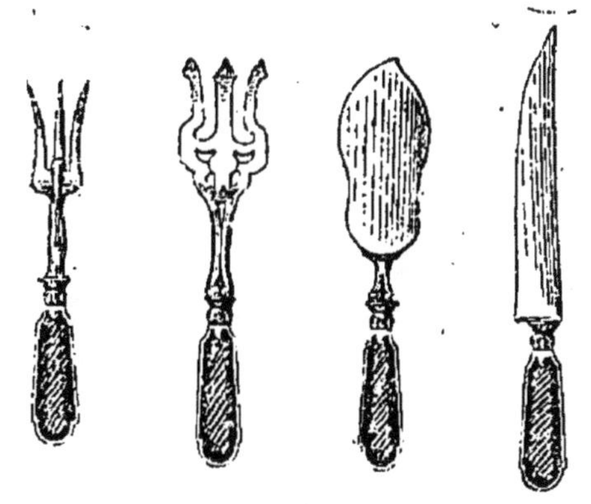

Pour obtenir un dépeçage parfait, il est nécessaire que chaque pièce présentée à table soit cuite à point, que les couteaux à utiliser soient bien aiguisés.

Dans un repas, le poisson étant le premier plat servi, c'est par ce mets que M. Victor Morin commencera sa démonstration. Pour le découper, on emploie la truelle avec laquelle on tranche et lève les morceaux, en s'aidant de la main gauche, d'une fourchette ou du trident spécial à ce service.

Poissons cylindriques.

Supposons le poisson présenté entier, dressé sur une planche recouverte d'une serviette et entouré de persil. On le fait placer devant soi, la tête tournée à gauche. Après avoir retiré le persil sur une assiette, on enfoncera le tranchant de la truelle, en la tenant inclinée, sur toute la ligne pointillée, allant de la tête à la queue. Bien couper l'épaisseur des chairs jusqu'à l'arête puis en faire autant sur la ligne du dos et au bord du ventre, à un centimètre environ de la naissance des nageoires; on continuera par les lignes pointillées transversales. Glisser ensuite la truelle entre le poisson et l'arête, et soulever chaque morceau carré en s'aidant de la fourchette pour le déposer sur les assiettes. Ce côté servi, on sépare l'arête près de la tête, on la soulève dans toute sa longueur pour la briser près de la queue; puis on procédera de même pour l'autre côté. Le nombre de

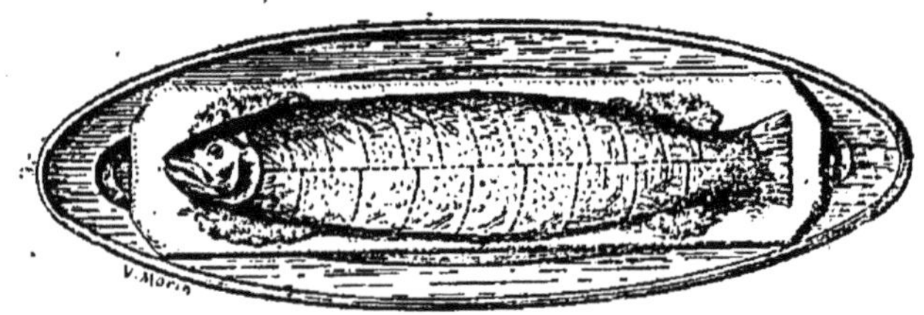

Saumon.

lignes pointillées tracées sur la figure n'est pas excessif; elles dépendent de la grosseur du sujet.

Une méthode employée dans les dîners de famille et qui est très pratique, consiste à lever le poisson comme ci-dessus, à le déposer sur un plat chaud et à le faire passer à chaque personne pendant qu'un autre servant présente la sauce.

Le Saumon, la Truite saumonnée, la Carpe et **le Brochet** se servent ainsi. **Le Cabillaud** et ses dérivés servis entiers ou en tronçons doivent être présentés sur le ventre; on tire alors une ligne sur le milieu du corps et une autre tout le long du dos, et on découpe des morceaux carrés, qu'on lève et sert comme dans la méthode précédente; on découpe ensuite l'autre partie en tournant simplement le plat de l'autre côté, puisqu'il n'est pas besoin d'enlever l'arête.

Poissons plats (le Turbot).

Le Turbot est le roi des poissons de mer; sa chair blanche et savoureuse convient à tous les tempéraments; il est relevé de potage par excellence; dans les grands dîners, on le présente entier, couché sur une planche recouverte de serviettes, que l'on pose sur un grand plat long, entouré de persil frais, pour en faire ressortir la blancheur.

On sert souvent les moyens Turbots et les Turbotins à même le plat, entourés d'une riche garniture et nappés d'une sauce succulente; mais il arrive parfois que l'on ne possède pas de plat assez grand pour certaines pièces volumineuses; on prend alors une planche en forme de losange, aux angles arrondis, munie de deux traverses: on l'habille de serviettes que l'on coud par-dessous; il est bon d'interposer un linge plus épais entre le bois et la serviette, car, malgré le soin que l'on prend d'égoutter le poisson, il peut rester de la cuisson, qui se trouve ainsi épongée.

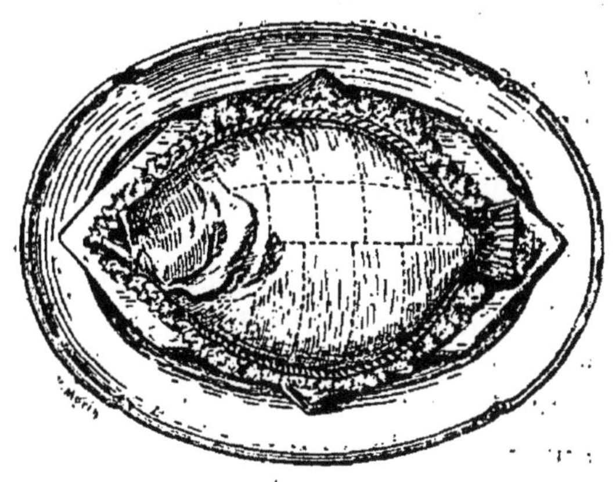

Turbot.

Comme tous les poissons plats, le Turbot a ses deux faces de couleur différente; une brune et un peu rugueuse; l'autre blanche et lisse; certaines personnes donnent improprement le nom de dos à la partie brune et de ventre à la partie blanche. C'est cette dernière face qui doit être présentée et sur laquelle on opère le découpage.

Au moment de servir, on ôtera et on fera enlever le

persil qui entoure le poisson, puis on trace avec la truelle une ligne longitudinale de la tête à la queue, en appuyant suffisamment avec le tranchant pour atteindre l'arête principale; on trace du côté dos une seconde ligne parallèle à la première; c'est la partie la plus charnue, par conséquent celle où les morceaux seront le plus épais; on cerne le pourtour du Turbot et la ligne circulaire de la tête en enfonçant le tranchant de la truelle à environ un centimètre des bords; cette ligne est ponctuée sur le dessin; ensuite on trace les lignes transversales qui divisent le Turbot en carrés réguliers.

Le poisson ainsi divisé, on lève chaque morceau avec la pointe de la truelle pour le placer sur les assiettes; la sauce est servie par une autre personne qui présente la saucière à chaque convive.

Ce côté servi, on détache l'arête au ras de la tête à la première jointure; on la soulève de ce bout jusqu'à la queue où on la sépare; on dépose sur une assiette les petits aiguillons et débris qui entourent le poisson, que l'on fait enlever par un servant. Ainsi préparé et bien net, on procède au découpage de ce côté comme du précédent. La barbue et les gros carrelets se servent de même, en proportionnant les divisions aux dimensions de ces poissons.

Les grosses soles bouillies ou saucées se servent en traçant une ligne de la tête à la queue; on cerne tout autour comme pour le turbot, puis une ligne transversale et un peu circulaire à la naissance de la tête, une autre près de la queue, et ensuite on lève les filets en glissant la pointe de la truelle tout le long de l'arête; on retire cette arête comme au turbot, et on sert les deux filets de dessous comme ceux du dessus.

Pièces de boucherie (*l'Aloyau rôti*).

L'aloyau est le morceau de premier choix comme

pièce de boucherie; il se compose de deux parties : le contre-filet et le filet, reliés ensemble par les os de l'échine; il est placé entre la culotte et les côtes; la tête, ou côté le plus épais du filet, se trouve vers la cuisse et la partie mince vers les côtes; lorsque l'on ne doit pas prendre un aloyau entier, c'est entre ces deux extrémités qu'il faut choisir pour être bien servi.

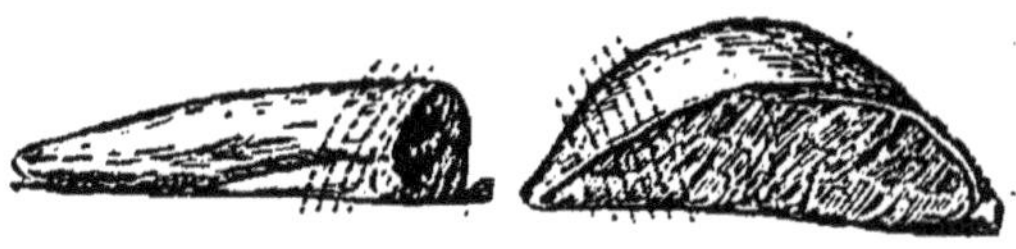

Filet détaché de l'aloyau.

Bœuf bouilli ou braisé.

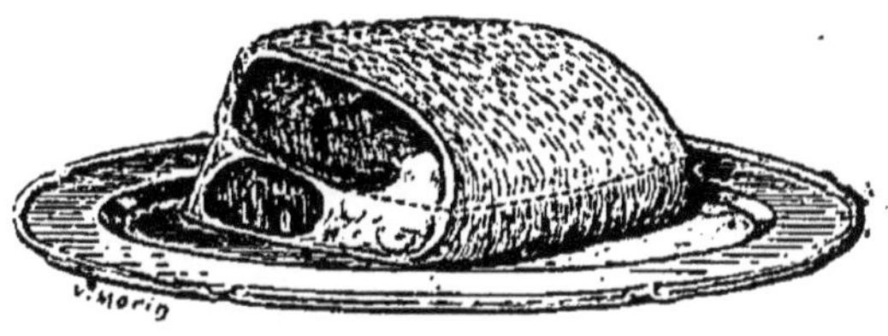

Aloyau.

Pour le rôtir, on retranche une partie des os de l'échine en les sciant; on le pare en supprimant une partie de la graisse et en amincissant la bavette du côté intérieur, que l'on ploie en en recouvrant le filet; on le ficèle solidement en forme de carré long.

Pour qu'une grosse pièce de ce genre soit servie dans les conditions requises, il est nécessaire de la présenter sur un plat à réservoir d'eau chaude; de cette façon, le jus qui en découle, ainsi que les tranches de viande, se maintiennent chauds sans se dessécher.

Si l'on désire servir le filet, qui est la partie interne de l'aloyau, on renverse la pièce sur le dos, et on le détache en piquant la fourchette sur le filet, et en glissant la lame du couteau derrière, du côté de la bavette, pour ressortir du côté de l'échine; lorsqu'il est entièrement détaché, on en retire vivement les parties nerveuses tout en y laissant adhérer de la graisse que l'on sert en même temps, puis on le découpe en suivant les lignes indiquées sur la gravure; on le dresse en couronne sur un plat chaud accompagné de jus ou de sauce, pour le présenter aux convives; on retourne la pièce sur son premier sens, on pique la fourchette d'aplomb, puis on passe le couteau entre les os et le contre-filet, pour ressortir vers la bavette, en suivant les deux lignes pointillées indiquant cette opération : lorsque ce gros filet est entièrement séparé, on le découpe en tranches minces. On peut encore le découper autrement sans le détacher des os par avance, en suivant les lignes transversales pointillées et en détachant chaque tranche au fur et à mesure; dans les dîners peu nombreux, c'est plutôt cette dernière méthode d'opérer qui est adoptée.

Pour les pièces de relevé garnies, c'est le contre-filet seul qui est présenté ; pour cela, il a été désossé avant d'être rôti, paré de tous ses déchets inutiles, avant de le poser sur plat et de l'entourer de sa garniture ; dans cet état, il est très facile à découper. Lorsqu'il aura été présenté avec tous ses agréments, on le placera seul, sur un plat chaud en porcelaine ou en faïence. Il y a deux raisons pour opérer ainsi : 1° c'est que si la pièce à découper est mise sur un plat d'argenterie, rien ne peut empêcher le tranchant du couteau de le rayer ; 2° afin d'éviter de briser les garnitures.

Une fois sur ce plat, on le découpe dans la direction des lignes indiquées sur le dos de l'aloyau, ou bien encore en chevronnant, afin d'avoir des tranches moins longues ; on replace ensuite ces tranches correctement au milieu de la garniture, et l'on fait servir en présentant le plat, et le jus ou la sauce à part.

Le train de côte se découpe comme le carré de veau (voir la figure suivante).

Le bœuf bouilli ou braisé se découpe comme le dessin l'indique ; on est quelquefois obligé, par la trop grande tendreté du bœuf braisé, de le servir à la cuiller; aussi, pour toutes ces opérations, il est nécessaire de se servir d'un couteau bien affilé.

La Tête de veau, la Noix de veau, la Longe, le Carré.

Il est bien rare aujourd'hui que l'on serve une tête de veau entière ; pour sa cuisson comme pour son service, il est préférable de la découper avant de la faire cuire ; c'est donc à la cuisine qu'incombe ce soin.

La Noix de veau. — Elle est généralement servie comme pièce de relevé, braisée et entourée d'une garniture financière ou de légumes en bouquets, parfois accompagnée de chicorée braisée ou d'épinards, à part dans un légumier.

Pour la découper, on procède comme pour le bœuf braisé, en posant chaque tranche sur une assiette sur laquelle on verse aussitôt du jus ou la sauce qui l'accompagne, et en mettant à côté une partie de la garniture.

Le Fricandeau se sert de même, les mêmes garnitures lui sont applicables; dans les repas ordinaires, on l'accompagne le plus souvent d'une purée d'oseille.

La Longe est le morceau qui renferme le rognon; il correspond à la pièce d'aloyau dans le bœuf; comme lui, il est composé de deux parties : le gros filet et le filet mignon. On procédera pour le découpage en suivant les mêmes indications; si cette pièce a été rôtie ou braisée avec le rognon, il faudra découper celui-ci en autant de tranches que de personnes, pour être servi sur chaque assiette, avec une part du filet mignon.

Le Carré de veau rôti. — Lorsqu'il a été bien paré et débarrassé des os de l'échine, comme il est représenté par la gravure, il est très facile à découper; il n'y a qu'à trancher mince dans le sens indiqué par les lignes pointillées de haut en bas, ou en commençant par le bas pour remonter par le haut; cela dépend du côté présenté. Si, au contraire, le carré est encore garni de tous ses os, ce que préfèrent beaucoup de personnes, car il est certain que la viande cuite avec ses os est beaucoup plus savoureuse, on détache le gros filet comme le dos d'aloyau, en lui laissant adhérer un peu du haut des côtes; lorsqu'il est complètement détaché, on le découpe en tranchant un peu en biais.

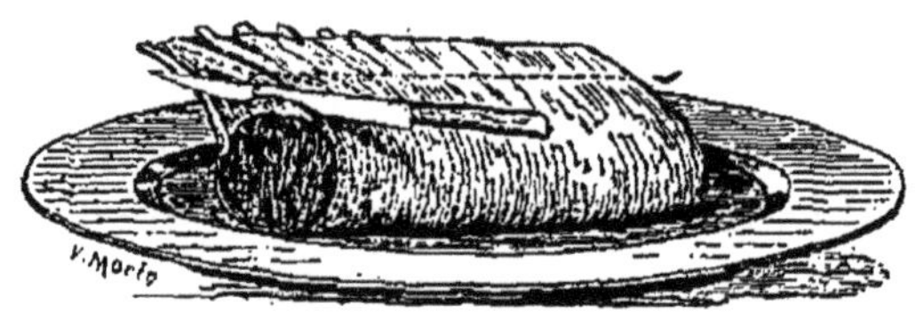

Carré de veau rôti.

Le Jambon froid. — Le Jambon chaud.

Le jambon représenté sur plat est servi froid, entouré de gelée hachée et de croûtons également en gelée; l'os du manche est habillé d'une bobèche et papillote en papier, que l'on retire et remplace par un manche à gigot; il est entièrement dépouillé de sa couenne; souvent, il est ornementé d'une rosace en gelée, on la retirera pour plus d'aisance. Pour découper le jambon, on se sert ordinairement d'un couteau à lame longue et flexible et à bout arrondi; on commence par la noix, qui est la partie la plus charnue; la première tranche que l'on découpe, toujours grasse, n'est pas servie; on continue dans le sens des lignes indiquées en faisant des tranches très minces et en tenant le couteau presque à plat, et comme à mesure que l'on avance les tranches seraient trop larges, après avoir levé une demi-tranche sur la gauche, on reprend sur la droite et ainsi de suite; si la noix ne suffit pas, on le retourne sur le côté pour découper la sous-noix dans le même genre; on peut encore retirer quelques belles tranches sur le bout des jambons façon yorck, dans la direction des lignes pointillées.

Le jambon chaud, garni ou non, est toujours accompagné d'une sauce. Pour le découper, on le dépose sur un plat nu et on le tient comme le représente le dessin. On commence la première tranche près le feston de la couenne, en enfonçant le couteau jusqu'à l'os; on doit avoir soin de découper mince et en biaisant un peu, c'est-à-dire que l'on ne doit point chercher à lever une tranche de toute la largeur de la noix, mais s'arranger pour découper en appuyant, une fois à droite et l'autre à gauche, en croisant, tout en conservant l'inclinaison des lignes indiquées sur le dessin; ces lames de jambon sont par conséquent plus minces d'un côté que de l'autre; souvent il arrive que dans certaines parties du jambon, il se trouve trop de gras; on aura soin de les amincir en découpant. Chaque tranche est mise sur une assiette chaude; on y ajoute un peu de sauce et on sert la garniture s'il y en a; lorsque la noix est complètement dépecée, s'il est nécessaire, on retourne le jambon pour découper la sous-noix dans le même sens que précédemment.

Jambon froid.

Le Gigot de mouton rôti. — La Selle de mouton.

Pour découper un gigot de mouton rôti, on le pose à plat, la noix tournée en dessus, ainsi que le représente le dessin; si le manche est papilloté, on retire la papillote et on la remplace par un manche à ressort muni d'un anneau à serrer; on tient ce manche solidement de la main gauche, et de la droite, avec un couteau bien aiguisé, on tranche sur chaque ligne pointillée; il faut avoir soin d'enfoncer le couteau jusqu'à l'os en l'y faisant glisser, pour détacher chaque tranche, qui devra être large et mince, puis placer sur des assiettes chaudes avec un peu de ce bon jus rosé qui en découle; s'il comporte une garniture, on la fait servir à part. Lorsque toute la noix est tranchée, s'il en est besoin, on retourne le gigot pour en couper d'autres tranches sur la sous-noix, en procédant de même façon que pour la noix.

L'autre dessin représente le **Gigot braisé** ; ainsi traité, il pourrait être découpé à la cuisine et remis en forme sans perdre de ses qualités; quoiqu'il en soit, voici la manière de le découper. Au contraire du gigot rôti, celui-ci se place la grosse noix en dessous; on commence par lui faire une incision circulaire près du manche, en enfonçant le tranchant du couteau jusqu'à l'os; partant de cette ligne, on en fait une autre dans toute la longueur du gigot; on tranche ensuite sur chaque ligne pointillée en ramenant la lame vers soi pour la détacher; lorsque la partie droite du gigot est découpée, on recommence de même à gauche; on dresse ces tranches en rond sur un plat bien chaud; on les arrose du jus ou fonds de braise de sa cuisson et l'on sert la garniture à part.

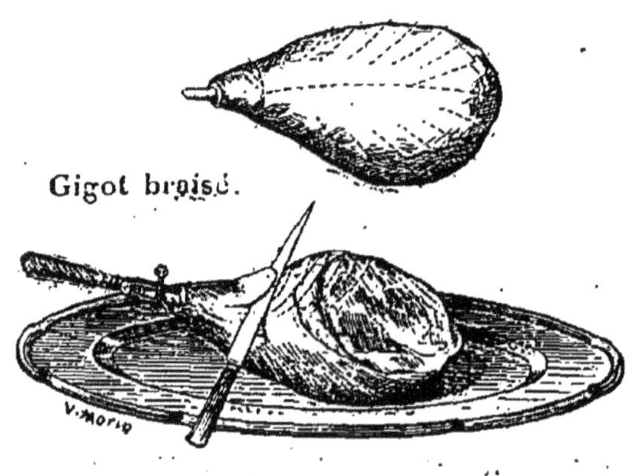

Gigot braisé.

Gigot rôti.

La Selle de Mouton rôtie.

Une selle est composée des deux filets et filets mignons du mouton ; cette partie est placée entre les gigots et les côtes : prise sur un sujet de choix et mortifiée à point, elle donne un excellent relevé, on la sert aussi souvent comme rôti. Pour lui donner plus d'apparence on anticipe sur le train de derrière, que l'on ne découpe qu'en cas d'urgence. Pour la découper, si elle est garnie on doit la poser sur un plat nu bien chaud, on commence par faire une incision immédiatement au-dessus de la bavette (voir les lignes pointillées sur le dessin) puis on lève chaque tranche ou aiguillette en suivant les lignes indiquées et en faisant glisser la lame entre les os et le filet pour ramener le tranchant vers la première ligne et ainsi de suite jusqu'à l'os de l'échine ; ces tranches ne doivent pas être trop minces, mais très régulières ; lorsque le premier filet est découpé, on procède de même pour l'autre ; quand on le juge à propos, on retourne la selle pour enlever les filets mignons qui se trouvent en dedans, mais généralement, on les réserve pour une autre destination.

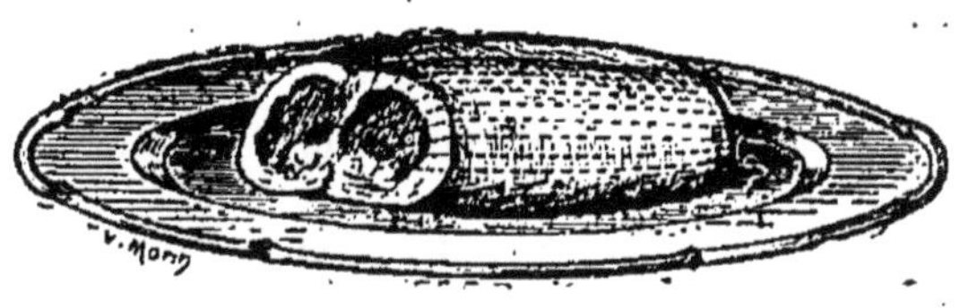

Selle de mouton.

Avec chaque tranche, on ajoute un peu de jus et la garniture. Le point essentiel est de toujours servir sur des assiettes chaudes, plus encore pour le mouton que pour les autres espèces de viandes.

Le filet de Mouton est une selle fendue en deux ; on le sert braisé ou rôti, lorsqu'on le sert braisé, il est ordinairement désossé ; il n'y a donc qu'à le découper un peu en biais comme le filet de bœuf. Autrement braisé ou rôti, si on le présente avec ses os, on devra faire une première incision tout le long de la bavette, puis on enfonce le tranchant du couteau tout le long de l'échine, en le faisant glisser sur les os, pour ressortir à la première incision ; le filet se trouve alors détaché, il n'y a plus qu'à le découper par tranches, un peu en biais.

Demi-Selle d'Agneau rôtie.

Cette pièce est naturellement présentée à plat, le côté du dos en dessus ; mais pour la découper, on la relève et on la place de façon à avoir le bout opposé au gigot à sa droite, c'est par ce bout que l'on commence ; on pique la fourchette à quelques centimètres du couteau, on coupe le flanchet dans toute sa longueur à l'endroit indiqué par la ligne pointillée, puis on tranche à chaque jointure; pour cela quand on a enfoncé la lame de couteau sur les lignes pointillées en regard de ces jointures et que l'on arrive à l'os, il faut donner au couteau un mouvement de va et vient de gauche à droite et de droite à gauche pour disloquer la vertèbre.

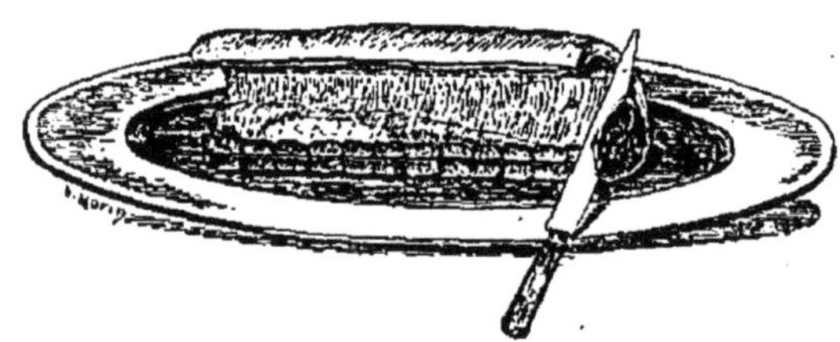

Demi-selle d'agneau.

Les morceaux ainsi séparés, on les place en couronne sur plat bien chaud pour les faire servir accompagnés de bon jus.

Le Cuissot ou Gigue de Chevreuil.

On a omis à dessein le piquage, afin que la démonstration par les lignes pointillées en fût plus claire. Sa conformation étant tout autre que celle du gigot de mouton, il faut commencer par le dessus, en tenant le couteau en biais et en suivant les lignes pointillées, on lève des tranches minces en alternant la coupe de gauche à droite, pour prendre en même temps les parties piquées et celles de la noix.

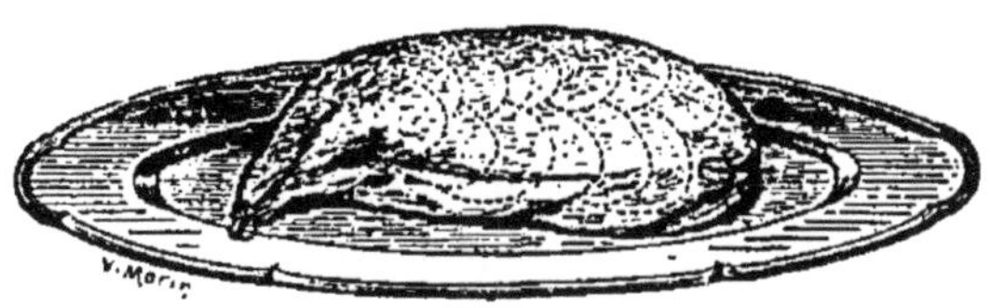

Gigue de chevreuil.

La selle du chevreuil peut être découpée comme celle du mouton, mais il est préférable de procéder comme pour le lièvre, en levant d'abord les deux filets de chaque côté de l'épine dorsale et de les découper ensuite en biais.

Le Râble de Lièvre rôti.

Le râble est généralement accompagné des deux cuisses, ce qui lui donne plus d'importance ; pour le découper, il faut faire, avec le tranchant du couteau, deux incisions de chaque côté de l'épine dorsale en glissant sur les os, puis deux autres dans le même sens, à la naissance du flanchet; ces deux lignes sont indiquées sur le dessin, on lève alors les deux filets, que l'on détache des cuisses, pour les découper ; ensuite, on coupe des tranches minces sur les cuisses dans le sens indiqué par les lignes pointillées ; on peut aussi, en retournant cette carcasse, retirer les deux filets mignons

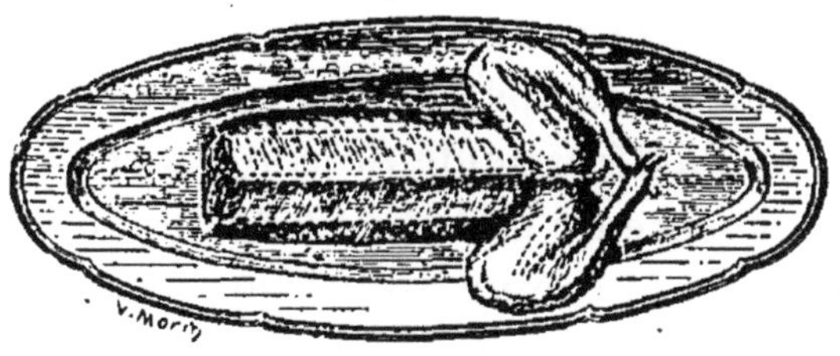

Râble de lièvre.

placés à l'intérieur; on pourrait certainement procéder autrement pour le découpage du râble, en tranchant à chaque vertèbre par conséquent en servant les os avec les chairs, mais ceci est plus facile à faire à la cuisine qu'à table, à moins de se servir d'un couteau cisaille. D'une façon ou d'une autre, pour le chevreuil comme pour le lièvre, ajouter avec chaque tranche et toujours à côté, un peu de bon jus ou de sauce poivrade.

Poularde rôtie.

Le découpage de la volaille à table présente plus de difficultés que les autres pièces, en ce sens qu'il faut désarticuler des jointures et naturellement y arriver sans trop de tâtonnements, et, les principaux morceaux détachés, les distribuer aussi également que possible.

Une poularde, tout en étant de même espèce qu'un poulet, devra dans son ensemble subir un découpage plus compliqué. Le départ est le même ; on commence par découper la cuisse placée de votre côté, le dessin représente cette cuisse en partie détachée, mais pour la détacher bien nettement, il faut, avec la pointe du couteau, en tracer le contour indiqué par une ligne pointillée sur la gravure, on pique la fourchette sur le pilon ; alors en enfonçant à pleine lame comme pour l'aile ci-dessus représentée, on soulève cette cuisse en même temps, avec le tranchant du couteau on la dégage et la désarticule de son attache avec la carcasse, on tire encore un peu pour entraîner une partie du sot-l'y-laisse ce qui donne beaucoup plus d'apparence au gras de cuisse, qui, du reste, est excellent. Cette cuisse est coupée en deux à la jointure qui se trouve exactement à l'endroit indiqué par la ligne pointillée. Ensuite, on découpe l'aile dans le sens indiqué par la gravure en prolongeant un peu l'incision, puis revenir au point que l'on désarticule, on soulève avec la fourchette en tirant à soi pour la détacher bien nettement d'un seul morceau, comme le représentent les pièces détachées. Si la poularde a été servie avec ses ailerons comme sur la gravure, on les détache en les désarticulant à leur point d'attache avec le moignon, puis on coupe cette aile en deux, en glacis dans toute sa longueur ou en travers et en biais; on retourne la volaille pour détacher de même l'autre cuisse et l'autre aile; ces quatre membres enlevés, il reste encore toute la poitrine adhérant à la carcasse; pour la détacher, ayant le côté du croupion à votre droite, on enfonce la pointe du couteau à travers le corps pour ressortir à la pointe de l'estomac, puis l'on revient vers le haut avec le tranchant du couteau pour la désarticuler à la naissance du cou. Cette opération est rendue bien plus facile, lorsque l'on se sert d'une cisaille spéciale avec laquelle on coupe les os, comme avec des ciseaux, aux endroits nécessaires et n'ayant point d'articulations faciles à aborder.

Poularde rôtie.

Notre poitrine ainsi détachée sera trop volumineuse pour être servie ainsi; on lui retirera encore deux filets bien nets sur toute la longueur, aux endroits indiqués par les lignes pointillées, il ne restera donc qu'un morceau convenable de haut de poitrine; nous aurons ainsi: quatre morceaux de cuisses, quatre morceaux d'ailes plus les ailerons, et trois morceaux de poitrine, en tout onze morceaux, qui, suivant la grosseur de la poularde, peuvent encore être subdivisés. Si on sert le dos de la carcasse, on la brisera en trois ou quatre morceaux, soit avec le couteau et la fourchette, ou on la coupera avec la cisaille. Si tous ces morceaux ont été découpés bien correctement, il sera facile de les dresser avec symétrie ; on place d'abord les morceaux de carcasse, côté dos en dessus ; de chaque côté arrière, on place les cuisses, le pilon en dehors ; en avant de la carcasse on place les ailes, les ailerons en dehors, et sur le dos de la carcasse, on place le haut de poitrine avec les morceaux de filet de chaque côté. Si cette poularde est truffée, on aura eu soin d'en retirer les truffes avec une cuiller, aussitôt la poitrine détachée ; on les mettra bien en évidence sur les flancs, entre les ailes et les cuisses ; en passant le plat aux convives, présenter une saucière de jus bien chaud.

Pour découper **un Poulet rôti**, on procède de la même manière, mais naturellement en faisant moins de morceaux ; les cuisses, les ailes dont on ne détache pas l'aileron, et un haut de poitrine ; si cependant le poulet est un peu fort, on partage les cuisses en deux et la poitrine en deux ou trois, en long ou en travers.

La Dinde rôtie.

Une dinde rôtie ou poêlée est une pièce imposante, mais dont il est inutile de s'exagérer les difficultés de découpage ; ce qu'il faut, c'est d'être bien à son aise, comme du reste pour toutes ces opérations ; il faut pouvoir « jouer des coudes » sans exagération cependant, car un opérateur bien maître de ses mouvements s'en acquitte sans efforts apparents. A moins de nécessité absolue, on ne touche pas aux cuisses ; on commence par faire une incision en tranchant sur le moignon pour le séparer, puis on lève des filets sur toute la poitrine, en escalopant dans le sens indiqué par le dessin.

Une autre méthode consiste à contourner tout le haut des cuisses avec la pointe du couteau, puis d'enfoncer le tranchant en suivant le bréchet depuis la pointe de la poitrine, pour venir à la jointure de l'aile, que l'on désarticule pour lever le filet et l'aile d'un seul morceau, et on l'escalope en biaisant comme l'indique le dessin de la pièce détachée; habituellement, on ne sert pas la dinde avec ses ailerons, il n'y a guère que les dindonneaux que l'on présente avec; s'il y en a, on les séparera donc comme il est expliqué précédemment pour la poularde; si cette dinde est truffée ou bourrée d'une garniture quelconque, on lui fait une ouverture sur le côté de la carcasse pour en retirer l'intérieur avec une cuiller.

Si l'on doit servir les cuisses, ce que l'on fait souvent pour les dindonneaux, beaucoup de personnes les estimant autant que les filets, on commence par les détacher comme pour la poularde, puis on les divise en deux ou trois morceaux dans le sens des lignes pointillées; pour la carcasse, on procède comme pour la poularde. On dresse symétriquement les morceaux sur un plat bien chaud; on met la garniture par bouquets s'il y en a, et l'on fait accompagner d'une saucière de bon jus.

Dinde rôtie.

L'Oie rôtie.

Comme pour les dindes, on ne sert pas les cuisses; il n'y a que les jeunes ou oisons; on les découpe comme celles des dindonneaux. On commence par faire une incision en travers, du haut de la poitrine au-dessous de la fourchette, puis on lève en aiguillettes toute la chair de chaque côté de l'estomac, que l'on place à mesure sur un plat bien chaud; on sépare le moignon auquel adhère un peu de poitrine que l'on place de chaque côté des filets; si l'oie est farcie, on en retire la farce de l'intérieur pour en garnir les plats.

Oie rôtie.

Le Canard rôti et braisé. — Le Canard sauvage.

Le canard ou caneton rôti se sert comme l'oie en levant les filets en aiguillettes.

Le canard braisé se découpe par membres en commençant par les cuisses, puis les ailes, qui se servent toujours sans ailerons; on sépare ensuite la poitrine d'avec la carcasse et on la divise en morceaux carrés avec la cisaille; mais le plus simple est encore lorsqu'on a détaché les cuisses et l'aile à la jointure, de lever d'un seul morceau les chairs des filets et de les découper en morceaux réguliers. Dresser sur plat avec symétrie, garniture et sauce à part.

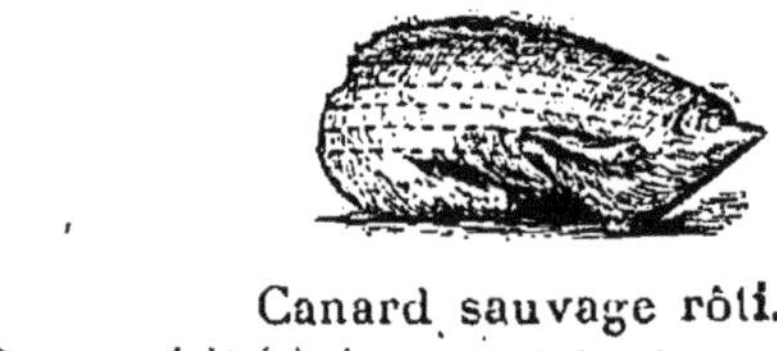

Canard sauvage rôti.

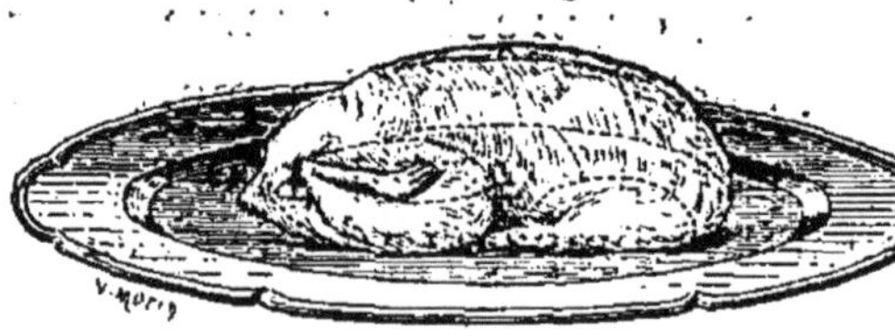

Canard sauvage braisé.

Le Canard sauvage rôti.

On le découpe en levant les chairs des filets en aiguillettes, en empiétant sur les ailes, et en les dressant sur plat chaud avec le jus qui en découle; s'il est accompagné de citron ou d'orange, on en presse le jus sur les filets. Pour l'oie et les canards, quand on les prépare pour rôtir, si l'on a soin d'en retirer l'os fourchu, le découpage en sera bien plus facile.

Le Faisan rôti, le Perdreau, le Pigeon.

Le faisan, comme presque tout le gibier à plumes, est présenté sur croûton en pain frit ou canapé; ces croûtes sont divisées proportionnellement en autant de morceaux que de convives; on place dessus les morceaux découpés. Pour découper un faisan rôti, s'il est bardé, on commence par retirer la barde de lard que l'on divise en morceaux réguliers; on détache les cuisses comme au poulet et on les divise en deux; ensuite, on découpe l'aile en la détachant à la jointure, et en prolongeant la coupe jusqu'au bout opposé de la bête; on divise cette aile en trois en biaisant. Comme les filets de faisan sont très épais, on en retranche encore un filet dans toute la longueur, de façon qu'il ne reste qu'un haut de poitrine que l'on détache comme pour le poulet rôti; on dresse tous ces morceaux symétriquement, avec les morceaux de barde dessus, le cresson dans les

Perdreaux.

Faisan rôti.

bouts et les citrons divisés sur les côtés; si la pièce a été truffée, on aura soin de l'en garnir.

Le Perdreau se découpe en deux s'il est petit, en trois et en quatre, s'il est gros; pour le découper en trois, on part de la jointure de l'aile en suivant la ligne indiquée sur le dessin, par conséquent l'aile et la cuisse se trouvent séparées de la poitrine tout en restant attachées ensemble; on sépare la poitrine d'avec la carcasse ou on les laisse ensemble; on partage le canapé en trois et on dresse le perdreau dessus avec sa barde divisée.

On le découpe en quatre en le partageant en deux dans toute sa longueur et chaque moitié transversalement; on partage le croûton en quatre et on le dresse dessus.

Lorsque l'on sert le gibier posé sur les croûtons ou rôties, on devra servir le jus à part, car il se trouverait absorbé par le pain.

Le Pigeon rôti ou poêlé se découpe comme le perdreau.

VICTOR MORIN.

BANQUET

Offert par la Ville de Toulouse

à M. Carnot,

Président de la République Française.

POTAGE.

Bisque de Langoustins.

HORS-D'ŒUVRE.

Petites croustades languedociennes.

ENTRÉES.

Saumons de l'Adour sur Dauphins.
Filet de Bœuf aux petits pois.
Pâté Tivollier.
Sorbet au vieux rhum.

ROTS.

Dindonneaux et Chapons gascons truffés.
Coqs de bruyère du Val d'Andorre.

PRIMEURS.

Asperges de Gramont (Toulouse).

ENTREMETS.

Ananas montés.
Mille-Feuilles toulousain.
Arc de Triomphe et Fromage glacés.

DESSERT.

Fraises, Cerises, Abricots, Raisins frais.

SERVICE DES VINS.

Vieux Villaudric 1885.

1er	2e
Vieux Xérès.	Bourgogne.
Bordeaux.	Chambertin.
Château Bordesoule.	Champagne Montebello.
Cru du Galet.	Comte Le Mar
Château Belair 1875.	et Vve Cliquot.

Café, Vieille fine Champagne.

(Servi par Tivollier, le 20 mai 1891.)

BANQUET PATRIOTIQUE

Dîner de 1200 couverts
offert à M. Léon Gambetta, Président de la Chambre des députés, à Cahors, le 28 Mai 1881.

HORS-D'ŒUVRE.

Petits pains fourrés

RELEVÉ.

Saumon du Rhin, sauce tartare.

ENTRÉES.

Filets de Bœuf glacés.
Galantine de Coqs de Bruyère aux truffes.
Jambons d'York Belle-Vue.
Buissons d'Écrevisses de la Meuse.

RÔTS.

Dindonneaux rôtis.
Pâté Tivollier aux Truffes.

LÉGUME.

Salade Russe aux truffes.

ENTREMETS.

Gâteaux ananas.

DESSERT.

Fraises, Cerises, Abricots, etc.
Petits Fours, gâteaux, etc.

VINS.

Bordeaux, Saint-Julien 1874,
Vieux Cahors 1869, Champagne glacé.

(Servi par la maison Tivollier, de Toulouse.)

DÉJEUNER

Servi à l'Élysée en l'honneur de S. M. le Roi de Suède, le 18 Avril 1899.

Œufs de Vanneaux en Bellevue.
Suprême de Homard Condé.
Médaillons de pré-salé aux morilles.
Escalopes de ris de Veau Maréchale.
Pintades à la broche.
Salade Rachel.
Pâté de Canard d'Amiens.
Asperges sauce Mousseline.
Champignons de rosée Parisienne.
Poires Crassanes Glacées.
Timbale de fraises rafraîchie à l'orange.

DESSERTS.

VINS.

Porto.
Chablis Moutonne 1884.
Château Yquem 1891.
Château Latour 1875.
Champagne en carafe.
Chambertin 1870.
G. H. Mümm.

(Menu préparé par Mourier, propriétaire du restaurant Foyot et du café de Paris.)

DÉJEUNER

Offert à S. M. le roi de Grèce,
par le Président de la Républiquo.

Menu du 26 octobre 1899.

Huîtres.
Truite saumonée sauce verte.
Cuissot de chevreuil sauce Saint-Hubert.
Ris de Veau aux pointes d'asperges.
Chaufroid de volaille.
Sorbets.
Faisans rôtis truffés.
Pâté de foies gras de Nancy.
Salade russe.
Cardons à la moelle.
Glace Nélusko.

MENU

Du dîner servi au Palais de l'Élysée
le 25 Janvier 1900.

Crème d'Écrevisses Nantua.
Consommé de volaille à l'Ancienne.
Petites bouchées Saint-Hubert.
Suprême de barbue à l'Impériale.
Filet de pré-salé fermière.
Salmis de bécasses au Porto.
Parfait de foie gras au Champagne.
Sorbets au Cherry-Brandy.
Poulardes de la Bresse truffées.
Cailles à la Souvaroff.
Salade indienne.
Pointes d'asperges à la crème.
Champignons de rosée à la Parisienne
Poires Crassanes glacées.

MENU

Du dîner servi au Palais de l'Élysée,
le 12 février 1900.

Huîtres de Colchester.
Potages.
Bisque d'Écrevisses.
Crème de volaille Sévigné.
Truites saumonées sauce Chambord.
Selles de Béhague parisienne.
Cailles braisées à la Vatel.
Jambon d'York aux truffes.
Bécasses des bois à la gelée.
Mandarines granitées.
Citrons doux au Wodky.
Poulardes de Bresse truffées rôties.
Truffes d'Excideuil paysanne.
Suprêmes de foie gras de Nancy.
Salade niçoise.
Asperges d'Argenteuil sauce hollandaise.
Champignons glacés.
Feuilletés.

MENU

Du déjeuner servi au Palais de l'Élysée,
le 17 février 1900.

Homard à l'Américaine.
Selles de Béhague fermière.
Canetons de Rouen à la Niçoise
Ris de Veau à la Bordelaise.
Faisans dorés truffés rôtis.
Croustades de foie gras à la gelée.
Salade de laitue.
Cardons à la moelle.
Glace pralinée.
Allumettes à la vanille.

MENU

du déjeuner servi au ministère des Affaires Étrangères le 20 février 1900.

Huîtres de Marennes.
Œufs en cocotte.
Barbues de Dieppe sauce mousseline.
Selles d'agneau aux pointes d'asperges.
Poulardes de Bresse rôties.
Truffes à la serviette.
Pâtés de Bécasses glacés.
Salade française.
Glace Plombières.
Dessert.

MENU

du Banquet offert par le Conseil municipal de Paris, à l'occasion de la Fête du Triomphe de la République.

Potage crème de légumes parisienne et brunoise orientale.
Bars de Granville glacés au sauterne.
Cuissots de Chevreuil Saint-Hubert.
Ailerons de Poularde gauloise.
Noix de jambons des Ardennes.
Faisans et Perdreaux sur croustades.
Pains de Canetons à la rouennaise.
Salade russe.
Suprêmes de pêches au marasquin.
Glaces Triomphe.
Dessert.
Vins.
Marsala d'origine.
Graves en carafes, Thorins en carafes.
Château-Branaire du cru.
Chambertin.
Moët et Chandon frappé.

DINER

Offert à S. M. le roi de Portugal,
par le baron A. de R...

Potage Tortue.
Consommé printanier
Turbot, sauce hollandaise et Homard garni Éperlans
Quartier de Chevreuil venaison.
Filet de Bœuf p. duchesse.
Dindonneau à la châtelaine.
Purée de perdreaux polonaise.
Chaufroid de volaille.
Haricots verts à l'anglaise.
Bécasses au fumet : Ortolans à la Turenne.
Pailles au Parmesan.
Bombe à la Nélusko.
Madeleine pralinée et gaufres.

(Menu préparé par Barré,
chef des cuisines.)

DINER

Mars-avril

Potage à la Reine. Consommé Fleury.

—

Saumon d'Écosse sauce genevoise et hollandaise garniture d'Éperlans.

—

Selle d'Agneau Condé.

—

Poularde à la d'Albufera.

—

Aiguillettes de Caneton aux pois.

—

Œuf de Vanneau salade russe.

—

Bécasses rôties au fumet.

—

Asperges en branches.

—

Fondue au parmesan.

—

Pudding glacé sur chocolat.
Gâteau Malakoff.

(Menu présenté par Barré.)

DINER

Janvier.

Potage à la Du Barry.
Consommé Florentine.

—

Filet de Barbue béarnaise.

—

Quartier de Chevreuil poivrade.

—

Poularde à la Toulouse.

—

Côtelettes d'Agneau Haricots verts.

—

Foies gras à la gelée.

—

Faisans rôtis : Ortolans à la Turenne.

—

Pointes d'Asperges à la crème.

—

Croûtes aux fruits.

—

Glace Vivianne.
Gênoise marbrée.

(Menu présenté par Barré.)

DINER (18 couverts)

Novembre.

Potage Milanaise.
Consommé Brunoise.

—

Filet de Soles Nantua.

—

Selle de Chevreuil venaison

—

Dinde à la châtelaine.

—

Perdreaux Soubise.

—

Caneton rôti.

—

Asperges en branches.

—

Soufflé aux Framboises.

—

Glace, café et noix.
Gâteaux mille-feuilles.

(Menu présenté par Barré.)

DINER (18 couverts)

Octobre.

Potage Tortue.
Consommé chasseur.

—

Attereaux à la Villeroy.

—

Barbue sauce hollandaise, crevette garnie de coquilles de laitances de Carpe.

—

Côte de Bœuf à l'anglaise.

—

Suprême de volaille purée de Champignons.

—

Perdreaux rôtis.

—

Haricots verts.

—

Pailles au parmesan.

—

Bombe Nélusko.
Gâteau napolitain.

(Menu présenté par BARRÉ.)

DINER

Décembre.

Potage crème d'Asperges.
Consommé Xavier.

—

Turbot sauce hollandaise et Homard garni
Pommes Georgettes.

—

Culotte de Bœuf flamande.

—

Poularde au suprême.

—

Côtelettes de Chevreuil purée-marrons.

—

Pâté de foie gras de Nancy.

—

Faisan rôti, Ortolans à la Turenne.

—

Haricots panachés.

—

Bombe pralinée.
Biscuit mousseline.

(Menu présenté par Barré.)

MENUS MODERNES N° 3.

20 mars 1899.

20 couverts. — Déjeuner. — Lord B.

Hors-d'œuvre.
Caviar d'Arkhangel.
Crevettes roses.
Œufs de Vanneau au nid.
Paupiettes de Sole Élisabeth.
Cœurs de filet Henri IV.
Poussins de Hambourg grillés au Bacon.
Petits pois à la menthe.
Soufflé aux violettes.
Dartois aux amandes.
Desserts.

(Helder-Armenonville, à Nice.

MENUS MODERNES N° 2.

Diner du 25 décembre 1899.

20 couverts. — Mme L.

Attereaux d'Huîtres à l'américaine.
Consommé de volaille à l'ancienne.
Darne de saumon à l'orientale.
Filet de Bœuf garni à la Massenet.
Escalopes de foie gras à la gelée.
Poularde du Mans à la broche.
Salade de pointes d'Asperges.
Fonds d'artichauts à la crème.
Mousse aux Fraises.
Gâteau sablé.
Panier friand.
Dessert.

(Hôtel-de-Paris. — Salon Royal. — Monte-Carlo.)

MENUS MODERNES N° 1.

Diner du 20 janvier 1900.

12 couverts. — Marquis de B.

Canapés assortis.
Crème de Crevettes à la Joinville.
Caisses de Soles à l'Égyptienne.
Noisettes de pré-salé aux primeurs.
Filets de Poulet au vin de Chypre.
Cailles de Vigne sur croustades.
— Salade impératrice. —
Asperges de Loris, sauce Chantilly
Mandarines en surprise.
Friandises.
Desserts.

(Restaurant du Helder, à Nice.)

MENUS MODERNES N° 4.

25 janvier 1900,

40 couverts. — Souper. — Comtesse N...

ZAKOUSKI.

Canapés au Caviar.
Canapé au Saumon fumé.
Canapé aux Jerchis.
Canapé aux Œufs.
Argoursis à la glace. — Betteraves marinées.
Anchois à la Niçoise. — Harengs à la Livonienne.
Petits pains à la Varsovienne.
Croûtes au Fromage.

VINS ET LIQUEURS.

Porto doré.
Eau-de-vie blanche.
Arak.
Kumel.
Cumin.
Genièvre de Hollande.
Pain noir. — Pain bis. — Pain blanc.

N.-B. — Zakouski était servi dans un salon attenant à la grande salle où avait lieu le souper.

SOUPER

Consommé glacé à la Madrilène.
Consommé chaud à la neige de Florence.
Truite saumonée au vin de Champagne.
Cuissot de Chevreuil sauce Cumberland.
Cassolettes de ris d'Agneau au Paprika.
Cailles à la Bohémienne.
Filets de Poulet aux pointes d'asperges.
Mousse d'Écrevisse à la gelée.
Sorbets à l'Alicante.
Gélinottes rôties flaquées d'Ortolans.
Salade Algérienne.
Truffe à la cendre.
Biscuits glacés Dauphinois.
Gâteau Monte-Carlo.
Friandises.
Desserts.

(Restaurant Helder-Armenonville, Nice.)

CAFÉ ANGLAIS

Consommé de volaille aux croûtes gratinées au fromage.
Quenelles de Brochet aux queues d'Écrevisses.
Filets de Canetons en salmis au vin rouge.

—

Selles de Béhague rôties.
Pommes de terre nouvelles.

—

Poulardes froides en daube à la gelée de truffes.
Salades de petits cœurs de romaines et tomates.

—

Fonds d'artichauts à La Demidoff.
Pêches pochées au Peach Brandy.
Sauce purée de framboises.

—

Desserts.

—

Rüdesheïmer 1865, Château-Latour 1869
Château-Lafite 1848, Château-Yquem 1865.
Clicquot C.-l. frappé.

Le 12 juillet 1898.

ÉLYSÉE PALACE HOTEL

Déjeuner servi à l'Élysée Palace

le 1er juin 1899.

Hors-d'œuvre varié.
Consommé en tasses.
Œufs de vanneaux Norvégienne.
Noisette d'agneau sur fond velouté, sauce française.
Poussins de Hambourg truffés.
Salade sicilienne.
Fraises frappées aux liqueurs.

ÉLYSÉE PALACE HOTEL

Déjeuner servi le 23 septembre 1899.

Huîtres.
Œufs à la grand Duc.
Timbale de Homard à l'ancienne.
Côtelette d'agneau Maintenon.
Perdreaux en cocotte Lucullus.
Salade Byzantine.
Pouding soufflé à la reine.
Corbeille de friandises.
Dessert.

DINER

servi à l'Élysée Palace

le 15 décembre à Mons-Bignon.

Royal natives.
Hors-d'œuvre assortis.
Petite marmite.
Filets de Soles Palace.
Côtelettes d'Agneau aux pointes d'Asperges
Poularde en cocotte.
Foie gras braisé au Porto.
Salade cœurs de Laitues.
Cardons à la moelle.
Soufflé en surprise.
Friandises.

ÉLYSÉE PALACE HOTEL

Dîner servi au prince Tenicheff

le 1er janvier 1900.

Huîtres natives.
Hors-d'œuvre à la russe.
Crème Windsor.
Consommé Chevreuse.
Truite au bleu sauce mousseline.
Selle de Chevreuil grand-veneur.
Chasse royale.
Salade Palace.
Parfait de foie gras au Porto.
Fonds d'Artichauts au velouté.
Bombe 1900.
Corbeille de friandises.
Dessert.

MENU

du déjeuner servi à Palace Hôtel.

le 18 février 1900.

Royal Natives.
Hors-d'œuvre à la Russe.
Truites de rivière à la Grenobloise.
Selles d'Agneau de Pauillac à la turque.
Poularde du Mans truffée.
Salade internationale.
Mousseline de foie gras en belle vue.
La couveuse en surprise.
Dessert.

MENU DE 20 COUVERTS

Huîtres.
Marennes et royales.

HORS-D'ŒUVRE.

Caviar, Crevettes, canapés assortis, salades de Concombres.

POTAGES.

Tortue, consommé princesse.

RELEVÉ.

Petites bouchées aux laitances de Carpe.

POISSON.

Darne de Saumon à la Daumont.

ENTRÉES.

Filet de bœuf à la duchesse.
Poulardes à la Cavour.
Chaud-froid de Bécasses.
Sorbets au Porto.

RÔTI.

Canetons à la Rouennaise.
Salade.
Écrevisses à la Bordelaise.
Asperges en branches sauce mousseline.
Glace, brioche.
Fromage, fruit.

(Menu préparé par CASIMIR, de la maison Dorée.)

AMBASSADE D'ANGLETERRE A PARIS

Dîner du 2 mai 1900.

Potage à la Fleury.
Escalope de Turbots à la maréchale.
Jambons d'York braisés au Madère.
Côtelette d'agneau à la Richmond.
Nectarines de foies gras à la Gastronome.
Sorbets niçois.
Poulardes rôties Bread sauce.
Salades printanières.
Asperges en branches sauce Maltaise.
Bombes glacées à la Balmoral.
Bouchées marquise.
Pailles au Parmesan.

(Dîner intime.)

MENU

du dîner diplomatique
du 14 mai 1900.

Potage Tortue clair.
Cassolettes à la ducale.
Darnes de Saumon à la Nantua.
Filets de Bœuf à la nivernaise.
Poulardes truffées.
Suprêmes de Canetons glacés à la moderne.
Spooms au Cherry-Brandy.
Pintades piquées, rôties.
Salades de saison.
Rocher de foies gras à la royale.
Asperges d'Argenteuil sauce crème.
Pêches à la Trianon.
Bombes glacées printanières.
Fanchonettes et caprices.
Tartelettes suisses.

(70 couverts.)

MENU

du dîner officiel du 16 mai 1900.

Potage Ox-tail.
Zéphirs à l'Andalouse.
Filets de Soles à la Sussex.
Selles de Moutons à la Chevreuse.
Timbales de ris de Veau à la Renaissance.
Chaufroid de Cailles à la Lœtitia.
Punch à la Romaine.
Poulardes rôties aux Truffes.
Homards à la Viennoise.
Petits Pois à la française.
Ananas à l'orientale.
Parfait glacé à la Windsor.
Napolitains de Lilliput au chocolat.
Pailles et Chester Cakes.

(70 couverts.)

MENU

Dîner du 20 mai 1900.

Consommé à la Juvénal.
Bouchées à la Talleyrand.
Escalopes de Turbot à la Maréchale.
Noix de Jambons d'York au Porto.
Côtelettes d'Agneau à la Nelson.
Mousselines de foie gras au gourmet.
Granits moscovites.
Poulardes rôties bread-sauce.
Salades d'Estournelles.
Galantines de Pintades à la Renaissance.
Asperges de vignes sauce hollandaise.
Crème glacée à la Monte-Carlo.
Ambroisies au marasquin.
Ramequins à l'ancienne.

Gaston Sevin.

HOTEL RITZ

Menu d'été.

Melon Cantaloup.

—

Consommé Rossini.
Crème de Champignons

—

Timbale de Soles Carlton.

—

Suprêmes de Volaille au beurre noisette.
Fonds d'Artichauts fines herbes.

—

Selle de Chézelles en broche.
Pommes Savoisienne.

—

(Froid.) Canard de Rouen Vendôme.
Cœurs de Romaine.

—

Asperges d'Argenteuil, sauce mousseline.

—

Pêches Melba.
Friandises.

—

Corbeilles de fruits.

—

VINS.

Amontillado.
Berncastler Doctor 1884 (rafraîchi).
Château Léoville Poyferré 1878.
Magnums Moët et Chandon 1889 (cuvée 36).
Château Mouton Rothschild 1875.
Château-Yquem (Tête) 1869 (rafraîchi).
Grandes liqueurs.

HOTEL RITZ.

Menu d'hiver.

Caviar frais.
Huîtres Natives.

—

Tortue claire.
Potage Bortsch.

—

Turbotin braisé au Vin du Rhin.

—

Baron d'agneau de Pauillac à la Grecque.

—

Timbale de Bécasses à l'Impériale.
Salade Lorette.

—

(Froid.) Mousse d'Écrevisses Nantua.

—

Cardons à la Moelle.

—

Ananas glacé à l'Orientale.
Friandises.

—

Fruits.

—

VINS.

Marsala Florio (très vieux).
Steinberger Cabinet 1884 (rafraîchi).
Château Margaux 1877.
Pommery et Greno extra sec 1892.
Clos Vougeot 1870.
Crofts Choicest Old Port 1848.
Grandes liqueurs.

GALERIES DE LA CHARITÉ

Table de 20 couverts
dressée par la Société des Maîtres d'hôtel français.

Quatrième Salon Culinaire.

Menu d'un dîner au XVIIIe siècle.

—

LES POTAGES ET LES CONSOMMÉS.

—

RELEVÉS.

La Hure de Saumon en Daube.
Le Filet de Bœuf à la Renaissance.
Les Truites de Rivière au Bleu.
La Noix de Veau à la Carême.

ENTRÉES.

La Poularde à l'Écossaise.
Les Ris d'Agneaux à la Taillevent.
Le Buisson d'Ecrevisses de Meuse.
Les Succès Louis XV en Foies-Gras.

ROTS.

Les Cailles rôties en Chanoines.
La Dinde dans sa graisse.
Le Cuissot de Chevreuil au gros poivre.
Les Salades d'Epine-Vinette et de Capucines.

FLANCS.

Les Homards et Langoustes nez à nez.
Les Oiseaux farcis en Aspics.
Les Suprêmes de Poulets de Bresse à la Périgourdine.
La Timbale de Lapereaux à la Saint-Simon.

GRANDS BOUTS.

Le Gâteau Breton.
La Belle Brioche.

CONTRE-FLANCS.

Le Pâté de Lièvre au sang.
Le Jambon de Mayence à la Gelée claire.

ENTREMETS LÉGUMIERS.

Les Artichauts sans foin à la sauce.
Les Haricots Verts mêlés de Fèves.
Les Asperges au Beurre d'Ysigny.
Les Blancs Choufleurs au Gratin.

ENTREMETS SUCRÉS.

La Charlotte de Pommes.
La Sultane à l'Aigrette.
Le Nougat Cassant.
La Muscadine aux Cerises.

DESSERTS.

Les Quatre-Mandiants, Massepains.
Marmelades, Confitures, Salades d'Oranges.

TABLE ALPHABÉTIQUE DES RECETTES

B

C

D

E

F

G

H

N

Q

R

T

FIN DE LA TABLE DES MATIÈRES.

9861-06. — Corbeil. Imprimerie Éd. Crété.